教育部高等学校化学工程与工艺专业
教学指导分委员会推荐教材
中国石油和化学工业优秀教材奖

化 工 原 理

马晓迅　夏素兰　曾庆荣　主编

化学工业出版社

·北京·

本书重点介绍化工单元操作的基本原理、典型设备及其计算，力求突出应用、突出重点、突出工程特色。内容包括流体流动，流体输送机械与搅拌，过滤、沉降与流态化，传热，蒸发，结晶，吸收，蒸馏，气液传质设备，萃取，干燥，其他分离技术共十二章以及绪论和附录。每章编入较多的例题，章末附有思考题和习题。

　　本书适用于化学工程与工艺、应用化学、生物工程、高分子材料与工程、制药工程、过程装备与控制工程、食品工程、环境工程、轻化工程、冶金工程等专业的本科学生，亦可作为自考、成人教育、高职高专的教材以及设计及生产单位技术人员的参考书。

图书在版编目（CIP）数据

　　化工原理/马晓迅，夏素兰，曾庆荣主编. —北京：化学工业出版社，2010.3（2024.9 重印）
　　教育部高等学校化学工程与工艺专业教学指导分委员会推荐教材
　　ISBN 978-7-122-07684-7

　　Ⅰ．化… Ⅱ．①马…②夏…③曾… Ⅲ．化工原理-高等学校-教材 Ⅳ．TQ02

　　中国版本图书馆 CIP 数据核字（2010）第 016507 号

责任编辑：徐雅妮　何　丽　唐旭华	文字编辑：李　玥
责任校对：洪雅姝	装帧设计：史利平

出版发行：化学工业出版社（北京市东城区青年湖南街 13 号　邮政编码 100011）
印　　装：北京科印技术咨询服务有限公司数码印刷分部
787mm×1092mm　1/16　印张 29¼　字数 784 千字　2024 年 9 月北京第 1 版第 7 次印刷

购书咨询：010-64518888　　　　　　　　　　售后服务：010-64518899
网　　址：http://www.cip.com.cn
凡购买本书，如有缺损质量问题，本社销售中心负责调换。

定　　价：69.00 元

版权所有　违者必究

教育部高等学校化学工程与工艺专业
教学指导分委员会推荐教材

编审委员会

主任委员：

王静康　天津大学

副主任委员：

高占先　大连理工大学

张泽廷　北京化工大学

徐南平　南京工业大学

张凤宝　天津大学

委　员（按姓氏笔画排序）：

山红红	中国石油大学（华东）	旷亚非	湖南大学
马沛生	天津大学	余立新	清华大学
马晓迅	西北大学	宋永吉	北京石油化工学院
王存文	武汉工程大学	张志炳	南京大学
王延吉	河北工业大学	张青山	北京理工大学
王源升	海军工程大学	陆嘉星	华东师范大学
乐清华	华东理工大学	陈砺	华南理工大学
冯骉	江南大学	胡永琪	河北科技大学
冯霄	西安交通大学	胡仰栋	中国海洋大学
朱秀林	苏州大学	姜兆华	哈尔滨工业大学
朱家骅	四川大学	姚克俭	浙江工业大学
刘有智	中北大学	姚伯元	海南大学
刘晓勤	南京工业大学	高浩其	宁波工程学院
孙岳明	东南大学	高维平	吉林化工学院
李伯耿	浙江大学	郭瓦力	沈阳化工学院
杨亚江	华中科技大学	唐小真	上海交通大学
杨运泉	湘潭大学	崔鹏	合肥工业大学
杨祖荣	北京化工大学	傅忠君	山东理工大学
吴元欣	武汉工程大学		

序

在 20 世纪 90 年代以前，我国高等教育是"精英教育"，随着高校的扩招，我国高等教育逐步转变为大众化教育。"十一五"时期，我国高等教育的毛入学率将达到 25％左右，如果大学的人才培养仍然按照"精英教育"模式进行，其结果：一是有些不擅长于逻辑思维的学生学不到感兴趣的知识而造成教育资源浪费；二是培养了远大于社会需要的众多的研究型人才，导致培养出的人才不能满足社会的需要。要解决这一问题，高等教育模式必须进行改革。社会更需要的是应用型教育，经济建设更需要的是应用型人才。因此，应用型本科教育是高等教育由"精英教育"向"大众化教育"转变的必由之路。

应用型本科教育的特点在于应用，在人才培养过程中传授知识的目的是应用而不是知识本身。这就需要应用型本科教育更加注重实际工作能力的培养，使学生的潜能得到极大发挥，满足职业岗位需要。

在 21 世纪，作为关系国民经济发展的重要工程学科之一，化学工程与工艺专业的教育观念也急需根据学科的发展和社会对应用型本科人才的需要进行转变：

1. 从狭窄的专业工程教育观念转向"大工程"教育观念，树立"大工程教育观"（大工程观是指以整合的、系统的、再循环的视角看待大规模复杂系统的思想）；

2. 从继承性教育观念转向创新性教育观念，树立"创新性工程教育观"；

3. 从知识传授型教育观念转向素质教育观念，树立"工程素质教育观"；

4. 从注重共性的教育观念转向特色教育观念，树立"多元化工程教育观"；

5. 从本土教育观念转向国际化教育观念，树立"国际化工程教育观"。

教育模式和教育观念的转变和改革，最终都要落实在教学内容的改革上。因此，教育部高等学校化学工程与工艺专业教学指导分委员会和化学工业出版社组织编写和出版了这套适合应用型本科教育、突出工程特色的新型教材。希望本套教材的出版能够为培养理论基础扎实、专业口径宽、工程能力强、综合素质高、创新能力强的化工应用型人才提供教学支持。

教育部高等学校化学工程与工艺专业教学指导分委员会

2008 年 7 月

前　　言

　　2007 年 7 月，教育部高等学校化学工程与工艺专业教学指导分委员会和化学工业出版社在北京召开了"化学工程与工艺专业应用型本科教学研讨会"。本书是根据会议有关教材编写的原则与要求，结合授课教师在长期教学过程中的心得与体会，针对化工及其相关专业的需求，从教材的科学性、实用性、通用性、趣味性等多方面考虑，进行规划和编写的。

　　本书将化工单元操作按传递过程的共性归类，重点介绍化工单元操作的基本原理、典型设备及其计算，力求系统完整，选材、编排科学合理，叙述深入浅出；注重理论联系实际，突出应用、突出重点、突出工程观点和研究方法，并能反映本学科领域的新技术和发展趋势。

　　本书内容包括流体流动，流体输送机械与搅拌，过滤、沉降与流态化，传热，蒸发，结晶，吸收，蒸馏，气液传质设备，萃取，干燥，其他分离技术共十二章以及绪论和附录。每章编入较多的例题，章末附有思考题和习题。此外，本书还将陆续配套出版实验教材、学习指导书，免费向选用本教材的学校提供习题解答、课程电子教案、多媒体课件，并建设课程网站，以便读者自学和系统学习。授课学时根据不同专业的需求，可在 70～120 学时之间选择。

　　本书由西北大学、四川大学、吉林化工学院、西北工业大学、西安科技大学、西安石油大学、西安理工大学、昆明理工大学共八所院校的教师共同编写。各章分别由马晓迅（绪论、第 1 章）、王玉琪（第 2 章）、曾庆荣（第 3 章）、郭晓滨（第 4 章）、顾丽莉（第 5 章）、刘广钧（第 6 章）、夏素兰、余徽（第 7 章）、赵彬侠（第 8 章）、褚雅志（第 9 章）、倪炳华（第 10 章）、黄英（第 11 章）、薛伟明（第 12 章）编写。附录根据出处，由各章参编人员编写。全书由马晓迅、王玉琪、赵彬侠、郭晓滨负责统稿。

　　编者诚挚感谢北京化工大学杨祖荣教授为本书审稿并提出宝贵意见，感谢参编学校的教师与研究生在本书的编写过程中给予的支持和帮助！

　　由于编者学识与水平有限，书中不妥之处在所难免，敬请广大读者批评指正，以助日后完善。

编　者
2010 年 1 月

目 录

绪论 ·· 1
0.1 化工原理的研究对象 ············· 1
0.2 化工原理课程的内容、性质与任务 ······ 2
0.3 基本概念与研究方法 ············· 3
  0.3.1 物料衡算 ····················· 3
  0.3.2 热量衡算 ····················· 3
  0.3.3 平衡关系 ····················· 4
  0.3.4 过程速率 ····················· 4
  0.3.5 研究方法 ····················· 4
0.4 单位及单位换算 ··················· 4
  0.4.1 国际单位制单位 ·············· 5
  0.4.2 法定计量单位 ················· 6
  0.4.3 其他计量单位制的单位 ······· 6
  0.4.4 单位换算 ····················· 6
思考题 ·· 8
习题 ··· 8
参考文献 ······································· 8

第1章 流体流动 ·························· 9
1.1 概述 ······································· 9
1.2 流体基本性质 ······················· 9
  1.2.1 连续介质的假定 ·············· 9
  1.2.2 流体的压缩性 ················· 9
  1.2.3 作用在流体上的力 ··········· 9
  1.2.4 体积力和密度 ················· 10
  1.2.5 压力和静压力 ················· 10
  1.2.6 剪力和黏度 ··················· 11
1.3 流体静力学基本方程 ············· 13
  1.3.1 流体静力学基本方程 ········ 13
  1.3.2 流体静力学基本方程的应用 ·· 14
1.4 流体流动的基本方程 ············· 17
  1.4.1 流量与流速 ··················· 17
  1.4.2 定态流动与非定态流动 ······ 19
  1.4.3 连续性方程 ··················· 19
  1.4.4 伯努利方程式 ················· 20
  1.4.5 实际流体机械能衡算式 ······ 21
  1.4.6 伯努利方程式的应用 ········· 22
1.5 管内流体流动现象 ················· 23
  1.5.1 流体流动类型与雷诺数 ······ 24
  1.5.2 流体在圆管内的速度分布 ···· 25
  1.5.3 边界层的概念 ················· 27
1.6 流体在管内的流动阻力 ·········· 30

  1.6.1 圆形直管中的流动阻力 ······ 30
  1.6.2 局部阻力 ····················· 36
  1.6.3 管内流体流动的总摩擦阻力损失
     计算 ··························· 38
1.7 管路计算 ······························ 39
  1.7.1 简单管路 ····················· 39
  1.7.2 复杂管路 ····················· 43
1.8 流速与流量测量 ··················· 44
  1.8.1 测速管 ························· 44
  1.8.2 孔板流量计和文丘里流量计 ·· 46
  1.8.3 转子流量计 ··················· 50
本章主要符号说明 ······················· 52
思考题 ·· 52
习题 ··· 53
参考文献 ····································· 57

第2章 流体输送机械与搅拌 ········ 58
2.1 概述 ····································· 58
  2.1.1 流体输送机械的概念 ········· 58
  2.1.2 流体输送机械的分类 ········· 58
  2.1.3 流体输送机械的应用 ········· 58
2.2 离心泵 ·································· 58
  2.2.1 离心泵的工作原理与主要构件 ·· 58
  2.2.2 离心泵的基本方程 ··········· 60
  2.2.3 离心泵的主要性能参数和特性
     曲线 ··························· 61
  2.2.4 离心泵的可靠运行 ··········· 63
  2.2.5 离心泵的工作点与流量调节 ·· 65
  2.2.6 离心泵的类型与选用 ········· 68
2.3 其他类型化工用泵 ················ 69
  2.3.1 往复泵 ························· 69
  2.3.2 回转泵 ························· 71
  2.3.3 漩涡泵 ························· 72
2.4 气体输送机械 ······················ 72
  2.4.1 离心式通风机、鼓风机、压
     缩机 ··························· 73
  2.4.2 回转式鼓风机、压缩机 ······ 75
  2.4.3 往复压缩机 ··················· 76
  2.4.4 真空泵 ························· 79
2.5 搅拌 ····································· 80
  2.5.1 搅拌机结构 ··················· 80
  2.5.2 混合机理 ····················· 82

2.5.3 搅拌功率 ……………………… 83
2.5.4 搅拌器的放大 ………………… 85
本章主要符号说明 ……………………… 86
思考题 ……………………………………… 86
习题 ………………………………………… 87
参考文献 …………………………………… 88

第3章 过滤、沉降与流态化 …………… 89
3.1 概述 ……………………………… 89
3.2 颗粒及颗粒床层的特性 ………… 89
　3.2.1 颗粒的特性 ………………… 89
　3.2.2 流体流过颗粒床层的压降 … 90
3.3 过滤 ……………………………… 92
　3.3.1 过滤设备 …………………… 93
　3.3.2 过滤基本方程 ……………… 95
　3.3.3 恒压过滤 …………………… 95
　3.3.4 恒速过滤与先恒速后恒压过滤 … 96
　3.3.5 过滤常数的测定 …………… 97
　3.3.6 滤饼的洗涤 ………………… 97
　3.3.7 过滤机的生产能力 ………… 98
　3.3.8 动态过滤 …………………… 99
3.4 沉降分离 ………………………… 99
　3.4.1 重力沉降及设备 …………… 99
　3.4.2 离心沉降及设备 …………… 102
3.5 离心机 …………………………… 104
　3.5.1 沉降离心机 ………………… 104
　3.5.2 过滤离心机 ………………… 105
3.6 流态化 …………………………… 105
　3.6.1 流态化的基本概念 ………… 105
　3.6.2 流化床的主要特征 ………… 106
　3.6.3 流化床的操作范围 ………… 108
　3.6.4 提高流化质量的措施 ……… 109
本章符号说明 …………………………… 109
思考题 …………………………………… 110
习题 ……………………………………… 110
参考文献 ………………………………… 111

第4章 传热 …………………………… 112
4.1 概述 ……………………………… 112
　4.1.1 传热在化工生产中的应用 … 112
　4.1.2 热量传递的基本方式 ……… 112
　4.1.3 冷热流体热交换的方式 …… 113
　4.1.4 间壁式换热器的传热过程 … 114
　4.1.5 传热速率与热通量 ………… 114
　4.1.6 定态与非定态传热过程 …… 114
4.2 热传导 …………………………… 114
　4.2.1 傅里叶定律 ………………… 115
　4.2.2 热导率 ……………………… 115
　4.2.3 通过平壁的定态热传导 …… 117

4.2.4 通过圆筒壁的定态热传导 ……… 119
4.3 对流传热 ………………………… 120
　4.3.1 对流传热过程分析 ………… 120
　4.3.2 对流传热速率方程 ………… 121
　4.3.3 影响对流传热系数的因素 … 122
　4.3.4 对流传热过程的量纲分析 … 122
　4.3.5 流体无相变时的对流传热系数 … 124
　4.3.6 流体有相变时的对流传热系数 … 127
4.4 传热过程的计算 ………………… 133
　4.4.1 热量衡算 …………………… 133
　4.4.2 总传热速率方程 …………… 134
　4.4.3 总传热系数 ………………… 135
　4.4.4 平均温差的计算 …………… 136
　4.4.5 传热面积的计算 …………… 138
　4.4.6 壁温的计算 ………………… 138
　4.4.7 传热单元数法 ……………… 139
4.5 热辐射 …………………………… 142
　4.5.1 热辐射的基本概念 ………… 142
　4.5.2 物体的辐射能力 …………… 142
　4.5.3 物体间的辐射能力 ………… 144
　4.5.4 辐射和对流联合传热 ……… 147
4.6 换热器 …………………………… 148
　4.6.1 间壁式换热器的类型 ……… 148
　4.6.2 管壳式换热器的设计和选型 … 151
　4.6.3 换热器传热过程的强化 …… 160
本章符号说明 …………………………… 162
思考题 …………………………………… 162
习题 ……………………………………… 163
参考文献 ………………………………… 165

第5章 蒸发 …………………………… 166
5.1 概述 ……………………………… 166
　5.1.1 蒸发过程的特点 …………… 166
　5.1.2 蒸发过程的分类 …………… 167
5.2 单效蒸发 ………………………… 167
　5.2.1 单效蒸发流程 ……………… 167
　5.2.2 单效蒸发的计算 …………… 167
5.3 温度差损失与总传热系数 ……… 169
　5.3.1 蒸发过程的温度差损失 …… 169
　5.3.2 蒸发器的总传热系数 ……… 171
5.4 多效蒸发 ………………………… 172
　5.4.1 多效蒸发原理 ……………… 172
　5.4.2 多效蒸发流程 ……………… 172
　5.4.3 多效蒸发的计算 …………… 173
5.5 蒸发器的生产能力、生产强度和效
　数的限制 ………………………… 179
　5.5.1 蒸发器的生产能力和生产
　　　强度 ……………………… 179
　5.5.2 多效蒸发效数的限制 ……… 180

5.6 蒸发过程的其他节能方法 ·········· 181
  5.6.1 额外蒸汽的引出 ·············· 181
  5.6.2 热泵蒸发 ···················· 181
  5.6.3 冷凝水自蒸发的利用 ·········· 181
5.7 蒸发设备 ························ 182
  5.7.1 蒸发设备的结构 ·············· 182
  5.7.2 蒸发器的选型 ················ 187
本章符号说明 ······················ 188
思考题 ···························· 188
习题 ······························ 188
参考文献 ·························· 189

第 6 章 结晶 ···················· 190
6.1 概述 ···························· 190
6.2 结晶的基本原理 ·················· 190
  6.2.1 溶解度 ···················· 190
  6.2.2 过饱和溶液与介稳区 ·········· 191
  6.2.3 晶核的形成 ················ 193
6.3 结晶动力学 ···················· 194
  6.3.1 生长速率 ·················· 194
  6.3.2 ΔL 定律 ················ 194
6.4 结晶操作与控制 ················ 195
  6.4.1 结晶的操作工艺 ············ 195
  6.4.2 结晶操作特性参数 ·········· 195
  6.4.3 应用 ······················ 197
6.5 结晶过程计算 ·················· 199
  6.5.1 物料衡算 ·················· 199
  6.5.2 热量衡算 ·················· 201
6.6 结晶设备 ······················ 201
  6.6.1 冷却结晶器 ················ 202
  6.6.2 蒸发结晶器 ················ 203
本章符号说明 ······················ 204
思考题 ···························· 205
习题 ······························ 205
参考文献 ·························· 205

第 7 章 吸收 ···················· 206
7.1 概述 ···························· 206
  7.1.1 化工生产中的传质过程 ········ 206
  7.1.2 气体吸收过程 ·············· 206
  7.1.3 气体吸收过程的应用 ········ 207
  7.1.4 吸收剂的选择 ·············· 207
7.2 吸收过程的气液平衡关系 ········ 208
  7.2.1 气体在液体中的溶解度 ······ 208
  7.2.2 亨利定律 ·················· 209
  7.2.3 气液相际传质过程的方向、限
     度及推动力 ················ 210
7.3 扩散与相内传质 ················ 212
  7.3.1 相内物质的分子扩散 ········ 212

7.3.2 分子扩散系数 ·············· 216
7.3.3 单相对流传质机理与传质速率
    方程 ······················ 218
7.4 相际对流传质 ·················· 219
  7.4.1 对流传质理论 ·············· 219
  7.4.2 总吸收速率方程 ············ 220
7.5 吸收塔的计算 ·················· 225
  7.5.1 物料衡算与吸收操作线方程 ·· 225
  7.5.2 吸收剂用量与最小液气比 ···· 227
  7.5.3 填料层高度的基本计算式 ···· 229
  7.5.4 低浓度气体吸收填料层高度的
     计算 ······················ 230
  7.5.5 吸收塔的调节与操作型计算 ·· 235
7.6 传质系数 ······················ 236
  7.6.1 传质系数的实验测定 ········ 236
  7.6.2 传质系数的经验公式 ········ 237
  7.6.3 传质系数的特征数关联式 ···· 237
7.7 解吸及其他条件下的吸收 ········ 238
  7.7.1 解吸 ······················ 238
  7.7.2 高浓度气体吸收 ············ 240
  7.7.3 非等温气体吸收 ············ 241
  7.7.4 化学吸收 ·················· 241
本章符号说明 ······················ 241
思考题 ···························· 242
习题 ······························ 242
参考文献 ·························· 244

第 8 章 蒸馏 ···················· 245
8.1 概述 ···························· 245
  8.1.1 蒸馏过程的分类 ············ 245
  8.1.2 蒸馏分离的特点 ············ 245
8.2 双组分溶液的气液平衡关系 ······ 246
  8.2.1 理想溶液的气液平衡关系 ···· 246
  8.2.2 非理想溶液的气液平衡关系 ·· 250
8.3 简单蒸馏与平衡蒸馏 ············ 251
  8.3.1 简单蒸馏 ·················· 251
  8.3.2 平衡蒸馏 ·················· 252
8.4 精馏 ···························· 254
  8.4.1 精馏过程原理和条件 ········ 254
  8.4.2 连续精馏装置流程 ·········· 256
8.5 双组分连续精馏的计算 ·········· 257
  8.5.1 理论板的概念与恒摩尔流的
     假设 ······················ 257
  8.5.2 物料衡算与操作线方程 ······ 258
  8.5.3 进料热状况的影响与 q 线方程 ·· 261
  8.5.4 理论塔板数的计算 ·········· 263
  8.5.5 回流比的影响及其选择 ······ 266
  8.5.6 加料热状态的选择 ·········· 272
  8.5.7 双组分精馏过程的其他类型 ·· 272

8.5.8 精馏装置的热量衡算 ……… 277
8.5.9 双组分精馏的操作型计算 …… 278
8.6 间歇精馏 ……… 280
8.6.1 间歇精馏的特点 ……… 280
8.6.2 回流比恒定时间歇精馏的计算 … 281
8.6.3 馏出液组成恒定时间歇精馏的计算 ……… 282
8.7 恒沸精馏与萃取精馏 ……… 283
8.7.1 恒沸精馏 ……… 283
8.7.2 萃取精馏 ……… 284
8.8 多组分精馏 ……… 285
8.8.1 流程方案的选择 ……… 285
8.8.2 多组分物系的气液平衡及应用 … 286
8.8.3 关键组分与物料衡算 ……… 288
8.8.4 理论板数的计算 ……… 289
本章符号说明 ……… 290
思考题 ……… 291
习题 ……… 291
参考文献 ……… 293

第9章 气液传质设备 ……… 294
9.1 塔器的类型及其发展 ……… 294
9.1.1 填料 ……… 294
9.1.2 分配器 ……… 295
9.1.3 板式塔传质元件 ……… 295
9.1.4 发展途径 ……… 296
9.2 填料塔 ……… 297
9.2.1 结构与设计内容 ……… 297
9.2.2 特征参数 ……… 297
9.2.3 气液两相流动参数及特性 ……… 298
9.2.4 HETP 与填料段高度的确定 ……… 300
9.2.5 液泛率与塔径的确定 ……… 302
9.2.6 压降的计算 ……… 303
9.3 板式塔 ……… 303
9.3.1 结构及设计程序 ……… 303
9.3.2 基本概念与术语 ……… 304
9.3.3 塔板效率 ……… 305
9.3.4 液泛率及其控制 ……… 308
9.3.5 水力学计算 ……… 310
9.3.6 负荷性能图 ……… 318
9.4 塔器工艺设计 ……… 319
9.4.1 工艺设计 ……… 319
9.4.2 设计举例 ……… 320
本章符号说明 ……… 324
思考题 ……… 325
习题 ……… 325
参考文献 ……… 325

第10章 萃取 ……… 327

10.1 概述 ……… 327
10.2 液液萃取 ……… 328
10.2.1 液液萃取流程 ……… 328
10.2.2 部分互溶三元物系的液液萃取 ……… 330
10.2.3 萃取剂的选择 ……… 332
10.2.4 萃取过程的计算 ……… 333
10.2.5 液液萃取设备 ……… 341
10.3 固液萃取 ……… 346
10.3.1 有效成分的提取过程及机理 …… 346
10.3.2 常用提取剂和提取辅助剂 …… 347
10.3.3 浸取工艺流程及工艺参数 …… 348
10.3.4 提取设备 ……… 348
10.4 超临界流体萃取 ……… 350
10.4.1 超临界流体及萃取剂 ……… 351
10.4.2 超临界萃取原理 ……… 352
10.4.3 超临界萃取的特点 ……… 352
10.4.4 超临界萃取流程 ……… 353
本章符号说明 ……… 354
思考题 ……… 354
习题 ……… 355
参考文献 ……… 355

第11章 干燥 ……… 356
11.1 概述 ……… 356
11.2 湿空气的性质与湿度图 ……… 358
11.2.1 湿空气的性质 ……… 358
11.2.2 湿含量的测定方法 ……… 360
11.2.3 湿空气的湿度图及其应用 …… 363
11.3 固体物料的干燥平衡 ……… 366
11.3.1 湿物料的性质 ……… 366
11.3.2 干燥平衡及干燥平衡曲线 …… 367
11.4 干燥过程的物料衡算与热量衡算 … 369
11.4.1 物料衡算 ……… 369
11.4.2 热量衡算 ……… 371
11.4.3 干燥系统的热效率 ……… 372
11.4.4 干燥器空气出口状态的确定 …… 374
11.5 干燥速率与干燥时间 ……… 377
11.5.1 干燥实验和干燥曲线 ……… 377
11.5.2 干燥速率曲线及干燥过程分析 ……… 378
11.5.3 干燥时间的计算 ……… 381
11.6 干燥器 ……… 385
11.6.1 干燥器的分类与基本要求 …… 385
11.6.2 工业上常用的干燥器 ……… 386
11.6.3 干燥器的选型 ……… 393
11.6.4 干燥器设计中操作条件的确定 … 394
本章符号说明 ……… 396
思考题 ……… 397

习题 ································ 397
参考文献 ························ 399
第 12 章　其他分离技术 ········ 400
　12.1　吸附分离 ················ 400
　　12.1.1　吸附与吸附剂 ········ 400
　　12.1.2　吸附平衡 ············ 402
　　12.1.3　吸附速率 ············ 406
　　12.1.4　吸附操作与设备 ······ 407
　12.2　膜分离 ·················· 410
　　12.2.1　概述 ················ 410
　　12.2.2　膜与膜组件 ·········· 412
　　12.2.3　超滤与微滤 ·········· 415
　　12.2.4　反渗透 ·············· 417
　　12.2.5　气体分离 ············ 418
　本章符号说明 ·················· 419
　思考题 ························ 419
　习题 ·························· 419
　参考文献 ······················ 420
附录 ·························· 421
　附录 1　常用物理量的单位及其换算 ······· 421

附录 2　某些液体的物理性质 ········ 424
附录 3　某些气体的物理性质 ········ 425
附录 4　干空气的物理性质 ·········· 426
附录 5　水及饱和水蒸气的物理性质 ·· 426
附录 6　流体的密度与黏度 ·········· 431
附录 7　某些液体和气体的热导率 ···· 435
附录 8　某些固体材料的热导率 ······ 437
附录 9　液体的比热容 ·············· 438
附录 10　101.33kPa 压强下气体的比
　　　　热容 ···················· 440
附录 11　汽化潜热 ················ 442
附录 12　无机物水溶液的沸点 ······ 444
附录 13　管路规格（摘录） ········ 445
附录 14　离心泵规格（摘录） ······ 446
附录 15　换热器系列（摘录） ······ 448
附录 16　某些气体溶于水时的亨利系数 ··· 452
附录 17　双组分物质的扩散系数 ···· 453
附录 18　双组分溶液的气液平衡数据 ······· 454
附录 19　填料特性 ················ 455

绪　　论

0.1　化工原理的研究对象

《化工原理》是化学工程及相近专业的一门工程技术课程，是当代化学工程学科的一个基础组成部分；它贯穿于基础课与专业课之间，起着承前启后、由理及工的桥梁作用；它综合运用了高等数学、物理、化学等学科的基础知识，考察和处理化工生产过程中各种具有共同物理特性的工程问题。

化学工业是将自然界的各种物质（原材料）大规模进行化学反应和物理加工处理，生成新物质，制备成中间产品或最终产品的工业。这种以化学变化为主要标志的化学工业，由于其原料来源广泛，产品种类繁多，产品加工过程复杂多样、千差万别，形成了成千上万种不同的化工生产工艺。尽管不同化工产品的生产工艺过程与生产规模各不相同，但通常都是由化学反应过程及装置（反应器）和若干物理操作过程有机组合而成。虽然化学反应过程及其反应器是化工生产的核心，但为了使化学反应过程得以经济有效地进行，反应器内必须保持适宜的工艺操作条件，如适宜的原料浓度、温度、压力等。为此，原料必须经过提纯、预热、加压等一系列前处理以达到反应所需要的原料组成、温度和压强等，反应后的产物也需要经过各种处理工序来进行分离、精制、输送等，以获得中间产品或最终产品。

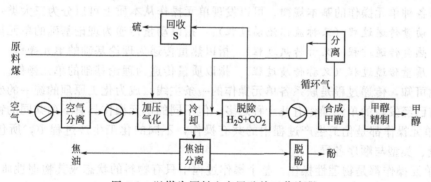

图 0-1　以煤为原料生产甲醇的工艺流程

例如，如图 0-1 所示，以煤为原料生产甲醇的生产过程是以煤、空气为主要原料，经过空气分离（深冷、精馏）、加压（流体流动）、煤气化、冷却（换热）、脱 H_2S 和 CO_2（吸收-低温甲醇洗）等前处理过程，在 $5\sim10MPa$、$200\sim300℃$、铜系催化剂（如英国 ICI51-7 型催化剂）存在的条件下进行化学反应。反应后的甲醇粗产品经过包括换热器、水冷器、冷凝分离器、精馏塔等多种装置进行后处理操作，最终获得合格的甲醇产品。上述以煤为原料生产甲醇的生产过程中，除去煤气化和合成甲醇过程存在化学反应外，其他的处理过程都是物理操作过程，但却是化工生产中不可缺少的环节。将这一类在化工生产中具有共同物理变化特点和相同目的的基本操作过程称为化工单元操作，简称单元操作。如流体流动、过滤、蒸发、结晶、吸收、精馏、干燥等。实际上，在一个现代化的、设备林立的大型化工厂中，反应器的数量并不多，绝大多数的设备中都是进行着各种不同的单元操作。在现代化学工业生产过程中，通常单元操作占据着企业 80% 以上的设备和操作费用。由此可见，单元操作在化工生产过程中占据着重要的地位，对生产过程的经济效益产生着极大的影响。

按照物理过程的目的，可将各种前、后处理过程归纳成各类单元操作。目前化工生产中常用的单元操作如表 0-1 中所列。

表 0-1　化工常用单元操作分类

传递类型	单元操作名称	目　的
动量传递 （流体流动）	流体输送	以一定的流量将流体从某一位置送到另一位置，有时需输入一定的机械能
	搅拌	使流体间或流体与其他物质混合均匀，或用来进行过程强化
	沉降	从流体中分离悬浮的固体颗粒、液体或气泡
	过滤	从流体中分离悬浮的固体颗粒
	流态化	用流体使固体颗粒悬浮并具有相应的流体状态特性
热量传递	传热	输入或移出热量使物料升温、降温或改变相态
	蒸发	使溶液中的溶剂受热汽化而与不挥发的溶质分离，达到溶液浓缩的目的
质量传递	气体的吸收	利用气体混合物中各组分在溶剂中溶解度的不同，使气体混合物分离
	液体的蒸馏	利用均相液体混合物中各组分挥发度不同，使液体混合物分离
	液-液萃取	利用均相液体混合物中各组分在萃取溶剂中溶解度的不同，使液体混合物分离
	吸附	利用均相混合物中各组分在固体吸附剂中吸附能力的不同，使混合物分离
	膜分离	利用化学位差或电位差为推动力，对混合物进行分离、分级或富集的过程
热、质传递	结晶	利用溶质之间溶解度的差别分离纯化溶液中的溶质
	干燥	加热固体使其所含液体汽化而除去

根据各种单元操作的基本规律，可以发现单元操作从本质上可以分为三大类：

（1）动量传递过程（又称流体流动过程）　指以动量传递为理论基础的单元操作；

（2）热量传递过程（又称传热过程）　指以热量传递为理论基础的单元操作；

（3）质量传递过程（又称传质过程）　指以质量传递为理论基础的单元操作。

由此可知，传递过程是联系各单元操作的一条主线，成为化工原理的统一的研究对象。

目前已经发现的单元操作有几十种之多，但不同的单元操作具有下列共同的特点：

① 单元操作都是化工生产过程中的共有操作，不同的化工生产过程中，所包含的单元操作数量、类型与顺序各异；

② 单元操作都是物理性操作，整个操作过程中只有物料的状态或其物理性质发生改变，并没有新物质产生，并不改变物料的化学性质；

③ 具体的单元操作用于不同的化工产品生产时，其基本原理均相同，而且进行该操作的设备经常也是通用的；

④ 不同类型的单元操作均以三种传递理论为基础，有时会涵盖两种以上的传递理论。

0.2　化工原理课程的内容、性质与任务

在化工类及相近专业教学计划中，本课程属于必修的主干课程，是一门应用性的专业技术基础课。本课程既不同于自然科学中的基础课，又区别于具体的化工产品的工艺学。它是将基础学科中的一些基本原理和方法，用在化学工业生产过程中，研究其内在本质规律的一门综合性的工程技术课程。化工原理课程以单元操作为内容，其主要任务是研究各单元操作

的基本原理，所运用的典型设备结构和工艺尺寸设计，过程与设备强化和设备选型的共性问题。化工原理不仅仅应用于化学工业，还应用于石油化工、煤化工、制药工程、冶金工业、轻工业、原子能工业、能源、环境等工业及技术部门，具有十分广泛的应用性。

在应用型《化工原理》课程中，只讨论一些应用较为广泛的单元操作，具体内容如下：

① 讨论流体流动及流体与相接触的固相发生相对运动时的基本规律，以及主要受这些规律支配的单元操作，如流体输送、沉降、过滤等。

② 讨论传热的基本规律，以及受这些规律支配的单元操作，如传热、蒸发等。

③ 讨论物质透过相界面迁移过程的基本规律，以及受这些规律支配的单元操作，如液体蒸馏、气体吸收、液-液萃取。

④ 讨论同时遵循传热、传质规律的单元操作，如干燥、结晶等。

学习本课程的主要任务是以"三传"的基础理论为主线，掌握各个单元操作的基本规律，熟悉其操作原理及有关典型设备的构造、性能和基本的计算方法等。通过《化工原理》课程的学习，要树立牢固的工程观念，学会将所学理论与工程实际密切结合，从多种角度，尤其是经济角度去考虑、分析、解决工程技术中的常见问题；使设备能正常运转，并对现行的生产过程及设备做各种改进，以提高其效率，以便对具体化工生产过程进行控制和管理，从而使生产获得最大限度的经济效益。

0.3　基本概念与研究方法

单元操作过程涉及过程的平衡与速率，过程的平衡表明过程进行的方向和能够达到的极限，过程的速率反映过程进行的快慢，二者是分析单元操作过程的两个基本方面。

0.3.1　物料衡算

物料衡算反映化工生产过程中各种物料（原料、产物、副产物等）之间的量的关系，是分析生产过程与设备的操作情况，进行过程与设备设计的基础。根据质量守恒定律，则在任何一个化工生产过程中，一定时间内向系统输入的物料质量，必等于从该系统输出的物料质量与积累在该系统中的物料质量之和，即

$$\sum F = \sum D + A \tag{0-1}$$

式中，$\sum F$ 为输入物料质量总和，kg；$\sum D$ 为输出物料质量总和，kg；A 为积累的物质质量，kg。

式(0-1)是物料衡算的通式，既适用于连续操作，也适用于间歇操作。由此式可对总物料或其中某一组分（无化学反应时）列出物料衡算式，然后进行求解。对于操作参数不随时间变化的连续定态过程，积累的物料质量为零，则式(0-1)可以化简为

$$\sum F = \sum D \tag{0-2}$$

0.3.2　热量衡算

热量衡算是能量衡算的一种形式，在许多化工生产过程中所涉及的能量仅为热能，所以热量衡算是化工生产过程中最常见的能量衡算。根据能量守恒定律，在任何一个化工生产过程中，一定时间内凡向系统输入的热量，必等于从该系统输出的热量与积累于该系统中的热量之和。对于连续定态过程，积累的热量为零，则热量衡算的基本关系式可表示为

$$\sum Q_F = \sum Q_D + q \tag{0-3}$$

式中，$\sum Q_F$ 为输入系统的各物料带入的总热量，kJ；$\sum Q_D$ 为输出系统的各物料带出的总热量，kJ；q 为系统与环境交换的总热量，当系统向环境散热时，此值为正，称为热损失，kJ。

0.3.3   平衡关系

物系的变化过程，具有一定的方向和极限。在一定的条件下，过程的变化终将达到极限，即平衡状态。例如热量从高温的物体传到低温的物体时，将一直进行到两个物体的温度相等为止。平衡状态的建立是有条件的，当条件发生变化时，原来的平衡状态被打破，直到在新的条件下达到新的平衡。显然，平衡状态具有相对性和可变性。化工生产中常利用平衡状态的可变性使平衡向有利于生产的方向移动。

0.3.4   过程速率

从上述平衡关系的描述中可知，任何一个过程，如果不是处于平衡状态，则此过程就趋于向平衡状态进行。但过程进行的快慢，即过程速率，取决于过程所处的状态、与平衡状态的距离以及其他多方面因素。过程所处的状态与平衡状态之间的距离通常称为过程的推动力，例如，食盐在水中溶解时，饱和浓度与实际浓度的差值即为这一溶解过程的推动力。与推动力相对应的称为过程的阻力，它是各种因素对过程速率影响的总的体现，较为复杂，一般与操作条件及物性有关。过程速率通常表示为：

$$过程速率 = \frac{过程推动力}{过程阻力}$$

即过程速率与过程推动力成正比，而与过程阻力成反比。三者的相互关系，类似于电学中的欧姆定律。对任何单元操作，过程速率对于设备的工艺尺寸和过程的操作性能起着决定性的作用。

0.3.5   研究方法

化工原理是一门实践性很强的课程，在长期的发展过程中，形成了两种基本的研究方法：实验研究法和数学模型法。

（1）实验研究法

化工过程十分复杂，除极少数简单的问题可以用理论分析的办法解决以外，都需要依靠实验研究加以解决。化工研究的任务和目的是通过小型实验、中间试验揭示过程的本质和规律，然后用于指导生产实际，进行实际生产过程与设备的设计与改进。实验研究方法直接用实验寻求各变量之间的联系，避免了方程的建立。但是，如果实验工作必须遍历各种规格的设备和各种不同的物料，那么，这样的实验将不胜其烦，而且失去了指导意义，因此必须建立实验研究的方法论。为此，实验研究方法一般以量纲分析和相似论为指导，依靠试验确定过程变量之间的关系，把各种因素的影响表示成为由若干个有关因素组成的、具有一定物理意义的无量纲数群的影响，以使实验结果在几何尺寸上能"由小见大"，在物料品种方面能"由此及彼"，具有指导意义。

（2）数学模型法

数学模型法是一种半理论半经验的方法，它是在对实际过程的机理进行深入分析的基础上，在把握过程本质的前提下，对复杂的实际问题作出某些合理简化，建立能基本反映过程机理的物理模型，通过数学描述，得出数学模型，通过实验确定能反映过程特性的模型参数。由于数学模型法有理论指导，尤其是随着计算机、计算技术的飞速发展，使得复杂数学模型的求解成为可能，所以以数学模型法正日益广泛地被采用。

实践证明，上述研究方法是解决工程实际问题、发展化学工程学科的有效途径，在本课程中成为联系各单元操作的另一条主线。

0.4   单位及单位换算

任何一个物理量都是由数字和单位联合来表达的，二者缺一不可。在科学技术与生产发展的过程中，由于历史、地区以及学科的不同，形成了不同的单位制以及多种单位制单位并存的局面，即同一个物理量常可以用几种不同的单位制单位来表示。这里对国际单位制（英文缩写 SI）单位、法定计量单位和其他几种单位制单位分别做一介绍。

0.4.1 国际单位制单位

国际单位制是 1960 年 10 月第十一届国际计量大会通过的一种单位制度，其代号为 SI，它是米千克秒（MKS）制的引申。这种单位制规定了七个基本单位和两个辅助单位（见表 0-2），可以构成不同科学技术领域中所需要的全部单位。国际单位制用于构成十进倍数和分数单位的词头列于表 0-3 中。SI 制还规定了具有专门名称的导出单位，可以用它们和基本单位一起表示其他的导出单位。化工生产常用的国际单位制中，具有专门名称的导出单位列于表 0-4 中。由于 SI 单位具有"通用性"和"一贯性"的优点，自通过以来，在国际上迅速得到推广。

表 0-2　国际单位的基本单位和辅助单位

类别	物理量	单位名称	单位符号
基本单位	长度	米	m
	质量	千克	kg
	时间	秒	s
	电流	安培	A
	热力学温度	开尔文	K
	物质的量	摩尔	mol
	发光强度	坎德拉	cd
辅助单位	平面角	弧度	rad
	立面角	球面角	sr

除了以开尔文表示的热力学温度外，通常也用按式 $t = T - 273.15$ 所定义的摄氏温度（代号为℃），式中，t 为摄氏温度，℃；T 为热力学温度，K。

表 0-3　国际单位制用于构成十进倍数和分数单位的词头

所表示的因数	词头名称	符　号	所表示的因数	词头名称	符　号
10^{18}	艾[可萨]	E	10^{-1}	分	d
10^{15}	拍[它]	P	10^{-2}	厘	c
10^{12}	太[拉]	T	10^{-3}	毫	m
10^{9}	吉[咖]	G	10^{-6}	微	μ
10^{6}	兆	M	10^{-9}	纳[诺]	n
10^{3}	千	k	10^{-12}	皮[可]	p
10^{2}	百	h	10^{-15}	飞[母托]	f
10^{1}	十	da	10^{-18}	阿[托]	a

注：［　］内的字，可在不致混淆的情况下省略。

表 0-4　化工常用国际单位制中具有专门名称的导出单位

物理量	单位名称	单位符号	用其他导出单位表示	用基本单位表示
频率	赫[兹]	Hz		s^{-1}
力;重力	牛[顿]	N		$m \cdot kg/s^2$
压力;应力	帕[斯卡]	Pa	N/m^2	$kg/(m \cdot s^2)$
能量;功;热	焦[耳]	J	$N \cdot m$	$m^2 \cdot kg/s^2$
功率	瓦[特]	W	J/s	$m^2 \cdot kg/s^3$
摄氏温度	摄氏度	℃		

注：［　］内的字，可在不致混淆的情况下省略。

0.4.2 法定计量单位

中国于 1984 年 2 月 27 日颁布《中华人民共和国法定计量单位》，明确规定在我国实行以国际单位制单位为基础的法定计量单位，并从 1990 年开始采用《中华人民共和国法定单位制度》（简称法定单位制度）。法定单位制度是在国际单位制（米制）的基础上，加上若干由中国指定的国际单位制以外的单位组成的，它包括：国际单位制的基本单位；国际单位制的辅助单位；国际单位制中具有专门名称的导出单位；国家选定的非国际单位制单位；由以上这些单位构成的组合形式的单位；由词头和以上这些单位构成的十进倍数和分数单位。现将国家选定的部分非国际制单位列于表 0-5 中。

表 0-5　国家选定的部分非国际单位制单位

物理量	单位名称	单位符号	换算关系和说明
时间	分	min	$1\text{min}=60\text{s}$
	[小]时	h	$1\text{h}=60\text{min}=3600\text{s}$
	天（日）	d	$1\text{d}=24\text{h}=86400\text{s}$
平面角	[角]秒	(″)	$1''=(\pi/648000)\text{rad}(\pi\text{ 为圆周率})$
	[角]分	(′)	$1'=60''=(\pi/10800)\text{rad}$
	度	(°)	$1°=60'=(\pi/180)\text{rad}$
旋转速度	转每分	r/min	$1\text{r/min}=(1/60)\text{s}^{-1}$
质量	吨	t	$1\text{t}=10^3\text{kg}$
体积	升	L(l)	$1\text{L}=1\text{dm}^3=10^{-3}\text{m}^3$

注：1. [ ] 内的字，在不致混淆的情况下，可以省略。

2. ( ) 内的字为前者的同义词。

3. 角度单位度、分、秒的符号不处于数字后时，要用括弧。

4. r 为"转"的符号。

5. 升的符号中，小写字母 l 为备用符号。

0.4.3 其他计量单位制的单位

虽然目前国际上已普遍采用国际单位制单位，但有一些国家和行业仍在使用其他单位制，所以应该了解其他的计量单位制单位。

（1）绝对单位制的单位

① 厘米·克·秒制（简称 CGS 制）单位：又称物理单位制。其基本单位是厘米、克和秒。其他物理量的单位可由其基本单位，通过物理定义和定律导出。在以往的科学研究和物理、化学的数据手册中，常以此单位制单位作为计量单位。

② 米·千克·秒制（简称 MKS）单位：又称实用单位制。其基本单位是米、千克和秒。同理，其他物理量的单位，均可由其基本单位导出。

（2）重力单位制的单位

重力单位制（简称 MKfS）单位又称工程单位制。其基本单位是米、公斤（力）和秒，其他物理量的单位，均可由其基本单位导出。

本教材采用中国法定计量单位。

0.4.4 单位换算

如前所述，长期以来在科学研究和工程技术领域存在着多种单位制，尤其是以往的科技书籍、数据手册、文献资料中的数据是多种单位制单位并存。在使用这些数据时经常会遇到需将它们换算成所需要的单位制单位，所以必须掌握一些常见的物理量的单位换算方法。

（1）物理量的单位换算

物理量由一种单位制的单位转换成另一种单位制的单位时，量本身并无变化，但数值要改变，换算时需要乘以两单位间的换算因数。所谓换算因数，就是彼此相等而各有不同单位的两个物理量之比。化工常用单位的换算因数列于附录 1 中。

【例 0-1】　1 标准大气压等于 1.033kgf/cm^2，将其换算成 SI 单位。

解：压力的工程单位制单位为 kgf/cm^2，SI 单位制单位为 N/m^2（即 Pa）。要进行例题所要求的换算，则需将工程单位制中的 kgf 转换成 N，cm^2 转换为 m^2。由于 kgf 与 N，cm 与 m 的换算关系为：

$$1\text{kgf} = 9.807\text{N}, \quad 1\text{cm} = 10^{-2}\text{m}$$

因此，

$$1\text{ 标准大气压} = 1.033 \frac{\text{kgf}}{\text{cm}^2}\left(\frac{9.807\text{N}}{1\text{kgf}}\right)\frac{1}{\left(\frac{1\text{m}}{100\text{cm}}\right)^2}$$

$$= 1.033 \times 9.807 \times 100^2 \left(\frac{\text{kgf} \cdot \text{N} \cdot \text{cm}^2}{\text{cm}^2 \cdot \text{kgf} \cdot \text{m}^2}\right)$$

$$= 1.013 \times 10^5 \text{N/m}^2 = 101.3\text{kN/m}^2 = 101.3\text{kPa}$$

（2）理论公式与经验公式的单位换算

工程中遇到的公式有两类。一类是根据物理规律建立的公式，称为理论公式。式中各符号除比例系数外，各代表一个物理量，因此又称为物理量方程，例如牛顿第二定律 $F = ma$ 反映了物体的质量和受力的关系，式中，F 为作用于物体上的力，m 为物体的质量，a 为物体在力作用方向上的加速度。物理量实际上是数目与单位的乘积，把物理量代入理论公式时，应当把数值和单位一起代入。因此使用理论公式进行计算时，首先选定一种单位制，计算中途不能改变，这样解出的结果总是属于同一单位制，所以理论公式在单位上总是一致的。

另一类公式是根据实验数据整理而成的经验公式，式中各符号只代表物理量数字部分，其单位必须采用经验公式所指定的单位，故经验公式又称为数字公式。采用这类公式进行计算前要逐一核实数据的单位是否符合经验公式的规定，若不符合，则应先将已知数据换算成经验公式中指定的单位后才能进行运算，算出的结果则符合经验公式所规定的单位。如果经验公式需经常使用，对大量的数据进行单位换算很繁琐，则可将公式加以变换，使公式中的各符号都采用所希望的单位，这就是经验公式的换算，换算方法见下例。

【例 0-2】　液体越过平顶堰上的液面高度 h_{ow} 可用下面的经验公式计算：

$$h_{ow} = 0.48 \left(\frac{q_V}{l_w}\right)^{2/3} \tag{0-4}$$

式中，h_{ow} 为堰上液面高度，in；q_V 为液体体积流量，USgal/min；l_w 为堰长，in。试将式中各物理量的单位换算为 SI 单位，即 h_{ow} 为 m，q_V 为 m^3/s；l_w 为 m。

解：从本教材附录 1 中查得：$1\text{in} = 0.0254\text{m}$；$1\text{USgal/min} = 6.309 \times 10^{-5} \text{m}^3/\text{s}$。把各换算因子代入式（0-4），可得

$$h_{ow}\left[(\text{m}) \times \frac{1(\text{in})}{0.0254(\text{m})}\right] = 0.48 \left[\frac{q_V(\text{m}^3/\text{s}) \times \frac{1(\text{USgal/min})}{6.309 \times 10^{-5}(\text{m}^3/\text{s})}}{l_w(\text{m}) \times \frac{1(\text{in})}{0.0254(\text{m})}}\right]^{2/3}$$

即

$$h_{ow}\left(\frac{1}{0.0254}\right) = 0.48 \left[\frac{q_V \times \frac{1}{6.309 \times 10^{-5}}}{l_w \times \frac{1}{0.0254}}\right]^{2/3}$$

整理上式则得到以国际单位制表示的经验公式为

$$h_{ow} = 0.664 \left(\frac{q_V}{l_w}\right)^{2/3} \qquad (0\text{-}5)$$

经验公式在单位转换后应当以具体数据进行验算，以确定公式转换的正确与否。通过下面的习题 4，可以验算式(0-5)是否正确。

思　考　题

1. 化工原理课程的研究对象、内容、性质与任务是什么？
2. 平衡关系的作用是什么？过程速率的作用是什么？
3. 工程单位制中，质量的单位是什么？国际单位制和工程单位制之间存在怎样的关系？

习　　题

1. 8kgf·m/s 等于多少 N·m/s？多少 J/s？多少 kW？多少 kcal/h？

2. 在一连续精馏塔中，分离苯和甲苯混合物为两个纯组分。混合物处理量为 1000kmol/h，含苯 50%。塔顶苯的摩尔流量为 450kmol/h，塔底甲苯的摩尔流量为 475kmol/h，操作处于定态，试求塔顶甲苯的摩尔流量和塔底苯的摩尔流量。

3. 一换热器中，在 1h 内用 95kg 的 393K 的饱和水蒸气将 950kg，平均比容为 3.8kJ/(kg·K) 的某种溶液从 298K 加热至 353K，蒸汽冷凝成同温度的饱和水排出，试计算此换热过程的热损失占水蒸气所提供热量的百分率。

4. 分别采用式(0-5) 和式(0-4)，计算当流量为 0.05m³/s 的液体越过长度为 2m 的平顶堰的堰上液面高度。

参　考　文　献

[1] 姚玉英，黄凤廉，陈常贵，柴诚敬. 化工原理（上册）. 第二版. 天津：天津大学出版社，2004.
[2] 柴诚敬. 化工原理（上册）. 北京：高等教育出版社，2005.
[3] 杨祖荣，刘丽英，刘伟. 化工原理（上册）. 北京：化学工业出版社，2004.
[4] 陈敏恒，丛德滋，方图南，齐鸣斋. 化工原理（上册）. 第三版. 北京：化学工业出版社，2006.
[5] 王志魁. 化工原理. 第三版. 北京：化学工业出版社，2005.

第1章 流体流动

1.1 概述

流体包括气体和液体，是由不断运动着的分子所构成，其特征是没有固定的形状，而且在外力作用下其内部能发生相对运动，即流体具有流动性。

化工生产中所处理的物料大多为流体。根据生产要求，往往需要将这些流体按照生产程序从一个设备输送到另一个设备。化工厂中，管路纵横排列，与各种类型的设备连接，完成着流体输送的任务。除了流体输送外，化工生产中的传热、传质过程以及化学反应过程大都是在流体流动状态下进行的。流体流动状态对这些单元操作有着很大的影响。为了能深入理解这些单元操作的原理，就必需掌握流体流动的规律。因此，流体流动的规律是本课程的重要基础。

1.2 流体基本性质

1.2.1 连续介质的假定

在研究流体流动时，常将流体视为由无数流体微团或流体质点组成的连续介质。所谓流体微团或流体质点是指这样的小块流体：它的大小与容器或管道相比是微不足道的，但是比起分子自由程长度却要大得多，它包含足够多的分子，能够用统计平均的方法来求出宏观的参数（如压力、温度等），从而使我们可以观察这些参数的变化情况。连续性的假设首先意味着流体介质是由连续的流体质点组成的；其次还意味着质点运动过程的连续性，这样就可以从宏观的角度来研究流体的流动规律。但是，流体并不是在任何情况下都可以被视作连续介质，例如，高度真空下的稀薄气体就不再视为连续介质了。

1.2.2 流体的压缩性

流体的体积如果不随压力及温度变化，这种流体称为不可压缩流体；如果流体的体积随压力及温度变化，则称为可压缩流体。实际流体都是可压缩的，但由于液体的体积随压力及温度变化很小，所以一般把它当作不可压缩流体；气体比液体有较大的压缩性，当压力及温度改变时，气体的体积会有很大的变化，应当属于可压缩流体。但是，如果压力或温度变化很小时，气体通常也可以当作不可压缩流体处理。

1.2.3 作用在流体上的力

通常，作用于流动流体上的力有体积力和表面力。

体积力是指作用于流体的每一个质点上的力，它与流体的质量成正比，所以也称质量力。对于均匀质量的流体（简称均质流体），其体积力与其本身体积的大小成正比，故称作体积力。流体在重力场中所受的重力、在离心场中所受的离心力都是典型的体积力。

表面力是指作用于流体质点表面的作用力，它的大小与其作用的表面积成正比。对于任意一个流体微团表面，表面力通常分为垂直于表面的力和平行于表面的力。垂直于表面的力称为压力，平行于表面的力称为剪力。

1.2.4　体积力和密度

均质流体在重力场中运动时所受到的重力（体积力）与流体的体积成正比。单位体积流体的质量称为流体的密度，其表达式为

$$\rho = \frac{m}{V} \tag{1-1}$$

式中，ρ 为流体的密度，kg/m^3；m 为流体的质量，kg；V 为流体的体积，m^3。

不同的流体，其密度不同，对一定的流体，其密度是压力 p 和温度 T 的函数，即

$$\rho = f(p, T) \tag{1-2}$$

液体的密度随温度略有改变，但几乎不随压力变化（极高压力下除外），故通常把液体视为不可压缩流体。液体密度随温度变化的关系可在有关手册中查得，本书附录给出了一些常用流体的密度值。

气体是可压缩流体，其密度随压力和温度的变化较大。当压力不太高、温度不太低时，气体的密度可近似地按理想气体状态方程式计算

$$\rho = \frac{m}{V} = \frac{pM}{RT} \tag{1-3}$$

式中，p 为气体的压力，N/m^2 或 Pa；T 为气体的热力学温度，K；M 为气体的摩尔质量，kg/mol；R 为通用气体常数，$8.314kJ/(kmol \cdot K)$。

生产中遇到的流体常常不是单一组分，而是由若干组分所构成的混合物。液体混合时，体积往往有所改变，但通常液体混合物可视作理想溶液，即混合前后体积不变，则 1kg 混合液的体积等于各组分单独存在时的体积之和，即可由下式求出液体混合物的密度 ρ_m（kg/m^3）。

$$\frac{1}{\rho_m} = \frac{\alpha_1}{\rho_1} + \frac{\alpha_2}{\rho_2} + \cdots + \frac{\alpha_n}{\rho_n} \tag{1-4}$$

式中，α_1，α_2，$\cdots$，α_n 为液体混合物中各组分的质量分数；ρ_1，ρ_2，$\cdots$，ρ_n 为液体混合物中各组分的密度，kg/m^3。

气体混合物的密度也可通过各单组分的密度进行计算。对于气体混合物，其组成常用体积分数表示，故其密度 ρ_m（kg/m^3）的计算式为

$$\rho_m = \rho_1 \varphi_1 + \rho_2 \varphi_2 + \cdots + \rho_n \varphi_n \tag{1-5}$$

式中，φ_1，φ_2，$\cdots$，φ_n 为气体混合物中各组分的体积分数；当气体混合物的温度、压力接近理想气体状态时，气体混合物的密度也可用式(1-3)计算，但式中气体的摩尔质量 M，应以混合气体的平均摩尔质量 M_m 代替，即

$$M_m = M_1 y_1 + M_2 y_2 + \cdots + M_n y_n \tag{1-6}$$

式中，M_1，M_2，$\cdots$，M_n 为气体混合物各组分的摩尔质量；y_1，y_2，$\cdots$，y_n 为气体混合物各组分的摩尔分数。对于理想气体，气体混合物的体积分数与摩尔分数、压力分数是相等的。

单位质量流体的体积，称为流体的比容，用符号 v 表示，单位为 m^3/kg。

$$v = \frac{V}{m} \tag{1-7}$$

显然，流体的比容与密度互为倒数。

1.2.5　压力和静压力

如前所述，垂直作用于任意流体微团表面的力称为压力，平行于该表面的力称为剪力。流体垂直作用于单位面积上的力称为流体的压强，习惯上称为流体的压力。作用于整个面上的力称为总压力。在静止流体中，从各方向作用于某一点的压力大小均相等。

在法定单位制中，压力的单位是 N/m²，称为帕斯卡，以 Pa 表示。此外，经常采用的压力单位还有标准大气压（atm）、流体柱高度、kgf/cm² 等。它们之间的换算关系为

$$1atm = 101325Pa = 760mmHg = 10.33mH_2O = 1.033kgf/cm^2$$

压力通常有两种不同的计量基准，以绝对真空（即零大气压）为基准测得的压力称为绝对压力；以当地大气压为基准测得的压力称为表压或真空度。工程上用压力表测得的流体压力就是流体的表压。它是流体的绝对压力与外界大气压力的差值，即

表压＝绝对压力－大气压力

当被测流体的绝对压力小于大气压时，其低于大气压的数值称为真空度，它是真空表直接测量的读数，表示绝对压力比大气压所低的程度

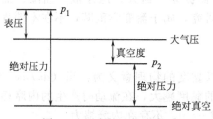

图 1-1　压力的基准和度量

真空度＝大气压力－绝对压力

注意：式中的大气压力均应指当地大气压。在本章中如不加以说明时均可按标准大气压计算。此外，写流体压力时要注明是绝对压力还是表压或真空度。

图 1-1 表示压力的基准和度量，反映了绝对压力、表压和真空度之间的关系。

【例 1-1】 某台离心泵进、出口压力表读数分别为 220mmHg（真空度）及 1.7kgf/cm²（表压）。若当地大气压力为 760mmHg，试求它们的绝对压力各为多少（以法定单位表示）？

解： 泵进口绝对压力 $p_1 = 760 - 220 = 540mmHg = 7.2 \times 10^4 Pa$

泵出口绝对压力 $p_2 = 1.7 + 1.033 = 2.733kgf/cm^2 = 2.68 \times 10^5 Pa$

1.2.6　剪力和黏度

剪力也称剪切力，是平行作用于任意流体微团表面的力。流体单位面积上所受的剪力称为剪应力。静止流体在剪力的作用下将发生连续不断的变形，即产生流动。剪力实质上是流动流体的内摩擦力。流体流动时产生内摩擦力的性质，称为黏性。流体黏性越大，流动时的内摩擦力就越大，其流动性就越小。

1.2.6.1　牛顿黏性定律

如图 1-2 所示，设有间距甚小的两块平行平板，板间充满静止的液体。将下板固定，对上板施加一平行于平板的恒定外力 F，使上板以匀速作平行于下板的直线运动，则板间的液体也随之移动。紧贴上层平板的液体，因附着在板面上，具有与上层平板相同的速度；而紧贴下层固定板面的液体则静止不动；在两块平板之间的液体中形成上大下小的流速分布。此两平板间的液体可看成是许多平行于平板的流体层，层与层之间存在着速度差，即各液层之间存在着相对运动。由于液体分子间的引力以及分子的无规则热运动的结果，运动较快的液层对其相邻的运动较慢的液层有着拉动其向运动方向前进

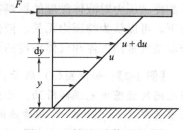

图 1-2　平板间流体速度变化

的力，而同时运动较慢的液层，对其上运动较快的液层也作用着一个大小相等、方向相反的力，从而拖曳较快的液层的运动。这种运动着的流体内部相邻两流体层间由于分子运动而产生的相互作用力，称为流体的内摩擦力或黏滞力。流体运动时内摩擦力的大小，体现了流体黏性的大小。

实验证明，两流体层之间单位面积上的内摩擦力（即剪应力）τ 与垂直于流动方向的速度梯度成正比。即

$$\tau = \mu \frac{du}{dy} \tag{1-8}$$

式中，μ 为比例系数，称为流体的黏度或动力黏度；du/dy 表示速度沿法线方向上的变化率，即速度梯度。式(1-8) 所示的关系称为牛顿黏性定律。

图 1-2 中，平板间不同速度的流体层在流动方向上具有不同的动量，因此，层间分子的交换造成了层间动量的交换和传递。动量传递的方向是由高速层向低速层传递，即与速度梯度的方向相反。无论是气体或液体，剪应力的大小即代表此项动量传递的速率。

凡是满足牛顿黏性定律的流体称为牛顿型流体，否则为非牛顿型流体。一般气体和大多数低分子量的液体，如空气、水等都是牛顿型流体，而泥浆、血浆、悬浮液、油漆、油脂等，则属于非牛顿型流体。对于非牛顿型流体流动的研究，属于流变学范畴，不在本课程的讨论之中。

1.2.6.2 流体的黏度

由式(1-8) 可知，当 $(du/dy)=1$ 时，$\mu=\tau$，所以黏度的物理意义为：当 $(du/dy)=1$ 时，单位面积上所产生的内摩擦力大小。显然，流体的黏度越大，在流动时产生的内摩擦力也就越大。而当 $(du/dy)=0$，即两层流体相对静止时 $\tau=0$，不存在内摩擦力。

从式(1-8) 可得黏度的单位为

$$[\mu] = \left[\frac{\tau}{du/dy}\right] = \frac{N/m^2}{\dfrac{m/s}{m}} = N \cdot s/m^2 = Pa \cdot s = kg/(m \cdot s)$$

常用流体的黏度可以从有关手册中查得，但查到的数据常用物理单位制表示。在物理单位制中黏度的单位为 $g/(cm \cdot s)$，用符号 P 表示，称为泊。由于泊的单位比较大，使用不方便，通常用 P/100 作为黏度单位，以符号 cP 表示，称为厘泊。cP 与 Pa·s 的换算关系为

$$1P = 100cP = 10^{-1}Pa \cdot s$$

流体的黏性还可用黏度 μ 与密度 ρ 的比值表示，称为运动黏度，用符号 ν 表示，即

$$\nu = \frac{\mu}{\rho} \tag{1-9}$$

其单位为 m^2/s。在物理单位制中，其单位为 cm^2/s，称为斯托克斯，用符号 St 表示。

黏度是流体的一种物理性质，是衡量流体黏性大小的物理量。温度对液体黏度的影响很大，当温度升高时，液体的黏度减小，而气体的黏度增大；同一温度下，气体黏度远小于液体黏度。压力对液体黏度的影响很小，可忽略不计，而气体的黏度，除非在极高或极低的压力下，可以认为与压力无关。液体和气体的黏度数据，通常由实验测定。本书附录中给出了查取某些常用液体和气体黏度的图表。

【例 1-2】 如附图(a) 所示，活塞在气缸内以 0.9m/s 的速度作往复运动，活塞与气缸壁之间的缝隙中充满润滑油。已知气缸内壁的直径 $D=100mm$，活塞的外径 $d=99.96mm$，活塞的厚度 $l=120mm$，润滑油的黏度 $\mu=1P$，试求作用在活塞上的黏滞力为多少？

解：由题知，活塞与气缸间的缝隙 n 很小，为 $100-99.96=0.04mm$。由于黏性作用，黏附在气缸内壁的润滑油层速度为零，黏附在活塞外表面的润滑油层的速度与活塞速度相同，为 0.9m/s。即气缸壁与活塞间隙润滑油的速度由零增至 0.9m/s，油层间产生相对运动，速度分布可以认为是直线，

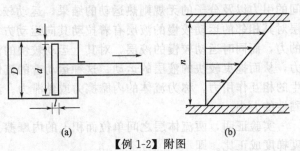

【例 1-2】附图

如附图(b) 所示。于是，油层间相对运动产生的剪应力可用 $\tau = \mu(\mathrm{d}u/\mathrm{d}y)$ 计算。该剪应力乘以活塞与气缸内壁的接触面积就是作用于活塞上的黏滞力。

根据上述分析，有

$$\frac{\mathrm{d}u}{\mathrm{d}y} = \frac{u}{n} = \frac{900}{0.5(100-99.96)} = 45 \times 10^3 \, \mathrm{s}^{-1}$$

将此值代入式(1-8)，则剪应力为　　　　$\tau = 0.1 \times 45 \times 10^3 = 45 \times 10^2 \, \mathrm{N/m}^2$

接触面积为　　　　$A = \pi dl = \pi \times 0.09996 \times 0.12 = 0.0377 \, \mathrm{m}^2$

故作用在活塞上的黏滞力为　　　　$F = \tau A = 45 \times 10^2 \times 0.0377 \approx 170 \, \mathrm{N}$

1.3　流体静力学基本方程

1.3.1　流体静力学基本方程

流体静力学主要研究流体在重力和压力作用下处于静止状态时的平衡规律。流体静力学基本方程式是用于描述静止流体内部的压力沿着高度变化的数学表达式。对于不可压缩流体，密度不随压力变化，其静力学基本方程可用下述方法推导。

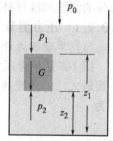

图 1-3　流体静力学研究实例

从图 1-3 所示的容器内的静止液体中任意划出一垂直液柱，其横截面积为 A，液体密度为 ρ。若以容器底为基准水平面，则液柱的上、下底面与基准水平面的垂直距离分别为 z_1 和 z_2，以 p_1 与 p_2 分别表示高度为 z_1 及 z_2 处的压力。在垂直方向上作用于液柱的力有：下底面所受向上的总压力为 $p_2 A$；上端面所受向下总压力为 $p_1 A$；整个液柱重力为 $G = \rho g A(z_1 - z_2)$。

在静止液体中，液柱处于平衡状态，上述三力之合力应为零，即

$$p_2 A - p_1 A - \rho g A(z_1 - z_2) = 0$$

化简并消去 A，得

$$p_2 = p_1 + \rho g(z_1 - z_2) \tag{1-10}$$

如果将液柱的上端面取在液面，并设液面上方的压力为 p_0，液柱 $z_1 - z_2 = h$，则上式变为

$$p = p_0 + \rho g h \tag{1-10a}$$

式(1-10) 及式(1-10a) 称为静力学基本方程式。

由静力学基本方程式可知，当液面上方的压力一定时，静止液体内任一点压力的大小与液体自身的密度和该点的深度有关。因此，在静止的、连续的同一液体内，位于同一水平面上各点，因其深度相同，其压力亦相等。此压力相等的水平面，称为等压面。

当液面的上方压力 p_0 有变化时，必将引起液体内部各点压力发生同样大小的变化。这就是巴斯德原理。

式(1-10a) 可改写为

$$\frac{p - p_0}{\rho g} = h \tag{1-10b}$$

由上式可知，压力或压力差的大小可用液柱高度来表示，但需注明液体的种类。

式(1-10) 也可分别改写为如下形式

$$\frac{p_1}{\rho} + z_1 g = \frac{p_2}{\rho} + z_2 g \tag{1-10c}$$

$$\frac{p}{\rho}+zg=常数 \tag{1-10d}$$

式中，zg 项的单位为 $\dfrac{m \cdot m}{s^2}=\dfrac{kg \cdot m \cdot m}{kg \cdot s^2}=\dfrac{N \cdot m}{kg}=\dfrac{J}{kg}$，即为单位质量流体具有的位能；$\dfrac{p}{\rho}$

项的单位为 $\dfrac{(N/m^2)}{(kg/m^3)}=\dfrac{N \cdot m}{kg}=\dfrac{J}{kg}$，即为单位质量流体具有的静压能。

式(1-10d) 表明，静止流体中存在着位能和静压能两种能量形式，在同一静止流体中，处在不同位置流体的位能和静压能各不相同，但二者的总和保持不变。可见，静力学基本方程亦反映了静止流体内部能量守恒与转换的关系。

虽然静力学基本方程式是用液体进行推导的，液体的密度可视为常数，而气体密度则随压力而改变，但考虑到气体密度随容器高低变化甚微，一般也可视为常数，故静力学基本方程亦适用于气体。

1.3.2 流体静力学基本方程的应用

流体静力学基本方程在化工生产中应用十分广泛，如流体在设备或管道内压力的测量、液位的测量和液封高度的确定等。

1.3.2.1 压力测量

（1）单管压力计

图 1-4 是单管压力计的示意图。它是将一根玻璃管与被测压力容器相连通，玻璃管的另一端通大气。由玻璃管中的液面高度 R，根据流体静力学基本方程可得测压口 A 处的绝压为

$$p_A=p_a+R\rho g$$

表压为

$$p_A-p_a=R\rho g$$

显然，单管压力计只能用来测量高于大气压的液体压力，不能用来测量气体压力。此外，如果被测压力 p_A 太大，读数 R 将过大，测压很不方便。相反，如果被测压力与大气压过于接近，读数 R 将很小，使测量误差增大。

（2）U 形管液柱压差计

图 1-5 是 U 形管液柱压差计的示意图，它是在一根 U 形玻璃管内装入指示液，要求指示液与被测流体不发生化学反应且不互溶，其密度 ρ_0 大于被测流体的密度 ρ。指示液的种类随被测液体而异。常用的指示液有水、水银、四氯化碳和液体石蜡等。测量时将 U 形管的两端与管道中的两截面相连通，若作用于 U 形管两端的压力 p_1 和 p_2 不等（图中 $p_1 > p_2$），则指示液就在 U 形管两端出现 R 大小的高差。利用 R 的数值，再根据静力学基本方程式，就可算出两截面之间的压力差。

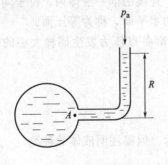

图 1-4 单管压力计

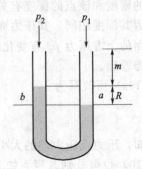

图 1-5 U 形管液柱压差计

由流体静力学原理可知，在同一种静止液体（指示液）的同一水平面上压力相等。因

此，图 1-5 中 a、b 两点的压力是相等的，即 $p_a = p_b$。根据流体静力学基本方程，对 U 形管右侧有

$$p_a = p_1 + (m+R)\rho g$$

同理，对 U 形管的左侧有

$$p_b = p_2 + m\rho g + R\rho_0 g$$

因为　　　　　　　　　　　　$p_a = p_b$

所以　　　　　　$p_1 + (m+R)\rho g = p_2 + m\rho g + R\rho_0 g$

$$p_1 - p_2 = R(\rho_0 - \rho)g \qquad (1\text{-}11)$$

若被测流体为气体，由于气体的密度比指示液的密度 ρ_0 小得多，故 $\rho_0 - \rho \approx \rho_0$，式(1-11) 简化为

$$p_1 - p_2 = R\rho_0 g \qquad (1\text{-}11a)$$

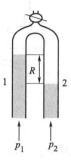

当被测压差很小时，为减小读数误差，有时可采用倒 U 形管压差计，使读数放大。图 1-6 所示是倒 U 形管压差计。该压差计是利用被测量液体本身作为指示液的，压力差 $p_1 - p_2$ 可根据液柱高度差 R 按式(1-11a) 进行计算。

图 1-6　倒 U 形管压差计

【例 1-3】　如附图所示，常温水在管道中流过，用一 U 形压差计测量阀门上下游 a、b 两点间的压力差。已知指示液为水银，压差计读数 $R = 150\text{mmHg}$，水与水银的密度分别为 1000kg/m^3 及 13600kg/m^3，试计算 a、b 两点的压力差。

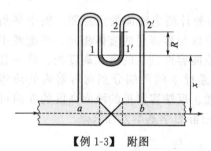

解： 如附图所示，根据连续、静止的同一液体内同一水平面上各点压力相等的原理，有

$$p_1' = p_1, \, p_2' = p_2 \qquad (a)$$

【例 1-3】　附图

取管道截面 a、b 处的压力分别为 p_a 与 p_b。

因

$$p_1 = p_a - x\rho_{\text{H}_2\text{O}}g$$

$$p_1' = R\rho_{\text{Hg}}g + p_2$$

$$= R\rho_{\text{Hg}}g + p_b - (R+x)\rho_{\text{H}_2\text{O}}g$$

根据式 (a)，则

$$p_a - p_b = x\rho_{\text{H}_2\text{O}}g + R\rho_{\text{Hg}}g - (R+x)\rho_{\text{H}_2\text{O}}g = R(\rho_{\text{Hg}} - \rho_{\text{H}_2\text{O}})g$$
$$= 0.15 \times (13600 - 1000) \times 9.81 = 1.85 \times 10^4 \text{Pa}$$

（3）斜管压差计

当被测量的流体压力或压差不大时，读数 R 必然很小，为了提高测量的精确度，也可采用图 1-7 所示的斜管压差计。对于同一压差（$p_1 - p_2$），倾斜时的读数 R' 与不倾斜时的读数 R 的关系为

$$R' = R/\sin\alpha \qquad (1\text{-}12)$$

式中，α 为倾斜角，其值越小，则 R' 值越大。

（4）微差压差计

若使用斜管压差计所得到的读数 R 仍然很小，则可采用微差压差计，其构造如图 1-8 所示。在 U 形管中装入两种密度稍有不同、互不相容的指示液 a 和 b，且指示液 b 与被测流体亦不互溶。管的上端有扩大室，扩大室应有足够大的截面积（其内径一般应大于 U 形管内径的 10 倍），当读数 R 变化时，两扩大室中的液面不致有明显的变化而可认为等高。于是，根据流体静力学基本方程式可导出

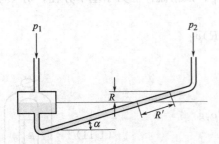

图 1-7　斜管压差计

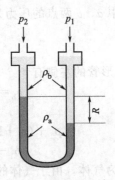

图 1-8　微差压差计

$$p_1 - p_2 = \Delta p = Rg(\rho_a - \rho_b) \tag{1-13}$$

式中，ρ_a、ρ_b 分别表示重、轻两种指示液的密度，kg/m^3。

从上式可看出，对于一定的压差，$(\rho_a - \rho_b)$ 愈小则读数 R 愈大，所以为了提高测量的精确度，应该使用两种密度接近的指示液。

1.3.2.2　液面测定

化工厂中经常需要了解容器里液体的储有量，或者需要控制设备里液体的液面，因此要对液面进行测定。下面介绍两种利用液柱压差计测定液面的方法。

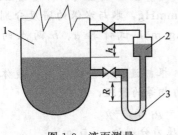

图 1-9　液面测量

1—气体；2—液体 A；3—指示液 B

图 1-9 为用液柱压差计测定液面的示意图。图中平衡器的小室 2 中所装的液体与容器里的液体相同。平衡器里液面高度维持在容器液面容许到达的最大高度处。将一装有指示液的 U 形管压差计 3 的两端分别与容器内的液体和平衡器内的液体连通。反映容器里的液面高度的 h 值可根据压差计的读数 R 由静力学基本方程求得

$$h = \frac{\rho_B - \rho_A}{\rho_A} R$$

由上式可知，容器液面越低，压差计读数 R 越大，液面越高，读数 R 越小。当液面达到最大容许高度时，压差计的读数为零。

【例 1-4】　为了确定容器中石油产品的液面，采用如附图所示的装置。压缩空气用调节阀 1 调节流量，使其流量控制得很小，只要在鼓泡观察器 2 内有气泡缓慢逸出即可。因此，气体通过吹气管 4 的流动阻力可忽略不计。吹气管内压力用 U 形管压差计 3 来测量。压差

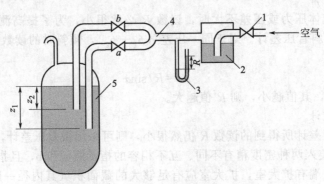

【例 1-4】　附图

1—调节阀；2—鼓泡观察器；3—U 形管压差计；4—吹气管；5—储罐

计读数 R 的大小，反映储罐 5 内液面高度。指示液为汞。(1) 分别由 a 管或由 b 管输送空气时，压差计读数分别为 R_1 或 R_2，试推导 R_1、R_2 分别同 z_1、z_2 的关系；(2) 当 $(z_1-z_2)=1.5\text{m}$，$R_1=0.15\text{m}$，$R_2=0.06\text{m}$ 时，试求石油产品的密度 ρ_p 及 z_1。

　　解：(1) 在附图所示的装置中，由于吹气管内空气流速很小，且管内无液体，故可认为储罐中吹气管出口处的压力与 U 形管压差计左侧水银柱上面的压力近似相等。依据压力与液柱高度的关系式，对于 a 管与 b 管分别求得

$$z_1=R_1\frac{\rho_{\text{Hg}}}{\rho_p} \tag{a}$$

$$z_2=R_2\frac{\rho_{\text{Hg}}}{\rho_p} \tag{b}$$

　　(2) 将式 (a) 减去式 (b) 并经整理得

$$\rho_p=\frac{R_1-R_2}{z_1-z_2}\rho_{\text{Hg}}=\frac{0.15-0.06}{1.5}\times13600=816\text{kg/m}^3$$

故

$$z_1=0.15\times\frac{13600}{816}=2.5\text{m}$$

1.3.2.3　确定液封高度

　　在化工生产中，为了保证安全正常生产，经常要用如图 1-10 所示的安全液封（或称为水封）把气体封闭在设备中，以防止气体泄漏、倒流，或防止设备内压强过高而起泄压作用，以确保设备操作的安全。若设备要求压力不超过 p_1（表压），按静力学基本方程式，则水封管插入液面下的深度 h 应为

$$h=\frac{p_1}{\rho_{\text{H}_2\text{O}}g} \tag{1-14}$$

为安全起见，实际安装时管子插入液面下的深度应比上式计算的 h 值略小些。

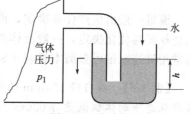

图 1-10　安全液封

1.4　流体流动的基本方程

　　流体流动不同于固体运动。流体流动时不仅有宏观的整体流动，而且有流体内部的相对运动。流体的流动形式主要有管流、射流、绕流和自由流等。化工厂中流体通常是沿密闭的管路流动，因此了解管内流体流动的规律十分必要。本节主要讨论流体流动过程中，流速、压力等参数的变化规律，研究流体流动过程中的能量损失以及流体流动所需的能量。反映管内流体流动规律的主要有连续性方程和伯努利方程。

1.4.1　流量与流速

　　(1) 流量

　　① 体积流量　单位时间内流体流经管道任一截面的体积称为体积流量，以 q_V 表示，其单位为 m^3/s。

　　② 质量流量　单位时间内流体流经管道任一截面的质量称为质量流量，以 q_m 表示，其单位为 kg/s。对于密度为 ρ 的流体，在管道内流动时，其体积流量与质量流量之间的关系为

$$q_m=\rho q_V \tag{1-15}$$

　　(2) 流速

　　① 平均流速　流速是指单位时间内流体质点在流动方向上流过的距离。实验证明，由

于流体具有黏性，流体在管道内流动时管道任一截面上各点的流速各不相同，在管壁处为
零，越接近管中心流速越大，在管中心达到最大值。但工程上为了计算方便，通常用体积流
量除以管道截面积（A）所得的值来表示流体在管道中的速度。此种速度称为平均速度，简
称流速，以 u 表示，单位为 m/s。流量与流速关系为

$$u = \frac{q_V}{A} \tag{1-16}$$

$$q_m = \rho q_V = \rho A u \tag{1-17}$$

② 质量流速　是指单位时间内流体流经管道单位截面积的质量，以 G 表示，单位为
kg/(m² · s)。它与流速及流量的关系为

$$G = \frac{q_m}{A} = \rho u \tag{1-18}$$

由于气体的体积流量随温度和压力的改变而变化，显然，气体的流速也将随之变化，但
其质量流量不变。此时，采用质量流速比较方便。

③ 管道直径　若以 d 表示管内径，则式(1-16)可写成

$$u = \frac{q_V}{\frac{\pi}{4}d^2} = \frac{q_V}{0.785d^2}$$

于是

$$d = \sqrt{\frac{q_V}{0.785u}} \tag{1-19}$$

流量一般由生产任务决定，而适宜的流速通常根据输送机械的操作费和管路的设备费的
经济权衡与优化决定，一般液体流速为 0.5～3m/s，气体为 10～30m/s。某些流体在管道中
的常用流速范围可参阅本章表 1-3。

【**例 1-5**】　以内径 105mm 的钢管输送压力为 2atm、温度为 120℃ 的空气。已知空气在
标准状态下的体积流量为 630m³/h，试求此空气在管内的流速和质量流速。

解：依题意空气在标准状态下的流量应换算为操作状态下的流量。因压力不高，可应用
理想气体状态方程计算如下

$$V = V_0 \left(\frac{T}{T_0}\right)\left(\frac{p_0}{p}\right) = 630 \times \left(\frac{273+120}{273}\right) \times \frac{1}{2} = 453 \text{m}^3/\text{h}$$

依式(1-16)得流速　　$u = \dfrac{V}{0.785d^2} = \dfrac{453/3600}{0.785 \times \left(\frac{105}{1000}\right)^2} = 14.54 \text{m/s}$

取空气的平均摩尔质量为 $M_m = 28.9$kg/kmol，则实际操作状态下空气的密度为

$$\rho = \left(\frac{28.9}{22.4}\right) \times \left(\frac{273}{273+120}\right) \times \left(\frac{2}{1}\right) = 1.79 \text{kg/m}^3$$

依式(1-18)得质量流速　$G = \rho u = 1.79 \times 14.54 = 26.03 \text{kg/(m}^2 \cdot \text{s)}$

【**例 1-6**】　某厂一精馏塔的进料量为 14kg/s，料液性质与水相近，密度为 960kg/m³，
试选择进料管的管径。

解：依式(1-19)得管内径为　$d = \sqrt{\dfrac{q_V}{0.785u}}$

式中　　　　　　　　$q_V = \dfrac{14}{960} = 14.58 \times 10^{-3} \text{m}^3/\text{s}$

因料液性质与水相近，选取流速 $u = 1.8$m/s，则

$$d = \sqrt{\frac{14.58}{0.785 \times 1.8 \times 1000}} = 0.102 \text{m}$$

查附录中管子规格，确定选用 $\phi 108 \times 4$（外径 108mm，壁厚 4mm）的无缝钢管，其内径为

$$d = 108 - (4 \times 2) = 100 \text{mm} = 0.1 \text{m}$$

因此，水在输送管内的实际流速为

$$u = \frac{q_V}{0.785 d^2} = \frac{14.58 \times 10^{-3}}{0.785 \times 0.1^2} = 1.86 \text{m/s}$$

1.4.2　定态流动与非定态流动

定态流动是指流体在管道中流动时，在任一点上的流速、压力等有关物理参数只是位置的函数，而不随时间变化的流动；非定态流动则是指上述物理参数不仅随位置变化，而且也随时间变化的流动。如图 1-11(a) 所示，水自变动水位的储水槽底部的小管流出，水在小管中的流出速度因槽内水面的降低而随时间发生变化，为非定态流动；而图 1-11(b) 中，储水槽的水位通过水的不断加入和溢流维持恒定，则水在储水槽底部小管中的流出速度不随时间发生变化，为定态流动。

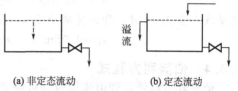

(a) 非定态流动　　　　(b) 定态流动

图 1-11　定态流动与非定态流动

化工生产中，流体的流动情况大多为定态流动。因此，除非特别指明外，本书中所讨论的均系定态流动问题。

1.4.3　连续性方程

如图 1-12 所示，流体在管路中作连续定态流动，从截面 1—1′ 流入，从截面 2—2′ 流出。

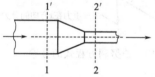

图 1-12　连续性方程式的推导

若在管路两截面之间无流体损失，根据质量守恒定律，单位时间从截面 1—1′ 进入的流体质量应等于从截面 2—2′ 流出的流体质量，即

$$q_{m_1} = q_{m_2} \tag{1-20}$$

由式(1-17) 得

$$\rho_1 A_1 u_1 = \rho_2 A_2 u_2 \tag{1-21}$$

推广到管路的任意截面，即

$$\rho A u = 常数 \tag{1-22}$$

式(1-22) 称为连续性方程式。若流体不可压缩，$\rho =$ 常数，则上式可简化为

$$A u = 常数 \tag{1-23}$$

由此可知，在不可压缩流体的连续定态流动中，流速与管道的截面积成反比。截面积愈大，流速愈小，反之亦然。

对于圆形管道，由式(1-23) 可得

$$\frac{\pi}{4} d_1^2 u_1 = \frac{\pi}{4} d_2^2 u_2$$

或

$$\frac{u_1}{u_2} = \left(\frac{d_2}{d_1}\right)^2 \tag{1-24}$$

式中，d_1 及 d_2 分别为管路上截面 1—1′ 和截面 2—2′ 处的管内径。上式说明不可压缩流体在管路中的流速与管子内径的平方成反比。

【例 1-7】　如附图所示的输水管路，管内径分别为：$d_1 = 2.5 \text{cm}$，$d_2 = 10 \text{cm}$，$d_3 = 5 \text{cm}$。

(1) 当流量为 4L/s 时，各管段的平均流速为多少？

(2) 当流量增至 8L/s 或减至 2L/s 时，平均流速如何变化？

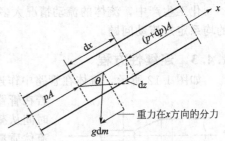

【例1-7】 附图

解： (1) 根据式(1-16)，则

$$u_1 = \frac{q_V}{A_1} = \frac{4 \times 10^{-3}}{\frac{\pi}{4} \times (2.5 \times 10^{-2})^2} = 8.15 \text{m/s}$$

由式(1-24)得

$$u_2 = \left(\frac{d_1}{d_2}\right)^2 u_1 = \frac{1}{16} \times 8.15 = 0.51 \text{m/s}$$

$$u_3 = \left(\frac{d_1}{d_3}\right)^2 u_1 = \frac{1}{4} \times 8.15 = 2.04 \text{m/s}$$

(2) 各截面流速比例保持不变，流量增至8L/s时，流量增为原来的2倍，则各段流速亦增加至2倍，即

$$u_1 = 16.3 \text{m/s}, \quad u_2 = 1.02 \text{m/s}, \quad u_3 = 4.08 \text{m/s}$$

流量减小至2L/s时，即流量减小1/2，各段流速亦为原值的1/2，即

$$u_1 = 4.08 \text{m/s}, \quad u_2 = 0.26 \text{m/s}, \quad u_3 = 1.02 \text{m/s}$$

1.4.4 伯努利方程式

伯努利方程式是管内流体流动机械能衡算式。

1.4.4.1 伯努利方程式的概念

假定流体无黏性，即在流动过程中无摩擦损失，这样的流体称为理想流体。当理想流体在如图1-13所示的管路内作定态流动时，在管截面上流体质点的速度分布是均匀的。流体的压力、密度都取在管截面上的平均值，流体质量流量为 q_m，管截面积为 A。在管路中取一微管段 dx，管段中的流体质量为 dm。分析作用于此微管段的力，可知：

① 作用于微管段两端的总压力分别为 pA 和 $-(p+dp)A$；

② 质量为 dm 的流体的重力为 $g dm$。因 $dm = \rho A dx$，$\sin\theta dx = dz$，重力沿 x 方向的分力为

图1-13 伯努利方程式的推导

$$(g dm)\sin\theta = g\rho A\sin\theta dx = g\rho A dz$$

由上述可知，作用于微管段流体上的各力沿 x 方向的分力之和为

$$pA - (p+dp)A - g\rho A dz = -A dp - g\rho A dz \tag{1-25}$$

另外，流体流经管路时，不仅压力发生变化，而且动量也要发生变化。流体流进微管段的流速为 u，流出的流速为 $(u+du)$。因此动量的变化速率为

$$q_m du = \rho A u du \tag{1-26}$$

根据动量原理，作用于微管段流体上的力的合力等于流体的动量变化的速率，由式(1-25)与式(1-26)得

$$\rho A u du = -A dp - g\rho A dz \tag{1-27}$$

化简，得

$$g dz + \frac{dp}{\rho} + u du = 0 \tag{1-28}$$

对不可压缩流体，ρ 为常数，对上式积分得

$$gz + \frac{p}{\rho} + \frac{u^2}{2} = 常数 \tag{1-29}$$

式(1-29)称为伯努利方程式，适用于不可压缩非黏性的流体，故上式又称为理想流体伯努利方程式。

对于气体，若管路两截面间压力差很小，如 $(p_1-p_2)/p_1 \leqslant 0.2$，密度 ρ 变化也很小，此时气体可按不可压缩流体处理，密度采用两截面的平均值，伯努利方程式仍可适用。

若气体压力在两截面间的变化较大时，流体压缩性的影响则不可忽略，必须根据过程的性质（等温或绝热）按热力学方法处理，此处不作进一步论述。

1.4.4.2 伯努利方程式的物理意义

式(1-29)等号左边由 gz、p/ρ 和 $u^2/2$ 三项所组成，单位均为 J/kg。在流体静力学讨论时已知 gz 为单位质量流体所具有的位能，p/ρ 为单位质量流体所具有的静压能。而这里 $u^2/2$ 为单位质量流体所具有的动能。可见，式(1-29)中的每一项都是单位质量流体的能量。位能、静压能及动能均属于机械能，三者之和称为总机械能或总能量。式(1-29)表明，这三种形式的能量可以相互转换，但总能量不会改变，即三项之和为一常数。所以，式(1-29)是单位质量流体能量守恒方程式。

若将式(1-29)各项均除以重力加速度 g，则得

$$z+\frac{p}{\rho g}+\frac{u^2}{2g}=常数 \tag{1-30}$$

上式中各项的单位为 m，可写成 (N·m/N)＝J/N，即单位重量（1N）流体所具有的能量。故式(1-30)是单位重量流体能量守恒方程式。

因 z、$p/\rho g$ 和 $u^2/2g$ 的量纲都是长度，所以各种单位重量流体的能量都可以用液体柱高度表示。因此，在流体力学中常把单位重量流体的能量称为压头，z 称为位压头，$p/\rho g$ 称为静压头，$u^2/2g$ 称为动压头或速度压头。而 $\left(z+\dfrac{p}{\rho g}+\dfrac{u^2}{2g}\right)$ 称为总压头。

1.4.5 实际流体机械能衡算式

（1）机械能损失

前面由理想流体在管路中流动时的受力分析导出了伯努利方程式。然而，实际流体是有黏性的。由于黏性，管截面上流体质点的速度分布是不均匀的。因此，管内流体的流速通常取管截面上的平均流速。另外，流体从截面 1 流至截面 2 时，由于内摩擦会使一部分机械能转化为热能，而引起总机械能损失，这可通过图 1-14 加以阐述。

在直管的截面 1 与截面 2 处各安装一根测压管，测得两截面处的静压头分别为 $p_1/\rho g$ 与 $p_2/\rho g$，且 $p_1/\rho g > p_2/\rho g$。由于是水平等径直管，则 $z_1=z_2$，$u_2^2/2g = u_1^2/2g$。显然，截面 1 处的压头之和大于截面 2 处的压头之和。二者之差即为实际流体在这段直管中流动时的压头损失，即机械能损失。

由上述可知，实际流体在管路内流动时，由于流体的黏性造成的内摩擦，必然要消耗一部分机械能。因此必须在机械能衡算时加入损失项，即

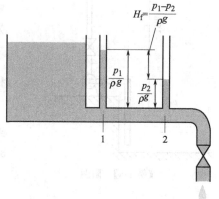

图 1-14 实际流体流动时的能量损失

$$z_1+\frac{p_1}{\rho g}+\frac{u_1^2}{2g}=z_2+\frac{p_2}{\rho g}+\frac{u_2^2}{2g}+\sum H_f \tag{1-31}$$

式中，$\sum H_f$ 为压头损失，m。

由式(1-31)可知，只有当截面 1 处的总压头大于截面 2 处的总压头时，流体才能克服流体的内摩擦阻力由截面 1 流至截面 2。

（2）外加机械能

在化工生产中，常常需要将流体从总压头较小的地方输送到总压头较大的地方。如【例1-8】附图所示，将水从水池输送到高处的密闭容器，这一过程不能自动进行，需要由从外界向流体提供机械压头 H，以补偿管路两截面处的总压头之差以及流体流动时的压头损失 $\sum H_f$，即

$$z_1 + \frac{p_1}{\rho g} + \frac{u_1^2}{2g} + H = z_2 + \frac{p_2}{\rho g} + \frac{u_2^2}{2g} + \sum H_f \tag{1-32}$$

式中，H 为外加压头，m。

上式两端同乘以 g，则

$$z_1 g + \frac{p_1}{\rho} + \frac{u_1^2}{2} + W = z_2 g + \frac{p_2}{\rho} + \frac{u_2^2}{2} + \sum h_f \tag{1-33}$$

式中，$\sum h_f = g \sum H_f$，为单位质量流体的机械能损失，J/kg。$W = gH$，为单位质量流体的外加机械能，J/kg。

式(1-32) 及式(1-33) 均为实际流体机械能衡算式，习惯上也被称为伯努利方程式。

1.4.6 伯努利方程式的应用

伯努利方程是流体流动的基本方程，其应用范围很广。在化工生产过程中，该方程式除用来分析和解决流体输送有关的问题外，还用于流体流动过程中流量的测定，以及调节阀流通能力的计算等。下面举例说明伯努利方程式的应用。

【例1-8】 用泵将水从水池输送到高处的密闭容器。输水量为 13m³/h。输水管内径为50mm，出水管口距水池的垂直距离为15m，水经管路系统的机械能损失为 30J/kg，密闭容器内的压力保持在500kPa（表压）。试计算输送所需的有效功率。若泵的效率为 0.6，求泵的输入功率。

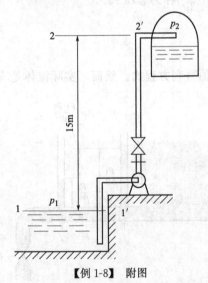

解：取池内水面为 1—1′ 截面，并作为基准面；容器入口管口为 2—2′ 截面，在 1—1′ 与 2—2′ 截面间列伯努利方程，即

$$z_1 g + \frac{p_1}{\rho} + \frac{u_1^2}{2} + W = z_2 g + \frac{p_2}{\rho} + \frac{u_2^2}{2} + \sum h_f$$

移项，得

$$W = (z_2 - z_1)g + \frac{p_2 - p_1}{\rho} + \frac{u_2^2 - u_1^2}{2} + \sum h_f \tag{a}$$

式中，$z_1 = 0$，$z_2 = 15$m；$p_1 = 0$，$p_2 = 500$kPa；$\sum h_f = 30$J/kg；$u_1 = 0$

$$u_2 = \frac{13/3600}{\frac{\pi}{4} \times 0.05^2} = 1.84 \text{m/s}$$

【例1-8】 附图

则 $\qquad W = 15 \times 9.81 + (500 \times 1000)/1000 + 0.5 \times 1.84^2 + 30 = 678.8 \text{J/kg}$

计算结果表明，要将水输送到密闭容器，泵需对每千克水做 678.8J 的有效功。实际上，由于泵内还有各种能量损失，从泵轴加入的功（轴功）要大于有效功。

泵对每千克水所做有效功乘以水的质量流量为单位时间的有效功，即有效功率或输出功率。

（1）有效功率

$$N_e = q_m W = (13 \times 1000/3600) \times 678.8 = 2451 \text{J/s}$$

泵的轴功率为有效功率除以效率的商，即

（2）泵的轴功率

$$N_e = 2.45/0.6 = 4.08\text{kW}$$

由本题可知，应用伯努利方程式解题时，需要注意下列事项。

① 选取截面：根据题意选择两个截面，以确定衡算范围。两截面均应与流动方向相垂直，流体在两截面之间必须是连续的，定态流动的，且充满整个衡算系统。作为已知条件的物理量及待求的物理量，应是截面上的或两截面之间的物理量。此外，由于起点和终点的已知条件多，为了计算方便，通常在输送系统的起点处和终点处选取截面。

② 确定基准面：基准面是用以衡量位能大小的基准。基准面可以任意选取，但必须与地面平行。如果所选的截面与基准水平面不平行，则所选截面的高度是指截面中心与基准水平面的垂直距离。为了简化计算，通常取基准水平面为两个截面中较低的一个水平面为基准。

③ 压力表示方法：伯努利方程式中的压力 p_1 与 p_2 只能同时使用表压或绝对压力，不能混合使用。

【例 1-9】　如附图所示，料液由常压高位槽流入精馏塔中。进料处塔中的压力为 20kPa（表压），送液管道为 $\phi45\text{mm}\times2.5\text{mm}$、长 8m 的钢管。料液在管路中流动所造成的总压头损失为 1.12m 液柱，欲使塔的进料量维持在 $5\text{m}^3/\text{h}$，试计算高位槽的液面要高出塔的进料口多少米？（操作条件下料液的密度为 $890\text{m}^3/\text{kg}$）

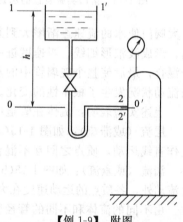

【例 1-9】 附图

解：选取高位槽液面为 1—1′ 截面，料液的入塔口为 2—2′ 截面，在两截面间列伯努利方程为

$$z_1 + \frac{p_1}{\rho g} + \frac{u_1^2}{2g} = z_2 + \frac{p_2}{\rho g} + \frac{u_2^2}{2g} + \sum H_f$$

以料液的入塔口中心的水平面 0—0′ 为基准面，则有 $z_1 = h$，$z_2 = 0$。若以大气压为基准，有 $p_1 = 0$（表压），$p_2 = 20\text{kPa}$（表压）。又由于高位槽的面积远远大于管截面，故高位槽截面的流速远远小于流体在管内的流速，可忽略不计，即 $u_1 = 0$。已知料液的流量为 $5\text{m}^3/\text{h}$，管子为 45mm×2.5mm，有

$$u_2 = \frac{5/3600}{\frac{\pi}{4}\times(45-2\times2.5)^2\times10^{-6}} = \frac{500}{0.785\times16\times36} = 1.1\text{m/s}$$

将已知数据和总压头损失代入上面的伯努利方程，将已知数值代入上式，解得

$$h = \frac{p_2}{\rho g} + \frac{u_2^2}{2g} + \sum H_f = \frac{20000}{890\times9.81} + \frac{1.1^2}{2\times9.81} + 1.12 = 2.291 + 0.0617 + 1.12 = 3.47\text{m}$$

计算结果表明，动压头数值很小，位压头主要用于克服精馏塔内压力和流体的内摩擦阻力。

1.5　管内流体流动现象

前一节通过定态流动系统的质量守恒和能量守恒得到了连续性方程和伯努利方程，从而可以对流动过程中有关运动参数及其变化规律进行计算和预测。但前面的讨论并未涉及流体流动的内部特性。流体流动的内部结构、流体质点的运动行为，影响着流体的速度分布、流

动阻力的计算以及流体的热量传递和质量传递。因此，流动的流体的内部结构是流体流动规律的一个重要方面。流动现象极为复杂、涉及面广，本节仅作简要介绍。

1.5.1 流体流动类型与雷诺数

1883 年，著名的雷诺（Reynolds）实验揭示出两种截然不同的流动类型。图 1-15 为雷诺实验装置的示意图。

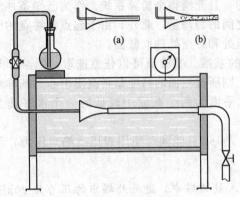

图 1-15 雷诺实验装置的示意图

在透明的水位恒定的水槽内水平放置一喇叭状入口的玻璃管，管出口处有一阀门用来调节水流流量，水槽上有一小瓶，其内盛有有色液体。实验时，微开玻璃管出口阀和有色液体开关，使有色液体从瓶中流出，经喇叭口中心处的细管流入玻璃管内。有色液体在管内的流动情况反映了玻璃管内水流质点的运动情况。

如图 1-15(a) 所示，当水的流速较小时，有色液体在管中心沿轴线方向成一条轮廓清晰的细直线，平稳地流过整根玻璃管，表明，管内的水质点都是沿着与管轴平行的方向作直线运动。当开大阀门使水的流速逐渐增大到某一数值时，原先呈直线流动的有色细流开始不规则地抖动，形成波浪形细线；当速度进一步增大时，有色细流波动加剧，随即向四周散开，与水完全混合，最后使整个玻璃管中的水流呈现均匀的颜色，如图 1-15(b) 所示。显然，此时流体的流动状况发生了根本性的变化。

上述实验表明：流体在管道中的流动状态可分为两种不同的类型：层流与湍流。

层流（或滞流）：如图 1-15(a) 所示，管中流动着的流体质点始终沿着与管轴平行的方向作直线运动，质点之间互不混合。

湍流（或紊流）：如图 1-15(b) 所示，当流体在管道中流动时，流体质点除了沿着管道向前流动外，各质点的运动速度在大小和方向上都随时发生变化，且质点间互相碰撞与混合。

由不同的流体和不同的管径所获得的实验结果表明：不仅流速 u 能引起流体流动类型的改变，而且管径 d、流体密度 ρ 和流体的黏度 μ 也都能引起流动类型的改变。u、d、ρ 越大，μ 越小，就越容易从层流转变为湍流。雷诺通过进一步的分析和研究得出结论：由上述四个因素所组成的数群 $du\rho/\mu$，可作为判断流体流动类型的依据。该数群称为雷诺数（Reynolds number），用 Re 表示，即

$$Re = \frac{du\rho}{\mu}$$

雷诺数的量纲为

$$[Re] = \left[\frac{du\rho}{\mu}\right] = \frac{(L)\left(\frac{L}{T}\right)\left(\frac{M}{L^3}\right)}{\frac{M}{(L)(T)}} = L^0 M^0 T^0$$

显然，Re 数是一个无量纲数群（即量纲为 1），称为特征数。不管采用何种单位制，只要 Re 数中各物理量采用同一单位制单位，那么所求得的 Re 的数值必相同。

大量的实验结果证明，流体在直管内流动时，流动类型可用以下的 Re 数进行判断：

① $Re \leqslant 2000$ 时，流动类型为层流，此区为层流区；

② $Re \geqslant 4000$ 时，流动类型为湍流，此区为湍流区；

③ $2000 < Re < 4000$ 时，流动类型不确定，可能是层流，也可能是湍流，与外界干扰情

况（外来震动、管路截面改变、障碍物出现等）有关，这一范围称为不稳定的过渡区。

【例 1-10】　为了研究某一操作过程的能量损失，特在实验室制作一尺寸为生产设备 1/10 的实验设备，生产设备中工作流体为 1 个大气压、80℃的空气，其流速为 2.5m/s。今在实验设备中，拟用 1 个大气压、20℃的空气进行实验。问实验设备中空气速度应为多少？

解：为了保持实验设备与生产设备的流体动力相似，实验设备与生产设备中的 Re 数值必须相等，即

$$\frac{d_1 u_1 \rho_1}{\mu_1} = \frac{d_2 u_2 \rho_2}{\mu_2}$$

式中下标 1 为生产设备的数据，下标 2 为实验设备的数据。于是

$$u_2 = u_1 \left(\frac{d_1}{d_2}\right)\left(\frac{\rho_1}{\rho_2}\right)\left(\frac{\mu_2}{\mu_1}\right)$$

已知

$$\frac{d_2}{d_1} = 0.1, \quad \frac{\rho_2}{\rho_1} = \frac{T_1}{T_2} = \frac{(273+80)}{(273+20)} = 1.2$$

20℃及 80℃时空气黏度分别为 0.0181cP、0.0211cP，即

$$\frac{\mu_2}{\mu_1} = \frac{0.0181}{0.0211} = 0.858$$

故实验设备中空气速度应为

$$u_2 = 2.5 \left(\frac{1}{0.1}\right) \times \left(\frac{1}{1.2}\right) \times (0.858) = 17.9 \text{m/s}$$

【例 1-11】　有一内径为 25mm 的水管，如管中流速为 1.0m/s，水温为 20℃。求：(1) 管道中水的流动类型；(2) 管道内水流保持层流状态的最大流速。

解：(1) 20℃时水的黏度为 1cP，密度为 998.2kg/m³，管中雷诺数为

$$Re = \frac{du\rho}{\mu} = \frac{0.025 \times 1 \times 998.2}{1/1000} = 2.5 \times 10^4 > 4000$$

故管中为湍流。

(2) 因层流最大雷诺数为 2000，即

$$Re = \frac{du_{max}\rho}{\mu} = 2000$$

故水流保持层流的最大流速

$$u_{max} = \frac{2000 \times 0.001}{0.025 \times 998.2} = 0.08 \text{m/s}$$

【例 1-12】　某低速送风管道，内径 $d = 200$mm，风速 $u = 3$m/s，空气温度为 40℃。求：(1) 风道内气体的流动类型；(2) 该风道内空气保持层流的最大流速。

解：(1) 40℃空气的运动黏度为 16.96×10^{-6} m²/s，管中 Re 为

$$Re = \frac{du}{\nu} = \frac{3 \times 0.2}{16.96 \times 10^{-6}} = 3.54 \times 10^4 > 4000$$

故风道内气体的流动类型为湍流。

(2) 空气保持层流的最大流速为

$$u_{max} = \frac{Re\,\nu}{d} = \frac{2000 \times 16.96 \times 10^{-6}}{0.2} = 0.17 \text{m/s}$$

1.5.2　流体在圆管内的速度分布

当流体在圆管内流动时，由于流体的黏性，管截面上各点的速度是不同的。流体在圆管

内的速度分布是指流体流动时，管截面上质点的轴向速度沿半径的变化。由于层流与湍流是本质完全不同的两种流动类型，故两者速度分布规律不同。实验测量显示，层流时，流体质点只沿管轴作有规则的直线运动，其速度分布呈抛物线形，管壁处速度为零，管中心处速度最大，如图 1-16(a) 所示。湍流时，由于流体质点强烈碰撞、分离与混合，使截面上靠中心部分各点速度彼此接近，速度分布比较均匀，只有在靠近管壁处流体质点的速度骤然下降。实验证明，当 Re 越大，湍流程度越高时，中心部分的速度分布越均匀，如图 1-16(b) 所示。

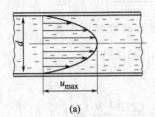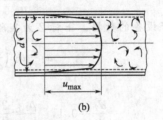

(a)   (b)

图 1-16　流体在圆管内的速度分布

1.5.2.1　圆管内层流的速度分布方程式

层流时，速度分布可以从理论上推导。如图 1-17 所示，流体在半径为 R 的水平圆管中作定态流动，取半径为 r、长度为 l 的流体圆柱体进行受力分析。在水平方向上作用于圆柱体两端的总压力分别为

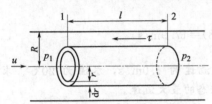

$$F_1 = \pi r^2 p_1, \quad F_2 = \pi r^2 p_2$$

图 1-17　圆管中作用于流体上的力

式中，p_1、p_2 分别为左、右端面上的压力，N/m^2。

流体作层流流动时内摩擦力服从牛顿黏性定律，即

$$\tau = -\mu \frac{\mathrm{d}u_r}{\mathrm{d}r}$$

式中，u_r 为半径 r 处的流速，负号表示流速沿半径增加的方向而减小。

作用于流体圆柱体周围表面 $2\pi rl$ 上的内摩擦力为

$$F = -(2\pi rl)\mu \frac{\mathrm{d}u_r}{\mathrm{d}r}$$

由于流体作等速流动，根据牛顿第二定律，作用于流体圆柱体上的合力等于零，即

$$\pi r^2 p_1 - \pi r^2 p_2 - \left(-2\pi rl\mu \frac{\mathrm{d}u_r}{\mathrm{d}r}\right) = 0$$

故

$$\frac{\mathrm{d}u_r}{\mathrm{d}r} = -\frac{\Delta p}{2\mu l}r \tag{1-34}$$

式中，Δp 为流体圆柱体两端的压力差（$p_1 - p_2$）。式(1-34)为速度分布微分方程式。在一定条件下，式中 $\dfrac{\Delta p}{2\mu l}$ = 常数，故可积分如下

$$\int \mathrm{d}u_r = -\frac{\Delta p}{2\mu l}\int r\mathrm{d}r$$

$$u_r = -\left(\frac{\Delta p}{2\mu l}\right)\frac{r^2}{2} + C$$

利用管壁处的边界条件，$r = R$ 时，$u_r = 0$。可得

$$C = \frac{\Delta p}{4\mu l} R^2$$

故
$$u_r = \frac{\Delta p}{4\mu l}(R^2 - r^2) \tag{1-35}$$

此式为流体在圆管中作层流流动时的速度分布方程式。由此式可知，速度分布为抛物线形状，且管中心处（$r=0$）的速度为最大速度，即

$$u_{\max} = \frac{\Delta p}{4\mu l} R^2 \tag{1-36}$$

为方便应用，工程实际中经常是以管截面上的平均流速来计算流量和流动所产生的压力损失。

由图 1-17 可知，通过厚度为 dr 的微小环形截面积的体积流量为

$$dq_V = (2\pi r dr)u_r$$

u_r 用式（1-35）代入，可得

$$dq_V = \frac{\Delta p}{4\mu l}(R^2 - r^2)(2\pi r dr)$$

在整个管截面积上进行积分，求得管中的流量为

$$\int_0^{q_V} dq_V = \frac{\pi \Delta p}{2\mu l}\int_0^R (R^2 r - r^3) dr$$

$$q_V = \frac{\pi \Delta p}{2\mu l}\left(\frac{R^4}{2} - \frac{R^4}{4}\right) = \frac{\pi R^4 \Delta p_f}{8\mu l}$$

由平均速度
$$u = \frac{q_V}{A} = \frac{q_V}{\pi R^2}$$

可得
$$u = \frac{\Delta p}{8\mu l} R^2 \tag{1-37}$$

比较式（1-37）和式（1-36），得
$$u = \frac{1}{2} u_{\max} \tag{1-38}$$

即层流流动时，管截面上的平均流速为管中心最大流速的一半。

1.5.2.2　圆管内湍流的速度分布式

图 1-16（b）是经实验测定的湍流时圆管内的速度分布曲线。湍流时，流体质点的运动情况比较复杂，目前还不能完全采用理论方法得出湍流时的速度分布规律。人们对湍流时的速度分布做了大量的研究，将其归纳表示成下列经验关系式。

$$\frac{u_r}{u_{\max}} = \left(1 - \frac{r}{R}\right)^n \tag{1-39}$$

式中，指数 n 与 Re 有关，在不同的 Re 范围内取值不同。$4 \times 10^4 < Re < 1.1 \times 10^5$ 时，$n = \frac{1}{6}$；$1.1 \times 10^5 < Re < 3.2 \times 10^6$ 时，$n = \frac{1}{7}$；$Re > 3.2 \times 10^6$ 时，$n = \frac{1}{10}$。其中，当 $n = 1/7$ 时，推导可得管截面的平均速度约为管中心最大速度的 0.82 倍，即

$$u \approx 0.82 u_{\max} \tag{1-40}$$

1.5.3　边界层的概念

1.5.3.1　边界层的形成

图 1-18 是流体以匀速 u_0 流过一平板的示意图。当流体流到平板壁面并完全润湿壁面时，由于流体具有黏性，则黏附在壁面上的静止流体层与其相邻的流体层间产生内摩擦，使相邻流体层的速度减慢。这种减速作用，由附于壁面的流体层依次向流体内部传递，离壁面

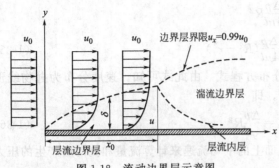

图 1-18　流动边界层示意图

愈远，减速作用愈小。实验证明，减速作用并不遍及整个流动区域，而是离壁面一定距离（$y=\delta$）后，流体的速度渐渐接近于未受壁面影响时的流速 u_0。靠近壁面的流体的速度分布情况如图 1-18 所示。图中各速度分布曲线应与距平板前缘的距离 x 相对应。

从上述情况可知，当流体经过固体壁面时，由于流体具有黏性，在垂直于流体流动方向上便产生速度梯度。在壁面附近存在着较大的速度梯度的流体层，称为流动边界层，简称边界层，如图 1-18 中虚线所示。边界层以外，黏性不起作用，即速度梯度可视为零的区域，称为流体的主流区。工程上一般规定边界层外缘的流速 $u=0.99u_0$，而将该条件下边界层外缘与壁面间的垂直距离定为边界层的厚度，用 δ 表示。应指出，边界层的厚度 δ 与从平板前缘算起的距离 x 相比是很小的。

由于边界层的形成，把沿壁面的流动简化成两个区域，即边界层与主流区。在边界层区内，垂直于流动方向上存在着显著的速度梯度 $\mathrm{d}u/\mathrm{d}y$，即使黏度 μ 很小，摩擦应力 $\tau=\mu\dfrac{\mathrm{d}u}{\mathrm{d}y}$ 仍然相当大，不可忽视。在主流区内，$\mathrm{d}u/\mathrm{d}y\approx0$，摩擦应力可忽略不计，此区域内的流体可视为理想流体。

应用边界层的概念研究实际流体的流动，将使问题得到简化，从而可以用理论的方法来解决比较复杂的流动问题。边界层概念的提出对传质与传热过程的研究亦具有重要的意义。

1.5.3.2　边界层的发展

在图 1-18 中，随着流体的向前运动，摩擦力对主流区流体持续作用，造成更多的流体层的速度减慢，从而使边界层的厚度 δ 随 x 的增长而逐渐变厚，这种现象说明边界层在距平板前缘的一定距离内是发展的。在边界层形成的初始阶段，边界层较薄，层内流体的流动总是层流，这种边界层称为层流边界层。在距平板前缘某临界距离 x_0 处，边界层内的流动由层流转变为湍流，此后的边界层称为湍流边界层。但在湍流边界层内，靠近平板壁面的极薄一层流体，仍维持层流，通常称为层流内层或层流底层。层流内层与湍流层之间还存在过渡层或缓冲层，其流动类型不稳定，可能是层流，也可能是湍流。

在化工生产中，经常遇到的是流体在管内流动的情况。图 1-19 表示流体在圆形直管进口段内流动时，层流边界层内速度分布侧形的发展情况。流体在进

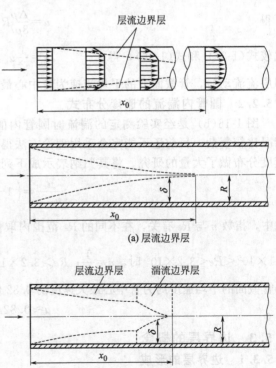

(a) 层流边界层

(b) 层流与湍流边界层

图 1-19　圆管进口段流动边界层厚度的变化

入圆管前，以均匀的流速流动。进管之初速度分布比较均匀，仅在靠管壁处形成很薄的边界层。在黏性的影响下，随着流体向前流动，边界层逐渐增厚，而边界层内流速逐渐减小。由于管内流体的总流量维持不变，所以使管中心部分的流速增加，速度分布侧形随之而变。在距管入口处 x_0 的地方，管壁上已经形成的边界层在管的中心线上汇合，此后边界层占据整个圆管的截面，其厚度维持不变，等于管的半径。距管进口的距离 x_0 称为稳定段长度或进口段长度。在稳定段以后，各截面速度分布曲线形状不随 x 而变，称为完全发展的流动。

图 1-19(a) 表示了层流时流动边界层厚度的变化情况。当 $x=0$ 时，$\delta=0$；随着 x 的增加，δ 增加；当 $x=x_0$ 时，$\delta=R$。

与平板一样，流体在管内流动的边界层可以从层流转变为湍流。如图 1-19(b) 所示，流体经过一定长度后，边界层由层流发展为湍流，并在 x_0 处于管中心线上相汇合。

在完全发展了的流动开始之时，若边界层内为层流，则管内流动仍保持层流；若边界层内为湍流，则管内的流动仍保持为湍流。圆管内边界层外缘的流速即为管中心的流速，无论是层流或湍流都是最大流速 u_{max}。

在圆管内，即使是湍流边界层，在靠近管壁处仍存在一极薄的层流内层。Re 值愈大，层流内层厚度愈薄。层流内层的厚度显然极薄，但由于此层内的流动是层流，它对于传热及传质过程都有一定的影响，不容忽视。

最后应该指出，流体在圆形直管内定态流动时，在稳定段以后，管内各截面上的流速分布和流型保持不变，因此在测定圆管内截面上流体的速度分布曲线时，测定地点必须选在圆管中流体速度分布保持不变的平直部分，即此处到入口或转弯等处的距离应大于 x_0。其他测量仪表在管道上的安装位置也应如此。层流时，通常取稳定段长度 $x_0=(50\sim100)d$。湍流的稳定段长度，一般比层流的要短些。

1.5.3.3　边界层的分离

流体流过平板或在直径相同的管道中流动时，流动边界层是紧贴在壁面上。如果流体流过曲面，如球体、圆柱体或其他几何形状物体的表面时，所形成的边界层还有一个及其重要的特点，即无论是层流还是湍流，在一定条件下都会产生边界层与固体表面脱离的现象，并在脱离处产生漩涡，加剧流体质点间的相互碰撞，造成流体的能量损失。

下面对流体流过曲面时产生的边界层分离现象进行分析。如图 1-20 所示，流体以均匀的流速垂直流过一无限长的圆柱体表面（以圆柱体上半部为例）。由于流体具有黏性，在壁面上形成边界层，其厚度随流过的距离而增加。液体的流速与压强沿圆柱周边而变化，当液体到达点 A 时，受到壁面的阻滞，流速为零。点 A 称为停滞点或驻点。在点 A 处，液体的压强最大，后续而来的液体

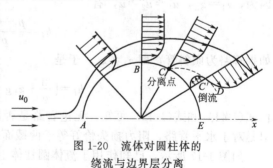

图 1-20　流体对圆柱体的
绕流与边界层分离

在高压作用下被迫改变原来的运动方向，由点 A 绕圆柱表面而流动。在点 A 与点 B 间，因流通截面逐渐减小，边界层内流动处于加速减压的情况之下，所减小的压强能，一部分转变为动能，另一部分消耗于克服流体内摩擦引起的流动阻力。在点 B 处流速最大而压强最低。过点 B 以后，随流通截面的逐渐增加，液体又处于减速加压的情况，所减小的动能，一部分转变为压强能，另一部分消耗于克服摩擦阻力。此后，动能随流动过程继续减小，到达 C 点时，其动能消耗殆尽，则点 C 的流速为零，压强为最大，形成了新的停滞点，后继而来的液体在高压作用下被迫离开壁面，沿新的流动方向前进，故点 C 称为分离点。这种边界层脱离壁面的现象，称为边界层分离。

　　由于边界层自点 C 开始脱离壁面，所以在点 C 的下游形成了流体的空白区，后面的液体必然倒流回来以填充空白区，此时点 C 下游的壁面附近产生了流向相反的两股流体。两股流体的交界面称为分离面，如图 1-20 中曲面 CD 所示。分离面与壁面之间有流体回流而产生旋涡，成为涡流区。其中流体质点进行着强烈的碰撞与混合而消耗能量。这部分能量损耗是由于固体表面形状而造成边界层分离所引起的，称为形体阻力。

　　所以，黏性流体绕过固体表面的阻力为摩擦阻力与形体阻力之和。两者之和又称为局部阻力。流体流经管件、阀门、管子进出口等局部地方，由于流动方向和流道截面的突然改变，都会发生上述情况。

1.6　流体在管内的流动阻力

　　流体在管内从一个截面流到另一个截面时，由于流体具有黏性，流体层之间的分子动量传递产生的内摩擦阻力，或由于流体之间的湍流动量传递而引起的摩擦阻力，使一部分机械能转化为热能。我们把这部分机械能称为能量损失。管路一般由直管段、管件（包括阀门、弯头、三通等）以及输送机械等组成。因此，流体在管路中的流动阻力，可分为直管阻力和局部阻力两类。直管阻力是流体流经一定直径的直管时，所产生的阻力。局部阻力是流体流经管件、阀门及进出口时，由于受到局部障碍所产生的阻力。所以，流体流经管路的总的能量损失，应为直管阻力与局部阻力所引起的能量损失之和。本节是在上节讨论管内流体流动现象的基础上，进一步讨论伯努利方程式中能量损失的计算方法。

1.6.1　圆形直管中的流动阻力

1.6.1.1　圆形直管阻力损失的计算通式

　　如图 1-17 所示，当不可压缩流体以速度 u 在长度为 l 的水平等直径直管内作定态流动，由伯努利方程式有

$$z_1 g + \frac{p_1}{\rho} + \frac{u_1^2}{2} = z_2 g + \frac{p_2}{\rho} + \frac{u_2^2}{2} + h_\mathrm{f}$$

因为，$z_1 = z_2$，$u_1 = u_2 = u$，有

$$h_\mathrm{f} = \frac{p_1 - p_2}{\rho} = \frac{\Delta p}{\rho} \tag{1-41}$$

如果管路为倾斜管，即 $z_1 \neq z_2$，于是

$$h_\mathrm{f} = \left(\frac{p_1}{\rho} + z_1 g\right) - \left(\frac{p_2}{\rho} + z_2 g\right) \tag{1-42}$$

由式(1-41)和式(1-42)可知，无论管路是否倾斜，流动阻力损失均表现为静压能的减少，只是对于水平管路，阻力损失恰好等于两截面的静压能之差。

　　如图 1-17 所示，已知作用于流体圆柱体上的静压力为

$$F_1 - F_2 = \pi r^2 (p_1 - p_2)$$

作用于流体圆柱体周围表面 $2\pi rl$ 上的内摩擦力为

$$F = (2\pi rl)\tau$$

且有

$$(p_1 - p_2)\pi r^2 = 2\pi rl\tau$$

即

$$\tau = \frac{\Delta p}{2l} r$$

将此微元圆柱体扩展到壁面处，则 $r \to R = d/2$，于是上式变为

$$\tau = \frac{\Delta p}{2l} R = \frac{\Delta p}{4l} d$$

将式(1-41)代入上式，经整理得

$$h_f = \frac{4l}{\rho d}\tau \tag{1-43}$$

上式表示了流体在圆形直管内流动时能量损失与剪应力（摩擦应力）之间的关系。然而，摩擦应力 τ 所遵循的规律因流体的流动类型而异，难以用 τ 直接计算 h_f。由前所述已知，在其他条件一定的情况下，流体的流速增大，阻力损失 h_f 也随着增加，因此经常把 h_f 表示为 $u^2/2$ 的函数。于是可以将式(1-43)改写为

$$h_f = \frac{4\tau}{\rho}\frac{2}{u^2}\frac{l}{d}\frac{u^2}{2}$$

令

$$\lambda = \frac{8\tau}{\rho u^2}$$

则

$$h_f = \lambda\frac{l}{d}\frac{u^2}{2} \tag{1-44}$$

或

$$\Delta p = \lambda\frac{l}{d}\frac{\rho u^2}{2} \tag{1-44a}$$

和

$$H_f = \lambda\frac{l}{d}\frac{u^2}{2g} \tag{1-44b}$$

式(1-44)和式(1-44a)或式(1-44b)称为范宁（Fanning）公式，它既适用于层流，亦适用于湍流（只是 λ 的计算式不同），因此是计算圆形直管阻力损失的通式。式中的 λ 是无量纲系数，与作用于流体周围表面的剪应力成正比，故称为摩擦系数。

流体在直管中作层流或湍流流动时，因其流动状态不同，所以两者产生摩擦阻力损失的原因也不同。层流流动时，阻力损失计算式可以从理论推导得出。而湍流流动时，其计算式需要用理论与实验相结合的方法求得。下面分别介绍层流与湍流时的直管阻力损失的计算方法。

1.6.1.2 层流的摩擦阻力损失

由前已知，流体在水平直管内作层流流动时，流速与压力差的关系为

$$u = \frac{\Delta p}{8\mu l}R^2 \tag{1-37}$$

将上式中的半径 R 用管径 d 替换，经整理得

$$\Delta p = 32\frac{\mu l u}{d^2} \tag{1-45}$$

此式表明，层流流动时，克服摩擦阻力造成的压力损失 Δp 与流速的一次方成正比。式(1-45)称为哈根-泊溇叶（Hagen-Poiseuille）方程式。因为 $h_f = \Delta p/\rho$，层流流动时的摩擦阻力损失可写为

$$h_f = 32\frac{\mu l u}{\rho d^2} \tag{1-46}$$

将上式改写为

$$h_f = \left(\frac{64\mu}{du\rho}\right)\left(\frac{l}{d}\right)\left(\frac{u^2}{2}\right) \tag{1-46a}$$

比较式(1-46a)和范宁公式(1-44)，可得层流流动时摩擦系数的计算式

$$\lambda = \frac{64\mu}{du\rho} = \frac{64}{Re} \tag{1-47}$$

即层流流动时摩擦系数 λ 仅仅是雷诺数的函数。

1.6.1.3 湍流的摩擦阻力损失

（1）管壁粗糙度的影响

化工厂中所用的管子，按其材质的性质和加工情况大致可分为光滑管与粗糙管。通常把

玻璃管、铜管、铅管及塑料管等列为光滑管；把钢管和铸铁管列为粗糙管。实际上，即使是同一材料制造的管路，由于使用时间的长短、腐蚀及沾污的程度不同，管壁的粗糙度也会产生很大的差异。

管壁凸凹部分的平均高度，称为绝对粗糙度，以 ε 表示。绝对粗糙度 ε 与管内径 d 的比值 ε/d 称作相对粗糙度。表 1-1 列出某些工业管道的绝对粗糙度。

表 1-1　某些工业管道的绝对粗糙度

	管道类别	绝对粗糙度 ε/mm		管道类别	绝对粗糙度 ε/mm
金属管	无缝黄钢管、铜管及铝管	0.01～0.05	非金属管	干净玻璃管	0.0015～0.01
	新的无缝钢管及镀锌铁管	0.1～0.2		橡皮软管	0.01～0.03
	新的铸铁管	0.3		木管	0.25～1.25
	具有轻度腐蚀的无缝钢管	0.2～0.3		陶土排水管	0.45～6.0
	具有显著腐蚀的无缝钢管	0.5 以上		很好整平的水泥管	0.33
	旧的铸铁管	0.85 以上		石棉水泥管	0.03～0.8

流体流过粗糙管壁的情况如图 1-21 所示。

流体层流流动时，流体层平行于管轴缓慢流动，层流层遮盖了管壁的凸凹部分，且对管壁的凸出部分无碰撞作用，管壁粗糙度对流体的摩擦阻力损失或摩擦系数 λ 没有影响。

流体湍流流动时，近壁面处存在着层流内层。如果层流内层的厚度 δ 大于壁面的绝对粗糙度 ε，即 $\delta > \varepsilon$，如图 1-21(a) 所示，此时管壁粗糙度对流动的阻力影响与层流时相似，流体如同流过光滑管壁。这种情况的流动称为光滑管流动。

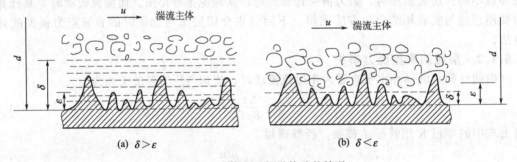

图 1-21　流体流过粗糙管壁的情况

d—管内径；δ—层流底层厚度；ε—绝对粗糙度

随着 Re 的增大，湍流主体区扩大，层流内层变薄。当 $\delta < \varepsilon$ 时，如图 1-21(b) 所示，管壁面上一部分凸出物穿过层流底层，伸入湍流主体，阻挡流体的流动，产生漩涡，使摩擦阻力损失增大。

当 Re 增大到一定程度，层流底层很薄，壁面的凸出物全部伸入湍流主体，与流体质点碰撞更为剧烈，致使黏性力不再起作用，包括黏度在内的 Re 数不再影响摩擦系数 λ。这种情况下的流体流动称为完全湍流，管子称为完全粗糙管。

在一定的 Re 条件下，管壁粗糙度越大，则流体的摩擦阻力损失就越大。

(2) 量纲分析法

如前所述，层流时的摩擦损失计算式可根据理论分析推导得到，而湍流时的摩擦损失计算式由于湍流状况的复杂、无序，目前尚不能完全用理论分析的方法建立，通常需要通过实验解决。进行实验时，每次只能改变一个变量而将其他变量固定，若涉及的变量很多，不仅实验工作量大，而且也很难将实验结果关联成便于推广使用的表达式。因此，需要有一定的理论和方法来指导实验工作，以便在实验中能有目的地测定为数不多的实验数据，以使实验结果能推广应用。量纲分析法正是解决此类复杂问题经常使用的方法之一。

量纲分析法的基础是量纲的一致性，即每一个物理方程式的两边不仅数值相等，而且每一项都应具有相同的量纲。

量纲分析法的基本定理是白金汉（Buckinghan）的 π 定理：设影响某一物理现象的独立变量数为 n 个，这些变量的基本量纲数为 m 个，则该物理现象可用 $N=(n-m)$ 个独立的特征数之间的关系式表示。

下面介绍用量纲分析法建立湍流时摩擦损失计算式的方法。根据对湍流摩擦损失的分析及有关实验研究得知，由于湍流流体内摩擦而产生的压力降 Δp 与管径 d、管长 l、流速 u、密度 ρ、黏度 μ 及管壁粗糙度 ε 诸因素有关，即描述该现象的变量有 7 个，可以一般函数形式表示为

$$\Delta p=(d,l,u,\rho,\mu,\varepsilon) \tag{1-48}$$

式中各物理量的量纲（dim）分别为

$$
\begin{aligned}
&\dim p=\mathrm{MT^{-2}L^{-1}} &&\dim \varepsilon=\mathrm{L}\\
&\dim d=\mathrm{L} &&\dim \rho=\mathrm{ML^{-3}}\\
&\dim l=\mathrm{L} &&\dim \mu=\mathrm{MT^{-1}L^{-1}}\\
&\dim u=\mathrm{LT^{-1}}
\end{aligned} \tag{1-49}
$$

其中基本量纲有 3 个，M、T、L。根据 π 定理，特征数有 N＝4 个。将式（1-48）写成下列幂函数形式

$$\Delta p=Kd^a l^b u^c \rho^d \mu^e \varepsilon^f \tag{1-50}$$

式中，常数 K 和指数 a、b、c 等待定。将式（1-49）代入上式得

$$\mathrm{ML^{-1}T^{-2}}=\mathrm{L}^a \mathrm{L}^b (\mathrm{LT^{-1}})^c (\mathrm{ML^{-3}})^d (\mathrm{ML^{-1}T^{-1}})^e \mathrm{L}^f$$

故

$$\mathrm{ML^{-1}T^{-2}}=\mathrm{M}^{d+e} \mathrm{L}^{a+b+c-3d-e+f} \mathrm{T}^{-c-e}$$

根据量纲一致性原则，得

对于 M，$d+e=1$

对于 L，$a+b+c-3d-e+f=-1$

对于 T，$-c-e=-2$

上述 3 个方程只能解出 3 个未知数，今设 b、e、f 为已知，求解 a、c、d 得

$$a=-b-e-f, \qquad c=2-e, \qquad d=1-e$$

将解得的结果代入式(1-50) 得

$$\Delta p=Kd^{-b-e-f} l^b u^{2-e} \rho^{1-e} \mu^e \varepsilon^f$$

把指数相同的物理量合并，求得下列 4 个特征数之间的关系式为

$$\frac{\Delta p}{\rho u^2}=K\left(\frac{l}{d}\right)^b \left(\frac{du\rho}{\mu}\right)^{-e} \left(\frac{\varepsilon}{d}\right)^f$$

式中，$\dfrac{du\rho}{\mu}$ 称为雷诺数 Re；$\dfrac{\Delta p}{\rho u^2}$ 称为欧拉（Euler）数，用 Eu 表示。他们各自表示一定的物理意义，$Re=\dfrac{du\rho}{\mu}$ 表示惯性力与黏性力之比，反映流体的流动状态和湍动程度，而 $Eu=\dfrac{\Delta p}{\rho u^2}$ 表示压力降与惯性力之比。因此，把他们统称为特征数。

根据实验得知，Δp 与 l 成正比，$b=1$。则上式可写成

$$\frac{\Delta p}{\rho}=2K\phi\left(Re,\frac{\varepsilon}{d}\right)\left(\frac{l}{d}\right)\left(\frac{u^2}{2}\right)$$

或

$$h_{\mathrm{f}}=\frac{\Delta p}{\rho}=\Psi\left(Re,\frac{\varepsilon}{d}\right)\left(\frac{l}{d}\right)\left(\frac{u^2}{2}\right)$$

上式与式(1-44)比较可知，对于湍流有

$$\lambda = \Psi\left(Re, \frac{\varepsilon}{d}\right) \tag{1-51}$$

由此可知，应用量纲分析，可将式(1-48)所表示的 7 个物理量之间的函数关系式化简成 3 个特征数之间的函数关系式(1-51)。λ 与 Re 及 $\frac{\varepsilon}{d}$ 的函数关系需由实验确定。确定了摩擦系数 λ，则湍流流动也可以用式(1-44)计算摩擦阻力损失。

（3）湍流时的摩擦系数

Ⅰ λ 与 Re 及 $\frac{\varepsilon}{d}$ 的关联图

摩擦系数 λ 与 Re 及 $\frac{\varepsilon}{d}$ 的函数关系由实验确定。为使用方便，在图 1-22 所示的双对数坐标中，以 $\frac{\varepsilon}{d}$ 参数，绘出了 λ 与 Re 的关系曲线，称为莫狄（Moody）摩擦系数图。根据 Re 的不同，图 1-22 可分为如下 4 个区域。

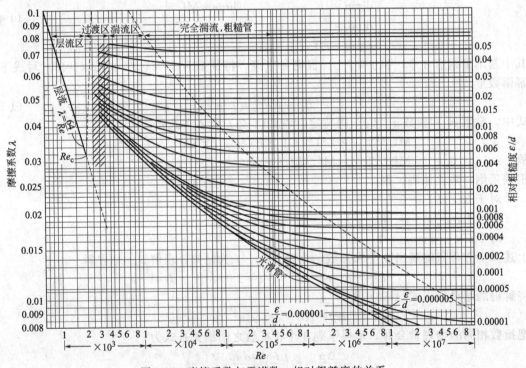

图 1-22　摩擦系数与雷诺数、相对粗糙度的关系

① 层流区（$Re \leqslant 2000$）：λ 与 $\frac{\varepsilon}{d}$ 无关，与 Re 在此双对数坐标中成直线关系，即 $\lambda = \dfrac{Re}{64}$，显然，h_f 与 u 的一次方成正比。

② 过渡区（$2000 \leqslant Re \leqslant 4000$）：此区内流动类型不确定，因此，层流或湍流的 λ-Re 曲线均可使用。但为安全计，λ 宁可估算大一些，一般使用湍流的曲线。

③ 湍流区（光滑管曲线以上到虚线以下的区域）：此区内 λ 与 Re 及 ε/d 均有关系。对于一个 ε/d 值，对应一条 λ 与 Re 的关系曲线，最下一条曲线是光滑管曲线。

④ 完全湍流区（图中虚线以上的区域）：此区内，各 λ-Re 曲线均趋近于水平线，即 λ 与 Re 无关，只与 ε/d 有关。对于确定的管路，ε/d 一定，λ 为常数，则由 $h_f = \lambda \dfrac{l}{d} \dfrac{u^2}{2}$ 可知，

摩擦阻力损失 h_f 与流速 u 的平方成正比，故此区域又称为阻力平方区。由图还可知，此区内，ε/d 越大，λ 越大，且达到阻力平方区的 Re 数越低。

Ⅱ λ 与 Re 及 ε/d 的关联式

按照式(1-51)的 $\lambda = \Psi\left(Re, \dfrac{\varepsilon}{d}\right)$ 的函数关联式，对湍流的摩擦系数实验数据进行关联，得出各种计算 λ 的关联式。

对于光滑管，有布拉修斯（Blasius）提出的关联式。

$$\lambda = \frac{0.3164}{Re^{0.25}} \tag{1-52}$$

此式适用于 $2.5 \times 10^3 < Re < 10^5$ 的光滑管。此时摩擦、阻力损失 h_f 约与流速 u 的 1.75 次方成正比。

对于湍流区的光滑管、粗糙管，直到完全湍流区都能适用的关联式有下列两种。

考莱布鲁克（Colebrook）提出的关联式为

$$\frac{1}{\sqrt{\lambda}} = -2\lg\left[\left(\frac{\varepsilon/d}{3.7}\right) + \frac{2.51}{Re\sqrt{\lambda}}\right] \tag{1-53a}$$

式中，λ 为隐函数，计算不方便，在完全湍流区，Re 对 λ 的影响很小，式中含 Re 项可以忽略。

哈兰德（Haaland）近期提出的关联式为

$$\frac{1}{\sqrt{\lambda}} = -1.8\lg\left[\left(\frac{\varepsilon/d}{3.7}\right)^{1.11} + \frac{6.9}{Re}\right] \tag{1-53b}$$

式中，λ 为显函数，计算 λ 方便。

（4）非圆形管的当量直径

前面介绍了圆管内流体摩擦损失的计算，当流体在非圆形管内流动时，计算式 $h_f = \lambda \dfrac{l}{d} \dfrac{u^2}{2}$、$Re = \dfrac{du\rho}{\mu}$ 及 $\dfrac{\varepsilon}{d}$ 中的管径 d，需用非圆形管的当量直径 d_e 代替。当量直径 d_e 的定义为

$$d_e = 4 \times \frac{流通截面积}{湿润周边} = 4 \times \frac{A}{\Pi} \tag{1-54}$$

对于圆形管

$$d_e = 4 \times \frac{\pi d^2/4}{\pi d} = d$$

对于套管的环隙，当外管的内径为 d_2，内管的外径为 d_1，则

$$d_e = 4 \times \frac{\pi(d_2^2 - d_1^2)/4}{\pi(d_1 + d_2)} = d_2 - d_1$$

对于边长分别为 a 与 b 的矩形管

$$d_e = \frac{4ab}{2(a+b)} = \frac{2ab}{(a+b)}$$

流体在非圆形管中湍流流动时，采用当量直径计算摩擦阻力损失较为准确，而层流流动时不够准确，采用对摩擦系数计算式 $\lambda = \dfrac{64}{Re}$ 中的 64 进行修正，写为

$$\lambda = \frac{c}{Re} \tag{1-55}$$

式中，c 值应根据非圆形管截面形状而定。如，正方形时为 57，环形时为 96，等边三角形时为 53，长方形的长宽比 2:1 时为 62，长方形的长宽比 4:1 时为 73。

注：在计算非圆形管内流体的流速 u 时，应使用真实的截面积 A 计算，$u = \dfrac{q_V}{A}$，不能用 d_e 计算截面积。

【例 1-13】 有正方形管路、宽为高的 3 倍的矩形管路和圆形管路，横截面积 A 均为 0.48m^2，试分别求出它们的湿润周边长度和当量直径。

解：（1）正方形管路

边长 $\qquad\qquad\qquad a = \sqrt{A} = \sqrt{0.48} = 0.693\text{m}$

湿润周边长度 $\qquad\quad \Pi = 4a = 4 \times 0.693 = 2.77\text{m}$

当量直径 $\qquad\qquad d_e = \dfrac{4A}{\Pi} = \dfrac{4 \times 0.48}{2.77} = 0.693\text{m}$

（2）矩形管路

边长 $\qquad\qquad a \times b = a \times 3a = 3a^2 = A = 0.48\text{m}^2$

所以 $\qquad\qquad\qquad a = \sqrt{\dfrac{0.48}{3}} = 0.4\text{m}$

湿润周边长度 $\qquad \Pi = 2(a+b) = 2 \times (0.4 + 1.2) = 3.2\text{m}$

当量直径 $\qquad\qquad d_e = \dfrac{4A}{\Pi} = \dfrac{4 \times 0.48}{3.2} = 0.6\text{m}$

（3）圆形管路

管径 $\qquad\qquad\qquad \dfrac{\pi}{4}d^2 = A = 0.48$

$$d = \sqrt{\dfrac{4 \times 0.48}{\pi}} = 0.78$$

湿润周边长度 $\qquad \Pi = \pi d = 3.14 \times 0.78 = 2.45\text{m}$

当量直径 $\qquad\qquad d_e = \dfrac{4A}{\Pi} = \dfrac{4 \times \left(\dfrac{\pi}{4}d^2\right)}{\pi d} = d = 0.78\text{m}$

上述计算结果表明，流体流经截面的面积虽然相等，但因形状不同，湿润周边长度不等。湿润周边长度越短，当量直径越大。摩擦损失随当量直径加大而减小。因此，当其他条件相同时，方形管路比矩形管路摩擦损失少，而圆形管路又比方形管路摩擦损失少。从减少摩擦损失的观点看，圆形截面是最佳的。

1.6.2 局部阻力

流体输送管路上，除直管外，还有阀门和弯头、三通、异径管等管件。当流体流过阀门和管件时，由于流动方向和流速的变化，产生涡流，湍流程度增大，使摩擦阻力损失显著增大。这种仅仅由阀门和管件所产生的流体摩擦阻力损失称为局部摩擦阻力损失，简称局部阻力损失。

局部阻力损失的计算方法有两种：局部阻力系数法与当量长度法。

（1）局部阻力系数法

局部阻力系数法假定局部阻力损失与流体动能 $\dfrac{u^2}{2}$ 成正比，即

$$h_f = \zeta \dfrac{u^2}{2} \qquad\qquad (1\text{-}56)$$

式中，ζ 为局部阻力系数，一般由实验测定。常用阀门和管件的 ζ 值列于表 1-2 中。

表 1-2　管件和阀门的局部阻力系数与当量长度值（用于湍流）

名　　称	阻力系数 ζ	当量长度与管径之比 l_e/d	名　　称	阻力系数 ζ	当量长度与管径之比 l_e/d
弯头(45°)	0.35	17	闸阀		
弯头(90°)	0.75	35	全开	0.17	9
三通	1	50	半开	4.5	225
回弯头	1.5	75	截止阀		
管接头	0.04	2	全开	6.0	300
活接头	0.04	2	半开	9.5	475
止逆阀			角阀(全开)	2	100
球式	70	3500	水表(盘式)	7	350
摇板式	2	100			

　　如图 1-23 所示，流体从细管流入粗管或从粗管流入细管的流道突然扩大或突然缩小，将造成局部阻力损失，局部阻力系数 ζ 可分别用下列二式计算。

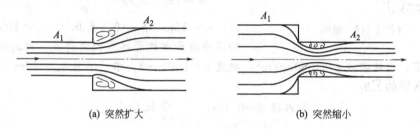

(a) 突然扩大　　　　　　　　　　　　(b) 突然缩小

图 1-23　突然扩大和突然缩小

突然扩大时
$$\zeta=\left(1-\frac{A_1}{A_2}\right)^2 \tag{1-57a}$$

突然缩小时
$$\zeta=0.5\left(1-\frac{A_2}{A_1}\right) \tag{1-57b}$$

由式(1-57)可知，当 $A_1=A_2$ 时，$\zeta=0$，即等径的直管无此项局部阻力损失。特别是当液体从管路流入截面较大的容器或气体从管路排放到大气中，即 $\frac{A_1}{A_2}\approx0$ 时，由式(1-57a)可知 $\zeta=1$。流体自容器进入管的入口，是自很大的截面突然缩小到很小的截面，相当于 $\frac{A_2}{A_1}\approx0$。此时，由式(1-57b)可知 $\zeta=0.5$。

　　需要强调的是，由式(1-56)计算突然扩大或突然缩小造成的局部阻力损失时，式中流速 u 均取小管中的流速。

　　(2) 当量长度法

　　此法是将流体流过管件、阀门等所产生的局部阻力损失折合成相当于流体流过长度为 l_e 的同直径的管道时所产生的阻力损失。l_e 称为管件、阀门的当量长度。于是局部阻力损失可用下式计算：

$$h_f=\lambda\frac{l_e}{d}\frac{u^2}{2} \tag{1-58}$$

　　式中 l_e 值由实验测定。工业上为了使用方便，常用 l_e/d 值表示，表 1-2 列出了某些管件和阀门的 l_e/d 值。另外，ζ 值乘以 50 可以换算为 l_e/d 值。

1.6.3 管内流体流动的总摩擦阻力损失计算

管路系统的总摩擦阻力损失为管路上全部直管阻力损失和所有管件、阀门等的局部阻力损失之和。若管路系统中的管径不变，则总摩擦阻力损失计算式为

$$\sum h_{\mathrm{f}}=\left[\lambda\left(\frac{l+\sum l_{\mathrm{e}}}{d}\right)+\sum\zeta\right]\frac{u^2}{2} \tag{1-59}$$

式中，$\sum l_{\mathrm{e}}$、$\sum\zeta$ 分别为等直径管路中各当量长度、各局部阻力系数的总和。

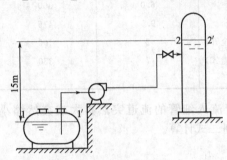

【**例 1-14**】 附图

【**例 1-14**】 如图所示，常温水由一敞口储罐用泵送入塔内，水的流量为 $20\mathrm{m}^2/\mathrm{h}$，塔内压力为 196kPa（表压）。泵的吸入管长度为 5m，管径为 $\phi108\mathrm{mm}\times4\mathrm{mm}$；泵出口到塔进口之间的管长为 20m，管径为 $\phi57\mathrm{mm}\times3.5\mathrm{mm}$，塔进口前的截止阀半开。试求此管路系统输送水所需的外加机械能，取 $\varepsilon/d=0.001$。

解： 在 1—1′ 与 2—2′ 截面间列伯努利方程

$$W=(z_2-z_1)g+\frac{p_2-p_1}{\rho}+\frac{u_2-u_1}{2}+\sum h_{\mathrm{f}}$$

$z_2-z_1=15\mathrm{m}$，$p_1=0$（表压），$p_2=196\mathrm{kPa}$，储罐和塔中液面都比管路截面大得多，故 $u_1\approx u_2\approx0$。

常温下，水的密度 $\rho=1000\mathrm{kg/m}^3$，黏度 $\mu=1\mathrm{mPa\cdot s}$。水的流量 $q_V=20\mathrm{m}^3/\mathrm{h}$。

泵吸入管的 $\sum h_{\mathrm{f_1}}$

$$管内径\ d=0.1\mathrm{m}, \qquad 管长\ l=5\mathrm{m}$$

管内水的流速

$$u=\frac{20}{3600\times\frac{\pi}{4}(0.1)^2}=0.708\mathrm{m/s}$$

$$Re=\frac{du\rho}{\mu}=\frac{0.1\times0.708\times1000}{0.001}=7.08\times10^4$$

$\dfrac{\varepsilon}{d}=0.001$，由图 1-22 查得 $\lambda=0.0235$。由表 1-2 查得 90°弯头的 $l_{\mathrm{e}}/d=35$。又由式（1-57b）知，管入口的 $\zeta=0.5$。

$$\sum h_{\mathrm{f_1}}=\left[\lambda\left(\frac{l}{d}+\frac{l_{\mathrm{e}}}{d}\right)+\zeta\right]\frac{u^2}{2}=\left[0.0235\left(\frac{5}{0.1}+35\right)+0.5\right]\times\frac{(0.708)^2}{2}=0.626\mathrm{J/kg}$$

泵出口到塔进口之间的 $\sum h_{\mathrm{f_2}}$

$$管内径\ d=0.05\mathrm{m}, \qquad 管长\ l=20\mathrm{m}$$

管内水流速

$$u=\left(\frac{0.1}{0.05}\right)^2\times0.708=2.83\mathrm{m/s}$$

$$Re=\frac{du\rho}{\mu}=\frac{0.05\times2.83\times1000}{0.001}=1.42\times10^5$$

$\dfrac{\varepsilon}{d}=0.001$，由图 1-22 查得 $\lambda=0.0215$。90°弯头 2 个 $l_{\mathrm{e}}/d=35\times2=70$，截止阀（半开）$l_{\mathrm{e}}/d=475$，水从管子流入塔内 $\zeta=1.0$。

$$\sum h_{\mathrm{f_2}}=\left[\lambda\left(\frac{l}{d}+\frac{l_{\mathrm{e}}}{d}\right)+\zeta\right]\frac{u^2}{2}=\left[0.0215\left(\frac{20}{0.05}+70+475\right)+1\right]\times\frac{(2.83)^2}{2}=85.4\mathrm{J/kg}$$

总摩擦阻力损失 $\qquad \sum h_{\mathrm{f}}=\sum h_{\mathrm{f_1}}+\sum h_{\mathrm{f_2}}=0.626+85.4=86\mathrm{J/kg}$

外加机械能 $\qquad W=15\times9.81+\dfrac{196\times10^3}{1000}+86=429\mathrm{J/kg}$

【例 1-15】　如附图所示，有一垂直管路系统，管内径为 100mm，管长为 16m，其中两个截止阀，一个全开，一个半开，直管摩擦系数为 $\lambda=0.025$。若只拆除一个全开的截止阀，其他保持不变。试问此管路系统的流体体积流量 q_V 将增加百分之几？

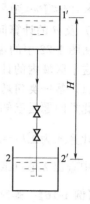

解：已知 $d=0.1\text{m}$，$l=16\text{m}$，$\lambda=0.025$。查得截止阀全开时 $\xi=6.0$，半开时 $\xi=905$，管口突然缩小 $\xi=0.5$，管口突然扩大 $\xi=1.0$。

1—1′截面与 2—2′截面列伯努利方程，得

$$H=\sum h_f$$

拆除之前：流量 q_{V_1}、流速 u_1、阻力损失 $\sum h_{f_1}$

拆除之后：流量 q_{V_2}、流速 u_2、阻力损失 $\sum h_{f_2}$

【例 1-15】 附图

拆除前后，H 不变，故 $\sum h_{f_1}=\sum h_{f_2}$

$$\sum h_{f_1}=\left(\lambda\frac{l}{d}+\sum\zeta\right)\frac{u_1^2}{2}=\left(0.025\times\frac{16}{0.1}+0.5+6.0+9.5+1\right)\frac{u_1^2}{2}=21\times\frac{u_1^2}{2}$$

$$\sum h_{f_2}=\left(\lambda\frac{l}{d}+\sum\zeta\right)\frac{u_2^2}{2}=\left(0.025\times\frac{16}{0.1}+0.5+9.5+1\right)\frac{u_2^2}{2}=15\times\frac{u_2^2}{2}$$

因拆除阀门前后 H 不变，故 $\sum h_{f_1}=\sum h_{f_2}$，得 $21u_1^2=15u_2^2$

因而

$$\frac{q_{V_2}}{q_{V_1}}=\frac{u_2}{u_1}=\sqrt{\frac{21}{15}}=1.18$$

即流量增量 18%。

1.7　管路计算

管路计算是应用前述的连续性方程式、伯努利方程式和摩擦阻力损失计算式，确定流量、管道尺寸和摩擦阻力之间的关系。管路按其配置情况的不同，通常分为简单管路与复杂管路。下面分别介绍。

1.7.1　简单管路

简单管路可以是管径不变的单一管路，也可以是由若干异径管段串联组成的管路。

1.7.1.1　简单管路计算

简单管路的计算问题主要有摩擦损失计算、流量计算和管径计算。解决这些问题，需要用下列计算式：

$$\sum h_f=\lambda\frac{l}{d}\frac{u^2}{2},\qquad u=\frac{4q_V}{\pi d^2}$$

$$\lambda=f(Re,\varepsilon/d),\qquad Re=\frac{du\rho}{\mu}$$

式中，l 为管子与管件的当量长度之和，m；d 为管子内径，m；u 为流体的流速，m/s；q_V 为流体的体积流量，m^3/s；$\sum h_f$ 为流体的摩擦阻力损失，J/kg；λ 为摩擦系数；ε 为绝对粗糙度，m；ε/d 为相对粗糙度。

图 1-22 中的不同区域，λ 的计算式不同，在层流区，$\lambda=\dfrac{64}{Re}$；在完全湍流区（粗糙管），

式（1-53a）可简化为 $\dfrac{1}{\sqrt{\lambda}}=-2\lg\left(\dfrac{\varepsilon/d}{3.7}\right)$；在湍流区（含过渡区），当为光滑管时，$\lambda=\dfrac{0.3164}{Re^{0.25}}$

$(2.5 \times 10^3 < Re < 10^5)$。在这3种情况下，使用上述四个计算式可以很容易地解决 Σh_f、q_V（或 u）及 d 的计算问题。

从图1-22中的虚线至光滑管曲线之间的粗糙管湍流区是生产中常用的区域。下面重点介绍这个区域内的计算问题。

（1）第一类问题：摩擦损失 Σh_f 的计算

此类问题是已知 l、d、ε/d、q_V（或 u），求 Σh_f。

计算式为 $\Sigma h_f = \lambda \dfrac{l}{d} \dfrac{u^2}{2}$。由已知的 q_V，求出 $u = \dfrac{4q_V}{\pi d^2}$，$Re = \dfrac{du\rho}{\mu}$，再由 Re 和 ε/d，从图1-22中查出 λ 值（或用 λ 计算式计算出 λ 值），代入 Σh_f 计算式，求出 Σh_f。

【例1-16】 如附图所示，生产中需将高位槽的水输送到低位槽中，输水量为 $35 \text{m}^3/\text{h}$。管径为 $\phi 89 \text{mm} \times 3.5 \text{mm}$，管长 138m（包括管件的当量长度），管壁的相对粗糙度为 0.0001。水的密度为 1000kg/m^3，黏度为 $1 \text{mPa} \cdot \text{s}$，试求两水槽水面高度相差多少米。

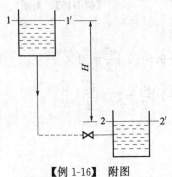

【例1-16】 附图

解：已知 $l = 138 \text{m}$，$d = (89 - 2 \times 3.5) \times 10^{-3} = 0.082 \text{m}$，$\varepsilon/d = 0.0001$，$q_V = 35 \text{m}^3/\text{h}$，$\rho = 1000 \text{kg/m}^3$，$\mu = 1 \text{mPa} \cdot \text{s} = 10^{-3} \text{Pa} \cdot \text{s}$。在截面 1-1′ 和截面 2-2′ 列伯努利方程式，可得

$$gH = \Sigma h_f = \lambda \frac{l}{d} \frac{u^2}{2}$$

又 $\Sigma h_f = \lambda \dfrac{l}{d} \dfrac{u^2}{2}$，且

$$u = \frac{4q_V}{\pi d^2} = \frac{4 \times 35/3600}{\pi \times (0.082)^2} = 1.84 \text{m/s}$$

$$Re = \frac{du\rho}{\mu} = \frac{0.082 \times 1.84 \times 10^3}{10^{-3}} = 1.51 \times 10^5 \quad (\text{湍流})$$

将 ε/d、Re 代入考莱布鲁克关联式（1-53a）$\dfrac{1}{\sqrt{\lambda}} = -2\lg\left(\dfrac{\varepsilon/d}{3.7} + \dfrac{2.51}{Re\sqrt{\lambda}}\right)$ 得

$$\frac{1}{\sqrt{\lambda}} = -2\lg\left(\frac{0.0001}{3.7} + \frac{2.51}{1.51 \times 10^5 \sqrt{\lambda}}\right)$$

显然，要从上式解出 λ 必须试差。先将上式右边含 λ 项略去，可算出 $\lambda = 0.012$。以此为 λ 的初始值代入上式分别计算等式的左、右边，如下表所示。直到取 $\lambda = 0.0172$ 时，等式左边基本等于右边，于是确定 $\lambda = 0.0172$。

λ	0.012	0.014	0.016	0.017	0.0172
等式左边	9.129	8.452	7.906	7.670	7.625
等式右边	7.497	7.553	7.601	7.623	7.627

则两水槽液面的高差为

$$H = \frac{\Sigma h_f}{g} = \lambda \frac{l}{d} \frac{u^2}{2g} = 0.0172 \times \frac{138}{0.082} \times \frac{(1.84)^2}{2 \times 9.81} = 4.99 \text{m} \approx 5 \text{m}$$

本题中，如果利用图1-22或用哈兰德关联式（1-53b）来求 λ，则可避免上述试差。

（2）第二类问题：流量计算

此类问题是已知 l、d、ε/d、Σh_f，求 u 和 q_V。

将式 $\sum h_f = \lambda \dfrac{l}{d}\dfrac{u^2}{2}$ 改写成 $\dfrac{1}{\sqrt{\lambda}} = u\sqrt{\dfrac{l}{2d\sum h_f}}$，与 $Re = \dfrac{du\rho}{\mu}$ 一起代入湍流的 λ 计算式(1-53a)，整理化简消去 λ，得到计算流速 u 的公式

$$u = -2\sqrt{\frac{2d\sum h_f}{l}}\lg\left(\frac{\varepsilon/d}{3.7} + \frac{2.51\mu}{d\rho}\sqrt{\frac{l}{2d\sum h_f}}\right) \tag{1-60}$$

将已知各参数代入式(1-60)求出流速后，再由公式 $q_V = \dfrac{\pi}{4}d^2 u$ 算出 q_V。需要注意，求出 u 后还需要验算 Re 数，看是否为湍流，否则需要按照层流重新计算。

【例 1-17】 如图 1-24 所示的输水管路，管长及管件的当量长度、管内径、相对粗糙度 ε/d、水的密度 ρ、黏度 μ 与例 1-16 均相同。两水槽的液面高差 $H=5\mathrm{m}$，试求输水量为多少（$\mathrm{m^3/h}$）。

解： 选两水槽的液面为两截面，低水槽的液面为基准面，根据伯努利方程可得

$$\sum h_f = gH = 9.81 \times 5 = 49.1 \mathrm{J/kg}$$

将已知数据代入式(1-60)，求得水的流速为

$$u = -2\sqrt{\frac{2d\sum h_f}{l}}\lg\left(\frac{\varepsilon/d}{3.7} + \frac{2.51\mu}{d\rho}\sqrt{\frac{l}{2d\sum h_f}}\right)$$

$$= -2\sqrt{\frac{2\times0.082\times49.1}{138}}\lg\left(\frac{0.0001}{3.7} + \frac{2.51\times10^{-3}}{0.082\times10^3}\sqrt{\frac{138}{2\times0.082\times49.1}}\right) = 1.84\mathrm{m/s}$$

验算流动类型 $\quad Re = \dfrac{du\rho}{\mu} = \dfrac{0.082\times1.84\times10^3}{10^{-3}} = 1.51\times10^5 \qquad$ 湍流

流量 $\quad q_V = \dfrac{\pi}{4}d^2 u = \dfrac{\pi}{4}\times(0.082)^2\times1.84 = 9.72\times10^{-3}\mathrm{m^3/s} = 35\mathrm{m^3/h}$

（3）第三类问题：管径计算

此类问题是已知 l、$\sum h_f$、ε、q_V，求 d。将 $u = \dfrac{4q_V}{\pi d^2}$ 代入 $h_f = \lambda\dfrac{l}{d}\dfrac{u^2}{2}$。整理后得到计算管径的计算式

$$d = \lambda^{\frac{1}{5}}\left(\frac{8lq_V^2}{\pi^2\sum h_f}\right)^{\frac{1}{5}} = \lambda^{\frac{1}{5}}K^{\frac{1}{5}} \tag{1-61}$$

式中的已知数 $\quad K = \dfrac{8lq_V^2}{\pi^2\sum h_f} \quad$（单位为 $\mathrm{m^5}$） $\tag{1-62}$

雷诺数 $\quad Re = \dfrac{du\rho}{\mu} = \dfrac{d\rho}{\mu}\left(\dfrac{4q_V}{\pi d^2}\right) = \dfrac{4\rho q_V}{\pi\mu d}$

由式(1-61)计算 d 时，需要先知道 λ，求解 λ 又需要知道 Re 和 ε/d，又涉及 d，因此求解这类问题需要用试差法进行计算。试差时先假设一 λ 值，用式(1-61)计算出 d，再计算出 Re 和 ε/d。利用图 1-22，由 Re 和 ε/d 查得 λ，如果查得的 λ 值与假设值不相等，则将所查得的值作为下一次的假设值重新查图，直到二者相等为止。

利用考莱布鲁克关联式(1-53a)和哈兰德关联式(1-53b)也可进行上述试差计算，用式(1-53a)时更麻烦一些（详见例 1-16）。

【例 1-18】 如图 1-24 所示的输水管路。两水槽的液面高差 H、管长及管件的当量长度 l、水的流量 q_V、水的密度 ρ、水的黏度 μ 与例 1-17 均相同，管壁绝对粗糙度 ε 为 0.001m，试求所需管径。

解： 已知 $q_V = 35\mathrm{m^3/h} = 9.72\times10^{-3}\mathrm{m^3/s}$，$H=5\mathrm{m}$，$l=138\mathrm{m}$，$\varepsilon=0.001\mathrm{m}$。由例 1-17 已知

$$\sum h_f = gH = 9.81\times5 = 49.1\mathrm{J/kg}$$

由式(1-62) 得

$$K = \frac{8lq_V^2}{\pi^2 \sum h_f} = \frac{8 \times 138 \times (9.72 \times 10^{-3})^2}{\pi^2 \times 49.1} = 2.15 \times 10^{-4} \, \text{m}^5$$

$$K^{\frac{1}{5}} = (2.15 \times 10^{-4})^{\frac{1}{5}} = 0.185 \, \text{m}$$

由式(1-61) 得

$$d = K^{\frac{1}{5}} \lambda^{\frac{1}{5}} = 0.185 \lambda^{\frac{1}{5}}$$

又

$$Re = \frac{du\rho}{\mu} = \frac{4\rho q_V}{\pi \mu d} = \frac{4 \times 10^3 \times 9.72 \times 10^{-3}}{\pi \times 10^{-3} d} = 12400/d$$

先从图 1-22 纵坐标的中部选一个 $\lambda_1 = 0.035$，作为初始假设值，进行计算

$$d = 0.185\lambda^{\frac{1}{5}} = 0.185 \times (0.035)^{\frac{1}{5}} = 0.0946 \, \text{m}$$

$$Re = 12400/d = 12400/0.0946 = 1.31 \times 10^5$$

$$\varepsilon/d = 0.001/0.0946 = 0.01057$$

由 $Re_1 = 1.31 \times 10^5$，$(\varepsilon/d)_1 = 0.01057$，查图 1-22 得，$\lambda_2 = 0.0385$，计算得：

$$d_2 = 0.0964, \qquad Re_2 = 1.29 \times 10^5, \qquad (\varepsilon/d)_2 = 0.001/0.946 = 0.0104$$

由 $Re_2 = 1.29 \times 10^5$，$(\varepsilon/d)_2 = 0.0104$，查图 1-22 得，$\lambda_3 = 0.0388$，计算得：

$$d_3 = 0.0966, \qquad Re_3 = 1.28 \times 10^5, \qquad (\varepsilon/d)_3 = 0.001/0.0966 = 0.01035$$

由 $Re_3 = 1.28 \times 10^5$，$(\varepsilon/d)_3 = 0.01035$，查图 1-22 得，$\lambda_4 = \lambda_3 = 0.0388$，则试差结束。

求得输水管的内径为

$$d = 0.185\lambda^{\frac{1}{5}} = 0.185 \times (0.0388)^{\frac{1}{5}} = 0.0966 \, \text{m}$$

本题与【例 1-17】的管路长度、水的流量及两水槽的液面差都相同，只是管壁的绝对粗糙度不同，本题中的 $\varepsilon = 0.001 \, \text{m}$，例 1-17 中管壁的绝对粗糙度为 $\varepsilon = 0.0001 \times 0.082 = 8.2 \times 10^{-6} \, \text{m}$，不同的绝对粗糙度，导致所需内径不同。绝对粗糙度大者，管内径需要大一些。

1.7.1.2 最适宜管径

例如，生产要求将储液槽中的液体用泵连续输送至高位槽中，如图 1-24 所示。已知输液高度 h、管长 l 及液体流量 q_V，求管径及泵的压头。

根据伯努利方程可得

$$H = h + \sum H_f$$

$$\sum H_f = \lambda \frac{l}{d} \frac{u^2}{2g}$$

对一定的流量，管径 d 与 $\sqrt{u}$ 成反比。当 u 减小，d 增大，根据上式则阻力损失 $\sum H_f$ 减小，H 也减小。由此可得出结论：管径增大，需要供给液体的机械能减小，反之亦然。

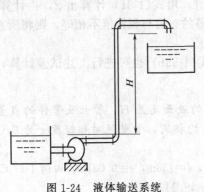

图 1-24 液体输送系统

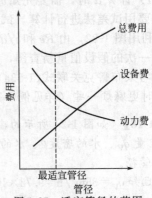

图 1-25 适宜管径的范围

由此可见，管径的大小对设备费和操作动力费都有影响。当管径减小时，虽然设备费用少，但泵的动力消耗增大，使得常用的操作费用增多，所以需由经济核算决定管径的大小。适宜的管径应使设备费与动力费之和为最小，如图 1-25 所示。需要说明的是，图 1-25 中的操作费包括动力消耗费及每年的大修费，大修费是设备费的某一百分数，故流速过小、管径过大时的操作费反而升高。

表 1-3 列出某些流体经济流速的大致范围，以供选择流速时作为参考。

表 1-3 某些流体在管路中的常用流速范围

流体的类别及情况	流速范围/(m/s)	流体的类别及情况	流速范围/(m/s)
自来水	1～1.5	过热蒸汽	30～50
水及低黏度液体	1.5～2.0	蛇管内的冷却水	<1.0
高黏度液体	0.5～1.0	低压空气	8～15
工业供水(8.1×10⁵Pa 以下)	1.5～3.0	高压空气	15～25
工业供水(8.1×10⁵Pa 以上)	>3.0	一般气体(常压)	10～20
饱和蒸汽	20～40	真空操作下的气体流速	<10

在选择流速时，应考虑流体的性质。一般来说，对于密度大的流体，流速应取得小些，如液体的流速就比气体的小得多。对于黏度较小的液体，可采用较大的流速；而对于黏度大的液体，如油类、浓酸及浓碱等，则所取流速就应该比水及稀溶液低。对于含有固体杂质的流体，流速不宜太低，否则固体杂质在输送时容易沉积在管内。对于真空管路，流速的选择必须保证产生的压降 Δp 低于允许值。有时，最小管径要受到结构上的限制，如支撑在跨距 5m 以上的普通钢管，管径不应小于 40mm。

当流体以大流量在长距离的管路中输送时，需根据具体情况并通过经济核算来确定适宜流速，使操作费用与设备费用之和为最低。

管子都有一定规格，根据选择的流速，按式 $d=\sqrt{\dfrac{q_V}{\dfrac{\pi}{4}u}}$ 求出管径后，还需根据管子的规格（见附录）进行圆整，以确定最后的管径。

1.7.2 复杂管路

复杂管路通常有并联管路和分支（或汇合）管路。

（1）并联管路

如图 1-26 所示，并联管路是在主管路的某处（分流点 A）分为几支，然后又汇合至主管路的另一处（合流点 B）。并联管路具有如下特点。

① 主管中的流量等于并联的各支管的流量之和，对于不可压缩流体，则有

$$q_V=q_{V_1}+q_{V_2}+q_{V_3} \qquad (1\text{-}63)$$

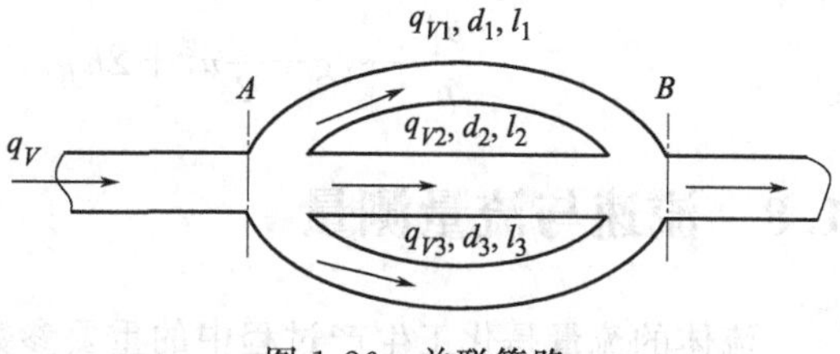

② 并联管路中各支管的摩擦阻力损失均相等，即

$$h_{f_1}=h_{f_2}=h_{f_3}=h_{fAB} \qquad (1\text{-}64)$$

图 1-26 并联管路

这是因为分流点 A 和合流点 B 处的势能值是唯一的，单位质量流体由 A 流到 B，无论通过哪一支管，摩擦阻力损失都应该相等。

若忽略分流点和合流点的局部阻力损失，则各支管段的阻力损失可表示为

$$h_{fi}=\lambda_i\frac{l_i}{d_i}\frac{u_i^2}{2}=\frac{8\lambda_i l_i q_{Vi}^2}{\pi^2 d_i^5}$$

将上式代入(1-64)，则有

$$\frac{8\lambda_1 l_1 q_{V1}^2}{\pi^2 d_1^5} = \frac{8\lambda_2 l_2 q_{V2}^2}{\pi^2 d_2^5} = \frac{8\lambda_3 l_3 q_{V3}^2}{\pi^2 d_3^5} = h_{fAB}$$

故各支管的流量比为

$$q_{V1} : q_{V2} : q_{V3} = \sqrt{\frac{d_1^5}{\lambda_1 l_1}} : \sqrt{\frac{d_2^5}{\lambda_2 l_2}} : \sqrt{\frac{d_3^5}{\lambda_3 l_3}} \tag{1-65}$$

$$\frac{q_{V1}}{q_V} = \frac{q_{V1}}{q_{V1} + q_{V2} + q_{V3}} = \frac{\sqrt{\dfrac{d_1^5}{\lambda_1 l_1}}}{\sqrt{\dfrac{d_1^5}{\lambda_1 l_1}} + \sqrt{\dfrac{d_2^5}{\lambda_2 l_2}} + \sqrt{\dfrac{d_3^5}{\lambda_3 l_3}}} \tag{1-66}$$

利用式(1-66)求解 q_V 时，因雷诺数未知，无法确定摩擦系数 λ，需用试差法求解。

从图 1-22 可知，在完全湍流粗糙管区域（阻力平方区）摩擦系数 λ 与 Re 无关，只与相对粗糙度 ε/d 有关。因此，由已知的 ε_1/d_1、ε_2/d_2 和 ε_3/d_3，从图上查得 λ_1、λ_2 和 λ_3 作为开始假设的 λ_1、λ_2 和 λ_3。

用式(1-66)计算各支管的流量 q_{V_1}、q_{V_2}、q_{V_3}，再用 q_{V_1}、q_{V_2}、q_{V_3} 计算 Re_1、Re_2、Re_3，再由 Re 与 ε/d 从图 1-22 查出的 λ_1、λ_2、λ_3，与前面假设的 λ_1、λ_2、λ_3 值相比较，直至计算值与假设值接近为止。

（2）分支管路与汇合管路

分支管路是指流体由一根主管分流为若干支管，汇合管路是指若干支路汇总于一根主管，分别如图 1-27 的（a）与（b）所示。分支管路与汇合管路有如下特点。

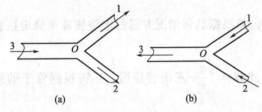

图 1-27　分支管路与汇合管路

① 主管流量等于各支管流量之和，对不可压缩性流体，有

$$q_{V3} = q_{V_1} + q_{V_2}$$

② 无论分支管路还是汇合管路，在分支点或交汇点 O 处都会产生流体的动量交换。动量交换过程中，一方面在各流股之间进行着能量转移，同时造成局部能量损失。在机械能衡算式的推导过程中，两截面之间是没有分流或合流的。然而，机械能衡算式是对单位质量流体而言的，如果能知道因动量交换而引起的能量损失和转移，则机械能衡算式仍可用于分流或合流。如，在图 1-27 所示的分支管路与汇合管路中，单位质量流体在点 O 处的总机械能为一定值，根据机械能衡算式可以导出下列方程：

$$\frac{p_1}{\rho} + z_1 g + \frac{1}{2} u_1^2 + \Sigma h_{fO-1} = \frac{p_2}{\rho} + z_2 g + \frac{1}{2} u_2^2 + \Sigma h_{fO-2}$$

1.8　流速与流量测量

流体的流量是化工生产过程中的重要参数之一，为了控制生产过程能稳定进行，须经常了解过程的操作条件，如压力、流量等，并加以调节和控制。测量流量的仪表种类较多，化工生产中较常用的流量计是利用前述流体流动过程中机械能转化原理而设计的。下面介绍几种常用的流量/速计测定原理、构造及应用等。

1.8.1　测速管

测速管又称皮托管，是用来测量管路中流体的点速度，通常用于气体流速的测定。它是由两根弯成直角的同心套管所组成，如图 1-28 所示。外管的管口是封闭的，在外管前端壁

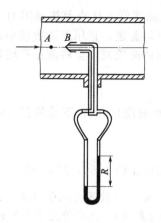

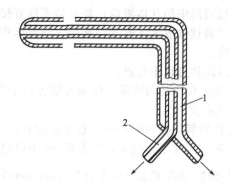

图 1-28　测速管

1—静压管；2—冲压管

面四周开有若干测压小孔，内管的开口端测定停滞点的动压头和静压头之和，称为冲压头。

　　测量时，测速管可以放在管截面的任一位置上，并使管口正对着管道中流体的流动方向，外管与内管的末端分别与液柱压差计的两臂相连接。

　　根据上述情况，测速管的内管测得的为管口所在位置的局部流体动压头与静压头之和，合称为冲压头，即

$$H_A = \frac{u^2}{2g} + \frac{p}{\rho g}$$

　　测速管的外管前端壁面四周的测压孔口与管道中流体的流动方向相平行，故测得的是流体的静压头，即

$$H_B = \frac{p}{\rho g}$$

　　可见 U 形管压差计所测得的压头之差，为测量点处的冲压头和静压头之差，即

$$H_A - H_B = \frac{u^2}{2g}$$

　　于是依上述可得测量点处流速 u_A 为

$$u_A = \sqrt{2g(H_A - H_B)} = \sqrt{2(p_A - p_B)/\rho} \tag{1-67}$$

由式(1-11) 可知，U 形管测得的压差为 A、B 两点的压差（$p_A - p_B$），则有：

$$u_A = \sqrt{\frac{2R(\rho' - \rho)g}{\rho}} \tag{1-68}$$

式中，ρ' 为 U 形压差计中指示液的密度。

　　显然，皮托管测得的是点速度。利用皮托管可以测得沿截面的速度分布。为得到流量，必须先测出截面的速度分布，然后进行积分。对于圆管，速度分布规律为已知。因此，常用的方法是先测量管中心处的最大流速 u_{max}，然后再利用图 1-29 的平均流速 $\bar{u}$ 与最大流速的比值 u_{max} 和 Re 值的关系，即可以求出管截面的平均流速。进而可依平均流速求出流量。

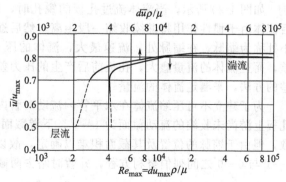

图 1-29　$\dfrac{\bar{u}}{u_{max}}$ 与雷诺数的关系

测速管的准确性比较高，校正系数为 $0.98 \sim 1.0$。测速管的优点是流动阻力小，适用于测量大直径管路中的气体流速；缺点是不能直接测出平均流速，且压差读数较小，常需配用微差压差计将读数放大才能读得准确。当流体中含有固体杂质时，会将测压孔堵塞，故不宜采用测速管。

安装时应注意以下几点：

① 测量点位于均匀流段（保证安装点位于充分发展流段），上、下游各有 $50d$ 以上直管距离作为稳定段；

② 皮托管管口截面要严格垂直于流动方向；

③ 皮托管尺寸不可过大，其直径 d_0 不应超过管内径 d 的 $1/50$，即 $d_0 < d/50$。

【例 1-19】 $50℃$ 的空气流经内径为 $300mm$ 的管道，管中心放置皮托管以测其流量。已知压差计读数 R 为 $15mmH_2O$，测量点压力为 $400mmH_2O$（表压）。试求管道中空气的质量流量。

解： 管道空气的密度

$$\rho = \frac{29}{22.4} \times \frac{273}{273+50} \times \frac{10330+400}{10330} = 1.137 kg/m^3$$

今取压差计中指示液水的密度 $\rho_i = 1000 kg/m^3$

已知

$$R = 15mmH_2O = 0.015mH_2O$$

依式(1-68) 得

$$u_{max} = \sqrt{\frac{2gR(\rho_i - \rho)}{\rho}} = \sqrt{\frac{2 \times 0.015 \times (1000-1.137) \times 9.807}{1.137}} = 16.1 m/s$$

查 $50℃$ 空气的黏度 $\mu = 1.96 \times 10^{-5} Pa \cdot s$，则

$$Re_{max} = \frac{du_{max}\rho}{\mu} = \frac{0.3 \times 16.1 \times 1.137}{1.96 \times 10^{-5}} = 2.80 \times 10^5$$

由图 1-29 查得

$$\bar{u}/u_{max} = 0.82$$

故

$$\bar{u} = 0.82 \times 16.1 = 13.2 m/s$$

管道中的质量流量

$$q_m = \frac{\pi}{4} d^2 \bar{u} \rho = 0.785 \times 0.3^2 \times 13.2 \times 1.137 = 1.06 kg/s$$

1.8.2 孔板流量计和文丘里流量计

(1) 孔板流量计 如图 1-30 所示，将一块中央开有圆孔的金属薄板（孔板），用法兰盘固定在管路上，使孔板垂直于管道轴线，孔的中心位于管道轴线上，这样构成的装置，称为孔板流量计。孔板上的孔口经过精密加工，从前到后扩大，侧边与管轴线成 $45°$ 角，称作锐孔。孔板两侧的测压孔与 U 形压差计相连，由压差计上的读数 R 即可算出孔板两侧的压力差。

如图 1-30 所示，当流体流过孔板的锐孔时，流动截面收缩至锐孔的截面积，在锐孔之后流体由于惯性作用将继续收缩一段距离，然后逐渐扩大到整个管截面。流动截面收缩到最小处称为缩脉。在缩脉处，流速最大，流体的压力降至最低。于是在孔板前后便产生压力差，而且流体的流量愈大，孔板前后产生的压力差也就愈大。所以可利用测量孔板两侧压力差的方法，来测定流体的流量。

为了建立不可压缩流体在水平管内流动时管内流量与孔板前后压力变化的定量关系，取孔板上游尚未收缩的流动截面为 $1-1'$，下游截面应取在缩脉处，以便测得最大的压力差读数，但由于缩脉的位置及其截面积难以确定，故以锐孔处的截面为下游截面 $0-0'$。在截面 $1-1'$ 与 $0-0'$ 之间列伯努利方程，并暂时略去两截面间的能量损失，则为

$$gz_1 + \frac{u_1^2}{2} + \frac{p_1}{\rho} = gz_0 + \frac{u_0^2}{2} + \frac{p_0}{\rho}$$

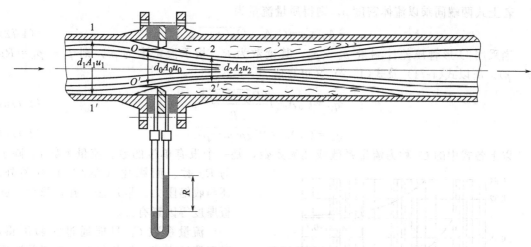

图 1-30　孔板流量计

对于水平管，$z_1 = z_0$，简化上式并整理后得

$$\sqrt{u_0^2 - u_1^2} = \sqrt{\frac{2(p_1 - p_0)}{\rho}} \qquad (1\text{-}69)$$

实际上，流体流经孔板的能量损失不能忽略，故式(1-69)应引进一校正系数 C_1，用来校正因忽略能量损失所引起的误差，即

$$\sqrt{u_{20} - u_1^2} = C_1 \sqrt{\frac{2(p_1 - p_0)}{\rho}} \qquad (1\text{-}69a)$$

此外，由于孔板的厚度很小，如标准孔板的厚度$\leqslant 0.05d_1$，而测压孔的直径$\leqslant 0.08d_1$，一般为 6～12mm，所以不能把下游测压口正好装在孔板上。比较常用的一种方法是把上、下游的两个测压口安装在紧靠着孔板前后的位置上，这种测压方法称为角接取压法。由此测出的压力差，显然与式(1-69a)中的$(p_1 - p_0)$有差别。若以$(p_a - p_b)$表示角接取压法所测得的孔板前后压力差，并以其代替式(1-69a)中的$(p_1 - p_0)$，并引入另一校正系数 C_2，用以校正上、下游测压口位置的影响，于是，式(1-69a)变为：

$$\sqrt{u_0^2 - u_1^2} = C_1 C_2 \sqrt{\frac{2(p_a - p_b)}{\rho}} \qquad (1\text{-}69b)$$

若以 A_1 和 A_0 分别表示管道与锐孔的截面积，按照质量守恒，对不可压缩流体

$$u_1 = u_0 \left(\frac{A_0}{A_1} \right)$$

将此式代入式(1-69b)，并整理得

$$u_0 = \frac{C_1 C_2}{\sqrt{1 - \left(\frac{A_0}{A_1} \right)^2}} \sqrt{\frac{2(p_a - p_b)}{\rho}}$$

令

$$C_0 = \frac{C_1 C_2}{\sqrt{1 - \left(\frac{A_0}{A_1} \right)^2}}$$

则

$$u_0 = C_0 \sqrt{\frac{2(p_a - p_b)}{\rho}} \qquad (1\text{-}70)$$

$$q_V = A_0 u_0 = C_0 A_0 \sqrt{\frac{2(p_a - p_b)}{\rho}} \qquad (1\text{-}71)$$

若上式两端同乘以流体密度 ρ，则得质量流量为

$$q_m = A_0 u_0 \rho = C_0 A_0 \sqrt{2\rho(p_a - p_b)} \tag{1-72}$$

当采用 U 形管压差计测量 $p_a - p_b$，其读数为 R，指示液密度为 ρ'，则 $p_a - p_b = Rg(\rho' - \rho)$。所以式(1-71) 及式(1-72) 又可写成

$$q_V = C_0 A_0 \sqrt{\frac{2Rg(\rho' - \rho)}{\rho}} \tag{1-71a}$$

$$q_m = C_0 A_0 \sqrt{2Rg\rho(\rho' - \rho)} \tag{1-72a}$$

以上各式中的 C_0 称为流量系数或孔流系数，是一个没有单位的数。流量系数 C_0 除了与 Re 数、面积比（A_0/A_1）有关外，还与收缩阻力、取压法、孔口形状、孔板厚度等因素有关。

流量系数 C_0 只能通过实验测得，对于测压方式、结构尺寸、加工状况等均已规定的标准孔板，流量系数 C_0 可以表示成 $C_0 = f(Re, A_0/A_1)$。式中 $Re = d_1 u_1 \rho / \mu$，其中的 d_1 与 u_1 是管道内径和流体在管内的平均流速。图 1-31 所示是用角接取压法安装的孔板流量计所测定的 C_0 与 Re 数及 A_0/A_1 的关系。由图 1-31 可见，当 Re 数超过某限度值 Re_c 时，C_0 不再随 Re 而变，成为一个仅取决于 A_0/A_1 的常数。孔板流量计的测量范围最好落在 C_0 为常数的区域。设计合理的孔板流量计，C_0 值约在 $0.6 \sim 0.7$ 之间。

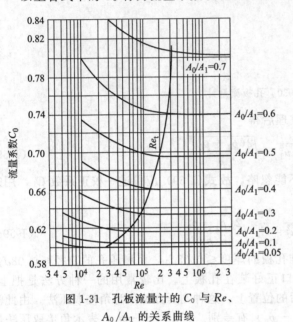

图 1-31 孔板流量计的 C_0 与 Re、A_0/A_1 的关系曲线

孔板流量计在安装时，在上、下游均必须有 $(15 \sim 40)d_1$ 和 $10d_1$ 的直管距离，以保证流体通过孔板之前的速度分布稳定。若孔板上游不远处装有弯头、阀门等，则会影响流量计读数的精确性和重现性。

孔板流量计是一种容易制造的简单装置。当流量较大时，为了调整测量条件，更换孔板亦很方便；所以应用十分广泛。其主要缺点是能量损失较大，A_0/A_1 越小，能量损失越大。另外，锐孔边缘容易腐蚀和磨损，所以流量计应定期进行校正。需要指出，流体在孔板前后的压力差，一部分由于流速改变所引起，还有一部分是由于孔板的局部阻力所造成，这一部分不能复原，为永久性压力差。孔板流量计的永久能量损失可按下列经验公式估算

$$h_f' = \frac{\Delta p_f'}{\rho} = \frac{p_a - p_b}{\rho}\left(1 - 1.1\frac{A_0}{A_1}\right) \tag{1-73}$$

【例 1-20】 用 $\phi159\text{mm} \times 4.5\text{mm}$ 的钢管输送 20℃的水，已知流量范围为 $50 \sim 200\text{m}^3/\text{h}$。采用水银压差计，并假定读数误差为 1mm。试设计一孔板流量计，要求在最低流量时，由读数造成的误差不大于 5%，且阻力损失应尽可能小。

解：已知 $d_1 = 0.15\text{m}$，20℃的水的 $\mu = 0.001\text{Pa·s}$，$\rho = 1000\text{kg/m}^3$，水银的 $\rho' = 13600\text{kg/m}^3$

$$q_{V,\max} = \frac{200}{3600} = 0.056\text{m}^3/\text{s}$$

$$q_{V,\min}=\frac{50}{3600}=0.014\mathrm{m}^3/\mathrm{s}$$

$$Re_{\min}=\frac{q_{V,\min}}{\frac{\pi}{4}d^2}\times\frac{d\rho}{\mu}=\frac{4\times1000\times0.014}{3.14\times0.15\times0.001}=1.19\times10^5$$

选 $A_0/A_1=0.3$，由图 1-31 查得，$C_0=0.632$

根据 $\dfrac{A_0}{A_1}=\dfrac{d_0^2}{d_1^2}$，得

$$d_0=\sqrt{\frac{A_0}{A_1}}d=\sqrt{0.3}\times0.15=0.082\mathrm{m}$$

$$A_0=\frac{\pi}{4}d_0^2=0.785\times0.082^2=0.00528\mathrm{m}^2$$

由式(1-71a) 可求得最大流量的压差计读数 $R_{\max}$ 为

$$R_{\max}=\frac{q_{V,\max}^2}{C_0^2A_0^2 2g\left(\frac{\rho'-\rho}{\rho}\right)}=\frac{0.056^2}{(0.632)^2\times(0.00528)^2\times19.62\times12.6}=1.14\mathrm{m}$$

由计算的 $R_{\max}$ 可知，选 $A_0/A_1=0.3$ 时，孔板阻力损失较大，U 形压差计需要很高且读数不方便，必须重选孔板。

从图 1-31 查得在 $Re_{\min}=1.19105$ 条件下，C_0 为常数的 A_0/A_1 最大值为 0.5。故取 $A_0/A_1=0.5$ 进行检验，步骤同上。

$$A_0/A_1=0.5, Re_{\min}=1.19\times10^5 \text{ 时}, C_0=0.695$$

$$d_0=\sqrt{0.5}\times0.15=0.106\mathrm{m}$$

$$A_0=0.785\times0.106^2=0.00883\mathrm{m}^2$$

$$R_{\max}=\frac{0.056^2}{(0.695)^2\times(0.00883)^2\times19.62\times12.6}=0.34\mathrm{m}$$

$$R_{\min}=\frac{0.014^2}{(0.695)^2\times(0.00883)^2\times19.62\times12.6}=0.021\mathrm{m}$$

可见取 $A_0/A_1=0.5$ 的孔板，在最大流量时，压差计读数比较合适，而在最小流量时，压差计读数又能满足题中所给误差不大于 5% 的要求，所以锐孔直径为 0.106m 的孔板适用。

(2) 文丘里流量计　孔板流量计由于锐孔造成了流道的突然缩小和突然扩大，产生了较大的能量损失。为了减少流体流经孔板时的能量损耗，可用一段渐缩渐扩的短管代替孔板，这种短管称为文丘里管，用这种短管构成的流量计称为文丘里流量计，如图 1-32 所示。由于流体在渐缩段和渐扩段中流速改变平缓，产生的涡流较少，喉管处（即最小流通界面处）增加的动能在渐扩段中大部分转化成静压能，所以能量损失大为减少，其损失约为所测得压差读数的 10%。另外，为了避免流量计过长，文丘里管的收缩角 α_2 可取得大些，一般为 15°～20°；扩大角 α_2 取得小些，一般为 5°～7°。

由于文丘里流量计的工作原理类似于孔板流量计，故流体的流量可按下式计算

$$q_V=C_vA_0\sqrt{\frac{2gR(\rho_\mathrm{A}-\rho)}{\rho}}\tag{1-74}$$

式中，C_v 为文丘里流量计的流量系数，也是一个没有单位的数。其值可由实验测定或从手册中查得。在湍流时，一般可取 0.98（直径 50～200mm 的管）或

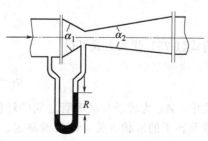

图 1-32　文丘里流量计

0.99（直径 200mm 以上的管）。A_0 为喉管的截面积，m^2；ρ_A 为指示液的密度，kg/m^3；ρ 为被测流体的密度，kg/m^3；R 为压力计的读数，m。通常文丘里流量计上游的测压点距管径开始收缩处的距离至少应为 $d_0/2$，下游的测压口则设在喉管处。

文丘里流量计的优点为能耗少，大多用于低压气体的输送；缺点是各部分尺寸要求严格，需要精细加工，造价较高，且安装时占据较长的管长，也不如孔板那样容易更换以适用于各种不同的流量测量。

1.8.3 转子流量计

转子流量计的结构如图 1-33 所示。其主体为上粗下细锥角约为 4°的锥形玻璃管（或透

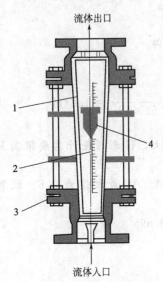

流体出口

图 1-33 转子流量计
1—锥形硬玻璃管；2—刻度；
3—突缘填涵盖板；4—转子

流体入口

明塑料管），管内有一个直径略小于玻璃管内径的转子，其密度大于被测流体的密度。转子可由不同材料制成不同的形状，其上部平面略大，有的刻有斜槽，操作时可发生旋转，故称为转子。流体自玻璃管底部流入，经过转子与玻璃管间的环隙，由顶部流出。

当流体自下而上流过垂直的锥形管时，转子受到两个力的作用：一是垂直向上的推动力，由于转子上部截面较大，则与锥形管之间的环隙截面较小，此处流速增大，静压力减小，使转子上下两端产生压力差，在此压差作用下对转子产生一个向上的推力。另一个是垂直向下的静重力，它等于转子所受的重力减去流体对转子的浮力。当流量加大，使压力差大于转子的净重力时，转子就上升；当流量减小，使压力差小于转子的净重力时，转子就下沉；当压力差与转子的净重力相等时，转子处于平衡状态，即停留在一定位置上。根据转子的停留位置所对应的玻璃管外表面上的流量刻度，即可读出被测流体的流量。

设转子的体积为 V_f，密度为 ρ_f，最大部分的截面积为 A_f，被测流体的密度为 ρ。转子上下游流体的压力差为 $\Delta P = P_1 - P_2$，当转子在流体中处于平衡状态时，压力差应等于转子的净重力，即

$$\Delta P A_f = V_f \rho_f g - V_f \rho g$$

整理得

$$\Delta P = \frac{V_f g (\rho_f - \rho)}{A_f} \tag{1-75}$$

由上式可以看出，当用固定的转子流量计测量某流体的流量时，式中的 V_f、A_f、ρ_f、ρ 均为定值，所以 ΔP 亦为恒定，与流量大小无关。

测量时，当流量计中的转子稳定于某位置时，环隙面积亦为固定值，因此流体流经环隙的流量与压力差的关系可仿照流体通过孔板流量计锐孔时的情形加以描述，即

$$q_V = C_R A_R \sqrt{\frac{2\Delta P}{\rho}}$$

将式(1-75) 代入上式可得

$$q_V = C_R A_R \sqrt{\frac{2g V_f (\rho_f - \rho)}{A_f \rho}} \tag{1-76}$$

式中，A_R 为转子与玻璃管之间的环隙的截面积，m^3；C_R 为转子流量计的流量系数，与 Re 数及转子的形状有关，由实验测定。其值可以从仪表手册中查到。不同形状的转子的流量系数值可由图 1-34 查得，当 $Re \geqslant 10^4$ 时，C_R 约为一常数，约等于 0.98。

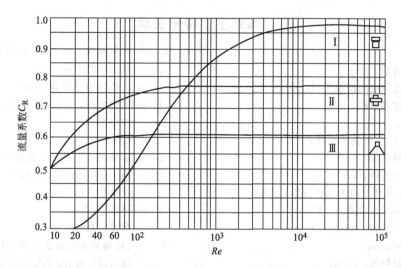

图 1-34　转子流量计的流量系数

由式（1-76）可知，对于某一转子流量计，如果在流量的测量范围内，流量系数 C_R 为一常数时，则流量仅随环隙面积 A_R 而变。又由式（1-75）可知，ΔP 是一个恒定值而与流量无关，因此转子流量计为恒压差、恒流速、变截面的截面式流量计，这一点与恒锐孔截面积、变压差的孔板流量计、文丘里流量计是不同的。此外，式（1-76）中根号内的物理量都是常量。所以转子在锥形管内的位置越高，环隙面积 A_R 就越大，流量也就越大。即流量与转子所处的位置的高度成正比，因而可用转子所处位置高低来反映流量的大小。

转子流量计的刻度与被测流体的密度有关。通常流量计在出厂之前，选用 20℃ 水和 20℃、1 大气压下的空气进行实际流量的标定，并将流量数值刻在玻璃管上。在流量计使用时，若流体的种类与标定时的不符，需要对原有的刻度加以校正。

假定出厂标定时所用液体与实际工作时的液体的流量系数 C_R 相等，即忽略黏度变化的影响，则根据式（1-76），在同一刻度之下，两种液体的流量关系为

$$\frac{q_{V_2}}{q_{V_1}} = \sqrt{\frac{\rho_1(\rho_f - \rho_2)}{\rho_2(\rho_f - \rho_1)}} \tag{1-77}$$

式中，下标 1 表示出厂标定时所用的液体；下标 2 表示实际工作时的液体。

同理，对于气体的流量计，在同一刻度之下，两种气体的流量关系为

$$\frac{q_{V_{g,2}}}{q_{V_{g,1}}} = \sqrt{\frac{\rho_{g,1}(\rho_f - \rho_{g2})}{\rho_{g,2}(\rho_f - \rho_{g1})}}$$

因为转子的材质多为固体，其密度 ρ_f 比任何气体密度 ρ_g 要大的多，故上式可简化为

$$\frac{q_{V_{g,2}}}{q_{V_{g,1}}} = \sqrt{\frac{\rho_{g,1}}{\rho_{g,2}}} \tag{1-78}$$

式中，下标 g，1 表示出厂标定时用的气体；下标 g，2 表示实际工作时的气体。

转子流量计的优点是读取流量方便，测量精度高，能量损失很小，测量范围也宽，可用于腐蚀性流体的测量，流量计前后无须保留稳定段。但因流量计管壁大多为玻璃制品，故不能经受高温和高压，一般不能超过 120℃ 和 392～490kPa，在安装使用过程中也容易破碎，且要求必须保持垂直。

本章主要符号说明

英文字母

A——截面积，m^2；

A'——两流体层间接触面积，m^2；

A_R——环隙截面积，m^2；

C——系数

C_0，C_v，C_R——流量系数；

d——管道直径，m；

d_e——当量直径，m；

E——1kg 流体具有的总机械能，J/kg；

F——流体的内摩擦力，N；

G——质量流速，$kg/(m^2 \cdot s)$；

H——高度，m；

h_f——能量损失，J/kg；

h'_f——局部能量损失，J/kg；

H_e——输送设备对流体所提供的压头，m；

H_f——压头损失，m；

l——长度，m；

l_e——当量长度，m；

m——质量，kg；

M——摩尔质量，kg/kmol；

N——输送设备的轴功率，kW；

N_e——输送设备的有效功率，kW；

p——压力，Pa；

q_m——质量流量，kg/s；

q_V——体积流量，m^3/s 或 m^3/h；

r_H——水力半径，m；

R——液体压力计读数，m；

R——气体常数，$J/(mol \cdot K)$；

Re——雷诺数；

u——流速，m/s；

u_c——流动截面上的最大流速，m/s；

U——1kg 流体的内能，J/kg；

v——比体积，m^3/kg；

V——体积，m^3；

w——质量分数；

W_e——1kg 流体通过输送设备所获得的能量，或输送设备对 1kg 流体所做的有效功，J/kg；

y——气体摩尔分数；

z——单位重量流体所具有的位能，J/N；高度，m。

希腊字母

α——收缩角；

δ——流体边界层厚度，m；

δ_b——滞留内层厚度，m；

ε_k——体积膨胀系数；

ρ——被测液体的密度，kg/m^3；

ρ_A——指示液的密度，kg/m^3。

思 考 题

1. 流体连续性假定有什么内涵？其适用范围是什么？

2. 什么叫理想流体？具有黏性的流体在流动过程中产生阻力的主要原因是什么？

3. 定态流动与非定态流动有何特征？如何区别？

4. 层流与湍流的本质区别是什么？为什么说层流是一种平衡状态？

5. 什么是边界层脱离？边界层分离时为何有漩涡产生？

6. 气体、液体的黏度随温度如何变化？如何理解这一变化？

7. 试述流体静力学基本方程的具体形式，并举例说明其实际应用。

8. 已知某均匀输水管路两截面间测压点间的长度与输水量均保持不变，当安装位置及管内流体流动方向不同时，如附图所示，试判断：(1) 甲、乙、丙、丁所对应压差计读数的大小关系如何？(2) 如果管路

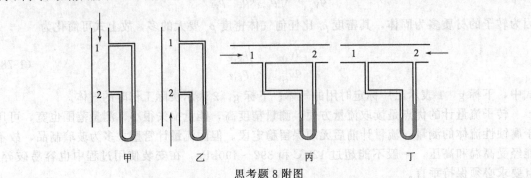

思考题 8 附图

直径增大，则各压差计的读数如何变化？

9. 对牛顿型流体管中何处速度梯度最大，何处剪应力最小？

10. 层流内层的厚度随管内流体的流速增大如何变化？随流体黏度的增大如何变化？

11. 流体进入管中作层流流动，经起始段长度后，速度分布呈什么形状？进入湍流区后速度分布有什么不同？

12. 实验研究方法与数学模型法有何区别与联系？

13. 何谓不可压缩流体和可压缩流体？工程应用时如何界定？

14. 边长为 0.2m 的正方形管路的当量直径是多少？若已知流量，其管内的流速如何计算？

15. 摩擦阻力系数 λ 随流速的增大如何变化，能量损失又如何变化？

16. 相对粗糙度的定义是什么？它对不同流型的阻力系数有何影响？

17. 湍流黏度是不是流体的物性？它与哪些因素有关？

18. 流体在管内呈层流流动时，其 λ 与 ε/d 和 Re 有何关系？当流体处于完全湍流区时，λ 与什么因素有关？

19. 层流状态下的管内流动，若其他条件不变，仅将管内流体的流量减半，过程的阻力损失是多少？

20. 化工厂的烟囱高度与脱烟效果有什么关系？

21. 何谓简单管路？简单管路的计算有几类？它们的计算方法有何特点？

22. 某石油输送管为降低运输过程的阻力损失，可以采用哪些措施？

23. 如附图所示的输水管路，A、B、C 三点在同一水平面上，且 $d_A > d_B > d_C$，管路出口安装有一闸阀，试问：（1）当闸阀关闭时，A、B、C 三点处的压力哪个大，哪个小？或者是否相等？（2）当阀门打开，高位槽水位稳定不变时，A、B、C 三截面处的压力、流量、流速之间有什么关系？

24. 局部阻力计算有几种方法？如何表示？

25. 由两支管组成的并联管路，若支管内流体呈层流流动，且两支管内径比值为 $d_1 = 2d_2$，$l_1 = 0.5l_2$，则支管内的流体流速之比是多少？

26. 并联管路有哪些特点？它与分支管路的主要区别是什么？

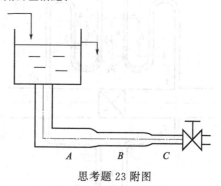

思考题 23 附图

27. 孔板流量计的主要特点是什么？安装时有什么具体要求？

28. 测流体流量时，随流量增加孔板流量计两侧压差值将如何变化？若改用转子流量计，随流量增加转子两侧的压差值将如何变化？

29. 将某转子流量计不锈钢制转子改为尺寸相同的铜转子，则在相同刻度下的实际流量将如何变化？

30. 牛顿流体与非牛顿流体有何区别？试举出几种常见的具体实例。

习　题

1. 某工业设备入口的真空度为 0.082MPa，出口压力表的读数为 0.076atm，当地大气压为 735mmHg，试求：（1）该设备进出口的压差为多少（N/m²）；（2）若当地大气压取 1bar（巴），此时设备进出口的压差是多少（N/m²）？

2. 某锅炉出口气体含有多种成分，各组分的含量（体积组成）列于附表中。试求温度为 430℃、压力为 2.2MPa 时，该混合气体的密度。

习题 2 附表

成分	N_2	O_2	CO	CO_2	H_2O
含量	77	6.5	3.8	7.1	5.6

3. 利用流体静力学方程来测量山的高度，已知高度每上升 1km 大气温度下降 4.8℃，现测得地平面的温度为 20℃，压力为 736mmHg，高山顶处的压力为 330mmHg。试求：（1）大气压与海拔高度的关系式；（2）此山有多高？

4. 为提高测量精度，采用微型压差计测量某容器内压力，如附图所示。已知压差计中分别用水和煤油作为指示液，其密度分别为 995kg/m³ 和 848kg/m³，微压计使用初时（大气压为 101.3kPa）扩大室内两液面高度相等。当指示剂读数为 20mm 时，求容器内的绝对压力。

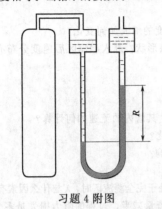

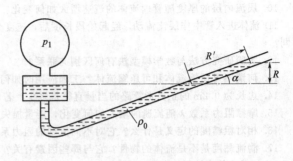

习题 4 附图 习题 5 附图

5. 采用如附图所示的倾斜式压差计测量设备内的压力，已知大气压为 760mmHg，测量管的倾斜角度 α 为 $30°$，指示液密度 $\rho_0 = 850\text{kg/m}^3$，倾斜压差计的读数 $R' = 120\text{mm}$，试求容器内的压力 p_1。

6. 某输水管路上 A、B 两截面间分别装有单 U 形压差计与复式 U 形压差计来测量压差，如附图所示。已知复式压差计的读数为 $R_2 = 370\text{mm}$，$R_3 = 280\text{mm}$。压差计指示液均为水银，试计算：（1）A、B 两点间的压差与单 U 形压差计的读数 R_1；（2）若复式压差计测压连接管 2—3 间充满空气而其他条件不变，且 2—3 截面间的高度 $h = 310\text{mm}$，求此时测量值的相对误差。

7. 某水平异径管内的输水量为 $1.16\text{m}^3/\text{h}$，20℃的水由 $\phi25\text{mm}×2.5\text{mm}$ 的直管流入 $\phi45\text{mm}×3\text{mm}$ 的直管，若分别取两管内的两截面 $A—A'$、$B—B'$ 间作为测压点，且水流经 $A—A'$、$B—B'$ 两截面间的能量损失为 2.2J/kg，试求：（1）$A—A'$、$B—B'$ 两截面的压差；（2）若实际操作中水为反向流动，求此时 $A—A'$、$B—B'$ 两截面的压差。

8. 某化工厂需要安装一根流量为 $25\text{m}^3/\text{h}$ 的输水管路，水温为 20℃，试计算并选择合适的尺寸的管道。

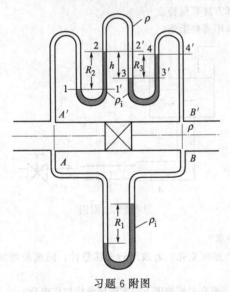

习题 6 附图

9. 用 $219\text{mm}×9.5\text{mm}$ 的管道输送某工艺气体，所要求的生产任务为每小时 1.2 吨，该气体的黏度为 0.02cP。问：（1）该气体在管内的流动类型；（2）层流输送时的最大质量流量。

10. 油品在 $\phi76\text{mm}×3\text{mm}$ 的管路中作定态流动，已知管截面上的速度分布关系：$u = 20y - 200y^2$（u 为管内油品流速，m/s；y 为截面上任一点至管壁的径向距离，m）。油品黏度为 60cP，试计算：（1）管内油品的最大流速；（2）管壁处的剪应力。

11. 某流量为 $40\text{m}^3/\text{h}$ 的输水系统采用梯形通道，已知该通道为底边长与高相等的等腰梯形，即 $CD = DE = 40\text{mm}$，底边倾角为 $60°$，如附图所示。若操作条件下水的黏度取 1cP，试计算：（1）该通道的当量直径；（2）该通道内水的流型。

12. 对在同心套管环隙沿轴向作定态流动的液体，已知套管内外管的半径分别为 r_1 和 r_2，若忽略管壁厚度，试推导层流时环隙内径向上的速度分布关系。

13. 圆桶内盛有高度为 H 的溶液，若在桶侧壁开一水平小孔，则液体将做射流，则孔开在什么位置使液体的射程最远？此时的最远射程是多少？（假定过程的阻力损失可忽略）

14. 如附图所示，利用虹吸管将池中 60℃的热水吸出，管路最高点 B 距水面的垂直距离为 1m，水池液面与虹吸管出口 C 点的垂直距离为 3m。已知 60℃水的饱和蒸气压为 19.92kPa，若将水视为理想流体，试求：（1）虹吸管出口流速 u_2 及虹吸管最高点的压力 p_B；（2）如需将虹吸管延长至 D 点，若要保证管路内不发生汽化现象，求水池液面距虹吸管出口的最大

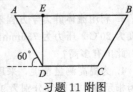

习题 11 附图

高度。

15. 水在一倾斜管中流动，如附图所示，已知两截面高度差为 1m，半径关系为 $d_1 = 2d_2$，水银压差计的读数为 200mm，水进入管内的流速为 1m/s，求测量段的阻力。

16. 如附图所示，某敞口容器内所装溶液的密度为 1120kg/m³，液面高度为 10m，容器侧壁的下部开有一个 ϕ700mm 的圆孔，孔中心距容器底的垂直高度为 0.65m，孔盖用不锈钢螺钉固定。若单个螺钉的工作应力为 30MPa，求至少需要几个螺钉才能将孔盖紧固？

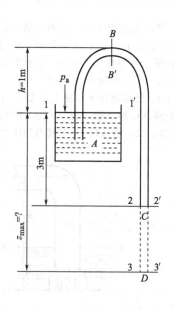

习题 14 附图

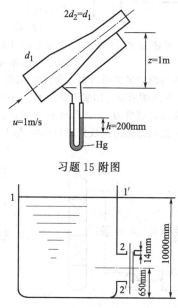

习题 15 附图

习题 16 附图

17. 如附图所示，敞口高位槽中水位恒定，槽中水面距地面的垂直高度为 8m，出水管路采用 ϕ83mm×4mm 的钢管，管出口距地面的垂直高度为 2m。当阀门全开时，管路的全部压头损失可按照 $\sum H_f = 5.88u^2$（J/kg）计算。试求：（1）该管路的输水量，m³/h；（2）阀门从全开到关闭的过程中，分析任意截面 A—A' 位置的压力变化。

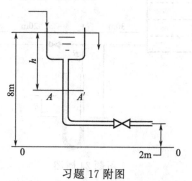

习题 17 附图

习题 18 附图

18. 如附图所示，已知某工业烟囱的直径为 1.4m，烟气流量为 18.8m³/s，烟气的密度为 0.69kg/m³，周围空气的密度为 1.23kg/m³，在 1—1′ 截面处安置有一个 U 形压差计，其读数 $R = 22mmH_2O$，烟囱的摩擦系数 λ 取 0.032。若忽略局部阻力，求正常排烟时该烟囱的高度 H。

19. 用 ϕ168mm×9mm 的钢管输送原油，管线长 500km，油量为 60000kg/h，油管的最大抗压能力为 18MPa，油的密度为 900kg/m³，黏度为 0.18Pa·s。假定油管水平放置并忽略局部阻力，试问：（1）管内原油的流动类型；（2）为完成上述输送任务，中途需要几个加压站？

20. 如附图所示，将一根长 5m，内径 18mm 的 U 形玻璃管作虹吸管，排放某液槽内的工业盐水。已知液体密度为 1180kg/m³，黏度为 2.26×10⁻³Pa·s，生产任务要求的盐水排放量为 2.50×10³kg/h，槽内液位

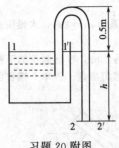

习题 20 附图

恒定。试求：（1）槽内液面距虹吸管出口的垂直距离 h 需多高？（2）虹吸管最高处的压力。

21. 如附图所示，在 20℃ 下用泵将乙醇从敞口储槽中输送至高 25m 的填料塔内进行吸收操作，已知输送管路为 $\phi 50mm \times 2.5mm$ 的钢管，长度为 30m，管路上有 90° 标准弯头两个，全开的 50mm 底阀和半开的标准截止阀各一个。吸收压力为 630kPa。若已知输送任务为 $30m^3/h$，求该泵所需的最小外加功率。

22. 如附图所示，料液由常压高位槽流入精馏塔中。进料处塔中的压力为 0.35at（表压），送液管道为 $\phi 45mm \times 2.5mm$、长 12m 的钢管。管路中装有全开标准截止阀一个，欲使塔的进料量要维持在 $4.8m^3/h$，试计算高位槽的液面要高出塔的进料口多少米？（已知操作条件下料液的密度为 $890kg/m^3$，黏度为 $1.2 \times 10^{-3} Pa \cdot s$。）

23. 如附图所示，用吸入管为 $\phi 50mm \times 3.5mm$ 的泵输水，管长 7m。已知该管下端浸入水面下 2m，上端距离泵入口高度为 3m，截面 2—2′ 处的真空度为 43.6kPa。已知管路的摩擦系数 λ 为 0.028，90° 标准弯头与底阀的局部阻力系数分别为 0.75 与 12。试求：（1）该泵的输水量；（2）吸入口 1—1′ 截面的压力 p_1。

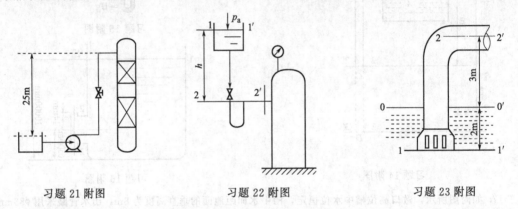

习题 21 附图　　　　　　　习题 22 附图　　　　　　　习题 23 附图

24. 如附图所示，水从槽底部沿内径为 100mm 的管子流出，槽中水位稳定。阀门关闭时测得水银压差计读数 $R = 50cm$，$h = 1.8m$。已知管路摩擦系数 $\lambda = 0.018$，阀门全开时 $l_e/d = 15$，试求：（1）阀门全开时的流量；（2）阀门全开时 B 位置的表压。

25. 某工业管壳式换热器外壳内径为 400mm，装有长为 6m 的 $\phi 19mm \times 2mm$ 换热列管 174 根。壳程环隙通过平均温度为 80℃ 的热水，流量为 $4.5m^3/h$，壳程的相对粗糙度取 0.0085，摩擦系数 λ 满足 $\frac{1}{\sqrt{\lambda}} = 1.74 - 2\lg\left(\frac{2\varepsilon}{d}\right)$。已知 80℃ 热水的密度为 $972kg/m^3$，动力黏度为 3.55×10^{-4} Pa·s，忽略局部阻力，试求：（1）壳程环隙内水的流型；（2）热水通过换热器壳程时的压降。

26. 敞口水槽内液面与输水管出口截面的最初垂直距离为 9m，水槽内径为 4m，输水管选用 $\phi 50mm \times 3mm$

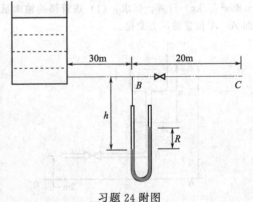

习题 24 附图

的不锈钢管。流动阻力损失可按 $\sum h_f = 35.5u^2$ 来进行计算。试求：（1）输水管内的初始水流量；（2）经过 3h 水槽内液面下降后的高度 h。

27. 某并联管路由三支管组成，各支管摩擦系数均相等。若各支管长度比为 $l_1 : l_2 : l_3 = 4 : 2 : 1$，管内径比为 $d_1 : d_2 : d_3 = 1 : 2 : 3$，且管内流动均处在阻力平方区，试求：（1）三支管内的流量之比；（2）三支管的阻力损失之比。

28. 如附图所示，某化工厂重油由高位槽沿含有分支的管路流入低位槽。已知 $H = 5m$，管路内径 $d_1 = d_2 = 50mm$，$d_3 = 60mm$，$L_1 = L_2 = 80m$，$L_3 = 100m$，重油黏度为 80cP，密度为 $850kg/m^3$。若忽略管路中局部阻力，求重油的流量。

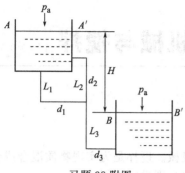

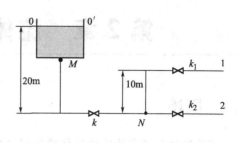

习题 28 附图　　　　　　　　　　　习题 29 附图

29. 高位槽中水经总管流入两支管 1、2，然后排入大气，则得当阀门 k、k_1 处在全开状态而 k_2 处在 1/4 开度状态时，支管 1 内流量为 $0.5\text{m}^3/\text{h}$，求支管 2 中流量。若将阀门 k_2 全开，则支管 1 中是否有水流出？已知管内径均为 30mm，支管 1 比支管 2 高 10m，MN 段直管长为 70m，$N1$ 段直管长为 16m，$N2$ 段直管长为 5m，当管路上所有阀门均处在全开状态时，总管、支管 1、2 的局部阻力当量长度分别为 $l_e=11\text{m}$，$l_{e_1}=12\text{m}$，$l_{e_2}=10\text{m}$。管内摩擦系数 λ 可取为 0.025。

30. 用孔径为 50mm 的标准孔板测量 $\phi108\text{mm}\times4\text{mm}$ 管道的空气流量，已知孔板前空气压力为 122kPa，温度为 20℃。求当 U 形液柱压差计的读数为 180mmHg 时，流经管道空气的质量流量。

31. 如附图所示，某管路系统中有一直径为 $\phi38\text{mm}\times$ 2.5mm、长为 30m 的水平直管段 AB，其间装有孔径 $d_0=$ 16.4mm 的标准孔板流量计，流量系数 C_0 为 0.63，流体流经孔板的永久压降为 $6\times10^4\text{Pa}$，AB 段摩擦系数 λ 取为 0.022，操作条件下液体的密度为 870kg/m^3，U 形管中的指示液为汞。试计算：(1) AB 管内的流量与流速；(2) 液体流经 AB 段的压差。

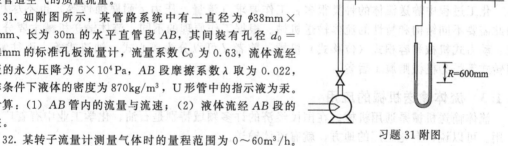

习题 31 附图

32. 某转子流量计测量气体时的量程范围为 $0\sim60\text{m}^3/\text{h}$。试问：(1) 当用来测量 60kPa（表压）、50℃ 的氨气时，转子流量计的最大量程是多少？(2) 如将转子改为密度为 7900kg/m^3 的不锈钢后用于测量液体流量时，出厂的刻度范围为 $400\sim2000\text{L/h}$，当用于测量密度为 790kg/m^3 的丙酮液时，其量程范围变为多少？（设流量系数 C_R 为常数）

参 考 文 献

[1]　陈敏恒，丛德滋，方图南，齐鸣斋. 化工原理（上册）. 第三版. 北京：化学工业出版社，2006.

[2]　王志魁. 化工原理. 第三版. 北京：化学工业出版社，2005.

[3]　管国锋，赵汝溥. 化工原理. 第二版. 北京：化学工业出版社，2003.

[4]　柴诚敬，张国亮. 化工流体流动与传热. 第二版. 北京：化学工业出版社，2007.

[5]　杨祖荣，刘丽英，刘伟. 化工原理. 北京：化学工业出版社，2004.

[6]　蒋维钧，戴猷元，顾惠君. 化工原理（上册）. 第二版. 北京：清华大学出版社，2003.

[7]　夏清，陈常贵. 化工原理（上册）. 修订版. 天津：天津大学出版社，2005.

[8]　柴诚敬. 化工原理（上册）. 北京：高等教育出版社，2005.

[9]　姚玉英，黄凤廉，陈常贵，柴诚敬. 化工原理（上册）. 天津：天津大学出版社，2004.

[10]　McCabe W L，Smith J C，Harriotl P. Unit Operation of Chemical Engineering，5^{th}ed. New York：McGraw-Hill，Inc，1993.

第 2 章　流体输送机械与搅拌

2.1　概述

流体输送机械是为完成流体输送任务的化工通用机械。搅拌是为实现物质混合或分散的一种化工单元操作，所采用的设备称为搅拌机。本章将分别进行介绍。

2.1.1　流体输送机械的概念

在化学工业生产中，经常需要将流体从低处输送到高处或实现一定距离的转移，此时就需要对流体施加外功以补充流体的能量，克服流动阻力。通常将为流体提供能量的机械称为流体输送机械。由于气体具有可压缩性，则相应的输送机械与液体输送机械也存在明显差别；常将用于输送液体的机械称为泵，而将用于输送气体的机械称为风机或压缩机。

2.1.2　流体输送机械的分类

化工过程中输送流体的种类很多，工作要求（流量、压力、耐腐蚀性等）也不尽相同，因此需要不同结构和特性的流体输送机械。根据工作原理的不同，流体输送机械主要分为两类：动力式机械和容积式（位移式）机械，前者又可以分为离心式、轴流式等，而往复式、回转式等类型机械则属于后者。

2.1.3　流体输送机械的应用

流体输送机械是通用机械，在国民经济的许多领域特别是石油、化学工业中有着广泛的应用。可以说，有化工厂的地方，就有流体输送。

本章以离心泵为重点，介绍流体输送机械的原理、结构、工作特性及选型等。

2.2　离心泵

离心泵具有结构简单、流量大而均匀、操作方便的优点，在化工生产中应用很广，约占化工用泵的 80%～90%。

2.2.1　离心泵的工作原理与主要构件

离心泵有多种类型，按级数分有单级和多级，按安装方式可分为立式和卧式，按吸入方式分为单吸式和双吸式等。虽然离心泵的分类方法有所不同，但其主要的组成构件基本相同，如图 2-1 所示。

离心泵的工作原理为：泵壳中央有一液体吸入口 1，液体经过这里形成一定的速度分布，随后进入旋转的叶轮 2（叶轮由电机或其他装置提供动力的泵轴带动），叶片之间的液体随叶轮一起作近于等角速度的旋转运动，同时因离心力的作用使液体由叶轮中心向外作径向运动，液体在流经叶轮的运动过程中获得能量，并以高速离开叶轮外缘进入扩压器 3（选配），在扩压器中流动截面积增大，因而液体速度减小，部分动能转变为静压能，之后液体进入蜗壳 4，在其内也能实现类似增压过程。当叶轮中心的液体被甩出后，泵壳的吸入口处就形成了一定的真空，液体会在压差的作用下源源不断地被吸入与排出。其中扩压器 3 为选配件，是否配置视泵的尺寸、级数等因素而定。

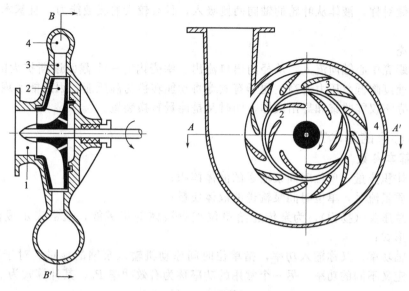

图 2-1　离心泵的结构

1—吸入口；2—叶轮；3—扩压器；4—蜗壳

（1）叶轮

是离心泵的核心部件，上面有若干叶片。按照结构可分为闭式、半开式和开式三种类型，如图 2-2 所示。

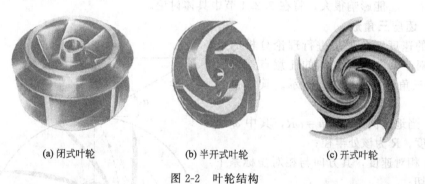

(a) 闭式叶轮　　　　　(b) 半开式叶轮　　　　　(c) 开式叶轮

图 2-2　叶轮结构

① 闭式叶轮　一般离心泵大多采用闭式叶轮，如图 2-2(a) 所示。叶轮两侧分别有前后盖板，流道封闭，输液时流动阻力损失很小，泵效率较高，多用于单相清洁液体的输送。针对特定的叶轮，泵的生产厂商通常会给出所处理的液体允许掺杂物质量的上限，减少叶片的数量（最小甚至为 1）可以适用于含悬浮物较多的场合。这种减少叶片的闭式叶轮在化工、食品、造纸和水处理等行业有着广泛的应用。

② 半开式叶轮　没有前盖板而有后盖板，如图 2-2(b) 所示。适用于输送含掺杂相的液体，当处理液体中含固体颗粒较多时，也需要减少叶片数量。该叶轮在污水处理等特种行业泵中使用较多。

③ 开式叶轮　叶轮吸入口两侧都没有盖板，如图 2-2(c) 所示。开式叶轮制造简单，清洗方便，不易堵塞，适于输送含较多固体颗粒的悬浮液或黏稠浆状液体，但泵内容积损失较大，效率很低，多用于流量较大的立式离心泵。

按吸液方式的不同，叶轮可分为单吸和双吸两种。单吸式叶轮结构简单，液体从叶轮一侧被吸入，但叶轮会受到轴向推力，增加了轴承的负荷，对闭式或半开式叶轮尤其如此。双吸式叶轮两侧对称，液体从叶轮的轴向两侧吸入，具有较大的吸液能力，且基本上可以消除轴向推力。

（2）蜗壳

液体从蜗壳中心轴向流入，从径向出口流出。蜗壳内有一个截面逐渐扩大的蜗形通道，液体流动时速度降低，压力升高，便于有效地将动能转换为静压能，因此能实现离心泵的增压作用。蜗壳不仅能收集和导出液体，同时又是能量转换装置。

2.2.2 离心泵的基本方程

2.2.2.1 基本参数

q_V——体积流量，单位时间泵输送的液体体积；

q_m——质量流量，单位时间泵输送的液体质量；

H——总压头（扬程），为泵传递给单位重量液体的机械能，通常表示成液柱高度的形式；

P——轴功率，又称输入功率，指单位时间原动机输入泵轴的能量。对于离心泵可以定义不同的功率，另一个常用的功率称为有效功率 P_e，其计算式为

$$P_e = \rho g q_V H \tag{2-1}$$

η——总效率，指有效功率与轴功率的比值，其定义为

$$\eta = \frac{P_e}{P} = \frac{\rho g q_V H}{P} \tag{2-2}$$

$NPSH$——汽蚀余量（Net Positive Suction Head），也叫净正吸入头，该参数对泵的性能影响很大，将在 2.2.4 节中具体讨论。

2.2.2.2 速度三角形

叶轮的速度三角形是进行理论分析的重要工具，对于两个叶片之间的任意点都可以定义速度三角形，如图 2-3 所示。其中包含三个速度：

u——当地周向速度，$u = \omega R$，其中 ω 为叶轮角速度，R 为该处半径；

w——相对速度，其方向与相对坐标系下的流线相切；

v——绝对速度，即前两个速度 u 和 w 的矢量和。

如图所示，α 和 β 分别为绝对速度、相对速度与当地圆周速度所夹的锐角，叶片角 β' 定义为叶片切线与圆周速度的夹角，根据该夹角的大小可将叶片分为三种：后弯叶片

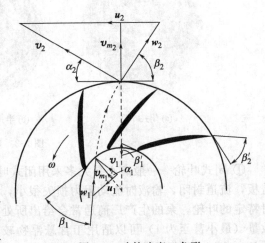

图 2-3 叶轮速度三角形

（$\beta' < 90°$）、径向叶片（$\beta' = 90°$）和前弯叶片（$\beta' > 90°$），其中后弯叶片的效率较高。如果流线处处与叶片平行（一般是不可能的），则 $\beta = \beta'$。进行理论分析和设计时考虑的流体速度为两叶片间垂直于流动方向的截面上的平均速度，叶片进、出口处的速度分别用下标"1"和"2"表示。

2.2.2.3 基本方程

（1）连续方程

叶轮内的一维定态流动的连续方程写为

$$q_m = \rho_1 v_{m_1} A_1 = \rho_2 v_{m_2} A_2 \tag{2-3}$$

若为不可压缩流体，则有

$$q_V = v_{m_1} A_1 = v_{m_2} A_2 \tag{2-4}$$

式中，q_m、q_V 分别表示叶轮内的质量流率和体积流率；A_1、A_2 是叶轮进出口垂直于 v_{m_1}、v_{m_2} 的有效面积。

（2）能量方程

不考虑流动阻力损失，则通过伯努利方程可得液体获得的总压头为

$$H = H_S + H_D = \frac{p_2 - p_1}{\rho g} + \frac{v_2^2 - v_1^2}{2g} \tag{2-5}$$

总压头 H 由液体的静压头增量 H_S 和动压头增量 H_D 两部分组成，其中静压头增量又由以下两部分作用组成。

① 离心力做功。液体获得的这部分压头可表示为

$$\int_{R_1}^{R_2} \frac{F}{\rho g} dR = \int_{R_1}^{R_2} \frac{\omega^2 R}{g} dR = \frac{\omega^2}{2g}(R_2^2 - R_1^2) = \frac{u_2^2 - u_1^2}{2g} \tag{2-6}$$

式中，F 为单位体积液体所受离心力，即 $F = \rho \omega^2 R$。

② 能量转换。因为叶片间流通面积扩大，导致的动压能向静压能转化产生的压头可以表示为 $(w_1^2 - w_2^2)/2g$。

因而总压头可由下式计算

$$H = \frac{u_2^2 - u_1^2}{2g} + \frac{v_2^2 - v_1^2}{2g} + \frac{w_1^2 - w_2^2}{2g} \tag{2-7}$$

根据速度三角形中的几何关系

$$w^2 = u^2 + v^2 - 2uv\cos\alpha \tag{2-8}$$

最后得到离心泵的基本方程式为

$$H = \frac{1}{g}(u_2 v_2 \cos\alpha_2 - u_1 v_1 \cos\alpha_1) \tag{2-9}$$

为提高压头 H，常使 $\alpha_1 = 90°$，则上式可简化为

$$H = \frac{u_2 v_2 \cos\alpha_2}{g} \tag{2-10}$$

2.2.3 离心泵的主要性能参数和特性曲线

2.2.3.1 离心泵的特性曲线

在泵的使用中，2.2.2 节中介绍的基本参数对于实际工作状况的确定具有重要意义。其中流量 q_V、扬程 H、汽蚀余量 $NPSH$ 等为水力参数，轴功率 P、转速 n 等为机械参数，以一个水力参数和一个机械参数为独立变量（常用的是 q_V 和 n），则其他参数可以定义为这两个参数的函数表示在图上，称为特征平面。由于特征平面使用并不方便，对一定的转速 n 给出因变量相对于流量 q_V 的变化趋势就成了一个现实的选择，即所谓的特性曲线。特性曲线通常由实验获得。典型的离心泵特性曲线如图 2-4 所示。

① H-q_V 特性曲线　曲线为开口向下的抛物线形状，取最大值的点在纵轴上或靠近纵轴。曲线的斜率依赖于叶片角，随着出口叶片角减小曲线斜率增加，流量的改变对扬程的影响将增大。

另外需要注意的一点是，离心泵的工况通常都处在特性曲线上 $dH/dq_V < 0$ 的区域，此时扬

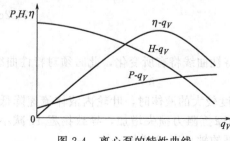

图 2-4　离心泵的特性曲线

程随着流量的增加而降低，可以对泵起到保护作用；若反之则流量和扬程同时增加，容易造成操作失稳。特性曲线的最大值点落在纵轴上能够保证满足这个条件，因而有利于泵的运行。

② P-q_V 特性曲线　接近一条增函数的直线，最大值点附近较平坦。这条曲线是选择泵的原动机（如电机）的重要依据。一般来说，需要参考输入轴功率 P 的最大值选择动力机的功率 P_M，并留有一定余量；在某些特殊场合（如流量接近不变或原动机功率很高时），也可参考设计点的功率选取驱动功率，但是同时需要设置专门的控制系统防止过载。

③ ηq_V 特性曲线　曲线为抛物线形状，故具有最大值 η_{max}，通常在泵的设计工况点附近取得该最大值。离心泵铭牌上对应的参数值为一般都是在 η_{max} 条件下的具体值，工业上习惯将最大效率值 7% 范围以内的操作区域称为高效区。显然，应该尽量使运行工况维持在设计点附近以保证离心泵的高效工作。

2.2.3.2　特性曲线的变工况修正

值得指出，上述泵的特性曲线是厂商在一定转速下，针对 20℃ 清水通过实验测定得到的。而在实际工程应用中，离心泵可能在不同的条件下工作、输送不同的液体，这样就需要重新进行特性曲线的测定或换算。

(1) 离心泵转速对特性曲线的影响

同一台离心泵在不同转速运转时，其特性曲线并不相同，离心泵转速改变时，泵的流量 q_V、扬程 H 及轴功率 P 也相应改变。当同一泵输送同种液体时，若泵的转速变化较小（±20%），效率 η 近似不变，可认为转速改变前后叶轮出口速度三角形相似，则由式（2-4）、（2-10）等推导可以发现，特性曲线上相应变量的变化符合比例定律

$$\frac{q_{V_2}}{q_{V_1}}=\frac{n_2}{n_1} \tag{2-11a}$$

$$\frac{H_2}{H_1}=\left(\frac{n_2}{n_1}\right)^2 \tag{2-11b}$$

$$\frac{P_2}{P_1}=\left(\frac{n_2}{n_1}\right)^3 \tag{2-11c}$$

(2) 叶轮直径对特性曲线的影响

在实际生产条件下，叶轮直径 d 的改变也能起到类似的改变泵的特性曲线的作用。对于同一型号、用来输送同一液体的泵，使用直径较小的叶轮而其他尺寸不变（叶轮出口宽度适应流量要求有所改变），称为叶轮的"切割"。在相同的转速下，当叶轮直径 d 的切割量小于 5% 时，泵的效率 η 基本不变。此时特性曲线各参数的变化关系满足切割定律

$$\frac{q_{V_2}}{q_{V_1}}=\frac{d_2}{d_1} \tag{2-12a}$$

$$\frac{H_2}{H_1}=\left(\frac{d_2}{d_1}\right)^2 \tag{2-12b}$$

$$\frac{P_2}{P_1}=\left(\frac{d_2}{d_1}\right)^3 \tag{2-12c}$$

(3) 物性对特性曲线的影响

当被输送液体的黏度或密度与水相差较大时，特性曲线将有所变化，此时须对特性曲线进行校正。

① 黏度的影响　相同型号的离心泵用于输送黏度较大的液体时，叶轮内液体流速降低，故泵的流量 q_V 减小；同时黏度增大使液体流经泵的摩擦阻力损失增加，导致扬程 H 减小；阻力损失的增大也使得离心泵的效率 η 下降，所需泵的轴功率 P 增加。

当液体的运动黏度 $\nu > 20 \times 10^{-6} \, \text{m}^2/\text{s}$ 时，需进行如下校正

$$q_V = C_q q_W \tag{2-13a}$$

$$H = C_H H_W \tag{2-13b}$$

$$\eta = C_\eta \eta_W \tag{2-13c}$$

式中，C_q、C_H、C_η 分别为流量 q_V、扬程 H、效率 η 的修正系数，一般都小于 1，具体数值可从有关手册的算图中查取。

② 密度的影响　由离心泵的基本方程可知，离心泵的流量 q_V、扬程 H 均与被输送液体的密度 ρ 无关，效率 η 也不随液体密度变化；但泵的轴功率与液体密度成正比，需要在特性曲线的基础上重新计算。

2.2.4　离心泵的可靠运行

离心泵的长周期可靠运行有以下两个基本的要求。

第一，保证泵在一个最小的连续流量之上工作。泵的流量调节是必要的，但流量较小时泵的效率下降，液体温度会升高甚至发生汽化；另外可能出现泵壳泄漏、多余液体推力、转轴弯曲等诸多问题。工程生产中离心泵的最小连续流量需要综合技术经济因素确定。

第二，防止汽蚀的发生。汽蚀是一种危害很大的水力现象，应该特别注意，下面详细地介绍汽蚀现象及其防护。

（1）汽蚀

概括地说，汽蚀是当输送液体流经离心泵时气泡不断形成、长大和溃灭的过程。其成因是当泵中某点（通常是叶轮中心处）的压力低于同温度该液体的饱和蒸气压时，此时液体汽化并产生大量汽泡，当这些汽泡被叶轮甩向叶轮周边时压力增大，又重新凝结成液滴并产生局部真空，叶轮周围的液体以很高的速度涌向真空区域，众多的微小液滴如同高频水锤猛烈撞击叶轮，造成包括侵蚀、变形与腐蚀在内的多种不良影响。这类汽蚀严重时对设备产生很大的破坏，在离心泵的操作中产生的影响较显著，是这部分的讨论重点。

（2）汽蚀的表现

气泡的尺寸和数量不同，则汽蚀的严重程度和其表现也有所差别，主要包括以下几种。

① 泵的流量降低　气泡的产生减少了泵的有效工作容积，从而导致输送液流减少甚至中断。

② 泵的扬程下降　发生汽蚀时，泵提供的能量有一部分用于填补空穴液流的加速，这样扬程就明显降低了，一般较正常水平下降 3% 即可认为发生了汽蚀，发生汽蚀时 H-q_V 特性曲线将下移偏离正常曲线。

③ 异常声音及振动　气泡从低压到高压区域的高速运动及其后的溃灭过程（产生了激波），体现为异常的声音和振动。汽蚀发出的声音可能类似于低沉的敲击声或尖锐的随机撞击声，较难与轴承失效分辨开来。实际判断时可将离心泵的流量减至零，若声音消失则认为是汽蚀所致。发生振动的频率受汽蚀类型、泵的设计及使用等因素的影响，因汽蚀产生的过度振动会造成泵的密封和轴承失效，这也是发生汽蚀的泵最常见的失效模式。

④ 泵部件的损坏　主要体现为以下几个方面。

Ⅰ 汽蚀侵蚀。当汽蚀产生的汽泡贴近叶轮、蜗壳等部件时，汽泡的溃灭不是在各个方向上对称进行的，在距离泵部件较近的一侧会受到限制，气泡的变形、破碎主要发生在相反的一侧，因此填补空穴的喷射流也从这个方向进入，以很高的速度撞击在泵的部件上，如图 2-5 所示。长时间冲击造成部件表面发生可见的塑性变形和断裂，通常称为汽蚀侵蚀。如图 2-6 所示。

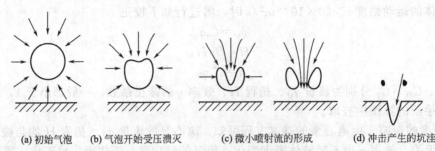

(a) 初始气泡　(b) 气泡开始受压溃灭　(c) 微小喷射流的形成　(d) 冲击产生的坑洼

图 2-5　汽蚀中气泡的溃灭过程

Ⅱ 力学变形。由于气泡的生成和溃灭不均匀，叶轮所受的径向和轴向推力也不平衡，长时间作用的结果会造成轴的弯曲、轴承损坏、密封面破损等。

Ⅲ 汽蚀腐蚀。气泡的溃灭和喷射流的冲击破坏了部件表面的保护层，因此材料更易受腐蚀，如果输送液体本身带有一定腐蚀性，与侵蚀结合破坏过程会明显加快。

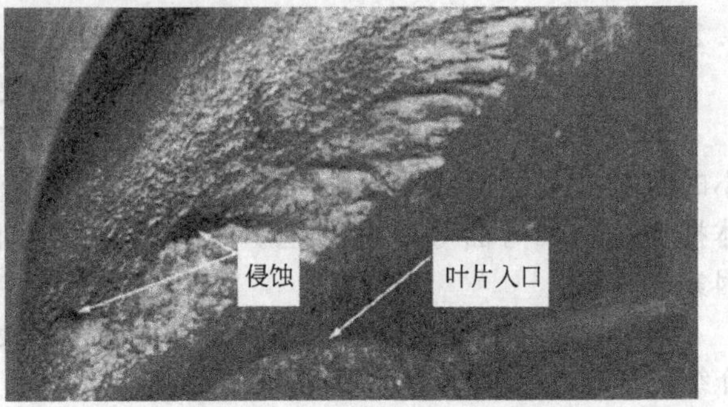

（3）汽蚀的防护

前面已经介绍过，发生汽蚀的根本

图 2-6　叶轮表面的汽蚀侵蚀

原因在于泵中某点压力降低到了临界值（液体相变压力）之下，因此通过水力分析设定安全的工作范围，就可以避免泵的汽蚀。

① 汽蚀余量　常用来描述泵的汽蚀特性的参数定义为

$$NPSH = \frac{p_{in}}{\rho g} + \frac{u_{in}^2}{2g} - \frac{p_v}{\rho g}$$

(2-14)

式中，p_v 为一定温度下液体的汽化相变压力；p_{in}、u_{in} 分别为液体在泵入口处的静压和绝对速度。

从汽蚀余量的定义不难判断，这个值越小，泵内压力越有可能降低至汽化压力之下，即发生汽蚀的危险越大。发生汽蚀的临界汽蚀余量 $(NPSH)_{cr}$ 可以通过实验测得，再加上一定的安全量即得到必需汽蚀余量 $(NPSH)_{re}$，$(NPSH)_{re}$ 主要与泵的设计有关，常被绘制成 $(NPSH)_{re}$-q_V 特性曲线出现在生产厂商的产品手册中。显然，欲使泵安全工作，应满足代入实际 p_{in}、u_{in} 计算的汽蚀余量 $NPSH >$ $(NPSH)_{re}$（标准甚至规定要高出 0.5m 以上），实际汽蚀余量 $NPSH$ 主要由泵所在的管路系统情况决定。

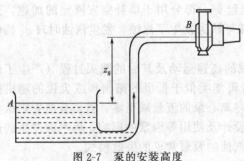

图 2-7　泵的安装高度

② 最大安装高度　泵的实际安装情况一般如图 2-7 所示，对于水源 A 和泵的入口 B 可以列出如下的伯努利方程

$$\frac{p_A}{\rho g} + \frac{u_A^2}{2g} = \frac{p_{in}}{\rho g} + \frac{u_{in}^2}{2g} + z_S + H_f$$

(2-15)

式中，H_f 为流动压头损失；z_s 为安装高度。从式中不难发现，安装高度 z_s 越大，入口 B 处 $NPSH$ 越小，即实际汽蚀余量越小，越容易发生汽蚀。

由式(2-15)可以推导得最大安装高度表示为

$$z_{s,max}=\frac{p_A}{\rho g}+\frac{u_A^2}{2g}-H_f-\left(\frac{p_{in}}{\rho g}+\frac{u_{in}^2}{2g}\right)_{min}=\frac{p_A}{\rho g}+\frac{u_A^2}{2g}-H_f-\frac{p_v}{\rho g}-(NPSH)_{re} \qquad (2\text{-}16)$$

其中 p_A、u_A、p_v 已知，H_f 可通过第 1 章介绍的公式计算，从泵的产品手册上查得 $(NPSH)_{re}$，即可得到泵的最大安装高度 $z_{s,max}$，值得注意的是，设计标准同样要求在此基础上有 0.5m 的裕量。

【例 2-1】　拟用一台离心泵将 20℃的某溶液由储罐送往高位槽中供生产使用，储罐上方与大气直接连通。已知在给定送液量下吸入管的压头损失为 4m 液柱，求大气压分别为 101.3kPa 的平原和 60.5kPa 的高原地带泵的最大允许安装高度。已知给定工况泵的允许汽蚀余量 $(NPSH)_{re}$ 为 3.3m，20℃时溶液的饱和蒸气压为 5.87kPa，密度为 800kg/m³，重力加速度取 9.81m/s²。

解： 储罐内液面速度 $u_A=0$，由式(2-16)可知在平原和高原上泵的允许安装高度分别为

$$z_{s,max_1}=\frac{p_{A_1}-p_v}{\rho g}-H_f-(NPSH)_{re}=\frac{(101.3-5.87)\times10^3}{800\times9.81}-4-3.3=4.87m$$

$$z_{s,max_2}=\frac{p_{A_2}-p_v}{\rho g}-H_f-(NPSH)_{re}=\frac{(60.5-5.87)\times10^3}{800\times9.81}-4-3.3=-0.33m$$

其中高原上允许安装高度 z_{s,max_2} 为负值，表明此时须使泵的入口位于液面以下才能保证正常操作。另外，实际应用中一般还要留出适当的裕量，按标准应降低 0.5m，这样可得实际最大安装高度分别为 4.37m 和 -0.83m。

2.2.5　离心泵的工作点与流量调节

2.2.5.1　泵的工作点

通常离心泵安装在一定的管路系统中，因此其实际工作状况由泵本身和管路共同决定。

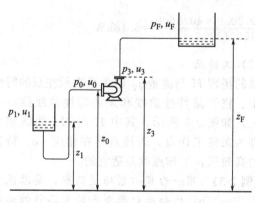

图 2-8　包含泵的管路系统

(1) 管路特性曲线

考虑如图 2-8 的包含泵的管路系统，可以针对泵前和泵后的管路分别列出如下的伯努利方程

$$\frac{p_1}{\rho g}+\frac{u_1^2}{2g}+z_1=\frac{p_0}{\rho g}+\frac{u_0^2}{2g}+z_0+H_{f_1} \qquad (2\text{-}17)$$

$$\frac{p_3}{\rho g}+\frac{u_3^2}{2g}+z_3=\frac{p_F}{\rho g}+\frac{u_F^2}{2g}+z_F+H_{f_2} \qquad (2\text{-}18)$$

式中，H_{f_1}、H_{f_2} 分别为用泵前和泵后管路的流动阻力损失，定义 H_f 为两端阻力之和。

则将上述两式相加整理可得

$$\frac{p_3-p_0}{\rho g}+\frac{u_3^2-u_0^2}{2g}+(z_3-z_0)=\frac{p_F-p_1}{\rho g}+\frac{u_F^2-u_1^2}{2g}+(z_F-z_1)+H_f \qquad (2\text{-}19)$$

不难看出，式(2-19)左端即为泵提供的实际扬程，右端称为管路系统阻力，用 H_R 表示。这个关系说明，当系统阻力变化时泵的扬程也将发生变化，即泵的实际操作情况与设定

的管路条件有关。H_R 可以进一步分为静态阻力 H_{RS} 和动态阻力 H_{RD}，并能够表示成流量 q_V 的函数，相应的曲线称为管路特性曲线。

【例 2-2】 如附图所示，某供液系统的输水量为 $40m^3/h$，输水管均为 $\phi89\times4.5mm$ 的钢管，已知水泵吸入管路的阻力损失为 $0.47m$ 水柱，压出管路的阻力损失为 $0.8m$ 水柱，压力表的读数为 $0.245MPa$，两表间高度差为 $0.3m$ 且阻力损失可忽略，泵距输水液面的垂直距离为 $5m$。若当地大气压为 $750mmHg$，试求：(1) 该泵吸入管路上真空表的读数；(2) 该泵的扬程；(3) 若该泵的效率 $\eta=65\%$，求其轴功率。

解：(1) 由题意知，管内流速为

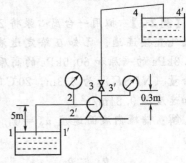

$$u=\frac{q_V}{\frac{\pi}{4}d^2}=\frac{40/3600}{0.785\times0.08^2}=2.21m/s$$

对 1—1′ 截面至 2—2′ 截面之间列机械能衡算式，可得

$$z_1+\frac{p_1}{\rho g}+\frac{u_1^2}{2g}=z_2+\frac{p_2}{\rho g}+\frac{u_2^2}{2g}+\sum H_{f(1\to2)}$$

以 1—1′ 截面为基准面，$z_1=0$，$z_2=5m$，$p_1=0$（表），$u_1\approx0$，$u_2=2.21m/s$，$\sum H_{f(1\to2)}=0.47m$。则有

【例 2-2】附图

$$0=5+\frac{p_2}{10^3\times9.81}+\frac{2.21^2}{2\times9.81}+0.47$$

因此，吸入管路上真空表读数为 $p_2=-56.0kPa=-420mmHg$

(2) 在压力表 2—2′ 截面与真空表 3—3′ 截面列伯努利方程

若以 1—1′ 截面为基准面，则 $z_2=5m$，$z_3=5.3m$，$p_2=-56.0kPa$，$p_3=245kPa$（表），$u_2=u_3=u$，$\sum H_{f(2\to3)}=0$。故泵的扬程为

$$H=(z_3-z_2)+\frac{p_3-p_2}{\rho g}=(5.3-5)+\frac{(245+56.0)\times10^3}{1000\times9.81}=30.9m$$

(3) 根据泵轴功率的定义，当泵效率为 $\eta=65\%$ 时，则所求泵的轴功率为

$$P_a=\frac{P_e}{\eta}=\frac{\rho g H q_V}{\eta}=\frac{10^3\times9.81\times30.9\times40/3600}{0.65\times1000}=5.18kW$$

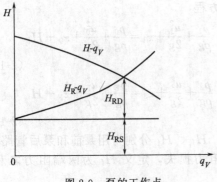

图 2-9 泵的工作点

(2) 工作点

泵的扬程 H 与流量 q_V 的关系表示在泵的特性曲线上。将管路特性曲线和泵的特性曲线画在一幅图上，如图 2-9 所示，其中 H 与 H_R 曲线相交的点即为泵的工作点。若该点落在相应 $\eta-q_V$ 特性曲线的高效区，工作点就是适宜的。

【例 2-3】 用一台离心泵输送清水，要求流量不低于 $70m^3/h$，已知出口阀全开时管路特性曲线方程为 $H_R=16+0.001q_V^2$。所选离心泵在转速 $n=2900r/min$ 时的特性曲线如附图所示。问：(1) 此型号水泵是否满足输送要求？(2) 泵在运转时的效率是多少，对原动机有何要求？(3) 若生产任务下降至原来的 80%，拟采用变速调节，则转速如何变化？

解：(1) 根据已知条件可以做出管路特性曲线，如例题附图所示的 H_R-q_V 线。这条曲

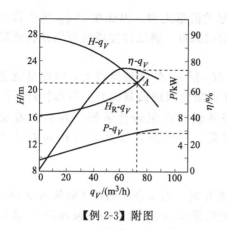

【例 2-3】附图

线与离心泵 $H\text{-}q_V$ 线的交点 A 即为工作点，由图可读得 A 对应的扬程为 20.8m，流量为 72.8m³/h，即该型号水泵可以完成输送任务。

（2）泵运转时的效率同样为工作点 A 对应的数值，约为 73%；相应的轴功率 P 约为 5.6kW，据此选择原动机还应留有一定裕量。

（3）改变转速时，管路特性曲线不变，而泵的特性曲线将改变。由管路特性曲线可知，当生产任务下降时（q_V 减少），管路所需要的扬程降低，工作点将向左方移动，即泵的特性曲线向左下方移动。根据 2.2.3 节中介绍的比例定律，降低转速可以达到调节要求。

2.2.5.2　流量调节

前面已经说明，泵的工作状况由管路特性和泵的特性共同决定，因此从这两方面着手都可以调节流量，满足输送要求。

（1）改变管路特性

典型的措施是调节泵出口管路上阀门的开度。如图 2-10 所示，初始管路的特性曲线 1 对应于流量 q_{V_1}，当阀门关小时，管路的阻力损失（确切地说是动态阻力 H_{RD}）增大，相应的管路系统特性曲线 2 变陡，工作点流量减小到 q_{V_2}；反之开大阀门时则流量相应增加。

该方法实施方便，流量可以连续变化，因此在化工生产中应用广泛；不足之处是阀门关小时需要额外的功耗，经济性不佳。

此外，当需要减小流量时，还可以设置旁通管路，将一部分出口液体引回泵的入口管。

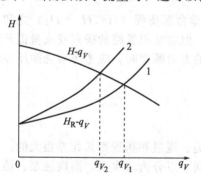

图 2-10　改变阀门开度对流量的影响

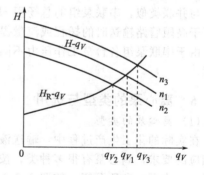

图 2-11　改变转速对流量的影响

（2）改变泵的特性

可以通过调节泵的转速或切割叶轮的方式实现。如图 2-11 所示，当转速 n 增大时，由比例定律可知 H、q_V 同时增加，离心泵的特性曲线上移，流量增大；相反则泵的特性曲线下移，流量减小。这种调节方式在减小流量时能够降低功耗，但变速在实际操作中并不方便，故在生产中应用不多。切割叶轮可以在减小流量时采用，但调节范围较小。

2.2.5.3　泵的并联与串联

当单台泵无法实现需要的扬程或流量时，可以在管路系统中将两个以上的泵连接使用。基本的操作方式包括并联和串联。

（1）并联

主要用于输送较大流量液体的场合或提高管路系统的操作弹性。当采用多台泵并联输送液体时，泵组中各单台泵扬程相等，而总流量等于各泵的流量之和。因此在 $H\text{-}q_V$ 图中将相同的纵坐标 H 对应的各泵流量 q_V 叠加可得到并联后的状态点，将其连接成线即为并联泵组的特性曲线，如图 2-12 所示。

在应用并联泵组时应注意，由于管路特性曲线中 H_R 随 q_V 的增加而增大，因此总流量 q_V 要低于单台泵输送流量之和（$q_V < q_{V_1} + q_{V_2}$），适于低阻管路的流量提升，但当管路特性曲线很陡时增大流量的作用就不明显了。另外，若并联的各泵特性不同，在启动或关停时可能出现排出液体回灌（由高扬程泵到低扬程泵）的情况，因此采用相同的泵并联较好。

（2）串联

主要用于分步增压提供较高的扬程。多台泵串联操作时，当单台泵的输送液体流量相等时总扬程等于各泵的扬程之和。在 $H\text{-}q_V$ 曲线中将相同的横坐标 q_V 对应的各泵扬程 H 叠加可得到串联后的状态点，其连线即为串联泵组的特性曲线，如图 2-13 所示。

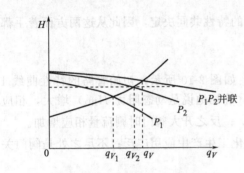

图 2-12　泵并联操作的特性曲线

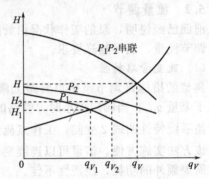

图 2-13　泵串联操作的特性曲线

与并联类似，串联泵组的总扬程 H 同样达不到单台泵扬程（$H < H_1 + H_2$）之和，串联泵用于高阻管路输送时的扬程或流量提升效果明显，但对低阻管路的扬程或流量提升则很有限。由于串联泵组各台泵工作压力不同，在布置泵的先后顺序时，应考虑泵壳耐压和汽蚀等因素。

2.2.6　离心泵的类型与选用

（1）离心泵的类型

在实际的化工生产过程中，输送液体的介质种类、流量和扬程都是相差很大的。为了满足相应的要求，离心泵有很多种类，按照介质的不同可以分为清水泵、耐腐蚀泵、油泵、屏蔽泵、污水泵、杂质泵等；按照 2.2.1 节中介绍的叶轮吸入方式的不同可以分为单吸式泵和双吸式泵；按照级数的不同可分为单级泵和多级泵（如图 2-14 所示）；按照泵体布置方向的不同则可分为卧式泵和立式泵。

① 清水泵　清水泵是应用最广的离心泵，用来输送各种工业用水以及物理、化学性质类似于水的其他液体，常用于工业生产、城市排给水和农业灌溉。最普通的清水泵是单级单吸式，系列代号为 IS；若要求的流量较大而扬程不高，可以采用代号为 SH 的双吸式泵；若要求的扬程较高，可以采用系列代号为 D 的多级离心泵。一种卧式多级

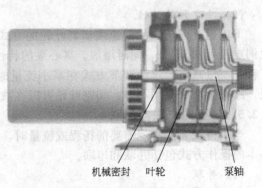

机械密封　叶轮　泵轴

图 2-14　卧式多级离心泵

离心泵的结构如图 2-14 所示。

② 耐腐蚀泵　输送酸、碱、盐、氨水等腐蚀性液体时，必须使用耐腐蚀泵。与腐蚀性液体直接接触的泵的各部件采用相应的耐腐蚀材料制造。其系列代号为 F。

③ 油泵　一般把输送石油产品的泵称为油泵。因油品易燃易爆，故油泵需要具备较高的密封性能。其系列代号为 Y，也包括单级、多级等不同类型。

④ 屏蔽泵　屏蔽泵又称无填料泵，它的叶轮与电机连为一体，密封在同一泵壳内。这类泵不需要轴封装置，可用于输送易燃、易爆、高毒性甚至具有放射性的液体，但效率较低。

⑤ 杂质泵　可用于输送悬浮液和黏稠的浆液，其特点是叶轮流道较宽，叶片少，常用开式或半开式叶轮。

（2）离心泵的选用

选择离心泵的基本原则，是以能够满足液体输送的工艺要求为前提的。其选用可分为以下三个步骤。

① 确定输送液体的流量与扬程。流量 q_V 一般由生产任务决定；根据管路系统布置情况，用伯努利方程可以计算出输送液体所需压头，即泵的扬程 H。

② 选择泵的类型与型号。首先根据被输送液体的性质（密度、黏度等）和操作条件（温度、压力等）确定出泵的类型，然后按照确定的流量 q_V 和扬程 H 从泵样本或产品目录中选出合适的泵的型号，该泵的流量和扬程应具有一定余量，并且给定工况落在泵特性曲线的高效区。另外，为满足实际生产的要求，常将多个泵以一定的方式（串联、并联）配合使用，此时的选型和组合必须同时考虑泵的特性和管路特性。

③ 校核泵的特性参数。如果被输送液体的黏度和密度与水相差很大，或操作条件远离标准测定状态，则应对泵的流量 q_V、压头 H 及轴功率 P 进行重新校核。

（3）离心泵的安装及使用

实际离心泵的安装和使用应参照产品说明书和手册，这里仅指出几个一般的问题：

① 泵的安装高度必须低于指定的最大安装高度，确保不发生汽蚀；

② 启动之前应使泵内充满输送液体，保证运转后泵内形成足够真空吸入液体，如果离心泵在启动前壳内有大量气体，则启动后叶轮将气体抛出时不能形成足够的真空度，导致液体不能吸入泵内，称之为气缚现象，故通常采用灌泵操作来防止气缚的发生；

③ 启动时应关闭出口阀，泵的流量为零，从特性曲线上可以看出此时轴功率最小，可避免开泵时启动电流过大。开动后逐渐调节阀门达到所需流量；

④ 出口管路上使用单向阀或在关停离心泵之前关闭出口阀，防止加压液体倒流；

⑤ 定时检查、保养和润滑。

2.3　其他类型化工用泵

2.3.1　往复泵

往复泵是利用活塞的往复运动将能量传递给液体以完成输送任务的，适于高扬程而流量不大的场合。

（1）结构和工作原理

如图 2-15 所示，往复泵主要由泵缸、活塞、活塞杆、吸入阀和排出阀等部件构成，其中吸入阀和排出阀均为单向阀。原动机经曲柄连杆等传动机构作用于活塞，使其在泵缸内作往复运动，实现液体增压输送的过程。

图中活塞 3 从左向右运动，此时泵缸 2 工作容积增大形成低压，排出阀 5 处于关闭状态，而吸入阀 1 被泵外液体顶开，液体不断流入泵缸，为吸液过程，活塞到达右端时一个行程结束；接下来活塞反向运动，对工作容积中吸入的液体产生推挤作用，使得液体顶开排出阀 5 流入连接管道，为排液过程。活塞往复运动一次称为一个工作循环。

很明显，该泵在一个工作循环中仅吸排液各一次，工作不连续，因此称为单作用泵；相反，若往复泵活塞两侧都装有吸入阀和排出阀，在一个行程中吸液和排液同时进行，称为双作用泵，其结构如图 2-16 所示。

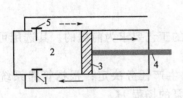

图 2-15　往复泵结构
1—吸入阀；2—泵缸；3—活塞；
4—活塞杆；5—排出阀

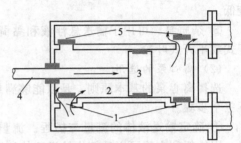

图 2-16　一种双作用往复泵
1—吸入阀；2—泵缸；3—活塞；
4—活塞杆；5—排出阀

(2) 往复泵的主要性能

① 流量　往复泵的理论流量等于单位时间内活塞扫过的体积，可按照下面的公式计算。

单作用泵
$$q_{V,\text{theo}} = A_p S n_r \tag{2-20}$$

双作用泵
$$q_{V,\text{theo}} = (2A_p - A_{pr}) S n_r \tag{2-21}$$

式中，$q_{V,\text{theo}}$ 为往复泵的理论流量；S 为活塞行程；n_r 为往复频率；A_p 为活塞截面积；A_{pr} 为活塞杆截面积。

但是，由于填料、阀门、活塞等处可能存在泄漏，以及吸入阀和排出阀可能开闭不及时等原因，往复泵的实际流量通常较理论流量小，其关系可以表示为

$$q_V = q_{V,\text{theo}} \eta_V \tag{2-22}$$

式中，η_V 为往复泵的容积效率，其值一般为 0.85～0.97，小型泵接近下限，大型泵接近上限。但当输送黏度较大的液体时容积效率将下降，泵会出现损坏和构造不良，甚至使效率降低至 0.4 以下。

② 扬程　往复泵通过活塞向液体提供能量，理论上其扬程与流量是无关的，可以达到无限大，而实际最大扬程由往复泵的机械强度、密封性能和原动机的功率决定。往复泵的 $H\text{-}q_V$ 特性曲线如图 2-17 所示。其中 $q_{V,\text{theo}}$ 为理论流量；实际流量 q_V 略小，并且当扬程较高时容积效率 η_V 下降，流量 q_V 也随之降低。

③ 功率及效率　往复泵的功率与效率计算与离心泵类似。通过流量和扬程计算出有效功率 P_e，再从产品样本中查取总效率 η 即可得到轴功 P，据此选配相应原动机。

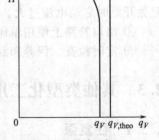

图 2-17　往复泵 $H\text{-}q_V$
特性曲线

【例 2-4】　某单缸双作用往复泵，每分钟活塞往复 60 次，活塞直径为 200mm，行程为 300mm，活塞杆直径为 30mm，实验测得其输送流量为 63.2m³/h。求此泵的容积效率 η_V。

解：对于单缸双作用往复泵，可根据式(2-21)计算其理论流量

$$q_{V,\text{theo}}=(2A_p-A_{pr})Sn_r=\left(2\times\frac{\pi}{4}\times0.2^2-\frac{\pi}{4}\times0.03^2\right)\times0.3\times60\times60=67.1\text{m}^3/\text{h}$$

再由式（2-22）可得其容积效率为

$$\eta_V=\frac{q_V}{q_{V,\text{theo}}}=\frac{63.2}{67.1}=94.2\%$$

（3）往复泵的流量调节

往复泵的流量与扬程无关，而与部件（活塞）位移有关，这种性质称为正位移特性。不难判断，调节出口阀等改变管路特性曲线、从而改变实际扬程的手段无法调节往复泵的流量，如图 2-18 所示。主要采用旁路和改变往复泵本身特性的方法实现流量调节。

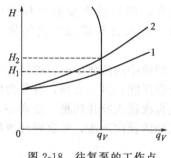

图 2-18　往复泵的工作点

① 旁路　往复泵出口增加旁路，将部分液体引回泵的进口，这一手段并没有改变往复泵的总流量，只是减少了向外部管道的输送流量。因此，往复泵对旁路液体实际上作了无用功，造成了功率损失。

② 改变转速或活塞行程　由式（2-20）、式（2-21）可以看出，往复泵流量与活塞往复频率 n_r 和行程 S 成正比，改变这些参数可以调节泵的流量。

2.3.2　回转泵

与往复泵类似，回转泵也是一种容积式机械，所不同的是后者是通过旋转运动吸入和排出液体的。回转泵的形式很多，这里仅简单介绍其中的两种。

（1）齿轮泵

齿轮泵是以齿轮为转动部件实现液体输送的，可以分为外啮合和内啮合的两种，其中外啮合齿轮泵的结构如图 2-19 所示。泵壳内有两个齿轮，将泵内空间分割成吸入和排出两段。泵启动后齿轮按照图中箭头所指方向转动，吸入段两轮啮合齿分开形成低压，将液体不断吸入，接下来液体被嵌入轮齿和泵壳的间隙中，随着齿轮的转动到达排出段，此时两轮啮合齿挤压液体，升高压力后排出。

齿轮泵的扬程较高而流量小，用于输送黏性较大的液体，如润滑油和燃烧油，可作为润滑系统油泵和液压系统油泵，广泛用于发动机、汽轮机、离心压缩机、机床以及其他设备。

（2）螺杆泵

螺杆泵主要由泵壳和一根或多根螺杆构成，是一种较新型的泵类产品。图 2-20 所示为一双螺杆泵，它与齿轮泵的工作原理有相似之处。液体从吸入口进入，到达螺杆的两端，随后嵌在啮合容积中随着螺杆的旋转沿轴向运动，至中央由螺杆挤压排出。

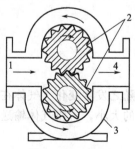

图 2-19　外啮合齿轮泵

1—吸入口；2—齿轮；3—泵壳；4—排出口

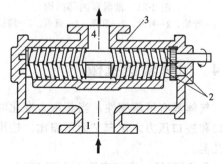

图 2-20　双螺杆泵

1—吸入口；2—螺杆；3—泵壳；4—排出口

设计完善的螺杆泵扬程高、流量均匀、效率较高，无振动和噪声，特别适合于输送高黏度液体。

值得指出，齿轮泵和螺杆泵这类需要通过部件啮合实现流体输送的机械，其性能很大程度上由齿轮、螺杆等关键部件的精确形状和配合情况决定。这一方面要求其部件的加工制造达到很高的精度，另一方面也决定了在杂质含量大、磨损严重的场合设备的性能会明显下降，甚至不能正常工作。

2.3.3 漩涡泵

漩涡泵是一种特殊类型的离心泵，其内部结构如图 2-21 所示。泵壳呈圆形，液体吸入口和排出口均在泵壳的顶部。泵体内的叶轮 1 为一圆盘，四周铣有辐射状排列的凹槽，构成叶片 2，叶轮和泵壳 3 之间的间隙形成了流道 4。吸入管与排出管之间通过隔板 5 分开。

漩涡泵工作时，一方面叶轮旋转产生离心力作用，将叶片凹槽中的液体以一定的速度甩向流道，流动截面积增大导致液体流速降低，部分动能转变为静压能；另一方面，叶片内侧因液体被甩出而形成低压，这使得流道内压力较高的液体可能再次进入叶片凹槽，受离心力的作用增压。这样就构成了一个在流道和叶片凹槽之间反复运动的径向环流，在这种环流的作用下，液体到达出口时可以获得很高的压头。

图 2-22 为漩涡泵的特性曲线，其中 η-q_V 曲线与离心泵类似，但 H-q_V、P-q_V 曲线则有所不同。漩涡泵流量增大时流道内液体流速增大，进入叶轮的次数将减少，泵的扬程随 q_V 的增大明显降低，因此 H-q_V 曲线呈陡降的形态。另外，P-q_V 曲线也随流量的增大而呈下降趋势，流量 q_V 越低意味着功率 P 越大。因此漩涡泵开机时应打开出口阀以减小启动功率，保护电机。

漩涡泵效率较低（一般不超过 40%），但由于扬程高，体积小，结构简单，在化工生产中还是得到了较多的应用。

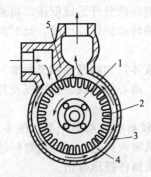

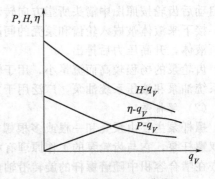

图 2-21 漩涡泵内部结构

1—叶轮；2—叶片；3—泵壳；4—流道；5—隔板

图 2-22 漩涡泵特性曲线

2.4 气体输送机械

气体具有可压缩性，当其压力变化时体积和温度也将随之发生变化。气体在输送机械的出口和进口压力之比定义为压缩比。按出口压力或压缩比的大小，可将气体输送机械分为以下几类。

① 通风机：出口表压不大于 15kPa，压缩比小于 1.15。

② 鼓风机：出口表压为 15~300kPa，压缩比小于 4。

③ 压缩机：出口表压在 300kPa 以上，压缩比大于 4。

④ 真空泵：出口压力略高于大气压，用于在容器或设备内制造和维持真空，压缩比视所需要的真空度而定。

同样，按照结构和工作原理，气体输送机械也有动力式和容积式之别。

2.4.1　离心式通风机、鼓风机、压缩机

2.4.1.1　离心式通风机

离心式通风机按照产生的出口风压的大小可分为低压离心通风机（≤1kPa）、中压离心通风机（1～3kPa）和高压离心通风机（3～15kPa）三类。

（1）结构与工作原理

离心式通风机的结构和工作原理与离心泵大致相同。低压离心通风机的叶片数目较多，呈辐射状平直安装，如图 2-23 所示；中高压通风机为达到较高的效率则常采用后弯形叶片，其外形与结构更接近单级离心泵。离心式通风机机壳的气体通道一般为矩形截面，方便加工及与矩形管道连接。

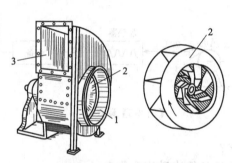

图 2-23　低压离心通风机
1—吸入口；2—叶轮；3—排出口

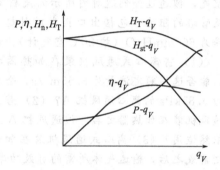

图 2-24　离心通风机特性曲线

（2）主要性能参数和特性曲线

离心通风机的主要参数包括流量（或称风量）、压头（或称风压）、功率和效率等。

① 风量：定义为进口状态下气体流经通风机的体积流量，用 q_V 表示。

② 风压：与泵不同的是，离心通风机的风压是单位体积气体获得的能量，与压力的单位相同；另外，通风机中气体出口流速很高，相应的动压能不能忽略。不考虑气体的势能和阻力损失，静止状态吸气的通风机风压可以用下式计算

$$H_T=(p_2-p_1)+\frac{\rho v_2^2}{2}=H_{st}+H_k \tag{2-23}$$

式中，H_T 称为全风压；H_{st} 和 H_k 分别为静风压和动风压。

③ 轴功率和效率：离心通风机的轴功率和效率的关系可以通过下式计算

$$P=\frac{P_e}{\eta}=\frac{H_T q_V}{\eta} \tag{2-24}$$

此处 η 是针对全风压定义的，称为全压效率；H_T 和 q_V 必须为同一状态下的数值。

一定转速下离心通风机的特性曲线如图 2-24 所示，曲线的基本形状也与离心泵特性曲线相似。与离心泵相比，增加了一条静风压的变化曲线 H_{st}-q_V。另外，通风机的特性曲线是用 1atm、20℃的空气（$\rho=1.2kg/m^3$）测定出来的，如果输送介质密度与该条件存在较大差别，需要进行换算。

（3）选型

与离心泵的选型步骤类似：

① 根据管路流动阻力和工艺要求，由伯努利方程计算所需风压 H'_T，并通过下式修正后，得到对应于通风机测定条件的风压 H_T

$$H_T = H'_T \left(\frac{\rho}{\rho'} \right) \tag{2-25}$$

式中，ρ' 为实际输送气体的密度。

② 考虑输送气体的性质（可分为清洁空气、可燃性气体、腐蚀性气体、含尘量较高的气体等）及风压的范围，确定风机的类型。若输送清洁空气或与空气性质接近的气体，可选用一般类型的离心式通风机。

③ 根据风机的实际风量与风压 H_T，可从风机样本中选择合适的型号，原则是保证风量和风压有一定余量，并使工作点落在高效区。

【例 2-5】 生产过程要求向一常压设备中输送质量流量为 30000kg/h、温度为 160℃ 的热空气，拟通过如例题附图所示的流程实现。其中外界空气状态为 20℃、1atm，流经加热器及管路的阻力（包括出口损失）引起的压降为 600mmH₂O（按 20℃ 空气计）。试问：（1）将离心式通风机装在加热器之前，能否选用额定流量为 8.55m³/s，全风压为 6.85kPa 的离心通风机 A？（2）若需将该风机装在加热器之后，该通风机 A 是否依然适用？（3）离心式通风机装在加热

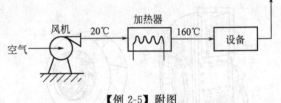

【例 2-5】附图

器之前或之后，输送气体所需的有效功率各为多少？

解：（1）按照质量流量计算，装于加热器之前风机须达到的风量为

$$q_{V_0} = \frac{q_m}{\rho_0} = \frac{30000}{1.2 \times 3600} = 6.94 \text{m}^3/\text{s} < 8.55 \text{m}^3/\text{s}$$

由于进入常压设备，全风压只需克服流动阻力损失

$$H_{T_0} = \rho_w g h = 1000 \times 9.8 \times 0.6 = 5.88 \text{kPa} < 6.85 \text{kPa}$$

可见该离心通风机 A 满足流程要求，可以选用。

（2）若风机装于加热器后，输送气体温度变为 160℃，由理想气体状态方程，相应的气体密度为

$$\rho_1 = \rho_0 \left(\frac{T_0}{T_1} \right) = 1.2 \times \left(\frac{273+20}{273+160} \right) = 0.812 \text{kg/m}^3$$

风机须输送的风量变为

$$q_{V_1} = \frac{q_m}{\rho_1} = \frac{30000}{0.812 \times 3600} = 10.26 \text{m}^3/\text{s} > 8.55 \text{m}^3/\text{s}$$

全风压不变，仍为 5.88kPa。

可见风机 A 的风量不足，应重选通风机。

（3）输送气体的有效功率计算中 q_V 与 H_T 应为同一状态的值。由于 H_T 在 20℃ 空气条件下测定，故当满足输送需要时，无论风机置于加热器之前或之后，其计算风量 q_V 为 6.94m³/s。因此，输送气体所需的有效功率为一定值

$$P_e = q_V H_T = 6.94 \times 5.88 = 40.81 \text{kW}$$

2.4.1.2 离心式鼓风机和压缩机

离心式鼓风机的工作原理与离心式通风机相同，但单级风机产生的风压较小（<

50kPa)，因此高压头的离心式鼓风机都是多级的，其整体结构如图 2-25（a）所示。在每一级中气体经过叶轮加速、扩压器增压达到一定的压力，再通过弯道和回流器进入下一级继续压缩，如图 2-25（b）所示。鼓风机的出口压力（表压）不超过 0.3MPa，因压缩比不大，各级叶轮直径大致相同；气体压缩时产生的热量不多，对设备工作影响不明显，因此也无需冷却装置。

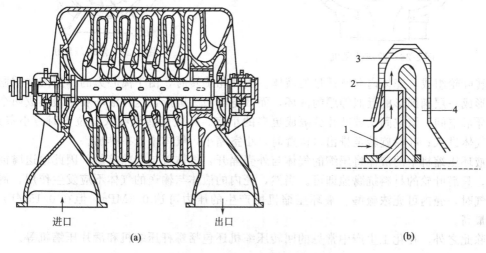

图 2-25　多级离心鼓风机结构
1—叶轮；2—扩压器；3—弯道；4—回流器

　　离心式压缩机又称为透平压缩机，其结构与工作原理与离心式鼓风机基本相同。离心式压缩机所需的压缩比较大，出口压力高（可达 30MPa），因此一般采用的叶轮级数较多（>10），转速也很高（>5000r/min）。另外，高压缩比导致压缩过程产生大量的热量，气体温度明显升高，对设备效率和安全情况都有不利影响，通常需要冷却装置进行降温。

　　离心式压缩机流量大而均匀，具有体积小、运转平稳、操作可靠、调节方便等一系列优点。近年来在研发过程中，应用计算流体力学辅助流道设计、高效轴承和密封、高精度加工制造等先进技术更使得离心压缩机的效率得到稳步提高。在现代化大型合成氨工业和石化企业中离心式压缩机应用广泛，机组的压力可达几十兆帕，流量可达几十万立方米每小时。

2.4.2　回转式鼓风机、压缩机

（1）罗茨鼓风机

罗茨鼓风机（Roots blower）是回转式鼓风机中最常用的一种，图 2-26 所示为一种采用二叶型转子的罗茨鼓风机的结构，其工作原理与齿轮泵类似。两个转子旋转方向相反，从一侧进入的气体被封在转子与机壳围成的工作容积内，最后随着转子的运动被压缩、排出。转子每转动一周吸排气各两次。采用三叶型转子的罗茨风机与之相似，但转子每转动一周可完成三次吸排气，气体脉动和负荷变化减小，机械强度提高，噪声低，振动也较小。

罗茨鼓风机具有正位移特性，其风量与转速成正比而受出口压力影响很小，因此流量调节一般通过旁路等方法进行。罗茨风机的风量范围在 2～500m³/min，风压一般不超过80kPa，以免泄漏增大，效率降低；为了防止转子受热膨胀影响配合，其操作温度通常不能超过 85℃。

（2）液环压缩机

液环压缩机又称纳氏泵（Nash pump），其结构如图 2-27 所示。由一个呈椭圆形的外壳

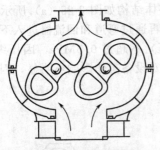

图 2-26　罗茨鼓风机

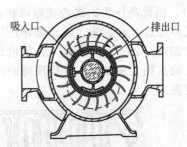

图 2-27　液环压缩机

和旋转叶轮组成，壳体内存有适量的液体。当叶轮旋转时，由于离心力的作用液体被抛向壳体，形成一层椭圆形的近似等厚的液环，而叶轮轮毂为圆形，这样液环和轮毂围成两个密闭的月牙形空间，该空间又被叶片分隔成更多的小室。叶轮旋转至吸入口位置时，小室扩大，输送气体进入；叶轮旋转至排出口位置时，小室缩小，气体增压并排出。

液环压缩机中的液体将压缩的气体与外壳隔开，气体仅与叶轮接触，因此输送腐蚀性气体时，只需叶轮的材料抗腐蚀即可。当然，壳内的液体与输送的气体不应发生作用，例如压送氯气时，壳内可充浓硫酸。液环压缩机所产生的压力可达 0.6MPa，但在 0.15MPa 左右效率最高。

除此之外，在化工生产中常见的回转压缩机还包括螺杆压缩机和滑片压缩机等。

2.4.3　往复压缩机

2.4.3.1　往复压缩机的结构及工作原理

往复式压缩机的基本结构和工作原理与往复泵相似，是通过气缸内活塞的往复运动，使气体完成吸入、压缩和排出工作循环，如图 2-28(a) 所示。

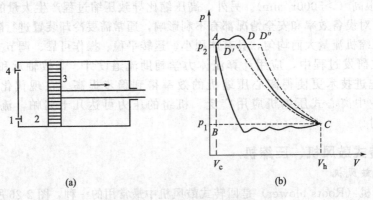

(a)　　　　　　　　　　　　(b)

图 2-28　往复压缩机工作过程

1—吸气阀；2—气缸；3—活塞；4—排气阀

往复压缩机的理想工作过程如图 2-28(b) 中的封闭虚线所示，其中 BC 段为入口压力 p_1 下的吸气过程，$CD'(CD'')$ 段为压缩过程，$D'A(D'A)$ 段为出口压力 p_2 下的排气过程。图中 CD' 为等温压缩过程，而 CD'' 为绝热压缩过程。描述压缩过程的方程可以写为

$$pV^a = const \tag{2-26}$$

对于等温过程 $a=1$；对于绝热过程 $a=\gamma$，γ 为绝热过程指数，由输送气体的性质决定。

由热力学可知，循环输入功可以表示为 $-\oint Vdp$，即图中 $ABCD'(ABCD'')$ 所围面积，显然等温过程耗功较少，因此，应使实际压缩过程尽量接近等温。

假设吸入气体体积为 V_1，则积分可得理想工作过程等温、绝热压缩功表达式分别为

$$W^{iso} = p_1 V_1 \ln \frac{p_2}{p_1} \tag{2-27a}$$

$$W^{ad} = p_1 V_1 \frac{\gamma}{\gamma-1} \left[\left(\frac{p_2}{p_1} \right)^{\frac{\gamma-1}{\gamma}} - 1 \right] \tag{2-27b}$$

排气温度 T_2 是往复压缩机一个重要的运行参数，对理想气体的绝热压缩过程可以写为

$$T_2 = T_1 \left(\frac{p_2}{p_1} \right)^{\frac{\gamma-1}{\gamma}} \tag{2-28}$$

与上述理想过程相比，可以发现图 2-28(b) 中封闭实线表示的往复压缩机实际工作过程有以下几点差别。

① 气缸存在余隙容积。以图 2-28(a) 中的往复压缩机为例，当活塞运动到左侧端面时，理想过程认为此时气缸工作容积为零，状态点 A、B 都落在纵轴上；事实上活塞与气缸盖之间必须留有一定空隙，称为余隙容积，即图 2-28(b) 中所示的 V_c。余隙容积 V_c 与活塞行程容积 V_h 之比定义为余隙系数 ε，其取值范围是：低压级 0.07～0.12，中压级 0.09～0.14，高压级 0.11～0.16。

这样，在往复压缩机排气过程终了时，气缸内仍残留有少量高压气体，在吸气过程中将发生膨胀，占据一定容积，减少了实际进气量。实际吸入气体体积与活塞行程容积之比定义为容积系数，若假设膨胀为绝热过程则有

$$\lambda_V = \frac{V_h - V_c \left[(p_2/p_1)^{\frac{1}{\gamma}} - 1 \right]}{V_h} = 1 - \varepsilon \left[(p_2/p_1)^{\frac{1}{\gamma}} - 1 \right] \tag{2-29}$$

当压缩比很高时 λ_V 趋近 0，即余隙残留气体膨胀后甚至完全充满气缸，以致不能吸入新的气体，这也是压缩机的极限压缩比。

② 实际吸气和排气压力与设定值 p_1、p_2 有所差别。由于吸排气过程气缸内外需要一定压差推动阀门开启，也会有流动阻力，因此压缩机气缸内吸气时压力低于 p_1，排气时压力则高于 p_2。

③ 实际压缩过程既不是冷却良好、保持与环境温度相一致的等温过程，也不是与外界无热量交换的绝热过程，而是介于两者之间，称为多变过程。其压缩过程方程仍满足式(2-26)，只是对于多变过程 $a = \kappa$，κ 称为多变过程指数，是通过实验得到的。多变过程的压缩功和排气温度算式均可套用绝热过程的结果，只需将式中的 γ 替换为 κ。另外，实际膨胀过程也有一个对应的多变过程指数，代替式(2-29) 中的 γ 即可得实际容积系数。

④ 气缸容积不可能达到绝对密封，存在气体从高压区向低压区的泄漏，因此压缩和膨胀过程曲线会变得平坦。

2.4.3.2　多级压缩

由于余隙容积的存在，往复压缩机的吸气能力将随着压缩比的增大而下降；另外压缩过程气体的温升随压缩比的增大而增大，这可能会导致润滑油变质或机件损坏。因此，当生产过程所需压缩比很大时（>8），应采用多级压缩，减小单级的压缩比；另外需要在各级间设置冷却器，使气体在进入下一级压缩之前温度降低到接近入口状况。

若总压缩比 p_2/p_1 与压缩级数 m 确定，则当分配到各级的压缩比相同时，总压缩功最小，每级的压缩比 r 可按照下式计算

$$r = \sqrt[m]{\frac{p_2}{p_1}} \tag{2-30}$$

2.4.3.3 往复压缩机的性能

① 压力 往复压缩机的进口和出口压力分别指第一级吸入管路处及末级排出管路处的气体压力,铭牌上标注的压力为额定值。由于压缩机采用自动阀,气缸实际进、排气压力取决于管路系统,而当排气温度、原动机功率和气阀工作允许的情况下,进、排气压力在一定范围内变化并不影响设备的正常运转。

② 排气量 指压缩机末级排出的气体流量,需要折算到第一级进口状态。压缩机铭牌上标注的是特定进口状态的排气量。按照排气量 Q_d 可定义绝热压缩过程的理论功率为

$$P_{theo}^{ad} = p_1 Q_d \frac{\gamma}{\gamma - 1}\left[\left(\frac{p_2}{p_1}\right)^{\frac{\gamma-1}{\gamma}} - 1\right] \tag{2-31}$$

仿照上式也可以给出等温和多变过程的理论功率。

③ 功率及效率 往复压缩机的功率有多种定义,考虑各种热力和摩擦损失得到的实际功率为轴功率 P。针对不同的热力过程可以定义不同的全效率 η_T

$$\eta_T = \frac{P_{theo}}{P} \tag{2-32}$$

2.4.3.4 往复压缩机的选型与调节

往复压缩机基本的选型步骤为:首先根据输送气体的性质,决定压缩机的类型,再根据生产任务和厂房布置情况等确定压缩机的结构形式和级数,最后根据排气量和压力从产品样本中选用合适的压缩机。

与往复泵类似,转速调节和旁路的方法同样适用于调节往复压缩机的流量。另外,往复压缩机的吸气能力受余隙容积影响,这个特性也可以用来调节流量。部分压缩机在气缸上设有一定的空腔,称为连通补助容积,当需要调节流量时即接入,相应余隙容积增大,排气量随之降低。

【例 2-6】 某单级单作用往复压缩机,活塞直径为 200mm,每分钟往复 300 次,压缩机进气温度为 20℃、压力为 100kPa,排气压力为 500kPa,按排气状态计输气量为 0.6m³/min。试计算活塞的行程和轴功率。已知汽缸余隙系数为 5%,绝热总效率为 70%,输送气体绝热指数为 1.4,可以按照理想气体处理。

解: (1) 首先根据式(2-28)计算该压缩机的排气温度为

$$T_2 = T_1 \left(\frac{p_2}{p_1}\right)^{\frac{\gamma-1}{\gamma}} = 293 \times 5^{\frac{0.4}{1.4}} = 464K$$

出口状态气体流量已知,由理想气体状态方程可折算进口状态的排气量为

$$Q_d = 0.6 \times \frac{293}{464} \times \frac{500}{100} = 1.89 m^3/min$$

由活塞往复频率可得压缩机每一行程吸入的气体体积

$$V_1 = 1.89/300 = 0.0063 m^3$$

考虑余隙容积,近似取压缩机膨胀多变指数为绝热指数,则该压缩机的容积系数为

$$\lambda_V = 1 - \epsilon\left[(p_2/p_1)^{\frac{1}{\gamma}} - 1\right] = 1 - 0.05 \times (5^{\frac{1}{1.4}} - 1) = 0.89$$

由此可得活塞行程容积

$$V_h = \frac{V_1}{\lambda_V} = \frac{0.0063}{0.89} = 0.0071 m^3$$

类似往复泵,单级单作用往复压缩机行程容积 $V_h = A_p S$,可求出行程

$$S = \frac{V_h}{A_p} = \frac{0.0071}{(\pi/4) \times 0.2^2} = 0.226m$$

(2) 根据排气量和气体进、出口状态可得理想绝热过程的功率为

$$P_{\text{theo}}^{\text{ad}} = p_1 Q_{\text{d}} \frac{\gamma}{\gamma-1}\left[\left(\frac{p_2}{p_1}\right)^{\frac{\gamma-1}{\gamma}}-1\right] = 100 \times \frac{1.89}{60} \times \frac{1.4}{0.4} \times \left(5^{\frac{0.4}{1.4}}-1\right) = 6.44\text{kW}$$

绝热全效率已知，由式(2-32)可计算往复压缩机的轴功率

$$P = \frac{P_{\text{theo}}^{\text{ad}}}{\eta_{\text{T}}} = \frac{6.44}{0.7} = 9.2\text{kW}$$

2.4.4　真空泵

从设备或系统中抽取气体，使之达到或维持在一定真空度（即绝对压力低于大气压）的机械称为真空泵。真空泵分为气体输送型和气体捕集型两种，化工生产中提到的一般指气体输送型真空泵。通常真空泵的入口压力由生产任务决定，出口压力则为常压。常见的真空泵包括往复真空泵、回转真空泵和喷射真空泵等。

（1）往复真空泵

往复真空泵其结构及工作原理与往复式压缩机无显著区别，但也有一些自身的特点：

① 真空泵操作压力较低，因此进排气时气缸内、外压差也较小，所用的阀门必须更加轻巧灵敏；

② 要求真空度较高时，压缩比会很大（＞20），因此为保证一定的吸气量需要尽量减小余隙容积，或通过设置连通活塞两侧平衡气道的方法抑制余隙容积的影响。

往复真空泵是获得低真空的主要设备之一，应用于化工、食品、医药等行业，在真空结晶、干燥、过滤、蒸发等工艺过程中较为适宜。

（2）回转真空泵

回转真空泵以液环真空泵和滑片真空泵为代表，目前在工业中应用最广泛。

① 液环真空泵　其结构如图2-29所示，外壳1内装有偏心叶轮，腔内充有一定体积的液体。当叶轮旋转时，由于离心力的作用液体被甩到壳体壁面上，形成一层大致等厚的液环3，液环与轮毂之间围成月牙形空间，而这部分空间又被叶片4分隔成许多大小不等的密封小室。在吸入口2附近小室随着叶轮旋转逐渐增大，气体进入；在排出口5附近则小室减小，气体排出。

该种真空泵结构紧凑，易于制造和维修。由于旋转部分没有机械摩擦，使用寿命长，操作可靠。不足之处是效率很低，约在30%～50%；可产生的最高真空度约为85kPa。

② 滑片真空泵　其结构如图2-30所示，工作原理与已经介绍的液环压缩机和真空泵很相似，都是通过密封小室在转子旋转过程中的容积变化实现气体的吸入、压缩和排出；两者

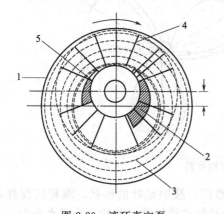

图 2-29　液环真空泵

1—外壳；2—吸入口；3—液环；4—叶片；5—排出口

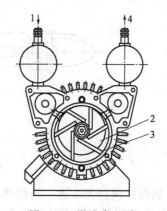

图 2-30　滑片真空泵

1—吸入口；2—转子；3—滑片；4—排出口

的差别在于，滑片真空泵是通过滑片与工作腔壁面的紧密接触（由离心力及弹簧力的作用保证）而不是液环实现小室的密封的。

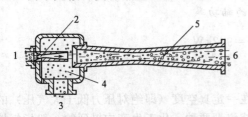

图 2-31　蒸汽喷射真空泵
1—蒸汽入口；2—喷嘴；3—气体吸入口；
4—混合室；5—扩压器；6—排出口

滑片真空泵使用方便，结构简单，工作范围也较宽，可以达到较高的真空度。既可单独使用，也常作为抽取更高真空的前级泵。

（3）喷射真空泵

按照工作介质，喷射真空泵可分为液体喷射真空泵、气体喷射真空泵和蒸汽喷射真空泵等，一种蒸汽喷射真空泵的结构如图 2-31 所示。工作蒸汽由入口 1 进入，经过喷嘴 2 加速形成射流，在混合室 4 中形成一定真空将气体由 3 吸入，最终经扩压器 5 加压后共同排出。

喷射真空泵结构简单，无运动部件，也适用于抽取含尘、腐蚀性和可燃性气体等，但效率较低，工作流体消耗也很大。

2.5　搅拌

物料的混合过程在化工生产中占有重要地位，除制备均匀的混合物外，通过混合还可以达到强化传热、强化传质、促进化学反应等效果。在实现混合的多种手段中，这里主要介绍适用于液体混合的机械搅拌，相应的设备称为搅拌机。

2.5.1　搅拌机结构

搅拌机由搅拌槽、搅拌器和一些附件组成，其中搅拌器是整个装置的核心，其结构和尺寸对混合效果的影响很大。

（1）搅拌器

搅拌器有不同形状的叶轮，主要可分为螺旋桨式、涡轮式和桨式等几个大类。

① 螺旋桨式搅拌器　又称推进式搅拌器，目前以三叶片组成的螺旋桨式搅拌器使用较多，如图 2-32 所示。这种类型的搅拌器适用于低黏度液体的处理，转速通常很高（＞400r/min）；设计直径 d 约为容器直径的 1/4～1/3，但在实际应用中可以放宽对容器尺寸和形状的限制。排出液体主要在平行于转轴的方向，因而可归为轴流式搅拌器。

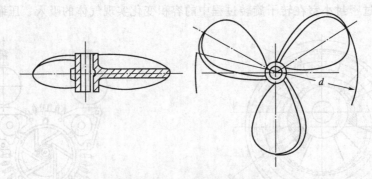

图 2-32　螺旋桨式搅拌器

② 涡轮式搅拌器　这一类搅拌器涵盖的范围很广，按照桨叶的形状，涡轮式搅拌器主要可以分为平叶型和坡度叶型两类，前者是典型的径流式搅拌器，叶片垂直于水平面，可以为直叶或弯叶；而后者属轴流式，但叶片与垂直平面所呈的倾斜角度一定，这点与螺旋桨式

搅拌器明显不同。涡轮式搅拌器转速适中（30～500r/min），可用于多种物料的处理。图 2-33、图 2-34 所示为同属平叶型的两种常用涡轮搅拌器，前者结构简单，功耗低，在工业生产中应用广泛；而后者通过后弯叶片降低了叶端的剪切效应，因此非常适合用于处理易碎固体形成的悬浮液。

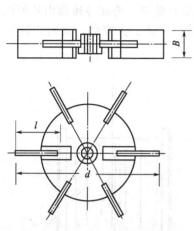

图 2-33　圆盘直叶涡轮搅拌器

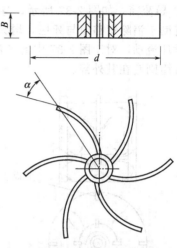

图 2-34　开式弯叶涡轮搅拌器

③ 桨式搅拌器　桨式搅拌器的桨叶形式包括平桨式、锚式和框式等三种，分别如图 2-35(a)、(b)、(c) 所示。其中平桨式应用最早，其他类型都是根据这种基本形式改造而成。这类搅拌器转速较慢（20～150r/min），处理液体常处于层流或过渡状态；一般桨叶直径较大，叶端与容器壁间的空隙很小。

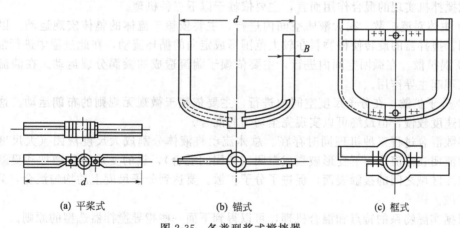

(a) 平桨式　　　　　(b) 锚式　　　　　(c) 框式

图 2-35　各类型桨式搅拌器

(2) 附件

这里主要介绍挡板和导流筒。

① 挡板　挡板的设置主要用于抑制打旋现象的产生。所谓打旋，通常发生在低黏度液体的处理中，当搅拌器转速较高时液体会在离心力作用下涌向容器壁面，使壁面附近液位升高，中心部分液位下降，形成一个大旋涡，液体几乎不产生轴向混合；而当中心液位继续下降时，暴露的搅拌器可能吸入空气，导致搅拌液体表观密度和搅拌效率下降。可见，打旋对搅拌操作的正常进行非常不利，需要加以消除。

如图 2-36 所示，当搅拌容器内装设挡板后，液体的切向流动转变为轴向和径向流动，从而有效避免了打旋的发生。但是应该注意，过多的挡板将减少总体流动，并把混合限制在局部区域内，导致搅拌效果下降。

除设置挡板外，对小容器还可以通过搅拌器偏心或偏心倾斜安装来破坏液体循环回路的对称性，同样可以起到抑制打旋的作用。

② 导流筒　如图 2-37 所示，导流筒为一圆筒体，其作用是限定容器内液体的流动路线，有助于消除短路流与死区，增大循环流量，强化混合效果。为在导流筒内外形成稳定的轴向循环流动，对于图 2-37 中的径流式搅拌器导流筒应在其上方安装，而对于轴流式搅拌器导流筒则套在其外部。

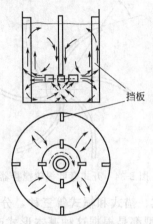

图 2-36　设置挡板的容器内流动状况

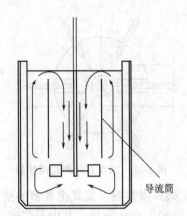

图 2-37　设置导流筒的容器内流动状况

2.5.2　混合机理

就搅拌机实现的混合作用而言，主要依赖于以下三种机理。

① 主体对流扩散　在大液团空间内进行，主要依赖于流体的整体宏观运动。以搅拌过程为例，搅拌器的旋转使得物料在较大范围形成定向的循环流动，在此过程中进行混合。

② 涡扩散　在微团空间内进行，主要依赖于湍流造成的漩涡分裂运动。在湍流搅拌中这个机理起主导作用。

③ 分子扩散　在分子尺度空间内进行，主要依赖于微观无规则的布朗运动。这个过程进行的速度较慢，但最终可以实现完全均匀的混合。

多数混合过程三种机理同时存在。总体流动将液体分割成大尺度液团（大尺度混合），大尺度液团在湍流作用下变形破裂成微团（微团间混合），涡的变形破裂增加和更新了液团高低浓度区域之间的接触表面，促进了分子扩散。要达到分子尺度上的均匀混合，只有依靠分子扩散。

根据实际物系的特点和混合机理，可以得到下面一些指导搅拌器选型的原则。

① 低黏度均相液体的混合　对于低黏度的互溶液体的混合，提供足够的循环量是最重要的，剪切强度次之。因此，动力消耗少、循环流量较大的推进式搅拌器较为适用；另外在小容量液体混合中也可采用结构简单的桨式搅拌器。

② 高黏度均相液体的混合　一般来说，处理高黏度液体宜选用大直径、低转速搅拌器，如锚式、框式搅拌器等。黏度越高，相应的横、竖梁就越多。

③ 分散　该过程中一种液相为分散相（液滴），另一相为连续相。在搅拌器附近剪切力大，湍动程度高，液滴的破碎速率大于凝聚速率，尺寸较小；而在远离搅拌器的区域，液滴的凝聚速率大于破碎速率，尺寸较大。可见，分散效果受剪切力影响明显，因此能够提供较强剪切作用和较大循环流量的涡轮式搅拌器是首选。

　　④ 固体悬浮　悬浮临界转速定义为所有固体颗粒全部悬浮起来（流化）时的搅拌速度，是该操作过程的重要设计参数。实际操作中，搅拌转速必须大于临界转速。弯叶开启涡轮是固体悬浮中最常用的一种搅拌器，而推进式或桨式搅拌器适用范围都较窄。

　　⑤ 固体溶解　这类操作要求搅拌器具有较强的剪切作用和较大的循环流量，所以涡轮式最为合适；另外在处理小容量的固体溶解过程时可考虑推进式搅拌器。

　　⑥ 气体吸收　在这个过程中气相以气泡的形式分散于液相之中，其原理与液滴类似。不难看出，气体吸收搅拌器一般也应选择产生强剪切作用的涡轮搅拌器，特别是能够存住一定量气体、分散平稳的圆盘涡轮式搅拌器。但对于发酵罐等生化反应器，需要适当减小搅拌器的剪切效果以免破坏微生物的细胞结构。

2.5.3　搅拌功率

　　搅拌器工作时，旋转的叶轮将能量传递给液体。类似于泵的工作过程，搅拌器提供的功率 P 主要产生两个方面的作用，流量 q_V 及压头 H，即 $P \propto H \cdot q_V$。从混合机理可知，循环流动情况（表现为 q_V）影响主体对流扩散，而湍动情况（表现为 H）影响涡扩散，要达到较好的混合效果，q_V、H 都要提高到一定的程度，也即需要搅拌器输入足够的功率 P。

　　具体地，搅拌器的功率消耗取决于液体的流型、速度、搅拌器的结构形式、物料的特性等多种因素，由于涉及的变量非常多，一般采用量纲分析方法与实验关联结合的方法进行定量研究。

　　（1）**功率关联式**

　　以搅拌器叶轮直径 d 为基本结构尺寸参数，其他尺寸与 d 的比例定义为形状因子 S_{F_1}、$S_{F_2} \cdots S_{F_n}$，结合液体的密度 ρ 和动力黏性系数 μ、叶轮转速 n 等因素，可定性得到功率 P 的函数关系式为

$$P = f_1(n, d, \rho, \mu, S_{F_1}, S_{F_2}, \cdots, S_{F_n}) \tag{2-33}$$

显然，对于几何相似的系统，形状因子为常数，上式可以简化为

$$P = f_2(n, d, \rho, \mu) \tag{2-34}$$

对上式进行量纲分析，可以得到以下无量纲的特征数的关联式

$$Eu = KRe^x Fr^y \tag{2-35}$$

其中 Eu 称为搅拌的欧拉数，又称功率特征数，定义为

$$Eu = \frac{P}{\rho n^3 d^5} \tag{2-36a}$$

Re 称为搅拌的雷诺数，定义为惯性力和黏性力之比，在搅拌中表征流动类型

$$Re = \frac{\rho n d^2}{\mu} \tag{2-36b}$$

Fr 称为搅拌的弗鲁德数，定义为惯性力和重力之比，在搅拌中表征打旋

$$Fr = \frac{n^2 d}{g} \tag{2-36c}$$

　　式（2-35）可以改写成如下形式，ϕ 称为功率函数

$$\phi = \frac{Eu}{Fr^y} = KRe^x \tag{2-37}$$

若搅拌中不产生打旋，则 Fr 数对搅拌功率无影响，上式可以简化为

$$\phi = Eu = KRe^x \tag{2-38}$$

　　（2）**功率曲线及计算**

　　将功率函数 ϕ 与 Re 数的关系标绘在双对数坐标图上，相应的曲线称为功率曲线。从前

面的分析可知，构型相同的搅拌器符合几何相似关系，功率关联式也相同，在图中采用一条功率曲线。符合一定尺寸比例的全挡板六叶直叶圆盘涡轮称为标准搅拌装置，其功率曲线如图 2-38 中的曲线 1 所示；无挡板六叶直叶圆盘涡轮的功率曲线如 2 所示。

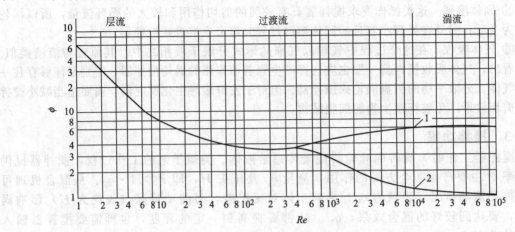

图 2-38 功率曲线

根据搅拌槽中液体的流动状况，可以对功率曲线特性有以下分析。

① 层流区（$Re < 10$） 功率曲线为一直线，直线的斜率为 -1，此时液体的黏性力起主导作用，重力影响可以忽略。对标准构型搅拌器可以表示为

$$\phi = Eu = \frac{71}{Re} \tag{2-39}$$

将各准数的定义式代入可得到功率的计算式为

$$P = 71\mu n^2 d^3 \tag{2-40}$$

此式表明在一定的搅拌转速下，层流区的功率消耗与液体黏度成正比。另外，1、2 两条功率曲线在此区域重合，证明挡板加入与否不影响层流区的功率消耗。

② 湍流区（$Re > 10^4$） 功率曲线趋于水平，对于标准构型搅拌器，ϕ 近似为一常数（约为 6.1），因此功率可以表示为

$$P = 6.1\rho n^3 d^5 \tag{2-41}$$

③ 过渡区（$10 < Re < 10^4$） 在此范围内，有挡板的搅拌装置抑制了打旋现象的发生，该式仍然适用，但 K 和 x 为变量，需按照功率曲线进行具体计算；对于无挡板的搅拌装置，Re 数增至 300 以上时打旋现象加剧，需考虑 Fr 的影响，故应选用式(2-33)，指数 y 的计算公式为

$$y = \frac{\alpha - \lg Re}{\beta} \tag{2-42}$$

式中，α 与 β 是与叶轮形式、直径及搅拌槽直径有关的常数，对于六平叶涡轮其值分别为1.0 和 40。经过推导可得 $Re > 300$ 时无挡板系统的功率计算式为

$$P = \phi\rho n^3 d^5 Fr^{(\alpha - \lg Re)/\beta} \tag{2-43}$$

值得指出，上述功率曲线是针对均相体系给出的，如果考察非均相的液-液或液-固体系，需用混合物的平均密度 $\bar{\rho}$ 和修正黏度 $\bar{\mu}$ 代替原式中的 ρ 和 μ；气-液体系的搅拌功率还与充气量有关，也需要进行修正，具体的修正实施方法可以参阅有关设计手册。

【例 2-7】 在一标准构型的搅拌装置内，处理密度为 $900 kg/m^3$、黏度为 $0.1 Pa \cdot s$ 的某种溶液。已知叶轮直径 $d = 0.5 m$、转速为 $150 r/min$，试求搅拌功率。若搅拌器不安装挡板，其搅拌功率又为多少？已知当地重力加速度为 $9.8 m/s^2$。

解：（1）对于有挡板的标准构型搅拌装置，可通过图 2-38 中的功率曲线 1 进行计算。

首先计算搅拌雷诺数为

$$Re=\frac{\rho n d^2}{\mu}=\frac{900\times150/60\times0.5^2}{0.1}=5625$$

在曲线 1 上查得对应于 $Re=5625$ 的功率函数 $\phi=5.8$，即 $Eu=5.8$，故有

$$P=Eu\rho n^3 d^5=5.8\times900\times(150/60)^3\times0.5^5=2.55\mathrm{kW}$$

（2）若无挡板时，可通过图 2-38 中的功率曲线 2 进行计算，在图中查得对应于 $Re=5625$ 的功率函数 $\phi=1.45$。

因 $Re>300$，在无挡板的搅拌器中打旋现象不可忽略。计算相应搅拌弗鲁德数为

$$Fr=\frac{n^2 d}{g}=\frac{(150/60)^2\times0.5}{9.8}=0.319$$

由六平叶涡轮中的 $\alpha=1$、$\beta=40$，可以计算得到式（2-35）中 Fr 的指数

$$y=\frac{\alpha-\lg Re}{\beta}=\frac{1-\lg5625}{40}=-0.069$$

对无挡板装置有

$$Eu=\phi Fr^y=1.45\times0.319^{-0.069}=1.51$$

最终得到其搅拌功率为

$$P=Eu\rho n^3 d^5=1.51\times900\times(150/60)^3\times0.5^5=0.66\mathrm{kW}$$

2.5.4　搅拌器的放大

由于搅拌过程涉及的因素众多，现象十分复杂，很难对搅拌效果与搅拌器几何尺寸及转速之间的关系给出确切的定量描述。因此，在实际设计开发中很大程度上还依赖于实验技术。搅拌装置的设计、放大包含以下两个主要环节。

① 确定搅拌器的类型和搅拌釜的几何形状以达到较理想的混合效果。这主要是通过小型实验完成的，在不同类型的搅拌装置中加入给定物料，并在多组转速下进行试验、比较，从中选择混合效果较好的搅拌器类型。值得指出，对于不同的搅拌过程，评价其混合效果的指标也有所差别，搅拌器选择的结论也不尽相同。

② 按照一定准则对选定的搅拌装置进行放大，确定其几何尺寸和转速等。一般来说，放大装置首先满足与小试装置的几何相似，除此之外，还应满足其他一些相似条件，如运动相似、动力相似、热相似和反应相似等，其中运动相似和动力相似尤为重要。

运动相似：几何相似系统中对应位置流体速度相等。

动力相似：几何相似系统中对应位置力的比值相等。

常用来描述搅拌器动力特性的特征数中，除前面已介绍的 Re、Fr 以外，还包括定义为惯性力与界面张力之比的韦伯数

$$We=\frac{\rho n^2 d^3}{\sigma} \tag{2-44}$$

值得指出，上述要求在实施过程中可能是相互矛盾的，很难兼顾，通常是按照某一具体的准则进行放大，如：

① 放大前后保持搅拌的动力特征数（Re、Fr 或 We）不变，最常用的是表征流动类型的 Re。对于同种物料应有 $n_1 d_1^2=n_2 d_2^2$。

② 放大前后保持单位体积功耗 P/V 不变。在湍流区 $P\propto n^3 d^5$，由 $V\propto d^3$ 可得应满足 $n_1^3 d_1^2=n_2^3 d_2^2$。

③ 放大前后保持叶端切向速度 $\pi n d$ 不变。由此准则有 $n_1 d_1=n_2 d_2$。

④ 放大前后保持搅拌器的流量和压头之比 Q/H 不变。由 $Q\propto n d^3$，$H\propto n^2 d^2$ 可得应满

足 $d_1/n_1 = d_2/n_2$。

对于一个具体的搅拌过程，究竟哪一个准则适用，需要结合具体的工艺条件和搅拌要求进行选择。

本章主要符号说明

英文字母

A——面积，m^2；

A_p——活塞面积，m^2；

A_{pr}——活塞杆面积，m^2；

d——叶轮直径，m；

Eu——欧拉数；

F——力，N；

Fr——弗鲁德数；

g——重力加速度，m/s^2；

H——扬程或风压，m 或 Pa；

H_{st}——静风压，Pa；

H_k——动风压，Pa；

n——转速，rad/min；

$NPSH$——汽蚀余量，m；

$(NPSH)_{re}$——必需汽蚀余量，m；

p——压力，Pa；

p_v——汽化压力，Pa；

P——功率，W；

q_m——质量流量，kg/s；

q_V——体积流量，m^3/h；

Q_d——排气量，m^3/h；

r——压缩比；

R——半径，m；

Re——雷诺数；

S——活塞行程，m；

S_F——形状因子；

T——温度，K；

u——当地周向速度，m/s；

v——绝对速度，m/s；

V——体积，m^3；

V_c——余隙容积，m^3；

V_h——行程容积，m^3；

w——相对速度，m/s；

W——功，J；

We——韦伯数；

z——垂直高度，m；

z_s——安装高度，m。

希腊字母

α——绝对速度与当地圆周速度的夹角；

β——相对速度与当地圆周速度的夹角；

β'——叶片切线与圆周速度的夹角；

γ——绝热过程指数；

ε——余隙系数；

η——效率；

η_T——全效率；

η_V——容积效率；

κ——多变过程指数；

λ_V——容积系数；

μ——动力黏性系数，Pa·s；

ρ——密度，kg/m^3；

σ——表面张力，N/m；

ϕ——功率函数；

ω——角速度，rad/s。

下标

cr——临界；

D——动态；

e——有效；

in——入口；

L——损失；

R——阻力；

S——静态；

theo——理论；

W——以水为介质；

ν——以运动黏度为 ν 的流体为介质。

上标

ad——绝热；

iso——等温。

思 考 题

1. 气缚与汽蚀有什么不同，发生时各会带来哪些危害？
2. 什么是离心泵的特性曲线？它与泵的转速有什么关系？
3. 离心泵铭牌上标注的流量等性能参数是什么条件下泵的对应值？
4. 离心泵启动时为什么要关闭出口阀？如果全开可能出现什么情况？
5. 离心泵入口管路上安装阀门进行流量调节是否合理？会产生什么后果？
6. 离心泵运行时，其工作点调节常用哪些方法？

7. 汽蚀余量在离心泵的安装与使用中起什么作用？

8. 离心泵投入使用时间较长，管路发生结垢，流动阻力增大，试分析此时流量、扬程、功耗如何变化？

9. 离心泵启动后发现无法吸上液体，可能的主要原因有哪些？

10. 往复泵的流量调节常用哪些方法？与离心泵流量调节相比的主要区别是什么？

11. 往复泵有无气缚与汽蚀现象？为什么？

12. 为什么当压缩比较大时往复压缩机采用多级压缩？

13. 利用往复式真空泵抽取一定真空，若将设备移至高原使用对其性能有何影响？

14. 拟对某固体物料进行悬浮处理，应选择何种搅拌器？

15. 若对某物料的处理过程剪切作用较为重要，已通过小试选定搅拌器类型，试分析应该参照何种原则进行放大？

习　　题

1. 用离心泵将密闭储槽中 20℃的水通过内径为 100mm 的管道送往敞口高位槽，如附图所示，两储槽液面高度差为 10m，密闭槽液面上有一真空表 p_1 的读数为 600mmHg（真）；泵进口处真空表 p_3，读数为 294mmHg（真）。出口管路上装有一孔板流量计，其孔径 $d_0 = 70$mm，流量系数 $C_0 = 0.70$，U 形水银压差计读数 $R = 170$mm，管路总能量损失为 44J/kg，试求：（1）出口管路中水的流速；（2）该泵的扬程 H 是多少？（3）若 p_3 与 p_4 相距 0.1m，其间的阻力损失可忽略，则泵出口处压力表 p_4 的指示值为多少？

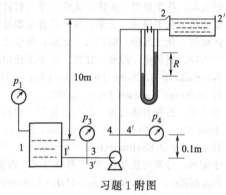

习题 1 附图

2. 某离心水泵经实验测定，得到如附表所示的特性曲线数据。若工业离心泵输液管路的管径为 ϕ68mm×3mm，长为 280m（包括局部阻力的当量长度），吸入液面和输送液面均为敞口容器，其高度差为 5.3m，管路摩擦系数为 0.028。试求该泵在运转时的流量。

$q_V/$（L/min）	0	100	200	300	400	500
H/m	39	38.5	37.2	35.1	31.5	27.8

3. 将一敞口储槽中的水用泵输送到另一敞口高位槽中，两槽之间的垂直距离为 25m，在指定输液量下，泵对水的做功为 273.6J/kg。管内摩擦系数 λ 为 0.022，吸入和压出管路总长为 180m（包括管件及局部阻力的当量长度），输水管尺寸为 ϕ89mm×3.5mm，水的密度取 1000kg/m³，泵效率为 65.3%。试求：（1）输水量；（2）泵的轴功率。

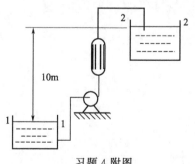

习题 4 附图

4. 如附图所示的输水系统。已知阀门全开时，输送管为 ϕ56mm×3mm、长度 50m（包括局部阻力的当量长度），摩擦系数 λ=0.03 的管路。若泵的性能曲线在流量为 6~15m³/h 范围内可用下式描述：$H = 18.92 - 0.82q_V^{0.8}$，式中 H 为泵的扬程，m；q_V 为泵的流量，m³/h。试求：（1）如生产流量为 10m³/h，输送单位质量与单位重量的水所需外加功各为多少？此泵能否完成任务？（2）如通过关小出口阀门使输送量减至 8m³/h，泵的轴功率减少百分之多少？（设泵的效率变化忽略不计）

5. 某离心泵在 2900r/m 条件下的特性曲线为 $H = 30 - 0.01q_V^2$（m），液体管路的特性曲线为 $H_R = 10 + 0.05q_V^2$（m），q_V 的单位为 m³/h。试求：（1）此时输水量为多少？（2）将转速调节成 2750r/m 时的流量及扬程。（3）若要求输水量为 16m³/h 可采取什么措施进行调节？

6. 从敞口水池向表压为 0.025MPa 的高位槽内输水，生产任务要求的输水量为 50t/h，已知高位槽液面距水池液面的垂直距离为 25m，管路总阻力为 5.66J/N。试通过计算选取一种合适型号的清水泵。

7. 将某减压精馏塔釜中的液体产品用离心泵输送至高位槽，釜中真空度为 $6.67×10^4$ Pa（其中液体处于沸腾状态，即其饱和蒸气压等于釜中绝对压强）。泵位于地面上，吸入管总阻力为 0.87m 液柱。液体的密度为 986kg/m³，已知该泵的必需汽蚀余量 $(NPSH)_{re}=4.2$m，试问该泵的安装位置是否适宜？如不适宜应如何重新安排？

8. 某往复压缩机的气缸余隙系数为 0.08，压缩比为 6，膨胀过程多变指数为 1.25。试求：(1) 压缩机的容积系数？(2) 当压缩比增大到多少时压缩机无法吸入气体？

9. 在多级往复压缩机中的某一级，将氨自 $1.47×10^5$ Pa（表压）压缩到 1.08MPa（表压）。若生产能力为 450m³/h（标准状况），总效率为 0.7，气体进口温度为 -10℃，试计算该级压缩机所需功率及氨出口时的温度。设压缩机内进行的是绝热过程，氨的绝热指数为 1.29。

10. 标准构型搅拌槽的叶轮直径为 0.3m，在此槽内搅拌黏度为 50mPa·s、密度为 1050kg/m³ 的某液体，要求叶端速度达到 3m/s，试求需要的叶轮转速和功率？

参 考 文 献

[1] 姚玉英. 化工原理. 天津：天津大学出版社，1999.

[2] 柴诚敬. 化工原理. 北京：高等教育出版社，2006.

[3] 陈敏恒. 化工原理. 第三版. 北京：化学工业出版社，2006.

[4] 王志祥. 制药化工原理. 北京：化学工业出版社，2005.

[5] Nourbakhsh S, Baron Jaumotte, Charles Hirsch, et al. Turbo-pumps and Pumping Systems. Berlin Heidelberg：Springer Press，2007.

[6] 姜培正. 过程流体机械. 北京：化学工业出版社，2001.

[7] Paul Chen J, Frederick B Higgins, Shoou-Yuh Chang, et al. Physicochemical Treatment Processes. Handbook of Environmental Engineering, Vol. 3, Humana Press, 2005.

[8] 李德昌. 分离与搅拌机械/下册搅拌机. 西安：陕西科学技术出版社，1995.

[9] Rex Miller, Mark R Miller, Harry L Stewart. Pumps and Hydraulics (6th Ed). New York：Ind John Wiley & Sons Inc.，2004.

第 3 章   过滤、沉降与流态化

3.1   概述

具有不同物理性质的分散物质（分散相）和连续介质（连续相）所组成的混合物称为非均相混合物。根据连续相的状态，非均相混合物一般分非均相气固混合物和非均相液固混合物。工业上分离非均相混合物一般采用机械分离的方法，机械分离有两种操作方式。

① 沉降分离   颗粒相对于流体（静止或运动）运动的过程称为沉降分离。在重力场中进行的沉降分离称为重力沉降，作用力为重力。在离心力场中的沉降称为离心沉降，作用力为离心力。

② 过滤   流体相对于固体颗粒床层运动而实现的固液分离过程称为过滤。过滤操作的作用力可以是重力、压强差或离心力，所以过滤可分为重力过滤、加压过滤、真空过滤和离心过滤。

工业上分离非均相混合物的目的和意义：

① 净化分散介质（连续相）以获得纯净的气体或液体；②回收分散物质（分散相）以获取产品；③环境保护和安全生产。

3.2   颗粒及颗粒床层的特性

3.2.1   颗粒的特性

颗粒的特性主要由颗粒的形状、大小和表面积等参数而定。

(1) 单一颗粒的特性

单一颗粒可以分为球形颗粒和非球形颗粒。

① 球形颗粒   球形颗粒的各有关特性可用颗粒的直径表示。如

体积
$$V = \frac{\pi}{6} d^3 \tag{3-1}$$

表面积
$$S = \pi d^2 \tag{3-2}$$

比表面积
$$a = \frac{S}{V} = \frac{6}{d} \tag{3-3}$$

式中，d 为球形颗粒的直径，m；V 为球形颗粒的体积，m^3；S 为球形颗粒的表面积，m^2；a 为球形颗粒的比表面积，m^2/m^3。

② 非球形颗粒   非球形颗粒可用当量直径及形状系数（球形度）来表示其特性。

Ⅰ. 当量直径

a. 体积当量直径 d_e。令实际颗粒的体积等于当量球形颗粒的体积时，则体积当量直径为

$$d_e = \sqrt[3]{\frac{6V_p}{\pi}} \tag{3-4}$$

式中，d_e 为颗粒体积当量直径，m；V_p 为非球形颗粒的实际体积，m^3。

b. 表面积当量直径 d_{es}。令实际颗粒的表面积等于当量球形颗粒的表面积，则表面积当

量直径

$$d_{es} = \sqrt{\frac{S_p}{\pi}} \tag{3-5}$$

式中，d_{es} 为颗粒表面积当量直径，m；S_p 为非球形颗粒的实际表面积，m^2。

Ⅱ. 形状系数又称球形度，是与实际颗粒体积相等的球形颗粒表面积与实际颗粒表面积之比。它表示非球形颗粒的形状与球形颗粒的差异程度。即

$$\phi_s = \frac{S}{S_p} \tag{3-6}$$

式中，ϕ_s 为颗粒的形状系数或球形度；S_p 为实际颗粒的表面积，m^2；S 为与实际颗粒体积相等的球形颗粒的表面积，m^2。

任何非球形颗粒的形状系数都小于 1，球形颗粒的形状系数，$\phi_s = 1$。

（2）颗粒群的特性

颗粒群是由大小不同的颗粒组成的集合体，工业上常常遇到的大多是这样的颗粒群。

① 颗粒群的粒径分布　不同粒径颗粒范围内所含颗粒的个数或质量组成分布情况称为颗粒群的粒径分布。

② 颗粒群的平均粒径　设有一批大小不等的球形颗粒，总质量为 G，经筛分分析得到相邻两号筛之间的颗粒质量为 G_i，筛分直径（两筛号筛孔的算术平均值）为 d_i。根据比表面积相等原则，颗粒群的平均比表面积直径为

$$d_a = \frac{1}{\sum \frac{x_i}{d_i}} \tag{3-7}$$

式中，d_a 为平均比表面积直径，m；d_i 为筛分直径，m；x_i 为 d_i 粒径段内颗粒的质量分数，$x_i = G_i/G$。

③ 颗粒群的密度　单位体积内的颗粒质量称为颗粒群的密度。若颗粒群体积内不包括颗粒之间的空隙，则称为颗粒群的真密度 ρ_s，其单位为 kg/m^3。若颗粒群所占体积包括颗粒之间的空隙，则测得的密度为堆积密度或表观密度 ρ_b，其值小于真密度。

（3）颗粒床层的特性

① 床层的空隙率　单位体积颗粒床层中空隙体积所占的分率称为床层空隙率，用 ε 表示

$$\varepsilon = \frac{床层体积 - 颗粒所占体积}{床层体积} \tag{3-8}$$

空隙率表示床层中颗粒的疏密程度，它的大小与颗粒的形状、粒度分布、装填形式、填充（或堆积）方式和条件有关系。一般颗粒床层的空隙率为 0.47～0.7。

② 床层的比表面积　单位体积床层中颗粒的表面积称为床层的比表面积。床层的比表面积与颗粒的比表面积的关系为

$$a_b = (1 - \varepsilon)a \tag{3-9}$$

式中，a_b 为床层的比表面积，m^2/m^3；a 为颗粒的比表面积，m^2/m^3；ε 为床层的空隙率。

床层的比表面积 a_b 与颗粒的尺寸有关，颗粒尺寸越小，床层的比表面积越大。

③ 床层的各向同性　对于乱堆的颗粒床层，颗粒的定位都是随机的，所以堆成的床层从各个方位看，颗粒的堆积情况都是相同的，可以认为床层各向同性。

工业上，一般乱堆的颗粒床层均可认为是各向同性的。

3.2.2　流体流过颗粒床层的压降

流体通过颗粒床层因阻力而引起的压降与很多因素有关，很难精确地描述，为了简化，可采用模型化的方法来处理。

3.2.2.1　颗粒床层的简化模型

简化模型是将颗粒床层的复杂空隙结构的通道假设成为很多长度为 L_e、当量直径为 d_{eb} 的平行细管所组成（图 3-1），并规定平行细管的全部流动空间等于颗粒床层的空隙容积；全部细管的内表面积等于床层中颗粒的总表面积。

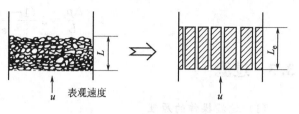

图 3-1　颗粒床层的简化模型

根据上述假设，以 $1m^3$ 床层体积为基准，床层流动空间在数值上等于床层的空隙率 ε，细管的全部内表面积就等于床层的比表面积 a_b，则细管的当量直径 d_{eb} 可表达为

$$d_{eb}=\frac{4\times 床层流通截面积}{润湿周边} \tag{3-10}$$

分子、分母同乘细管长度 L_e，则有

$$d_{eb}=\frac{4\times 床层流动空间}{细管的全部内表面积}=\frac{4\varepsilon}{a_b}=\frac{4\varepsilon}{(1-\varepsilon)a} \tag{3-11}$$

3.2.2.2　流体通过颗粒床层的压降

（1）流体通过颗粒床层压降的数学模型

根据颗粒床层的简化模型，流体通过颗粒床层因阻力而引起的压降可以简化为流体通过均匀细管的压降，可以用直管压降的计算式描述。

$$h_f=\frac{\Delta p_f}{\rho}=\lambda \frac{L_e}{d_{eb}}\frac{u_1^2}{2} \tag{3-12}$$

式中，L_e 为细管高度，m；d_{eb} 为床层的当量直径，m；u_1 为流体在细管中的流速，m/s。

空床流速 u 与流体在细管中的流速 u_1 的关系为

$$u=\varepsilon u_1 \quad 或 \quad u_1=\frac{u}{\varepsilon} \tag{3-13}$$

式中，u 为空床流速（也称表观流速），m/s。

将式(3-11)与式(3-13)代入式(3-12)可得

$$\frac{\Delta p_f}{L}=\left(\lambda \frac{L_e}{8L}\right)\frac{(1-\varepsilon)a}{\varepsilon^3}\rho u^2=\lambda' \frac{(1-\varepsilon)a}{\varepsilon^3}\rho u^2 \tag{3-14}$$

式中，L 为实际床层的高度，它与细管高度 L_e 不等，但 L_e 与 L 成正比，即 $L_e/L=$ 常数，所以有

$$\lambda'=\lambda \frac{L_e}{8L} \tag{3-15}$$

式(3-14)为流体通过颗粒床层压降的数学模型，其中 $\Delta p_f/L$ 为单位床层高度的压强差；λ' 为待定的床层模型系数，也称床层的流动摩擦系数。

（2）床层模型系数 λ' 的确定

根据量纲分析可得，流体通过颗粒床层的流动摩擦系数是床层雷诺数 Re_b 的函数：

$$\lambda'=f(Re_b) \tag{3-16}$$

$$Re_b=\frac{d_{eb}u_1\rho}{4\mu}=\frac{\rho u}{a(1-\varepsilon)\mu} \tag{3-17}$$

康采尼（Kozeny）在床层雷诺数 $Re_b<2$ 的情况下研究得到

$$\lambda'=\frac{K}{Re_b} \tag{3-18}$$

式中，K 称为康采尼常数，其数值等于 5。

将式(3-17)与式(3-18)代入式(3-14)得康采尼方程式

$$\frac{\Delta p_f}{L} = 5\frac{(1-\varepsilon)^2 a^2 u\mu}{\varepsilon^3} \tag{3-19}$$

3.3 过滤

(1) 过滤操作的原理

过滤是以某种多孔物质作为介质来分离悬浮液的单元操作。在外力的作用下，悬浮液中的液体通过介质的孔道而固体颗粒被截留下来，从而实现非均相物系的固、液分离。其中多孔介质称为过滤介质，所处理的悬浮液称为滤浆，滤浆中被过滤介质截留的固体颗粒称为滤渣或滤饼，滤浆中通过滤饼及过滤介质的液体称为滤液。图 3-2 是过滤操作过程。

① 过滤的推动力。过滤的推动力是过滤介质两侧的压力差。压力差产生的方式有滤液的自身重力、离心力和外加压力。在化工中应用最多的是以压力差为推动力的过滤。

② 过滤的方式。目前工业上应用的过滤操作方式主要有饼层过滤和深床过滤。

a. 饼层过滤。过滤时固体颗粒沉积于过滤介质表面而形成滤饼层。由于滤浆中固体颗粒大小不一，过滤介质中微细孔道的尺寸可能大于悬浮液中的部分小颗粒的尺寸，因而，过滤开始会有一些细小颗粒穿过过滤介质而使滤液浑浊，但很快颗粒就会在孔道中发生"架桥"现象（见图 3-3），之后小于孔道尺寸的细小颗粒也能被截留，此时滤饼开始形成，滤液变清，过滤真正开始进行，这种过滤称为饼层过滤。饼层过滤适用于处理固体颗粒含量较高（固相体积分数约在 1% 以上）的悬浮液。

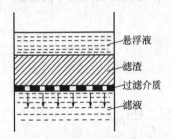

图 3-2 过滤操作过程示意

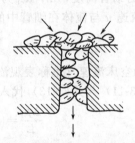

图 3-3 "架桥"现象

b. 深床过滤。过滤介质是很厚的颗粒床层，过滤时并不形成滤饼，悬浮液中的颗粒尺寸小于床层孔道尺寸。当悬浮液通过过滤介质时，其中的固体颗粒由于表面力和静电的作用而附着在孔道壁上，被截留在过滤介质床层内部，这种过滤称为深床过滤。它适用于处理固体颗粒含量极少（固相体积分数约在 0.1% 以下），颗粒很小的悬浮液。这里我们只讨论工业上广泛应用的饼层过滤。

(2) 过滤介质

工业上常用的过滤介质有三类。

① 织物介质（又称滤布）。包括由棉、毛、丝、麻等天然纤维及合成纤维制成的织物，以及由玻璃丝、金属丝等织成的网。这类介质能截留颗粒的最小直径为 $5\sim65\mu m$。织物介质在工业上应用最为广泛。

② 堆积介质。这类介质是由各种固体颗粒（砂、木炭、石棉、硅藻土）或非编制纤维等堆积而成，多用于深床过滤中。

③ 多孔固体介质。此类介质具有很多微细孔道的固体材料，如多孔陶瓷、多孔塑料及多孔金属制成的管或板，能拦截 $1\sim3\mu m$ 的微细颗粒。

（3）滤饼的压缩性和助滤剂

当滤饼两侧的压力差增大时，颗粒的形状和颗粒间的空隙不会发生明显变化，单位厚度床层的流动阻力可视为恒定不变，这类滤饼称为不可压缩滤饼。相反，如果滤饼中的固体颗粒受压会发生变形（如一些胶体物质），则当滤饼两侧的压力差增大时，颗粒的形状和颗粒间的空隙会有明显的改变，单位厚度饼层的流动阻力随着压力差的增大而增大，这种滤饼称为可压缩滤饼。

为了降低可压缩滤饼的过滤阻力，可以向悬浮液中混入或预涂在过滤介质上某种质地坚硬的能形成疏松饼层的固体颗粒或纤维状物质，从而改善滤饼层的性能，使滤液得以畅流。这种预混或预涂的固体颗粒物质称为助滤剂。

对助滤剂的基本要求如下：

① 应能形成多孔饼层的刚性颗粒，使滤饼有良好的渗透性及较低的流动阻力；

② 应有化学稳定性，不与悬浮液发生化学反应，不溶于液相中；

③ 在过滤操作压力范围内，应具有不可压缩性，以保持滤饼的较高空隙率。

常用的助滤剂有硅藻土、珍珠岩粉、活性炭和石棉粉等。

3.3.1 过滤设备

为了适应不同悬浮液分离的要求，在工业生产中采用多种形式的过滤机。按照操作方式的不同可分为间歇过滤机与连续过滤机；按照产生压力差的方式不同可分为压滤、吸滤和离心过滤机。这里主要介绍工业上应用最广泛、属于间歇过滤机的板框压滤机、叶滤机和属于吸滤式连续过滤机的转筒真空过滤机。离心过滤机将在后续介绍。

（1）板框过滤机

板框过滤机是一种压滤型间歇过滤机，在工业生产中应用最早，至今仍在应用。它是由带凸凹纹路的滤板和滤框交替排列组装于机架而构成，如图 3-4 所示。

板和框一般为正方形，板和框的角端均开有圆孔，将其装合、压紧后即构成供滤浆、滤液或洗涤液的流动通道。框的两侧覆以滤布，空框和滤布围成了容纳滤浆和滤饼的空间。板分为洗涤板和过滤板两种。洗涤板左上角的圆孔内还开有与板两侧相通的侧孔道，洗水可由此进入框内。为了便于区

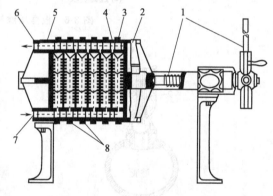

图 3-4 板框压滤机

1—压紧装置；2—可动头；3—滤框；4—滤板；
5—固定头；6—滤液出口；7—滤浆进口；8—滤布

别，常在板、框外侧铸有小钮或其他标志，通常，过滤板为一钮，框为二钮，洗涤板为三钮，如图 3-5 所示。组合时即按钮数 1-2-3-2-1-2 等顺序排列板与框。压紧装置的驱动有手动、电动或液压传动等方式。过滤阶段和洗涤阶段流体流动路径如图 3-6 所示。

（2）加压叶滤机

加压叶滤机是有许多不同的长方形或圆形滤叶装合而成，如图 3-7 所示。滤叶由金属多孔板或金属网制造，内部具有空间，外罩滤布。如图 3-8 所示。

加压叶滤机也是间歇操作设备，其优点是过滤速度快，洗涤效果好，占地面积小，密闭操作，改善了操作条件；缺点是造价高，更换滤布（特别是对于圆形滤叶）比较麻烦。

（3）转筒真空过滤机

转筒真空过滤机是一种连续操作的过滤设备，工业上应用较为广泛。它的主体设备是一个能转动的水平圆筒，圆筒表面装有金属网，网上覆盖滤布，筒的下部浸在滤浆中，如图 3-9 所示。

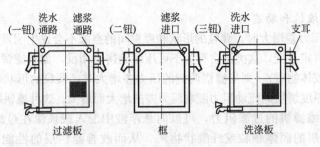

图 3-5　滤板和滤框

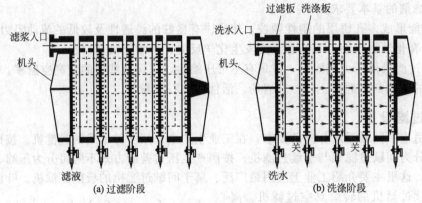

图 3-6　板框压滤机内流体流动路径

图 3-7　滤叶片
1—滤饼；2—滤叶

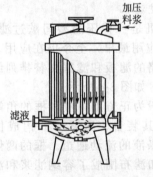

图 3-8　加压叶滤机

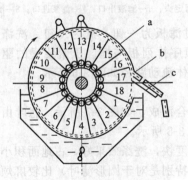

图 3-9　转筒真空过滤机
a—转筒；b—滤饼；c—刮刀

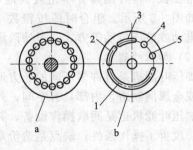

图 3-10　分配头
a—转动盘；b—固定盘；1，2—吸走滤液的真空凹槽；
3—吸走洗涤液的真空凹槽；4，5—通入压缩空气的凹槽

圆筒端面沿径向分隔成为若干扇形区，每区都有孔道通至分配头。过滤操作时，圆筒转动开始由于分配头的作用，使这些孔道依次分别与真空管及压缩空气管相连通，从而在圆筒回转一周的过程中，每个扇形表面即可依次进行过滤、洗涤、吸干、吹松、卸饼等操作。转筒转动一周即可完成一个操作循环。

分配头如图 3-10 所示，转筒连续运转时，转筒表面上各区域分别完成不同的操作，整个过滤过程在转筒表面连续进行。

转筒的过滤面积一般为 5～40m², 浸没部分占总面积的 30％～40％。转速可在一定范围内调整，通常为 0.1～3r/min。滤饼厚度一般保持在 40mm 以内，转筒过滤机所得滤饼中的液体含量多在 10％以上，通常在 30％左右。

3.3.2　过滤基本方程

由康采尼方程式得到

$$u=\frac{dV}{A d\tau}=\frac{\varepsilon^3}{5a^2(1-\varepsilon)^2}\left(\frac{\Delta p}{\mu L}\right) \tag{3-20}$$

若定义

$$r=\frac{5a^2(1-\varepsilon)^2}{\varepsilon^3} \tag{3-21}$$

$$R=rL \tag{3-22}$$

式中，r 为滤饼的比阻，$1/m^2$，可由 $r=r_0\Delta p^s$ 估算，r_0 为单位压强差下滤饼的比阻，$1/m^2$；R 为滤饼阻力，$1/m$。s 为滤饼的压缩性指数，一般情况下，$s=0\sim1$。

过滤过程可视为滤液通过滤饼和过滤介质串联两层的流动过程，由于滤饼和过滤介质的面积相等，所以滤液在两层中的流动速度相等，则

$$\frac{dV}{A d\tau}=\frac{\Delta p_1+\Delta p_e}{\mu(R+R_e)}=\frac{\Delta p}{\mu(R+R_e)} \tag{3-23}$$

式中，Δp_1、Δp_e 分别为滤饼与过滤介质两侧的压强差，Pa；R、R_e 分别为滤饼与过滤介质的阻力，$1/m$；Δp 为滤液通过滤饼层和过滤介质层的总压强差，Pa；$R+R_e$ 为过滤过程的总阻力，$1/m$。

若设过滤介质阻力与厚度为 L_e 的一层滤饼阻力相等，则

$$R_e=rL_e \tag{3-24}$$

若设 v 为单位体积滤液所得到滤饼的体积（m³ 滤饼/m³ 滤液），则任一瞬时滤饼厚度 L 与获得滤液的体积 V 之间的关系为

$$L=vV/A \tag{3-25}$$

同理，过滤介质

$$L_e=vV_e/A \tag{3-26}$$

式中，L_e 为过滤介质的当量滤饼厚度，m；V_e 为过滤介质的当量滤液体积，m³。

将式（3-25）与式（3-26）代入式（3-23）得

$$\frac{dV}{d\tau}=\frac{A^2\Delta p^{1-s}}{\mu r_0 v(V+V_e)} \tag{3-27}$$

式（3-27）称为过滤速率的基本方程式。该式适用于可压缩滤饼及不可压缩滤饼。

3.3.3　恒压过滤

过滤操作在恒定的压强差下进行，则称为恒压过滤。恒压过滤是工业生产中最常用的方式，在恒压过滤操作中，Δp 是常数，对于一定的悬浮液，μ、r_0、v 为常数。令

$$k=\frac{1}{\mu r_0 v} \tag{3-28}$$

式中，k 为表示过滤物料特性的常数，$m^4/(N \cdot s)$ 或 $m^2/(Pa \cdot s)$。

再令

$$K = 2k\Delta p^{1-s} \tag{3-29}$$

将式(3-28) 与式(3-29) 代入式(3-27)，得

$$\frac{dV}{d\tau} = \frac{KA^2}{2(V+V_e)} \tag{3-30}$$

对式(3-30) 进行积分有

$$\int 2(V+V_e)dV = KA^2 \int d\tau$$

积分得

$$V_e^2 = KA^2\tau_e \tag{3-31}$$

$$V^2 + 2VV_e = KA^2\tau \tag{3-32}$$

将上两式相加，可得

$$(V+V_e)^2 = KA^2(\tau+\tau_e) \tag{3-33}$$

式(3-32)、式(3-33) 称为恒压过滤方程式，它表明恒压强差条件下进行过滤时累计滤液量与过滤操作时间的关系为抛物线方程。

若令 $q = \dfrac{V}{A}$ 及 $q_e = \dfrac{V_e}{A}$，则式(3-32) 及式(3-33) 可写为

$$q^2 + 2qq_e = K\tau \tag{3-32a}$$

$$(q+q_e)^2 = K(\tau+\tau_e) \tag{3-33a}$$

上式也称为恒压过滤方程式。恒压过滤方程式中的 K 是由物料特性及过滤压强差所决定的常数，称为过滤常数，单位为 m^2/s；q_e 和 τ_e 是反映过滤介质阻力大小的常数，称为介质常数，其单位为 m^3/m^2 和 s，k、q_e 和 τ_e 三者统称为过滤常数。

【例 3-1】 过滤某种悬浮液，经实验测得每获得 $1m^3$ 滤液可形成 $0.25m^3$ 滤饼，滤饼不可压缩，滤饼的比阻为 $1.3 \times 10^{11} m^{-2} \cdot Pa^{-1}$，水的黏度为 $1.0 \times 10^{-3} Pa \cdot s$，操作压强差为 $9.81 \times 10^4 Pa$，过滤介质阻力可以忽略不计，试求：(1) 每平方米过滤面积上获得 $1.5m^3$ 滤液所需的过滤时间？(2) 若过滤时间增加一倍，可再获得多少滤液？

解：(1) 滤饼不可压缩 $s=0$，由式(3-29)

$$K = \frac{2\Delta p^{1-s}}{\mu r_0 v} = \frac{2 \times 9.81 \times 10^4}{1.0 \times 10^{-3} \times 1.3 \times 10^{11} \times 0.25} = 6 \times 10^{-3} m^2/s$$

过滤介质阻力可忽略不计

$$q^2 = K\tau$$

过滤时间

$$\tau = \frac{q^2}{K} = \frac{1.5^2}{6 \times 10^{-3}} = 375s$$

(2) 若过滤时间增加一倍，即 $\tau' = 2 \times 375 = 750s$，则累积滤液量为

$$q'^2 = K\tau'$$

$$q' = \sqrt{K\tau'} = \sqrt{6 \times 10^{-3} \times 750} = 2.12 m^3/m^2$$

再获得滤液量为

$$\Delta q = q' - q = 2.12 - 1.5 = 0.62 m^3/m^2$$

3.3.4 恒速过滤与先恒速后恒压过滤

恒速过滤是维持过滤速率恒定的过滤方式。恒速过滤时的过滤速率为常数，即

$$\frac{dV}{Ad\tau} = \frac{V}{A\tau} = \frac{q}{\tau} = u_R = 常数 \tag{3-34}$$

所以

$$V = Au_R\tau \tag{3-35}$$

或

$$q = u_R\tau \tag{3-35a}$$

式中，u_R 为恒速过滤阶段的过滤速率，m/s。

由过滤速率基本方程式(3-27) 可得

$$\frac{dV}{d\tau} = \frac{KA^2}{2(V+V_e)} = \frac{V}{\tau} = 常数$$

得
$$V^2 + VV_e = \frac{K}{2}A^2\tau \tag{3-36}$$

在实际过滤操作中多采用先恒速后恒压过滤的复合式操作方式。

对于恒压阶段的 V-τ 关系，可使用过滤基本方程式(3-30) 求得
$$(V+V_e)\mathrm{d}V = kA^2\Delta p^{1-s}\mathrm{d}\tau$$

若令 τ_R、V_R 分别代表恒速阶段终了时的过滤时间及获得的滤液体积，对后续恒压阶段积分上式得
$$\int_{V_R}^{V}(V+V_e)\mathrm{d}V = kA^2\Delta p^{1-s}\int_{\tau_R}^{\tau}\mathrm{d}\tau$$

并将式(3-29) 代入，得　　$(V^2-V_R^2)+2V_e(V-V_R)=KA^2(\tau-\tau_R)$ $\tag{3-37}$

式(3-37) 为先恒速后恒压过滤中恒压阶段的过滤方程，式中 $(V-V_R)$、$(\tau-\tau_R)$ 分别代表转入恒压操作后所得的滤液体积和所经历的过滤时间。

3.3.5　过滤常数的测定

（1）恒压下 K、V_e (q_e) 的测定

将恒压过滤方程 $(q+q_e)^2 = K(\tau+\tau_e)$ 微分得
$$\frac{\mathrm{d}\tau}{\mathrm{d}q} = \frac{2}{K}q + \frac{2}{K}q_e \tag{3-38}$$

$\frac{\mathrm{d}\tau}{\mathrm{d}q}$ 与 q 成直线关系，直线斜率为 $\frac{2}{K}$，截距为 $\frac{2}{K}q_e$，可求得 K 和 q_e，再由 $q_e^2 = K\tau_e$，求出 τ_e。

（2）压缩性指数 s 和物料特性常数 k 的测定

根据过滤常数的定义式 $K=2k\Delta p^{1-s}$，将其两边取对数得
$$\lg K = (1-s)\lg(\Delta p) + \lg(2k) \tag{3-39}$$

上式在双对数坐标中成直线。斜率为 $1-s$，截距为 $\lg(2k)$，就可以求出压缩性指数 s，物料的特性常数 k。

3.3.6　滤饼的洗涤

滤饼洗涤的目的是回收滞留在颗粒缝隙间的滤液，或净化构成滤饼的颗粒。洗涤速率定义为单位时间内消耗的洗水的体积，用 $\left(\dfrac{\mathrm{d}V}{\mathrm{d}\tau}\right)_W$ 表示。在恒定的压强差推动力下洗涤速率基本为常数。若每次过滤终了以体积为 V_W 的洗水洗涤滤饼，则所需洗涤时间为
$$\tau_W = \frac{V_W}{\left(\dfrac{\mathrm{d}V}{\mathrm{d}\tau}\right)_W} \tag{3-40}$$

式中，V_W 为洗水用量，m^3；τ_W 为洗涤时间，s。

对于叶滤机，采用的是置换式洗涤法，洗涤速率与过滤终了时的过滤速率相同。
$$\left(\frac{\mathrm{d}V}{\mathrm{d}\tau}\right)_W = \left(\frac{\mathrm{d}V}{\mathrm{d}\tau}\right)_E = \frac{KA^2}{2(V+V_e)} \tag{3-41}$$

对于板框压滤机，采用的是横穿式洗涤法，洗水流过的路径是过滤终了时滤液流过路径的两倍，即
$$(L+L_e)_W = 2(L+L_e)_E$$

而洗水流过的面积却仅为过滤面积的一半，又有
$$A_W = \frac{1}{2}A$$

洗涤速率为
$$\left(\frac{\mathrm{d}V}{\mathrm{d}\tau}\right)_W = \frac{1}{4}\left(\frac{\mathrm{d}V}{\mathrm{d}\tau}\right)_E = \frac{KA^2}{8(V+V_e)} \tag{3-42}$$

【例 3-2】 某板框压滤机，在进行恒压过滤 1h 后，获得滤液 $11m^3$，停止过滤后用 $3m^3$ 的清水洗涤，清水黏度与滤液黏度相近，且在与过滤同样的压强差下对滤饼进行洗涤，滤布阻力可以忽略。试求洗涤所用时间。

解： 设过滤面积为 A，且滤布阻力可以忽略。

由过滤基本方程式 $q^2 = K\tau$，得过滤终了时速率方程

$$\left(\frac{dq}{d\tau}\right)_E = \frac{K}{2q_E}$$

板框压滤机采用横穿式洗涤，洗涤速率为

$$\left(\frac{dq}{d\tau}\right)_W = \frac{1}{4}\left(\frac{dq}{d\tau}\right)_E = \frac{K}{8q_E}$$

过滤终了的滤液量 $q_E = \dfrac{V_E}{A} = \dfrac{11}{A}$，洗水用量 $q_W = \dfrac{V_W}{A} = \dfrac{3}{A}$。

又过滤常数
$$K = \frac{q_E^2}{\tau_E} = \frac{(V_E/A)^2}{1} = \frac{(11/A)^2}{1} = \frac{121}{A^2}$$

洗涤时间
$$\tau_W = \frac{V_W}{\left(\dfrac{dV}{d\tau}\right)_W} = \frac{q_W}{\left(\dfrac{dq}{d\tau}\right)_W} = \frac{q_W}{\dfrac{K}{8q_E}} = \frac{3/A}{\dfrac{121/A^2}{8\times(11/A)}} = 2.18h$$

3.3.7　过滤机的生产能力

过滤机的生产能力通常是指单位时间内所获得的滤液量。过滤机生产能力的计算按间歇操作和连续操作两种情况分别讨论。

3.3.7.1　间歇式过滤机的生产能力

间歇式过滤机的每一操作循环通常包括三个阶段：过滤、洗涤和卸渣、清理、装合等辅助工作。所以每个循环所需时间是这三个阶段时间之和。

$$\sum\tau = \tau_F + \tau_W + \tau_D \tag{3-43}$$

式中，$\sum\tau$ 为一个操作循环所需时间，s；τ_F 为一个操作循环内过滤时间，s；τ_W 为一个操作循环内洗涤时间，s；τ_D 为一个操作循环内卸渣、清理、装合等辅助操作所需时间，s。

则生产能力为
$$Q = \frac{V}{\sum\tau} = \frac{3600V}{\tau_F + \tau_W + \tau_D} \tag{3-44}$$

式中，Q 为过滤机的生产能力，m^3/h；V 为一个操作循环所得的滤液量，m^3。

3.3.7.2　连续式过滤机的生产能力

以转筒真空过滤机为例进行讨论。连续过滤一般均在恒压下操作，连续过滤机的特点是过滤、洗涤、卸饼等操作在转筒表面的不同区域内进行。任何时刻总有一定浸没角度的转筒表面浸没在滤浆中进行过滤，在转筒回转一周过程中只有浸没在滤浆中的那部分时间是在进行过滤操作。浸没在滤浆中转筒表面占全部转筒面积的分率称为浸没度，以 φ 表示，即

$$\varphi = \frac{\text{浸没角度}}{360°} \tag{3-45}$$

若转筒的转速为 n（单位为 r/s），则转筒回转一周所用时间 t（单位为 s）为

$$t = \frac{1}{n}$$

在转筒回转一周的时间内，用于过滤操作的时间 τ 占转筒回转一周时间 t 的分数在数值上与浸没度 φ 相等，即

$$\varphi = \frac{\tau}{t}$$

则过滤时间为
$$\tau = \varphi t = \frac{\varphi}{n} \tag{3-46}$$

若转筒过滤机的过滤面积为　　　　　　$A=\pi DL$ 　　　　　　　　　　　(3-47)

式中，D 为转筒的直径，m；L 为转筒的长度，m。

由恒压过滤方程式(3-33) $(V+V_e)^2=KA^2(\tau+\tau_e)$ 得转筒回转一周所获得滤液量为

$$V=\sqrt{KA^2(\tau+\tau_e)}-V_e=\sqrt{KA^2\left(\dfrac{\varphi}{n}+\tau_e\right)}-V_e \qquad (3-48)$$

转筒真空过滤机的生产能力即每小时获得的滤液量为

$$Q=3600nV \qquad (3-49)$$

若过滤介质阻力可以忽略时，则

$$Q=3600A\sqrt{Kn\varphi}=3600\pi DL\sqrt{Kn\varphi} \qquad (3-50)$$

从式(3-50)中可以看出，转筒真空过滤机的生产能力与其各个结构参数与操作参数有关系，其转速越高，浸没度越大，生产能力越大。

3.3.8　动态过滤

传统过滤过程中，随着过滤的进行，滤饼不断积累增厚，过滤阻力也不断增加，在恒定的压强差下过滤时，过滤的速率就必然不断下降。为了在过滤过程中限制滤饼的增厚，可以通过使滤浆以较高速度平行流过过滤介质的表面，滤液垂直穿过介质，滤饼在剪切力作用下被大部分铲除并不在介质表面积累而随滤浆循环，这样，可使过滤过程始终在不积累或少积累滤饼的条件下进行，从而可以始终保持恒定的过滤速率，以维持较高的过滤能力。因这种过滤过程滤液与滤浆流动方向呈错流，称为错流式过滤，又称动态过滤，如图 3-11 所示。

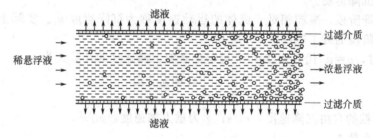

图 3-11　动态过滤

为了滤浆高速流过过滤介质表面，可以采用如机械的、水力的或电场等多种方法人为干扰限制滤饼增厚以维持过滤高速率。这样动态过滤就会消耗较多机械能，使过滤操作费用增加。但对许多难过滤的悬浮液可以明显改善过滤速率与过滤效果。

3.4　沉降分离

沉降分离是分离非均相混合物的一种单元操作，其原理是在外力的作用下，利用非均相混合物中分散相和连续相之间密度的不同，使之发生相对运动而实现分离操作。

3.4.1　重力沉降及设备

在重力作用下发生的沉降分离称为重力沉降。

3.4.1.1　沉降速度

（1）球形颗粒的自由沉降

单一颗粒在流体中的沉降过程，或颗粒群在流体中分散得较好且颗粒之间不接触和碰撞的沉降过程称为自由沉降。当单一球形颗粒置于静止流体介质中，若颗粒的密度 ρ_s 大于流体密度 ρ 时，则颗粒将在重力作用下作沉降运动。此时颗粒受到重力 F_g、浮力 F_b 和阻力

F_d 三个力的作用，其中重力方向向下，浮力和阻力的方向向上，如图 3-12 所示。

当颗粒直径为 d、密度为 ρ_s、流体的密度为 ρ 时，则有

重力 $$F_g = mg = \frac{\pi}{6}d^3\rho_s g$$

浮力 $$F_b = \frac{\pi}{6}d^3\rho g$$

阻力 $$F_d = \xi A \frac{\rho u^2}{2} = \xi \frac{\pi d^2}{4}\frac{\rho u^2}{2}$$

图 3-12 沉降颗粒的受力情况

式中，m 为颗粒的质量，kg；ξ 为阻力系数，无量纲；A 为颗粒在垂直于运动方向的平面上的投影面积，m^2；u 为颗粒与流体之间的相对运动速度，m/s。

根据牛顿第二定律，颗粒重力沉降运动的基本方程式为

$$F_g - F_b - F_d = ma$$

或

$$\frac{\pi}{6}d^3\rho_s g - \frac{\pi}{6}d^3\rho g - \xi\frac{\pi d^2}{4}\frac{\rho u^2}{2} = \frac{\pi}{6}d^3\rho_s a \qquad (3\text{-}51)$$

式中，a 为重力沉降加速度，m/s^2。

颗粒开始沉降的瞬间，速度 $u = 0$，因此阻力 F_d 为零，所以加速度 a 具有最大值。开始沉降后，阻力 F_d 随运动速度 u 的增大而增加，而加速度 a 却逐渐减小。当运动速度 u 增大到某一数值 u_t 时，阻力、浮力和重力达到平衡，即合力为零，此时颗粒的加速度 $a = 0$，颗粒开始作匀速沉降运动。

在匀速沉降阶段，颗粒相对于流体的运动速度称为沉降速度 u_t。实际上沉降速度也是颗粒沉降加速阶段的终了速度。

当 $a = 0$ 时，$u = u_t$ 代入式(3-51) 可得出颗粒沉降速度的计算式为

$$u_t = \sqrt{\frac{4gd(\rho_s - \rho)}{3\xi\rho}} \qquad (3\text{-}52)$$

式中，u_t 为颗粒的自由沉降速度，m/s；g 为重力加速度，m/s^2。

（2）阻力系数 ξ

颗粒的阻力系数 ξ 与颗粒相对于流体运动的雷诺数及颗粒的球形度 ϕ_s 有关，如图 3-13 所示。重力沉降时，颗粒相对于流体运动时的雷诺数定义为

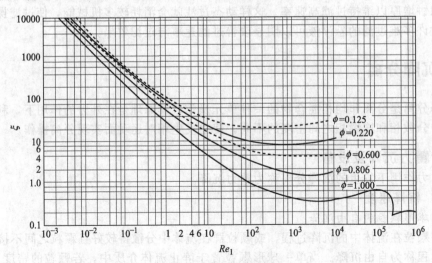

图 3-13 ξ-Re_1 关系曲线

$$Re_1 = \frac{d u_t \rho}{\mu} \tag{3-53}$$

式中，μ 为流体的黏度，Pa·s。

由图看出，根据雷诺数 Re_1 的大小，可将球形颗粒的曲线分为三个区域，即

层流区（$10^{-4} < Re_1 < 1$）又称为斯托克斯（Stokes）定律区

$$\xi = \frac{24}{Re_1} \tag{3-54}$$

过渡区（$1 < Re_1 < 10^3$）又称艾伦（Allen）定律区

$$\xi = \frac{18.5}{Re_1^{0.6}} \tag{3-55}$$

湍流区（$10^3 < Re_1 < 2 \times 10^5$）又称牛顿（Newton）定律区

$$\xi = 0.44 \tag{3-56}$$

将式(3-54)、式(3-55) 和式(3-56) 分别代入式(3-52) 得颗粒在各区的沉降速度式，即

层流区 $u_t = d^2 (\rho_s - \rho) g / 18\mu$ （称为斯托克斯公式） $\tag{3-57}$

过渡区 $u_t = 0.27 \sqrt{d (\rho_s - \rho) g Re_1^{0.6} / \rho}$ （称为艾伦公式） $\tag{3-58}$

湍流区 $u_t = 1.74 \sqrt{d (\rho_s - \rho) g / \rho}$ （称为牛顿公式） $\tag{3-59}$

(3) 影响沉降速度的因素

① 颗粒的形状。同一种固体物质，颗粒的球形度越小，非球形颗粒的形状及其投影面积 A 对沉降速度影响越显著，沉降阻力越大，沉降速度越小。

② 颗粒的体积分率。当颗粒的体积分率小于 2% 时，用前述各种沉降速度关系式的计算偏差在 1% 内。当颗粒体积分率较高时，由于颗粒间的相互作用，沉降阻力增大，发生干扰沉降，沉降的速度将减小。

③ 器壁效应。当容器直径远远大于颗粒直径时（100 倍以上），器壁效应可以忽略，否则，容器直径与颗粒直径比越小，器壁效应越大，沉降速度越小。

3.4.1.2 重力沉降设备

降尘室又称除尘室，典型的降尘室结构如图 3-14(a) 所示。在气道中装置若干垂直档板的降尘气道，它具有相当大的横截面积和一定长度。当含尘气体进入降尘室后，因其流动截面增大，流速降低，同时颗粒在随气流以速度 u 水平向前运动的同时，在重力作用下，以沉降速度 u_t 向下沉降。只要颗粒能够在气体通过降尘室的时间内降至降尘室底，便可从气流中分离出来。颗粒在降尘室的运动情况如图 3-14(b) 所示。

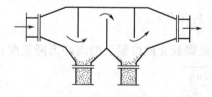
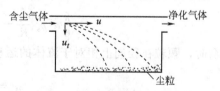

图 3-14（a） 典型的降尘室结构   图 3-14（b） 颗粒在降尘室内的运动

设 L 为降尘室的长度，m；b 为降尘室的宽度，m；H 为降尘室的高度，m；u 为气体在降尘室的水平通过的速度，m/s；q_V 为降尘室的生产能力（即含尘气体通过降尘室的体积流量，m³/s）；则位于降尘室最高点的颗粒沉降到降尘室底部所需要的时间为

$$\theta_t = H / u_t \tag{3-60}$$

气体通过降尘室的时间为 $\theta = L / u$ $\tag{3-61}$

若使颗粒被分离出来,则气体在降尘室内的停留时间至少需等于颗粒的沉降时间,即

$$\theta \geqslant \theta_t \qquad \text{或} \quad L/u \geqslant H/u_t \tag{3-62}$$

气体在降尘室内的水平通过速度由降尘室的生产能力和降尘室的尺寸决定,即

$$u = q_V/Hb \tag{3-63}$$

将式(3-62)代入式(3-63)得

$$q_V \leqslant bLu_t \tag{3-64}$$

可见,理论上降尘室的生产能力只与其沉降面积 bL 及颗粒的沉降速度 u_t 有关,而与降尘室的高度 H 无关。故降尘室应设计成扁平形,或在室内均匀设置多层水平隔板,构成多层降尘室,隔板间距一般为 $40 \sim 100\text{mm}$。

若降尘室设置 n 层水平隔板,则多层降尘室的生产能力为

$$q_V \leqslant (n+1)bLu_t \tag{3-64a}$$

降尘室结构简单,流动阻力小但体积庞大,分离效率低,通常只适用大于分离直径在 $50\mu\text{m}$ 的粗颗粒,一般作为预除尘器使用。多层降尘室虽能分离较细的颗粒且节省面积,但清灰比较麻烦。

3.4.2 离心沉降及设备

在惯性离心力作用下实现固体颗粒沉降的过程称为离心沉降。

3.4.2.1 离心沉降速度

当流体围绕某一中心轴作圆周运动时,便形成了惯性离心力场。在与中心轴距离为 R、切向速度为 u_T 的位置上,惯性离心力场强(离心加速度)为 u_T^2/R。显然,离心加速度不是常数,它随位置与切向速度而变,其方向是沿旋转半径从中心指向外周。

在惯性离心力场中,颗粒在径向也受到三个力的作用,即惯性离心力、向心力、阻力。

若颗粒为球形颗粒,直径为 d,密度为 ρ_s,流体的密度为 ρ,则上述三个力分别为:

惯性离心力
$$F_c = \frac{\pi}{6}d^3 \rho_s \frac{u_T^2}{R} \tag{3-65}$$

向心力
$$F_b = \frac{\pi}{6}d^3 \rho \frac{u_T^2}{R} \tag{3-66}$$

阻力
$$F_d = \xi \frac{\pi}{4}d^2 \frac{\rho u_r^2}{R} \tag{3-67}$$

式中,u_r 为颗粒与流体在径向上的相对速度,m/s。

当三个力达到平衡时,$F_c - F_b - F_d = 0$,即

$$\frac{\pi}{6}d^3 \rho_s \frac{u_T^2}{R} - \frac{\pi}{6}d^3 \rho \frac{u_T^2}{R} - \xi \frac{\pi}{4}d^2 \frac{\rho u_r^2}{2} = 0$$

平衡时,颗粒在径向上相对于流体的运动速度 u_r 就是颗粒在此位置上的离心沉降速度,即

$$u_r = \sqrt{\frac{4d(\rho_s - \rho)}{3\xi\rho}\frac{u_T^2}{R}} \tag{3-68}$$

对于同一颗粒,所受的离心力加速度与重力加速度之比为

$$K_c = \frac{u_T^2/R}{g} \tag{3-69}$$

比值 K_c 称为离心分离因数。分离因数的大小是反映离心设备性能的重要指标。

3.4.2.2 离心沉降设备

旋风分离器是利用离心沉降的原理使颗粒从气固非均相混合物中分离出来的设备,如图 3-15 所示为标准旋风分离器。

（1）旋风分离器的结构

标准的旋风分离器上部为圆筒形，下部为圆锥形。各部分尺寸均与圆筒直径成比例，比例标于图 3-15 中。图 3-16 所示描绘了气体在旋风分离器中的运动情况，通常，把下行的螺旋气流称为外旋流，上行的螺旋气流称为内旋流（又称气芯）。内、外旋流气体的旋转方向相同。外旋流的上部主要是除尘区。

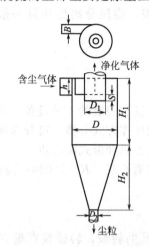

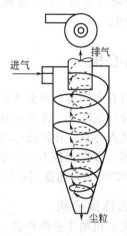

图 3-15 标准旋风分离器   图 3-16 气体在旋风分离器中的运动情况

$$h = \frac{D}{2}, \quad B = \frac{D}{4}, \quad D_1 = \frac{D}{2}, \quad H_1 = 2D$$

$$H_2 = 2D, \quad S = \frac{D}{8}$$

旋风分离器结构简单，造价低廉，可用多种材料制造，操作不受温度、压力的限制，适用范围广，分离效率高。一般可分离气流中直径在 $5\mu m$ 以上的颗粒。不适用于处理黏度较大、含湿量较高及腐蚀性较大的粉尘。

（2）旋风分离器的性能

评价旋风分离器性能的主要指标有两个：一是分离性能，二是气体经过旋风分离器的压降。旋风分离器的分离性能可以用临界粒径 d_c 和分离效率来表示。

① 临界粒径 d_c，是指能够从分离器内全部分离出来的最小颗粒的直径，用 d_c 表示。

对于某尺寸的颗粒，当颗粒到达器壁所需的沉降时间 θ_t 等于气体在分离器内的停留时间 θ 时，该颗粒就是理论上能完全分离出来的最小颗粒，其直径即为临界粒径。

$$d_c = \sqrt{\frac{9\mu B}{\pi N u_i \rho_s}} \tag{3-70}$$

式（3-70）气体旋转圈数 N 与进口气速 u_i 有关，对常用型号的旋风分离器，风速在 $12\sim25\text{m/s}$ 范围内，一般可取 $N = 3\sim4.5$，风速越大，圈数 N 也越大。

② 分离效率，有两种表示方法，一是总效率 η_0，另一是粒级效率 η_i。

总效率是指由分离器分离出来的颗粒量与入口气体中总粒子量之比。

$$\eta_0 = \frac{C_1 - C_2}{C_1} \tag{3-71}$$

式中，C_1、C_2 为旋风分离器进口、出口气体含尘的质量浓度，kg/m^3。

粒级效率可以准确地表示旋风分离器的分离性能。粒级效率是指每一种颗粒被分离的质量百分率。

$$\eta_i = \frac{C_{1_i} - C_{2_i}}{C_{1_i}} \tag{3-72}$$

总效率与粒级效率的关系为 $$\eta_0 = \sum \eta_i x_i \qquad (3\text{-}73)$$

式中，C_{1_i}、C_{2_i} 为进出气体粒径在第 i 段范围内颗粒的质量浓度，kg/m^3。

③ 压降。旋风分离器的压降可以表示为

$$\Delta p = \frac{\xi \rho u_i^2}{2} \qquad (3\text{-}74)$$

式中，ξ 为阻力系数。ξ 与旋风分离器的结构和尺寸有关，旋风分离器压降一般在 $500 \sim 2000Pa$ 之间。

3.5 离心机

离心机是利用离心力分离固体和液体或乳浊液中的重液和轻液的一种设备。按分离方式分类，可分为沉降式、分离式和过滤式三种基本类型；按操作方式分类，可分为间歇式离心机和连续式离心机；按转鼓轴线方向分类，可分为立式离心机和卧式离心机。

根据离心分离因数 K_c 的大小，离心机可分为：常速离心机，$K_c < 3000$；高速离心机，$3000 < K_c < 50000$；超速离心机，$K_c > 50000$。

3.5.1 沉降离心机

沉降离心机的主要部件是一个快速旋转的鼓壁上无孔的转鼓，转鼓装在垂直或水平轴上。悬浮液自转鼓中心进入后，被转鼓带动作高速运转，在离心力的作用下，固体颗粒沉至转鼓内壁，清液从转鼓端部溢出，固体颗粒需定期清除从而使固液得以分离。

（1）管式离心机

管式离心机是一种能产生高强度离心力场的离心机，如图 3-17 所示。管式离心机的核心构件是一个内径为 $75 \sim 150mm$，长为 $1500mm$ 的管式转鼓。转速为 $8000 \sim 50000r/min$，其分离因数可达 $15000 \sim 60000$。常用于乳浊液及含小颗粒的稀悬浮液。

（2）碟片式高速离心机

碟片式高速离心机如图 3-18 所示。机壳内装有倒锥形碟片叠置成层，由一垂直轴带动而高速旋转。碟片直径一般为 $0.2 \sim 0.6m$，也可大到 $1m$，碟片数从几十片到几百片以上，各碟片在中央至周边的相同位置上开有小孔，各片叠起时，可形成垂直连通的通道。离心机的转速为 $4700 \sim 6500r/min$，离心分离因数可达 $4000 \sim 10000$。适用于乳浊液的分离及从稀悬浮液中分离出细小固体颗粒。广泛用于牛乳脱脂、饮料澄清、催化剂分离等过程。

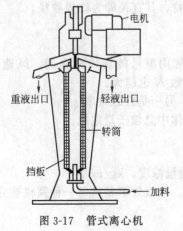

图 3-17　管式离心机

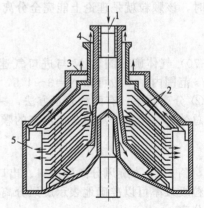

图 3-18　碟片式高速离心机

1—乳浊液入口；2—倒锥体盘；3—重液出口；

4—轻液出口；5—隔板

3.5.2 过滤离心机

过滤离心机在转鼓上有开孔，鼓内壁上覆以滤布，悬浮液加入转鼓内并随转鼓旋转，旋转液体产生的径向压强差作为过滤推动力，液体从转鼓中甩出而颗粒被截留在转鼓内。

（1）三足式离心机

三足式离心机是一种间歇式离心机，如图 3-19 所示。它的主要部件是壁面上有许多小孔的篮式转鼓，鼓内壁衬有金属网及滤布。整个机座和外罩借三根拉杆弹簧悬挂于三足支柱上，以减轻运转时的振动。

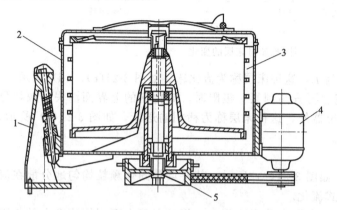

图 3-19 三足式离心机

1—支脚；2—外壳；3—转鼓；4—电动机；5—皮带轮

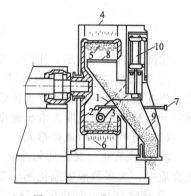

图 3-20 刮刀卸料离心机

1—进料管；2—转鼓；3—滤网；4—外壳；
5—滤饼；6—滤液；7—冲洗管；
8—刮刀；9—溜槽；10—液压缸

三足式离心机的转鼓直径较大，转速不很高（小于 2000r/min），过滤面积约 $0.6 \sim 2.7\text{m}^2$，与其他形式的离心机比，它具有构造简单，可灵活掌握运转周期的优点，它的缺点是间歇操作，卸料人工操作劳动强度大，转动部件在机座下部，检修不便。

（2）刮刀卸料离心机

刮刀卸料离心机如图 3-20 所示，是在转鼓全速运转的情况下，能自动进行加料、分离、洗涤、甩干、脱水、卸料、洗网等工序的循环操作。

这种离心机的优点是可自动操作，操作简便，一个操作周期约 $35 \sim 90\text{s}$，转速可达 3000r/min，生产能力大。缺点是刮刀卸料，有时会使固体晶粒被破坏。

3.6 流态化

将大量固体颗粒悬浮在流体中，在流体的作用下使颗粒随流体一起流动的过程称为固体流态化。固体流态化技术广泛应用于化学工业的强化传热、传质及催化裂化反应过程等。

3.6.1 流态化的基本概念

（1）流态化现象

当流体由下向上通过固体颗粒床层时，随流速的增加，会出现以下三种情况。

① 固定床阶段 当流体的速度较低时，流体在颗粒床层中流动的速度小于颗粒的沉降速度，此时，颗粒基本保持不动，颗粒床层为固定床。如图 3-21(a) 所示，床层高度为 L_0。

② 流化床阶段 当流体的流速增大至某一定值时，颗粒床层开始松动，床层略有膨胀，但颗粒仍保持相互接触，不能自由运动，床层高度为 L_{mf}，此时床层处于临界流化状态，流体的速度称为临界流化速度。

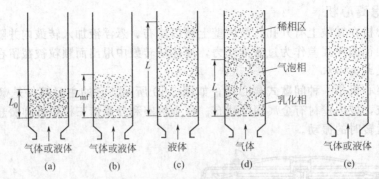

图 3-21　不同流速时床层的变化

如图 3-21(b) 所示。床层高度为 L，这种床层称为流化床。如图 3-21(c)、(d) 所示。

③ 颗粒输送阶段　若流体的流速再升高到某一极限时，流化床的上界面消失，颗粒分散悬浮在流体中，并不断被流体带出器外，这种床层称为稀相输送床，如图 3-21(e) 所示。颗粒开始被带出的速度为带出速度。

（2）两种不同的流化形式

① 散式流化　又称均匀流化。如图 3-21(c) 所示。其特点是固体颗粒均匀地分散在流化介质中，大多数液固流化属于散式流化。

② 聚式流化　形成聚式流化时，床层内分为两相，一相是空隙小而固体浓度大的气固均匀混合物构成的连续相，称为乳化相；另一相则是夹带少量固体颗粒而以气泡形式通过床层的不连续相，称为气泡相，如图 3-21(d) 所示。对于密度差较大的气固流化系统，一般趋向于形成聚式流化。

3.6.2　流化床的主要特征

（1）流化床具有液体样特性

流化床也称为沸腾床。如图 3-22 所示。它具有液体的某些性质，如具有流动性，无固定形状，随容器形状而变，利用流化床的这一特性可以实现固体颗粒的连续加料和卸料的操作。

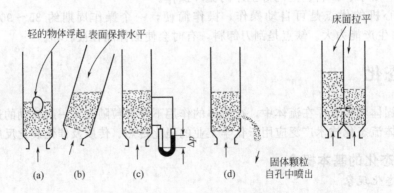

图 3-22　流化床的液体样特性

（2）固体颗粒的运动和混合

流化床内的固体颗粒处于不停的运动状态，这种颗粒的均匀混合使床层基本处于全混状态，增加了颗粒的湍流程度，使颗粒和流体间的界面不断更新，强化了颗粒和流体间的传热、传质，使床层的温度、浓度趋于均匀。

（3）流化床的压降

① 理想流化床

理想情况下，流体通过颗粒床层时，克服流动阻力产生的压降与空塔气速之间的关系如图 3-23 所示。

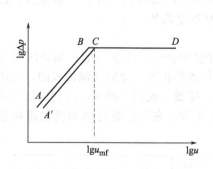

图 3-23　理想流化床的 Δp 与 u 关系

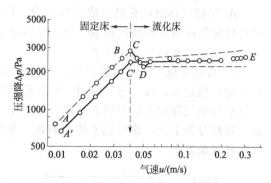

图 3-24　实际流化床的 Δp 与 u 关系曲线

a. 固定床阶段。如图 3-23 中的 AB 段，此时气速较低，床层基本静止不动，气体通过床层的空隙流动，气体通过床层的压降随气速的增加而增大。

b. 流化床阶段。当流速增大至超过 C 点时，床层开始处于流化状态，与 C 点对应的流速称为临界流化速度 u_{mf}，它是最小流化速度，相应的床层空隙率称为临界空隙率 ε_{mf}。

此时床层的压降可根据颗粒与流体间的摩擦力恰好与其净重力平衡的关系求出，即

$$(\Delta p)(A_f)=W=A_fL_{mf}(1-\varepsilon_{mf})(\rho_s-\rho)g \tag{3-75}$$

两边除 A_f 整理得

$$\Delta p=L_{mf}(1-\varepsilon_{mf})(\rho_s-\rho)g \tag{3-75a}$$

式中，L_{mf} 为开始流化时床层的高度；A_f 为流化床的截面积，m^2。

随着流速的增加，床层高度和空隙率都增加，但整个床层的压降 Δp 却保持不变，即压降不随气速的变化而变化是流化床的一个重要特征。流化床阶段的 Δp 与 u 关系如图 3-23 中的 CD 段所示。

整个流化床阶段的压力降为

$$\Delta p=L(1-\varepsilon)(\rho_s-\rho)g \tag{3-75b}$$

在气固系统中，气体密度 ρ 相对比固体密度 ρ_s 小很多，可忽略，Δp 约等于单位面积床层的重力。

当降低流化床气速时，床层高度、空隙率也随之降低。Δp-u 关系线却沿 DCA' 返回。这是由于从流化床阶段进入固定床阶段时，床层已经被吹松，其空隙率比相同气速下未被吹松的固定床要大，因此，相应的压降会小一些。

c. 气流输送阶段。在这一阶段，气流中颗粒浓度降低，由密相变为稀相，使压降变小并呈现复杂的流动情况。此阶段起点的空塔气速称为带出速度或最大流化速度，即为流化床操作允许的理想最大气速。

② 实际流化床

如图 3-24 所示，实际流化床与理想流化床的 Δp 与 u 曲线有很大区别。

a. 在固定床区域 AB 和流化床区域 DE 之间有一个"驼峰" BCD。这是因为固定床的颗粒间相互挤压，开始需要较大的推动力才能使床层松动，直至颗粒达到悬浮状态时，压降 Δp 才从"驼峰"段降到水平的 DE 段，此后压降基本不随气速而变，最初的床层越紧密，"驼峰"就会越大。

b. 理想情况下流化床阶段的压降线 DE 段为水平线，而实际流化床的 DE 线右端略微

向上。这是因为气体通过床层时的压降除绝大部分用于平衡床层颗粒的重力外，还有很少部分能量消耗于颗粒之间的碰撞及颗粒与容器壁之间的摩擦。

c. 图 3-24 中的临界点 C' 所对应的流速为临界流化速度 u_{mf}，相应的床层空隙率称为临界空隙率 ε_{mf}，其值都比没有流化过的原始流化床的空隙率要大一些。

d. 实际气体流化床的压降是波动的。如图 3-24 中 DE 线的上下各有一条虚线，这是实际气体流化床压降的波动范围，而 DE 线是这两条线的平均值。

（4）流化床的不正常现象

① 腾涌现象　在聚式流化时，小气泡在上升过程中会合并成大气泡，如果床层高度与直径的比值过大，或气速过大时，气泡直径可长到与床径相等。此时气泡形成团，将床层分为气泡与颗粒层相互隔开的若干段，颗粒层像活塞一样被气泡向上推进，达到床层上部而崩裂，颗粒分散下落，这种现象称为腾涌。如图 3-25 所示。在设计流化床和流化床操作时应避免该现象发生。

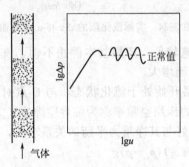
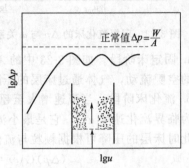

图 3-25　腾涌现象与压降的波动　　　　图 3-26　沟流现象与压降的降低

② 沟流现象　沟流是指床层中部分地方已经流化，而其他地方还处于固定床状态，从而大量气体从已流化的局部地方上升的现象。出现沟流时，气体通过床层的压降较正常值低。如图 3-26 所示。

3.6.3　流化床的操作范围

流化床的操作范围应在临界流化速度和带出速度之间。

（1）临界流化速度 u_{mf}

当颗粒直径 d_p 较小时，此时，$Re_t < 20$

$$u_{mf} = \frac{(\phi_s d_p)^2 (\rho_s - \rho) g}{150 \mu} \frac{\varepsilon_{mf}^3}{1 - \varepsilon_{mf}} \tag{3-76}$$

当颗粒直径 d_p 较大时（$Re_t > 1000$）

$$u_{mf} = \sqrt{\frac{\phi_s d_p (\rho_s - \rho) g}{1.75 \rho} \varepsilon_{mf}^3} \tag{3-77}$$

若固定床是由非球形颗粒形成时，式（3-76）、式（3-77）用当量直径，非均匀颗粒时用颗粒群的平均直径。

（2）带出速度

当流化床内气速达到颗粒的沉降速度时，大量颗粒会被流体带出器外。因此，颗粒的带出速度即是颗粒的沉降速度。由式（3-52）即

$$u_t = \sqrt{\frac{4 g d_p (\rho_s - \rho)}{3 \xi \rho}}$$

对于球形颗粒，不同的 Re_t 范围内，有不同的 ξ 计算式。注意，计算 u_{mf} 时要用实际床

层中不同粒度颗粒的平均直径 $\bar{d}_p$，而计算带出速度 u_t 时则必须用具有相当数量的最小颗粒的直径。

（3）流化床的操作范围

流化床的操作范围用带出速度与临界流化速度的比值 u_t/u_{mf} 的大小表示。u_t/u_{mf} 也称流化数。

对于细颗粒　　　　　　　　　　$u_t/u_{mf}=91.7$　　　　　　　　　　　　　　（3-78）

对于大颗粒　　　　　　　　　　$u_t/u_{mf}=8.62$　　　　　　　　　　　　　　（3-79）

式（3-78）、式（3-79）是流化操作的上下限值，比值 u_t/u_{mf} 常在 10～90 之间。

3.6.4　提高流化质量的措施

流化质量是指流化床中气体分布与气固接触的均匀程度。影响流化质量的因素很多，如气、固相本身的物性，流化设备的结构特性等，应从各方面研究改善流化质量。

① 采用小粒径、宽分布的颗粒　颗粒的性质、特别是颗粒的尺寸和粒度分布对流化床的流化质量有重要影响。粒度分布较宽的细颗粒可在较宽的气速范围内获得较好的流化质量。能够良好流化的颗粒尺寸范围为 20～500μm。

② 增加气体分布板的阻力　气体分布板应有足够大的阻力才能保证气体在整个床层截面上均匀分布，通常气体分布板的压降应大于等于床层压降的 10%，且不小于 0.35m 水柱。

③ 设置内部构件　流化床内设置内部构件可以抑制气泡长大并破碎大气泡，从而改善气固接触情况，提高流化质量。内部构件有水平和垂直两种形式。

a. 水平构件，有水平档网和水平档板两类。采用水平档板可以破碎上升的气泡，使固体颗粒在流化床的径向浓度趋于均匀，阻止气体的轴向返混，改善气固相接触情况，对流化床操作是有利的。目前，我国多采用百叶窗片档板。

b. 垂直构件，有管式和塔式等形式，它们沿床层径向将床层分割，可限制上升气泡的合并增大，又不会形成明显的轴向温度梯度，流化效果好。目前在工业上应用逐渐增多。

本章符号说明

英文字母

a——颗粒比表面积，m²/m³；

a_b——床层比表面积，m²/m³；

A——过滤面积，m²；

C——气体含尘的质量浓度，kg/m³；

d——直径，m；

d_a——平均比表面积直径，m；

d_{eb}——当量直径，m；

d_{es}——表面积当量直径，m；

d_i——筛分直径，m；

F——作用力，N；

G——总质量，kg；

G_i——相邻两号筛之间的颗粒质量，kg；

H——高度，m；

k——过滤物料特性常数，m⁴/（N·s）或 m²/（Pa·s）；

K——过滤常数，m²/s；

K_c——离心分离因数；

L——颗粒床层高度，滤饼层的厚度，m；

L_e——过滤介质的当量滤饼厚度，m；

N_e——旋风分离器内气体有效回转圈数；

Δp——过滤压强差，Pa；

Δp_f——床层的压强降，Pa；

q——单位过滤面积获得的滤液体积，m³/m²；

q_e——单位过滤面积获得的当量滤液体积，m³/m²；

q_V——含尘气体的体积流量，m³/s；

Q——过滤机的生产能力，m³/h 或 m³/(m²·h)；

r——滤饼的比阻，1/m²；

r_0——单位压强差下滤饼的比阻，1/m²；

R——滤饼阻力，1/m；

s——滤饼的压缩性指数；

S——表面积，m²；

u——过滤速度，m/s；

u_R——恒速阶段的过滤速度，m/s；

u_t——沉降速度，m/s；

u_T——离心沉降速度，m/s；

u_{mf}——临界流化速度，m/s；

v——滤饼体积与滤液体积比，m^3 滤饼/m^3 滤液；

V——一个循环所得的滤液量，m^3；

V_e——过滤介质的当量滤液体积或虚拟滤液体积，m^3；

V_p——非球形颗粒的实际体积，m^3；

V_w——洗水用量，m^3。

希腊字母

ε——床层空隙率；

θ——时间，s；

ϕ_s——颗粒的形状系数或球形度；

φ——转鼓的浸液率；

η_i——粒级效率；

η_0——总效率；

λ, λ'——摩擦系数；

μ——黏度，Pa·s；

ρ——流体密度，kg/m^3；

ρ_s——颗粒密度，kg/m^3；

ρ_b——表观密度；

τ——时间，s；

ξ——阻力系数。

思 考 题

1. 过滤速率是如何定义的？它与哪些因素有关？

2. 过滤常数有哪些？它们的影响因素有哪些？在什么条件下可以为常数？

3. 用间歇过滤机恒压过滤某种悬浮液，若过滤介质阻力可以忽略且洗涤液用量与滤液量无关时，如何获得最大的生产能力。

4. 沉降分离设备必须满足的基本条件是什么？

5. 说明旋风分离器的原理，如何提高离心设备的分离能力？

6. 现有两个降尘室，其底面积相等而高度相差一倍，若处理含尘情况相同、流量相等的气体，问哪一个降尘室的生产能力大。

7. 固体流态化在工业生产中的意义是什么？

8. 实际流化床与理想流化床的区别有哪些？

习 题

1. 某板框过滤机，过滤面积为 $0.2m^2$，恒压过滤某一种悬浮液，得到下列过滤方程式 $(q+q_e)^2=250(\tau+0.4)$，式中 q 以 L/m^2 计，τ 以 min 计。试求：(1) 经过 240min 获得的滤液量是多少？(2) 当操作压力增大一倍时，若滤饼不可压缩，同样用 240min 将获得到滤液量多少？

2. 某板框过滤机，总过滤面积为 $10m^2$，在 1.3×10^5 Pa（表压）下过滤某悬浮液，2h 得滤液量 $30m^3$，滤布介质阻力忽略不计。问：(1) 为缩短过滤时间，采用增加板框数目，使总过滤面积增加到 $15m^2$，得到滤液量仍为 $30m^3$，此时过滤时间为多少？(2) 若把操作压力增大到 2×10^5 Pa（表压），总过滤面积仍为 $15m^2$，2h 后得到滤液 $50m^3$，问此时过滤常数 K 为多少？

3. 有一台过滤面积为 $10m^2$ 的过滤机，用于过滤某种悬浮液，已知悬浮液中含固体量为 $60kg/m^3$，固体密度为 $1800kg/m^3$，操作温度为 20℃，通过小型实验测得滤饼的比阻为 4×10^{11} m^2/Pa，压缩指数 $s=0.3$，滤饼含水的质量分数为 0.30，过滤介质的当量滤液量 $q_e=0m^3/m^2$。为了防止开始阶段滤布被颗粒堵塞，采用先恒速后恒压的操作方法。恒速过滤进行 10min，此时压强差升高到规定值，然后在此压强下进行 30min 恒压过滤，要求得到总滤液量为 $8m^3$，试求操作压强差应为多少？恒速阶段所得滤液量为多少？

4. 用板框过滤机在恒压下处理某悬浮液，滤框每边长为 0.65m。已测定操作条件下的有关参数为：过滤常数 $K=6\times10^{-5}$ m^2/s，$q_e=0.01m^3/m^2$，每得 $1m^3$ 滤液获得滤饼体积为 $0.1m^3$。滤饼不要求洗涤。卸饼、重装等全部辅助操作共 20min，要求生产能力为 $9m^3$/h。试计算：(1) 至少需要几个滤框；(2) 滤框的厚度。

5. 某叶滤机过滤面积为 $5m^2$，恒压过滤某悬浮液，4h 后获滤液 $100m^3$，过滤介质阻力可忽略，试计算：(1) 同样操作条件下仅过滤面积增大 1 倍，过滤 4h 后可得多少滤液？(2) 同样操作条件下，过滤 2h 可获多少滤液？(3) 在原操作条件下过滤 4h 后，用 $10m^3$ 与滤液物性相近的洗涤液在相同压差下进行洗涤，洗涤时间为多少？

6. 某板框过滤机恒压过滤悬浮液，滤框尺寸 810mm×810mm×50mm。已知滤液体积/滤饼体积 = 12.85m^3 滤液/m^3 滤饼，已知实验测定操作条件下的有关参数为：过滤常数 $K=8.23\times10^{-5}$ m^2/s，$q_e=$

$2.21 \times 10^{-3} \, \mathrm{m^3/m^2}$，操作时滤布、压差及温度与实验时相同。滤饼刚充满滤框时停止过滤，求：（1）每批过滤时间为多少？（2）若以清水洗涤滤饼，洗涤水量为滤液的 1/10，洗涤压差及水温与过滤时相同，洗涤时间为多少？（3）若整理拆装时间为 25min，每只滤框的生产能力是多少？

7. 某板框过滤机有 10 个滤框，框的尺寸为 635mm×635mm×25mm。滤浆为 15%（质量分数，下同）的 $CaCO_3$ 悬浮液，滤饼含水 50%，纯 $CaCO_3$ 固体的密度为 $2710 \mathrm{kg/m^3}$。操作在 20℃、恒压条件下进行，此时过滤常数 $K = 1.57 \times 10^{-5} \, \mathrm{m^2/s}$，$q_e = 3.78 \times 10^{-3} \, \mathrm{m^3/m^2}$。试求：（1）框充满所需时间？（2）若用清水在同样条件下洗涤滤饼，清水用量为滤液量的 1/10，求洗涤时间。

8. 有一回转真空过滤机每分钟转 2 转，每小时可得滤液 $4 \mathrm{m^3}$。若过滤介质的阻力可忽略不计，问每小时欲获得 $6 \mathrm{m^3}$ 滤液转鼓每分钟应转几周？此时转鼓表面滤饼的厚度为原来的多少倍？操作中所用的真空度维持不变。

9. 密度为 $2650 \mathrm{kg/m^3}$ 的球形石英颗粒在 20℃空气中自由沉降，计算服从斯托克斯公式的最大颗粒直径及服从牛顿公式的最小颗粒直径。

10. 用一多层降尘室除去炉气中的矿尘。矿尘最小粒径为 $8 \mu \mathrm{m}$，密度为 $4000 \mathrm{kg/m^3}$，除尘室长 4.1m，宽 1.8m，高 4.2m，气体温度为 427℃，黏度为 $3.4 \times 10^{-5} \, \mathrm{Pa \cdot s}$，密度为 $0.5 \mathrm{kg/m^3}$。若每小时的炉气量为 2160 标准 $\mathrm{m^3}$。试确定降尘室内隔板的间距及层数。

11. 用标准旋风分离器净化含尘气体。已知固体密度为 $1100 \mathrm{kg/m^3}$，气体密度为 $1.2 \mathrm{kg/m^3}$，黏度为 $1.8 \times 10^{-5} \, \mathrm{Pa \cdot s}$，流量为 $0.40 \mathrm{m^3/s}$，允许压力降为 2000Pa。试求：（1）旋风分离器可以分离的临界粒径为多少？（2）若四台相同的旋风分离器串联时的临界粒径为多少？（3）若四台相同的旋风分离器并联时的临界粒径为多少？

12. 在流化床中用 70℃、0.1MPa 的热空气来干燥某种湿的颗粒物料。颗粒平均粒径为 0.3mm，最小颗粒的粒径为 0.2mm。颗粒的球形度为 0.8，密度为 $2000 \mathrm{kg/m^3}$。床层的临界空隙率为 0.45。求此流化床的临界流化速率和带出速率及流化床的操作范围。

参 考 文 献

[1] 蒋维均等. 化工原理（上册）. 第二版. 北京. 清华大学出版社，1992.
[2] 谭天恩等. 化工原理（上册）. 第二版. 北京. 化学工业出版社，1990.
[3] 陈敏恒等. 化工原理（上册）. 第三版. 北京. 化学工业出版社，1999.
[4] McCabe W L, Smith J C, Peter Harriott. Unit operations of chemical engineering. 6th edition. New York：McGraw-Hill Book Company, 2001.
[5] 时均，汪家鼎，余国琮，陈敏恒. 化学工程手册. 第二版. 北京. 化学工业出版社，1996.
[6] 余国琮等. 化工机械工程手册（中卷）. 北京：化学工业出版社，2003.

第4章 传　热

4.1　概述

4.1.1　传热在化工生产中的应用

传热是热量传递的简称，它是自然界普遍存在的一种自然现象。物体内部或者物体之间只要有温度差存在，就会有热量从高温区域转向低温区域，即产生热量传递。

热量传递与人类生产与生活密切相关，不仅人类生活中需要御寒、保暖、防暑、降温，而且许多生活资料和生产资料的生产过程都伴随有热量传递。

以化工生产过程为例，首先，作为化工生产核心的化学反应过程离不开热量传递。众所周知，在化学反应过程中，为了提高反应物的转化率及反应产物的产率，就必须使化学反应在一定的温度条件下进行，原料预热，吸热反应过程中供给热量及放热反应过程中移出热量，均是经常采用的温度控制措施。其次，化工生产过程中的一些物理加工过程也与热量传递密不可分。如供热汽化溶剂以增浓溶质的蒸发过程，供热或冷却使挥发度不同的各组分得以分离的蒸馏操作等。

另外，为了节能降耗，高温或低温生产设备需要保温、隔热，生产过程中产生的废热需要回收，这些过程也都涉及热量传递。合理地利用热能不仅对降低产品成本有益，而且对环境保护（减少热污染）也有着非常重要的意义。

综上所述，化工生产离不开热量传递，但是对于传热的要求却随具体过程而异，有时需要强化传热，如在传热设备中加热或冷却物料时，希望以较高的传热速率进行热量传递，以便减小传热设备体积，节省设备投资；有时需要削弱热量传递，如对高温设备及管路的保温、低温设备及管路的保冷等，目的是减少热量损失，节省操作费用。

本章内容将探讨化工生产过程中的各种热量传递问题。

4.1.2　热量传递的基本方式

若物体内部或者物体之间温度分布不均匀，则将产生热量传递。根据热力学第二定律，热量会自动地从高温区域传向低温区域。热量传递的基本方式有三种。

（1）热传导

当物体内部存在温度差，物体各部分之间不发生相对位移，仅依靠物质的分子、原子及自由电子等微观粒子的热运动来传递热量的方式称为热传导。

从微观角度来看，气体、液体、导电固体和非导电固体有着不同的热传导机理。气体中，热传导是气体分子不规则热运动及其相互碰撞的结果。温度较高的气体分子具有较大的运动动能，不同能量水平的分子运动及其相互碰撞使热量从高温处迁移到低温处。导电固体具有大量的自由电子，它们在固体晶格中的运动类似于气体分子，在导电固体中，自由电子的运动对热量传递起着重要作用。在非导电固体中，热传导是通过晶格的振动来实现的。对于液体热传导机理的认识，目前还存在不同的观点，有认为其类似于气体热传导，也有认为其类似于非导电固体热传导。

（2）对流传热

在流动的流体中，由于流体质点的位移和混合，使热量从一处传递至另一处的现象，称为对流传热。根据产生对流的原因，可以细分为外力作用下的强制对流传热和流体内部温度差作用下产生的自然对流传热。在工程实践中，经常关注的对流传热是流体流经固体表面时流体与固体表面之间的热量传递。

（3）热辐射

辐射是一种通过电磁波传递能量的过程。物体可因各种原因向外辐射能量，其中因为物体热力学温度不为零，自身不断地向其周围空间辐射能量，同时又不断地吸收其他物体发来的辐射能，辐射与吸收的综合结果就造成了以辐射方式进行的物体之间的热量传递，这种传热方式称为热辐射。与热传导和对流传热不同，辐射传热无须借助中间介质来传递热量，辐射能量可以在真空中传递。此外辐射传热不仅产生能量的转移，而且伴随着能量形式的转换，即辐射时由热能转换为辐射能，吸收时又从辐射能转换为热能。

虽然物体可以随时以热辐射的方式传递热量，但热辐射一般只在高温下才成为主要的传热方式。

以上分别提及了热传导、对流传热和热辐射这三种热量传递的基本方式。但是，真实的传热过程往往涉及不止一种传热方式，这三种方式经常或相互伴随，或同时发生，使得传热过程变得非常复杂。然而，这些复杂问题的解决有赖于针对具体传热问题综合运用这三种基本传热方式的相关知识。

4.1.3　冷热流体热交换的方式

化工生产中遇到的传热过程大多数为两股流体之间的传热。尽管各自的传热目的不同，具体传热的工作条件（流体的种类、操作压力及温度等）也不一样，但就其冷、热流体热交换和所使用的设备类型来讲通常有以下三种方式。

（1）直接接触式传热

对某些传热过程，例如精馏过程中不同浓度及温度溶液之间的混合，热气体的直接水冷及热水的直接空气冷却等，可使冷、热流体直接接触进行传热。这种热交换方式设备简单，如精馏塔、凉水塔等。可以在设备中装填填料，以增大流体之间的接触面积及流体的湍动程度，增强传热效果。

由于冷、热流体直接接触，这种传热方式必然伴随有质量传递。

（2）蓄热式传热

首先使热流体通过蓄热器，热流体释放热量将蓄热器中固体填充物加热，然后停止热流体并切换管路使冷流体流经蓄热器，用固体填充物所积蓄的热量加热冷流体。这样交替使热、冷流体分别通过蓄热器，可以达到将热流体的热量传递给冷流体的目的。

（3）间壁式传热

以上两种传热过程都避免不了冷、热流体的直接接触，多数情况下，工艺上不允许这种情况发生，因此上述两种传热过程在工业上并不多见。工业上应用最多的是间壁式传热过程。间壁式换热器类型很多，其中最简单而又最典型的结构是套管式换热器（图 4-1）。在套管式换热器中，冷、热流体分别通过套管环隙和内管，热量自热流体经过固体间壁传递给冷流体，完成传热过程。

间壁式传热可以完成工艺流体之间的热量交换，也可以采用加热剂加热物料或者利用冷却剂冷却物料，工业上常用的加热剂是饱和水蒸气，使用它可以将物料方便地加热至 180℃；常用的冷却剂是水和空

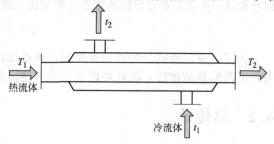

图 4-1　套管式换热器中的传热

气，使用它们可以将物料冷却至环境温度。

4.1.4 间壁式换热器的传热过程

由于间壁式传热是工业上采用最多的传热过程，故有必要对其传热细节进行详细讨论。

仍以图 4-1 所示的套管式换热器中的传热为例。套管式换热器由两根不同直径的管子套在一起构成，冷、热流体分别通过套管环隙和内管，热量自热流体传递给冷流体，热流体的温度从 T_1 降至 T_2，冷流体的温度从 t_1 上升至 t_2。这种热量传递过程包括以下三个步骤（图 4-2）：①热流体靠对流传热将热量传递给金属内管壁内侧；②热量自管壁内侧以热传导的方式传递至管壁外侧；③热量以对流传热方式从内管壁外侧传递给冷流体。

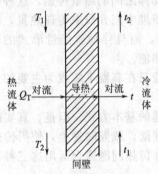

图 4-2 间壁式换热器的
传热过程

4.1.5 传热速率与热通量

图 4-1 所示的套管式换热器中所交换的热量是在冷、热流体流入及流出换热器的过程中发生的，可以使用下述两个物理量表示所交换热量的强度。

① 传热速率，又称热流量 Q，即单位时间内热流体通过整个换热器的传热面传递给冷流体的热量，单位为 W。

② 热流密度，也称热通量 q，是指单位时间通过单位传热面积热流体向冷流体传递的热量，单位为 W/m^2。

传热速率和热流密度之间有下述关系

$$q = \frac{dQ}{dA} \tag{4-1}$$

式中，A 为换热器的传热面积，m^2。与传热速率 Q 不同，热流密度与传热面积 A 大小无关，完全取决于冷、热流体之间的热量传递过程，是反映具体传热过程速率快慢的特征量。

4.1.6 定态与非定态传热过程

工业上的传热包括定态和非定态传热过程。所谓的非定态传热过程是指传热系统中热流密度及温度等相关物理量不仅随位置而变，而且也是时间的函数［式(4-2)］。间歇生产过程中及连续生产过程开停车时的传热为非定态传热过程。

$$q, t \cdots = f(x, y, z, \tau) \tag{4-2}$$

式中，x、y、z 为空间位置的坐标，m；τ 为时间，s。

定态传热过程指传热系统中热流密度及温度等相关物理量不随时间变化，仅为空间位置的函数［式(4-3)］。连续生产过程中的传热多为定态传热过程。

$$q, t \cdots = f(x, y, z) \tag{4-3}$$

套管式换热器中的间壁式传热过程是一定态传热过程。换热器内热流密度 q 及冷、热流体温度 t、T 必然不随时间变化，但是作为传热的结果，冷、热流体的温度 t、T 沿管长而变，可以想象这一变化必然导致热流密度 q 的变化，故整个换热器的传热速率 Q 应由下式计算

$$Q = \int_A q \, dA \tag{4-4}$$

为了计算出换热器的传热速率 Q，需要探讨热传导方式和对流传热方式分别及相互伴随条件下影响热流密度 q 的各种因素，寻求热流密度 q 的计算方法。

4.2 热传导

热传导是起因于物体内部分子微观运动的一种传热方式。虽然热传导的微观机理非常复

杂，但是从解决工程问题的角度出发，掌握热传导的宏观规律，计算热传导方式下的传热速率 Q 显得更为重要。

4.2.1 傅里叶定律

热传导的宏观规律可以使用傅里叶定律加以描述，为了充分理解这一定律，需要了解两个相关的物理概念：温度场和温度梯度。

只要物体内部有温度差存在，热量就会从高温处传向低温处，热传导与物体内部的温度分布有关。温度场即是某一时刻物体内部各点温度分布的总和。其数学关系式如下：

$$t = f(x, y, z, \tau) \tag{4-5}$$

式中，t 为温度，℃；x，y，z 为某点的空间坐标，m；τ 为时间，s。

如果温度场内各点温度不随时间变化而变化，这种温度场称为定态温度场，定态温度场可用下述数学关系式表示：

$$t = f(x, y, z) \tag{4-6}$$

定态温度场中，相同温度点组成的面称为等温面。因为空间上同一点不能具有两个不同的温度，所以不同等温面彼此不相交，即在同一等温面上不存在温度差，只有跨越不同的等温面才有温度变化。自等温面上某一点出发，沿不同方向的温度变化率不同，而以该点等温面法线方向的温度变化率最大。两等温面的温度差 Δt 与其之间的法向距离 Δn 之比在 Δn 趋于零时的极限称为温度梯度，即

$$\lim_{\Delta n \to 0} \frac{\Delta t}{\Delta n} = \frac{\partial t}{\partial n} \tag{4-7}$$

傅里叶定律：单位时间内通过单位面积所传递的热量与该点的温度梯度成正比，即

$$q = -\lambda \frac{\partial t}{\partial n} \tag{4-8}$$

式中，q 为热流密度，W/m^2；λ 为热导率，$W/(m \cdot ℃)$；$\partial t / \partial n$ 为温度梯度，℃/m。由于 $\partial t / \partial n$ 指向温度增加的方向，方程式中的负号表示热量传递的方向与 $\partial t / \partial n$ 方向相反，是自高温向低温方向传递。

4.2.2 热导率

由式(4-8) 可得

$$\lambda = -\frac{q}{\partial t / \partial n} \tag{4-9}$$

物质的热导率在数值上等于单位导热面积、单位温度梯度、在单位时间内传导的热量。热导率是表征物质导热能力的物理量，为物质的物理性质之一。其值与物质的组成、结构、密度、温度、压力以及聚集状态等许多因素有关，一般通过实验测定。

(1) 固体的热导率

各种固体材料热导率的大小依次为

$$\lambda_{金属} > \lambda_{建筑材料} > \lambda_{绝缘材料}$$

固体材料的热导率随温度而变，绝大多数质地均匀的固体，在一定温度范围内，热导率与温度呈线性关系，可用下式表示：

$$\lambda = \lambda_0 (1 + at) \tag{4-10}$$

式中，λ 为 t℃时固体的热导率，$W/(m \cdot ℃)$；λ_0 为 0℃时固体的热导率，$W/(m \cdot ℃)$；a 为温度系数，1/℃。

对于大多数金属材料（汞除外）温度系数均为负值（$a < 0$），即温度升高，热导率减小；对于大多数非金属材料温度系数为正值（$a > 0$），温度升高，热导率增大。常见的金属材料和绝热材料的热导率与温度的关系见图 4-3(a) 及图 4-3(b)。

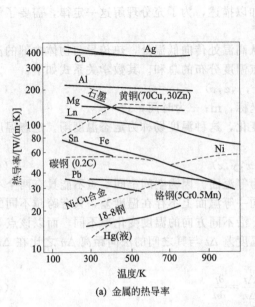

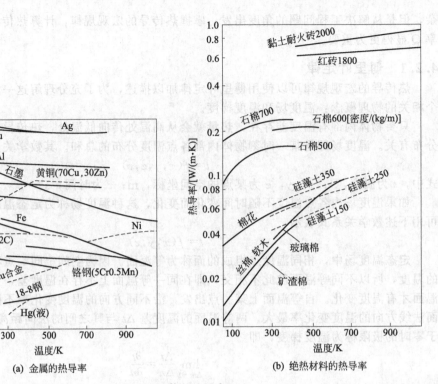

(a) 金属的热导率　　　　　　　　(b) 绝热材料的热导率

图 4-3　固体的热导率

在传热工程计算中，固体壁面两侧温度必然不会相同，此时如果将热导率与温度的关系式代入算式，热传导的计算将会比较复杂。如果做一适度简化，取固体壁面两侧温度下热导率的算术平均值，或取固体两侧温度算术平均值下的热导率代入算式，热传导的计算过程则大为简化，更重要的是这种简化带来的误差不大，可以为工程计算所接受，所以在工程计算中常作此种处理。

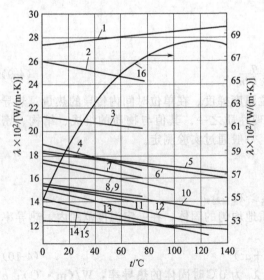

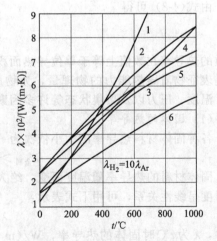

图 4-4　各种液体的热导率　　　　　　　图 4-5　各种气体的热导率

1—无水甘油；2—蚁酸；3—甲醇；4—乙醇；5—蓖麻油；　　　　1—水蒸气；2—氧；3—CO_2；4—空气；5—氮；6—氩
6—苯胺；7—醋酸；8—丙酮；9—丁醇；10—硝基苯；
11—异丙苯；12—苯；13—甲苯；14—二甲苯；
15—凡士林油；16—水（用右边的坐标）

（2）液体的热导率

除水和甘油等少量液体物质外，绝大多数液体随温度升高，热导率减小；水、甘油随温度升高，热导率增大（图 4-4）。一般来说，纯液体的热导率大于溶液热导率。

（3）气体的热导率

气体热导率随温度升高而增大（图 4-5），在通常压力范围内，压力 p 对热导率无明显影响。气体的热导率比液体更小，约为液体的 1/10。固体绝热材料的热导率之所以很小，就是因为它的多孔状结构，空隙率大，其空隙中含有大量空气的缘故。各种材料热导率的大致范围见表 4-1。

表 4-1 各种材料热导率的大致范围

物质种类	金属	建筑材料	液体	绝热材料	气体
$\lambda/[W/(m \cdot ℃)]$	20～400	0.2～2.0	0.1～0.7	0.02～0.2	0.01～0.6

4.2.3 通过平壁的定态热传导

（1）通过单层平壁的定态热传导

假设有一高度和宽度均远大于厚度的平壁，平壁厚度为 δ，平壁两侧表面温度分别为 t_1、t_2，且 $t_1 > t_2$，若 t_1、t_2 不随时间而变，则平壁内传热系定态一维热传导。取平壁内温度变化的方向为 x 轴方向（图 4-6），此时傅里叶定律可表示为

$$q = -\lambda \frac{dt}{dx} \qquad (4-11)$$

对于平壁定态热传导，热流密度 q 不随 x 变化而变化，如果热导率 λ 亦不随温度变化或取均值，其值在 x 方向上也为定值。考虑 $x=0$ 时，$t=t_1$；$x=\delta$ 时，$t=t_2$，将上式分离变量并积分

$$q \int_0^\delta dx = -\lambda \int_{t_1}^{t_2} dt$$

积分后，得

$$q = \frac{Q}{A} = \lambda \frac{t_1 - t_2}{\delta} = \frac{\Delta t}{\delta/\lambda} \qquad (4-12)$$

或

$$Q = \frac{t_1 - t_2}{\dfrac{\delta}{\lambda A}} = \frac{\Delta t}{R} = \frac{传热推动力}{热阻} \qquad (4-13)$$

式中，δ 为单层平壁壁厚，m；A 为单层平壁导热面积，m^2；$\Delta t = t_1 - t_2$ 为平壁两侧表面温度差，℃，又称传热推动力，$R = \delta/\lambda A$ 称为导热热阻。

上式表明，平壁定态热传导过程的传热速率 Q 正比于传热推动力 Δt，反比于导热热阻 R。平壁壁厚 δ 增大、热导率 λ 或者导热面积 A 减小，导热热阻 R 均增加。此外，在假设热导率 λ 不随温度变化的条件下，不难推出平壁内温度呈线形分布。

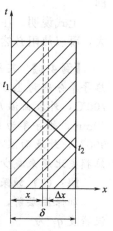

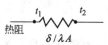

图 4-6 平壁热传导

（2）通过多层平壁的定态热传导

① 推动力和阻力的加和性 若平壁由多层不同厚度、不同热导率的材料组成，各相邻壁面接触紧密，接触面两侧温度相同，各等温面皆为垂直于 x 轴的平行平面，多层平壁对外两侧表面温度不等但不随时间而变化，则这种通过多层平壁的热传导是一典型串联定态一维热传导过程。

以三层平壁为例（图 4-7），假设各层的厚度分别为 δ_1、δ_2、δ_3，热导率分别为 λ_1、λ_2、λ_3（常量或取均值），平壁面积为 A，多层平壁对外两侧表面温度分别为 t_1、t_4，两接触面

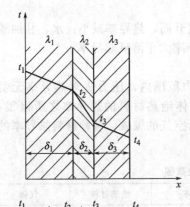

图 4-7 多层平壁热传导

温度分别为 t_2、t_3 且 $t_1 > t_2 > t_3 > t_4$。由于热量在平壁内没有积累，因而数量相等的热量依次通过各层平壁，由式(4-12)可得

$$q = \frac{t_1 - t_2}{\delta_1/\lambda_1} = \frac{t_2 - t_3}{\delta_2/\lambda_2} = \frac{t_3 - t_4}{\delta_3/\lambda_3} = \frac{t_1 - t_4}{\delta_1/\lambda_1 + \delta_2/\lambda_2 + \delta_3/\lambda_3}$$

(4-14)

或

$$Q = \frac{t_1 - t_2}{\frac{\delta_1}{\lambda_1 A}} = \frac{t_2 - t_3}{\frac{\delta_2}{\lambda_2 A}} = \frac{t_3 - t_4}{\frac{\delta_3}{\lambda_3 A}} = \frac{t_1 - t_4}{\sum \frac{\delta}{\lambda A}} = \frac{\sum \Delta t}{\sum R}$$

$$= \frac{总推动力}{总热阻}$$

(4-15)

即通过多层平壁的定态热传导，传热推动力和热阻是可以加和的；总推动力等于各层推动力之和，总热阻等于各层热阻之和。当总温差一定时，传热速率的大小取决于总热阻的大小。

② 各层的温差 从式(4-15)可以推出

$$(t_1 - t_2) : (t_2 - t_3) : (t_3 - t_4) = \frac{\delta_1}{\lambda_1 A} : \frac{\delta_2}{\lambda_2 A} : \frac{\delta_3}{\lambda_3 A} = R_1 : R_2 : R_3$$

即

$$\Delta t_1 : \Delta t_2 : \Delta t_3 = R_1 : R_2 : R_3$$

(4-16)

上式说明，在定态多层平壁导热过程中，哪层热阻大，哪层温差就大；反之，哪层温差大，哪层热阻必然大。

【例 4-1】 某平壁燃烧炉由一层厚 100mm 的耐火砖和一层厚 80mm 的普通砖砌成，其热导率分别为 1.0W/(m·℃) 及 0.8W/(m·℃)。操作稳定后，测得炉壁内表面温度为 700℃，外表面温度为 100℃。为减小燃烧炉的热损失，在普通砖的外表面增加一层厚为 30mm，热导率为 0.03W/(m·℃) 的保温材料。待操作稳定后，又测得炉壁内表面温度为 900℃，外表面温度为 60℃。设原有两层材料的热导率不变，试求：(1) 加保温层后炉壁的热损失比原来减少的百分数；(2) 加保温层后各层接触面的温度。

解： (1) 加保温层后炉壁的热损失比原来减少的百分数

加保温层前，为双层平壁的热传导，由式(4-14)可得，单位面积炉壁的热损失，即热流密度 q_1 为

$$q_1 = \frac{t_1 - t_3}{\delta_1/\lambda_1 + \delta_2/\lambda_2} = \frac{700 - 100}{0.10/1 + 0.08/0.8} = 3000 \text{W/m}^2$$

加保温层后，为三层平壁的热传导，单位面积炉壁的热损失，即热流密度 q_2 为

$$q_2 = \frac{t_1 - t_4}{\delta_1/\lambda_1 + \delta_2/\lambda_2 + \delta_3/\lambda_3} = \frac{900 - 60}{0.10/1 + 0.08/0.8 + 0.03/0.03} = 700 \text{W/m}^2$$

加保温层后热损失比原来减少的百分数为

$$\frac{q_1 - q_2}{q_1} \times 100\% = \frac{3000 - 700}{3000} \times 100\% = 76.7\%$$

(2) 加保温层后各层接触面的温度

已知 $q_2 = 700 \text{W/m}^2$，且通过各层平壁的热流密度均为此值，于是

$$\Delta t_1 = \frac{\delta_1}{\lambda_1} q_2 = \frac{0.1}{1} \times 700 = 70℃ \qquad t_2 = t_1 - \Delta t_1 = 900 - 70 = 830℃$$

$$\Delta t_2 = \frac{\delta_2}{\lambda_2} q_2 = \frac{0.08}{0.8} \times 700 = 70℃ \qquad t_3 = t_2 - \Delta t_2 = 830 - 70 = 760℃$$

$$\Delta t_3 = t_3 - t_4 = 760 - 60 = 700℃$$

由于保温层热阻 10 倍于耐火砖层及普通砖层的热阻，故保温层必然承担较大温度差。

4.2.4 通过圆筒壁的定态热传导

工程上更多遇到的是通过圆筒壁的热传导。设有内、外半径分别为 r_1、r_2 的圆筒，内、外表面维持恒定的温度 t_1、t_2（$t_1 > t_2$），管长 l 足够长，则圆筒壁内的传热为定态一维热传导（图 4-8）。傅里叶定律可以表示为

$$q = -\lambda \frac{dt}{dr} \qquad (4\text{-}17)$$

对于圆筒壁的定态热传导，因为圆筒壁的面积随半径增大而增大，对于一定传热速率 Q，热流密度 q 随半径 r 增大而减小，如果热导率不随温度而变（或取均值），将 $q = \dfrac{Q}{2\pi r l}$ 代入式(4-17)，分离变量，并在积分上下限 $r = r_1$ 时，$t = t_1$；$r = r_2$ 时，$t = t_2$ 下求积分，有

$$\frac{Q}{2\pi l} \int_{r_1}^{r_2} \frac{dr}{r} = -\lambda \int_{t_1}^{t_2} dt$$

积分后，得

$$Q = \frac{2\pi\lambda l(t_1 - t_2)}{\ln \frac{r_2}{r_1}} = \frac{2\pi l(t_1 - t_2)}{\frac{1}{\lambda}\ln \frac{r_2}{r_1}} \qquad (4\text{-}18)$$

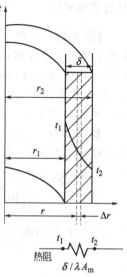

图 4-8 通过圆筒壁的热传导

式(4-18) 还可以改写为

$$Q = \frac{t_1 - t_2}{\frac{\delta}{\lambda A_m}} = \frac{传热推动力}{热阻} \qquad (4\text{-}19)$$

式中，$\delta = r_2 - r_1$ 为圆筒壁壁厚，$A_m = \dfrac{A_2 - A_1}{\ln(A_2/A_1)} = \pi d_m l$ 为对数平均面积，$A_2 = 2\pi r_2 l$，$A_1 = 2\pi r_1 l$，$d_m = \dfrac{d_2 - d_1}{\ln(d_2/d_1)}$，$d_2$、$d_1$ 分别为圆筒壁外壁及内壁的直径。对于 $\dfrac{d_2}{d_1} < 2$ 的圆筒壁，以算术平均值代替对数平均值导致的误差 $< 4\%$，作为工程计算，此时的 A_m 可取 $\dfrac{A_1 + A_2}{2}$，d_m 可取 $\dfrac{d_1 + d_2}{2}$。对比平壁导热算式，圆筒壁热阻为

$$R = \frac{\delta}{\lambda A_m} \qquad (4\text{-}20)$$

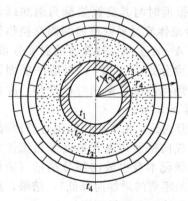

图 4-9 通过多层圆筒壁的热传导

对于多层圆筒壁（图 4-9），只要各层壁面光滑，壁与壁之间接触紧密，前面讨论多层平壁定态热传导得到的推动力和阻力的加和性的结论可以直接推广到此，即有

$$Q = \frac{\Sigma \Delta t}{\Sigma \frac{\delta}{\lambda A_m}} = \frac{总推动力}{总阻力} \qquad (4\text{-}21)$$

另外，也存在相同的温差同热阻之间的关系式

$$(t_1 - t_2) : (t_2 - t_3) : (t_3 - t_4) = \frac{\delta_1}{\lambda_1 A_{m_1}} : \frac{\delta_2}{\lambda_2 A_{m_2}} : \frac{\delta_3}{\lambda_3 A_{m_3}} = R_1 : R_2 : R_3 \qquad (4-22)$$

式中，t_1、t_4 分别为多层圆筒壁内外两侧表面温度，t_2、t_3 分别为两接触面温度且 $t_1 > t_2 > t_3 > t_4$，δ_1、δ_2、δ_3 为三层圆筒壁各自的壁厚，$\delta_1 = r_2 - r_1$，$\delta_2 = r_3 - r_2$，$\delta_3 = r_4 - r_3$，λ_1、λ_2、λ_3 为三层圆筒壁各自的热导率（常量或取均值），A_{m_1}、A_{m_2}、A_{m_3} 为三层圆筒壁各自的对数平均面积。

【例 4-2】   （热导率的简易测定法）欲测定某绝缘材料的热导率，将此材料装入如图 4-9 所示的同心套管间隙内，在内管用电进行加热。已知管长为 1m，内管为 $\phi25\text{mm} \times 2.5\text{mm}$ 钢管，外管为 $\phi50\text{mm} \times 3\text{mm}$ 的钢管。当电热功率为 1.2kW 时，测得内管的内壁温度为 950℃，外管的外壁温度为 100℃，钢管的热导率为 45W/(m·℃)。试求该绝缘材料的热导率（忽略热损失）。

解：已知 $r_1 = 10\text{mm}$，$r_2 = 12.5\text{mm}$，$r_3 = 22\text{mm}$，$r_4 = 25\text{mm}$，$t_1 = 950℃$，$t_4 = 100℃$，$\lambda_1 = \lambda_3 = 45\text{W/(m·℃)}$，由式（4-18）及推动力和阻力的加和性

$$Q = \frac{2\pi l(t_1 - t_2)}{\frac{1}{\lambda_1} \ln \frac{r_2}{r_1}} = \frac{2\pi l(t_2 - t_3)}{\frac{1}{\lambda_2} \ln \frac{r_3}{r_2}} = \frac{2\pi l(t_3 - t_4)}{\frac{1}{\lambda_3} \ln \frac{r_4}{r_3}} = \frac{2\pi l(t_1 - t_4)}{\frac{1}{\lambda_1} \ln \frac{r_2}{r_1} + \frac{1}{\lambda_2} \ln \frac{r_3}{r_2} + \frac{1}{\lambda_3} \ln \frac{r_4}{r_3}}$$

$$1.2 \times 1000 = \frac{2 \times 3.14 \times 1 \times (950 - 100)}{\frac{1}{45} \ln \frac{12.5}{10} + \frac{1}{\lambda_2} \ln \frac{22}{12.5} + \frac{1}{45} \ln \frac{25}{22}} = \frac{5338}{0.0078 + \frac{0.565}{\lambda_2}}$$

$$\lambda_2 = 0.127\text{W/(m·℃)}$$

4.3 对流传热

前已述及，在流动的流体中，由于流体质点的位移和混合，使热量从一处传递至另一处，称为对流传热。工业生产中大量遇到的是流体流过固体壁面时与该壁面所发生的对流传热。

4.3.1 对流传热过程分析

流体的宏观流动使传热速率加快。现以流体流过平壁壁面时与其交换热量为例加以说明。图 4-10 为热、冷流体流过平壁壁面两侧交换热量过程中，某流动截面 A—A 上热、冷流体的温度分布。热、冷流体的主体温度分别为 T 及 t，对应的壁面两侧温度为 T_w 及 t_w，热流体流过壁面时被冷却，冷流体被加热，故 $T > T_w > t_w > t$。

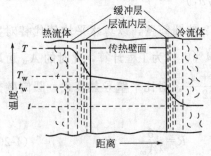

图 4-10 对流传热的温度分布

以热流体为例展开讨论，由于热流体流过壁面时，流体中的任一微元不仅向壁面传递着来自于热流体主体的热量，而且流体微元本身也放出部分热量（使得流体温度随着流体流动距离的增加而降低），结果，热流密度 q 随着距离壁面的距离降低而增加。

如果流体以层流状态流过壁面，在垂直于壁面的方向上，热量传递以传导方式进行，由傅里叶定律及上段所述的热流体流过壁面时热流密度 q 随距壁面距离变化的规律，可以推出在截面 A—A 上，热流体的温度梯度随着距壁面的距离降低而增加，温度分布为一曲线。

当流体以湍流状态流过平壁时，湍流脉动促使流体在截面 A—A 上混合，流体主体温度趋向均一，过渡区域温度分布不像湍流主体那么均匀，但也不像层流内层那样变化明显，只

有在层流内层中才有明显的温度梯度，显然流体湍动会使壁面附近处流体的温度梯度加大。由于流体在层流内层中的热量传递仅以传导方式进行，流体流过固体壁面时与该壁面所交换的热量可以表示为

$$q = -\lambda \left(\frac{\partial T}{\partial y} \right)_{y=0} \tag{4-23}$$

式中，y 为热流体中某点距固体壁面的法向距离，$\left(\partial T / \partial y \right)_{y=0}$ 为 $y=0$ 时的温度梯度，也就是流体在壁面处的温度梯度，故此温度梯度的增大，必导致热流密度的增大，传热过程被强化。

4.3.2　对流传热速率方程

（1）牛顿冷却定律和对流传热系数

由于对流存在，壁面对流体的加热或冷却变得非常复杂。严格的数学处理要求推导出流体中的温度分布，进而求得流体在壁面处的温度梯度，然后求出热流密度 [式(4-23)]。目前，只有少数简单的情况（如流体层流流过等温平壁时）能够获得热流密度 q 的解析式。

那么，换一种角度，既然工程上对流传热多指流体与固体壁面之间的传热，其传热速率与流体性质及边界层状况密切相关，对流传热在靠近壁面处引起较大的温度变化（温度差主要集中在层流内层中），形成温度边界层。假设流体与固体壁面之间的传热热阻全部集中在厚度为 δ_t 的有效膜（该膜既不是热边界层，也非流动边界层）中，在有效膜内热量传递以传导方式进行，在有效膜之外无热阻存在。由此假定，对流传热的热流密度 q 可以采用下式求得

流体被冷却　　　　　　　$q = \dfrac{\lambda}{\delta_t}(T - T_w)$　　　　　　　　　　　(4-24)

流体被加热　　　　　　　$q = \dfrac{\lambda'}{\delta_t'}(t_w - t)$　　　　　　　　　　　(4-25)

式中，δ_t、δ_t' 为热、冷流体的有效膜厚度；λ、λ' 为热、冷流体的热导率。

遗憾的是影响有效膜厚度 δ_t 的因素很多，δ_t 同样不容易求得，故工程上将对流传热热流密度 q 表示为

流体被冷却　　　　$q = \alpha(T - T_w) = \dfrac{T - T_w}{1/\alpha} = \dfrac{推动力}{热阻}$　　　　(4-26)

流体被加热　　　　$q = \alpha'(t_w - t) = \dfrac{t_w - t}{1/\alpha'} = \dfrac{推动力}{热阻}$　　　　(4-27)

式中，α 为对流传热系数，$W/(m^2 \cdot ℃)$；T、t 为热、冷流体的主体温度，$℃$；T_w、t_w 为对应的两侧壁面温度，$℃$。

式(4-26)、式(4-27)为牛顿冷却定律的表达式。它并非理论推导的结果，它只是一种推论，即假设热流密度 q 与温度差 ΔT 成正比。但实际上在不少情况下，热流密度并不与 ΔT 成正比，此时对流传热系数 α 值必定与 ΔT 有关。另外，这种推论并没有使问题简化，只是将影响对流传热的诸多因素归结到了对流传热系数 α 之中，可以想象获取对流传热系数 α 会相当困难。

（2）获得对流传热系数的方法

① 解析法：对所考察的流场建立动量传递、热量传递的衡算方程和速率方程，在少数简单的情况下可以联立求解得到壁面热流密度和流场的温度分布，然后将所得结果改写成牛顿冷却定律的形式，获得对流传热系数 α 的理论计算式。

② 数学模型法：对对流传热过程做出简化的物理模型和数学描述，求解，并用实验检验或修正模型，确定模型参数，最终得到所需结果。

③ 量纲分析法：将影响对流传热的因素无量纲化，通过实验确定各无量纲特征数之间的关系。这是理论指导下的实验研究方法，在对流传热中广为使用。

④ 实验法：对少数复杂的对流传热过程，也可采用直接实验的方法。

4.3.3 影响对流传热系数的因素

对流传热是流体在具有一定形状及尺寸的设备中流动时发生的流体与壁面或壁面与流体之间的热量传递过程，它与下列因素有关。

① 引起流动的原因　流体流动有自然对流和强制对流两种。前者是由于流体内部存在温度差导致密度差产生升浮力引起的，如壁面对流体加热时，壁面温度为 T_w，流体主体温度为 T，对应的流体壁面处及主体的密度分别为 ρ_w 和 ρ，则流体因密度差产生的升浮力为 $(\rho - \rho_w)g$，若流体的体积膨胀系数为 β，则可得 $(\rho - \rho_w)g = [1 - 1/(1 + \beta\Delta t)]\rho g \approx \rho g \beta\Delta t$，式中，$\Delta t = (T_w - T)$。此升浮力引起的流体环流速度 $u_n \propto \sqrt{gL\beta\Delta t}$（$L$ 为一壁面几何形状特征量，和壁面位置有关）。

自然对流造成流体内部质点的上升和下降运动，一般质点流速较小，对流传热系数 α 也较小。强制对流是在外力作用下引起的流体运动，一般流速较大，对流传热系数 α 也较大，虽然在流体强制对流过程中常常伴有自然对流，但是，多数情况下，因其流速较小，对对流传热过程贡献不大，常略去不计。

② 流体流动型态　当流体湍动流动时，由于湍流主体中流体质点充分混合且层流内层较薄，因此，对流传热系数 α 较大。而当流体层流流动时，主要依靠传导方式传热。由于流体的热导率较小，所以热阻大，对流传热系数 α 小。

③ 流体物性　流体的密度 ρ、黏度 μ、热导率 λ、比热容 C_p 及体积膨胀系数 β 等均对对流传热系数 α 有影响。

④ 传热面的形状、尺寸和相对位置　圆管、套管环隙、翅片管、平板等不同壁面形状有不同的管径和管长尺寸，传热面是垂直放置还是水平放置以及管内流动、管外沿轴向流动或垂直于轴向流动等都影响对流传热系数 α。通常，一种类型的传热面有一个对传热过程影响较大的尺寸，称为特征尺寸，应注意特别给予关注。

⑤ 流体的相态变化　流体的相态变化主要有蒸气冷凝和液体沸腾。发生相变时，由于汽化或冷凝的潜热远大于温度变化的显热，加之，流体相态变化时又有其特殊的流体流动状态，一般情况下，有相变化时对流传热系数 α 较大。

由以上分析可知，影响对流传热的因素很多，归纳这些影响因素，流体无相态变化时，对流传热系数 α 可以表示为（有相变化时的对流传热系数 α 随后讨论）

$$\alpha = f(u, L, \mu, \lambda, \rho, C_p, \rho g\beta\Delta t) \tag{4-28}$$

式中，u 为强制对流时的流体速度；L 为传热面特征尺寸。

对流传热系数 α 的确定是一个极为复杂的问题。各种情况下的对流传热系数尚不能完全通过理论推导得到，故实验测定便成为确定对流传热系数 α 的主要方法。为减少实验工作量及使获得的实验结果便于推广，经常采用量纲分析法进行实验和处理结果。

4.3.4 对流传热过程的量纲分析

为将式(4-28)转化成无量纲特征数之间的关系式，首先在一定范围内，将对流传热系数 α 及其影响因素之间的关系用一个简单的幂函数表示：

$$\alpha = Ku^a L^b \mu^c \lambda^d \rho^e C_p^f (\rho g\beta\Delta t)^h \tag{4-29}$$

式中涉及 8 个物理量，4 个基本量纲，即质量 M、长度 L、时间 t、温度 T。诸物理量的量纲为：α，对流传热系数，$Mt^{-3}T^{-1}$；u，流速，Lt^{-1}；L，传热面特征尺寸，L；μ，黏度，$ML^{-1}t^{-1}$；λ，热导率，$MLt^{-3}T^{-1}$；ρ，密度，ML^{-3}；C_p，定压比热容，$L^2t^{-2}T^{-1}$；

$\rho g\beta\Delta t$，升浮力，$ML^{-2}t^{-2}$。

把各物理量量纲代入式(4-29) 得

$$Mt^{-3}T^{-1}=K(Lt^{-1})^a(L)^b(ML^{-1}t^{-1})^c(MLt^{-3}T^{-1})^d(ML^{-3})^e(L^2t^{-2}T^{-1})^f(ML^{-2}t^{-2})^h$$

即　　　　$$Mt^{-3}T^{-1}=K(M)^{c+d+e+h}(t)^{-a-c-3d-2f-2h}(T)^{-d-f}(L)^{a+b-c+d-3e+2f-2h}$$

根据量纲一致性原则，等式两边量纲相同，故有

$$c+d+e+h=1$$
$$a+c+3d+2f+2h=3$$
$$d+f=1$$
$$a+b-c+d-3e+2f-2h=0$$

在上述 4 个方程中，有 7 个未知数，可以选择 3 个作为确定数，其他 4 个未知数用它们来表示。这种选择有其任意性，但若选择恰当，得到的无量纲特征数会有明确的物理意义。在这里选 a、f、h 来表示其他未知数

$$b=a+3h-1 \qquad\qquad c=f-a-2h$$
$$d=1-f \qquad\qquad e=a+h$$

将结果带回式(4-29) 得

$$\alpha=Ku^aL^{a+3h-1}\mu^{f-a-2h}\lambda^{1-f}\rho^{a+h}C_p^f(\rho g\beta\Delta t)^h$$

将指数相同的物理量归并在一起，得

$$\frac{\alpha L}{\lambda}=K\left(\frac{Lu\rho}{\mu}\right)^a\left(\frac{C_p\mu}{\lambda}\right)^f\left(\frac{\beta g\Delta t L^3\rho^2}{\mu^2}\right)^h \tag{4-30}$$

或　　　　　　　　　　　　$$Nu=KRe^aPr^fGr^h \tag{4-31}$$

量纲分析方法得到了 4 个无量纲特征数之间的关系式，式中包含着的未知参数，只能通过实验确定其具体数值，故此方法实际上为一半理论、半经验的方法。通过量纲分析方法得到的特征数关系式仅涉及 4 个无量纲特征数，显然比 8 个物理量之间的关系式来的简单，实验确定参数的工作量会大大减轻；再则实验过程中改变某个特征数的数值要比改变某个确切物理量的数值来得容易。这两方面的原因使得该方法得到广泛应用。

各特征数的物理意义具体如下。

(1) 努塞尔数 Nu

$$Nu=\frac{\alpha L}{\lambda}=\frac{\alpha}{\lambda/L}=\frac{\alpha}{\alpha^*} \tag{4-32}$$

式中，α^* 相当于对流传热过程以纯导热方式进行时的对流传热系数。显然，Nu 反映的是对流使对流传热系数增大的倍数。

(2) 雷诺数 Re

$$Re=\frac{Lu\rho}{\mu}=\frac{\rho u^2}{\mu\dfrac{u}{L}}=\frac{\text{惯性力}}{\text{黏性力}} \tag{4-33}$$

$$[\rho u^2]=\frac{kg}{m^3}\cdot\frac{m^2}{s^2}=\frac{kg\cdot m/s^2}{m^2}=\frac{\text{力}}{\text{面积}}=Pa \quad \text{且} \quad \rho u^2\propto\Delta p$$

$$\left[\mu\frac{u}{L}\right]=Pa$$

雷诺数 Re 反映了流体所受的惯性力与黏性力之比，用以表征流体的运动状态，Re 的大小可以判别流型。

(3) 格拉斯霍夫数 Gr

$$Gr=\frac{\beta g\Delta t L^3\rho^2}{\mu^2}\propto\frac{u_n^2\rho^2L^2}{\mu^2}=(Re_n)^2 \tag{4-34}$$

式中，$u_n \propto \sqrt{\beta g \Delta t L}$，为自然对流的特征速度。格拉斯霍夫数 Gr 是雷诺数的一种变形，它表征着自然对流的运动状态。

(4) 普朗特数 Pr

$$Pr = \frac{C_p \mu}{\lambda} \tag{4-35}$$

反映流体物性，通常气体的 Pr 值大都接近于 1，液体的 Pr 值则多数远大于 1。

式(4-30)或式(4-31)应用于各具体对流传热过程时，式中各参数需要通过实验来确定。为了保证正确地使用对流传热过程特征数方程式，需要注意以下事项：

① 公式的应用范围

② 特征尺寸的取法　特征尺寸是指对对流传热过程产生直接影响的几何尺寸。对管内强制对流传热，如为圆管，特征尺寸取管内径 d；如为非圆形管道，通常取当量直径

$$d_e = \frac{4 \times 流动截面积}{润湿周边} \tag{4-36}$$

对大空间内自然对流，因加热面高度对自然对流的范围和运动速度有直接影响，常取加热（或冷却）面的垂直高度为特征尺寸。

③ 定性温度　在对流传热过程中，流体温度各处不同，流体物性也必然随之变化。因此，在计算各特征数数值时，需要确定一个基准，即确定一个查取所需物性数据的温度，称之为定性温度。

考虑到对流传热过程的热阻主要集中在层流内层，可选壁温 t_w 和流体主体温度 t 的算术平均值，即 $t_m = \frac{t_w + t}{2}$ 作为定性温度，称其为膜温。

但是，以膜温作为定性温度在使用上很不方便，因为计算 α 值，须先知壁温 t_w，而壁温的计算又和 α 有关。因此需要联立求解方程式得到壁温和 α，计算时需采用试差法。故为简单方便起见，流体主体平均温度，即流体进出口温度的平均值，常被选作定性温度。

4.3.5　流体无相变时的对流传热系数

(1) 圆形直管内强制湍流时的对流传热系数

对于强制湍流，自然对流的影响可以忽略不计，Gr 数可以略去而特征数关系式简化为

$$Nu = K Re^a Pr^b \tag{4-37}$$

许多研究者对不同的流体（包括液体或气体）在光滑圆管内进行了大量的实验，发现在下列条件下：

① $Re > 10000$ 即流动是充分湍流的；

② $0.7 < Pr < 120$（一般流体皆可满足，不适用于液体金属）；

③ 流体黏度低于水黏度的 2 倍；

④ l/d（管长管径比）$> 30 \sim 40$，即进口段只占总长的很小一部分，而管内流动是充分发展的；

⑤ 特征尺寸 $L = d$（管子内径），定性温度取进、出口流体主体温度的算术平均值，即 $(t_1 + t_2)/2$。

式(4-37)中的系数 $K = 0.023$，指数 $a = 0.8$，b 随热流方向不同，取不同数值，当流体被加热时 $b = 0.4$，被冷却时 $b = 0.3$，即

$$Nu = 0.023 Re^{0.8} Pr^b \tag{4-38}$$

或

$$\alpha = 0.023 \frac{\lambda}{d} \left(\frac{du\rho}{\mu} \right)^{0.8} \left(\frac{C_p \mu}{\lambda} \right)^b \tag{4-39}$$

Pr 数的指数与热流方向有关。流体被加热时，层流内层的温度高于主体温度，流体被

冷却时，情况相反。对液体而言，一方面温度升高，黏度减小，层流内层减薄；另一方面，液体的热导率随温度升高而减小，但不显著。所以，层流内层温度升高的总效果使对流传热系数增大，这就是流体受热时的指数 b 比冷却时高的原因。对气体而言，温度升高，黏度增大，层流内层变厚，对流传热系数减小。由于气体的 Pr 数常小于 1，所以受热时 Pr 数的指数 b 增大同样较好地表达了热流方向不同导致层流内层温度变化对对流传热系数的影响。

【**例 4-3**】 在 200kPa、20℃下，流量为 60m³/h 的空气进入套管换热器的内管，并被加热到 80℃，内管直径为 $\phi57$mm×3.5mm，长度为 3m。试求管壁对空气的对流传热系数。

解：此题为空气在圆形直管内流动，定性温度 $t=\dfrac{20+80}{2}=50$℃。查 50℃时空气的物性数据得：$Pr=0.698$；$\lambda=2.83\times10^{-2}$ W/(m·℃)；$\mu=1.96\times10^{-5}$ Pa·s。

空气在进口处的速度为

$$u=\frac{q_v}{\pi d^2/4}=\frac{4\times60}{3600\times3.14\times0.05^2}=8.49\text{m/s}$$

空气进口处的密度为

$$\rho=1.293\times\frac{273}{273+20}\times\frac{200}{101.3}=2.379\text{kg/m}^3$$

空气的质量流速为

$$G=\rho u=2.379\times8.49=20.2\text{kg/(m}^2\cdot\text{s)}$$

所以

$$Re=\frac{du\rho}{\mu}=\frac{dG}{\mu}=\frac{0.05\times20.2}{1.96\times10^{-5}}=51530\ (\text{湍流})$$

又因

$$L/d=3/0.05=60$$

故

$$\alpha=0.023\times\frac{\lambda}{d}Re^{0.8}Pr^{0.4}=0.023\times\frac{2.83\times10^{-2}}{0.05}\times51530^{0.8}\times0.698^{0.4}$$

$$=66.3\text{W/(m}^2\cdot\text{℃)}$$

对于偏离上述条件的情况，需加以适当修正。

① 对于高黏度的液体，因黏度 μ 的值较大，固体表面与主体温度差异带来的影响更为显著。可引入一个无量纲黏度比加以修正

$$\alpha=0.027\frac{\lambda}{d}\left(\frac{du\rho}{\mu}\right)^{0.8}\left(\frac{C_p\mu}{\lambda}\right)^{0.33}\left(\frac{\mu}{\mu_\text{w}}\right)^{0.14} \tag{4-40}$$

式中，μ、μ_w 为液体在主体平均温度及壁温下的黏度。

在实际中，由于壁温难以测得，工程上常作下述近似处理，可以满足计算要求

液体被加热时 $\left(\dfrac{\mu}{\mu_\text{w}}\right)^{0.14}=1.05$，液体被冷却时 $\left(\dfrac{\mu}{\mu_\text{w}}\right)^{0.14}=0.95$。

式(4-40)适用范围同式(4-39)，仅 Pr 数扩至适用 <16700 的各种液体，仍不适用于液体金属。

② 对于 $l/d<30\sim40$ 短管，因管内流动尚未充分发展，层流内层较薄，热阻小。在此情况下，按式(4-39)计算的对流传热系数偏低，需乘以校正系数 $[1+(d/l)^{0.7}]$ 加以修正。

③ 对于 $Re=2300\sim10000$ 之间的过渡流，因湍动不充分，层流内层较厚，热阻大而 α 小，此时，按式(4-39)计算的结果须乘以校正系数 f，即

$$f=1.0-\frac{6\times10^5}{Re^{1.8}}<1 \tag{4-41}$$

【**例 4-4**】 一套管式换热器，内管为 $\phi16$mm×2mm，外管为 $\phi38$mm×3mm 钢管。环隙中有 0.15MPa 的有机物蒸气冷凝，冷却水在内管中流动，进口温度为 15℃，出口为 35℃。

冷却水流量为 $0.25\text{m}^3/\text{h}$。试求管壁对水的对流传热系数。

解：此题为水在圆形直管内流动，定性温度 $t=\dfrac{15+35}{2}=25℃$

查 25℃时水的物性数据得：$C_p=4.179\times10^3\text{J}/(\text{kg}\cdot℃)$；$\rho=997\text{kg}/\text{m}^3$；$\lambda=60.8\times10^{-2}\text{W}/(\text{m}\cdot℃)$；$\mu=90.27\times10^{-5}\text{Pa}\cdot\text{s}$。

$$u=\frac{q_V}{A}=\frac{0.25}{3600\times0.785\times0.012^2}=0.614\text{m/s}$$

$$Re=\frac{du\rho}{\mu}=\frac{0.012\times0.614\times997}{90.27\times10^{-5}}=8137<10^4 \text{ 为过渡流}$$

$$Pr=\frac{C_p\mu}{\lambda}=\frac{4.179\times10^3\times90.27\times10^{-5}}{60.8\times10^{-2}}=6.2$$

$$f=1.0-\frac{6\times10^5}{Re^{1.8}}=1.0-\frac{6\times10^5}{8137^{1.8}}=0.9451$$

$$\alpha=0.023f\frac{\lambda}{d}Re^{0.8}Pr^{0.4}=0.023\times0.9451\times\frac{0.608}{0.012}\times8137^{0.8}\times6.2^{0.4}$$

$$=3063\text{W}/(\text{m}^2\cdot℃)$$

④ 对于流体在弯管内的流动，由于离心力的作用，扰动加剧，对流传热系数 α 增加。弯管中的 α' 可按下式计算

$$\alpha'=\alpha\left(1+1.77\frac{d}{R}\right) \tag{4-42}$$

式中，d 为管内径，m；R 为弯管的曲率半径，m；α 为直管对流传热系数，$\text{W}/(\text{m}^2\cdot℃)$。

⑤ 流体在非圆形直管内强制湍流。计算流体在非圆形管中强制湍流对流传热系数有两个途径。

a. 当量直径法（d_e） 将式(4-39)中的特征尺寸用当量直径 $d_e=\dfrac{4\times\text{流动截面积}}{\text{润湿周边}}$ 代替，这种方法比较简便，但计算结果的误差较大。

b. 对一些常用的非圆形管道，可直接根据实验求得计算对流传热系数的经验公式。如对于套管环隙，在 $Re=1.2\times10^4\sim2.2\times10^5$，$d_2/d_1=1.65\sim17$ 的范围内，可采用如下经验关联式

$$\alpha=0.02\frac{\lambda}{d_e}Re^{0.8}Pr^{0.33}\left(\frac{d_2}{d_1}\right)^{0.53} \tag{4-43}$$

式中，d_e 为套管当量直径，$d_e=d_2-d_1$，m；d_1、d_2 分别为套管内管外径和外管内径，m。

（2）圆形直管强制层流时的对流传热系数

管内强制层流时的对流传热过程由于下列因素而趋于复杂。

① 流体物性（特别是黏度）受到管内不均匀温度分布的影响，使速度分布显著地偏离等温流动时的抛物线 1（图 4-11）。

② 自然对流造成了径向流动，强化了传热过程（流体湍流流动时，自然对流影响无足轻重）。

③ 层流流动达到定态速度分布的进口段距离一般较长（约 $100d$），在实用的管长范围内，加热管的相对长度 l/d 将对全管平均的对流传热系数有明显影响。

这些影响使管内层流传热的理论解不能用于设计计算，必须根据实验结果加以修正。修正后的计算式为

图 4-11 热流方向
对层流流动速度
分布的影响
1—等温流动；
2—冷却；
3—加热

$$Nu = 1.86 \left(RePr \frac{d}{l} \right)^{1/3} \left(\frac{\mu}{\mu_w} \right)^{0.14} \tag{4-44}$$

注：上式适用于 $Re < 2300$，$\left(RePr\dfrac{d}{l} \right) > 10$，$l/d > 60$，$0.6 < Pr < 6700$，定性温度取进、出口流体主体温度的算术平均值，特征尺寸取管内径，μ_w 为壁温下的黏度。工程上常作如下近似处理。对于液体，加热时：$\left(\dfrac{\mu}{\mu_w} \right)^{0.14} = 1.05$，冷却时：$\left(\dfrac{\mu}{\mu_w} \right)^{0.14} = 0.95$。

（3）大容积自然对流的对流传热系数

不存在强制流动的大容积自然对流条件下，式(4-31) 可以简化为

$$Nu = KPr^b Gr^c \tag{4-45}$$

许多研究者对不同介质，在不同条件下做了大量的实验研究。结果按上式整理，发现其指数 b 和 c 相等，即 $Nu = K (PrGr)^b$，并且 K、b 随 $(PrGr)$ 取值的不同相应变化（表 4-2）。式中的特征尺寸与加热面方位有关，对水平管取管外径，对垂直管和板取垂直高度；定性温度为膜温。

表 4-2　式 (4-45) 中的系数 K 和 b

段　　数	$PrGr$	K	b
1	$1 \times 10^{-3} \sim 5 \times 10^2$	1.18	1/8
2	$5 \times 10^2 \sim 2 \times 10^7$	0.54	1/4
3	$2 \times 10^7 \sim 10^{13}$	0.135	1/3

4.3.6　流体有相变时的对流传热系数

液体沸腾和蒸气冷凝必然伴随有流体流动，故沸腾传热和冷凝传热同样属于对流传热。但与前面所讲的对流传热不同，这两种对流传热过程伴随有相变化，相变化的存在使传热过程有其特有的规律。

4.3.6.1　液体沸腾传热

按设备的尺寸和形状液体沸腾可分为大容器沸腾和管内沸腾。

大容器沸腾是指加热壁面浸入液体，液体被加热而引起的无强制对流的沸腾现象；管内沸腾是指在一定压差下流体在流动过程中的受热沸腾，此时液体流动对沸腾过程有影响，加热面上气泡不能自由上浮，被迫随流体一起流动，出现了复杂的气液两相流动现象。

工业上有再沸器、蒸发器、蒸气锅炉等都是通过沸腾传热来产生蒸气。管内沸腾的传热机理比大容器沸腾复杂。本节仅讨论大容器沸腾传热过程。

（1）大容积饱和沸腾

根据液体的主体温度是否达到相应压力下的饱和温度，沸腾分为过冷沸腾与饱和沸腾。若液体主体温度低于饱和温度，而加热表面上有气泡产生，称为过冷沸腾。此时，加热面上产生的气泡或在脱离之前、或在脱离之后在液体主体中重新凝结，热量传递通过这种汽化-冷凝过程得以实现。当液体主体温度达到饱和温度，则离开加热面的气泡不再重新凝结，这种沸腾称为饱和沸腾。

沸腾传热的主要特征是液体内部有气泡产生。实验观察表明，气泡是在紧贴加热表面的液层内即在加热表面上首先生成。作为气泡存在的必要条件是其内部的蒸气压至少必须等于外压与液层静压强之和，而根据物理化学原理，液体在气泡内凹面上的饱和蒸气压小于在同温下平面上的饱和蒸气压，而且气泡愈小，这种蒸气压差也就愈大。由于液体沸腾时形成的气泡需经过从无到有、从小到大的过程，而最初形成的气泡半径极小，其蒸气压极低，所以，小气泡难以形成。

提高加热面温度，使加热面附近的液体过热，即增加加热面附近液体温度，会导致液体

饱和蒸气压增大，可以部分弥补由于凹面而引起的蒸气压降低，使得小气泡比较容易生成。故此，液体过热是小气泡生成的必要条件。

　　但是，仅靠液体过热来促进气泡形成是不够的，因为实验发现液体沸腾时并非加热表面上的每一点都能产生气泡，而气泡仅在粗糙加热表面上的若干点上产生，这些点称为汽化核心。汽化核心是一个复杂的问题，它与加热面表面粗糙程度、氧化情况、材料性质及其不均匀性等多种因素有关。汽化核心上气泡容易形成，可能因为一是粗糙加热面的凹缝侧壁对气泡有依托作用，使产生小气泡所需的表面功减低，二是凹缝底部吸附有微量的空气和蒸气，可能成为气泡的胚胎。

　　如果加热面比较光滑，则汽化核心少且曲率半径小，必须有很大的过热度才能使气泡生成。但是，一旦气泡长大，过热度已不再需要，过热液体在气泡表面迅速蒸发产生大量蒸气。这一瞬时蒸发过程进行的十分激烈，常称之为暴沸。暴沸之后，过热度全部丧失，新相孕育过程重新开始，这样周而复始，使得沸腾过程极不稳定。暴沸现象对热量传递极为不利，应设法避免，采用粗糙加热表面一般不会产生暴沸现象。

　　由上面的讨论也可以得知，液体沸腾时，加热面上气泡的生成和脱离会对紧贴加热面的液体薄层产生强烈的扰动，使加热面和饱和液体之间的对流传热极易进行，即液体沸腾时的对流传热系数 α 会较无相变时的 α 大很多。还可以推论 α 会与壁温与操作压力下液体的饱和温度之差有密切关系。

　　(2) 大容积饱和沸腾曲线

　　以图 4-12 常压下水在大容器内沸腾为例，探讨一下 $\Delta t = T_w - t_s$（壁温与操作压力下液体的饱和温度之差）对 α 的影响。

　　① Δt 很小，$<2.2℃$，在加热面上几乎没有气泡形成，故加热面与液体之间主要以自然对流为主。在此阶段，汽化现象仅发生在液体表面，严格意义上讲还不是沸腾，而是表面汽化。此阶段，α 较小，且随 Δt 缓慢升高。

　　② $\Delta t > 2.2℃$ 时，加热面上有气泡产生，传热系数 α 随 Δt 急剧上升。这是由于汽化核心增多，汽泡长大速度加快，对液体扰动增强，对流传热系数 α 增加。此阶段由汽化核心产生的气泡对传热起主导作用，为核状沸腾。

　　③ 当 Δt 进一步增大到一定数值，加热面上的汽化核心迅速增加，以至气泡产生的速度大于脱离壁面的速度，气泡相连形成气膜，将加热面与液体隔开，开始形成的气膜是不稳定的，随时可能破裂变为大气泡离开表面。由于气体的热导率 λ 较小，随 Δt 增加，气膜逐渐稳定，对流传热系数 α 减小，此阶段称为不稳定膜状沸腾。

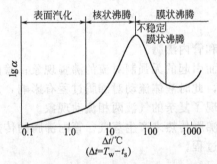

图 4-12　沸腾时 α 和温差 Δt 的关系

　　④ $\Delta t > 250℃$ 时，加热表面形成一层稳定气膜，把液体和加热表面完全隔开。但由于此时加热面温度 T_w 高，热辐射作用成为主导，对流传热系数再度随 Δt 增大而增大，此阶段称为稳定膜状沸腾。

　　工业上一般维持沸腾装置在核状沸腾下工作，其优点是此阶段下对流传热系数 α 大，加热面温度 T_w 低。从核状沸腾到膜状沸腾的转折点 C 称为临界点，此点以后传热状况恶化。临界点对应的热流密度和温差称为临界热负荷 q_c 及临界温差 Δt_c。常压水在大容器内饱和沸腾时，临界热负荷 q_c 约为 $1.25 \times 10^6 W/m^2$、临界温差为 $25℃$（图 4-12 所示曲线是在经过特殊处理的加热面上测得的，临界温差较大）。

　　为保证沸腾装置在核状沸腾状态下工作，必须控制温差 Δt 小于临界温差 Δt_c，否则核状沸腾将转变为膜状沸腾，使 α 急剧下降。即不适当地提高热流体温度，不仅使沸腾装置的效率降低，而且产生的热量传递不出会使加热面温度急剧升高，甚至烧毁设备。

（3）沸腾对流传热系数 α 的计算

沸腾传热过程极其复杂，受以下因素影响：

① 液体和蒸气的性质，包括表面张力 σ、黏度 μ、热导率 λ、比热容 C_p、汽化潜热 r、液体与蒸气的密度 ρ_l 和 ρ_v 等；

② 加热表面的粗糙情况和表面物理性质，特别是液体与表面的润湿性；

③ 操作压力和温差。

关于沸腾传热至今尚没有可靠的一般经验关联式。但已积累了大量的实验资料，这些资料表明核状沸腾对流传热系数 α 的实验数据可按以下函数形式关联：

$$\alpha = A\Delta t^{2.5} B^{t_s} \tag{4-46}$$

或

$$\lg\alpha = \lg A + 2.5\lg\Delta t + t_s\lg B = a' + 2.5\lg\Delta t + b't_s \tag{4-47}$$

式中，Δt 为壁温与操作压力下液体的饱和温度之差，℃；t_s 为蒸气的饱和温度，℃；a'、b' 为通过实验测定的两个参数，不同的表面与液体的组合，其值不同。

（4）沸腾传热过程的强化

在沸腾传热中，气泡的产生和运动情况对沸腾传热过程影响极大。气泡的生成和运动与加热表面状况及液体的性质两方面因素有关。因此，沸腾传热的强化也可以从加热表面和沸腾液体两方面入手。

① 将金属表面粗糙化，这样可提供更多汽化核心，使气泡运动加剧，传热过程得以强化。

② 在沸腾液体中加入少量添加剂，改变沸腾液体的表面张力，添加剂还可提高沸腾液体的临界热负荷。

4.3.6.2 蒸汽冷凝传热

蒸汽冷凝作为一种加热方法在工业生产中得到广泛应用。在蒸汽冷凝加热过程中，加热介质为饱和蒸汽。饱和蒸汽与低于其温度的冷壁接触时，将凝结为液体，释放出汽化潜热。在饱和蒸汽冷凝过程中，汽液两相共存，对于纯物质蒸汽的冷凝，汽相温度恒定，汽相主体不存在温差，汽相内不存在任何热阻。

在冷凝传热过程中，蒸汽凝结而产生的冷凝液形成液膜将壁面覆盖。因此，蒸汽的冷凝只能在冷凝液表面上发生，冷凝时放出的潜热必须通过这层液膜才能传给冷壁。冷凝传热过程的热阻几乎全部集中于冷凝液膜内。这是蒸汽冷凝传热过程的一个主要特点。

既然饱和蒸汽冷凝传热过程的热阻主要集中在冷凝液液膜内，冷凝液液膜的厚度及冷凝液的流动状态对传热系数必然有着极大的影响。根据冷凝液能否很好地润湿壁面，进而形成液膜及液膜厚度，饱和蒸汽冷凝分为两种类型，膜状冷凝和滴状冷凝。

膜状冷凝是指冷凝液能润湿壁面，形成一层完整的液膜布满壁面并连续向下流动。滴状冷凝是指冷凝液不能很好地润湿壁面，仅在其上凝结成小液滴，此后长大或合并成较大的液滴而脱落。通常滴状冷凝时蒸汽不必通过液膜传热，可直接在传热面上冷凝，其对流传热系数比膜状冷凝的对流传热系数大 5~10 倍。但滴状冷凝难于控制，因此工业上冷凝器的设计大多是按膜状冷凝考虑。

（1）冷凝传热系数

① 液膜流动与局部传热系数　有一垂直平壁，饱和蒸汽在其上冷凝（图 4-13），冷凝液借重力沿壁流下。因整个高度上都存在冷凝，故越往下冷凝液流量越大，液膜越厚。液膜厚度沿壁高的变化必然导致热阻或对流传热系数沿高度变化。平壁上部液膜呈层流，膜层厚度增加，局部对流传热系数 α 降低。若壁面足够高，冷凝量较大，则壁面下部液膜变为湍流流

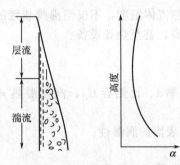

图 4-13 蒸气在垂直壁面上的冷凝

动，此时局部对流传热系数 α 反而有所提高。

② 液膜在垂直壁面上层流时 α 的计算式　纯蒸汽在竖壁上作层流膜状凝结时，热量以导热方式通过液膜。此时可以在简化假设的前提下，通过解析方法推导其对流传热系数，然后用实验检验，加以修正。下面介绍其推导过程及结果。

简化假设：a. 竖直壁面维持均匀的温度 T_w，壁面上的液体温度等于 T_w，汽、液界面处的温度为 T_s；b. 冷凝过程中，冷凝液的物性为常量；c. 蒸汽处于静止状态，蒸汽对液膜没有摩擦力；d. 液膜流动呈稳定状态，即液体的加速度可以忽略；e. 蒸汽的密度 ρ_v 远小于液体的密度 ρ，即液膜的运动主要取决于重力和黏性力，浮力影响可以忽略；f. 忽略液膜中的对流传热及沿液膜的纵向导热。近似认为通过冷凝液膜的传热是垂直于壁面方向的纯导热。

图 4-14 表示冷凝液膜沿垂直壁面向下作层流流动的情况。在冷凝液膜内取一微元，分析其受力和运动情况，微元边在 x、y 轴方向分别取 $\mathrm{d}x$ 和 $(\delta-y)$，在 z 方向上取一单位长度。在稳定情况下，作用在微元体上的重力和阻力相平衡：

$$\rho g(\delta-y)\mathrm{d}x=\mu\frac{\mathrm{d}u}{\mathrm{d}y}\mathrm{d}x$$

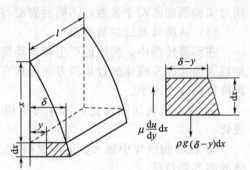

积分得

$$u=\frac{\rho g}{\mu}\left(\delta y-\frac{1}{2}y^2\right)+c$$

式中，u 为距壁面 y、距顶端 x 处冷凝液向下流动的流体速度；δ 为距顶端 x 处液膜的厚度。

图 4-14　垂直壁面上层流 α 的推导

因为壁面处的液体流速为零，即 $y=0$ 时 $u=0$，故常数 $c=0$。在 x 处截面上的平均流速 u_m 为

$$u_m=\frac{1}{\delta}\int_0^\delta u\mathrm{d}y=\frac{1}{\delta}\int_0^\delta\frac{\rho g}{\mu}\left(\delta y-\frac{1}{2}y^2\right)\mathrm{d}y=\frac{\rho g\delta^2}{3\mu} \tag{4-48}$$

由于蒸汽在冷凝面上冷凝的结果，在 x 到 $x+\mathrm{d}x$ 的区域中，液膜厚度由 δ 增加到 $\delta+\mathrm{d}\delta$，冷凝液质量流量的增量为

$$\frac{\mathrm{d}q_m}{\mathrm{d}x}\mathrm{d}x=\frac{\mathrm{d}}{\mathrm{d}x}(\rho u_m\delta)\mathrm{d}x=\frac{\mathrm{d}}{\mathrm{d}x}\left(\frac{\rho^2 g\delta^3}{3\mu}\right)\mathrm{d}x=\frac{\mathrm{d}}{\mathrm{d}\delta}\left(\frac{\rho^2 g\delta^3}{3\mu}\right)\frac{\mathrm{d}\delta}{\mathrm{d}x}\mathrm{d}x$$

上式可简化为

$$\mathrm{d}q_m=\frac{\rho^2 g\delta^2}{\mu}\mathrm{d}\delta$$

蒸汽冷凝放出的热量必等于以导热方式通过冷凝膜的热量。若蒸汽的冷凝潜热用 r 表示，冷凝液膜两侧的温差为 $\Delta t=T_s-T_w$，则

$$r\mathrm{d}q_m=\frac{r\rho^2 g\delta^2}{\mu}\mathrm{d}\delta=\lambda\frac{\Delta t}{\delta}\mathrm{d}x$$

将上式在 $x=0$ 至 $x=x$ 区间积分，则得 δ 随 x 的变化规律：

$$\delta=\left(\frac{4\mu\lambda x\Delta t}{\rho^2 gr}\right)^{1/4} \tag{4-49}$$

因此，在 x 处的局部对流传热系数为

$$\alpha_x=\frac{\lambda}{\delta}=\left(\frac{\rho^2 gr\lambda^3}{4\mu x\Delta t}\right)^{1/4} \tag{4-50}$$

若壁高为 L，则平均对流传热系数为

$$\alpha = \frac{1}{L} \int_0^L \alpha_x \, dx = 0.943 \left(\frac{\rho^2 g r \lambda^3}{\mu L \Delta t} \right)^{1/4} \tag{4-51}$$

实验结果证实了这一关系式的正确性，但算式中的系数需调整如下

$$\alpha = 1.13 \left(\frac{\rho^2 g r \lambda^3}{\mu L \Delta t} \right)^{1/4} \tag{4-52}$$

上式的适用范围为 $Re_M < 1800$，各物性参数是冷凝液的物性，定性温度为膜温，r 为汽化潜热取 T_s 下的值，特征尺寸 L 为竖直管长或板高。

垂直壁底部冷凝液膜流动时的 Re_M 为

$$Re_M = \frac{d_e \rho u}{\mu} = \frac{(4S/b)(q_m/S)}{\mu} = \frac{4M}{\mu} = \frac{4 \alpha L \Delta t}{r \mu} \tag{4-53}$$

式中，Re_M 为垂直壁底部冷凝液膜流动时的雷诺数；d_e 为当量直径；S 为冷凝液流过的截面积；b 为润湿周边；M 为冷凝负荷，指单位长度润湿周边上冷凝液的质量流量。

③ 蒸汽在垂直冷凝壁面湍流时 α 的计算式

$$\alpha = 0.0077 \left(\frac{\rho^2 g \lambda^3}{\mu^2} \right)^{1/3} Re_M^{0.4} \tag{4-54}$$

上式的适用范围为 $Re_M > 1800$，各物性参数是冷凝液的物性，定性温度为膜温，r 为汽化潜热取 T_s 下的值，特征尺寸 L 为竖直管长或板高。

由于冷凝液的液膜流动有层流与湍流两种形式，因此，在计算 α 时应先假设液膜的流型，求出 α 值后，需再计算雷诺数，校核假设的液膜流型是否正确。

④ 蒸汽在单根水平管外的冷凝传热系数　蒸汽在单根水平管外冷凝，因液膜流程短，厚度薄，为层流流动，其传热系数为

$$\alpha = 0.725 \left(\frac{r \rho^2 g \lambda^3}{\mu d \Delta t} \right)^{1/4} \tag{4-55}$$

式中，d 为圆管外径；各物性参数是冷凝液的物性，定性温度为膜温；r 为汽化潜热取 T_s 下的值。

在其他条件相同时，水平圆管的冷凝传热系数和垂直圆管的冷凝传热系数之比是

$$\frac{\alpha_{水平}}{\alpha_{垂直}} = 0.64 \left(\frac{L}{d} \right)^{1/4} \tag{4-56}$$

因为通常 $\alpha_{水平}$ 大于 $\alpha_{垂直}$，所以工业冷凝器大部分是卧式的。

【例 4-5】　常压蒸汽在单根圆管外冷凝，管外径 $d = 100\text{mm}$，管长 $L = 1500\text{mm}$，壁温 T_w 维持在 98℃。试求：(1) 管子垂直放置时整个圆管的平均对流传热系数；(2) 圆管上部 0.5m 的平均对流传热系数与底部 0.5m 的平均对流传热系数之比；(3) 水平放置的平均对流传热系数。

解：在膜温 $(100 + 98)/2 = 99$℃ 时，冷凝液有关物性（常压下）为：$\rho = 965.1\text{kg/m}^3$；$\mu = 28.56 \times 10^{-5}\text{Pa·s}$；$\lambda = 0.6819\text{W/(m·℃)}$；$T_s = 100$℃；$r = 2258\text{kJ/kg}$。

(1) 先假定液膜为层流，由式(4-52)求得

$$\alpha = 1.13 \left(\frac{\rho^2 g r \lambda^3}{\mu L \Delta t} \right)^{1/4} = 1.13 \times \left[\frac{(965.1)^2 \times 9.81 \times 2258 \times 10^3 \times (0.6819)^3}{28.56 \times 10^{-5} \times 1.5 \times (100 - 98)} \right]^{1/4}$$

$$= 1.06 \times 10^4 \text{W/(m}^2 \cdot \text{℃)}$$

演算液膜是否为层流，由式(4-53)可得

$$Re_M = \frac{4 \alpha L \Delta t}{r \mu} = \frac{4 \times 1.06 \times 10^4 \times 1.5 \times 2}{2258 \times 10^3 \times 28.56 \times 10^{-5}} = 197 < 1800$$

故假定液膜为层流是正确的。

(2) 圆管上部 0.5m 的平均对流传热系数为

$$\alpha_1 = \alpha\left(\frac{L}{L_1}\right)^{1/4} = 1.06 \times 10^4 \times \left(\frac{1.5}{0.5}\right)^{1/4} = 1.40 \times 10^4\,\text{W}/(\text{m}^2 \cdot \text{℃})$$

圆管上部 1m 的平均对流传热系数为

$$\alpha_2 = \alpha\left(\frac{L}{L_2}\right)^{1/4} = 1.06 \times 10^4 \times \left(\frac{1.5}{1.0}\right)^{1/4} = 1.17 \times 10^4\,\text{W}/(\text{m}^2 \cdot \text{℃})$$

圆管底部 0.5m 的平均对流传热系数 α_3 为

$$\alpha L = \alpha_2 L_2 + \alpha_3(L - L_2)$$

$$\alpha_3 = \frac{1.5\alpha - 1.0\alpha_2}{0.5} = \frac{1.5 \times 1.06 \times 10^4 - 1.17 \times 10^4}{0.5} = 8.4 \times 10^3\,\text{W}/(\text{m}^2 \cdot \text{℃})$$

$$\frac{\alpha_1}{\alpha_3} = \frac{1.40 \times 10^4}{8.40 \times 10^3} = 1.67$$

(3) 水平放置的平均对流传热系数，由(4-56) 得

$$\frac{\alpha_{\text{水平}}}{\alpha_{\text{垂直}}} = 0.64\left(\frac{L}{d}\right)^{1/4} = 0.64 \times \left(\frac{1.5}{0.1}\right)^{1/4} = 1.26$$

$$\alpha_{\text{水平}} = 1.26 \times 1.06 \times 10^4 = 1.34 \times 10^4\,\text{W}/(\text{m}^2 \cdot \text{℃})$$

⑤ 水平管束外的冷凝传热系数　工业用冷凝器多半是由水平管束组成，就第一排管子而言，其冷凝情况与单根水平管相同。但是对其他各排管子来说，冷凝情况必受到其上各排管流下的冷凝液的影响。

如假定从上排管流下的冷凝液只是平稳地流至下排管使液膜增厚，热阻增加，而且各排管温差相同，则水平管束的平均传热系数只要将式(4-55) 中的特征尺寸 d 换成 nd 即可，其中 n 为管束在垂直方向上的管排数。但是冷凝液下流时不可避免地会撞击和飞溅，使下排液膜扰动增强。考虑到扰动的影响，应将式(4-55) 改为

$$\alpha = 0.725\left(\frac{r\rho^2 g\lambda^3}{n^{2/3}\mu d\Delta t}\right)^{1/4} \tag{4-57}$$

会更符合实际结果。

(2) 影响冷凝传热的因素及强化措施

① 不凝气体的影响　在实际的工业冷凝器中，由于蒸汽中常含有微量不凝性气体，如空气。当蒸汽冷凝时，不凝气体会在液膜表面富集形成气膜。这样冷凝蒸汽到达液膜表面冷凝前，必须先以扩散的方式通过这层气膜。这将导致液膜表面的蒸汽分压及对应的饱和温度下降，相当于额外附加了一热阻，使蒸汽冷凝时的对流传热系数大为下降。因此，在冷凝器的设计中，需要在高处安装气体排放口，操作时，定期排放不凝气体，减少不凝气体对冷凝传热系数 α 的影响。

② 蒸汽过热的影响　蒸汽温度高于操作压强下的饱和温度时称为过热蒸汽。过热蒸汽与高于其饱和温度的壁面接触 ($T_w > T_s$)，壁面无冷凝现象，此时为无相变的对流传热过程。过热蒸气与低于其饱和温度的壁面接触 ($T_w < T_s$)，传热过程由蒸汽冷却和蒸汽冷凝两个步骤串联而成。

整个过程是过热蒸汽首先在气相下冷却到饱和温度，然后在液膜表面继续冷凝，冷凝的推动力仍为 $\Delta t = T_s - T_w$。一般过热蒸汽的冷凝过程可按饱和蒸汽冷凝来处理，所以前面的公式仍适用。但此时应把显热和潜热都考虑进来，以 $r' = C_p(T_v - T_s) + r$ 带入原公式，替代原公式中的 r，C_p、T_v 分别为过热蒸汽的比热容和温度。

③ 蒸汽流速与流向的影响　　前面介绍的公式只适用于蒸汽静止或流速不大的情况。蒸汽的流速对 α 有较大的影响，蒸汽流速较小 $u<10\text{m/s}$ 时，可不考虑其对 α 的影响。当蒸汽流速 $u>10\text{m/s}$ 时，则要考虑蒸汽与液膜之间的摩擦作用力。

蒸汽与液膜流向相同时，会加速液膜流动，使液膜厚度变薄，α 增大；蒸汽与液膜流向相反时，会阻碍液膜流动，使液膜厚度增厚，α 减少。一般冷凝器设计时，蒸汽入口在其上部，此时蒸汽与液膜流向相同，冷凝传热系数 α 增加。

④ 冷凝传热过程的强化　　对于纯蒸汽冷凝，恒压下蒸汽饱和温度 T_s 为一定值。即在气相主体内无温差也无热阻，α 的大小主要取决于液膜的厚度。所以，在冷凝液量一定的情况下，一切能使液膜变薄的措施将强化冷凝传热过程。

减小液膜厚度最直接的方法是从冷凝壁面的高度和布置方式入手。如在垂直壁面上开纵向沟槽，以减薄壁面上的液膜厚度；还可在壁面上安装金属丝或翅片，使冷凝液在表面张力的作用下，流向金属丝或翅片，从而使壁面上的液膜减薄，使冷凝传热系数得到提高。

4.4　传热过程的计算

工业上大量存在的传热过程（指间壁式传热过程），包括了流体与固体表面之间的对流传热和固体内部的导热。前面我们已经探讨了导热和一些情况下对流传热所遵循的规律，本节讨论传热过程的计算问题。

4.4.1　热量衡算

图 4-15 为一定态逆流操作（冷、热流体逆向流动）的套管式换热器，热流体走管内，质量流量为 q_{m_1}，冷流体走管外，质量流量为 q_{m_2}，热、冷流体的主体温度分别以 T 和 t 表示，在进出口处热、冷流体的温度分别为 T_1、T_2 和 t_1、t_2。假设定压比热容 C_{p_1}、C_{p_2} 沿传热面不变，换热器无热损失，对此换热器做热量衡算得

$$Q=q_{m_1}C_{p_1}(T_1-T_2)=q_{m_2}C_{p_2}(t_2-t_1) \tag{4-58}$$

式中，Q 是换热器的热负荷，W。它是根据冷、热流体的工艺条件通过计算得到的，是工艺给换热器提出的传热要求，但由于此负荷的传递需要通过换热器来解决，Q 又是换热器的传热速率。

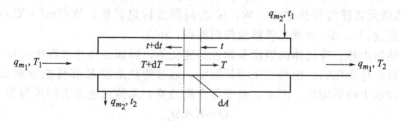

图 4-15　逆流操作的套管式换热器

若换热器中交换的热量来源于饱和蒸气的冷凝（换热器一侧通入饱和蒸气），则换热器的热量衡算式为

$$Q=q_{m_1}r=q_{m_2}C_{p_2}(t_2-t_1) \tag{4-59}$$

式中，q_{m_1} 为饱和蒸气的质量流量；r 为饱和蒸气的汽化潜热。

在推导总传热速率方程时，需要对换热器内某微元管段做热量衡算。在流体流动方向上取一微元管段 $\mathrm{d}L$，其传热面积为 $\mathrm{d}A$（图 4-15），该微元段的热流密度为 q，对微元体做热

量衡算可得

$$dQ=qdA=-q_{m_1}C_{p_1}dT=-q_{m_2}C_{p_2}dt \tag{4-60}$$

式中，dQ 为此微元段的传热速率；dT 为热流体经过微元段温度的变化；dt 为冷流体经过微元段温度的变化；由于冷、热流体逆流流动，温度均随 L 增加而降低，所以微分衡算式右端多一负号。式(4-60) 表示微元管段冷、热流体之间交换的热量等于热流体释放的热量及冷流体得到的热量。

【例 4-6】 试计算压力为 0.2MPa、流量为 2000kg/h 的饱和水蒸气冷凝后并降温至 70℃ 时所放出的热量。

解： 此题可分为两步计算，一是饱和水蒸气的冷凝，二是水降温至 70℃ 所放热量。

（1）饱和水蒸气的冷凝所放热量

查附录水蒸气表得：0.2MPa 时水的饱和温度是 $t_s=119.6℃$，汽化潜热 $r=2206.4kJ/kg$

$$Q_1=q_{m_1}r=\frac{2000}{3600}\times2206.4=1225.8kJ/s=1225.8kW$$

（2）水降温至 70℃ 所放热量

水放出热量前后平均温度 $(119.6+70)/2=94.8℃$ 时的比热容为 $C_p=4.214kJ/(kg\cdot℃)$

$$Q_2=q_mC_p(T_s-T_2)=\frac{2000}{3600}\times4.214\times(119.6-70)=116kJ/s=116kW$$

（3）共放出热量

$$Q=Q_1+Q_2=1225.8+116=1341.8kW$$

4.4.2　总传热速率方程

对于间壁式传热过程，虽然可以通过对固体壁面热传导或者流体与一侧固体壁面间的对流传热来求解过程的传热速率，然而在采用这些方法进行传热计算时，都涉及到了壁面温度，而壁面温度通常是未知的。为了避免在传热速率方程中出现未知的壁面温度，在实际的传热计算中，通常采用以间壁两侧流体主体温度差为推动力的总传热速率方程。对图 4-15 微元管段总传热速率方程为

$$dQ=qdA=K'(T-t)dA \tag{4-61}$$

式中，dQ 为微元管段的传热速率，W；K' 为局部总传热系数，W/(m²·℃)；T、t 为热、冷流体主体温度，℃；dA 为微元管段的传热面积，m²。

由于换热器内热、冷流体的温度和物性是变化的，因而在传热过程中的局部传热温差和局部传热系数也是变化的。但是在工程计算中，通常传热系数 K 和传热温差 Δt 均采用整个换热器传热面积上的平均值，因此，对于整个换热器，总传热速率方程可写为

$$Q=KA\Delta t_m \tag{4-62}$$

式中，K 为基于换热器总传热面积 A 的总传热系数，W/(m²·℃)；Δt_m 为热、冷流体的平均传热温差，℃。

由传热热阻的概念，总传热速率方程还可以表示为

$$Q=\frac{\Delta t_m}{R}=\frac{\Delta t_m}{\frac{1}{KA}} \tag{4-63}$$

式中，$R=\frac{1}{KA}$ 为换热器的总传热热阻。

4.4.3　总传热系数

上节给出了总传热速率方程，但是要使其方便地用于传热过程计算，必须将式中的总传热系数 K 及热、冷流体的平均传热温差 Δt_m 和某些容易得到的物理量相关联。首先来讨论总传热系数 K。

（1）总传热系数 K

在图 4-15 所示的套管换热器中，内管为传热管，传热管内径为 d_1，外径为 d_2，壁厚为 b，在微元管段内，传热管内侧表面积 dA_1，管内侧对流传热系数 α_1；外侧表面积 dA_2，外侧对流传热系数 α_2，对数平均面积 dA_m，壁面热导率 λ，热、冷流体主体温度分别为 T，t，和热、冷流体接触的两侧壁面温度分别为 T_w，t_w。热量经由热流体传给管壁内侧，再由管壁内侧传至外侧，最后由管壁外侧传给冷流体。

对上述微元管段，由对导热及对流传热的讨论可得

$$dQ=\frac{T-T_w}{\dfrac{1}{\alpha_1 dA_1}}=\frac{T_w-t_w}{\dfrac{b}{\lambda dA_m}}=\frac{t_w-t}{\dfrac{1}{\alpha_2 dA_2}}=\frac{T-t}{\dfrac{1}{\alpha_1 dA_1}+\dfrac{b}{\lambda dA_m}+\dfrac{1}{\alpha_2 dA_2}}=\frac{推动力}{阻力}$$

对比式（4-61）得

$$\frac{1}{K' dA}=\frac{1}{\alpha_1 dA_1}+\frac{b}{\lambda dA_m}+\frac{1}{\alpha_2 dA_2} \tag{4-64}$$

式中，K' 为局部总传热系数，$W/(m^2 \cdot ℃)$。

因为沿着流体流动方向（套管换热器沿管长）上流体的温度是变化的，物性参数随之变化，所以对流传热系数严格意义上沿管长变化。但是，回顾前述 α 值的计算过程，该值实际上是物性参数在某一特定定性温度下沿整个传热面的均值。这样，可以认为 α 与传热面无关是一常数，若 λ 为常量或也取均值，则 $K'=K$（总传热系数）也为一常数，后面计算式中将使用 K 替代 K'，故有

$$\frac{1}{KA}=\frac{1}{\alpha_1 A_1}+\frac{b}{\lambda A_m}+\frac{1}{\alpha_2 A_2} \tag{4-65}$$

由式（4-65）可以看出，以内、外表面积为基准（即 $A=A_1$ 或 $A=A_2$）的总传热系数是不相等的。工程上换热器计算常取传热管外表面积为基准，即 $A=A_2$，$Q=K_2 A_2 \Delta t_m$，则

$$\frac{1}{K_2}=\frac{1}{\alpha_1}\frac{A_2}{A_1}+\frac{b}{\lambda}\frac{A_2}{A_m}+\frac{1}{\alpha_2} \tag{4-66}$$

对于套管换热器，$A=\pi dl$，则

$$\frac{1}{K_2}=\frac{1}{\alpha_1}\frac{d_2}{d_1}+\frac{b}{\lambda}\frac{d_2}{d_m}+\frac{1}{\alpha_2} \tag{4-67}$$

式中，K_2 为基于换热器外侧传热面积 A_2 的总传热系数，$W/(m^2 \cdot ℃)$。

对于平壁，$A=A_1=A_m=A_2$，则

$$\frac{1}{K}=\frac{1}{\alpha_1}+\frac{b}{\lambda}+\frac{1}{\alpha_2} \tag{4-68}$$

（2）污垢热阻 R_s

以上的推导过程中，未涉及传热面污垢的影响。实践证明，表面污垢会产生相当大的热阻。换热器使用一段时间后，传热表面有污垢积存，因此污垢层的热阻一般不可忽略。但是，污垢层的厚度及其热导率无法测量，故污垢热阻只能根据经验数据确定。常见流体的污垢热阻见表 4-3，计及污垢热阻后的总热阻为

$$\frac{1}{K_2}=\frac{1}{\alpha_1}\frac{d_2}{d_1}+R_{s_1}\frac{d_2}{d_1}+\frac{b}{\lambda}\frac{d_2}{d_m}+R_{s_2}+\frac{1}{\alpha_2} \tag{4-69}$$

式中，R_{s_1}、R_{s_2} 分别为传热管内侧、外侧的污垢热阻，$m^2 \cdot ℃/W$。

表 4-3 常见流体的污垢热阻

流体	污垢热阻/(m²·℃/kW)	流体	污垢热阻/(m²·℃/kW)
水(1m/s,t>50℃)		溶剂蒸气	0.14
蒸馏水	0.09	水蒸气	
海水	0.09	优质(不含油)	0.052
清静的河水	0.21	劣质(不含油)	0.09
未处理的凉水塔用水	0.58	往复机排出	0.176
已处理的凉水塔用水	0.26	液体	
已处理的锅炉用水	0.26	处理过的盐水	0.264
硬水、井水	0.58	有机物	0.176
气体		燃料油	1.056
空气	0.26~0.53	焦油	1.76

由前面的分析可知,传热过程的总热阻 $1/K$ 由各串联环节的热阻叠加而成,原则上减小任何环节的热阻都可以提高总传热系数,增大传热过程速率。但是,各环节热阻不同时,其对总热阻的影响也不同,由 K 的表达式我们可以得知,总热阻 $1/K$ 的数值将主要由其中最大热阻所决定。

【例 4-7】 某管壳换热器由 25mm×2.5mm 的钢管组成。热空气流经管程,冷却水在管间与空气呈逆流流动。已知管内侧空气的 α_1 为 50W/(m²·℃),管外侧水的 α_2 为 1000W/(m²·℃)。钢的 λ 为 45W/(m·℃)。试求基于管外表面积的总传热系数 K_2 及按平壁计的总传热系数。

解: 参考表 4-3,取空气侧的污垢热阻 $R_{s_1}=0.5\times10^{-3}$ (m²·℃)/W,水侧的污垢热阻 $R_{s_2}=0.2\times10^{-3}$ (m²·℃)/W。由式(4-69) 得

$$\frac{1}{K_2}=\frac{1}{\alpha_1}\frac{d_2}{d_1}+R_{s_1}\frac{d_2}{d_1}+\frac{b}{\lambda}\frac{d_2}{d_m}+R_{s_2}+\frac{1}{\alpha_2}$$

$$=\frac{1}{50}\times\frac{0.025}{0.02}+0.5\times10^{-3}\times\frac{0.025}{0.02}+\frac{0.0025}{45}\times\frac{0.025}{0.0225}+0.2\times10^{-3}+\frac{1}{1000}$$

$$=0.0269 \text{ (m}^2\cdot℃\text{)/W}$$

所以 $K_2=37.2$W/(m²·℃)

若按平壁计算,则有

$$\frac{1}{K}=\frac{1}{\alpha_1}+R_{s_1}+\frac{b}{\lambda}+R_{s_2}+\frac{1}{\alpha_2}$$

$$=\frac{1}{50}+0.5\times10^{-3}+\frac{0.0025}{45}+0.2\times10^{-3}+\frac{1}{1000}=0.0218 \text{ (m}^2\cdot℃\text{)/W}$$

$$K=46\text{W/(m}^2\cdot℃\text{)}$$

显然,管壳式换热器总传热系数是和所选面积基准密切相关的,若以平壁计算的总传热系数 K 替代基于管外表面积的总传热系数 K_2 会带来较大误差。

4.4.4 平均温差的计算

仍以图 4-15 所示换热器(逆流)为例来讨论传热平均温差 Δt_m,对微元管段分析,可得如下关系式

$$K'(T-t)\mathrm{d}A=-q_{m_1}C_{p_1}\mathrm{d}T=-\mathrm{d}T/(1/q_{m_1}C_{p_1})$$

$$K'(T-t)\mathrm{d}A=-q_{m_2}C_{p_2}\mathrm{d}t=\mathrm{d}t/(-1/q_{m_2}C_{p_2})$$

由上两式可得 $\quad K'(T-t)\mathrm{d}A=\dfrac{-\mathrm{d}(T-t)}{[1/(q_{m_1}C_{p_1})-1/(q_{m_2}C_{p_2})]}=\dfrac{-\mathrm{d}(T-t)}{m}$

式中　$m=[1/(q_{m_1}C_{p_1})-1/(q_{m_2}C_{p_2})]$

对于定态操作，q_{m_1}、q_{m_2} 是常数，取流体平均温度下的比热容，则 C_{p_1}、C_{p_2} 也是常数，若以 K 值取代换热面各微元段的局部 K' 值，则上式中只有 $\Delta t=T-t$ 沿换热面而变。分离变量，并在上下限 $A=0$ 时，$\Delta t=\Delta t_1=T_1-t_2$；$A=A$ 时，$\Delta t=\Delta t_2=T_2-t_1$ 间积分，得

$$mK\int_0^A \mathrm{d}A = -\int_{\Delta t_1}^{\Delta t_2}\frac{\mathrm{d}(T-t)}{T-t}=-\int_{\Delta t_1}^{\Delta t_2}\frac{\mathrm{d}\Delta t}{\Delta t}$$

$$mKA=\ln\frac{\Delta t_1}{\Delta t_2} \tag{4-70}$$

对整个换热面作热量衡算，由式(4-58) 得

$$\frac{1}{q_{m_1}C_{p_1}}=\frac{T_1-T_2}{Q},\ \frac{1}{q_{m_2}C_{p_2}}=\frac{t_2-t_1}{Q}$$

$$m=[(T_1-T_2)-(t_2-t_1)]/Q=[(T_1-t_2)-(T_2-t_1)]/Q=(\Delta t_1-\Delta t_2)/Q \tag{4-71}$$

将式(4-71) 代入式(4-70) 并整理得　$Q=KA\dfrac{\Delta t_1-\Delta t_2}{\ln\dfrac{\Delta t_1}{\Delta t_2}}$ \hfill (4-72)

对比式(4-72) 与式(4-62)，可得出冷、热流体逆流流动时 $\Delta t_{\mathrm{m}}=\dfrac{\Delta t_1-\Delta t_2}{\ln\dfrac{\Delta t_1}{\Delta t_2}}$，称之为对数平均

温度差。类比对数平均面积的计算，当 $\dfrac{\Delta t_1}{\Delta t_2}<2$ 时，$\Delta t_{\mathrm{m}}\approx\dfrac{\Delta t_1+\Delta t_2}{2}$。同样，我们也可以证明冷、热流体并流流动（即冷、热流体同向流动）时 Δt_{m} 的计算式同样适用。Δt_{m} 的计算式表明，在传热过程中，可用换热器两端温度差的某种组合（即对数平均温度差）来表示热、冷流体的平均传热温差。

对数平均温度差（或推动力）恒小于算术平均温度差，特别是当换热器两端温度差相差悬殊时，对数平均温度差将急剧减小。在冷、热流体进出口温度相同的情况下，并流操作时两端推动力相差较大，其对数平均值必小于逆流操作。因此，就增加传热过程推动力而言，逆流操作总是优于并流操作。

当换热器一侧为饱和蒸气冷凝，流体温度恒定时，无并流、逆流流动的区别，Δt_{m} 得以简化。

即 \hfill $\Delta t_{\mathrm{m}}=\dfrac{t_2-t_1}{\ln[(T_{\mathrm{s}}-t_1)/(T_{\mathrm{s}}-t_2)]}$ \hfill (4-73)

在实际操作的换热器内，纯粹的逆流和并流操作并不多见，经常采用错流、折流及其他的复杂流动形式，这些流动形式下的 Δt_{m} 的求解将在换热器一节中详述。

【例 4-8】 在管壳式换热器中，某反应物在管内流动，由 $300℃$ 被冷却至 $170℃$，原油在壳程流动，由 $100℃$ 被加热至 $150℃$。试分别计算并流与逆流时的平均温度差。

解： 并流时　$300\rightarrow170$　　　逆流时　$300\rightarrow170$

　　　　　　　　$100\rightarrow150$　　　　　　　$150\leftarrow100$

　　　$\Delta t_1=200$　$\Delta t_2=20$　　　$\Delta t_1=150$　$\Delta t_2=70$

故
$$\Delta t_{\mathrm{m并}}=\frac{\Delta t_1-\Delta t_2}{\ln\dfrac{\Delta t_1}{\Delta t_2}}=\frac{200-20}{\ln\dfrac{200}{20}}=78.3℃$$

$$\Delta t_{\mathrm{m逆}}=\frac{\Delta t_1-\Delta t_2}{\ln\dfrac{\Delta t_1}{\Delta t_2}}=\frac{150-70}{\ln\dfrac{150}{70}}=105℃$$

由计算结果可以看到，冷热流体进出口温度相同时，逆流操作时的平均温度差大于并流操作时的平均温度差。

4.4.5 传热面积的计算

由总传热速率方程式(4-62)可知，当传热速率 Q、总传热系数 K 及传热平均温度差 Δt_m 确定以后，即可以计算换热器的传热面积 A。因该计算是换热器设计的主要内容，常称之为设计型传热计算。

$$A = \frac{Q}{K\Delta t_m} \tag{4-74}$$

【例 4-9】 有一套管式换热器，内管为 89mm×3.5mm 的钢管，苯在内管中流动，其流量为 2000kg/h，温度从 80℃冷却至 50℃。冷却水在环隙中从 15℃升至 35℃。苯的对流传热系数为 230W/(m² · ℃)，水侧的对流传热系数为 290W/(m² · ℃)，忽略污垢热阻。试求：(1) 冷却水的消耗量；(2) 逆流操作时所需的传热面积（以外表面积为基准）。

解： (1) 冷却水的消耗量

苯的平均温度 $(80+50)/2=65℃$，查得苯的比热容为 $C_{p_1}=1.86\times10^3 J/(kg \cdot ℃)$

水的平均温度 $(15+35)/2=25℃$，查得水的比热容为 $C_{p_2}=4.178\times10^3 J/(kg \cdot ℃)$

由式(4-58) 知

$$Q = q_{m_1}C_{p_1}(T_1-T_2) = \frac{2000}{3600}\times1.86\times10^3\times(80-50) = 3.1\times10^4 W \text{（忽略热损失）}$$

$$q_{m_2} = \frac{Q}{C_{p_2}(t_2-t_1)} = \frac{3.1\times10^4}{4.178\times10^3\times(35-15)} = 0.371kg/s = 1335.6kg/h$$

(2) 逆流操作时所需的传热面积（以外表面积为基准）

以管外表面积为基准的总传热系数 K_2，碳钢的 $\lambda=45W/(m \cdot ℃)$

$$\frac{1}{K_2} = \frac{1}{\alpha_1}\frac{d_2}{d_1} + \frac{b}{\lambda}\frac{d_2}{d_m} + \frac{1}{\alpha_2} = \frac{1}{230}\times\frac{0.089}{0.082} + \frac{0.0035}{45}\times\frac{0.089}{0.0855} + \frac{1}{290}$$

$$= 8.25\times10^{-3} W/(m^2 \cdot ℃)$$

$$K_2 = 121.1 W/(m^2 \cdot ℃)$$

逆流时　　　80→50

$$\begin{array}{cc} 35\leftarrow15 \\ \Delta t_1=45 \quad \Delta t_2=35 \end{array} \qquad \Delta t_{m逆} = \frac{\Delta t_1 + \Delta t_2}{2} = \frac{45+35}{2} = 40℃$$

由式(4-74) 得

$$A_{2逆} = \frac{Q}{K_2\Delta t_{m逆}} = \frac{3.1\times10^4}{121.1\times40} = 6.40m^2$$

4.4.6 壁温的计算

在传热计算过程中，计算某些对流传热系数时，需要知道壁温，下面介绍壁温的计算。对于图 4-15 所示换热器微元管段，可以得到下式

$$dQ = \frac{T-T_w}{\frac{1}{\alpha_1 dA_1}} = \frac{T_w-t_w}{\frac{b}{\lambda dA_m}} = \frac{t_w-t}{\frac{1}{\alpha_2 dA_2}} \tag{4-75}$$

对于沸腾、冷凝等过程，因冷热流体主体温度恒定，故换热器各微元段情况相同，式(4-75) 可表示为

$$Q = \frac{T-T_w}{\frac{1}{\alpha_1 A_1}} = \frac{T_w-t_w}{\frac{b}{\lambda A_m}} = \frac{t_w-t}{\frac{1}{\alpha_2 A_2}} \tag{4-76}$$

整理得
$$T_w = T - Q/\alpha_1 A_1 \tag{4-77}$$
$$t_w = t + Q/\alpha_2 A_2 \tag{4-78}$$

因为，传热过程中热阻大的环节其温差也大。在一般管壁较薄的情况下，因金属壁的热阻很小，可以忽略，故 $T_w \approx t_w$，则有 $\dfrac{T - T_w}{T_w - t} = \dfrac{1/\alpha_1 A_1}{1/\alpha_2 A_2}$ $\tag{4-79}$

即壁温 T_w 接近于热阻较小或对流传热系数较大一侧流体的温度。

【例 4-10】 一容器内装有 $\phi51\text{mm} \times 2.5\text{mm}$ 的钢质蛇管，蛇管内为饱和水蒸气冷凝，蒸气温度为 115℃。蛇管外的重油在自由流动的条件下由 15℃ 加热至 80℃，试求其总传热系数。

已知：(1) 蒸气冷凝时 $\alpha_1 = 10000\text{W}/(\text{m}^2 \cdot \text{℃})$；(2) 污垢热阻、壁阻皆可不计。

解： 重油被加热属于自然对流传热过程，应先求出管壁对重油的 α_2 后再求 K。

自然对流时的 α 可由式(4-45) 计算。定性温度为膜温，而膜温中的蛇管外表面的平均壁温未知，所以应先假设蛇管外表面的温度进行计算，最后再作校核。

设蛇管外表面温度为 110℃。重油的平均温度为 $(15+80)/2 = 47.5$℃。定性温度为 $(110+47.5)/2 = 79$℃。79℃重油的有关物性数据如下

$\rho = 900\text{kg/m}^3$；$C_p = 1.88 \times 10^3 \text{J}/(\text{kg} \cdot \text{℃})$；$\lambda = 0.181\text{W}/(\text{m} \cdot \text{℃})$；$\beta = 0.0003\text{℃}^{-1}$；$\mu = 0.18\text{Pa} \cdot \text{s}$。

$$Pr = \frac{C_p \mu}{\lambda} = \frac{1.88 \times 10^3 \times 0.18}{0.181} = 1870$$

$$Gr = \frac{\beta g \Delta t l^3 \rho^2}{\mu^2} = \frac{0.0003 \times 9.81 \times (110-47.5) \times 0.051^3 \times 900^2}{0.18^2} = 610$$

$$GrPr = 1870 \times 610 = 1.14 \times 10^6$$

由表 4-3 查得：$K = 0.54$，$b = 1/4$，所以

$$\alpha_2 = 0.54 \times \frac{\lambda}{d}(GrPr)^{1/4} = 0.54 \times \frac{0.181}{0.051} \times (1.14 \times 10^6)^{1/4} = 62.6\text{W}/(\text{m}^2 \cdot \text{℃})$$

总传热系数 K（以平壁计）

$$K = \left(\frac{1}{\alpha_1} + \frac{1}{\alpha_2}\right)^{-1} = \left(\frac{1}{10000} + \frac{1}{62.6}\right)^{-1} = 62.2\text{W}/(\text{m}^2 \cdot \text{℃})$$

校核壁温 $\quad 115 \longrightarrow 115$

$\qquad\qquad \dfrac{15 \longrightarrow 80}{\Delta t_1 = 100, \quad \Delta t_2 = 35} \qquad \Delta t_m = \dfrac{\Delta t_1 - \Delta t_2}{\ln(\Delta t_1/\Delta t_2)} = \dfrac{100-35}{\ln(100/35)} = 61.9$℃

由 $Q = KA\Delta t_m = \alpha_2 A(t_w - t) \qquad 62.2 \times 61.9 = 62.6 \times (t_w - 47.5)$

得 $\qquad\qquad\qquad\qquad t_w = 109$℃

109℃与110℃相近，计算结果有效。注意计算 α_2 时膜温及流体主体温度 t 的取法。

4.4.7 传热单元数法

和设计型传热计算相对应，另有一类传热计算或是判断一个现有的换热器能否完成指定的生产任务，或是预测某些参数变化对换热过程的影响，这类计算被称为操作型传热计算。比如，已知换热器的传热面积以及有关尺寸，冷、热流体的物理性质，冷热流体的流量和进口温度以及流体的流动方式，求解冷热流体的出口温度。

对于此种计算，冷热流体的出口温度 T_2 及 t_2 未知。如果将总传热方程中所含的两个出口温度用热量衡算式消去其中的一个，而使计算式中仅包含一个出口温度，则计算可较为方便。为此推导如下（以逆流操作为例）

$$q_{m_1} C_{p_1}(T_1 - T_2) = KA \frac{(T_1 - t_2) - (T_2 - t_1)}{\ln \dfrac{T_1 - t_2}{T_2 - t_1}} \tag{4-80}$$

$$t_2 - t_1 = \frac{q_{m_1} C_{p_1}}{q_{m_2} C_{p_2}}(T_1 - T_2) \tag{4-81}$$

联立以上两式，可得

$$\ln \frac{T_1 - t_2}{T_2 - t_1} = \frac{KA}{q_{m_1} C_{p_1}}\left(1 - \frac{q_{m_1} C_{p_1}}{q_{m_2} C_{p_2}}\right) \tag{4-82}$$

变换式(4-81) 有

$$t_2 = \frac{q_{m_1} C_{p_1}}{q_{m_2} C_{p_2}}(T_1 - T_2) + t_1 \tag{4-83}$$

将上式代入式(4-82)并整理得

$$\ln \frac{1 - \dfrac{q_{m_1} C_{p_1}}{q_{m_2} C_{p_2}}\left(\dfrac{T_1 - T_2}{T_1 - t_1}\right)}{\dfrac{T_2 - t_1}{T_1 - t_1}} = \frac{KA}{q_{m_1} C_{p_1}}\left(1 - \frac{q_{m_1} C_{p_1}}{q_{m_2} C_{p_2}}\right) \tag{4-84}$$

因为

$$\frac{T_2 - t_1}{T_1 - t_1} = 1 - \frac{T_1 - T_2}{T_1 - t_1}$$

令

$$\frac{KA}{q_{m_1} C_{p_1}} = \frac{T_1 - T_2}{\Delta t_m} = NTU_1, \qquad \frac{q_{m_1} C_{p_1}}{q_{m_2} C_{p_2}} = \frac{t_2 - t_1}{T_1 - T_2} = R_1, \qquad \frac{T_1 - T_2}{T_1 - t_1} = \varepsilon_1$$

并代入式(4-84) 得

$$\ln \frac{1 - R_1 \varepsilon_1}{1 - \varepsilon_1} = NTU_1(1 - R_1) \tag{4-85}$$

或

$$\varepsilon_1 = \frac{1 - \exp[NTU_1(1 - R_1)]}{R_1 - \exp[NTU_1(1 - R_1)]} \tag{4-86}$$

式中，NTU 称为传热单元数；ε 称为换热器的热效率。

同样，可以消去 T_2，为此令

$$\frac{KA}{q_{m_2} C_{p_2}} = \frac{t_2 - t_1}{\Delta t_m} = NTU_2, \qquad \frac{q_{m_2} C_{p_2}}{q_{m_1} C_{p_1}} = \frac{T_1 - T_2}{t_2 - t_1} = R_2, \qquad \frac{t_2 - t_1}{T_1 - t_1} = \varepsilon_2 \tag{4-87}$$

相应导出

$$\varepsilon_2 = \frac{1 - \exp[NTU_2(1 - R_2)]}{R_2 - \exp[NTU_2(1 - R_2)]} \tag{4-88}$$

上述求解方法称为传热单元数法，并流操作时的结果，可以类比推出，故不再详述。

【例 4-11】 某套管换热器，两流体递流，管长为 L，管内热流体温度由 280℃冷却到 160℃，管外冷流体温度由 20℃升高到 80℃，现将套管的长度增加 20%，设两流体流量、进口温度、流体物性不变，试求冷流体的出口温度。

解：(1) 对数平均温度差法

原工况

$$Q = q_{m_1} C_{p_1}(T_1 - T_2) = q_{m_2} C_{p_2}(t_2 - t_1) = KA\Delta t_m$$
$$= q_{m_1} C_{p_1}(280 - 160) = q_{m_2} C_{p_2}(80 - 20) = KA\Delta t_m \tag{1}$$

$$\Delta t_m = \frac{\Delta t_1 - \Delta t_2}{\ln(\Delta t_1 / \Delta t_2)} = \frac{(280 - 80) - (160 - 20)}{\ln(200/140)} = 168.2℃$$

现工况

$$Q' = q_{m_1} C_{p_1}(T_1 - T_2') = q_{m_2} C_{p_2}(t_2' - t_1) = K \times 1.2A\Delta t_m'$$
$$= q_{m_1} C_{p_1}(280 - T_2') = q_{m_2} C_{p_2}(t_2' - 20) = K \times 1.2A\Delta t_m' \tag{2}$$

联立式 (1)、(2) 得

$$\frac{(280 - T_2')}{(280 - 160)} = \frac{(t_2' - 20)}{(80 - 20)} = \frac{1.2\Delta t_m'}{168.2} = \frac{1.2}{168.2} \times \frac{(280 - t_2') - (T_2' - 20)}{\ln[(280 - t_2')/(T_2' - 20)]}$$

经试差求解得冷流体的出口温度 t_2' 为 87.12℃。

（2）传热单元数法

原工况
$$R_2 = \frac{q_{m_2} C_{p_2}}{q_{m_1} C_{p_1}} = \frac{T_1 - T_2}{t_2 - t_1} = \frac{280 - 160}{80 - 20} = 2$$

$$NTU_2 = \frac{KA}{q_{m_2} C_{p_2}} = \frac{t_2 - t_1}{\Delta t_m} = \frac{80 - 20}{168.2} = 0.357$$

现工况
$$R_2' = \frac{q_{m_2} C_{p_2}}{q_{m_1} C_{p_1}} = R_2 = 2$$

$$NTU_2' = \frac{KA'}{q_{m_2} C_{p_2}} = 1.2 \times NTU_2 = 1.2 \times 0.357 = 0.428$$

由于
$$\varepsilon_2' = \frac{t_2' - t_1}{T_1 - t_1} = \frac{1 - \exp[NTU_2'(1 - R_2')]}{R_2' - \exp[NTU_2'(1 - R_2')]}$$

即
$$\frac{t_2' - 20}{280 - 20} = \frac{1 - \exp[0.428 \times (1 - 2)]}{2 - \exp[0.428 \times (1 - 2)]}$$

解得，冷流体的出口温度 t_2' 为 87.12℃。并由计算过程可看出对于此种操作型计算，传热单元数法无需试差求解，显然比对数平均温度差法简便一些。

　　由上例可以看出操作型传热计算比起设计型传热计算变化趋于灵活，要求熟练运用所学知识，为达此目的，再给出下面两道例题。

【例 4-12】　90℃的丁醇在逆流换热器中被冷却到 50℃，换热器传热面积为 6m²，总传热系数 230W/(m² · ℃)，若丁醇的流量为 1930kg/h，冷却水的进口温度为 18℃，试求：（1）冷却水的出口温度；（2）冷却水的消耗量。

　　解：（1）冷却水的出口温度

　　丁醇的定性温度为（90 + 50)/2 = 70℃，查得丁醇的比热容为 $C_{p_1} = 2.98 \times 10^3$ J/(kg · ℃)

$$Q = q_{m_1} C_{p_1}(T_1 - T_2) = \frac{1930}{3600} \times 2.98 \times 10^3 \times (90 - 50) = 6.39 \times 10^4 \text{W}$$

$$\Delta t_{m逆} = \frac{Q}{KA} = \frac{6.39 \times 10^4}{230 \times 6} = 46.3℃$$

假设可以采用算术平均温度作为推动力

$$\Delta t_{m逆} = \frac{(T_1 - t_2) + (T_2 - t_1)}{2} = \frac{(90 - t_2) + (50 - 18)}{2} = 61 - \frac{t_2}{2} = 46.3$$

解得
$$t_2 = 29.4℃$$

演算：$\frac{(T_1 - t_2)}{(T_2 - t_1)} = \frac{(90 - 29.4)}{(50 - 18)} = 1.98 < 2$　采用算术平均温度作为推动力是成立的。若不成立，就只能采用对数平均温度作为推动力，试差求解。

（2）冷却水的消耗量

忽略热损失，则
$$Q = q_{m_1} C_{p_1}(T_1 - T_2) = q_{m_2} C_{p_2}(t_2 - t_1)$$

$$q_{m_2} = \frac{q_{m_1} C_{p_1}(T_1 - T_2)}{C_{p_2}(t_2 - t_1)} = \frac{1930 \times 2.98 \times (90 - 50)}{4.187 \times (29.4 - 18)} = 4820 \text{kg/h}$$

【例 4-13】　一定流量的空气在换热器的管内呈湍流流动，从 20℃升至 80℃。压强为 180kPa 的饱和蒸气在管外冷凝。现因生产需要，空气流量增加 20%，而其进、出口温度不变，试问，应采取何种措施，才能完成任务（假设管壁和污垢热阻可忽略）？

　　解：新旧两种工况下换热过程均满足式(4-62)，即有

$$Q = KA\Delta t_m \text{ 和 } Q' = K'A'\Delta t_m'$$

式中，右上角加撇的为新工况下的物理量，因为不准备更换换热器，所以 A 值不变。

因为 $Q = q_{m_2} C_{p_2} (t_2 - t_1)$，$Q' = q'_{m_2} C_{p_2} (t_2 - t_1)$，$q'_{m_2} = 1.2 q_{m_2}$

所以 $$Q' = 1.2Q$$

又因为空气湍流对流传热系数 α_1 大约较饱和蒸气冷凝时对流传热系数 α_2 小两个数量级，所以 $K \approx \alpha_1 \propto u^{0.8}$，即 $K = bu^{0.8}$；$K' = b(u')^{0.8}$。

由 $q'_{m_2} = 1.2 q_{m_2}$，即由 $u' = 1.2u$ 及上述关系式，可推得 $K' = 1.2^{0.8} K = 1.16K$。

查饱和水蒸气表，可知 180kPa 下水蒸气的饱和温度为 116.6℃。

$$\Delta t_m = \frac{\Delta t_1 - \Delta t_2}{\ln(\Delta t_1 / \Delta t_2)} = \frac{(116.6 - 20) - (116.6 - 80)}{\ln(96.6/36.6)} = 61.8℃$$

将新旧两种工况下的总传热速率方程式相除并整理得：

$$\Delta t'_m = \frac{Q'}{Q} \times \frac{K}{K'} \times \Delta t_m = \frac{1.2 \times 61.8}{1.16} = 63.9℃$$

即 $$\frac{(T' - 20) - (T' - 80)}{\ln \dfrac{(T' - 20)}{(T' - 80)}} = 63.9$$

化简得 $$\ln \frac{(T' - 20)}{(T' - 80)} = \frac{60}{63.9} = 0.939$$

解得 $$T' = 118.5℃$$

从附录查得，将饱和水蒸气压强提高到约 200kPa 即可。

4.5 热辐射

4.5.1 热辐射的基本概念

任何物体，只要其热力学温度大于零度，都会不停的以电磁波的形式向外辐射能量，温度越高，辐射能越多；同时，又不断吸收来自外界其他物体的辐射能，并转化为热能。当物体向外界辐射的能量与其从外界吸收的辐射能不等时，该物体就与外界产生热量的传递，这种传热方式称为热辐射。

热辐射可以在真空中传播，不需要任何物质作媒介，这是区别于热传导、对流的主要不同点。因此，辐射传热的规律也不同于对流传热和导热。

工程上，当热物体的温度不很高时，以辐射方式传递的热量远小于对流和导热传递的热量，此时常常将辐射传热忽略不计。但对于高温物体，热辐射则往往成为传热的主要方式。

固体和液体的热辐射与气体不同，因为在真空和大多数气体中热辐射线可以完全透过，但是热辐射线不能透过固体和液体，只能发生在物体的表面层，并且只有辐射波能够互相到达的物体之间才能进行辐射传热。本节仅介绍工程上常遇到的固体辐射。

4.5.2 物体的辐射能力

(1) 黑体的辐射能力和吸收能力——斯蒂芬-波尔兹曼定律

从理论上说，固体可同时发射波长从 $0 \to \infty$ 的各种电磁波。但在工业上遇到的温度范围内，有实际意义的热辐射波长位于 $0.38 \sim 1000 \mu m$ 之间，而且大部分能量集中于红外线区段的 $0.76 \sim 20 \mu m$ 范围内。

和可见光一样，当来自外界的辐射能投射到物体表面上，会发生吸收、反射和穿透现象，服从光的反射和折射定律。辐射波在均一介质中作直线传播，可以完全透过大多数气体，但热射线不能透过工业上常见的大多数固体和液体。

假设外界投射到某物体表面上的总能量为 Q，其中一部分能量 Q_a 进入表面后被物体吸收，另一部分 Q_r 被物体反射，其余部分 Q_d 穿透物体。按能量守恒定律：

$$Q = Q_a + Q_r + Q_d \tag{4-89}$$

或

$$\frac{Q_a}{Q} + \frac{Q_r}{Q} + \frac{Q_d}{Q} = a + r + d = 1 \tag{4-90}$$

式中，Q_a/Q 为吸收率，用 a 表示；Q_r/Q 为反射率，用 r 表示；Q_d/Q 为透过率，用 d 表示。

对于固体和液体不允许热辐射透过，即有 $d=0$，$a+r=1$。

吸收率等于 1 的物体称为黑体。黑体是一种理想化物体，实际物体只能或多或少地接近黑体，但没有绝对的黑体，如没有光泽的黑漆表面，其吸收率为 $a = 0.96 \sim 0.98$。引入黑体的概念是理论研究的需要。

理论研究表明，黑体的辐射能力 E_b 即单位时间单位黑体表面向外界辐射的全部波长的总能量，服从斯蒂芬-波尔兹曼定律，即与其表面的热力学温度的四次方成正比

$$E_b = \sigma_0 T^4 = C_0 \left(\frac{T}{100}\right)^4 \tag{4-91}$$

式中，E_b 为黑体的辐射能力，W/m^2；σ_0 为黑体辐射常数，其值为 $5.67 \times 10^{-8}\ W/(m^2 \cdot K^4)$；$T$ 为黑体表面的热力学温度，K；C_0 为黑体辐射系数，其值为 $5.67\ W/(m^2 \cdot K^4)$。

斯蒂芬-波尔兹曼定律表明黑体的辐射能力与其表面的热力学温度的四次方成正比，也称为四次方定律。显然，热辐射与对流和传导遵循完全不同的规律。斯蒂芬-波尔兹曼定律表明辐射传热对温度异常敏感，低温时热辐射往往可以忽略，而高温时则成为主要的传热方式。

【例 4-14】 试计算一黑体表面温度分别为 25℃ 及 700℃ 时的辐射能力及 700℃ 时的辐射能力和 25℃ 时的辐射能力的比值。

解： 在 25℃ 时的辐射能力，由式(4-91)

$$E_{b_1} = C_0 \left(\frac{T_1}{100}\right)^4 = 5.67 \times \left(\frac{273+25}{100}\right)^4 = 447\ W/m^2$$

在 700℃ 时的辐射能力

$$E_{b_2} = C_0 \left(\frac{T_2}{100}\right)^4 = 5.67 \times \left(\frac{273+700}{100}\right)^4 = 50820\ W/m^2$$

$$E_{b_2}/E_{b_1} = 50820/447 = 113.7$$

由计算结果可见，同一黑体温度变化 $700/25 = 28$ 倍时，辐射能力增加 113.7 倍。说明温度对辐射能力的影响，低温时，辐射传热常可忽略；高温时，则可能是主要的传热方式。

(2) 实际物体的辐射能力和吸收能力

由于黑体是一种理想化的物体，在工程上要确定实际物体的辐射能力。在同一温度下，实际物体的辐射能力 E 恒小于同温度下黑体的辐射能力。不同物体的辐射能力也有较大的差别，通常以黑体的辐射能力 E_b 作为基础，引入物体的黑度 ε 的概念

$$\varepsilon = \frac{E}{E_b} \tag{4-92}$$

即物体的黑度 ε 表示实际物体的辐射能力与黑体的辐射能力之比。由于实际物体的辐射能力小于同温度下黑体的辐射能力，黑度表示实际物体接近黑体的程度，$\varepsilon < 1$。

物体的黑度 ε 受物体种类、表面温度、表面状况（如粗糙度、表面氧化程度等）的影响，是物体的一种性质，只与物体本身的情况有关，其值可用实验测定。某些工业材料的黑度 ε 值见表 4-4，从表中可看出，不同的材料黑度 ε 值差异较大。表面氧化材料的 ε 值比表面磨光材料的 ε 值大，说明其辐射能力也大。

黑体可将投入其上的辐射能全部吸收，$a=1$。但实际物体只能部分地吸收投入其上的

辐射能，而且对不同波长的辐射能呈现出一定的选择性，即对不同波长的辐射能吸收的程度不同，即有

$$a = f（物体种类\quad 表面温度，表面状况，投入辐射的波长）$$

因而实际物体的吸收率 a 比黑度 ε 更为复杂。

表 4-4　常用工业材料的黑度 ε 值

材　　料	温度/℃	黑度 ε	材料	温度/℃	黑度 ε
红砖	20	0.93	铜（氧化的）	200～600	0.57～0.87
耐火砖	—	0.8～0.9	铜（磨光的）	—	0.03
钢板（氧化的）	200～600	0.8	铝（氧化的）	200～600	0.11～0.19
钢板（磨光的）	940～1100	0.55～0.61	铝（磨光的）	225～575	0.039～0.057
铸铁（氧化的）	200～600	0.64～0.78			

（3）灰体的辐射能力和吸收能力——克希霍夫定律

灰体是指可以以相等的吸收率吸收所有波长的辐射能的理想物体。和实际物体一样，灰体的辐射能力可用黑度 ε 来表征，其吸收能力用吸收率 a 来表征，灰体的吸收率是灰体自身的特征。

克希霍夫从理论上证明，同一灰体的吸收率与其黑度在数值上必相等，即

$$a = \varepsilon \tag{4-93}$$

由上式可知，物体的辐射能力越大其吸收能力也越大，即善于辐射者必善于吸收。此定律还表明，实际物体（可近似为灰体者）的吸收率，可以使用实验测得的黑度值表示。

将上式变形可得到 $\dfrac{E}{a} = E_b$，说明灰体在一定温度下辐射能力和吸收率的比值，恒等于同温度下黑体的辐射能力。

实验证明，引入灰体的概念，并把大多数材料当作灰体来处理，可大大简化辐射传热的计算而不会产生很大的误差。但必须注意，不能把这种简化处理推广到对太阳辐射的吸收。太阳表面温度很高，在太阳辐射中波长较短的可见光占 46%。物体的颜色对可见光的吸收呈现强烈选择性，故不能再作为灰体处理。

4.5.3　物体间的辐射能力

（1）黑体间的辐射传热和角系数

上面讨论了物体向外界辐射能量和吸收外界辐射能量的能力，在此基础上可进一步讨论两物体之间的辐射能量交换。首先讨论两黑体间的辐射传热。

图 4-16 所示为任意放置的两个黑体表面，其面积分别为 A_1 和 A_2，表面温度分别维持 T_1 和 T_2 不变。黑体 1 向外辐射的能量只有一部分 $Q_{1\to2}$ 投射到黑体 2 并被吸收。同样黑体 2 向外辐射的能量也只有一部分 $Q_{2\to1}$ 投射到黑体 1 并被吸收。于是两黑体间传递的热流量为

$$Q_{12} = Q_{1\to2} - Q_{2\to1}$$

要计算 Q_{12} 必须分别计算 $Q_{1\to2}$ 和 $Q_{2\to1}$。

根据蓝贝特定律

$$Q_{1\to2} = \frac{E_{b_1}}{\pi} \int_{A_1} \int_{A_2} \cos\alpha_1 \cos\alpha_2 \frac{1}{r^2} dA_1 dA_2 = A_1 E_{b_1} \varphi_{12}$$

式中，dA_1、dA_2 分别为两黑体表面一微元面积；r 为两个微元面积之间的距离；α_1、α_2 为两个微元面积连线分别与各自

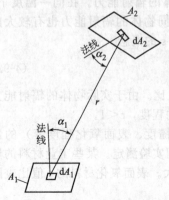
图 4-16　两黑体间的相互辐射

法线的夹角；φ_{12} 为黑体 1 对黑体 2 的角系数，其值代表在表面 1 辐射的全部能量中，直接投射到黑体 2 的量所占的比例。

$$\varphi_{12} = \frac{1}{\pi A_1} \int_{A_1} \int_{A_2} \cos\alpha_1 \cos\alpha_2 \frac{1}{r^2} dA_1 dA_2 \tag{4-94}$$

角系数是一个纯几何因素，与表面的性质无关。

同样 $$Q_{2\to1} = A_2 E_{b_2} \varphi_{21}$$

式中，φ_{21} 为黑体 2 对黑体 1 的角系数。

$$\varphi_{21} = \frac{1}{\pi A_2} \int_{A_2} \int_{A_1} \cos\alpha_2 \cos\alpha_1 \frac{1}{r^2} dA_2 dA_1 \tag{4-95}$$

由式(4-94) 及式(4-94) 可得 $$A_1 \varphi_{12} = A_2 \varphi_{21}$$

所以 $$Q_{12} = Q_{1\to2} - Q_{2\to1} = A_1 E_{b_1} \varphi_{12} - A_2 E_{b_2} \varphi_{21} = A_1 \varphi_{12} C_0 \left[\left(\frac{T_1}{100}\right)^4 - \left(\frac{T_2}{100}\right)^4 \right] \tag{4-96}$$

由上式可知，计算两黑体之间辐射传热的关键是角系数 φ_{12} 或 φ_{21} 的求取。当黑体表面积 A_1、A_2 及其相对位置已知时，φ_{12} 和 φ_{21} 可分别求出。

对于两相距很近的平行黑体平板，两平板面积相等且足够大，则 $\varphi_{12} = \varphi_{21} = 1$，式(4-96) 变为

$$q = \frac{Q_{12}}{A} = E_{b_1} - E_{b_2} \tag{4-97}$$

(2) 灰体间的辐射传热

如图 4-17 所示，有任意放置的灰体 1 和 2，其面积分别为 A_1 和 A_2（为说明问题简单起见，令 A_1 和 A_2 的值均为 1），表面温度分别为 T_1 和 T_2 不变。两灰体表面的辐射能力和吸收率分别为 E_1、E_2 和 a_1、a_2。灰体 1 在单位时间内辐射的总能量为 E_1，其中一部分 $\varphi_{12}E_1$ 直接投射到灰体 2 上，其余部分散失于外界。投射到表面 2 的能量一部分被吸收，一部分 $\varphi_{12}E_1(1-a_2)$ 被反射，其中 $\varphi_{21}\varphi_{12}E_1(1-a_2)$ 又投射到灰体 1。这一能量被灰体 1 部分吸收，而其余部分 $\varphi_{21}\varphi_{12}E_1(1-a_2)(1-a_1)$ 再次被反射。同样，被反射的能量 $\varphi_{21}\varphi_{12}E_1(1-a_2)(1-a_1)$ 投射到 2 又被部分吸收部分反射。如此无穷反复，逐次削弱，最终 E_1 将一部分散失于外界，一部分被两灰体吸收。从灰体 2 发射的能量 E_2 也同样经历上述反复过程。可

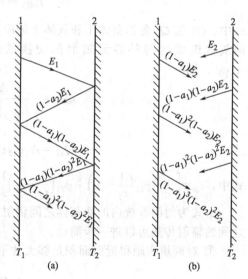

图 4-17 两平行灰体间的相互辐射

见，灰体间辐射传热过程比黑体复杂得多（由于图 4-17 中两平行平面距离很近，平面面积相对于间距足够大，所以 $\varphi_{12} = \varphi_{21} = 1$，故表示有所简化）。

为了简化问题，对灰体间的辐射传热不必去跟踪考察辐射能的逐次传递过程，仅对某一灰体作热量衡算，考察该灰体的能量得失情况，以使问题得以简化。

设在单位时间内离开某灰体单位面积的总辐射能为 $E_{效}$，称为有效辐射，而单位时间投入灰体单位面积的总辐射能为 $E_{入}$，称为投入辐射（图 4-18）。物体的有效辐射由两部分组成，一是灰体本身的辐射 E，二是对投入辐射的反射部分，即

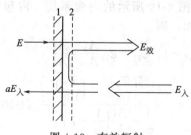

图 4-18 有效辐射

$$E_效 = E + (1-a)E_入 \tag{4-98}$$

对此灰体作能量衡算，单位时间、单位面积净损失的能量 Q/A 为本身辐射 E 与吸收投入辐射 $aE_入$ 之差，即

$$\frac{Q}{A} = E - aE_入 \tag{4-99}$$

若在稍离灰体表面处作能量衡算，则有

$$\frac{Q}{A} = E_效 - E_入 \tag{4-100}$$

联立式（4-99）和式（4-100）消去 $E_入$，可得

$$E_效 = \frac{E}{a} - \left(\frac{1}{a}-1\right)\frac{Q}{A} = E_b - \left(\frac{1}{\varepsilon}-1\right)\frac{Q}{A} \tag{4-101}$$

上式表明了单位时间内离开灰体单位面积的有效辐射能 $E_效$ 与灰体净损失热流量 Q、灰体黑度 ε 之间的关系。同时，可以将灰体理解为对投入辐射全部吸收而辐射能为 $E_效$ 的"黑体"。这样，处于任何位置两灰体 1、2 之间所交换的净辐射能为

$$Q_{12} = A_1 \varphi_{12} E_{效1} - A_2 \varphi_{21} E_{效2} \tag{4-102}$$

灰体 1 和 2 的有效辐射能分别为 $\quad E_{效1} = E_{b_1} - \left(\frac{1}{\varepsilon_1}-1\right)\frac{Q_1}{A_1}$

$$E_{效2} = E_{b2} - \left(\frac{1}{\varepsilon_2}-1\right)\frac{Q_2}{A_2}$$

式中，Q_1 和 Q_2 各为灰体 1 和灰体 2 的净失热流量。在一般情况下 $Q_1 \neq Q_2$，但是如果是由两灰体组成的与外界无辐射能交换的封闭系统，则 $Q_{12} = Q_1 = -Q_2$，同时 $A_1\varphi_{12} = A_2\varphi_{21}$，则

$$Q_{12} = \frac{A_1\varphi_{12}(E_{b_1}-E_{b_2})}{1+\varphi_{12}\left(\frac{1}{\varepsilon_1}-1\right)+\varphi_{21}\left(\frac{1}{\varepsilon_2}-1\right)} \tag{4-103}$$

或

$$Q_{12} = A_1\varphi_{12}\varepsilon_s C_0\left[\left(\frac{T_1}{100}\right)^4 - \left(\frac{T_2}{100}\right)^4\right] \tag{4-104}$$

式中，$\varepsilon_s = \left[1+\varphi_{12}\left(\frac{1}{\varepsilon_1}-1\right)+\varphi_{21}\left(\frac{1}{\varepsilon_2}-1\right)\right]^{-1}$ 称为系统黑度。

上式为封闭系统内的两灰体之间辐射传热的一般表达式。下面两种特殊情况下的两灰体之间的辐射传热可以进一步简化。

① 对两块相距很近而面积足够大的平行板，$\varphi_{12} = \varphi_{21} = 1$

$$Q_{12} = \frac{A_1 C_0\left[\left(\frac{T_1}{100}\right)^4 - \left(\frac{T_2}{100}\right)^4\right]}{\frac{1}{\varepsilon_1}+\frac{1}{\varepsilon_2}-1} \tag{4-105}$$

即物体的相对位置对辐射传热已无影响。

② 对如图 4-19 所示的内包系统，内包物体具有凸表面，则

$$\varphi_{12}=1, \quad \varphi_{21}=\varphi_{12}\frac{A_1}{A_2}=\frac{A_1}{A_2}$$

$$Q_{12} = \frac{A_1 C_0\left[\left(\frac{T_1}{100}\right)^4 - \left(\frac{T_2}{100}\right)^4\right]}{\frac{1}{\varepsilon_1}+\frac{A_1}{A_2}\left(\frac{1}{\varepsilon_2}-1\right)} \tag{4-106}$$

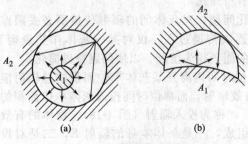

图 4-19　内包系统示意图

此时，物体相对位置对辐射传热也无影响，当 $\dfrac{A_1}{A_2}\approx 1$，$Q_{12}$ 计算式与两无限大平板的计算式一样；当 $\dfrac{A_1}{A_2}\approx 0$ 时，

$$Q_{12}=\varepsilon_1 A_1 C_0\left[\left(\frac{T_1}{100}\right)^4-\left(\frac{T_2}{100}\right)^4\right] \tag{4-107}$$

此时，不必知道 ε_2 和 A_2 即可求出 Q_{12}。大房间内高温管道的辐射散热、气体管道内热电偶测温的辐射误差计算都属于此种情况。

【例 4-15】 遮热板的作用。某车间内有高 2.5m、宽 1.8m 的铸铁门，温度为 427℃，室内温度为 27℃。为了减少热损失，在炉门前 40mm 处放置一块尺寸和炉门相同而黑度为 0.15 的铝板，试求放置铝板前、后因辐射而损失的热量。

解： 取铸铁的黑度 $\varepsilon_1=0.75$

放置铝板前，炉门为四壁所围，由式 (4-107) 得

$$Q_{12}=\varepsilon_1 A_1 C_0\left[\left(\frac{T_1}{100}\right)^4-\left(\frac{T_2}{100}\right)^4\right]$$

$$=0.75\times2.5\times1.8\times5.67\times\left[\left(\frac{427+273}{100}\right)^4-\left(\frac{27+273}{100}\right)^4\right]=4.44\times10^4\,\text{W}$$

放置铝板后，设铝板表面温度为 T_3，由于炉门与铝板的距离很小，可视为两无限大平行平面间的相互辐射传热，满足式 (4-105)，有

$$Q_{13}=\frac{A_1 C_0\left[\left(\frac{T_1}{100}\right)^4-\left(\frac{T_3}{100}\right)^4\right]}{\frac{1}{\varepsilon_1}+\frac{1}{\varepsilon_3}-1}=\frac{2.5\times1.8\times5.67}{1/0.75+1/0.15-1}\times\left[\left(\frac{427+273}{100}\right)^4-\left(\frac{T_3}{100}\right)^4\right]$$

铝板与四周墙壁辐射传热量为

$$Q_{32}=\varepsilon_3 A_3 C_0\left[\left(\frac{T_3}{100}\right)^4-\left(\frac{T_2}{100}\right)^4\right]=0.15\times2.5\times1.8\times5.67\times\left[\left(\frac{T_3}{100}\right)^4-\left(\frac{27+273}{100}\right)^4\right]$$

在稳定传热条件下，$Q_{13}=Q_{32}$，解出 $T_3=590\text{K}$ 及 $Q_{13}=Q_{32}=4340\text{W}$。

由计算结果可以看出，设置铝板（遮热板）是减少辐射散热损失的有效方法。

（3）影响辐射传热的主要因素

① 温度的影响　由 $Q_{12}=A_1\varphi_{12}\varepsilon_s C_0\left[\left(\dfrac{T_1}{100}\right)^4-\left(\dfrac{T_2}{100}\right)^4\right]$ 可知，辐射热流量正比于温度四次方之差。同样的温差在高温时的辐射传热速率将远大于低温时的辐射传热速率。因此，在低温传热时，辐射的影响可以忽略；而在高温传热时，热辐射则不容忽视，有时甚至占据主要地位。

② 几何位置影响　角系数对两物体间的辐射传热有重要影响，角系数决定于两辐射表面的方位和距离，实际上决定于一个表面对另一个表面的投射角。

③ 物体表面的黑度　当物体相对位置一定，系统黑度只和表面黑度有关。因此，通过改变表面黑度的方法可以强化或减弱辐射传热。

④ 辐射表面间介质的影响　在前面的讨论中，都是假定两表面间的介质为透明体，实际某些气体也具有发射和吸收辐射能的能力。因此，这些气体的存在对物体的辐射传热必有影响。

4.5.4　辐射和对流联合传热

尽管热辐射和对流传热遵循的规律不同，当要同时考虑对流和热辐射时，常将辐射传热

速率也用牛顿冷却定律来表示，即

$$Q_R = \alpha_R A(T_1 - T_2) \tag{4-108}$$

式中，α_R 为辐射传热系数。

$$\alpha_R = \varepsilon_s \varphi_{12} C_0 \times 10^{-8} \frac{T_1^4 - T_2^4}{T_1 - T_2} \tag{4-109}$$

当对流传热的温差也为 $(T_1 - T_2)$ 时，总的热流体密度为

$$q_T = q + q_R = (\alpha + \alpha_R)(T_1 - T_2) = \alpha_T (T_1 - T_2) \tag{4-110}$$

式中，α 为对流传热系数；α_T 为对流-辐射联合传热系数。

对于管路及圆筒壁保温层外壁对周围环境散热的联合传热系数 α_T，可以采用下列公式近似估算

$$\alpha_T = 9.4 + 0.052(t_w - t) \tag{4-111}$$

【例 4-16】 在 $\phi 180\text{mm} \times 5\text{mm}$ 的蒸气管道外包一层热导率为 $0.1\text{W}/(\text{m} \cdot ℃)$ 的保温材料。管内饱和蒸气温度为 127℃，保温层外表面温度不超过 35℃，周围环境温度为 20℃，试求保温层厚度。假设管内冷凝传热和管壁热传导热阻均可忽略。

解： 由式(4-111)知管道保温层外对流-辐射联合传热系数为

$$\alpha_T = 9.4 + 0.052(t_w - t) = 9.4 + 0.052 \times (35 - 20) = 10.18\text{W}/(\text{m}^2 \cdot ℃)$$

单位管长的热损失为

$$Q_L = \alpha_T \pi d_0 (t_w - t) = 10.18 \times \pi \times d_0 \times (35 - 20) = 480 d_0 \ (\text{W/m})$$

因管内饱和蒸气冷凝传热和管壁热传导热阻均可忽略，故

$$Q_L = \frac{2\pi\lambda(T - t_w)}{\ln(d_0/d)} = \frac{2\pi \times 0.1 \times (127 - 35)}{\ln(d_0/0.18)}$$

联立上两式，解得 $d_0 = 0.278\text{m}$

保温层厚度为

$$b = \frac{d_0 - d}{2} = \frac{0.278 - 0.18}{2} = 0.049\text{m} = 49\text{mm}$$

4.6 换热器

换热器是化工、石油、食品及其他许多工业部门的通用设备，在生产中占有重要地位。在化工生产中，换热器可作为加热器、冷却器、冷凝器、蒸发器和再沸器等，应用甚为广泛。由于生产规模、物料性质、传热要求等各不相同，换热器的类型也是多种多样。由于间壁式换热器可使冷、热流体在不相混合的情况下进行热量交换，在化工生产中较多使用。因此下面重点讨论这种换热器。

4.6.1 间壁式换热器的类型

(1) 夹套式换热器

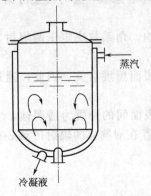

夹套式换热器常用于反应过程的加热或冷却。其结构如图 4-20 所示，通常用钢板制成容器，再在容器外壁上用焊接或用螺钉固定一夹套，作为载热体（加热介质）或载冷体（冷却介质）的通道。通过容器间壁实现冷、热流体之间的换热。这种换热器的传热系数小，传热面积受到容器壁面的限制，因此只适用于传热量较小的场合。为了提高传热效果，可在釜内加搅拌器。

(2) 沉浸式蛇管换热器

图 4-20 夹套式换热器   沉浸式蛇管换热器是将金属管子根据容器的形状弯制成不同

形状的蛇管（图 4-21），沉浸在容器内的流体中，冷、热流体在管内外进行换热。沉浸式蛇管的优点是结构简单，便于防腐，能承受高压，它可以单独放入容器中使用，也可以放入夹套式换热器中使用，以弥补夹套式换热器换热面积较小的不足。

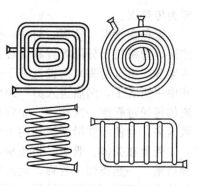

图 4-21　沉浸式蛇管换热器

（3）喷淋式换热器

喷淋式换热器是将蛇管固定在支架并排列在同一垂直面上，热流体在管内流动，冷水由最上面的多孔分布管（淋水管）流下，洒布在蛇管上，并沿管面两侧下降至下面的管子表面，最后流入水槽排出（图 4-22）。冷水在各管表面上流过时，与管内流体进行热量交换。

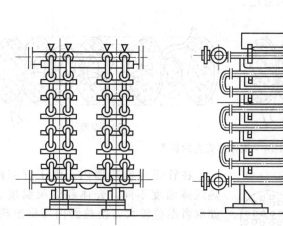

图 4-22　喷淋式换热器

喷淋式换热器常放置在室外空气流通处，当冷却水在空气中汽化时，可带走部分热量，而提高冷却效果。它和沉浸式蛇管换热器相比，具有便于检修和清洗、传热效果较好等优点，其缺点是占地面积大，冷水不易喷淋均匀会影响传热效果。

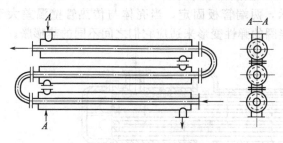

图 4-23　套管式换热器

（4）套管式换热器

这种换热器的结构是用 U 形管连接直径不同的直管制成的同心套管而成（图 4-23），目的是增加传热面积；冷、热流体可以逆流或并流流动。

套管式换热器的优点是结构简单，加工方便，能耐高压，传热系数较大，能保持完全逆流使平均对数温差最大，可增减管段数量以满足换热要求。缺点是结构不紧凑，金属消耗量大，接头多而易泄漏，占地面积较大。多用于超高压生产过程，也可用于流量不大、所需传热面积不多的场合。

（5）管壳式换热器

管壳式换热器又称为列管式换热器，是最典型的间壁式换热器，使用历史悠久，在工业生产中占据主导地位。其结构主要由壳体、管束、管板、折流挡板和封头等组成。一种流体在管束内流动，其行程称为管程；另一种流体在管束外流动，其行程称为壳程。管束的壁面即为传热面。

管程在管束、管板、封头、分程隔板之间形成。管束通常用胀接或焊接的方法和管板相连接，管板用于分隔管程和壳程流体。为了提高管程流体的速度、增强传热，有时在换热器两端分配室（封头）内设置若干分程隔板，将管束分为依次串联的若干组，流体每次只流过其中一组管子，然后进入另一组管子折回，如此依次流过各组管子，最后由出口流出，管内流体每通过管束一次称为一个管程，流体分程显然有利于传热，但是程数不宜太多，因为程数太多，会使流体沿程流动阻力增大，且使换热器结构变得复杂。

壳程在壳体、管束、折流板、纵向隔板之间形成。同样是为了强化传热，壳程采用了两种措施，一是类似于管程，利用纵向隔板使壳程流体分程；二是在壳体内安装了一定数目的与管束相互垂直的折流挡板，折流挡板不仅可防止流体短路、增加流体流速，还迫使流体按规定路径多次错流通过管束（图 4-24），使流体湍动程度大为增加。常用的折流挡板有圆缺形和圆盘形两种（图 4-25），前者更为常用。

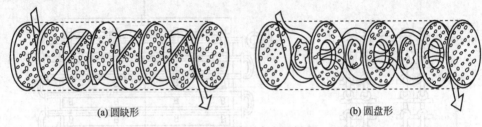

(a) 圆缺形   (b) 圆盘形

图 4-24 流体在壳内的折流

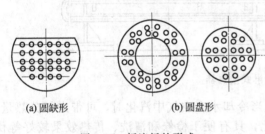

(a) 圆缺形   (b) 圆盘形

图 4-25 折流板的形式

在管壳式换热器内，由于管束内外冷、热流体温度不同，壳体和管束温度也不同。如两者温差较大，换热器内部将出现很大的热应力，可能使管子扭弯、断裂或从管板上脱落。因此，当壳体和管束间温度差超过 50℃ 时，应采取补偿措施，以消除或减小热应力。根据所采取的温差补偿措施，管壳式换热器可分为以下几种类型。

① 固定管板式换热器 如图 4-26 所示，两端管板固定，当壳体与传热管壁温差大于 50℃，需加补偿圈，也称膨胀节，依靠补偿圈的弹性变形来适应它们之间不同的热膨胀。

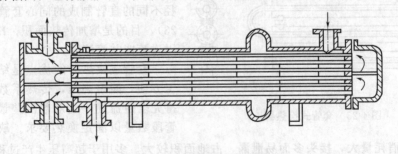

图 4-26 固定管板式换热器

此种换热器结构简单，成本低，但壳程检修和清洗困难，壳程必须是清洁、不易产生垢层和腐蚀的介质。

② 浮头式换热器 如图 4-27 所示，两端的管板，一端不与壳体相连，可自由沿管长方向浮动。当壳体与管束因温度不同而引起热膨胀时，管束连同浮头可在壳体内沿轴向自由伸

缩，可完全消除热应力。

　　此种换热器由于整个管束可以从壳体中抽出，故便于清洗和维修，虽结构较为复杂，成本较高，但仍是应用较多的一种换热器。

　　③ U 形管式换热器　如图 4-28 所示，每根管子都弯成 U 形，两端固定在同一管板上，每根管子可自由伸缩，来解决热补偿问题。这种换热器结构比浮头式换热器简单，但管程不易清洗，只适应于洁净流体，如高压气体的换热。

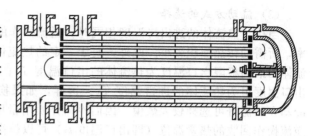

图 4-27　两壳程四管程浮头式换热器

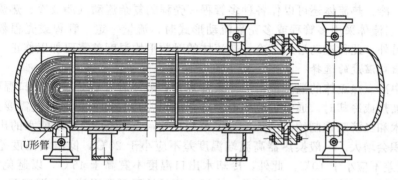

图 4-28　U 形管式换热器

4.6.2　管壳式换热器的设计和选型

4.6.2.1　设计和选用时应考虑的问题

　　（1）冷热流体流动通道的选择

　　① 不洁净或易结垢的液体宜走管程，因管内清洗方便，但 U 形管式的不宜走管程；

　　② 腐蚀性流体宜走管程，以免管束和壳体同时受到腐蚀；

　　③ 压力高的流体宜走管程，以免壳体承受压力；

　　④ 饱和蒸气宜走壳程，饱和蒸气比较清洁，而且冷凝液容易排出；

　　⑤ 被冷却的流体宜走壳程，便于散热；

　　⑥ 若两流体温差大，对于刚性结构的换热器，宜将对流传热系数大的流体通入壳程，以减小热应力；

　　⑦ 流量小而黏度大的流体一般以壳程为宜，因在壳程 $Re > 100$ 即可达到湍流。

　　以上各点常常不可能同时满足，而且有时还会相互矛盾，故应根据具体情况，抓住主要矛盾，做出适宜的决定。

　　（2）流体流速的选择

　　流体流速一方面影响传热系数 K 进而波及所需传热面积的大小，另一方面涉及流体通过换热器的阻力损失。因此，应权衡经济上的得失，选择合适的流体流速。表 4-5 列出了一些工业上使用的管壳式换热器内常用的流速范围。

表 4-5　管壳式换热器内常用的流速范围

流体种类	管程流速/(m/s)	壳程流速/(m/s)
低黏度流体	0.5～3	0.2～1.5
易结垢流体	>1	>0.5
气体	5～30	3～15

（3）流动方式的选择

当冷、热流体的进出口温度相同时，逆流操作的平均推动力大于并流，因而同样传热速率，所需的传热面积较小。此外，对于一定的热流体进出口温度 T_1、T_2，采用并流时，冷流体的最高极限出口温度为热流体的出口温度 T_2；反之，如采用逆流，冷流体的最高极限出口温度可为热流体的进口温度 T_1。这样，如果换热的目的是单纯的冷却，逆流操作时，冷却介质温升可选择较大数值，因而冷却介质用量可以较少；如果换热的目的是回收热量，逆流操作回收的热量温位（即出口温度 t_2）可以较高，因而可利用价值较大。显然在一般情况下，逆流操作总是优于并流，应尽量采用。

但是在某些对流体出口温度有严格限制的特殊情况下，例如热敏性物料的加热过程，为避免物料出口温度过高而影响该产品质量，可采用并流操作。除逆流和并流操作之外，在管壳式换热器中，冷、热流体还可以作各种多管程多壳程的复杂流动（涉及冷、热流体之间的折流和错流）。当流体采用多管程或多壳程流动形式时，流量一定，管程或壳程数越多，流体流速越大。另外，此种流动形式下冷、热流体的对数平均温度差需要加以修正。

（4）流体出口温度的选择

若换热器中冷、热流体的温度都由工艺条件规定，就不存在确定流体出口温度的问题。当工艺流体被加热或冷却时，通常加热剂或冷却剂进口温度已知，出口温度需要进行选择，而选择必受技术和经济双重制约。例如，为了节约用水（冷却剂），可以使水的出口温度提高，但传热面积会增大。一般换热器高温端温度差不应小于 20℃，低温端温度差不应小于 5℃，平均温度差不应小于 10℃。此外，冷却水出口温度不宜高于 45℃，以避免大量结垢。一般来说，缺水地区可选用较大的温度差，水源丰富的地区可选用较小的温度差。

（5）换热管规格和排列选择

换热管直径越小，换热器单位容积内传热面积越大，因此对于洁净的流体换热管管径可取得小一些。但对于不洁净或易结垢的流体，管径应取的大一些，以免堵塞。为了制造和维修的方便，我国目前试行的系列标准规定采用 $\phi 19\text{mm} \times 2\text{mm}$ 和 $\phi 25\text{mm} \times 2.5\text{mm}$ 两种规格的管子，管长有 1.5m、2.0m、3.0m、6.0m，排列方式有正三角形排列、正方形直列和错列排列（图 4-29）。

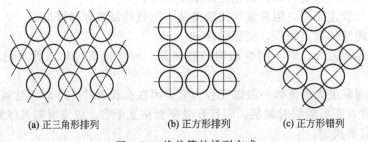

(a) 正三角形排列   (b) 正方形排列   (c) 正方形错列

图 4-29 换热管的排列方式

正方形排列的优点是易于清洗，正三角形排列具有排列紧凑、管外流体湍流程度高、对流传热系数大的优点，正方形错列正是两者的结合，同时具有两者的优点。

(a) 切除过少   (b) 切除适当   (c) 切除过多

图 4-30 挡板切除对流动的影响

（6）折流挡板

安装折流挡板的目的是为了提高壳程对流传热系数，要取得好的效果，挡板的形状和间距必须适当。对圆缺形挡板而言，弓形缺口的大小对壳程流体的流动情况有重要影响。由图 4-30 可以看出，弓形缺口太大或太小都会产生"死区"，既不利于传热，又往往增加流体阻力。挡板的间距对壳体的流动亦有重要的影响。间距太大，不能保证流体垂直流过管束，使管外表面传热系数下降；间距太小，不便于制造和检修，阻力损失亦大。一般取挡板间距为壳体内径的 0.2~1.0 倍。

4.6.2.2　管壳式换热器的对流传热系数

对流传热系数包括管内流动的对流传热系数和壳程对流传热系数，管内流体的对流传热系数前面已有介绍，当 $Re > 10000$ 时，可用下式计算。

$$\alpha = 0.023 \frac{\lambda}{d} \left(\frac{du\rho}{\mu} \right)^{0.8} \left(\frac{C_p\mu}{\lambda} \right)^b$$

壳程的对流传热系数与折流挡板的形状、板间距，管子的排列方式、管径及管中心距等因素有关。由于壳程中折流挡板的作用，流体在壳程中横向穿过管束，流向不断变化，湍动增强，当 $Re > 100$ 即可达到湍流状态。

当使用 25% 圆缺形挡板时，可用下式计算壳程的对流传热系数。

$$Nu = 0.36 Re^{0.55} Pr^{1/3} \left(\frac{\mu}{\mu_w} \right)^{0.14} \qquad Re > 2000 \tag{4-112}$$

$$Nu = 0.5 Re^{0.507} Pr^{1/3} \left(\frac{\mu}{\mu_w} \right)^{0.14} \qquad Re = 10 \sim 2000 \tag{4-113}$$

式中，定性温度为进、出口流体主体温度的算术平均值，仅 μ_w 为壁温下的黏度。当量直径 d_e 视管子排列情况按下式决定：

对正方形排列
$$d_e = \frac{4 \left(l^2 - \frac{\pi}{4} d_0^2 \right)}{\pi d_0} \tag{4-114}$$

对三角形排列
$$d_e = \frac{4 \left(\frac{\sqrt{3}}{2} l^2 - \frac{\pi}{4} d_0^2 \right)}{\pi d_0} \tag{4-115}$$

式中，l 为相邻两管的中心距；d_0 为管外径；流速 u 按最大流动截面 A' 计算，$A' = BD(1 - d_0/l)$；B 为两块挡板间的距离；D 为壳体内径。

4.6.2.3　流体通过换热器的阻力损失

（1）管程阻力损失

包括各程直管阻力损失 h_{f_1}、回弯阻力损失 h_{f_2} 及换热器进出口阻力损失 h_{f_3} 构成，其中 h_{f_3} 可忽略不计。管程阻力损失 h_{f_t} 可以表示为

$$h_{f_t} = (h_{f_1} + h_{f_2}) f_t N_p \tag{4-116}$$

式中，f_t 为管程结垢校正系数，对三角形排列取 1.5，正方形排列取 1.4；N_p 为管程数。

$$h_{f_1} = \lambda \frac{l}{d} \frac{u^2}{2} \tag{4-117}$$

式中，l 为换热管长度，m。

$$h_{f_2} = 3 \frac{u^2}{2} \tag{4-118}$$

h_{f_2} 包括进出口局部阻力及封头内流体转向的局部阻力之和，取阻力系数为 3。

管程阻力损失也可写成

$$\Delta p_t = \left(\lambda \frac{l}{d} + 3 \right) f_t N_p \frac{\rho u^2}{2} \tag{4-119}$$

由于 $u \propto N_p$，所以 $\Delta p_t \propto N_p^3$。

对同一换热器，若单程改为双程，阻力损失剧增为原来的 8 倍，而对流传热系数只增为原来的 1.74 倍，因此在选择换热器管程数时，应该兼顾传热与流体压降两方面的得失。

（2）壳程阻力损失

壳程由于流动状态比较复杂，结构参数较多，提出的公式较多，但可归结为

$$h_{f_s} = \zeta \frac{u_0^2}{2} \tag{4-120}$$

不同的计算公式，决定 ζ 和 u_0 的方法不同，计算结果往往不一致。目前比较通用的埃索计算公式是把壳程阻力损失 h_{f_s} 看成是有管束阻力损失 h_{f_1}' 和折流板缺口处的阻力损失 h_{f_2}' 构成的。考虑到污垢的影响，又乘以校正系数 f_s，即

$$h_{f_s}' = (h_{f_1}' + h_{f_2}') f_s \tag{4-121}$$

对于液体可取 $f_s = 1.15$，对于气体可取 $f_s = 1$。

管束和缺口阻力损失分别由下面两式计算

$$h_{f_1}' = F f_0 N_{TC} (N_B + 1) \frac{u_0^2}{2} \tag{4-122}$$

$$h_{f_2}' = N_B \left(3.5 - \frac{2B}{D} \right) \frac{u_0^2}{2} \tag{4-123}$$

式中，N_{TC} 为横过管束中心线的管子数，对于三角形排列 $N_{TC} = 1.1(N_T)^{0.5}$，对于正方形排列 $N_{TC} = 1.19(N_T)^{0.5}$，N_T 为管子总数；N_B 为折流板数目；B 为折流板距离；D 为壳体内径；u_0 为按流动截面 $A_0 = B(D - N_{TC}d_0)$ 计算所得的壳程流速；F 为管子排列形式对压降的校正系数，对三角形排列 $F = 0.5$，对于正方形排列 $F = 0.3$，对于正方形斜转 $45°$，$F = 0.4$；f_0 为壳程流体摩擦系数，根据 $Re_0 = d_0 u_0 \rho / \mu$ 由图 4-31 求出（图中 l 为管中心距离），当 $Re_0 > 500$ 时可由下式求出。

$$f_0 = 5.0 Re_0^{-0.228} \tag{4-124}$$

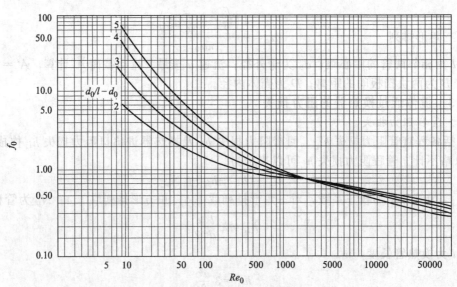

图 4-31　壳程流体摩擦系数 f_0 与 Re_0 的关系

同样，壳程阻力损失也可写成压降的形式

$$\Delta p_s = \left[F f_0 N_{TC} (N_B + 1) + N_B \left(3.5 - \frac{2B}{D} \right) \right] \times f_s \frac{\rho u_0^2}{2} \tag{4-125}$$

因为 $(N_B + 1) = L/B$，u_0 正比于 L/B，所以管束阻力损失 h_{f_1}' 基本正比于 $(L/B)^3$（L 为换热管长度）。若折流板距离减小一半，h_{f_1}' 剧增 8 倍，而对流传热系数只增为原来的 1.46

倍，因此在选择折流板距离时，亦应兼顾传热与流体压降两方面的得失。

4.6.2.4　对数平均温差的修正

前面推导的对数平均温差 Δt_m 仅适用于纯并流或纯逆流的情况。当采用多管程或多壳程时，由于其流动形式复杂，虽平均温差可根据具体过程推出，但表示平均温差的算式相当复杂。为了方便起见，可将这些复杂流型的平均温差的计算结果与进出口温度相同的纯逆流的计算结果相比较，求出修正系数 ψ 并予以图示（图 4-32），以供查取，即

$$\Delta t_m = \psi \Delta t_{m逆} \tag{4-126}$$

其中 ψ 的求法为：

$$\psi = f(P,R) \tag{4-127}$$

$$P = \frac{t_2 - t_1}{T_1 - t_1} = \frac{冷流体温升}{两流体最初温差} \tag{4-128}$$

$$R = \frac{T_1 - T_2}{t_2 - t_1} = \frac{热流体温降}{冷流体温升} \tag{4-129}$$

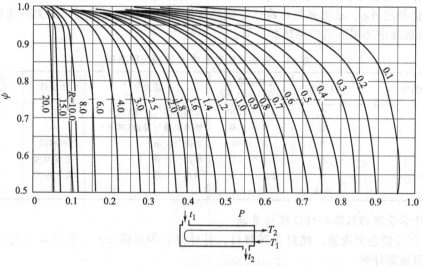

(a) 单壳程、两管程及以上

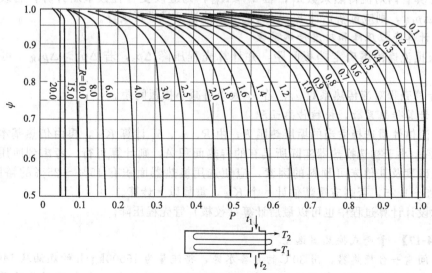

(b) 双壳程、四管程及以上

图 4-32　几种流动形式的温度修正系数 ψ

根据 P、R 值由图 4-33 查出图示情况下的 ψ 值。

4.6.2.5 管壳式换热器的设计和选用步骤

设有流量为 q_{m_1} 的热流体，需从 T_1 冷却至 T_2，可用的冷却介质温度为 t_1，出口温度选定为 t_2，据此条件可以计算出换热器的传热速率及逆流平均温差 $\Delta t_{m逆}$。根据传热基本方程式

$$Q = KA\Delta t_m = KA\psi\Delta t_{m逆} \tag{4-130}$$

可知，要求取传热面积 A，必须知道 K、ψ；而 K 和 ψ 则是由传热面积 A 的大小和换热器结构决定的。因此，在冷、热流体的流量及进出口温度已知的条件下，选用或设计换热器必须通过试差法计算。试差计算的步骤如下。

(1) 初选换热器的尺寸规格

① 初步选定流体流动方式，由冷、热流体的进出口温度计算温差修正系数 ψ，应使 $\psi > 0.8$，否则应改变流动方式，重新计算；

② 依据经验估计总传热系数 $K_{估}$（表 4-6），估算传热面积 $A_{估}$；

③ 由估算的 $A_{估}$，根据系列标准选定换热管的直径、长度及排列；如果是选用，可根据 $A_{估}$ 在系列标准中选用适当的换热器型号。

表 4-6 管壳式换热器中 K 值的大致范围

热流体	冷流体	传热系数 K /[W/(m² · K)]	热流体	冷流体	传热系数 K /[W/(m² · K)]
水	水	850～1700	低沸点蒸气冷凝(常压)	水	455～1140
轻油	水	340～910	低沸点蒸气冷凝(减压)	水	60～170
重油	水	60～280	水蒸气冷凝	水沸腾	2000～4250
气体	水	17～280	水蒸气冷凝	轻油沸腾	455～1020
水蒸气冷凝	水	1420～4250	水蒸气冷凝	重油沸腾	140～425
水蒸气冷凝	气体	30～300			

(2) 计算管程的压降和对流传热系数

① 根据经验选定流速，确定管程数目，并计算管程压降 Δp_t，若 $\Delta p_t > \Delta p_{t允}$，必须调整管程数目重新计算；

② 计算管内对流传热系数 α_1，若 $\alpha_1 < K_{估}$，则应改变管程数重新计算；若改变管程数使 $\Delta p_t > \Delta p_{t允}$，则应重新估计 $K_{估}$，另选一换热器型号进行试算。

(3) 计算壳程压降和对流传热系数

① 根据流速范围确定挡板间距，并计算壳程压降 Δp_s，若 $\Delta p_s > \Delta p_{s允}$，可增大挡板间距；

② 计算壳程对流传热系数 α_2，若 α_2 太小可减小挡板间距。

(4) 计算传热系数，校核传热面积

根据流体性质选择适当的垢层热阻 R，由 R、α_1、α_2 计算 $K_{计}$，再由传热基本方程计算 $A_{计}$。当 $A_{计}$ 小于初选换热器实际所具有的传热面积 A，则计算可行。考虑到所用换热器计算式的准确度及其他未可预料的因素，应使选用换热器面积有 15%～25% 的裕度，即 $A/A_{计} = 1.15～1.25$，否则应重新估计一个 $K_{估}$，重复以上计算。

实际设计计算过程中也可以最后计算（校核）管壳程压降。

【例 4-17】 管壳式换热器选型

某车间需一台换热器，用 30℃ 的自备水源，将流量为 15000kg/h 的煤油从 140℃ 冷却至 40℃。要求换热器管程和壳程的压力降不大于 30kPa，试选择一个合适型号的管壳式换热器，假设管壁热阻和热损失可以忽略。

解：（1）流体流动空间的选择

与煤油相比较，水易结垢，所以冷却水走换热器的管程，煤油走换热器的壳程，这样也有利于散热降温。

（2）查取流体的物性参数

取冷却水的出口温度为 40℃，其定性温度为 (40+30)/2＝35℃；煤油的定性温度为 (140+40)/2＝90℃。在定性温度下，查取冷却水和煤油的物性参数，结果见【例 4-17】附表 1。

【例 4-17】附表 1　冷却水和煤油的物性参数

项　　目	密度 ρ/(kg/m³)	比热容 C_p/[kJ/(kg·K)]	黏度 μ/Pa·s	热导率 λ/[W/(m·K)]
煤油	810	2.3	0.91×10^{-3}	0.13
水	944	4.187	0.727×10^{-3}	0.626

（3）试算并初选换热器型号

① 计算热负荷和冷却水用量

$$Q=q_{m_1}C_{p_1}(T_1-T_2)=15000\times2.3\times10^3\times(140-40)/3600=958300\text{W}$$

忽略换热器的热损失，冷却水用量

$$q_{m_0}=\frac{Q}{C_{p_2}(t_2-t_1)}=\frac{958300\times3600}{4.187\times10^3\times(40-30)}=82400\text{kg/h}$$

② 计算两流体的平均温度差

先按逆流传热平均温度差进行计算，即

$$\Delta t_{m逆}=\frac{\Delta t_1-\Delta t_2}{\ln\dfrac{\Delta t_1}{\Delta t_2}}=\frac{(140-40)-(40-30)}{\ln\dfrac{(140-40)}{(40-30)}}=39.1℃$$

再按（拟选的）单壳程、双管程换热流程对逆流传热温度差 Δt_m 进行校正。

$$R=\frac{T_1-T_2}{t_2-t_1}=\frac{140-40}{40-30}=10 \qquad P=\frac{t_2-t_1}{T_1-t_1}=\frac{40-30}{140-30}=0.09$$

由 R 和 P 值，查图 4-32 温度修正系数图，得温度修正系数 $\psi=0.85>0.8$，可行。所以修正后的传热温度差为：$\Delta t_m=\psi\Delta t_{m逆}=0.85\times39.1=33.24℃$

③ 选换热器类型与型号

由于 $T_m-t_m=(140+40)/2-(40+30)/2=55>50℃$，两流体间的温差较大，需要考虑温度补偿；同时为了便于壳程污垢清洗，拟采用 FB 系列的浮头式管壳换热器。

换热器具体型号的选择，要求给定传热面积 A。传热面积的计算，需先得知总传热系数 K，而 K 值又是由两流体的对流传热系数、污垢热阻等所决定，和传热面安排有关。在换热器型号未确定之前，换热器直径、换热管规格与根数等参数根本无法计算，所以对换热器具体型号的选择只能进行试算。

参照表 4-6 管壳换热器中 K 值的大致范围，根据两流体的具体情况，初步选定总传热系数 $K=300\text{W/(m}^2\cdot℃)$。于是，换热器的传热面积便可初步确定，即

$$A_{0初}=\frac{Q}{K\Delta t_m}=\frac{958300}{300\times33.24}=96\text{m}^2$$

取管内冷却水流速 $u_1=0.8\text{m/s}$。换热管选换热器用普通无缝钢管 25mm×2.5mm，管内径 $d_1=20\text{mm}=0.02\text{m}$，于是单程管根数 n 为

$$n=\frac{82400/994}{\dfrac{\pi}{4}\times0.02^2\times0.8\times3600}=91.67$$

取 n＝92 根，按双程计，则需换热器总管数为 2×92＝184 根。

这样，在换热器系列标准中，初步选定的型号为 FB-600-95-16-2 型换热器，具体参数见【例 4-17】附表 2。初步选定的该型号换热器是否适用，还要经过下述的一系列核算过程。

【例 4-17】附表 2　FB-600-95-16-2 的具体参数

项　　目	数　　值	项　　目	数　　值
壳径/mm	600	管长/m	6
公称压力/MPa	1.6	管子总数	208
公称传热面积/m²	95	管子排列方式	正方形斜转 45°
管程数	2	折流挡板形式	圆缺形
壳程数	1	管子中心距	32mm
管子尺寸	25mm×2.5mm	挡板间距离	0.15m

（4）核算总传热系数 K 值

① 计算管程对流传热系数 α_1

该型号换热器总管数为 208 根，由于是双管程，所以管程的流通截面积 A 为

$$A = \frac{\pi}{4} \times 0.02^2 \times \frac{208}{2} = 0.0327 \text{m}^2$$

这样，管内冷却水的实际流速

$$u_1 = \frac{82400}{994 \times 3600 \times 0.0327} = 0.704 \text{m/s}$$

$$Re_1 = \frac{d_1 u_1 \rho_1}{\mu_1} = \frac{0.02 \times 0.704 \times 994}{0.727 \times 10^{-3}} = 19250$$

$$Pr_1 = \frac{C_{p_1} \mu_1}{\lambda_1} = \frac{4.187 \times 10^3 \times 0.727 \times 10^{-3}}{0.626} = 4.86$$

对流传热系数

$$\alpha_1 = 0.023 \frac{\lambda_1}{d_1} Re_1^{0.8} Pr_1^{0.4} = 0.023 \times \frac{0.626}{0.02} \times 19250^{0.8} \times 4.86^{0.4} = 3630 \text{W/(m}^2 \cdot \text{℃)}$$

② 计算壳程流体对流传热系数 α_0

流体通过管间的最大截面积 A' 为

$$A' = BD \left(1 - \frac{d_0}{l}\right) = 0.15 \times 0.6 \times \left(1 - \frac{0.025}{0.032}\right) = 0.0197 \text{m}^2$$

壳程中煤油的流速　$u_0 = \frac{q_{m_0}}{\rho_0 A'} = \frac{15000}{3600 \times 810 \times 0.0197} = 0.26 \text{m/s}$

当量直径　$d_e = \frac{4\left(l^2 - \frac{\pi}{4} d_0^2\right)}{\pi d_0} = \frac{4 \times \left(0.032^2 - \frac{\pi}{4} \times 0.025^2\right)}{\pi \times 0.025} = 0.027 \text{m}$

$$Re_0 = \frac{d_e u_0 \rho_0}{\mu_0} = \frac{0.027 \times 0.26 \times 810}{0.91 \times 10^{-3}} = 6250$$

$$Pr_0 = \frac{C_{p_0} \mu_0}{\lambda_0} = \frac{2.3 \times 10^3 \times 0.91 \times 10^{-3}}{0.13} = 16.1$$

对流传热系数　$Nu_0 = 0.36 Re_0^{0.55} Pr_0^{1/3} \left(\frac{\mu}{\mu_w}\right)^{0.14}$

由于壳程流体被冷却，所以取 $\left(\frac{\mu}{\mu_w}\right)^{0.14} = 0.95$，于是壳程流体的对流传热系数 α_0 为

$$\alpha_0 = 0.36 \frac{\lambda_0}{d_e} Re_0^{0.55} Pr_0^{1/3} \left(\frac{\mu}{\mu_w}\right)^{0.14}$$

$$= 0.36 \times \frac{0.13}{0.027} \times 6250^{0.55} \times 16.1^{1/3} \times 0.95 = 510 \text{W/(m}^2 \cdot \text{℃)}$$

③ 污垢热阻

管程与壳程污垢热阻分别取 $R_{s_1}=0.00034\text{m}^2\cdot\text{℃}/\text{W}$，$R_{s_0}=0.00017\text{m}^2\cdot\text{℃}/\text{W}$。

④ 计算总传热系数系列 K_0 值

管壁热阻可忽略时，以管外表面积为准，总传热系数 K_0 为

$$K_0=\Big(\frac{1}{\alpha_1}\frac{d_0}{d_1}+R_{s_1}\frac{d_0}{d_1}+R_{s_0}+\frac{1}{\alpha_0}\Big)^{-1}$$

$$=\Big(\frac{1}{3630}\times\frac{25}{20}+0.00034\times\frac{25}{20}+0.00017+\frac{1}{510}\Big)^{-1}=345\text{W}/(\text{m}^2\cdot\text{℃})$$

⑤ 核算传热面积 A

$$A_0=\frac{Q}{K_0\Delta t_m}=\frac{958300}{345\times33.24}=83.56\text{m}^2$$

而该型号换热器的实际传热面积 A_0' 为

$$A_0'=n\pi d_0 L=208\times3.14\times0.025\times6=98\text{m}^2$$

换热面积的裕度为 $(98/83.56)\times100\%=117\%$，故所选换热器是可用的。

(5) 核算压力降

因为管程和壳程都有压力降的要求，所以要分别对管程和壳程的压力降进行核算。

① 计算管程压力降

管程压力降计算通式为　$\Delta p_t=(\Delta p_1+\Delta p_2)f_t N_p$

式中，管程结垢校正系数 $f_t=1.4$，管程数 $N_p=2$

$$Re_1=\frac{d_1 u_1\rho_1}{\mu_1}=\frac{0.02\times0.704\times994}{0.727\times10^{-3}}=19250$$

可知管程流体呈湍流状态。

取管壁粗糙度 $\varepsilon=0.1\text{mm}$，相对粗糙度 $\frac{\varepsilon}{d}=\frac{0.1}{20}=0.005$，查 λ-Re 关联图可知摩擦系数 $\lambda=0.035$，所以

$$\Delta p_1=\Big(\lambda_1\frac{L}{d_1}\Big)\frac{\rho_1 u_1^2}{2}=0.035\times\frac{6}{0.02}\times\frac{994\times0.704^2}{2}=2600\text{Pa}$$

$$\Delta p_2=3\frac{\rho_1 u_1^2}{2}=3\times\frac{994\times0.704^2}{2}=740\text{Pa}$$

于是　$\Delta p_t=(\Delta p_1+\Delta p_2)f_t N_p=(2600+740)\times1.4\times2=9363\text{Pa}$

② 计算壳程压力降

管程压力降计算通式为　$\Delta p_t'=(\Delta p_1'+\Delta p_2')f_s$

$$\Delta p_1'=Ff_0 N_{TC}(N_B+1)\frac{\rho_0 u_0^2}{2},\quad \Delta p_2'=N_B\Big(3.5-\frac{2B}{D}\Big)\frac{\rho_0 u_0^2}{2}$$

由已知条件 $f_s=1.15$；管子为正方形斜转 45°排列，$F=0.4$；横过管束中心线的管子数 $N_{TC}=1.19\sqrt{N_T}=1.19\sqrt{208}=17$；折流档板间距 $B=0.15\text{m}$。

折流档板数　$N_B=(L/B)-1=6/0.15-1=39$

壳程流通截面积　$A_0=B(D-N_{TC}d_0)=0.15\times(0.6-17\times0.025)=0.0263\text{m}^2$

$$u_0=\frac{15000}{3600\times810\times0.0263}=0.2\text{m/s}$$

$$Re_0=\frac{d_0 u_0\rho_0}{\mu_0}=\frac{0.025\times0.2\times810}{0.91\times10^{-3}}=4450>500$$

$$f_0 = 5.0Re_0^{-0.228} = 5.0 \times 4450^{-0.228} = 0.74$$

将以上参数代入

$$\Delta p_1' = 0.4 \times 0.74 \times 17 \times (39+1) \times \frac{810 \times 0.2^2}{2} = 3260\text{Pa}$$

$$\Delta p_2' = 39 \times \left(3.5 - \frac{2 \times 0.15}{0.6}\right) \times \frac{810 \times 0.2^2}{2} = 1900\text{Pa}$$

所以　$\Delta p_t' = (3260 + 1900) \times 1.15 = 5934\text{Pa}$

通过以上压力降核算可知，管程和壳程压力降都小于所要求的 30kPa。核算结果表明，所选 FB-600-95-16-2 型换热器可用。

4.6.3　换热器传热过程的强化

由传热基本方程式 $Q = KA\Delta t_m$ 可知，要增大传热速率 Q 可通过提高 K，增大 A 或 Δt_m 来达到。

（1）增大传热平均温度差 Δt_m

① 在两侧流体温度均发生变化的情况下，应尽量采用逆流流动；

② 提高加热剂 T_1 的温度（如用蒸气加热，可提高蒸气的压力来达到提高其饱和温度的目的）；降低冷却剂入口温度 t_1。

但是利用增大传热平均温度差 Δt_m 来强化传热常常会受到工艺条件的限制。

（2）增大总传热系数 K，由下式分析，可以采用的措施有：

$$\frac{1}{K_2} = \frac{1}{\alpha_1}\frac{d_2}{d_1} + R_{s_1}\frac{d_2}{d_1} + \frac{b}{\lambda}\frac{d_2}{d_m} + R_{s_2} + \frac{1}{\alpha_2}$$

① 尽可能利用有相变的热载体（对流传热系数 α 值较大）；

② 减小金属壁、污垢及两侧流体热阻中较大者的热阻；

③ 增大换热器内冷热流体的流速，或者改变传热面形状，增加传热面粗糙度以减薄层流内层厚度。

（3）增大单位体积的传热面积 A/V

这种措施主要是采用高效新型换热器。在传统的间壁式换热器中，除夹套式外，其他都为管式换热器。管式换热器的共同缺点是结构不紧凑，单位换热体积所提供的传热面积小，金属消耗量大。随着工业发展，陆续出现了不少高效紧凑的换热器并逐渐趋于完善。这些换热器基本可分为两类，一类是在管式换热器的基础上加以改进，另一类是采用各种板状换热表面。

（4）几种新型的换热器

① 平板式换热器　板式换热器（图 4-33）早在 20 世纪 20 年代开始用于食品工业，20 世纪 50 年代逐渐用于化工及其相近工业部门，现已发展成为一种传热效果较好、结构紧凑的化工换热设备。主要由一组长方形的薄金属板平行排列构成，用

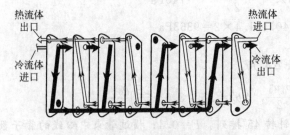

图 4-33　平板式换热器流体流向示意

框架夹紧组装在支架上。两相邻流体板的边缘用垫片压紧，达到密封的作用，四角有圆孔形成流体通道，冷、热流体在板片的两侧流过，通过板片换热。板片可被压制成多种形状的波纹，以增加刚性，提高流体湍动程度，增加传热面积，并易于液体的均匀分布。

板式换热器有如下优点：传热效率高，总传热系数大，结构紧凑，操作灵活，安装检修方便。但也存在耐温、耐压性较差，易渗漏，处理量小的缺点。

② 螺旋板式换热器　如图 4-34 所示，主要由两张平行的薄钢板卷制而成，构成一对互

相隔开的螺旋形流道。冷热两流体以螺旋板为传热面相间流动，两板之间焊有定距柱以维持流道间距，同时也可增加螺旋板的刚度。在换热器中心设有中心隔板，使两个螺旋通道隔开。在顶、底部分分别焊有盖板或封头和两流体的出入接管。

螺旋板式换热器的优点是：结构紧凑，传热效率高，不易堵塞。缺点为：操作压力、温度不能太高，螺旋板难以维修，流体阻力较大。

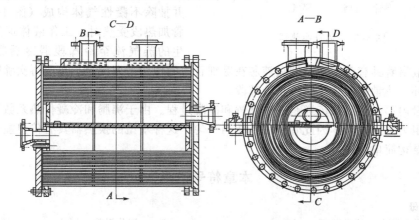

图 4-34　螺旋板式换热器

③ 板翅式换热器　是一种传热效果好、更为紧凑的板式换热器。过去由于焊接技术的限制，制造成本较高，仅限用于宇航、电子、原子能等少数领域，作为散热冷却器。现已逐渐在石油化工、天然气液化、气体分离等领域中应用获得良好效果。

板翅式换热器的基本结构，是由平隔板和各种型式的翅片构成板束组装而成（图 4-35）。在两块平行薄金属板（平隔板）间，夹入波纹状或其他形状的翅片，两边以侧条密封，即组成为一个单元体。各个单元体又以不同的叠积适当排列，并用钎焊固定，成为常用的逆流或错流式板翅式换热器组装件，或称为板束。再将带有集流进出口的集流箱焊接到板束上，就成为板翅式换热器。

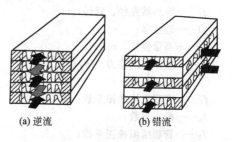

(a) 逆流　　　　(b) 错流

图 4-35　板翅式换热器的基本结构

板翅式换热器具有结构高度紧凑，传热效率高，允许较高的操作压力的优点。缺点是制造工艺复杂，检修清洗困难。

④ 强化管式换热器　在管式换热器的基础上，采取某些强化措施，可以提高传热效果。如管内外加翅片（图 4-36），既增大冷热流体之间的传热面积 A，也增加管内外的对流传热

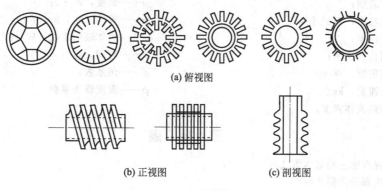

(a) 俯视图

(b) 正视图　　　　(c) 剖视图

图 4-36　强化传热管

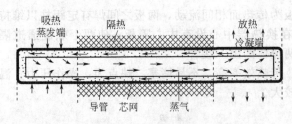

图 4-37 热管换热器

系数 α，进而增大 K。两者均可以强化管式换热器内的传热过程。

⑤ 热管换热器 热管是一种新型传热元件，它是在一根装有毛细吸液芯的金属管内充以定量的某种工作液体，然后封闭并抽除不凝性气体构成（图 4-37）。当热管加热段受热时，工作液体遇热沸腾，产生的蒸气流至冷却段遇冷后凝结放出潜热。冷凝液沿着具有毛细结构的吸液芯在毛细管力的作用下回流至加热段再次沸腾。如此过程反复循环，热量则由加热段传至冷却段。

在热管内部，热量的传递是通过沸腾和冷凝过程。由于沸腾和冷凝传热系数皆很大，蒸气流动的阻力损失很小，因此管壁温度相当均匀。这种新型的换热器具有传热能力大，应用范围广，结构简单等优点。

本章符号说明

英文字母

A——传热面积、流动截面，m^2；

A_m——对数平均面积，m^2；

B——挡板间距，m；

C_0——黑体辐射系数，$W/(m^2 \cdot K)$；

C_p——流体的定压比热容，$kJ/(kg \cdot \text{℃})$；

D——换热器壳径、管径，m；

D——透过率；

d_e——当量直径，m；

E_b——黑体辐射能力，W/m^2；

f——校正系数；

f_0——壳程流体摩擦系数；

f_s——校正系数；

f_t——管程结垢校正系数；

h_f——阻力损失，J/kg；

h_{fs}——壳程阻力损失；

K——总传热系数，$W/(m^2 \cdot \text{℃})$；

L——管子长度，m；

N_p——管程数；

N_T——管子总数；

Q——电热功率，W 或 J/s；

Q——传热速率；

Q_R——辐射传热速率；

q——热流密度，W/m^2；

q_m——质量流量，kg/s；

q_T——总的热流体密度；

R——汽化潜热，kJ/kg；

R——导热热阻；

r——半径，m；

r——反射率；

S——冷凝液流过的截面积；

T——热流体温度，K；

t——冷流体温度，K；

Δt——平壁两侧表面温度差，℃；

u——流速，M/s。

希腊字母

α_R——辐射传热系数；

α_T——对流-辐射联合传热系数，$W/(m^2 \cdot \text{℃})$；

β——体积膨胀系数，1/K；

δ——冷凝膜厚度、壁厚，m；

δ_t——热流体的有效膜厚度，m；

δ'_t——冷流体的有效膜厚度，m。

ε——黑度、换热器的热效率；

λ——热导率，$W/(m \cdot \text{℃})$；

μ——黏度，$Pa \cdot s$；

ρ——流体密度，kg/m^3；

σ_0——黑体辐射常数，$W/(m^2 \cdot K)$；

τ——时间，s；

φ——角系数；

ψ——温度修正系数；

思 考 题

1. 传热过程有哪三种基本方式？
2. 传热按机理分为哪几种？
3. 物体的热导率与哪些主要因素有关？

4. 流动对传热的贡献主要表现在哪些方面?

5. 自然对流中的加热面与冷却面的位置应如何放才有利于充分传热?

6. 液体沸腾的必要条件有哪两个?

7. 工业沸腾装置应在什么沸腾状态下操作?为什么?

8. 沸腾对流传热的强化可以从哪两个方面着手?

9. 蒸气冷凝时为什么要定期排放不凝性气体?

10. 为什么低温时热辐射往往可以忽略,而高温时热辐射则成为主要的传热方式?

11. 影响辐射传热的主要因素有哪些?

12. 为什么有相变时的对流传热系数大于无相变时的对流传热系数?

13. 两把外形相同的茶壶,一把为陶瓷的,一把为银制的。将刚烧开的水同时充满两壶。实测发现,陶壶内的水温下降比银壶中的快,这是为什么?

14. 若串联传热过程中存在某个控制步骤,其含义是什么?

15. 传热基本方程中,推导得出对数平均推动力的前提条件有哪些?

16. 一列管换热器,油走管程并达到充分湍流。用 133℃的饱和蒸气可将油从 40℃加热至 80℃。若现欲增加 50%的油处理量,有人建议采用并联或串联同样一台换热器的方法,以保持油的出口温度不低于 80℃,这个方案是否可行?

17. 为什么一般情况下,逆流总是优于并流?并流适用于哪些情况?

18. 在换热器设计计算时,为什么要限制 ϕ 大于 0.8?

习 题

1. 如附图所示。某工业炉的炉壁由耐火砖 $\lambda_1=1.3\text{W/(m·K)}$、绝热层 $\lambda_2=0.18\text{W/(m·K)}$ 及普通砖 $\lambda_3=0.93\text{W/(m·K)}$ 三层组成。炉腔壁内壁温度 1100℃,普通砖层厚 12cm,其外表面温度为 50℃。通过炉壁的热损失为 1200W/m²,绝热材料的耐热温度为 900℃。求耐火砖层的最小厚度及此时绝热层厚度(设各层间接触良好,接触热阻可以忽略)。

2. 如附图所示。为测量炉壁内壁的温度,在炉外壁及距外壁 1/3 厚度处设置热电偶,测得 $t_2=300℃$,$t_3=50℃$。求内壁温度 t_1。设炉壁由单层均质材料组成。

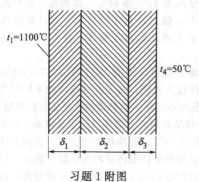

习题 1 附图

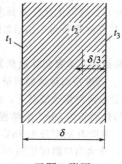

习题 2 附图

3. 直径为 $\phi60\text{mm}\times3\text{mm}$ 的钢管用 30mm 厚的软木包扎,其外又用 100mm 厚的保温灰包扎,以作为绝热层。现测得钢管外壁面温度为 −110℃,绝热层外表面温度 10℃。已知软木和保温灰的热导率分别为 0.043W/(m·℃) 和 0.07W/(m·℃),试求每米管长的冷量损失量。

4. 蒸气管道外包扎有两层热导率不同而厚度相同的绝热层,设外层的平均直径为内层的两倍。其热导率也为内层的两倍。若将二层材料互换位置,假定其他条件不变,试问每米管长的热损失将改变多少?说明在本题情况下,哪一种材料包扎在内层较为合适?

5. 在长为 3m、内径为 53mm 的管内加热苯溶液。苯的质量流速为 172kg/(s·m²)。苯在定性温度下的物性数据: $\mu=0.49\text{mPa·s}$; $\lambda=0.14\text{W/(m·K)}$; $C_p=1.8\text{kJ/(kg·℃)}$。试求苯对管壁的对流传热系数。

6. 在常压下用列管换热器将空气由 200℃冷却至 120℃,空气以 3kg/s 的流量在管外壳体中平行于管束流动。换热器外壳的内径为 260mm，内有 $\phi25mm\times2.5mm$ 钢管 38 根。求空气对管壁的对流传热系数。

7. 油罐中装有水平蒸气管以加热罐内重油，重油的平均温度 $t_m=20℃$，蒸气管外壁温度 $t_w=120℃$，管外径为 60mm。已知在定性温度 70℃ 下重油的物性数据：$\rho=900kg/m^3$；$C_p=1.88kJ/(kg\cdot℃)$；$\lambda=0.174W/(m\cdot℃)$；运动黏度 $\nu=2\times10^{-3}m^2/s$；$\beta=3\times10^{-4}/℃$。试问蒸气对重油的热传递速率为多少（单位为 kW/m^2）？

8. 室内水平放置两根表面温度相同的蒸气管，由于自然对流两管都向周围空气散失热量。已知大管的直径为小管直径的 10 倍，小管的 $(GrPr)=10^9$。试问两管路单位时间、单位面积的热损失比值为多少？

9. 饱和温度为 100℃ 的水蒸气在长 3m、外径为 0.03m 的单根黄铜管表面上冷凝。铜管竖直放置，管外壁的温度维持 96℃，试求：（1）每小时冷凝的蒸气量；（2）又若将管子水平放，冷凝的蒸气量又为多少？

10. 在列管式换热器中用冷水冷却油。水在直径为 $\phi19mm\times2mm$ 的列管内流动。已知管内水侧对流传热系数为 $3490W/(m^2\cdot℃)$，管外油侧对流传热系数为 $258W/(m^2\cdot℃)$。换热器在使用一段时间后，管壁两侧均有污垢形成，水侧污垢热阻为 $0.00026m^2\cdot℃/W$，油侧污垢热阻为 $0.000176m^2\cdot℃/W$。管壁热导率 λ 为 $45W/(m^2\cdot℃)$，试求：（1）基于管外表面积的总传热系数；（2）产生污垢后热阻增加的百分数。

11. 热气体在套管换热器中用冷水冷却，内管为 $\phi25mm\times2.5mm$ 钢管，热导率为 $45W/(m\cdot K)$。冷水在管内湍流流动，对流传热系数 $\alpha_1=2000W/(m^2\cdot K)$。热气在环隙中湍流流动，$\alpha_2=50W/(m^2\cdot K)$。不计垢层热阻，试求：（1）管壁热阻占总热阻的百分数；（2）内管中冷水流速提高一倍，总传热系数有何变化？（3）环隙中热气体流速提高一倍，总传热系数有何变化？

12. 在下列各种列管式换热器中，某种溶液在管内流动并由 20℃ 加热到 50℃。加热介质在壳方流动，其进、出口温度分别为 100℃ 和 60℃，试求下面各种情况下的平均温度差：（1）壳方和管方均为单程的换热器（设两流体呈逆流流动）；（2）壳方和管方分别为单程和二程的换热器；（3）壳方和管方分别为二程和四程的换热器。

13. 在逆流换热器中，用初温为 20℃ 的水将 $1.25kg/s$ 的液体 [比热容为 $1.9kJ/(kg\cdot℃)$、密度为 $850kg/m^3$]，由 80℃ 冷却到 30℃。换热器的列管直径为 $\phi25mm\times2.5mm$，水走管方。水侧和液体侧的对流传热系数分别为 $0.85kW/(m^2\cdot℃)$ 和 $1.70kW/(m^2\cdot℃)$，污垢热阻可忽略。若水的出口温度不能高于 50℃，试求换热器的传热面积。

14. 在并流换热器中，用水冷却油。水的进、出口温度分别为 15℃ 和 40℃，油的进、出口温度分别为 150℃ 和 100℃。现因生产任务要求油的出口温度降至 80℃，假设油和水的流量、进口温度及物性均不变，若原换热器的管长为 1m，试求此换热器的管长增至若干米才能满足要求。设换热器的热损失可忽略。

15. 重油和原油在单程套管换热器中呈并流流动，两种油的初温分别为 243℃ 和 128℃，终温分别为 167℃ 和 157℃。若维持两种油的流量和初温不变，而将两流体改为逆流，试求此时流体的平均温度差及它们的终温。假设在两种流动情况下，流体的物性和总传热系数均不变化，换热器的热损失可以忽略。

16. 在一传热面积为 $50m^2$ 的单程列管换热器中，用水冷却某种溶液。两流体呈逆流流动。冷水的流量为 33000kg/h，温度由 20℃ 升至 38℃。溶液的温度由 110℃ 降至 60℃。若换热器清洗后，在两流体的流量和进口温度下，冷水出口温度增到 45℃。试估算换热器清洗前传热面两侧的总污垢热阻。假设：（1）两种情况下，流体物性可视为不变，水的平均比热容可取为 $4.187kJ/(kg\cdot℃)$；（2）可按平壁处理，两种工况下 α_i 和 α_o 分别相同；（3）忽略管壁热阻和热损失。

17. 在一单程列管换热器中，用饱和蒸气加热原料油。温度为 160℃ 的饱和蒸气在壳程冷凝（排出时为饱和液体），原料油在管程流动，并由 20℃ 加热到 106℃。列管换热器尺寸为：列管直径为 $\phi19mm\times2mm$，管长为 4m，共有 25 根管子。若换热器的传热量为 125kW，蒸气冷凝传热系数为 $7000W/(m^2\cdot℃)$，油侧污垢热阻可取为 $0.0005m^2\cdot℃/W$，管壁热阻和蒸气侧垢层热阻可忽略，试求管内油侧对流传热系数。

又若油的流速增加一倍，此时若换热器的总传热系数为原来总传热系数的 1.75 倍，试求油的出口温度。假设油的物性不变。

18. 在一逆流套管换热器中，冷、热流进行热交换。两流体的进、出口温度分别为 $t_1=20℃$、$t_2=85℃$，$T_1=100℃$、$T_2=70℃$。当冷流体的流量增加一倍时，试求两流体的出口温度和传热量的变化情况。假设两种情况下总传热系数可视为相同，换热器热损失可忽略。

19. 某冷凝器传热面积为 $20m^2$，用来冷凝 100℃ 的饱和水蒸气。冷液进口温度为 40℃，流量 0.917kg/

s，比热容为 4000J/(kg·℃)。换热器的传热系数 $K=125$W/(m²·℃)，试求水蒸气冷凝量。

20. 有一套管换热器，内管为 ϕ19mm×3mm，管长为 2m，管隙的油与管内的水的流向相反。油的流量为 270kg/h，进口温度为 100℃，水的流量为 360kg/h，入口温度为 10℃。若忽略热损失，且已知以管外表面积为基准的传热系数 $K=374$W/(m²·℃)，油的比热容 $C_p=1.88$kJ/(kg·℃)，试求油和水的出口温度分别为多少？

21. 用热电偶温度计测量管道中的气体温度。温度计读数为 300℃，黑度为 0.3。气体与热电偶间的对流传热系数为 60W/(m²·K)，管壁温度为 230℃。试求：（1）气体的真实温度；（2）若要减少测温误差，应采用哪些措施？

22. 功率为 1kW 的封闭式电炉，表面积为 0.05m²，表面黑度 0.90。电炉置于温度为 20℃的室内，炉壁与室内空气的自然对流对流传热系数为 10W/(m²·K)。求炉外壁温度。

23. 盛水 2.3kg 的热水瓶，瓶胆由两层玻璃壁组成，其间抽空以免空气对流和传导散热。玻璃壁镀银，黑度 0.02。壁面面积为 0.12m²，外壁温度 20℃，内壁温度 99℃。问水温下降 1℃需要多少时间？

24. 有一单壳程双管程列管换热器，管外用 120℃饱和蒸气加热，常压干空气以 12m/s 的流速在管内流过，管径为 ϕ38mm×2.5mm，总管数为 200 根，已知空气进口温度为 26℃，要求空气出口处温度为 86℃，试求：（1）该换热器的管长应为多少？（2）若气体处理量、进口温度、管长均保持不变，而将管径增大为 ϕ54mm×2mm，总管数减少 20%，此时的出口温度为多少（不计出口温度变化对物性的影响，忽略热损失）？

25. 试估计一列管式冷凝器，用水来冷凝常压下的乙醇蒸气。乙醇的流量为 3000kg/h，冷水进口温度为 30℃，出口温度为 40℃。在常压下乙醇的饱和温度为 78℃，汽化潜热为 925kJ/kg。乙醇蒸气冷凝对流传热系数估计为 1660W/(m²·℃)。设计内容：（1）程数、总管数、管长；（2）管子在花板上排列；（3）壳体内径。

参 考 文 献

[1] 陈敏恒等. 化工原理（上册）. 第三版. 北京：化学工业出版社，2006.
[2] 杨祖荣. 化工原理. 北京：化学工业出版社，2004.
[3] 蒋维钧等. 化工原理（上册）. 第二版. 北京：清华大学出版社，2003.
[4] 姚玉英等. 化工原理（上册）. 第二版. 天津：天津大学出版社，2004.
[5] 杨世铭等. 传热学. 第四版. 北京：高等教育出版社，2006.
[6] J P 霍尔曼. 传热学. 马庆芳等译. 北京：人民教育出版社，1979.
[7] Coulson J M. Richardson J F. Chemical Engineering. Vol I, 3rd ed. 1977.
[8] 时钧等. 化学工程手册. 第 6 篇. 北京：化学工业出版社，1996.
[9] 唐伦成. 化工原理课程设计简明教程. 哈尔滨：哈尔滨工业大学出版社，2005.

以测得该设备的传热系数 K。已知数据为 $K=1.2$ W/(m² · ℃)，试计算其总热阻。

26. 某套管换热器由 ϕ38mm×3mm 的钢管，管内为油，流量为 5t/h，由 50℃ 升温到 90℃，油的比热容为... 内外...

31. 用列管换热器加热某种溶液，溶液走管内由 300℃...（本题略去部分内容）加热蒸汽温度为 150℃...

第5章 蒸 发

5.1 概述

将含有不挥发性溶质的溶液加热至沸腾，使部分溶剂汽化并移出，从而获得浓缩液或回收溶剂的操作称为蒸发。蒸发操作广泛应用于化工、轻工、食品、医药等工业领域，其主要目的如下。

① 获得浓缩的液体产品或半成品。如 NaOH 的浓缩、奶粉生产中乳液的浓缩、造纸黑液的浓缩以便碱回收、蔗糖生产中糖汁的浓缩等。

② 脱除杂质，制取纯净的溶剂。如海水淡化等。

③ 同时得到浓缩液和溶剂。如中药生产中酒精等浸出液的浓缩和溶剂回收。

④ 蒸发、结晶的联合操作以获得固体溶质产品。如蔗糖的生产就是一典型实例。

工业上处理的溶液大多为水溶液，故本章仅讨论水溶液的蒸发。但其基本原理和设备同样适用于非水溶液的蒸发。

5.1.1 蒸发过程的特点

图 5-1 为典型的蒸发装置。蒸发器内有一加热室，加热介质通常为水蒸气，在加热管内溶液受热沸腾。溶液在蒸发器内不断地循环流动，被浓缩到规定浓度后由蒸发器底部排出。汽化的蒸汽常夹带有较多的雾沫和小液滴，因此蒸发器必须提供一分离空间，经常还装有适当形式的除沫器以有效分离液沫。排出的蒸汽如不再利用，应将其在冷凝器中加以冷凝。在此，将加热蒸汽称为生蒸汽或新鲜蒸汽，通过蒸发器得到的溶剂蒸汽称为二次蒸汽，两者的区别是温位（或压强）不同。

尽管蒸发操作的目的是物质的分离，但其过程的实质是传热壁面两侧均为有相变无温变的恒温差传热，传热速率是蒸发过程的控制因素。另外，蒸发操作又不同于一般的换热过程，它是对不挥发溶质的浓度不断增加的溶液进行沸腾传热，故而有其特殊性。

① 溶液沸点升高。由于溶液含有不挥发性溶质，在相同温度下，溶液的蒸气压比纯溶剂的小，即在一定外压下，溶液的沸点比纯溶剂的高，溶液浓度越高，这种影响越显著，这在设计和操作蒸发器时是必需考虑的。

② 物料特性对蒸发器的结构设计提出特殊的要求。当溶质是热敏性物质时，在高温下停留时间过长易变质；有些物料具有较大的腐蚀性或溶液增浓后黏度大为增加，不利于沸腾传热。因此，对此类溶液在设计和选用蒸发器时，必须考虑这些因素。

③ 工艺特性对蒸发器结构的要求。物料在浓缩过程中，溶质或杂质常在加热表面沉积、析出结晶而形成垢层，使传热条件恶化。因此，应适当设计蒸发器的结构，设法防止或减少垢层的生成，并使加热面易于清理。

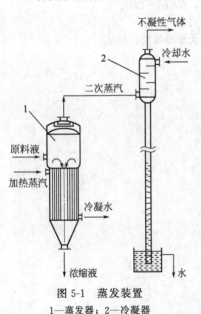

图 5-1 蒸发装置
1—蒸发器；2—冷凝器

④ 节能是蒸发操作应予考虑的重要问题。溶剂汽化需吸收大量汽化潜热，所以蒸发操作是一个能耗大的过程。因此，强化与改善蒸发器的传热效果和充分利用二次蒸汽已成为蒸发操作必须关注的问题。

5.1.2　蒸发过程的分类

蒸发过程有多种分类方法。

（1）间歇蒸发和连续蒸发

若蒸发过程中，原料液连续进入蒸发器，浓缩液连续离开蒸发器，则为连续蒸发，否则是间歇蒸发。工业上大量物料的蒸发通常是连续的定态过程；间歇蒸发适合于小规模多品种的生产过程。

（2）加压蒸发、常压蒸发和真空蒸发

按蒸发器操作时分离室的压力情况，将蒸发过程分为加压蒸发、常压蒸发和真空蒸发。真空（减压）蒸发因可在低沸点下得到蒸发产品而常用于热敏性料液的浓缩。真空操作有以下特点：

① 使溶液在低沸点下沸腾，防止热敏性料液变质；

② 当加热介质温度一定时，由于沸点降低，使传热平均推动力增加，传热面积可以减少；

③ 由于沸点降低，可利用低压蒸气作为加热介质，同时有利于降低系统的热损失；

④ 由于溶液沸点降低，液体黏度增大，导致传热阻力增加；

⑤ 需增加真空设备和动力消耗。

显然，对于热敏性物料，如抗生素溶液、果汁等应在减压下进行。而高黏度物料可采用加压高温热源加热（如导热油、熔盐等）进行蒸发。

（3）单效蒸发和多效蒸发

根据二次蒸汽是否作为另一蒸发器的加热热源，又形成了单效蒸发和多效蒸发方式。二次蒸汽直接被冷凝而不再利用者为单效蒸发。二次蒸汽作为下一效蒸发器的热源而被再次利用，便形成了多效蒸发，效数与二次蒸汽的利用次数相关，一般为 2～5 效。

5.2　单效蒸发

5.2.1　单效蒸发流程

单效蒸发的生产流程如图 5-1 所示。图中蒸发器由加热室和汽化分离室两部分组成。加热室通常为列管式换热器，加热蒸汽走壳程，冷凝放热之后以冷凝水的形式离开蒸发器；料液在管内循环流动过程中不断被加热，沸腾汽化后在分离室中进行汽液分离，其中液体落回加热室，气体经分离室顶部除沫器除沫后，由蒸发器顶端取出，冷凝之后从大气腿排走。当溶液浓度达到规定浓度后，由蒸发器底端排出即得完成液。

单效蒸发流程简单，所涉及的变量少，计算较简单，是多效蒸发过程的基础。

5.2.2　单效蒸发的计算

在给定生产任务（如进料量、温度、初始浓度、完成液浓度）和操作条件（如加热蒸汽的压力、冷凝器操作压力）的情况下，通过物料衡算、热量衡算和传热速率方程，确定以下内容：①水的蒸发量；②加热蒸汽消耗量；③蒸发器所需加热面积。

5.2.2.1　蒸发水量的计算

对图 5-2 所示的单效蒸发进行物料衡算。由于蒸发过程中溶质不挥发，所以有

$$Fx_0 = (F-W)x_1$$

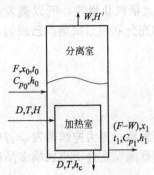

图 5-2 单效蒸发过程

则水分蒸发量为
$$W=F\left(1-\frac{x_0}{x_1}\right) \tag{5-1}$$

完成液的浓度
$$x_1=\frac{Fx_0}{F-W} \tag{5-2}$$

式中，F 为原料液量；W 为蒸发水量；x_0 为原料液中溶质的质量分数；x_1 为完成液中溶质的质量分数。

5.2.2.2 加热蒸汽消耗量的计算

对图 5-2 作热量衡算得
$$DH+Fh_0=WH'+(F-W)h_1+Dh_c+Q_L \tag{5-3}$$

或
$$Q=D(H-h_c)=WH'+(F-W)h_1-Fh_0+Q_L \tag{5-3a}$$

式中，D 为加热蒸汽消耗量；H 为加热蒸汽的焓；H' 为二次蒸汽的焓；h_0 为原料液的焓；h_1 为完成液的焓；h_c 为冷凝水的焓；Q 为蒸发器的热负荷；Q_L 为蒸发器的热损失。

（1）溶液浓缩热较大的情况

某些盐、碱的水溶液在浓缩时吸热效应十分显著，这类溶液的焓值是其组成和温度的函数，具体函数关系需通过实验测定。图 5-3 是以 0℃ 为基准温度的 NaOH 水溶液的焓浓图。

如果各物料流股的焓值及热损失已知，并且冷凝水在饱和温度下排出，$(H-h_c)$ 即为加热蒸汽的汽化潜热 r。则加热蒸汽消耗量为
$$D=\frac{WH'+(F-W)h_1-Fh_0+Q_L}{r} \tag{5-4}$$

蒸发器的热负荷为
$$Q=Dr=WH'+(F-W)h_1-Fh_0+Q_L \tag{5-4a}$$

（2）溶液浓缩热可忽略的情况

当溶液浓缩热不显著时，其焓值可由比热容近似计算。以 0℃ 的溶液为基准，则
$$h_0=C_{p_0}t_0 \tag{5-5}$$
$$h_1=C_{p_1}t_1 \tag{5-5a}$$

式中，C_{p_0} 为原料液的比热容；C_{p_1} 为完成液的比热容；t_0 为原料液的温度；t_1 为完成液的温度。

对于水溶液
$$C_{p_0}=C_{p_w}(1-x_0)+C_{p_A}x_0 \tag{5-6}$$
$$C_{p_1}=C_{p_w}(1-x_1)+C_{p_A}x_1 \tag{5-6a}$$

式中，C_{p_w} 为水的比热容；C_{p_A} 为溶质的比热容。

联立式（5-1）、式（5-3a）、式（5-4a），并代入式（5-5）、式（5-6），整理得
$$Q=Dr=W(H'-C_{p_w}t_1)+FC_{p_0}(t_1-t_0)+Q_L \tag{5-7}$$

若近似取 $(H'-C_{p_w}t_1)$ 为水在 t_1 时的汽化潜热 r'，则
$$D=\frac{FC_{p_0}(t_1-t_0)+Wr'+Q_L}{r} \tag{5-8}$$

式中，r' 为二次蒸汽的汽化潜热，kJ/kg。

式（5-8）表明，加热蒸汽放出的热量用于原料液的升温、产生二次蒸汽和热损失。

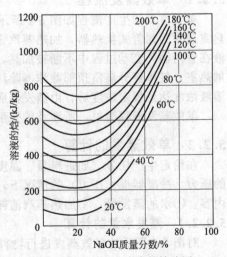

图 5-3 NaOH 水溶液的焓浓图

若原料液由预热器加热至沸点后再进入蒸发器，并忽略热损失，则式(5-8)可写为

$$D = \frac{Wr'}{r} \tag{5-9}$$

或

$$\frac{D}{W} = \frac{r'}{r} \tag{5-9a}$$

式中，D/W 称为单位蒸汽消耗量，表示加热蒸汽的利用程度，也称为蒸汽的经济性。由于水蒸气的汽化潜热随压力的变化不大，可取 $r = r'$，对单效蒸发而言，$D/W = 1$，即蒸发 1kg 水至少需要 1kg 的加热蒸汽。实际上，由于热损失和浓缩热效应的存在，$D/W \geqslant 1.1$。可见，单效蒸发的能耗较高。

5.2.2.3　加热室传热面积的计算

蒸发器的传热面积可由传热速率方程计算，即

$$A = \frac{Q}{K \Delta t_{\mathrm{m}}} \tag{5-10}$$

式中，A 为传热面积；Q 为蒸发器的热负荷；K 为蒸发器的总传热系数；Δt_{m} 为传热平均温度差。其中热负荷 Q 由式(5-7)确定，传热系数 K 大多取经验值，传热平均温度差 Δt_{m} 的计算需要考虑溶液沸点升高等因素的影响。

5.3　温度差损失与总传热系数

5.3.1　蒸发过程的温度差损失

在蒸发操作中，蒸发器加热室一侧是蒸汽冷凝，另一侧是液体沸腾，因此传热平均温差为

$$\Delta t_{\mathrm{m}} = T - t_1 \tag{5-11}$$

式中，T 为加热蒸汽的温度；t_1 为操作条件下溶液的沸点。

溶液的沸点 t_1 受溶液浓度、蒸发器内液面压力和液体的静压强等因素的影响。因此，在计算 Δt_{m} 时需考虑这些因素。

5.3.1.1　溶液浓度的影响

溶质的存在可使溶液的蒸气压较纯水的低，从而使其沸点升高，它们的沸点差值以 Δ' 表示。不同性质的溶液在不同的浓度范围内，沸点上升的数值是不同的。一般情况下，有机溶液的沸点升高 Δ' 不显著，无机溶液的 Δ' 较大；稀溶液的 Δ' 小；但高浓度无机溶液的 Δ' 却相当可观。例如，在 0.1MPa 下，10%NaOH 水溶液的沸点升高值 Δ' 约 3℃，而 50%NaOH 水溶液的沸点升高值 Δ' 可达 40℃以上。

常压下不同浓度的溶液沸点可通过实验测定，部分常见溶液的沸点也可在相关书籍或手册中查得。当蒸发器中的操作压强不是常压时，为估计不同压强下溶液的沸点以计算沸点升高，提出了某些经验法则。其中杜林规则得到广泛应用。

杜林规则 (Duhringy's rule)：在相当宽的

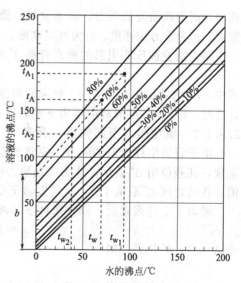

图 5-4　不同浓度 NaOH 水溶液的沸点与对应压强下纯水沸点的关系

压强范围内，一定组成的溶液的沸点与同压强下溶剂的沸点成线性关系。图 5-4 为不同浓度 NaOH 水溶液的沸点与对应压强下纯水沸点的关系。由图可见，NaOH 的质量分数为零（即纯水）的沸点线为一条 45°对角线；在浓度不太高（<40%）的范围内，溶液的沸点线大致为一组与 45°对角线平行的线束，可以合理地认为溶液的沸点升高与操作压强无关，即不同压强下的 Δ' 可取常压下的 Δ' 数值；在高浓度范围内，只要已知两个不同压强下溶液的沸点，则其他压强下溶液的沸点，可通过杜林线的斜率计算或直接按水的沸点作线性内插（或外推）。

$$\frac{t_{A_1} - t_{A_2}}{t_{w_1} - t_{w_2}} = k \tag{5-12}$$

$$t_A = k t_w + b \tag{5-13}$$

式中，t_{A_1}、t_{A_2}、t_A 分别为压力 p_1、p_2、p 下溶液的沸点；t_{w_1}、t_{w_2}、t_w 分别为压力 p_1、p_2、p 下水的沸点；k 为杜林线的斜率；b 为杜林线的截距。

在缺乏实验数据时，则可按下式估算 Δ'

$$\Delta' = f \Delta'_a \tag{5-14}$$

式中，Δ' 为操作压力下的溶液沸点升高；Δ'_a 为常压下的溶液沸点升高；f 为校正系数，其值由下式计算：

$$f = 0.0162 \frac{(T' + 273)^2}{r'} \tag{5-15}$$

式中，T' 为操作压力下水的沸点；r' 为操作压力下水的汽化热。

5.3.1.2　液柱静压头的影响

除单程薄膜型蒸发器外，蒸发器在操作时必须维持一定的液位高度。由于液柱静压头的存在，液面下部不同深度处溶液的沸点是不同的，液层表面处沸点低，液层越深，沸点越高。作为近似估算，以液层二分之一处的压力和沸点表示整个液层的平均压力和沸点，并将该沸点与液面处沸点之差称为液柱静压头引起的沸点升高，用 Δ'' 表示。对于真空蒸发，压力越低，Δ'' 越显著。

液层的平均压力为

$$p_m = p' + \frac{\rho_m g h}{2} \tag{5-16}$$

式中，p' 为液面处的压力，即蒸发器的操作压力；p_m 为液层的平均压力；ρ_m 为液层的平均密度；g 为重力加速度；h 为液层高度。

则由液柱静压头引起的沸点升高 Δ'' 可表示为

$$\Delta'' = t_m - t_b \tag{5-17}$$

式中，t_m 为液层中部压力 p_m 对应的溶液沸点；t_b 为液面处压力 p' 对应的溶液沸点。近似计算时，t_b 与 t_m 可取对应压力下水的沸点。

5.3.1.3　流动阻力引起的沸点升高

由于管路中存在流动阻力，使蒸发器内二次蒸汽的温度高于冷凝器内的二次蒸汽的饱和温度，其差值用 Δ''' 表示，称为流动阻力引起的沸点升高。此值难以准确计算，一般取经验值：各效之间 Δ''' 取值 1℃，从蒸发器至冷凝器的 Δ''' 取 1~1.5℃。

考虑了上述因素后，操作条件下溶液的沸点 t_1 即可用下式求取

$$t_1 = T'_c + \Delta' + \Delta'' + \Delta''' \tag{5-18}$$

令 $\Delta = \Delta' + \Delta'' + \Delta'''$，则

$$t_1 = T'_c + \Delta \tag{5-18a}$$

式中，T'_c 为冷凝器操作压力下的饱和水蒸气温度；Δ 为总温度差损失。由此，将 $(T - t_1)$ 称为有效平均温差，而把 $(T - T'_c)$ 称为理论温差。显然，二者的差即为 Δ。

5.3.2 蒸发器的总传热系数

蒸发器的总传热系数可由下式计算

$$K = \frac{1}{\dfrac{1}{\alpha_i} + R_i + \dfrac{\delta}{\lambda} + R_o + \dfrac{1}{\alpha_o}} \tag{5-19}$$

式中，K 为总传热系数；α_i 为管内溶液沸腾的对流传热系数；α_o 为管外蒸汽冷凝的对流传热系数；R_i 为管内垢层热阻；R_o 为管外垢层热阻；δ 为管壁厚度；λ 为加热管的热导率。

式(5-19) 中的各项在传热章节中已经有所阐述，只是在蒸发过程中影响管内沸腾的因素较为复杂，使 α_i 和 R_i 的确定成为主要问题。在蒸发过程中，由于溶液的浓度不断提高，加热面处溶液更易呈过饱和状态，溶质和可溶性盐类析出，若附着于加热表面，便形成污垢。因此 R_i 经常成为蒸发器的主要热阻部分，目前，R_i 的取值多来自经验数据。同样，影响管内溶液沸腾对流传热系数 α_i 的因素很多，如溶液的性质、操作条件、传热状况和蒸发器的结构等，所以 α_i 又是影响总传热系数的主要因素。但诸多的因素也致使准确计算 α_i 有困难。故而，作为蒸发器的设计依据，总传热系数主要来自现场实测和生产经验。几种常用蒸发器的总传热系数大致范围列于表 5-1。

表 5-1　蒸发器总传热系数的经验值

蒸发器类型	总传热系数/[W/(m²·K)]	蒸发器类型	总传热系数/[W/(m²·K)]
中央循环管式	580~2900	升膜式	580~5800
强制中央循环管式	1200~6000	降膜式	1200~3500
外加热式		旋转刮板式	
自然循环	1400~3000	液体黏度	
强制循环	1200~6000	1mPa·s	2000
悬筐式	580~3500	100~10000mPa·s	600~1500

【**例 5-1**】 采用单效真空蒸发装置，连续蒸发 NaOH 水溶液。已知原料液量为 5000kg/h，沸点加料，进料浓度为 10%，浓缩液浓度为 50%（均为质量分数），其密度为 1460kg/m³，加热蒸汽采用 500kPa（绝压）的饱和水蒸气，冷凝器的操作压强为 15kPa（绝压），蒸发器中溶液的液层高度为 1.2m，冷凝液在饱和温度下排出，总传热系数为 1200W/(m²·K)，蒸发器的热损失为加热量的 5%。试求：(1) 蒸发水量；(2) 加热蒸汽消耗量；(3) 蒸发器传热面积。

解：(1) 水分蒸发量 W

由式(5-1) 得

$$W = F\left(1 - \frac{x_0}{x_1}\right) = 5000 \times \left(1 - \frac{0.1}{0.5}\right) = 4000\text{kg/h}$$

(2) 加热蒸汽消耗量 D

由式(5-8) $D = \dfrac{FC_{p_0}(t_1 - t_0) + Wr' + Q_L}{r}$，代入已知条件：沸点加料 $(t_0 = t_1)$，和 $Q_L = 0.05Dr$，得

$$D = \frac{Wr'}{0.95r}$$

由附录 5 查取：

对加热蒸汽，当 $p = 500$kPa（绝压）时，$T = 151.7℃$，$r = 2113.2$kJ/kg

对冷凝器，当 $p = 15$kPa（绝压）时，$T' = 53.5℃$，$r' = 2370.0$kJ/kg

故

$$D = \frac{4000 \times 2370}{0.95 \times 2113.2} = 4722.2\text{kg/h}$$

即

$$D/W = 4722.2/4000 = 1.18$$

（3）传热面积 A

由式（5-10）$A=\dfrac{Q}{K\Delta t_{\mathrm{m}}}$，应先确定有效温差 Δt_{m}。首先求取溶液的沸点。

① 计算 Δ'　冷凝器操作压力下，$p=15\mathrm{kPa}$（绝压）时，对应的二次蒸汽的饱和温度 $T'_{\mathrm{c}}=53.5℃$。

由附录 5 内插或查图 5-4 得常压下，$50\%\mathrm{NaOH}$ 水溶液的沸点为 $142.8℃$，则常压时，$\Delta'_{\mathrm{a}}=142.8-100=42.8℃$，操作压力下的 Δ' 需利用式（5-15）校正，即

$$f=0.0162\frac{(T'+273)^2}{r'}=0.0162\times\frac{(53.5+273)^2}{2370}=0.73$$

$$\Delta'=0.73\times42.8=31.2℃$$

② 计算 Δ''　可将分离室内的压力视为等于冷凝器的压力，则加热管内液层的平均静压为

$$p_{\mathrm{m}}=p'+\frac{\rho_{\mathrm{m}}gh}{2}=15+\frac{1460\times9.81\times1.2\times10^{-3}}{2}=15+8.6=23.6\mathrm{kPa}$$

查附录 5 得 $23.6\mathrm{kPa}$ 下对应的水的沸点为 $62.4℃$，则

$$\Delta''=62.4-53.5=8.9℃$$

③ 计算 Δ'''　取经验值 $\Delta'''=1℃$，则溶液的沸点

$$t_1=T'_{\mathrm{c}}+\Delta'+\Delta''+\Delta'''=53.5+31.2+8.9+1=94.6℃$$

此时，$\Delta t_{\mathrm{m}}=T-t_1=151.7-94.6=57.1℃$，故

$$A=\frac{Q}{K\Delta t_{\mathrm{m}}}=\frac{Dr}{K\Delta t_{\mathrm{m}}}=\frac{4722.2\times2113.2}{1200\times57.1}=145.6\mathrm{m}^2$$

5.4　多效蒸发

5.4.1　多效蒸发原理

多效蒸发是将第一个蒸发器汽化的二次蒸汽作为加热介质通入第二个蒸发器的加热室，这称为双效蒸发。若再将第二个蒸发器汽化的二次蒸汽通入第三个蒸发器的加热室作为热源，则称为三效蒸发。如此可串接多个蒸发器，便有了多效蒸发。不难看出，在多效蒸发中，要求各效的操作压力、对应的加热蒸汽温度和溶液沸点依次降低。因此，第一效的生蒸汽的压力较高，末效往往采用真空操作，中间各效的操作压力递减，才能实现多效蒸发。

5.4.2　多效蒸发流程

多效蒸发中物料与二次蒸汽的流向有多种选择，从而形成了多种流程，其中常用的有以下几种。

① 并流加料　图 5-5 为并流加料三效蒸发流程。物料与二次蒸汽以相同的方向流过各效。此种加料方式的优点是：前效压强较后效高，料液可借此压强差自动地流向后一效而无需泵送；同时，由于前效中溶液的沸点比后效的高，当物料进入后效时会产生自蒸发。但对于并流加料，末效与前几效相比，溶液浓度高、温度低、黏度大，传热系数低，所需传热面积大。

② 逆流加料　图 5-6 为逆流加料三效蒸发流程，料液与二次蒸汽流向相反。其优点是：各效的浓度和温度对液体黏度的影响大致相抵消，各效的传热条件大致相同，传热系数相当。但逆流加料时溶液在各效之间的流动必须泵送。一般适用于溶液黏度随温度变化较大的场合。

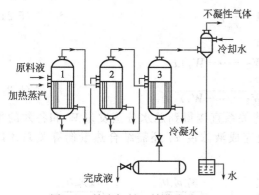
图 5-5 并流加料三效蒸发流程

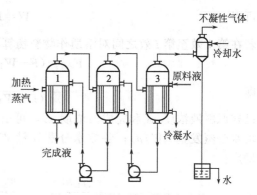
图 5-6 逆流加料三效蒸发流程

③ 平流加料 图 5-7 为平流加料三效蒸发流程，二次蒸汽依次通过各效，料液只经过一效，在每效加入和排出。此种加料方式对易结晶的物料较为适合，如食盐溶液、烧碱溶液等的蒸发。

④ 错流加料 图 5-8 为错流加料三效蒸发流程。错流加料是并流加料和逆流加料的组合，兼有并、逆流的优点，同时弥补两者的不足，但操作流程复杂，对系统控制的要求较高。在造纸黑液碱回收系统中普遍应用。

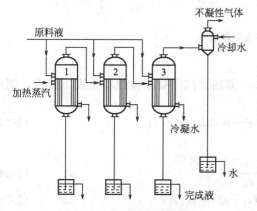
图 5-7 平流加料三效蒸发流程

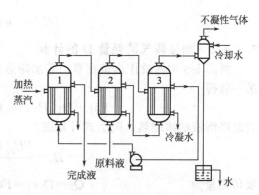
图 5-8 错流加料三效蒸发流程

5.4.3 多效蒸发的计算

多效蒸发是一个多级串联过程，就每一效而言，其计算方法与单效的相似。但由于各效之间相互联系，操作参数相互制约，致使多效蒸发计算更为复杂。生产给定的条件通常为：物料的流量、组成和温度，最终完成液的浓度，加热蒸汽的压力及冷凝器的操作压力。主要计算内容有：①各效水分蒸发量 W_i 及完成液浓度 x_i；②加热蒸汽消耗量 D；③各效传热面积 A_i。

多效蒸发的计算所依据的仍然是物料衡算、热量衡算和传热速率方程。

5.4.3.1 各效水分蒸发量 W_i 及完成液浓度 x_i

图 5-9 所示为 n 效并流加料流程的衡算用图。计算中所用符号的意义与单效蒸发相同。

由物料衡算知：总水分蒸发量 W 为各效水分蒸发量之和，即

$$W = W_1 + W_2 + \cdots + W_n \tag{5-20}$$

对全流程以溶质作物料衡算，有

$$Fx_0 = (F-W)x_n$$

可得
$$W = F\left(1 - \frac{x_0}{x_n}\right) \tag{5-21}$$

若在第 1 效至第 i 效之间对溶质作物料衡算，有
$$Fx_0 = (F - W_1 - W_2 - \cdots - W_i)x_i$$

即
$$x_i = \frac{Fx_0}{(F - W_1 - W_2 - \cdots - W_i)} \tag{5-22}$$

已知原料液浓度 x_0 和完成液浓度 x_n，可由上述关系直接得到总水分蒸发量 W 和各效的平均水分蒸发量（W/n）；各效水分蒸发量 W_i 及完成液浓度 x_i 还需结合热量衡算关系才能确定。

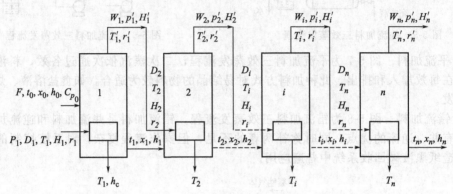

图 5-9 n 效并流衡算用图

5.4.3.2 加热蒸气消耗量 D 的计算

对图 5-9 中各效作热量衡算。若忽略热损失，加热蒸汽冷凝液在饱和温度下排出，则对第一效得
$$Fh_0 + D_1(H_1 - h_c) = (F - W_1)h_1 + W_1 H_1' \tag{5-23}$$

若忽略溶液的浓缩热，则上式可写成
$$D_1 = \frac{FC_{p_0}(t_1 - t_0) + W_1 r_1'}{r_1} \tag{5-24}$$

及传热量为
$$Q_1 = D_1 r_1 = FC_{p_0}(t_1 - t_0) + W_1 r_1' \tag{5-25}$$

同理，对第二效写出热量衡算式，并进行化简，得第二效的加热蒸汽量
$$D_2 = W_1 = \frac{(FC_{p_0} - W_1 C_{p_w})(t_2 - t_1) + W_2 r_2'}{r_2} \tag{5-26}$$

及传热量为
$$Q_2 = D_2 r_2 = W_1 r_1' \tag{5-27}$$

显然，$r_2 = r_1'$。

第 i 效的加热蒸汽量及传热量为
$$W_i = W_{i-1}\frac{r_i}{r_i'} - (FC_{p_0} - W_1 C_{p_w} - W_2 C_{p_w} - \cdots - W_{i-1}C_{p_w})\frac{t_i - t_{i-1}}{r_i'} \tag{5-28}$$

$$Q_i = D_i r_i = W_{i-1} r_{i-1}' \tag{5-29}$$

同样，$r_i = r_{i-1}'$。

如果考虑溶液的浓缩热和热损失，且又无溶液的焓浓图可查用时，可在式(5-28)中引入热利用系数 η_i，即
$$W_i = \eta_i\left[W_{i-1}\frac{r_i}{r_i'} - (FC_{p_0} - W_1 C_{p_w} - W_2 C_{p_w} - \cdots - W_{i-1}C_{p_w})\frac{t_i - t_{i-1}}{r_i'}\right] \tag{5-28a}$$

校正系数 η_i 通常可取为 0.96～0.98。溶液的浓缩热越大，η_i 值越小。对 NaOH 水溶

液，其 η_i 值可由下式确定，即

$$\eta_i = 0.98 - 0.7\Delta x_i \tag{5-30}$$

式中，Δx_i 为第 i 效溶质质量分数的变化。

5.4.3.3 各效传热面积 A_i 的计算

对任一效 i，其传热面积由传热速率方程式确定，即

$$A_i = \frac{Q_i}{K_i \Delta t_i} \tag{5-31}$$

式中，A_i 为第 i 效的传热面积；K_i 为第 i 效的总传热系数；Δt_i 为第 i 效的有效温度差；Q_i 为第 i 效的传热速率。

多效蒸发中的每一效都存在温度差损失，总传热温差损失为各效温差损失之和。因此多效蒸发系统的总有效温差为

$$\sum_{i=1}^{n} \Delta t_i = (T - T_c') - \sum_{i=1}^{n} \Delta_i = \Delta t_T - \sum_{i=1}^{n} \Delta_i \tag{5-32}$$

式中，$\sum_{i=1}^{n} \Delta_i = \sum_{i=1}^{n} \Delta_i' + \sum_{i=1}^{n} \Delta_i'' + \sum_{i=1}^{n} \Delta_i'''$，其中 Δ'、Δ''、Δ''' 的意义及计算方法见单效蒸发。

及

$$\sum_{i=1}^{n} \Delta t_i = \Delta t_1 + \Delta t_2 + \cdots + \Delta t_n \tag{5-33}$$

当多效蒸发的生产任务及操作条件（加热蒸汽压力、冷凝器的操作压力）均给定时，各效有效温差的大小已由传热速率方程限定，在操作中自动形成某种分布，不能随意变动。下面讨论三效蒸发的情况，各效有效温度差表示为

$$\Delta t_1 = \frac{Q_1}{K_1 A_1} \tag{5-34a}$$

$$\Delta t_2 = \frac{Q_2}{K_2 A_2} \tag{5-34b}$$

$$\Delta t_3 = \frac{Q_3}{K_3 A_3} \tag{5-34c}$$

及

$$\Delta t_1 : \Delta t_2 : \Delta t_3 = \frac{Q_1}{K_1 A_1} : \frac{Q_2}{K_2 A_2} : \frac{Q_3}{K_3 A_3} \tag{5-35}$$

在工程设计中，为了制造和安装方便，常将各效面积取成相等。此时 $A = A_1 = A_2 = A_3$，则分配于各效的有效温差分别为

$$\Delta t_1 : \Delta t_2 : \Delta t_3 = \frac{Q_1}{K_1 A} : \frac{Q_2}{K_2 A} : \frac{Q_3}{K_3 A} \tag{5-36}$$

及

$$\Delta t_1 = \sum \Delta t_i \frac{\frac{Q_1}{K_1}}{\sum \frac{Q}{K}}, \qquad \Delta t_2 = \sum \Delta t_i \frac{\frac{Q_2}{K_2}}{\sum \frac{Q}{K}}, \qquad \Delta t_3 = \sum \Delta t_i \frac{\frac{Q_3}{K_3}}{\sum \frac{Q}{K}} \tag{5-37}$$

式中，$\sum \frac{Q}{K} = \frac{Q_1}{K_1} + \frac{Q_2}{K_2} + \frac{Q_3}{K_3}$。

一般来说，在初次计算中有效传热温差按式(5-37)来分配，若由式(5-31)所求得的各效传热面积不相等，应按各效传热面积相等重新调整有效传热温差的分配，直至所求的各效传热面积接近或相等为止。

多效蒸发的计算较繁琐，宜采用计算机编程后计算。

【例5-2】 采用双效并流蒸发装置，将 NaOH 水溶液从 10% 浓缩至 50%（均为质量分数）。已知原料液量为 10000kg/h，沸点加料，原料液的比热容为 3.77kJ/(kg·K)。加热蒸

汽采用 500kPa（绝压）的饱和水蒸气，冷凝器的操作压强为 15kPa（绝压），一效、二效中溶液的平均密度分别为 1120kg/m³ 和 1460kg/m³，传热系数分别为 1170W/(m²·K) 和 700W/(m²·K)，蒸发器中溶液的液层高度为 1.2m，各效冷凝液在饱和温度下排出。试求：(1) 总蒸发水量和各效蒸发量；(2) 加热蒸汽消耗量和各效蒸发器传热面积（要求各效传热面积相等）。

解：(1) 总蒸发水量 W

由式(5-21) 求得

$$W = F\left(1 - \frac{x_0}{x_n}\right) = 10000 \times \left(1 - \frac{0.1}{0.5}\right) = 8000\text{kg/h}$$

(2) 各效蒸发量初值的设定

设双效并流操作时各效蒸发量的初值为

$$W_1 : W_2 = 1 : 1.1$$

又

$$W = W_1 + W_2$$

所以

$$W_1 = \frac{W}{2.1} = \frac{8000}{2.1} = 3810\text{kg/h}, \quad W_2 = W - W_1 = 4190\text{kg/h}$$

由式(5-22) 求得

$$x_1 = \frac{Fx_0}{F - W_1} = \frac{10000 \times 0.1}{10000 - 3810} = 0.162$$

$$x_2 = 0.50$$

(3) 估算各效溶液的沸点

按各效等压降原则，分配各效压力，求各效溶液沸点。各效压差为

$$\Delta p = \frac{500 - 15}{2} = 242.5\text{kPa}$$

故

$$p_1 = 500 - 242.8 = 257.5\text{kPa}, \quad p_2 = 15\text{kPa}$$

第一效中溶液的沸点计算

① 计算 Δ' 查附录十三得常压下浓度为 16.2% NaOH 水溶液的沸点为 105.9℃。则常压时，$\Delta'_a = 105.9 - 100 = 5.9℃$，操作压力下的 Δ' 需利用式(5-15) 校正，即，$\Delta' = f\Delta'_a$。查二次蒸汽为 257.5kPa 下的饱和温度为 $T'_1 = 128.1℃$，$r' = 2183\text{kJ/kg}$，则

$$f = 0.0162 \frac{(T' + 273)^2}{r'} = 0.0162 \times \frac{(128.1 + 273)^2}{2183} = 1.19$$

故

$$\Delta' = 1.19 \times 5.9 = 7.0℃$$

② 计算 Δ'' 第一效加热管内液层的平均静压为

$$p_m = p_1 + \frac{\rho_m g h}{2} = 257.5 + \frac{1120 \times 9.81 \times 1.2 \times 10^{-3}}{2} = 257.5 + 6.6 = 264\text{kPa}$$

查附录 5 得 264kPa 下对应的水的沸点为 128.8℃。则

$$\Delta'' = 128.8 - 128.1 = 0.7℃$$

③ 计算 Δ''' 取经验值 $\Delta''' = 1℃$。因此，第一效中溶液的沸点为

$$t_1 = T'_1 + \Delta' + \Delta'' + \Delta''' = 128.1 + 7 + 0.7 + 1 = 135.8℃$$

第二效中溶液的沸点计算

① 计算 Δ' 查附录 13 得常压下浓度为 50% NaOH 水溶液的沸点为 142.8℃。则常压时，$\Delta'_a = 142.8 - 100 = 42.8℃$，操作压力下的 Δ' 需利用式(5-15) 校正，即，$\Delta' = f\Delta'_a$。查二次蒸汽为 15kPa 下的饱和温度为 $T'_1 = 53.5℃$，$r' = 2370\text{kJ/kg}$，则

$$f = 0.0162 \frac{(T' + 273)^2}{r'} = 0.0162 \times \frac{(53.5 + 273)^2}{2370} = 0.73$$

故 $$\Delta'=0.73\times42.8=31.2℃$$

② 计算 Δ'' 第二效分离室内的压力等于冷凝器的操作压力,加热管内液层的平均静压为

$$p_{\mathrm{m}}=p'+\frac{\rho_{\mathrm{m}}gh}{2}=15+\frac{1460\times9.81\times1.2\times10^{-3}}{2}=15+8.6=23.6\mathrm{kPa}$$

查附录 5 得 23.6kPa 下对应的水的沸点为 62.4℃,则

$$\Delta''=62.4-53.5=8.9℃$$

③ 计算 Δ''' 取经验值 $\Delta'''=1℃$。因此,第二效中溶液的沸点

$$t_2=T_2'+(\Delta'+\Delta''+\Delta''')_2=53.5+31.2+8.9+1=94.6℃$$

为便于说明,将上述有关数据进行列表,见【例 5-2】附表 1。

【例 5-2】附表 1

参 数	效 数		参 数	效 数	
	1	2		1	2
加热蒸汽			温度差损失		
压强 p/kPa	500	—	Δ'/℃	7.0	31.2
温度 T/℃	151.7	128.1	Δ''/℃	0.7	8.9
汽化热 r/(kJ/kg)	2113	2183	Δ'''/℃	1	1
二次蒸汽			溶液沸点 t/℃	135.8	94.6
压强 p'/kPa	257.5	15	有效温度差 $\Delta t(=T-t)$/℃	15.9	33.5
温度 T'/℃	128.1	53.5	总有效温度差 $\sum\Delta t$/℃	49.4	
汽化热 r'/(kJ/kg)	2183	2370			

(4) 加热蒸汽消耗量及各效水蒸发量

第一效的热利用系数由式(5-30)确定,则

$$\eta_1=0.98-0.7\Delta x_1=0.98-0.7\times(0.162-0.1)=0.937$$

由式(5-28a),考虑沸点进料,有 $T_0=t_1=135.8℃$,得

$$W_1=\eta_1D_1\frac{r_1}{r_1'}=0.937\times\frac{2113.2}{2183}D_1=0.907D_1 \tag{a}$$

第二效的热利用系数为

$$\eta_2=0.98-0.7\Delta x_2=0.98-0.7\times(0.5-0.162)=0.743$$

由式(5-28a),得

$$
\begin{aligned}
W_2 &=\eta_2\left[W_1\frac{r_2}{r_2'}-(FC_{p_0}-W_1C_{p_w})\frac{(t_2-t_1)}{r_2'}\right]\\
&=0.743\times\left[W_1\times\frac{2183}{2370}-(10000\times3.77-4.187W_1)\frac{94.6-135.8}{2370}\right]\\
&=487+0.630W_1
\end{aligned} \tag{b}
$$

又 $$W_1+W_2=8000\mathrm{kg/h} \tag{c}$$

联立式 (a)、(b)、(c) 得

$$W_1=4609\mathrm{kg/h},\quad W_2=3391\mathrm{kg/h},\quad D_1=5082\mathrm{kg/h}$$

(5) 各效传热面积的计算

$$A_1=\frac{Q_1}{K_1\Delta t_1}=\frac{D_1r_1}{K_1(T_1-t_1)}=\frac{5082\times2113\times10^3}{1170\times15.9\times3600}=160.3\mathrm{m}^2$$

$$A_2=\frac{Q_2}{K_2\Delta t_2}=\frac{W_1r_1'}{K_2(T_1'-t_2)}=\frac{4609\times2183\times10^3}{700\times33.5\times3600}=119.2\mathrm{m}^2$$

相对偏差: $1-A_{\min}/A_{\max}=1-119.2/160.3=25.6\%>3\%$,需重复计算。

（6）重新分配各效温差

调整各效传热面积，使 $A_1 = A_2 = A$，则调整后各效的传热推动力为

$$\Delta t_1' = \frac{Q_1}{K_1 A}, \qquad \Delta t_2' = \frac{Q_2}{K_2 A}$$

又

$$A_1 = \frac{Q_1}{K_1 \Delta t_1}, \qquad A_2 = \frac{Q_2}{K_2 \Delta t_2}$$

所以

$$\Delta t_1' = \frac{A_1 \Delta t_1}{A}, \qquad \Delta t_2' = \frac{A_2 \Delta t_2}{A}$$

故

$$A = \frac{A_1 \Delta t_1 + A_2 \Delta t_2}{\sum \Delta t_i} = \frac{160.3 \times 15.9 + 119.2 \times 33.5}{49.4} = 132.4 \text{m}^2$$

$$\Delta t_1' = \frac{A_1 \Delta t_1}{A} = \frac{160.3 \times 15.9}{132.4} = 19.25 \text{℃}$$

$$\Delta t_2' = \frac{A_2 \Delta t_2}{A} = \frac{119.2 \times 33.5}{132.4} = 30.16 \text{℃}$$

（7）重新计算各种温度差损失

因冷凝器的操作压力及完成液的浓度没有变化，所以第二效的二次蒸汽的参数及溶液沸点均无变化。

第二效加热蒸汽温度 $T_2 = t_2 + \Delta t_2' = 94.6 + 30.16 = 124.76 \text{℃}$，其汽化热 $r_2 = 2193 \text{kJ/kg}$。第一效二次蒸汽的温度 $T_1' = T_2 + \Delta''' = 124.76 + 1 = 125.76 \text{℃}$，对应的蒸汽参数是 $p_1' = 233 \text{kPa}$，$r_1' = 2193 \text{kJ/kg}$。

第一效完成液浓度

$$x_1 = \frac{10000 \times 0.1}{10000 - W_1} = \frac{1000}{10000 - 4609} = 0.1855$$

① 计算 Δ'　由图 5-4 查得当 $T_1' = 125.76 \text{℃}$，$x_1 = 0.1855$ 时，仅考虑蒸气压影响的溶液沸点为 134℃，故因溶液蒸气压下降引起的温差损失为　$\Delta' = 134 - 125.76 = 8.24 \text{℃}$

因溶液蒸气压下降而引起的总温差损失为　$\sum \Delta' = 8.24 + 31.2 = 39.44 \text{℃}$

② 计算 Δ''　第一效加热管内液层的平均静压为

$$p_m = p_1 + \frac{\rho_m g h}{2} = 233 + \frac{1120 \times 9.81 \times 1.2 \times 10^{-3}}{2} = 233 + 7.5 = 240.5 \text{kPa}$$

查附录 5 得 240.5kPa 下对应的水的沸点为 126.4℃，则

$$\Delta'' = 126.4 - 125.76 = 0.64 \text{℃}$$

所以，因液层静压而引起的总温差损失为 $\sum \Delta'' = 0.64 + 8.9 = 9.54 \text{℃}$。

③ 计算 Δ'''　取经验值 $\Delta''' = 1 \text{℃}$，则 $\sum \Delta''' = 2 \text{℃}$。因此，总温差损失为

$$\sum \Delta = \sum \Delta' + \sum \Delta'' + \sum \Delta''' = 39.44 + 9.54 + 2 = 50.98 \text{℃}$$

总有效温度差为　$\sum \Delta t = T_1 - T_c' - \sum \Delta = 151.7 - 53.5 - 50.98 = 47.22 \text{℃}$

前面分配的有效温度差为 $\Delta t_1' = 19.25 \text{℃}$、$\Delta t_2' = 30.16 \text{℃}$，其和为 $\sum \Delta t = 49.41 \text{℃}$，与 47.22℃ 存在差异，需调整。综合考虑前面估算面积的情况，调整结果为 $\Delta t_1'' = 18.66 \text{℃}$ 和 $\Delta t_2'' = 28.56 \text{℃}$。因 Δt_i 的调整不大，前面与 Δt_i 相关的参数可不作变化。

所以，第一效溶液的沸点为 $t_1 = 151.7 - 18.66 = 133.04 \text{℃}$。

将重算结果列于【例 5-2】附表 2 中。

（8）重算加热蒸汽消耗量及各效水蒸发量

第一效的热利用系数由式(5-30)确定，则

$$\eta_1 = 0.98 - 0.7 \Delta x_1 = 0.98 - 0.7 \times (0.1855 - 0.1) = 0.92$$

得

$$W_1 = \eta_1 D_1 \frac{r_1}{r_1'} = 0.92 \times \frac{2113}{2193} D_1 = 0.886 D_1 \tag{a'}$$

【例 5-2】附表 2

参 数	效 数		参 数	效 数	
	1	2		1	2
加热蒸汽			溶液沸点 t/℃	133.04	94.6
压强 p/kPa	500	—	温度差损失		
温度 T/℃	151.7	124.6	Δ'/℃	8.24	31.2
汽化热 r/(kJ/kg)	2113	2193	Δ''/℃	0.64	8.9
二次蒸汽			Δ'''/℃	1	1
压强 p'/kPa	233	15	有效温度差 $\Delta t(=T-t)$/℃	18.66	28.56
温度 T'/℃	125.76	53.5	总有效温度差 $\sum \Delta t$/℃	47.22	
汽化热 r'/(kJ/kg)	2193	2370			

第二效的热利用系数为

$$\eta_2 = 0.98 - 0.7\Delta x_2 = 0.98 - 0.7 \times (0.5 - 0.1855) = 0.76$$

由式(5-28a)得

$$W_2 = \eta_2 \left[W_1 \frac{r_2}{r_2'} - (FC_{p_0} - W_1 C_{p_w}) \frac{t_2 - t_1}{r_2'} \right]$$

$$= 0.76 \times \left[W_1 \times \frac{2193}{2370} - (10000 \times 3.77 - 4.187W_1) \frac{94.6 - 133.04}{2370} \right] \tag{b'}$$

$$= 465 + 0.652W_1$$

又 $$W_1 + W_2 = 8000 \text{kg/h} \tag{c'}$$

联立式 (a')、(b')、(c') 得

$$W_1 = 4561 \text{kg/h}, \quad W_2 = 3439 \text{kg/h}, \quad D_1 = 5148 \text{kg/h}$$

(9) 重算各效传热面积

$$A_1 = \frac{Q_1}{K_1 \Delta t_1} = \frac{D_1 r_1}{K_1 (T_1 - t_1)} = \frac{5148 \times 2113 \times 10^3}{1170 \times 18.66 \times 3600} = 138.4 \text{m}^2$$

$$A_2 = \frac{Q_2}{K_2 \Delta t_2} = \frac{W_1 r_1'}{K_2 (T_1' - t_2)} = \frac{4561 \times 2183 \times 10^3}{700 \times 28.56 \times 3600} = 138.3 \text{m}^2$$

相对偏差：$1 - A_{\min}/A_{\max} = 1 - 138.3/138.4 = 0.07\% < 3\%$，满足要求，取传热面积为 138.4m^2。

以上例题是多效蒸发计算的一般原则和步骤，在处理其他流程的多效蒸发问题时，需要针对具体问题灵活应用这些基本关系。

5.5 蒸发器的生产能力、生产强度和效数的限制

5.5.1 蒸发器的生产能力和生产强度

加热蒸汽的经济性和蒸发设备的生产强度分别从能耗和设备投资的角度对蒸发装置给出评价，是蒸发装置的两个重要技术经济指标，同时，两者均受温度差损失的影响。

5.5.1.1 蒸发器的生产能力

生产能力可用单位时间内蒸发的水分量来表示，其单位是 kg/h。若忽略热损失和浓缩热，料液于沸点下进入蒸发器，则其生产能力为

$$W = \frac{Q}{r'} = \frac{KA\Delta t_m}{r'} \tag{5-38}$$

5.5.1.2 蒸发器的生产强度

生产强度是指单位时间内单位传热面积上蒸发的水分量，用 U 表示，其单位是 kg/($\text{m}^2 \cdot \text{h}$)。在上述条件下，则生产强度表示为

$$U = \frac{W}{A} = \frac{K \Delta t_{\mathrm{m}}}{r'} \tag{5-39}$$

对于给定的水分蒸发量而言，蒸发强度越大，所需的传热面积就越小，蒸发设备的投资费用就越低。由式(5-39)可知，提高蒸发强度的途径主要是提高总传热系数 K 和传热平均温度差 Δt_{m}。

(1) 提高总传热系数 K

由传热可知，蒸发器的传热总热阻为

$$\frac{1}{K} = \frac{1}{\alpha_0} + R_{\mathrm{o}} + \frac{\delta}{\lambda} + R_{\mathrm{i}} + \frac{1}{\alpha_{\mathrm{i}}} \tag{5-40}$$

在蒸发操作中，蒸汽冷凝侧的热阻 $\left(\frac{1}{\alpha_0} + R_{\mathrm{o}}\right)$ 和加热管壁的热阻 δ/λ 一般可以忽略。但须注意及时排除加热室中的不凝性气体，以免不凝性气体产生积累效应，降低总传热系数。由此可见，提高总传热系数 K 的主要途径是降低溶液沸腾侧的热阻 $1/\alpha_{\mathrm{i}}$ 和垢层热阻 R_{i}。

管内沸腾给热的热阻 $1/\alpha_{\mathrm{i}}$ 主要决定于沸腾液体的流动情况。对清洁的加热面，此项热阻是影响总传热系数的主要因素。针对不同的蒸发器，沸腾给热的形式有时表现为以自然对流为主，有时则以强制流动为主，有时两者皆有，故而影响因素较复杂，其大小视具体情况而定。

降低垢层热阻的方法是定期清理加热管；加快流体的循环运动速度；加入微量阻垢剂以延缓垢层的形成；在处理有结晶析出的物料时可加入少量晶种，使结晶尽可能地在溶液的主体中而不是在加热面上析出。

(2) 提高传热平均温度差 Δt_{m}

提高传热平均温度差 Δt_{m} 的途径有：提高加热蒸汽的温度或压力、降低溶液的沸点或降低冷凝器的操作压力。加热蒸汽的压力一般在 $0.3 \sim 0.8 \mathrm{MPa}$ 之间。降低冷凝器的操作压力多采用真空蒸发，此时可以降低溶液的沸点，避免热敏性物料的分解，同时还可利用低温位热源。但溶液沸点降低，黏度将增大，致使总传热系数下降。另外，真空蒸发要增加真空系统的投入及运转费用。

5.5.2 多效蒸发效数的限制

(1) 加热蒸汽的经济性

蒸发过程是一耗能较大的操作，所以能耗常作为评价蒸发装置的重要指标之一，将 $1\mathrm{kg}$ 加热蒸汽可蒸发出的水分量定义为加热蒸汽的经济性，即

$$E = W/D \tag{5-41}$$

显然，多效蒸发通过二次蒸汽的再利用而提高加热蒸汽的经济性。在理想情况下，蒸发相同的水分量，单效蒸发的单位蒸汽用量为 $e_1 = W/D \approx 1$，而 n 效蒸发的单位蒸汽消耗量为 $e_n = e_1/n$。在实际蒸发中，需考虑热损失、各种温度差损失、浓缩热及操作压力的差别等因素，因此 $e_n > e_1/n$。表5-2列出了不同效数时蒸发的单位蒸汽耗用量和经济性。由表5-2可知，随着效数的增多，E 值提高，即单位蒸汽的耗用量下降，操作费用降低。

表5-2 不同效数时蒸发的单位蒸汽耗用量和经济性

效　　数	1	2	3	4	5
D/W 的理论值	1	0.5	0.33	0.25	0.2
D/W 的实测值	1.1	0.57	0.4	0.3	0.27
E	0.91	1.75	2.5	3.33	3.70

（2）溶液的温度差损失

若单效蒸发与多效蒸发的操作条件相同，即二者加热蒸汽压力和冷凝器操作压力相同，则多效蒸发的温度差损失较单效时的大。图 5-10 为单效、二效和三效蒸发的有效温差及温度差损失情况。图中总高度代表总理论温差：$130-50=80℃$。由图可见，效数越多，温度差损失越大，即有效传热推动力越小。

（3）多效蒸发的效数选择

由上述分析可知，随着效数的增加，温度差损失加大，传热速率下降；加热蒸汽的经济性提高的幅度降低，在逆流加料蒸发中，动力消耗也加大；蒸发强度下降，设备投资费用增大。所以，适宜效数的选择仍然依据设备费和操作费之和为最小的原则。实际生产中，若溶液的沸点升高大，采用的效数就不能太多，如 NaOH 水溶液的蒸发不宜高于 3 效；反之，若溶液的沸点升高小，可采用较多效数的蒸发操作，如糖汁的浓缩经常采用 4～6 效，而海水淡化则可达 20 多效。

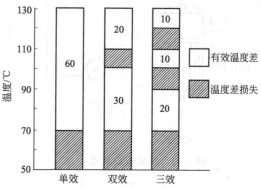

图 5-10 不同效数下的有效温差及温度差损失

5.6 蒸发过程的其他节能方法

5.6.1 额外蒸汽的引出

额外蒸汽的引出是指将蒸发装置的二次蒸汽部分或全部引出作为热源用于其他设备，如

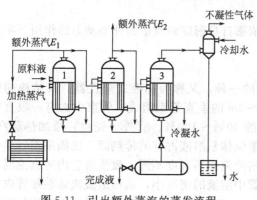

图 5-11 引出额外蒸汽的蒸发流程

图 5-11 所示。在单效蒸发中，二次蒸汽可全部移至其他设备内作为热源加以利用（如预热原料液等），这时只是将加热蒸汽转变为温位较低的二次蒸汽而已。对蒸发装置而言，显然降低了热能消耗。对多效蒸发，将温位较低的二次蒸汽引出加以合理利用，可大大提高加热蒸汽的利用率，降低能耗。一般多效蒸发除末效外，只要二次蒸汽的温位能满足其他加热设备的需要，均可以在前几效蒸发器中引出部分二次蒸汽，而且引出额外蒸汽的效数越往后移，蒸汽的利用率越高。

5.6.2 热泵蒸发

热泵蒸发是将二次蒸汽经压缩机提高其压力，随后再送回原蒸发器的加热室。二次蒸汽经压缩后饱和温度升高，与器内沸腾液体形成足够的传热温差，故可重新作加热介质用。由于压缩二次蒸汽所需的压缩功相对较低，蒸发器除在启动阶段外，无需外界供给加热蒸汽，所以从整体上降低了蒸发能耗。其流程见图 5-12。但热泵蒸发不适用于沸点上升较大的情况，此外，压缩机的投资和维护费较高，在一定程度上限制了它的使用。

5.6.3 冷凝水自蒸发的利用

蒸发操作中，加热蒸汽冷凝后产生数量可观的冷凝水。温度较高的冷凝水可用以预热料液，或采用图 5-13 的方式将排出的冷凝水减压闪蒸，使自蒸发产生的蒸汽与二次蒸汽一并进入后一效的加热室，也可作为热源用于其他生产工段，这样，使冷凝水的显热得以部分地回收利用。

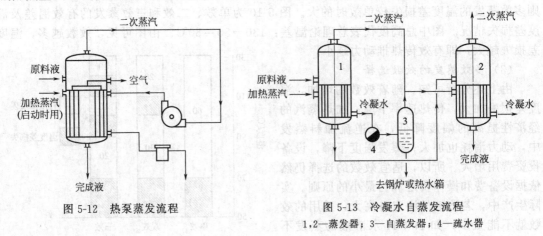

图 5-12　热泵蒸发流程　　　　图 5-13　冷凝水自蒸发流程

1,2—蒸发器；3—自蒸发器；4—疏水器

5.7　蒸发设备

5.7.1　蒸发设备的结构

　　蒸发器均由加热室、汽液分离空间和溶液流动通道三部分构成。由于加热室和汽液分离空间的多样性及其组合的变化，便有了多种结构形式。又根据溶液在蒸发器内的循环情况，将蒸发器分为循环型和单程型两大类。

　　以下简要说明工业常用的几种蒸发器的结构特点与适用场合。

5.7.1.1　循环型蒸发器

　　循环型蒸发器的特点是溶液在重力场下，依靠自身密度差或借助外加动力的作用下在蒸发器内做循环流动。

　　（1）中央循环管式蒸发器

　　中央循环管式蒸发器是垂直短管式蒸发器的一种，又称为标准式蒸发器，其结构如图 5-14 所示。加热室由管径为 $\phi 25 \sim 75mm$、长 $1 \sim 2m$ 的垂直管束组成，管束中央有一根直径较大的管子，其截面积为其余加热管总横截面的 $40\% \sim 100\%$。管外（壳程）通加热蒸汽，液体在管内受热沸腾。由于中央粗管较大，其单位体积溶液占有的传热面，比周围细管单位溶液所占有的要小，即中央粗管和周围细管内的溶液受热程度不同，致使细管内的汽液混合物中含汽率较高，细管内的溶液密度比中央粗管中溶液的密度小，从而造成流体在细管内向上、粗管内向下的循环流动，循环速度可达 $0.1 \sim 0.5m/s$。这种循环，主要是由溶液的密度差引起，故称为自然循环。中央粗管又称为中央循环管。中央循环管式蒸发器结构简单、紧凑，操作可靠。但不易清洗和维修。该蒸发器广泛应用于工业生产中，如浓缩果汁的生产、制糖、制盐工业中的蒸发结晶工段等。

　　（2）悬筐式蒸发器

　　悬筐式蒸发器是标准式蒸发器的改进型，其结构如图 5-15 所示。加热室像个篮筐，悬挂在蒸发器壳体的下部，溶液沿加热管中央上升，而后循着加热室外沿与蒸发器壳体之间的环隙向下流动而构成循环。一般环隙截面积为加热管总截面积的 $100\% \sim 150\%$，故溶液循环速度可达 $1 \sim 1.5m/s$。

　　悬筐式蒸发器的加热室可由顶部取出进行检修或更换，且热损失也较小，适用于蒸发易结晶、易结垢的溶液。它的主要缺点是结构复杂，单位传热面积的金属消耗较多。

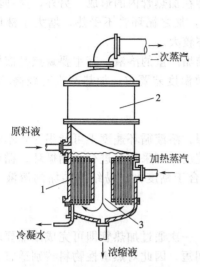

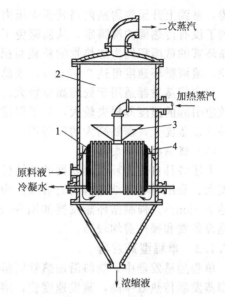

图 5-14 中央循环管式蒸发器

1—加热室；2—分离室；3—循环通道

图 5-15 悬筐式蒸发器

1—加热室；2—分离室；3—除沫器；4—循环通道

（3）外加热式蒸发器

图 5-16 为常用的外热式蒸发器。采用了长加热管（管长与直径之比为 50～100），且液体下降管（又称循环管）不再受热。循环速度较大，可达 1.5m/s。其主要特点是加热室与分离室分开，既便于清洗和维修，又降低了蒸发器的高度。

（4）列文式蒸发器

列文式蒸发器也是立式长管自然循环蒸发器，其结构如图 5-17 所示。其特点是在加热室上增设沸腾室。加热室中的溶液因受到沸腾室液柱附加的静压力的作用而不在加热管内

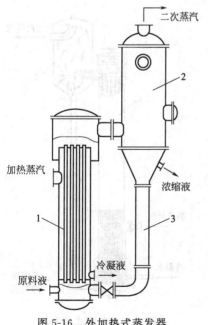

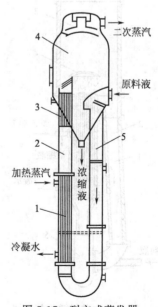

图 5-16 外加热式蒸发器

1—加热室；2—分离室；3—循环管

图 5-17 列文式蒸发器

1—加热室；2—沸腾室；3—纵向隔板；

4—分离室；5—循环管

沸腾，直到上升至沸腾室内当其所受压力降低后才开始沸腾，因而溶液的沸腾汽化由加热室移到了没有传热面的沸腾室，从而避免了结晶或污垢在加热管内的形成。另外，这种蒸发器的循环管的截面积约为加热管的总截面积的 2～3 倍，加之循环管不受热，增大了液体的密度差，溶液循环速度可达 2～3m/s，故总传热系数亦较大。

列文式蒸发器适用于处理黏度较大、易结晶或结垢严重的溶液。其主要缺点是液柱静压头效应引起的温度差损失较大，为了保持一定的有效温度差要求，加热蒸汽有较高的压力。此外，设备庞大，需要高大的厂房等。

（5）强制循环蒸发器

上述各种自然循环型蒸发器的流体循环动力有限，溶液循环速度不可能很大，不宜处理黏度大、易结垢和有结晶析出的溶液。为提高循环速度，可采用泵进行强制循环，循环速度可达 2～5m/s。强制循环蒸发器如图 5-18 所示，适合于黏度大、易结晶结垢的溶液。其缺点是设备费和操作费均较高。

5.7.1.2　单程型蒸发器

单程型蒸发器中，物料沿加热管壁呈膜状流动，一次通过加热管即可完成浓缩要求。单程型蒸发器传热效率高，蒸发速度快，溶液受热时间短，因此对热敏性物料特别适宜，因而在食品、生物制品、制药等领域得到广泛应用。

根据物料在蒸发器中流向的不同，单程型蒸发器又分以下几种。

（1）升膜式蒸发器

升膜式蒸发器加热室由一根或数根竖直长管组成，其结构如图 5-19 所示。常用的加热管直径为 25～50mm，管长和管径之比约为 100～150。料液经预热后由蒸发器底部引入，在加热管内受热沸腾并迅速汽化，生成的蒸汽在加热管内高速上升，并将液体沿加热壁向上拉

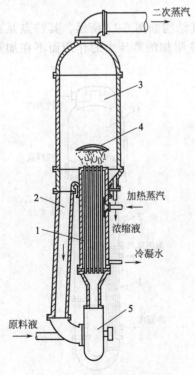

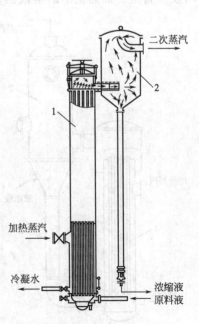

图 5-18　强制循环蒸发器
1—加热管；2—循环管；3—分离室；
4—除沫器；5—循环泵

图 5-19　升膜式蒸发器
1—加热室；2—分离室

成薄膜，沿程不断蒸发，汽液混合物由加热管顶口高速冲出，经汽液分离后，完成液由分离器底部排出，二次蒸汽则在顶部导出。一般常压下操作时适宜的出口速为 20～50m/s，减压时汽速可达 100～160m/s 或更大。

升膜式蒸发器适用于蒸发量大、热敏性物料，但不宜处理黏度大于 0.05Pa·s、易结晶、结垢的溶液。

（2）降膜式蒸发器

降膜式蒸发器结构如图 5-20 所示。它与升膜式蒸发器的结构基本相同，其区别在于原料液预热后从蒸发器的顶部加入，经过液体分布器，在重力作用下沿管壁成膜状下降，并蒸发增浓，汽液混合物一起由加热管下端引出，经汽液分离室得到完成液。

为使溶液在加热管内壁形成均匀液膜，良好的液体分布器必不可少。近期研发的有多层喷淋盘式分布器、板-盘式流体分布器等，其结构较为复杂。常用的分布器形式如图 5-21 所示。

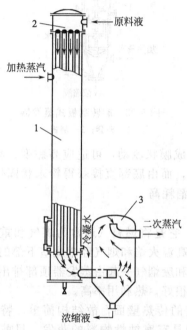

图 5-20　降膜式蒸发器
1—加热室；2—布膜器；3—分离室

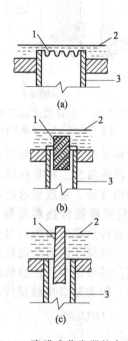

图 5-21　降膜式蒸发器的布膜器
1—导流件；2—液面；3—加热管

由于成膜机理不同于升膜式蒸发器，故降膜式蒸发器可以蒸发浓度较高、黏度较大（0.05～0.45Pa·s）的物料。但不适宜处理易结晶的溶液，因此时形成均匀的液膜较为困难。

（3）升-降膜式蒸发器

升-降膜式蒸发器是升膜式和降膜式二者的结合体，其结构如图 5-22 所示。预热后的料液先在升膜加热管内上升，再沿降膜加热管下降，汽液混合物在分离室中分离。

这种蒸发器适用于在浓缩过程中黏度变化比较大的溶液或厂房高度有一定限制的场合。

（4）旋转刮板式蒸发器

旋转刮板式蒸发器的基本结构如图 5-23 所示。加热管为一根较粗的直立圆管，中、下部设有两组夹套加热，圆管中心装有旋转刮板，刮板借旋转离心力紧压于液膜表面。

料液自顶部进入蒸发器后，在刮板的搅动下分于加热管壁，并呈膜式旋转向下流动。产生的二次蒸汽在加热管上端无夹套处被旋转刮板分去液沫，由上部抽出。浓缩液由蒸发器底部放出。

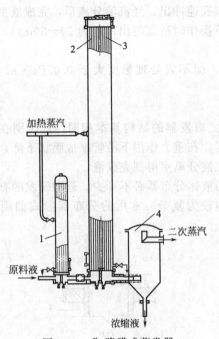

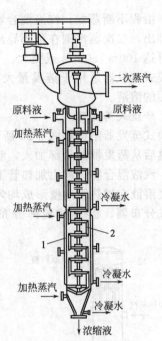

图 5-22 升-降膜式蒸发器
1—预热器；2—升膜加热室；3—降膜加热室；4—分离室

图 5-23 旋转刮板式蒸发器
1—夹套；2—刮板

旋转刮板式蒸发器的主要特点是借外力强制料液成膜状流动，可适应高黏度、易结晶、结垢的浓溶液的蒸发。在某些情况下，可将溶液蒸干，而由底部直接获得粉末状固体产物。其缺点是结构复杂，制造要求高，传热面不大，动力消耗高。

5.7.1.3 直接接触传热蒸发器

直接接触传热蒸发器的典型构造如图 5-24 所示。它是将燃料（通常为煤气和重油）与空气混合后，在浸于溶液中的燃烧室内燃烧，产生的高温火焰和烟气经燃烧室下部的喷嘴直接喷入待蒸发的溶液中，使溶液沸腾汽化，溶剂蒸汽和废烟气一起由蒸发器顶部排出，从而得到浓缩液。因为是直接接触传热，故它的传热效果很好，热利用率高。

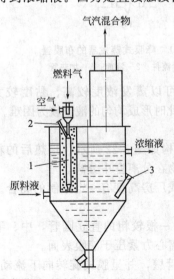

图 5-24 直接接触传热蒸发器
1—燃烧室；2—点火管；3—测温管

由于不需要固定的传热壁面，故结构简单，特别适用于易结晶、易结垢和具有腐蚀性物料的蒸发。目前在废酸处理和硫酸铵溶液的蒸发中，它已得到广泛应用。但若蒸发的料液不允许被烟气污染，则该类蒸发器一般不适用。而且由于有大量烟气的存在，限制了二次蒸汽的利用。此外喷嘴由于浸没在高温液体中，较易损坏。

从上述介绍可以看出，蒸发器的结构型式很多，各有优缺点和适用的场合。在选型时，首先要看它能否适应所蒸发物料的工艺特性，包括物料的黏性、热敏性、腐蚀性以及是否容易结晶或结垢等，然后再要求其结构简单、易于制造、金属消耗量少、维修方便、传热效果好等。

5.7.1.4 蒸发器的辅助设备

蒸发器的辅助设备主要包括除沫器、冷凝器、疏水器和真空装置等。

① 除沫器 蒸发器内产生的二次蒸汽夹带着许多液沫，尤其是处理易产生泡沫的液体，夹带现象更为严重。为了减

少溶质的损失或得到纯净溶剂蒸汽，除配有足够大的汽液分离空间外，常在蒸发器中设置各种形式的除沫器，以尽可能完全地分离液沫。图 5-25 为常用的几种除沫器，它们都是靠液滴运动的惯性撞击金属物或壁面而被捕集。

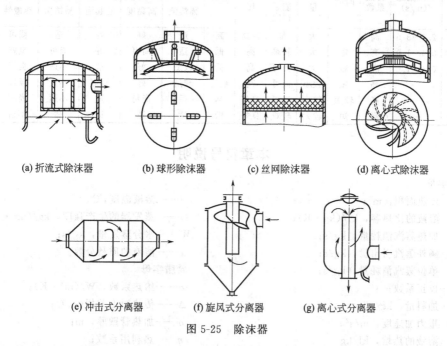

(a) 折流式除沫器　　(b) 球形除沫器　　(c) 丝网除沫器　　(d) 离心式除沫器

(e) 冲击式分离器　　(f) 旋风式分离器　　(g) 离心式分离器

图 5-25　除沫器

② 冷凝器　产生的二次蒸汽若不再利用，则必须加以冷凝。若二次蒸汽为水蒸汽，一般情况下使用混合式冷凝器居多。如图 5-1 中所示的逆流高位混合式冷凝器，其顶部用冷却水喷淋，使之与二次蒸汽直接接触将其冷凝。若二次蒸汽需要回收或排放处理时，则应采用间壁式冷凝器。

③ 疏水器　疏水器的作用是将冷凝水及时排除，且能防止加热蒸汽由排出管逃逸而造成浪费。同时，疏水器的结构应便于不凝性气体的排出。

工业上使用的疏水器大致有机械式、热膨胀式和热动力式等类型。其中热动力式疏水器的体积小、造价低，应用较为广泛。

④ 真空装置　当蒸发器在减压下操作时，均需在冷凝器后面安装真空系统，抽出冷凝器中的不凝性气体，以维持蒸发操作所要求的真空度。常用的真空装置有喷射式、往复式及水环式真空泵。

5.7.2　蒸发器的选型

蒸发器的结构形式较多，表 5-3 列出了常用蒸发器的一些重要性能，供选型参考。

表 5-3　常用蒸发器的性能

蒸发器	溶液在管内流速/(m/s)	总传热系数	停留时间	处理量	完成液浓度能否恒定	浓缩比	造价	对溶液性质的适应性					
								稀溶液	高黏度	易起泡	易结垢	热敏性	析出结晶
标准型	0.1~1.5	一般	长	一般	能	良好	低	适	适	适	不适	不适	不适
悬框式	~1.0	一般	长	一般	能	良好	低廉	适	难适	适	尚可	不适	稍适
外热式	0.4~1.5	较高	较长	较大	能	良好	低	适	尚可	较好	尚可	尚可	稍适
列文式	1.5~2.5	较高	较长	较大	能	良好	高	适	尚可	较好	尚可	尚可	稍适

续表

蒸发器	溶液在管内流速/(m/s)	总传热系数	停留时间	处理量	完成液浓度能否恒定	浓缩比	造价	对溶液性质的适应性					
								稀溶液	高黏度	易起泡	易结垢	热敏性	析出结晶
强制循环	2.0~3.5	高		大	能	较高	高	适	好	好	适	尚可	适
升膜式	0.4~1.0	高	短	大	较难	高	低	适	尚可	好	尚可	良好	不适
降膜式	0.4~1.0	高	短	大	尚可	高	低	较适	好	适	不适	良好	不适
刮板式	—	高	短	较小	尚可	高	最高	较适	好	较好	不适	较好	不适
板式	—	高	较短	较小	尚可	良好	高	适	尚可	适	不适	尚可	不适
浸没燃烧	—	高	短	较大	较难	良好	低	适	适	适	适	不适	适

本章符号说明

英文字母

A——传热面积，m^2；

C_p——溶液的比热容，$kJ/(kg \cdot K)$；

D——加热蒸汽消耗量，kg/s；

E——额外蒸汽引出量，kg/s；

e——单位蒸汽消耗量，kg/s；

f——校正系数；

F——加料量，kg/s；

g——重力加速度，m/s^2；

h——溶液的热焓，kJ/kg；

H——二次蒸汽的热焓，kJ/kg；

K——总传热系数，$W/(m^2 \cdot K)$；

L——液面高度，m；

N——多效蒸发的效数；

p——蒸气压强，Pa；

Q——传热速率（热流量），W；

R——垢层热阻，$m^2 \cdot K/W$；

r——汽化热，kJ/kg；

T——蒸汽温度，℃；

t——溶液温度，℃；

U——蒸发器的生产强度，$kg/(m^2 \cdot s)$；

W——水分蒸发量，kg/s；

x——溶液的质量分数。

希腊字母

α——给热系数，$W/(m^2 \cdot K)$；

Δ——传热温度差损失，℃；

δ——加热管壁厚，m；

η——热利用系数；

λ——热导率，$W/(m \cdot K)$；

ρ——密度，kg/m^3；

μ——黏度，$Pa \cdot s$；

σ——表面张力，N/m。

下标

1, 2, …, n——效数序号；

a——常压；

c——冷凝；

m——平均。

思 考 题

1. 蒸发操作与对流传热过程的主要异同点是什么？

2. 蒸发操作中，引起溶液沸点升高的因素是什么？如何确定传热有效温度差？

3. 比较单效蒸发与多效蒸发的优缺点。

4. 提高蒸发器生产强度的途径有哪些？

5. 试比较分析多效蒸发的各种流程及适用场合。

6. 分析多效蒸发效数的限制因素，最适宜效数的确定需考虑的因素是哪些？

习 题

1. 在一套三效逆流蒸发流程中，以每小时 3000kg 的规模将浓度为 10％（质量分数，下同）的某水溶液浓缩至 40％。若各效蒸发水量的比例控制在 1:1.2:1.4，试计算总蒸发水量及各效溶液的浓度。

2. 已知浓度为 25％的 $CaCl_2$ 水溶液在 50kPa 下的沸点为 87.5℃，若二次蒸汽的压强为 35kPa，请分别用杜林规则和溶液由于蒸气压下降引起温度差损失的方法计算溶液的沸点，并比较两种计算方法及结果。

3. 采用一传热面积为 $40m^2$ 的单效标准蒸发器将 10％（质量分数，下同）的 NaOH 水溶液浓缩到

25％，原料液在沸点温度下进料，溶液在蒸发器加热管内的液层高度为 1.6m，操作条件下，溶液的平均密度为 1230kg/m³，加热介质用 120kPa（绝对压强）的饱和水蒸气，冷凝水在蒸汽温度下排出。分离室的操作压力为 15kPa（绝对压强），总传热系数为 1300W/（m²·℃），蒸发器的热损失以加热量的 10％计。试求：(1) 各种温度差损失；(2) 加热蒸汽消耗量；(3) 该蒸发装置的生产能力（以原料计）。

4. 有一并流三效蒸发装置用以浓缩蔗糖溶液。稀糖汁中含糖 10％（质量分数，下同），进料量为每小时 2.5 吨，进料温度 27℃，浓缩糖汁含糖 50％。溶液的沸点升高 Δ' 可认为与压力无关，仅是糖浓度的函数，其关系式为 $\Delta'=1.78x+6.22x^2$。过程中忽略液柱静压头效应和管路阻力引起的温差损失 Δ'' 和 Δ'''。第一效加热蒸气压力为 200kPa（绝压，下同），末效操作压力为 15kPa。溶液的定压比热容由 $C_p=4.19-2.35x$ kJ/(kg·℃) 确定，并忽略浓缩热效应。各效的总传热系数分别为 $K_1=3120W/(m²·℃)$，$K_1=1990W/(m²·℃)$ 和 $K_1=1140W/(m²·℃)$，且不计热损失。求加热蒸汽消耗量和传热面积（要求各效传热面积相等）。

参 考 文 献

[1] 陈敏恒，丛德滋，方图南，齐鸣斋. 化工原理（上册）. 第三版. 北京：化学工业出版社，2005.
[2] 柴诚敬，张国亮. 化工流体流动与传热. 第二版. 北京：化学工业出版社，2008.
[3] 蒋维钧，戴猷元，顾惠君. 化工原理（上册）. 北京：清华大学出版社，1992.
[4] 时钧，汪家鼎，余国琮，陈敏恒. 化学工程手册. 第二版. 北京：化学工业出版社，1996.
[5] 谭天恩，窦梅，周明华. 化工原理.（上册）第三版. 北京：化学工业出版社，2006.
[6] 华南工学院. 糖厂技术装备. 第三册. 北京：轻工业出版社，1983.

第6章 结 晶

6.1 概述

结晶是从蒸汽、溶液或熔融物中析出规则排列的晶体的过程，即结晶可以从液相或气相中生成，其中工业结晶操作主要以液体原料为对象。显然，结晶是新相生成的过程，是利用溶质之间溶解度的差别进行分离纯化的一种扩散分离操作，这一点与沉淀的生成原理是一致的。但两者的区别在于，结晶是内部结构的质点元（原子、分子、离子）作三维、有序、规则排列，形成形状一定的固体粒子，而沉淀是无规则排列，形成无定形粒子。结晶的形成需要在严密控制的操作条件下进行，因此，结晶的纯度一般远远高于沉淀。

结晶是一种历史悠久的分离技术，五千年前中国人的祖先已开始利用结晶原理制造食盐。目前结晶技术在制盐、冶金、食品、医药、材料以及化学等工业部门中广泛应用，在氨基酸、有机酸和抗生素等生物产物的生产过程中也已成为重要的分离纯化手段。可以认为，大多数固体产品都是以结晶的形式出售的，因此，在产品的制造过程中一般都要利用结晶技术。

结晶过程根据析出固体的起因不同，一般分为溶液结晶、熔融结晶、升华、沉淀四种，本章主要介绍化学和制药工业中应用广泛的溶液结晶过程，即采用降温或浓缩的方法使溶液达到过饱和状态，析出溶质，以大规模地制取固体产品。

溶液结晶操作主要用于混合物的分离，即一种物质以晶体的形式从溶液（母液）中分离出来，其操作过程有以下几个特点：

① 结晶过程的选择性较高，能从杂质含量较多的溶液中获得高纯度的固体产品，结晶产品在包装、运输、储运和使用上都比较方便；

② 与蒸馏等单元操作比较，结晶操作过程的能耗较低，一般来讲，结晶热仅为汽化热的 $1/7 \sim 1/3$；

③ 结晶操作可用于高熔点混合物、同分异构体、共沸物以及热敏性物质等难分物系的分离；

④ 结晶过程的操作温度一般较低，对设备的腐蚀及对环境的污染均较低；

⑤ 结晶是一个复杂的分离操作，它是多相、多组分的传热-传质过程，也涉及表面反应工程、结晶过程和设备种类繁多。

结晶理论是通过无机盐的结晶现象研究发展起来的，其基本原理也适用于生物产物等其他物质的结晶。但其他产物结晶的研究历史较短，基础数据的积累较少，目前仍是重要的研究课题。本章从结晶的基本原理入手，介绍结晶的形成和生长动力学、结晶器及其设计理论基础、结晶操作概况和结晶计算。

6.2 结晶的基本原理

6.2.1 溶解度

向恒温溶剂（如水）中加入溶解性固体溶质，溶质在溶剂中发生溶解现象，溶剂中溶质的浓度则不断上升。如果固体溶质的加入量与溶剂相比足够多时，一定时间后，溶剂中溶质的浓度不再升高，而此时尚有固体溶质同时存在，即溶质在固相和液相之间达到平衡状态。此时溶液中的溶质浓度称为该溶质的溶解度或饱和浓度，该溶液称为该溶质的饱和溶液。溶解度（饱和浓度）的单位有多种，在结晶操作中常用单位质量（或体积）溶剂中溶质的质量表示（如 g/100g 水）。溶解度是温度的函数，因此，溶质在特定溶剂中的溶解度常用温度-溶解度曲线表示，该曲线又称饱和曲线。图 6-1 为部分物质在水中的温度-溶解度曲线。大多数物质的溶解度随温度的升高显著增大，也有一些物质的溶解度对温度的变化不敏感，少数物质（如螺旋霉素）的溶解度随温度升高而显著下降。此外，溶剂的组成（例如，有机溶剂与水的比例、其他组分、pH 值和离子强度等）对溶解度亦有显著影响。因此，调节 pH 值、离子强度、有机溶剂与水的比例是大多数生物产物结晶操作的重要手段。

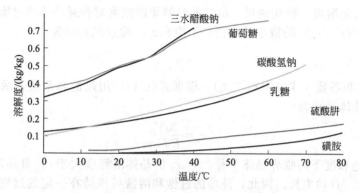

图 6-1　部分物质在水中的温度-溶解度曲线

在物性不同的溶剂中，溶质的温度-溶解度曲线是结晶操作设计的基础。结合结晶操作的具体温度，可对晶体的产量进行预测。

【例 6-1】　已知 0℃和 100℃时 KNO_3 在水中的溶解度分别为 0.135kg/kg 和 2.470kg/kg。现将 400kg 的 KNO_3 饱和溶液从 100℃降温至 0℃，试计算理论上能析出 KNO_3 晶体的质量？

解：设 100℃时 400kg 的 KNO_3 饱和水溶液中含 KNO_3 的质量为 x_1，则

$$\frac{x_1}{400-x_1}=2.470$$

即

$$x_1=\frac{400\times 2.470}{1+2.470}=284.7\ (kg)$$

设冷却至 0℃时，溶液中含 KNO_3 的质量为 x_2，则

$$\frac{x_2}{400-x_1}=0.135$$

即

$$x_2=0.135\times(400-x_1)=15.6\ (kg)$$

理论上能析出 KNO_3 的质量为

$$284.7-15.6=269.1\ (kg)$$

6.2.2　过饱和溶液与介稳区

溶解度是指普遍大颗粒晶体溶质的饱和浓度。但是，从热力学理论可知，与微小液滴的饱和蒸气压高于正常液体的饱和蒸气压等现象的原理一样，微小晶体的溶解度高于普遍大颗粒晶体的溶解度。这一现象可用下述热力学公式表达

$$\ln\frac{c}{c_s}=\frac{2\sigma V_m}{RTr_c} \tag{6-1}$$

式中，c_s 为普遍晶体溶解度；c 为半径为 r_c 的球形微小晶体的溶解度；σ 为结晶界面张力；V_m 为晶体的摩尔体积；R 为气体常数；T 为热力学温度。

由式(6-1)可知，微小晶体的半径越小，溶解度越大。这一热力学现象已被许多实验结果所证实。例如，粒径为 $0.3\mu m$ 的 Ag_2CrO_4 晶体比普遍晶体的溶解度高 10%，粒径为 $0.1\mu m$ 的 $BaSO_4$ 晶体比普遍晶体的溶解度高 80%。

在结晶过程中，对于一个浓度低于溶解度的不饱和溶液，可通过蒸发或冷却（降温）使之浓度达到并超过相应温度下的溶解度（图 6-2）。设此时的溶质浓度为 $c>c_s$，根据式(6-1)可知，此时即使有微小晶体析出，如果晶体半径 $r'<r_c$，则此微小晶体的溶解度 $c'>c$，即该微小晶体会自动溶解。换句话说，虽然此时溶质的浓度对普通晶体是过饱和的，即 $c>c_s$，但对于半径为 $r'(r'<r_c)$ 的微小晶体仍是不饱和的。设过饱和度为

$$\alpha = \frac{c}{c_s} \tag{6-2}$$

α 又称过饱和系数（或过饱和度比）。根据式(6-1)，用过饱和系数表示与过饱和溶液呈相平衡的微小晶体半径为

$$r_c = \frac{2\sigma V_m}{RT\ln\alpha} \tag{6-3}$$

r_c 为此过饱和度下的临界晶体半径：$r<r_c$ 的晶体溶解度大于 c，自动溶解；$r>r_c$ 的晶体溶解度小于 c，自动生长。因此，纯净的过饱和溶液可维持在一定的过饱和度范围内无结晶析出。但是，如果向其中加入颗粒半径大于 r_c 的晶体，晶体就会自动生长，直至到其半径与溶质浓度之间符合式(6-1)为止。这种在一定过饱和度范围内维持无结晶析出的状态称为介稳状态或亚稳状态。

因为 r_c 随 α 的增大而降低，当 α 足够大时，r_c 已非常微小，此时溶质分子（原子、离子）会合的概率又大大增加，极易形成半径大于 r_c 的微小晶体。因此，当 α 超过某一特定值时，过饱和溶液中就会自发形成大量晶核，这种现象称为成核。这一特定浓度值与温度之间的关系表示在图 6-2 上即为超溶解度曲线（曲线3），或称第二超溶解度曲线。第二超溶解度曲线与溶解度曲线之间的区域称为介稳区或亚稳区，第二超溶解度曲线以上的区域能够自发成核，称为不稳区。在介稳区又存在一定的过饱和浓度，在该浓度以下极难自发形成结晶，这一浓度与温度之间的关系表示在图 6-2 上即为第一超溶解度曲线。因此介稳区又分两部分，即第一超溶解度曲线与溶解度曲线之间的第一介稳区和第二超溶解度曲线与第一超溶解度曲线之间的第二介稳区。

第一和第二超溶解度曲线并非严格的热力学平衡曲线，除热力学因素外，还受实验条件的影响，如搅拌强度、冷却或蒸发速度以及溶剂纯度等因素。

图 6-2 所示的各个区域内的结晶现象可归纳如下：

① A 为稳定区，即不饱和区，在此区域内即使有晶体存在也会自动溶解；

② B 为第一介稳区，即第一过饱和区，在此区域内不会自发成核，当加入结晶颗粒时，结晶会生长，但不会产生新晶核，这种加入的结晶颗粒称为晶种；

③ C 为第二介稳区，即第二过饱和区，在此区域内也不会自发成核，但加入晶种后，在结晶生长的同时会有新晶核产生；

④ D 为不稳区，是自发成核区域，瞬时出现大量微小

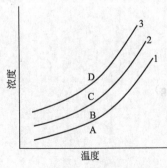

图 6-2 过饱和与超溶解度曲线
A—稳定区；B—第一介稳区；
C—第二介稳区；D—不稳区
1—溶解度曲线；2—第一超
溶解度曲线；3—第
二超溶解度曲线

晶核，发生晶核泛滥。

　　由于在不稳区内自发成核，造成晶核泛滥，形成大量微小结晶，产品质量难于控制，造成晶体过滤或离心回收困难。因此，工业结晶操作均在介稳区内进行，其中主要是第一介稳区。这样，介稳区的宽度数据对工业结晶操作的设计尤为重要。

　　介稳区的宽度常用最大过饱和浓度 $\Delta c_{\max}$ 或最大过饱和温度（过冷温度）$\Delta T_{\max}$ 表示（图 6-3）。介稳区宽度的测定常常是结晶操作设计的第一步。其方法通常是在一定搅拌速度下缓慢冷却或蒸发不饱和溶液，在过饱和区域内检测晶核出现的过饱和温度或浓度。

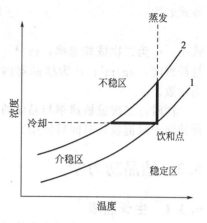

图 6-3　介稳区的宽度

6.2.3　晶核的形成

　　由式(6-3)可知，在一定的过饱和度下存在临界晶体半径 r_c，半径大于 r_c 的晶体生长，而半径小于 r_c 的晶体溶解消失。理论上通常将半径为 r_c 的结晶微粒定义为晶核，而将半径小于 r_c 的结晶微粒称为胚种。从热力学的角度，结晶操作中晶核不会消失，而是不断生长。但在实际的过饱和溶液中，由于晶核之间相互会合，实际上晶核数是不断减少的。因此，从实用的角度，通常利用数微米以上结晶的生长速度的实测结果和数微米至数十微米范围内结晶的粒度分布数据外插到粒径为零，将所得的粒数密度值称为晶核密度，此时的晶核是粒径为零的假想晶核。所以，晶核在不同情况下具有不同的定义，使用时应注意加以区分。

　　晶核的产生根据成核机理不同分为初级成核和二次成核，其中初级成核又分为均相成核和非均相成核。

　　初级成核是过饱和溶液中的自发成核现象。由式(6-1)可知，r_c 越少越容易自发成核。因此，初级成核在图 6-2 所示的不稳区内发生，其发生机理是胚种及溶质分子相互碰撞的结果。由于结晶是新相形成的过程，需要一定的能量，以形成稳定的相界面。这部分能量由两部分组成：一部分是晶体表面过剩自由能，设晶体为球形，半径为 r，则表面过剩自由能为 $4\pi r^2 \sigma$；另一部分是体积过剩自由能，即晶体中的溶质与溶液中的溶质自由能的差，用晶体体积与单位体积的自由能差（ΔG_V）之积表示为 $\frac{4}{3}\pi r^3 \Delta G_V$。因此，成核过程的自由能变化为

$$\Delta G = 4\pi r^2 \sigma + \frac{4}{3}\pi r^3 \Delta G_V \tag{6-4}$$

　　迄今为止，有关均相和非均相成核机理的研究还在进一步深入，通常的做法是将初级成核速率与溶液的过饱和度相关联，即

$$r_p = k_p \Delta c^\alpha \tag{6-5}$$

式中，k_p 和 α 为常数，$\Delta c = c - c_s$ 为绝对过饱和度，是过饱和度的另一种表达方式。

　　在过饱和度较小的介稳区内不能发生初级成核。但如果向介稳态过饱和溶液中加入晶种，就会有新的晶核产生。这种成核现象称为二次成核。工业结晶操作均在晶种的存在下进行，因此，工业结晶的成核现象通常为二次成核。二次成核的机理尚不十分清楚，但一般认为：在有晶体存在的悬浮液中，附着在晶体上的微小晶体或会合分子受到流体流动的剪切作用，以及晶体之间的相互碰撞和晶体与器壁的相互碰撞而脱离晶体，形成新的晶核。由于这些脱离的微小结晶或会合分子必须大于相应过饱和度下的热力学临界半径 r_c 才能形成晶核，继续生长，因此，二次成核速率是过饱和度的函数。同时，微小晶体或会合分子脱离晶体受结晶器内流体力学性质和晶体悬浮密度的影响。因此，结晶器内的二次成核速率可用下述经

验式表达

$$r_s = k_s \Delta c^l \rho_M^m P^n \tag{6-6}$$

式中，r_s 为二次成核速率，$m^{-3} \cdot s^{-1}$；k_s 为二次成核速率常数，温度的函数；ρ_M 为结晶悬浮密度，kg/m^3；P 为结晶器内搅拌强度（搅拌转速，s^{-1}；或线速度，m/s）；l，m，n 为常数。

同时，二次成核速率与晶体的表面状态有关，因此测量二次成核速率时，晶种需要在相同溶液中浸泡较长时间后使用。

6.3 结晶动力学

6.3.1 生长速率

结晶的生长是以浓度差为推动力的扩散传质和晶体表面反应（晶格排列）的二步串连过程，按以上两步学说，第一步是溶质有溶液作固体向晶体表面的转移扩散，第二步是溶质由晶体表面嵌入晶面的表面反应工程。这两步均可能成为晶体生长的控制步骤。研究表明，若溶液过饱和度高，晶体生长过程多为扩散控制，反之可能为表面反应控制。扩散和表面结晶过程的速率可分别用下述方程式表达

$$\left(\frac{dw}{dt}\right)_D = k_D A(c - c_i) \tag{6-7}$$

$$\left(\frac{dw}{dt}\right)_R = k_R A(c_i - c_s) \tag{6-8}$$

在拟稳态条件下，当过饱和浓度较低时，则有

$$\frac{dw}{dt} = k_0 A(c - c_s) \tag{6-9}$$

其中

$$\frac{1}{k_0} = \frac{1}{k_D} + \frac{1}{k_R} \tag{6-10}$$

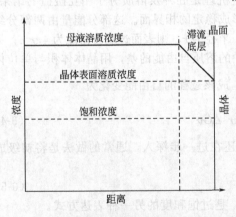

图 6-4 结晶附近的溶质浓度分布

式中，k_D 为扩散速率常数；k_R 为表面反应速率常数；k_0 为结晶生长速率常数。扩散速率常数 k_D 是流速（u）的函数，因此，k_0 也是流速的函数，流速越高，k_0 值越大。在不同的流速下测定 k_0 值，然后外插到流速无限大（$1/u = 0$），此时 $1/k_0 = 0$，就可求出表面结晶速率常数 k_R 值。即在流速很高时，扩散的影响可忽略不计，结晶生长为表面反应速率控制，$k_0 = k_R$。这样求得的 k_R 值虽然不能严格反映表面结晶现象，但此 k_R 值对工业结晶过程的设计是有效的。表面结晶速率是温度的函数，温度越高，k_R 值越大。通过不同操作温度下的动力学实验可测定并回归 k_R 与温度之间的经验关联式，用于结晶过程的设计。图 6-4 所示为结晶附近的溶质浓度分布。

6.3.2 ΔL 定律

晶体生长过程方程含有晶体表面积 A，而 A 在结晶生长过程中是不断改变的。因此，上述结晶生长速率方程的使用很不方便。

对于大多数结晶体系，在同一溶液中（$c - c_s$ 值一定），对于几何形状相似的晶体，其线

性生长速率与晶体粒径无关，这种现象称为 ΔL 定律。符合 ΔL 定律的体系，其晶体生长速率与体系的过饱和度一般可关联成幂指数的形式，即

$$r_g = k_g \Delta c^g \tag{6-11}$$

式中，r_g 为晶体生长速率，$m^{-3} \cdot s^{-1}$；k_g 为晶体生长速率常数，温度的函数；g 为常数。

在混合均匀的结晶器中，ΔL 定律已为许多实验结果证实，适用于大多数结晶系统。因此，ΔL 定律广泛用于结晶生长速率的测定和结晶器的设计。

6.4 结晶操作与控制

6.4.1 结晶的操作工艺

根据不同的生产工艺要求，结晶操作分为连续、半连续和间歇式三种操作工艺。

连续结晶具有产量大、成本小、劳动强度低、母液（晶浆中除去晶体后剩余的液体）的再利用率高等优点，缺点是换热面以及容器壁面容易结垢、晶体的平均粒度小且波动较大、对操控要求较高。因此，连续结晶的应用范围受到一定的限制，目前主要用于产量大、附加值比较低的晶体产品的生产。

与连续结晶相比较，间歇结晶不需要苛刻的稳定操作，也不会产生连续结晶所固有的晶体粒度分布缺陷，此外，间歇结晶还为生产设备的批间清洗提供了方便，这在制药工业中可以防止药品的批间污染，符合 GMP 要求。间歇结晶的缺点是操作成本较高、生产的重复性较差。近年来，随着小批量、高纯度、高附加值的精细化工和高技术产品的不断涌现，间歇结晶工艺在化工、制药、材料等领域中的应用不断扩展。

连续结晶和间歇结晶是结晶操作的两种基本方式，此外，工业上还采用半连续结晶的方式，它是连续结晶和间歇结晶的组合，由于半连续结晶同时具有连续结晶和间歇结晶的某些优点，因此在工业中应用非常广泛。

对于特定的结晶体系，究竟应该选择何种操作工艺，需要考虑各种因素，如结晶体系的特性、料液的处理量、晶体产品的质量和产量等，其中料液处理量和晶体产量是两个相对重要的选择依据。一般情况下，连续结晶的生产规模不宜小于 $100 kg \cdot h^{-1}$，而间歇结晶的生产规模不存在下限。对于料液处理量大于 $20 m^3 \cdot h^{-1}$ 的结晶过程，则应该采用连续结晶操作，此外，对于某些产品纯度要求较高或者粒度分布指定的结晶过程，只能采用间歇操作。

6.4.2 结晶操作特性参数

结晶是在过饱和溶液中生成新相的过程，涉及固-液相平衡，影响结晶操作和产品质量的因素很多。目前的结晶过程理论还不能完全考虑各种因素的影响，定量描述结晶现象。针对特定的目标产物及其存在的物系，需要通过充分的实验确定合适的结晶操作条件，在满足结晶产品质量要求的前提下，最大限度地提高结晶生产速度，降低过程成本。一般在设计结晶操作前，必须首先解决以下问题。

(1) 过饱和度

根据结晶动力学理论，增大溶液过饱和度可提高成核速率和生长速率，单纯从结晶生产速度的角度考虑是有利的。但过饱和度过大又会出现如下问题：

① 成核速率过快，产生大量微小晶体，结晶难以长大；

② 结晶生长速率过快，容易在晶体表面产生液泡，影响结晶质量；

③ 结晶器壁面容易产生晶垢，给结晶操作带来困难。

因此，过饱和度与结晶生长速率、成核速率和结晶密度（质量）之间存在如图 6-5 所示

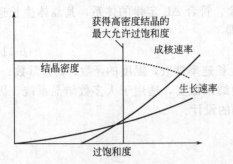

图 6-5 过饱和度与成核速率、生长速率
和结晶密度的关系

的关系，即存在最大过饱和度，可保证在较高成核和生长速率的同时，不影响结晶的密度。所以结晶操作应以此最大过饱和度为限度，在不易产生晶垢的过饱和度下进行。

（2）温度

许多物质根据操作温度的不同，生成的晶形和结晶水会发生改变，因此，结晶操作温度一般控制在较小的温度范围内。冷却结晶时，如果降温速度过快，溶液很快达到较高的过饱和度，生成大量微小晶体，影响结晶产品的质量。因此，操作温度的降低不宜过快，最好控制在饱和温度与过饱和温度线之间。蒸发结晶时，根据溶液依数性原理，由于沸点上升，蒸发室内温度（沸点）较高。如果蒸发速度过快，则溶液的过饱度较大，生成微小晶体，附着在结晶表面，影响结晶产品的质量。因此，蒸发速度应与结晶生长速率相适应，保持溶液的过饱和度一定。为消除蒸发室沸点上升造成的过饱和度过大，工业结晶操作常采用真空绝热蒸发，不设外部循环加热装置，蒸发室内温度较低，可防止过饱和度的剧烈变化。

（3）搅拌速度

增大搅拌速度可提高成核和生长速率，但搅拌速度过快会造成晶体的剪切破碎，影响结晶产品质量。为获得较好的混合状态，同时避免结晶的破碎，可采用气提式混合方式，或利用直径或叶片较大的搅拌桨，降低桨的转速。

（4）溶剂与 pH 值

结晶操作采用的溶剂和 pH 值应使目标溶质的溶解度较低，以提高结晶的收率。但所用溶剂和 pH 值对晶形有影响。例如，普鲁卡因青霉素在水溶液中的结晶为方形晶体，而在醋酸丁酯中的结晶为长棒状。因此，在设计结晶操作前需实验确定结晶晶形较好的溶剂和 pH 值。

（5）晶种

为了得到高质量的结晶产品，往往需要引入晶种并实现程序控制，工业结晶的晶种分两种情况：

① 通过蒸发或降温使溶液的过饱和度进入不稳区，自发成核一定数量后，稀释溶液使过饱和度降至介稳区，这部分晶核即成为结晶的晶种；

② 向处于介稳区的过饱和溶液中添加事先准备好的颗粒均匀的晶种。

生物产物的结晶操作主要采用第二种方法。特别是对于溶液黏度较高的物系，晶核很难产生，而在高过饱度下，一旦产生晶核，就会同时出现大量晶核，容易发生聚晶现象，产品质量不易控制。因此，高黏度物系必须采用在介稳区内添加晶种的操作方法。

（6）晶浆浓度

晶浆浓度越高，单位体积结晶器中结晶表面积越大，即固-液接触比表面积越大，结晶生长速率越快，有利于提高结晶生产速度（即容时产量）。但是，晶浆浓度过高时，悬浮液的流动性差，混合操作困难。因此晶浆浓度应在操作条件允许的范围内取最大值。在间歇操作中，晶种的添加量应根据最终结晶产品的大小，满足晶浆浓度最大的高效生产要求。

（7）循环流速

循环流速对结晶操作的影响主要体现在以下几个方面：

① 提高循环流速有利于消除过饱和度分布，使结晶成核速率及生长速率分布均匀；

② 提高循环流速可增大固-液表面传质系数，提高结晶生长速率；

③ 外部循环系统中设有换热设备时，提高循环流速有利于提高换热效率，抑制换热器

表面晶垢的生成；

④ 循环流速过高会造成结晶的磨损破碎。

因此，循环流速应在无结晶磨损破碎的范围内取较大的值。此外，如果结晶要进行分级，循环流速也不宜过高，应保证分级功能的正常发挥。即此时循环流速除考虑结晶磨损破碎的因素外，还应保证结晶的分级，在满足这两种要求的前提下取较大的值。

（8）晶垢

结晶操作中常伴有结晶器壁面及循环系统中产生晶垢的现象，严重影响结晶过程效率。一般可采用下述方法防止晶垢的产生或除去已产生的晶垢：

① 器壁内表面采用有机涂料，尽量保持壁面光滑，可防止在器壁上的二维成核现象的发生；

② 提高结晶系统中各个部位的流体流速，并使流速分布均匀，消除低流速区；

③ 若外循环液体为过饱和溶液，应使其中含有悬浮的晶种；

④ 采用夹套保温方式防止壁面附近过饱和度过高；

⑤ 增设晶垢铲除装置，或定期添加溶剂溶解产生的晶垢；

⑥ 蒸发室壁面极易产生晶垢，可采用喷淋溶剂的方式溶解晶垢。

（9）共存杂质

结晶的对象一般是多组分物系，目的是选择性结晶目标产物。如果共存杂质的浓度较低，一般对目标产物的结晶无明显影响。但如果在结晶操作中杂质含量不断升高（如采用连续蒸发式结晶操作时），杂质的积累会严重影响目标产物结晶的纯度。另外，杂质对结晶过程的影响还表现在以下几个方面：

① 改变目标产物的溶解度，从而使在相同目标产物浓度下的过饱和度改变，直接影响结晶成核速率和生长速率；

② 杂质在目标产物结晶表面的吸附等作用导致结晶体各晶面生长速率的不同，从而改变结晶的晶习，即晶体的外部形态，能够改变结晶晶习的物质称为晶习修改剂或媒晶剂；

③ 如果杂质进入到晶体的晶格中，会影响目标产物结晶的理化性质（如导电性、催化反应活性）以及生物活性（如抗生素的药效）。

因此，结晶操作中需要控制杂质的含量，往往在结晶系统中增设除杂质设备，如在外部循环系统中增设离子交换柱等分离设备，或者设废液排放口，连续排放部分溶液，降低结晶器中积累杂质的浓度。

（10）晶习修改剂

晶习修改剂可改变结晶行为，包括晶体外部形态（晶习）、粒度分布和促进生长速率等。因此，为促进生长速率或获得某种希望出现的晶习，可向结晶系统添加晶习修改剂。晶习修改剂的作用通常在一定浓度以上发生，具体浓度因结晶物系而异。一般认为晶习修改剂的作用机理有两种：

① 不参与目标溶质的结晶，只是集中在晶体表面附近，可能导致晶体表面层发生变化，从而影响结晶行为；

② 不但存在于母液，而且被吸附于晶体表面，进入晶格，目标溶质与晶格连接前，必须首先替换晶面上的杂质，从而影响晶面生长速率，导致晶习的改变。

6.4.3　应用

6.4.3.1　抗生素

工业结晶技术广泛应用于抗生素的纯化精制。因为抗生素品种很多，性质各不相同，所以，抗生素的结晶根据产品的种类不同采用各种不同的结晶操作方法。下面仅以产量最高的青霉素 G 为例介绍结晶在抗生素纯化精制中的应用。

青霉素 G 的澄清发酵液（pH＝3.0）经醋酸丁酯萃取、水溶液（pH 值约为 7.0）反萃取和醋酸丁酯二次萃取后，向醋酸丁酯萃取液中加入醋酸钾的乙醇溶液，即生成青霉素 G 钾盐。因青霉素 G 钾盐在醋酸丁酯中溶解度很小，故从醋酸丁酯溶液中结晶析出。控制适当的操作温度、搅拌速度以及青霉素 G 的初始浓度，可得到粒度均匀、纯度达 90％以上的青霉素 G 钾盐结晶。将青霉素 G 钾盐溶于氢氧化钾溶液中，调节 pH 值至中性，加无水乙醇，进行真空共沸蒸馏操作，可获得纯度更高的结晶产品。在上述操作中，用醋酸钠代替醋酸钾，即可得到青霉素 G 钠盐。

另一种青霉素 G 产品是青霉素 G 的普鲁卡因盐，其在水中的溶解度较小。向青霉素 G 钾盐的磷酸缓冲液中加入盐酸普鲁卡因溶液，冷却至 3～5℃，生成的普鲁卡因青霉素 G 就可结晶析出。

6.4.3.2 氨基酸

氨基酸是两性电解质，在等电点附近溶解度最小。因此，等电点结晶法是分离纯化氨基酸的主要单元操作。例如，谷氨酸（glutamic acid, Glu）是目前生产量最大的氨基酸，等电点为 3.22。其发酵液可不经除菌处理，直接加盐酸调节 pH＝3.0～3.2，同时冷却至 0～5℃，即可回收 70％以上的谷氨酸。若发酵液经除菌预处理，获得的谷氨酸结晶纯度更高。谷氨酸结晶母液中残留的谷氨酸可用离子交换法回收，或蒸发浓缩后再次结晶回收。

谷氨酸结晶晶型有 α 型和 β 型两种，其中 β 型为针状或粉状，晶粒微细，纯度低，不易回收，而 α 型为斜方六面晶体，纯度高、密度大、易回收，是理想的晶型。等电点结晶操作条件对谷氨酸结晶有重要影响，为获得 α 型结晶必须严格控制操作条件，如加盐酸速度、降温速度和结晶温度等。

赖氨酸（lysine, Lys）的产量仅次于谷氨酸，其发酵液加盐酸调节 pH＝4～5 后，真空蒸发浓缩，降温到 4～10℃，可获得赖氨酸结晶，其中 Lys-HCl 质量分数为 97％～98％。

6.4.3.3 反应结晶

反应结晶是在反应的同时进行结晶分离，反应-分离耦合操作有利于简化过程工艺，提高目标产物转化率，降低生产过程成本。耦合结晶操作的生物反应过程特别适用于底物或产物水溶性较低的物系，生物转化过程如下：

$$S(s) \Longrightarrow S(l) \Longrightarrow P(l) \Longrightarrow P(s)$$
$$S(s) + P(s)$$

式中，S 和 P 分别表示底物和产物；s 和 l 分别表示固态和液态。底物和产物是否形成混合晶体与物系有关。一般来说，反应-结晶耦合过程具有以下优点：

① 消除可逆生物反应平衡转化率的限制，提高转化率；

② 产物以高浓度的结晶形式存在，有利于提高反应器的使用效率；

③ 产物容易回收。

反应-结晶耦合过程已有许多工业化应用实例。在生物产物方面，甾类、有机酸、氨基酸的生物反应-结晶耦合过程研究多见诸报道。利用固定化德阿昆合假单胞（Pseudomonas dacunhae）从 l-天冬氨酸（l-aspartic acid）生物转化生产 l-丙氨酸（l-alanine）的反应-结晶操作工艺流程。该流程由反应器、结晶槽和换热器构成，底物 l-天冬氨酸粉末悬浮于 10℃

的结晶槽中，其过滤液加热后送入 37℃ 的反应器内，反应产物 *l*-丙氨酸及未转化的 *l*-天冬氨酸循环返回结晶槽。由于结晶槽温度低，*l*-丙氨酸达到过饱和后即结晶析出，而 *l*-天冬氨酸不断溶解，溶解液送入反应器中进行生物转化，直到 *l*-天冬氨酸反应完全为止。图 6-6 为 *l*-丙氨酸和 *l*-天冬氨酸的溶解度曲线。可以看出，在反应温度（37℃）下 *l*-丙氨酸溶解度比结晶槽温度（10℃）下的溶解度高 0.5mol/L，因此，如果控制停留时间（循环速度）使 *l*-丙氨酸在反应器内的生成量低于 0.5mol/L，反应器内就不会有 *l*-丙氨酸析出，可保证固定化粒子不会因结晶析出而受到破坏。成本核算结果表明，利用该反应-结晶耦合系统生产 *l*-丙氨酸的成本比传统方法降低 20%。

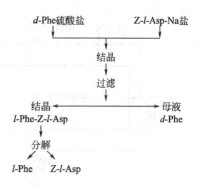

图 6-6 *dl*-苯丙氨酸复合物
的结晶法光学拆分

6.4.3.4 光学拆分

化学法合成的生物活性物质（如氨基酸）一般为旋光异构体的混合物，其中只有一种异构体具有生物活性，称为光学活性体。例如，化学合成的氨基酸中 *d*-氨基酸和 *l*-氨基酸各占 50%，其中仅 *l*-氨基酸具有生物活性。为获得具有生物活性的光学活性物质，需要对旋光异构体进行光学拆分。工业上常用的光学拆分法有利用消旋酶的不对称反应消旋法和结晶法。其中结晶法主要有先结晶法和复合体结晶法两种。

优先结晶法是向旋光异构体的过饱和溶液中添加光学活性体的晶种，诱导光学活性体结晶的生长，从而达到光学拆分的目的。优先结晶法的拆分收率较低，一般为 *dl* 体总量的 10% 左右。另外，光学活性体结晶必须在另一种旋光异构体的自发成核（初级成核）前从溶液中分离回收，因此操作稳定性较差，操作条件必须严格控制。

复合体结晶法为向旋光异构体溶液中加入特定物质，该物质与 *d*-体和 *l*-体分别反应形成复合物，利用复合物溶解度的差别进行 *d*-体和 *l*-体复合物的结晶分离，达到光学拆分的目的。这里所用的特定物质一般称光学拆分剂。经常利用 *N*-苄氧碳酰天冬氨酸钠盐（*N*-benzyloxylcarbonyl Asp. Na，简称 Z-Asp-Na）为光学拆分剂，可进行苯丙氨酸、缬氨酸和亮氨酸的 *dl* 拆分。*l*-Phe 与 Z-*l*-Asp 的复合物 *l*-Phe-Z-*l*-Asp 的溶解度较低，从溶液中结晶析出。过滤回收结晶，分解复合物，即得到 *l*-Phe。母液中的 *d*-Phe 经消旋反应，生成的 *dl*-苯丙氨酸可重新用于光学拆分。

如果在 *dl*-氨基酸光学拆分的同时进行 *d*-氨基酸的消旋反应，可大大提高 *l*-氨基酸结晶的纯度和收率，并可进行连续化操作。例如，*N*-酰基氨基酸的醋酸溶液在无水醋酸的存在下加热即可发生消旋反应。利用这一性质，将 150g 酰基-*dl*-亮氨酸（Ac-*dl*-Leu）溶于 100mL 醋酸/无水醋酸（体积比为 10∶1）溶液中，制成过饱和溶液，在 100℃ 下加入 6gAc-*l*-Leu 晶种，然后以 10℃/h 的速度冷却，6h 后温度降至 40℃。降温过程中，在 Ac-*l*-Leu 优先结晶的同时，Ac-*d*-Leu 发生消旋反应，生成 Ac-*l*-Leu。因此，最终 Ac-*l*-Leu 结晶达 105g，收率为 70%。

6.5 结晶过程计算

通过对结晶过程进行物料衡算和热量衡算，可确定晶体产品的产量和热负荷等数据。

6.5.1 物料衡算

结晶设备的物料及热量进出情况如图 6-7 所示。

对图 6-7 所示的连续式结晶器，进行总的物料衡算得

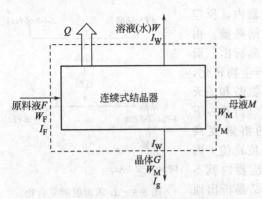

图 6-7　结晶过程的物料衡算和热量衡算

$$F=G+W+M \qquad (6-12)$$

式中，F 为原料液的质量流量，kg/s；G 为晶体产品的质量流量，kg/s；W 为被气化溶剂的质量流量，kg/s；M 为母液的质量流量，kg/s。

对溶质进行物料衡算得

$$Fw_F=Gw_G+Mw_M \qquad (6-13)$$

式中，w_F 为原料液中溶质的质量分数，无量纲；w_G 为晶体中溶质的含量，无量纲；w_M 为母液中溶质的质量分率，无量纲。

晶体中的溶质含量可用下式计算

$$w_G=\frac{溶质的分子量}{晶体水合物的分子量} \qquad (6-14)$$

由上式可知，对于不含结晶水的晶体 $w_G=1$。由式(6-12) 和式(6-13) 联立得

$$G=\frac{F(w_F-w_M)+Ww_M}{w_G-w_M} \qquad (6-15)$$

式(6-15) 也可适用于间歇结晶过程，在计算过程中，晶体产品量、溶剂气化量和母液量等均是时间的函数。

实际应用中，原料液和母液中的溶质含量常以单位质量溶剂中所溶解的溶质质量来表示，此时

$$w_F=\frac{C_F}{1+C_F} \qquad (6-16a)$$

$$w_M=\frac{C_M}{1+C_M} \qquad (6-16b)$$

式中，C_F 为以单位质量溶剂中所溶解的溶质质量来表示的原料液浓度；C_M 为以单位质量溶剂中所溶解的溶质质量来表示的母液浓度。

当母液浓度 C_M 为未知时，近似采用结晶终了温度下的溶解度数据代替 C_M 进行计算，即假设出料时晶体与母液已达到固液平衡，由此造成的误差可满足一般工程计算的需求。

在冷却结晶操作中，结晶过程一般没有溶剂气化，则 $w=0$。式(6-15) 简化为

$$G=\frac{F(w_F-w_M)}{w_G-w_M} \qquad (6-17)$$

在蒸发结晶操作中，一般会设定被气化溶质质量，用公式(6-17) 直接计算出晶体产品的产量。

【例 6-2】　将 120kg 的 $NaCO_3$ 水溶液冷却至 $20℃$，结晶出 $NaCO_3 \cdot 10H_2O$ 晶体。已知结晶前每 100kg 的水中含有 38.9kg 的 $NaCO_3$，结晶过程中自蒸发的水分质量为原料液的 3%，$20℃$ 时 $NaCO_3$ 在水中的溶解度为 0.215kg/kg，试计算晶体产品量和母液量。

解：依题意知 $C_F=0.389$kg/kg

$$w_F=\frac{C_F}{1+C_F}=\frac{0.389}{1+0.389}=0.280$$

结晶终了时母液浓度 C_M 为未知时，近似采用结晶终了温度下的溶解度数据代替 C_M 进行计算，即 $C_M \approx 0.215$kg/kg

$$w_M=\frac{C_M}{1+C_M}=\frac{0.215}{1+0.215}=0.177$$

对于 $NaCO_3 \cdot 10H_2O$ 晶体，得

$$w_G=\frac{溶质的分子量}{晶体水合物的分子量}=\frac{106}{106+180}=0.371$$

晶体产品量为

$$G=\frac{F(w_{\mathrm{F}}-w_{\mathrm{M}})+Ww_{\mathrm{M}}}{w_{\mathrm{G}}-w_{\mathrm{M}}}=\frac{120\times(0.280-0.177)+120\times0.03\times0.177}{0.371-0.177}=67.0$$

母液的量为

$$M=F-G-W=120-67.0-120\times0.03=49.4(\mathrm{kg})$$

6.5.2　热量衡算

　　溶液结晶是溶质由液相向固相转变的过程，溶质从母液中结晶出来时会放出结晶热。结晶热就是生成单位溶质晶体所放出的热量。在工业结晶过程中，由于母液常常需要被加热或冷却，而且伴有溶剂的蒸发，所以结晶过程还需要进行热量衡算，以得出过程的热负荷。

　　对图中连续式结晶器进行热量衡算得

$$FI_{\mathrm{F}}=GI_{\mathrm{G}}+WI_{\mathrm{W}}+MI_{\mathrm{M}}+Q \tag{6-18}$$

式中，I_{F} 为原料液的焓，$\mathrm{kJ/kg}$；I_{G} 为晶体的焓，$\mathrm{kJ/kg}$；I_{W} 为被气化溶剂的焓，$\mathrm{kJ/kg}$；I_{M} 为母液的焓，$\mathrm{kJ/kg}$；Q 为结晶器与周围环境之间的交换热量，kW。

　　物料衡算和热量衡算可得

$$Q=F(I_{\mathrm{F}}-I_{\mathrm{M}})-G(I_{\mathrm{G}}-I_{\mathrm{M}})-W(I_{\mathrm{W}}-I_{\mathrm{M}}) \tag{6-19}$$

　　由于焓是相对值，因此计算时必须规定基准状态和基准温度。在结晶计算中，常规定液态溶剂以及溶解于溶剂中的溶质在结晶终了温度时的焓值为零。

　　设原料温度为 t_1，结晶终了温度为 t_2，则上式可改写为

$$Q=FC_{\mathrm{p}}(t_1-t_2)-G\Delta H_{t_2}-Wr_{t_2} \tag{6-20}$$

式中，C_{p} 为原料液的平均定压比热容，$\mathrm{kJ/(kg\cdot ℃)}$；ΔH_{t_2} 为溶质在温度为 t_2 时的结晶热，$\mathrm{kJ/kg}$；r_{t_2} 为溶剂在温度为 t_2 时的结晶热，$\mathrm{kJ/kg}$。

　　若 Q 为正值，表明需要从结晶过程中移走热量，即冷却；反之，若 Q 为负值，则表明需要从结晶过程中提供热量，即加热。此外，对于绝热结晶过程，$Q=0$。

　　若不计设备本身因温度改变而消耗的热量，则式(6-19)和式(6-20)可用于间歇结晶过程的计算。

　　【例 6-3】　将 160kg 的 $\mathrm{KNO_3}$ 水溶液在绝热条件下真空蒸发降温至 20℃，结晶出 $\mathrm{KNO_3}$ 晶体。已知结晶前溶液中溶质的质量分数为 37.5%，20℃ 时 $\mathrm{KNO_3}$ 在水中的溶解度为 23.3%（质量分数），结晶过程自蒸发的水分量为 5.6kg，结晶热为 68kJ/kg，溶液在操作条件下平均比热容为 2.9kJ/(kg·℃)，水的汽化热为 2446kJ/kg，试计算进料温度。

　　解：根据题意已知：$F=160\mathrm{kg}$，$W=5.6\mathrm{kg}$，$Q=0$，由于 $\mathrm{KNO_3}$ 晶体不含结晶水，故 $w_{\mathrm{G}}=1$，由式(6-14)得产品量为

$$G=\frac{F(w_{\mathrm{F}}-w_{\mathrm{M}})+Ww_{\mathrm{M}}}{w_{\mathrm{G}}-w_{\mathrm{M}}}=\frac{160\times(0.375-0.233)+5.6\times0.233}{1-0.233}=31.32(\mathrm{kg})$$

由式(6-19)得

$$Q=160\times2.9\times(t_1-20)-31.32\times(-68)-5.6\times2446=0$$

解得

$$t_1=44.9℃$$

即进料温度为 44.9℃。

6.6　结晶设备

　　工业结晶设备主要分冷却式和蒸发式两种，后者又根据蒸发操作压力分常压蒸发式和真

空蒸发式。因真空蒸发效率较高，所以蒸发式结晶器以真空蒸发为主。特定目标产物的结晶具体选用何种类型的结晶设备主要根据目标产物的溶解度曲线而定。如果目标产物的溶解度随温度升高而显著增大，则可采用冷却结晶器或蒸发结晶器，否则只能选用蒸发型结晶器。冷却和蒸发结晶器根据设备的结构形式又分许多种，这里仅介绍常用的主要结晶器及其特点。

6.6.1 冷却结晶器

冷却结晶器一般分为槽式结晶器和结晶罐。

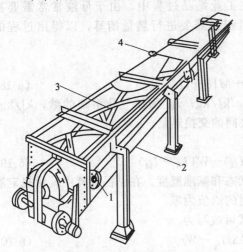

图 6-8　长槽搅拌式连续结晶器
1—冷却水进口；2—冷却水夹套；
3—螺旋搅拌器；4—分段接头

槽式结晶器通常用不锈钢制作，外部有夹套冷却水以对溶液进行冷却降温，连续操作的槽式结晶罐往往采用长槽并设有长螺距的螺旋搅拌器，以保证物料在结晶槽的停留时间。槽的顶部要有活动顶盖，以保持槽内物料的洁净，槽式结晶器的传热面积有限，且劳动强度较大，对溶液的过饱和度难以控制；但小批量、间歇操作时比较合适。槽式结晶器的结构如图 6-8 所示。

结晶罐是一类立式带有搅拌的罐式结晶器，冷却采用夹套。带搅拌结晶罐结构简单，设备造价低。但夹套冷却结晶器的冷却比表面积较小，结晶速度较低，不适于大规模结晶操作。另外，因为结晶罐壁的温度最低，溶液过饱和度最大，所以器壁上容易形成晶垢，影响传热效率。为消除晶垢的影响，管内常设有除晶垢装置。外部循环式冷却结晶通过外部热交换器冷却，由于强制

循环，溶液高速流过热交换表面，热交换器表面不易形成晶垢，通过热交换器的溶液温差较小，交换效率较高，可较长时间连续运转。结晶罐的搅拌转速要根据产品晶粒的大小要求来定：一般结晶过程的转速为 50～500r/min；对抗生素工业，在需要获得微粒晶体时采用高转速，即 1000～3000r/min。图 6-9 和图 6-10 分别是夹套冷却式搅拌结晶罐和外部循环冷却式搅拌结晶罐。

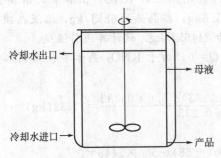

图 6-9　夹套冷却式搅拌结晶罐

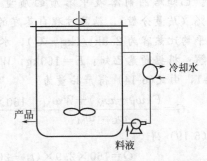

图 6-10　外部循环冷却式搅拌结晶罐

如图 6-11 所示，Howard 结晶器也是夹套冷却式结晶器，但结晶器主体呈锥形结构。饱和溶液从结晶器下部通入，在向上流动的过程中析出结晶，析出的晶体向下沉降。由于下部流速较高，只有大颗粒晶体能够沉降到底部排出。因此，Howard 结晶器是一种结晶分级型连续结晶器。由于采用夹套冷却，结晶器的容积较小，适用于小规模连续生产。

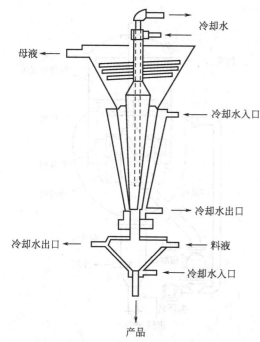

图 6-11　Howard 结晶器

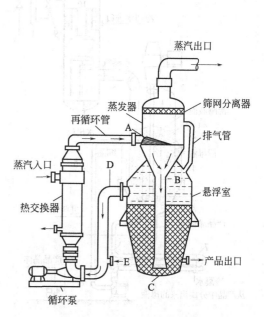

图 6-12　Krystal-Osls 结晶器

A—闪蒸区入口；B—介稳区入口；C—床层区入口

D—循环流出口；E—结晶料液入口

6.6.2　蒸发结晶器

（1）　Krystal-Oslo 结晶器

蒸发结晶器由结晶器主体、蒸发室和外部加热器构成。图 6-12 是一种常用的 Krystal-Oslo 型常压蒸发结晶器。溶液经外部循环加热后送入蒸发室蒸发浓缩，达到过饱和状态，通过中心导管下降到结晶生长槽中。在结晶生长槽中，流体向上流动的同时结晶不断生长，大颗粒结晶发生沉降，从底部排出产品晶浆。因此，Krystal-Oslo 结晶器也具备结晶分级能力。

将蒸发室与真空泵相连，可进行真空绝热蒸发。与常压蒸发结晶器相比，真空蒸发结晶器不设加热设备，进料为预热的溶液，蒸发室中发生绝热蒸发。因此，在蒸发浓缩的同时，溶液温度下降，操作效率更高。此外，为使结晶槽内处于常压状态，便于结晶产品的排出和澄清母液的溢流在常压下进行。真空蒸发结晶器设有大气腿，大气腿的长度应大于蒸发室液面与结晶槽液面位差和流动阻力损失压头之和。

（2）　DTB 结晶器

另一种常用的蒸发结晶器称为 DTB 结晶器（draft tube baffled crystallizer），内设导流管和钟罩形挡板，导流管内又设有螺旋桨，驱动流体向上流动进入蒸发室，如图 6-13 所示。在蒸发室内达到过饱和的溶液沿导流管与钟罩形挡板间的环形面积缓慢向下流动。在挡板与器壁之间流体向上流动，其间细小结晶沉积，澄清母液循环加热后从底部返回结晶器。另外，结晶器底部设有淘洗腿，细小结晶在淘洗腿内溶解，而大颗粒结晶作为产品排出回收。若对结晶产品的粒度要求不高，可不设淘洗腿。

DTB 结晶器的特点是：由于结晶内设置了导流筒和高效搅拌螺旋桨。形成内循环通道，内循环效率高，过饱和度均匀，并且较低（一般过冷度<1℃）。因此，DTB 结晶器的晶浆密度可达到 30%～40%的水平，生产强度高，可生产粒度达 600～1200btm 的大颗粒结晶产品。

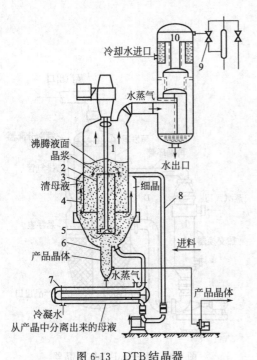

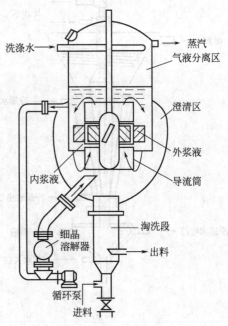

图 6-13 DTB 结晶器

图 6-14 DP 结晶器

1—结晶器；2—导流管；3—环形挡板；4—澄清区；
5—螺旋搅拌器；6—淘洗腿；7—加热器；8—循环
管；9—喷射真空泵；10—空气冷凝器

（3）DP 结晶器

DP 结晶器即双螺旋桨（double-propel-ler）结晶器，如图 6-14 所示。DP 结晶器是对 DTB 结晶器的改良，内设两个同轴螺旋桨。其中之一与 DTB 型一样，设在导流管内，驱动流体向上流动，而另一个螺旋桨比前者大一倍，设在导流管与钟罩形挡板之间，驱动液体向下流动。由于是双螺旋桨驱动流体内循环，所以在低转速下即可获得较好的搅拌循环效果，功耗较 DTB 结晶器低，有利于降低结晶的机械破碎。DP 结晶器的缺点是大螺旋桨要求动平衡性能好、精度高，制造复杂。

本章符号说明

英文字母

C_F——原料液浓度；

C_M——母液浓度；

C_P——原料液的平均定压比热容，kJ/(kg·℃)；

c——半径为 r_c 的球形微小晶体的溶解度，kg/kg；

c_s——普遍晶体溶解度，kg/kg；

Δc_{max}——最大过饱和浓度，kg/kg；

Δc——绝对过饱和度，kg/kg；

F——原料液的质量流量，kg/s；

G——晶体产品的质量流量，kg/s；

ΔH_{t_2}——溶质在温度为 t_2 时的结晶热，kJ/kg；

I_F——原料液的焓，kJ/kg；

I_G——晶体的焓，kJ/kg；

I_M——母液的焓，kJ/kg；

I_W——被气化溶剂的焓，kJ/kg；

k_D——扩散速率常数；

k_g——晶体生长速率常数；

k_s——二次成核速率常数；

M——母液的质量流量，kg/s；

P——结晶器内搅拌强度，s^{-1}；

Q——结晶器与周围环境之间的交换热量，kW；

R——摩尔气体常数，kJ/(kmol·K)；

r'——晶体半径，m；

r_c——过饱和度下的临界晶体半径，m；

r_s——二次成核速率，$m^{-3}·s^{-1}$；

r_g——晶体生长速率，$m^{-3}·s^{-1}$；

r_{t_2}——溶剂在温度为 t_2 时的结晶热，kJ/kg；

T——热力学温度，K；

ΔT_{max}——最大过饱和温度，℃；

V_m——晶体的摩尔体积，$m^3/kmol$；

W——被气化溶剂的质量流量，kg/s；

w_F——原料液中溶质的质量分数；

w_G——晶体中溶质的含量；

w_M——母液中溶质的质量分数。

希腊字母

α——过饱和系数（或过饱和度比）；

σ——结晶界面张力；

ρ_M——结晶悬浮密度，kg/m^3。

思 考 题

1. 试阐述第一和第二超溶解度曲线的物理意义。
2. 试分析第一和第二超溶解度曲线的影响因素。
3. 试分析哪些因素对晶体成长有利？
4. 一般的传递过程都希望有较大的推动力，结晶过程是否也如此？为什么？
5. 简述晶体成长的扩散理论。
6. 何谓稳定区、介稳区和不稳区？各有何特点？实际工业结晶过程需控制在哪个区进行？
7. 简述结晶过程的推动力。
8. 在生产中对结晶过程控制达到什么目的？
9. 简述成核过程的主要理论。工业结晶为什么要避免初级成核？可以采取哪些措施？
10. 现代结晶设备不论其结构及操作方法如何，所共同突出的是哪一点？试举例说明。
11. 对于结晶的课题如何考虑其结晶的途径？请设计一个合理的结晶工艺过程。

习 题

1. 用 MSMPR 操作连续结晶某种抗生素，已知结晶近似为正方体，密度为 1.2g/mL，结晶器的有效体积为 $0.12m^3$，过饱和抗生素溶液流量为 50L/h。若成核速率为 $1.2 \times 10^7 L^{-1} \cdot h^{-1}$，结晶线性生长速率为 0.056mm/h，试计算：（1）结晶产品的控制粒度；（2）单位体积内不大于控制粒度的结晶数及其粒数分数；（3）单位体积内不大于控制粒度的结晶质量及其质量分数；（4）晶浆浓度。

2. 用 MSMPR 操作连续结晶某化合物，已知结晶近似为正方体，密度为 1.5g/mL，结晶线性生长速率为 0.052mm/h，控制粒度为 0.08mm，要求生产能力为 50kg/h。试计算：（1）若流量为 $1m^3/h$ 时，结晶所需结晶器体积；（2）成核速率。

3. 介稳区内间歇结晶一种活性大分子有机化合物，晶种粒度为 $50\mu m$。欲得到粒度为 1mm，晶浆浓度为 200g/L 的结晶产品。已知结晶近似为正方体，密度为 1.2g/mL，试计算：（1）所需加入的晶种浓度；（2）若结晶的线性生长速率为 0.06mm/h，所需操作时间是多少？

4. 某溶液中含有 1000kg 水和 200kg 硫酸钠。该溶液冷却到 10℃。此时溶解度为 9.0kg 无水盐/100kg 水，所得结晶盐为 $NaSO_4 \cdot 10H_2O$。假设冷却过程蒸发掉 3% 的水，计算结晶产品量。

参 考 文 献

[1] 时钧. 化学工程手册（上卷）. 第二版. 北京：化学工业出版社，1996.

[2] 顾觉奋. 分离纯化工艺原理. 北京：中国医药科技出版社，2000.

[3] 天津大学物理化学教研室. 物理化学（下册）. 北京：人民教育出版社，1979.

[4] 潘兆橹等. 结晶学及矿物学（上册）. 北京：地质出版社，1993.

[5] 叶铁林. 化工结晶过程原理及应用. 北京：北京工业大学出版社，1997.

[6] 钱逸泰. 结晶化学导论. 合肥：中国科学技术大学出版社，2005.

[7] 南京大学地质学系岩矿教研室. 结晶学与矿物学. 北京：地质出版社，1978.

[8] 王静康. 结晶. 见：化学工程手册. 第十册. 北京：化学工业出版社，1996.

[9] 丁绪淮. 工业结晶. 北京：化学工业出版社，1985.

[10] 孙彦. 生物分离工程. 第二版. 北京：化学工业出版社，2005.

[11] Mullin J W. Crystallization. Rev. Ed. London：Butterworths，1993.

[12] Belter P A，Cussler E L，Hu W S. Bio-separations：Downstream Processing for Biotechnology. New York：Johnwiley & SonsInc，1998.

第 7 章 吸 收

7.1 概述

7.1.1 化工生产中的传质过程

当流体内部存在速度差、温度差、浓度差时，借助于分子的无规热运动（分子扩散）和流体质点的湍动（涡流扩散）会相应地发生动量、热量、质量的传递。

质量传递是均相混合物得以分离的重要基础。物质在浓度梯度推动下在一个相内部由一处转移到另一处的过程，称为相内传质。对多相物系，若物质通过相界面由一相转移到另一相则称为相际传质，如用水吸收空气和氨混合气体中的氨，组分氨由气相向液相转移即为气-液相际传质。因此，均相混合物的分离操作，可通过构成具有足够相界面且两相充分接触的分散体系，利用物系中不同组分间的某些物性差异使得一些组分能在相界面处由一相转移到另一相，且伴随着这一转移在相内建立起浓度梯度，则组分的转移将不断进行从而达到分离的目的。在化学工业中常见的传质分离过程有以下几类。

① 气-液传质过程，如吸收和解吸，气体的增湿和减湿。

② 汽-液传质过程，如混合液体的蒸馏。

③ 液-液传质过程，如液-液萃取。

④ 液-固传质过程，如结晶、浸取、吸附等。

⑤ 气-固传质过程，如干燥、吸附等。

7.1.2 气体吸收过程

吸收操作是气体混合物的重要分离方法，其实质是传质分离。由待分离的混合气体和与之适配的液体构成两相物系，当两相充分接触时，利用混合气体中各组分在液体中溶解度的差异，使某些易溶组分进入液相形成溶液，不溶或难溶组分仍留在气相，从而实现混合气体的分离。混合气体中的溶解组分称为吸收质或溶质，以 A 表示，不溶或近似可视为不溶的难溶组分称为惰性气体或载气，以 B 表示。吸收操作中所用的溶剂称为吸收剂，以 S 表示；吸收操作得到的溶液称为吸收液，其主要成分为溶剂 S 和溶质 A；排出的气体通常称为吸收尾气，其主要成分为惰性气体 B 和少量的溶质 A。

吸收是混合气体中某些组分在气液相界面上溶解、在气相和液相内由浓度差推动的传质过程。因此造成足够的相界面使两相充分接触是吸收设备的主要功能。工业吸收操作一般采用塔器设备，其中使用最为广泛的是填料塔和板式塔，如图 7-1(a)、(b) 所示。在一些情况下也用喷雾塔、鼓泡塔和降膜塔。

填料塔内的填料为气、液两相接触传质提供分布表面。填料塔内气、液两相的流动方式可分

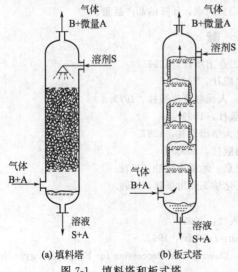

(a) 填料塔　(b) 板式塔

图 7-1　填料塔和板式塔

为逆流与并流，一般采用逆流。对逆流吸收操作，液体在塔顶喷淋分布于填料的表面往下流动，气体则在填料空隙形成的不规则通道中往上流动，气、液两相在塔内连续接触（也称微分接触）中进行着质量的传递，塔内气、液两相的浓度呈连续变化。

板式塔内沿塔高装有若干层塔板。塔体中液体靠重力作用逐板往下流动，并在各板上形成流动的液层，气体则靠压强差推动自下依次穿过塔板上的液层而向上流动。气、液两相在每层塔板上的气液接触鼓泡层中进行着质量的传递，因两相在塔内逐级接触，故两相的组成沿塔高呈阶跃变化。

与吸收相反的过程，即溶质从液相中分离而转移到气相的过程，称为解吸或脱吸。吸收与解吸均是溶质在气、液两相间的传质过程，仅传质的方向不同而已。因此，解吸过程所依据的原理和计算方法与吸收过程类似。

若吸收过程溶质与溶剂不发生显著的化学反应，可视为单纯的气体溶解于液相的过程，称为物理吸收；若溶质与溶剂有显著的化学反应发生，则为化学吸收。用水吸收二氧化碳、用水吸收乙醇或丙醇蒸汽、用洗油吸收芳烃等过程属物理吸收；而用氢氧化钠或碳酸钠溶液吸收二氧化碳、用稀硫酸吸收氨等过程属化学吸收。一般而言，化学反应能大大提高单位体积液体所能吸收的气体量并加快吸收速率。但由于发生了化学反应，溶液解吸再生较难。

若混合气体中只有单一组分被液相吸收，其余组分因溶解度甚小其吸收量可忽略不计，称为单组分吸收；有两个或两个以上组分被吸收则称为多组分吸收。

气体溶解于液体时，通常有溶解热放出。化学吸收时，还会有反应热。因而随着吸收过程的进行，体系的温度会有所变化。体系温度发生明显变化的吸收过程称为非等温吸收；体系温度变化不显著的吸收过程，如混合气体中的溶质含量低、吸收剂用量相对较大时，可视为等温过程，称为等温吸收。

吸收过程的种类、体系多种多样，本章从单组分物理吸收出发，着重讨论其共性的原理及计算。

7.1.3 气体吸收过程的应用

吸收过程在工业中应用十分广泛，按目的主要分为以下几个方面。

① 制取产品 用吸收剂吸收气体中某些组分而获得产品。如硫酸吸收 SO_3 制浓硫酸，水吸收甲醛制福尔马林液，碳化氨水吸收 CO_2 制碳酸氢铵等。

② 分离混合气体 吸收剂选择性地吸收气体中某些组分以达到分离目的。如从焦炉气或城市煤气中分离苯，从乙醇催化裂解气中分离丁二烯等。

③ 气体净化 气体净化可分为两大类，一类是原料气的净化，即除去混合气体中的杂质，如合成氨原料气脱 H_2S、脱 CO_2 等；另一类是尾气处理和废气净化以保护环境，如燃煤锅炉烟气，冶炼废气等脱除 SO_2，硝酸尾气脱除 NO_2 等。

7.1.4 吸收剂的选择

吸收操作中待分离的混合气体是处理对象，吸收剂则根据多种因素进行选择。选择良好的吸收剂对吸收过程至关重要。但受多种因素制约，工业吸收过程吸收剂的选择范围也是很有限的，一般视具体情况按下列原则选择。

① 溶质有较大的溶解度。吸收剂对溶质的溶解度大则吸收剂用量少，有利于吸收剂的再生回收；另一方面溶解度大，吸收传质速率也大，完成一定的传质任务所需设备尺寸较小。

② 良好的选择性。吸收剂应仅对溶质有较大的溶解度，而对混合气体中其余组分溶解度要小，这样混合气体才可能得到有效分离。

③ 稳定不易挥发。吸收剂的化学稳定性越好，则再生循环使用的时间越长；吸收剂不

挥发或少挥发，即在操作温度下吸收剂的蒸气压低，则既可减少吸收剂的损失，也可避免被分离的气体中又混入多余的组分。

④ 黏度低。吸收剂的黏度低，即吸收剂的流动性好，有利于气液接触与分散，提高吸收传质速率。

⑤ 无毒、腐蚀性小、不易燃易爆、价廉等。

7.2 吸收过程的气液平衡关系

7.2.1 气体在液体中的溶解度

物质在相互接触的两相间由一相转移到另一相为相际传质。相际传质过程涉及到物质传递的方向、限度和推动力大小的问题。相平衡关系是分析、判断相间传质问题的一个重要依据，在吸收剂的选择和传质过程及设备的计算中不可缺少。

对单组分物理吸收，气、液两相体系是由溶质 A、惰性组分 B 和溶剂 S 三个组分构成，体系的变量有四个，即温度、压力、气相组成和液相组成。根据物理化学中相律的规则可知，该气、液体系其自由度为 3，即在上述四个变量中，有三个独立变量。因此在温度和压力一定的条件下，平衡时的气、液相组成具有一一对应关系。平衡状态下溶质在气相中的分压称为平衡分压或饱和分压，与之对应的液相浓度称为平衡浓度或称为气体在液体中的溶解度。图 7-2 和图 7-3 分别给出了气压不是很高时，不同温度下 NH_3 和 SO_2 在水中的溶解度与其气相分压之间的关系，即溶解度曲线。

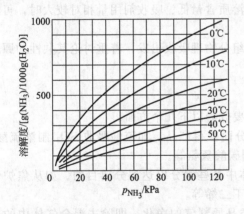

图 7-2　氨在水中的溶解度

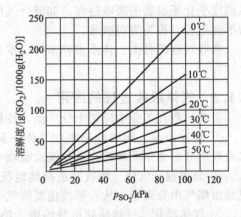

图 7-3　二氧化硫在水中的溶解度

对比图 7-2 与图 7-3，可看出 NH_3 和 SO_2 在水中的溶解度相差较大。例如在 30℃下，溶质的分压同为 40kPa 时，NH_3 和 SO_2 在 1kg 水中的饱和溶解质量分别为 220g 和 35g。显然，在此相同条件下，NH_3 在水中的溶解度较 SO_2 大得多。因此，用水作吸收剂时，通常称 NH_3 为易溶气体，SO_2 为中等溶解气体，而溶解度远远较之为小的气体则为难溶气体（如 O_2 在上述相同条件下，1kg 水中溶解的质量仅为 0.014g）。吸收正是利用了在同一种吸收剂（溶剂）中不同溶质溶解度的差异得以使混合气体分离。

对一定的气、液两相物系，在一定总压下，温度升高，平衡曲线变陡，即在同一气相溶质分压下，气体在液体中的溶解度随温度升高而减小；总压增加，溶质在气相中的分压相应增加，溶解度增大。

由上述讨论可知，气、液相平衡数据（溶解度数据）是吸收剂选择的基本依据，而溶解度随温度、压力改变的关系，则对吸收过程操作条件的确定有着指导作用。显然，采用溶解度大、选择性好的溶剂，以及降低操作温度、提高操作压强，都对吸收有利。

7.2.2 亨利定律

已知表征气、液两相平衡关系的溶解度曲线随物系的温度及压强不同而异。但当总压不太高时，一定温度下的稀溶液的溶解度曲线几乎都近似为一直线，即溶质在液相中的溶解度与其在气相中的分压成正比。这一关系称为亨利定律，其数学表达式为

$$p_A^* = Ex_A \tag{7-1}$$

式中，p_A^* 为溶质在气相中的平衡分压，kPa；x_A 为溶质在液相中的摩尔分数；E 为亨利系数，kPa。

亨利系数的值随物系的特性及温度而异。物系一定，E 值一般随温度的上升而增大。E 值的大小代表了气体在该溶剂中溶解的难易程度。在同一种溶剂中，难溶气体 E 值很大，易溶气体 E 值则很小。E 的单位与气相分压的压强单位一致。附录 16 列出了某些气体-水溶液物系的亨利系数。

亨利定律也可用其他组成表示法表示，常用的形式有

$$y_A^* = mx_A \tag{7-2}$$

$$p_A^* = \frac{1}{H}c_A \tag{7-3}$$

式中，y_A^* 为与浓度为 x_A 的液相成平衡的气相中溶质的摩尔分数；c_A 为溶质在液相中的摩尔浓度，$kmol/m^3$；m 为相平衡常数；H 为溶解度系数，$kmol/(m^3 \cdot kPa)$。

将浓度换算式 $p_A = py$ 和 $x_A = c_A/c_m$ 分别代入式(7-1)，并分别与式(7-2)、式(7-3) 比较，可导出三个比例系数之间的关系，即

$$m = \frac{E}{p}, \qquad H = \frac{c_m}{E}$$

式中，p 为系统总压，kPa；c_m 为溶液的总浓度，$kmol/m^3$。对于稀溶液，因溶质的浓度很小，因此 $c_m \approx \rho/M_s$，其中 ρ 为溶剂的密度，M_s 为溶剂的摩尔质量。

由以上几个不同形式的亨利定律表达式可看出，E、m 值越大或 H 值越小，它们表示的相平衡关系直线则越陡，表明溶质的溶解度越小，气体越难溶；而 E、m 值越小或 H 值越大，所表示的相平衡关系直线则越平，表明溶质的溶解度越大，气体越易溶。

在低浓度气体吸收计算中，通常采用基准不变的比摩尔分数 Y（或 X）表示

$$Y_A = \frac{\text{气相中溶质 A 的物质的量}}{\text{气相中惰性气体 B 的物质的量}} = \frac{y_A}{1-y_A} \tag{7-4}$$

$$X_A = \frac{\text{液相中溶质 A 的物质的量}}{\text{液相中溶剂 S 的物质的量}} = \frac{x_A}{1-x_A} \tag{7-5}$$

显然 $y_A = Y_A/(1+Y_A)$，$x_A = X_A/(1+X_A)$。

将上两式代入式(7-2)，经整理得比摩尔分数表示的相平衡关系

$$Y_A^* = \frac{mX_A}{1+(1-m)X_A} \tag{7-6}$$

式中，X_A 为溶质在液相中的比摩尔分数；Y_A^* 为与组成为 X_A 的液相呈平衡的气相中溶质的比摩尔分数。

当 m 趋近 1 或当 X_A 很小时，式(7-6) 可近似写为

$$Y_A^* = mX_A \tag{7-7}$$

【例 7-1】 总压 101.3kPa，温度 25℃ 下的 H_2S-水相平衡数据列于【例 7-1】附表第 1、2 列中。试根据此数据作出总压在 101.3kPa 和 303.9kPa 下的 x-y 相平衡关系曲线，并计算气相组成 $y = 0.08$ 时，两总压下所对应的液相平衡组成。

解： 由下式将【例 7-1】附表第 1 列的 H_2S 在水中的溶解度换算为摩尔分数 x

$$x = \frac{a/34}{a/34 + 100/18}$$

式中，34（kg/kmol）为 H_2S 的摩尔质量。其换算结果列入【例 7-1】附表第 3 列。

因总压较低时，由分压 p_A 表示气相组成的相平衡关系可认为与总压无关，所以两总压下的以摩尔分数 y 表示的气相平衡浓度均可由第 2 列的平衡分压 p_A^* 通过 $y^* = p_A^*/p$ 换算。所得数据列入附表第 4、5 列。根据气、液平衡组成 y^*-x 作图得 25℃下 H_2S-水的平衡曲线，如【例 7-1】附图所示。

【例 7-1】附表　25℃下 H_2S-水的平衡组成

a /(g/100g H_2O)	p_A^* /kPa	x	y^*	
			$p = 101.3$kPa	$p = 303.9$kPa
0.05	14.608	0.000265	0.1442	0.0481
0.08	23.369	0.000423	0.2307	0.0769
0.15	43.801	0.000793	0.4324	0.1441
0.20	58.385	0.001058	0.5764	0.1921
0.30	87.532	0.001586	0.8641	0.2880

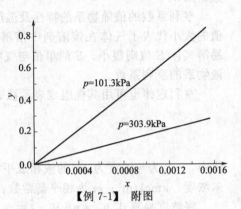

【例 7-1】附图

当气相组成为 $y = 0.08$ 时，由附图查得 $p = 101.3$kPa 时，$x^* = 1.470 \times 10^{-4}$；$p = 303.9$kPa 时，$x^* = 4.401 \times 10^{-4}$。

7.2.3　气液相际传质过程的方向、限度及推动力

（1）传质过程的方向

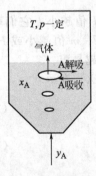

图 7-4　气液相际传质过程

将溶质 A 的浓度为 y_A 的混合气体鼓泡通过溶质 A 的浓度为 x_A 的吸收剂液层，如图 7-4 所示。在一定的温度、压力下，若溶质 A 在气、液两相中的实际浓度分别如图 7-5 中 P、Q、R 点所示，当气、液两相接触时，这三种不同情况下溶质 A 是由液相向气相转移，还是由气相向液相转移，这就是气、液相际传质过程的方向问题。未达平衡的两相体系发生质量传递时，其结果总是使体系趋于平衡，即传质的方向应是使体系向平衡转化的方向。因此，只需将气相或液相的实际浓度（y_A 或 x_A）与对应的相平衡浓度（x_A^* 或 y_A^*）相比较，就可判断传质方向。以图 7-5 中的 P、Q、R 点为例进行分析。首先由相平衡曲线（或相平衡关系式）得到各点处与液相浓度 x_A 平衡的气相浓度 y_A^* 或者与气相浓度 y_A 平衡的液相浓度 x_A^*，然后进行比较判断。

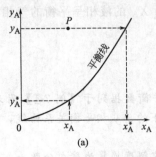

(a)

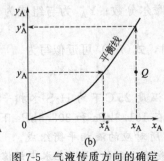

(b)

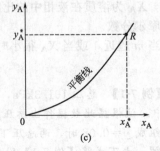

(c)

图 7-5　气液传质方向的确定

① 图 7-5(a) 中 P 点：$y_A > y_A^*$　吸收过程，溶质 A 由气相向液相转移。这是因为相对于液相浓度 x_A 而言气相浓度为过饱和。同样可由液相判断，此状况下，$x_A < x_A^*$，即相对于气相浓度 y 而言，实际液相浓度欠饱和，故液相有吸收溶质 A 的能力。

② 图 7-5(b) 中 Q 点：$y_A < y_A^*$　解吸过程，溶质 A 由液相向气相转移。这是因为相对于液相浓度 x_A 而言，气相未饱和；换言之，相对于气相浓度 y_A，液相浓度 x_A 为过饱和，即 $x_A > x_A^*$，所以解吸发生。

③ 图 7-5(c) 中 R 点：$y_A = y_A^*$，$x_A = x_A^*$　两相的实际浓度恰好等于两相相互平衡的浓度，宏观上传质终止。

由上述分析可知，平衡线是一条重要的分界线。平衡线以上区域为吸收发生区；而平衡线以下的区域则为解吸发生区。

（2）传质过程的限度

由图 7-5(a) 可见，对吸收而言，若保持液相浓度 x_A 不变，气相浓度 y_A 最低只能降到与之相平衡的浓度 y_A^*，即 $y_{min} = y_A^*$；若保持气相浓度 y_A 不变，液相浓度 x_A 最高也只能升高到与气相浓度 y_A 相平衡的浓度 x_A^*，即 $x_{max} = x_A^*$。同理对图 7-5(b) 所示的解吸过程，气相可达的最大浓度或液相可达的最小浓度同样均受制于与之对应的气、液相平衡浓度。因此，相际传质过程的限度为两相达平衡。

（3）传质过程的推动力

显而易见，只有未达平衡的两相接触时才会发生相际间的传质（吸收或解吸），且两相浓度离平衡浓度越远，传质过程进行越快，这意味着过程的传质推动力越大。所以用气相或液相浓度远离平衡的程度如 $(y_A - y_A^*)$ 或 $(x_A^* - x_A)$ 来表征气液相际传质过程的推动力。$(y_A - y_A^*)$ 是以气相摩尔分数差表示的吸收传质推动力，$(x_A^* - x_A)$ 则是以液相摩尔分数差表示的吸收传质推动力。

同理，以气相或液相摩尔分数表示的解吸传质推动力则为 $(y_A^* - y_A)$ 或 $(x_A - x_A^*)$。相际传质推动力虽以气相或液相为基准表达，但任一表达形式与两相浓度均有关，相平衡关系即可看作两相浓度的"折算"关系。

【例 7-2】 溶质 A 含量为 6％（体积分数）的某混合气体，与溶质 A 含量为 0.012（摩尔分数）的水溶液相接触，已知该气-液系统的相平衡关系为 $Y^* = 2.25X$。(1) 试判断传质进行的方向；(2) 计算该过程的传质推动力。

解： 已知：$y = 0.06$ kmolA/kmol (A+B)　　$x = 0.012$ kmolA/kmol（水+A）

（1）据题意　$Y = \dfrac{y}{1-y} = \dfrac{0.06}{1-0.06} = 0.0638$ kmolA/kmolB

当 $X = \dfrac{x}{1-x} = \dfrac{0.012}{1-0.012} = 0.0121$ kmolA/koml 水时，

$Y^* = 2.52X = 2.52 \times 0.012 = 0.0302$ kmolA/kmolB

可见 $Y > Y^*$，为吸收过程即溶质 A 由气相转移到液相。

同理可用液相浓度来判断，即当 $Y = 0.0638$ 时

$$X^* = \frac{Y}{2.52} = \frac{0.0638}{2.52} = 0.0249 \text{ kmolA/kmol 水}$$

可见 $X^* > X$，吸收过程发生。

（2）传质推动力

以气相浓度差表示：$\Delta Y = Y - Y^* = 0.0638 - 0.0302 = 0.0336$

以液相浓度差表示：$\Delta X = X^* - X = 0.0249 - 0.012 = 0.0129$

7.3 扩散与相内传质

吸收过程是溶质由气相向液相转移的相际传质过程，这个过程的进行可分为三个步骤：

① 溶质由气相主体扩散至气、液两相界面的气相一侧，即气相内传质；

② 溶质在界面上溶解，即通过界面的传质；

③ 溶质由相界面的液相一侧扩散至液相主体，即液相内传质。

由此可见，相际传质与单相即相内传质密不可分，研究单相内传质速率是解决相际传质速率的基础。

7.3.1 相内物质的分子扩散

7.3.1.1 费克定律

流体内质量的传递过程主要依靠物质的扩散作用，因此质量的传递过程也称扩散过程。扩散的方式可分为分子扩散和涡流扩散两类。在扩散方向上没有流体质点的宏观混合（如在静止或层流流动的流体中），扩散只依靠分子的无规热运动来进行，由此产生的扩散称为分子扩散。在湍流流体中，流体质点的湍动将引起各部位流体间的相互掺混，这种依靠流体质点的无规运动来进行的扩散称为涡流扩散。

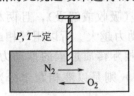

图 7-6　分子扩散过程

如图 7-6 所示，用一隔板将容器分为两个室，两室中分别充入温度及压力相等的 N_2 和 O_2。当隔板抽出后，由于气体分子的无规热运动，左室中的 N_2 分子往右室扩散，而右室中的 O_2 分子往左室扩散，其结果表现为右室 N_2 的浓度逐步加大，左室 O_2 的浓度逐步加大，即宏观上两种物质各自沿其浓度降低的方向扩散直到各处 N_2、O_2 浓度相等为止，此传质过程即为在浓度差推动下的分子扩散过程。如对该系统加以快速搅拌，则涡流扩散与分子扩散并存，扩散速率将大大提高。

一维稳定分子扩散是最为基本的扩散传质问题，它看似简单，却因包含了传质问题的基本概念与基本分析方法而具有典型意义。对一定压力、温度下的常物性 A、B 两组分构成的体系，其一维稳态分子的扩散通量可表达为如下简洁的形式，即对于组分 A

$$J_A = -D_{AB} \frac{\mathrm{d}c_A}{\mathrm{d}z} \tag{7-8}$$

式中，J_A 为组分 A 的摩尔扩散通量，$\mathrm{kmol/(m^2 \cdot s)}$；$D_{AB}$ 称为组分 A 在 A、B 两组分混合物中扩散时的扩散系数，单位为 $\mathrm{m^2/s}$；$\mathrm{d}c_A/\mathrm{d}z$ 为在扩散方向 z 上组分 A 的物质的量浓度梯度，亦为组分 A 的扩散推动力。式中负号表示扩散向着浓度降低的方向进行。

式(7-8) 称为费克定律。显然，对于组分 B 费克定律也成立。费克定律与牛顿黏性定律、傅立叶热传导定律构成了表征流体中质量传递、动量传递、热量传递的三大基本定律。

对于两组分混合物扩散体系，若在扩散方向 z 的任意位置处其物质的量总浓度 c_m 均相等，即 $c_A + c_B = c_m =$ 常数，则

$$J_A = -J_B \tag{7-9}$$

又因

$$\frac{\mathrm{d}c_A}{\mathrm{d}z} = \frac{\mathrm{d}(c_m - c_B)}{\mathrm{d}z} = -\frac{\mathrm{d}c_B}{\mathrm{d}z} \tag{7-10}$$

从而可证得

$$D_{AB} = D_{BA} \tag{7-11}$$

上式表明，组分 A 在 A、B 两组分体系中的扩散系数等于组分 B 在该体系中的扩散系数。

7.3.1.2 总体流动对传质的影响

多组分流体内部的浓度差或浓度梯度是组分发生相内质量扩散的推动力。此外流体还可因受到其他的推动力（如总压差）而发生整体在质量扩散方向上的宏观运动，这种流动称为总体流动。吸收就是典型例子。

如图 7-7 所示，由溶质 A、惰性组分 B 以及溶剂 S 三个组分构成的吸收体系，若惰性组分 B 的溶解量和溶剂 S 的汽化量均可忽略不计，那么，在传质方向上净的结果是溶质 A 由气体主体扩散至气液相界面溶解于液体中并扩散至液体主体，惰性组分 B 与溶剂 S 没有净的传质，相当于溶质 A 在气相通过一停滞的 B 组分层扩散，在液相通过一停滞的 S 组分层扩散。以气相为例分析，在气液界面处溶质 A 被溶解进入液体，溶质 A 在气体主体至界面出现浓度差并在此推动下由气体主体向界面扩散，与此同时惰性组分 B 在界面至气体主体出现了与溶质 A 逆向的浓度差，这样惰性组分 B 等物质的量反方向的由界面向气体主体扩散。显然，溶质 A 在界面的溶解和惰性组分 B 的反向扩散将导致界面处气相变得稀薄，造成传质方向由主体至界面

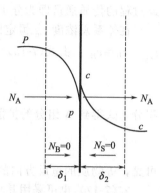

图 7-7 吸收过程中
溶质 A 的单向扩散

的微小总压差，从而引起气相整体由主体向界面的宏观流动，即总体流动。

上述例子说明，总体流动的存在对组分的质量扩散有增强作用。因此，当多组分的流体中有浓度梯度时，各组分的实际传质通量可由两部分组成，其一是在浓度梯度推动下的分子扩散通量，其二是流体在传质方向上总体流动形成的通量。对 A、B 两组分体系

$$N_A = J_A + N x_A \qquad (7\text{-}12)$$

上式即为稳态、一维分子扩散过程组分 A 的传质微分方程，亦称组分 A 的分子扩散速率方程。式中，N_A 为组分 A 的摩尔传质通量，$kmol/(m^2 \cdot s)$；J_A 为组分 A 的摩尔扩散通量，$kmol/(m^2 \cdot s)$；N 为流体的总体流动通量，$kmol/(m^2 \cdot s)$；x_A 为组分 A 的摩尔分数。

同理

$$N_B = J_B + N x_B \qquad (7\text{-}13)$$

式中各项具有与式(7-12) 相对应的意义。

对稳定的分子扩散过程，在扩散方向 z 的任意位置处 $x_A + x_B = 1$，并且 $J_A = -J_B$，所以由式(7-12) 和式(7-13) 可得

$$N = N_A + N_B \qquad (7\text{-}14)$$

可见，由于传质通量中的分子扩散通量部分相互抵消，流体的总体流动通量等于两个组分的传质通量之和。

7.3.1.3 稳定分子扩散的计算

等物质的量反方向分子扩散和组分 A 通过停滞组分 B 的分子扩散是典型的两种分子扩散类型，下面对其进行讨论求解。

(1) 等物质的量反方向分子扩散

如图 7-6 所示，当温度与压强均相同的 A、B 两种气体在浓度梯度的推动下相互扩散时，由于体系中任何一点处总的物质的量浓度 c_m 保持不变，故 A、B 两种气体分子等物质的量反方向扩散，其特征是垂直于扩散方向的任一截面上两组分摩尔传质通量满足 $N_A = -N_B$。

显然，总摩尔通量 $N = N_A + N_B = 0$，即无总体流动。例如摩尔汽化潜热相等的两组分混合物蒸馏时，气液界面附近传质过程即可视为等物质的量反方向分子扩散。如图 7-8 所示，1mol 的 B 分子由汽相主体通过液面上假想厚度为 δ 的气膜扩散到液相表面冷凝，放出的热量正好使 1mol 的 A 分子汽化并反方向通过气膜扩散到气相主体之中，气膜内总体摩尔

流率等于零。

① 扩散通量表达式　以 A 组分为例，等物质的量反方向分子扩散时，由式(7-12) 可得

$$N_A = J_A = -D_{AB}\frac{dc_A}{dz} \qquad (7-15)$$

此过程的传质通量即为分子扩散通量。

在体系总浓度 c_m 恒定的条件下，设 $z=0$ 的截面处，$c_A=c_{A_0}$，$c_B=c_{B_0}$；$z=\delta$ 处，$c_A=c_{A_\delta}$，$c_B=c_{B_\delta}$。由式(7-15) 可得

$$N_A\int_0^\delta dz = -D_{AB}\int_{c_{A_0}}^{c_{A_\delta}} dc_A \qquad (7-16)$$

积分上式得到 A 组分的扩散通量表达式

$$N_A = J_A = \frac{D_{AB}}{\delta}(c_{A_0}-c_{A_\delta}) \qquad (7-17)$$

可见，等物质的量反方向的分子扩散通量正比于扩散推动力即浓度差，反比于扩散距离。

式(7-17) 也可采用其他形式的浓度表示法，如利用 $c_A=c_m x_A$ 的换算关系

$$N_A = J_A = \frac{D_{AB}c_m}{\delta}(x_{A_0}-x_{A_\delta}) \qquad (7-18)$$

对于气相而言，如果可视为理想气体，则 $c_A=\dfrac{p_A}{RT}$，代入式(7-17) 可得

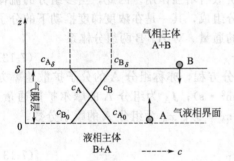

图 7-8　等物质的量反方向分子扩散

$$N_A = J_A = \frac{D_{AB}}{RT\delta}(p_{A_0}-p_{A_\delta}) \qquad (7-19)$$

② 浓度分布式　若在 $z=0$ 与任意截面 $z=z$ 之间积分式(7-16)，则

$$c_A = c_{A_0} - \frac{N_A}{D_{AB}}z \qquad (7-20)$$

或将式(7-17) 代入

$$c_A = c_{A_0} - \frac{z}{\delta}(c_{A_0}-c_{A_\delta}) \qquad (7-21)$$

与之相对应组分 B 的浓度为 $c_B=c_m-c_A$。等物质的量反方向分子扩散 A 与 B 两组分的浓度分布如图 7-8 所示，可见二者均为直线，c_A 随扩散距离 z 的增加而下降，c_B 则反之。

【例 7-3】　NH_3 和 N_2 在一等径圆管两端相互扩散，管内温度均匀为 25℃，总压恒定为 1×10^5 Pa。在端点 1 处，$p_1(NH_3)=2\times10^4$ Pa，在端点 2 处，$p_2(NH_3)=1\times10^4$ Pa，1、2 两点距离 0.1m。已知 NH_3-N_2 的扩散系数 $D=2.36\times10^{-5}$ m^2/s。试求 N_2 的传质通量（NH_3 和 N_2 可视为理想气体）。

解：由于管内温度、压力均匀，因此若有 1mol 的 N_2 从点 1 扩散到点 2，则必有 1mol 的 NH_3 从点 2 扩散到点 1。此题属于等物质的量反向扩散，在 1、2 两端点处 N_2 分压为

$$p_{N_2,1} = P - p_{NH_3,1} = 1\times10^5 - 2\times10^4 = 8\times10^4 \text{Pa}$$

$$p_{N_2,2} = P - p_{NH_3,2} = 1\times10^5 - 1\times10^4 = 9\times10^4 \text{Pa}$$

在本题条件下 NH_3 和 N_2 均可视为理想气体，因此由式(7-19) 可得

$$N_{N_2} = \frac{D(p_{N_2,1}-p_{N_2,2})}{RT(z_1-z_2)} = \frac{2.36\times10^{-5}(9\times10^4-8\times10^4)}{8314\times(273+25)\times0.1} = 9.538\times10^{-4} \text{kmol/(m}^2\cdot\text{s)}$$

(2) 组分 A 通过停滞组分 B 的分子扩散

　　通过停滞组分 B 的分子扩散，也称为单向扩散。如图 7-9(a) 所示，干燥气流 B 从盛有液体 A 的管口稳定流过，设气体 B 不溶于液体 A。在恒温、恒压条件下，液体 A 以稳定的速率从液面蒸发并通过停滞于管内的气体 B 向上扩散至管口后，被流动的干燥气流 B 带走。因此，管内气相空间中的传质为组分 A（蒸汽分子）通过停滞组分 B（气体分子）的扩散。这一过程原

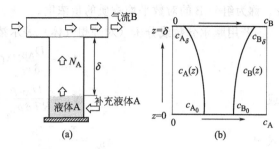

图 7-9　组分 A 通过停滞组分 B 的分子扩散

理被用于气相扩散系数的测定。吸收传质过程也可视为这类扩散过程。

　　① 扩散通量表达式　由以上举例分析可知，当组分 A 通过停滞组分 B 进行扩散时，其特征是在垂直于扩散方向的任一截面上，组分 B 的摩尔传质通量 $N_B = 0$，因此总的传质通量 $N = N_A + N_B = N_A$。

　　对组分 A，由式(7-12)

$$N_A = J_A + x_A N_A = -D_{AB}\frac{dc_A}{dz} + \frac{c_A}{c_m}N_A \tag{7-22}$$

上式表明，通过停滞组分 B 扩散时，组分 A 的传质通量由浓度梯度推动下的分子扩散通量 J_A 与总体流动引起的通量 $x_A N_A$ 两部分组成。

　　对组分 B，由式(7-13) $N_B = J_B + x_B N_A = 0$，即

$$-J_B = x_B N_A \tag{7-23}$$

上式说明，组分 B 的分子扩散通量 J_B 与该组分的总体流动通量 $x_B N_A$ 大小相等、方向相反，因此宏观上表现为停滞不动。

　　由式(7-22)，对组分 A

$$N_A = -\frac{D_{AB}c_m}{c_m - c_A} \times \frac{dc_A}{dz} \tag{7-24}$$

　　在体系总浓度 c_m 恒定的条件下，设图 7-9(a) 所示气相在气液界面处 $z=0$ 的截面处，$c_A = c_{A_0}$，$c_B = c_{B_0}$；管口处 $z = \delta$，$c_A = c_{A_\delta}$，$c_B = c_{B_\delta}$。由式(7-24) 可得

$$N_A \int_0^\delta dz = -D_{AB}\int_{c_{A_0}}^{c_{A_\delta}} \frac{c_m}{c_m - c_A}dc_A \tag{7-25}$$

积分上式得到 A 组分的扩散通量表达式

$$N_A = \frac{D_{AB}c_m}{\delta}\ln\frac{c_m - c_{A_\delta}}{c_m - c_{A_0}} \tag{7-26}$$

根据 $c_A + c_B = c_m$ 的关系

$$\ln\frac{c_m - c_{A_\delta}}{c_m - c_{A_0}} = \ln\frac{c_{B_\delta}}{c_{B_0}} = \frac{c_{B_\delta} - c_{B_0}}{c_{B_\delta} - c_{B_0}}\ln\frac{c_{B_\delta}}{c_{B_0}} = \frac{c_{B_\delta} - c_{B_0}}{c_{B_0}} = \frac{c_{A_0} - c_{A_\delta}}{c_{B_m}} \tag{7-27}$$

将上述变换结果代入式(7-26)

$$N_A = \frac{D_{AB}c_m}{\delta c_{B_m}}(c_{A_0} - c_{A_\delta}) \tag{7-28}$$

式中

$$c_{B_m} = \frac{c_{B_\delta} - c_{B_0}}{\ln\dfrac{c_{B_\delta}}{c_{B_0}}} \tag{7-29}$$

c_{B_m} 称为组分 B 的对数平均物质的量浓度。

若用摩尔分数或分压（对理想气体）表示浓度，则

$$N_A = \frac{D_{AB}c_m}{\delta x_{B_m}}(x_{A_0} - x_{A_\delta}) \tag{7-30}$$

或

$$N_A = \frac{D_{AB}p}{RT\delta p_{B_m}}(p_{A_0} - p_{A_\delta}) \tag{7-31}$$

式中

$$x_{B_m} = \frac{x_{B_\delta} - x_{B_0}}{\ln \dfrac{x_{B_\delta}}{x_{B_0}}}, \qquad p_{B_m} = \frac{p_{B_\delta} - p_{B_0}}{\ln \dfrac{p_{B_\delta}}{p_{B_0}}} \tag{7-32}$$

x_{B_m} 和 p_{B_m} 称为组分 B 的对数平均摩尔分数和对数平均分压。

由式(7-28)、式(7-30) 及式(7-31) 可见，组分 A 通过停滞组分 B 的扩散传质通量也正比于浓度差，反比于扩散距离。将此三个传质通量式与等物质的量反方向的扩散传质通量式(7-17)、式(7-18) 及式(7-19) 进行比较，可得

$$N_A = J_A \frac{c_m}{c_{B_m}} = J_A \frac{1}{x_{B_m}} = J_A \frac{p}{p_{B_m}} \tag{7-33}$$

式中，J_A 为分子扩散通量；c/c_{B_m}、$1/x_{B_m}$ 和 p/p_{B_m} 通称为"漂流因子"，反映总体流动对传质速率的影响，其值均大于 1，因此有总体流动时传质通量将得到增强。

② 浓度分布式　若在 $z=0$ 到任意截面 $z=z$ 之间积分式(7-25)，则

$$N_A = \frac{D_{AB}c_m}{z} \ln \frac{c_m - c_A}{c_m - c_{A_0}} \tag{7-34}$$

将式(7-28) 代入上式，解出组分 A 的浓度分布函数

$$\frac{c_m - c_A}{c_m - c_{A_0}} = \left(\frac{c_m - c_{A_\delta}}{c_m - c_{A_0}}\right)^{z/\delta} \tag{7-35}$$

根据 $c_m = c_A + c_B$ 的关系，可以画出 c_A 和 c_B 沿传质方向的分布，如图 7-9(b) 所示。

【例 7-4】　某一直立的细管底部装有少量的水，水在 298K 的恒温下向温度相同、总压为 100kPa 的干空气中蒸发，管内水面到管顶部的距离为 0.2m。在 100kPa、298K 下，水蒸气在空气中的扩散系数为 $0.27 \times 10^{-4} \, \mathrm{m^2/s}$。水在 298K 时饱和蒸气压为 3.17kPa。试计算稳态扩散时水蒸气的传质通量。

解：本题为组分 A（水蒸气）通过停滞组分 B（干空气）的稳态扩散问题。

设水面处，$z=z_1=0\mathrm{m}$，p_{A_1} 等于水在 298K 下的饱和蒸气压，即 $p_{A_1}=3.17\mathrm{kPa}$；

在管顶部，$z=z_2=0.2\mathrm{m}$，p_{A_2} 可视为 0，即 $p_{A_2}=0\mathrm{kPa}$。

因此　　　$p_{B_1} = p - p_{A_1} = 100 - 3.17 = 96.83\mathrm{kPa}$，　　$p_{B_2} = p - p_{A_2} = 100 - 0 = 100\mathrm{kPa}$

$$p_{B_m} = \frac{p_{B_2} - p_{B_1}}{\ln \dfrac{p_{B_2}}{p_{B_1}}} = \frac{100 - 96.83}{\ln \dfrac{100}{96.83}} = 98.41\mathrm{kPa}$$

由式(7-31)，水蒸气的传质通量

$$N_A = \frac{D_{AB}p}{RT(z_2-z_1)p_{B_m}}(p_{A_1} - p_{A_2}) = \frac{0.27 \times 10^{-4} \times 100}{8.314 \times 298 \times 0.2 \times 98.41} \times 3.17 = 1.755 \times 10^{-7} \, \mathrm{kmol/(m^2 \cdot s)}$$

7.3.2　分子扩散系数

分子扩散系数（或简称扩散系数）是物系内部分子质量扩散的表征，它是物系的物性常数之一，也是分子扩散通量计算的关键所在。质量扩散在气体、液体和固体物质中皆可发

生，但机理各有不同，因此气体、液体和固体中的分子扩散系数也各有其特征。基于费克定律，物质的扩散系数可由实验较为准确的测定，也可由一些经验公式估算。常见物质的扩散系数可在相关的手册中查到。

7.3.2.1　气相扩散系数

以层流状态下气体分子扩散模型为基础，赫虚范特（Hirschfelder）等人结合实验研究结果导出了用于计算低压下二元气体混合物相互扩散系数的关系式

$$D_{AB} = \frac{1.8825 \times 10^{-7}}{p \sigma_{AB}^2 \Omega_D} T^{3/2} \sqrt{\frac{1}{M_A} + \frac{1}{M_B}} \tag{7-36}$$

其中　　　　$\sigma_{AB} = \frac{1}{2}(\sigma_A + \sigma_B)$,　　$\Omega_D = f\left(\frac{kT}{\varepsilon_{AB}}\right)$,　　$\frac{\varepsilon_{AB}}{k} = \left(\frac{\varepsilon_A}{k} \times \frac{\varepsilon_B}{k}\right)^{1/2}$

式中，p 为绝对压强，kPa；T 为热力学温度，K；M_A、M_B 为组分 A、B 的摩尔质量，kg/kmol；σ_{AB} 为平均碰撞直径，nm；σ_A、σ_B 分别为 A、B 分子的碰撞直径，nm；Ω_D 为分子扩散的碰撞积分；k 为玻耳兹曼（Boltzmann）常数（$= 1.3806 \times 10^{-23}$ J/K）；ε_{AB} 为 A、B 分子间作用的能量，J；ε_A、ε_B 为 A、B 分子的势常数，J。

碰撞积分 Ω_D 代表了将具有相互作用的气体分子视为刚性小球所产生的偏差，对于分子间无相互作用的气体，其值为 1.0。某些纯物质的 ε/k 和 σ 值可由相关的物理手册查得。

研究表明，式(7-36)用于非极性二元混合气体扩散系数的计算具有很高的精度，其偏差在 6% 以内。若忽略温度对碰撞积分 Ω_D 的影响，则由式(7-36)不难推出气体扩散系数与温度、压强的关系为

$$D_{AB} = D_{AB_0} \left(\frac{T}{T_0}\right)^{3/2} \left(\frac{p_0}{p}\right) \tag{7-37}$$

式中，D_{AB} 为温度 T、压力 p 下的扩散系数，m²/s；D_{AB_0} 为温度 T_0、压力 p_0 下的扩散系数，m²/s。

气体扩散系数在低压下与浓度无关，其值一般在 $0.1 \times 10^{-4} \sim 1.0 \times 10^{-4}$ m²/s 范围。某些双组分气体混合物的扩散系数实验值列于附录 17（1）。

7.3.2.2　液相扩散系数

在稀溶液中，当大分子的溶质 A 在小分子的溶剂 B 中扩散时，假定溶质分子 A 为刚性小球，且在溶液中的缓慢运动服从斯托克斯（Stokes）阻力定律，则可导出斯托克斯-爱因斯坦（Stokes-Einstein）扩散系数公式

$$D_{AB} = \frac{kT}{6\pi \mu_B r_A} \tag{7-38}$$

式中，r_A 为溶质 A 分子的半径，m；μ_B 为溶剂 B 的黏度，Pa·s；k 为玻耳兹曼常数（$= 1.3806 \times 10^{-23}$ J/K）；T 为热力学温度，K。

溶质在液体中的扩散不仅与物质的种类、温度有关，且随溶质的浓度及其与溶剂分子的缔合作用而改变，因此溶质扩散理论至今尚不成熟，扩散系数的计算目前仍主要采用半经验方法。

溶质在液体中的扩散系数，一般在 $10^{-10} \sim 10^{-9}$ m²/s 范围，比在气体中的扩散系数小 4～5 个数量级。这是因为液体分子之间距离较小、分子间的作用力较大而使分子扩散受到更大的限制。某些稀溶液物系的液相扩散系数列于附录 17（2）。

7.3.2.3　固体中的扩散

固体中的质量扩散可分为服从费克定律的分子扩散和多孔介质中的扩散两大类。

服从费克定律的分子扩散是指物质溶解在固体中并通过所形成的固体溶液的扩散，它与固体内部的多孔结构无关。此扩散方式与物质在液体内的扩散是相似的，因此忽略总体流动时，

稳态下的扩散过程同样可由费克定律表达。某些物系的扩散系数实验值列于附录17（3），其值一般在 $10^{-14} \sim 10^{-9} \, m^2/s$ 范围，比液相体系的扩散系数又要小几个数量级。此类固体溶液中的扩散传质在工程上应用十分广泛，例如溶解-扩散的膜分离过程、用溶剂（包括超临界流体）浸沥或萃取固体中的有效成分、生物制品脱水以及用高温气体处理金属材料等过程。

7.3.3 单相对流传质机理与传质速率方程

绝大部分工程传质问题都在对流条件下进行，如蒸馏、吸收、萃取、干燥、吸附等传质单元操作，下面在扩散传质的基础上讨论其对流传质。

与对流传热相似，对流传质通常也是相对于一个相界面进行的，包括流体与固体壁面间的传质和流体与流体间的传质，即气-固、液-固、气-液、液-液之间均可形成传质相界面。下面以有固定相界面的流体与固体表面对流传质为例，讨论对流传质的基本概念与分析方法。实验室中常使用空气与固态萘制作的圆管构成这样的实验研究体系。

7.3.3.1 对流传质的机理

当流体层流流过固体壁面时，在壁面至流体主体即传质方向上不存在流体质点的宏观运动与混合，质量传递的方式为分子扩散。

当流体以湍流流过固体壁面时，从流体内部的流动结构分析可知，在流体主体至紧邻壁面流体间存在不同流型的区域，即流体主体的湍流区、靠近壁面的层流内层区以及介于两者间的过渡区。湍流区域由于流体的湍动与旋涡的作用，动量快速交换，速度分布平坦梯度很小，而流体的质量交换与动量交换同步进行，因此该区域浓度梯度同样也会很小。这个区域依靠涡流扩散，质量传递速度很快，为湍流的对流传质核心区。靠近壁面处的层流内层区受固体壁面的影响，流体速度陡降为零，速度梯度很大，同理浓度梯度也会很大。层流内层区域的质量传递与动量、热量传递一样依赖于分子扩散，由于分子扩散的强度远不如涡流扩散，因此层流内层的传质阻力远大于湍流核心。所以尽管层流内层很薄，但传质阻力却大，即浓度梯度大。

介于上述二区域之间的过渡层，其分子扩散与涡流扩散的作用处于相当的地位，二者皆不可忽略。

7.3.3.2 传质速率方程

上述分析表明，对于层流传质，其传质速率或通量可用费克定律直接求解。对于湍流传质，费克定律仅适用于层流内层中的分子扩散传质，即壁面处

$$N_A = J_A = -D_{AB} \frac{dc_A}{dz} \Big|_{z=0} \tag{7-39}$$

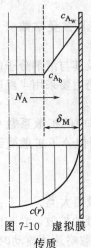

图 7-10 虚拟膜传质

因此，只要准确掌握了流体的浓度分布，对其求导也可得到流体与壁面的传质通量的大小即对流传质速率。然而，流体湍流传质的浓度分布是建立在湍流速度分布上的，获取湍流速度分布已不容易，求其浓度分布则更困难，因此要从理论上求解湍流传质速率难度非常大。对湍流传质问题的研究方法目前主要是在机理分析的基础上提出简化模型，通过实验确定模型参数、关联经验方程。

由上述机理分析可知，湍流时传质阻力主要集中在层流内层之中。由此，假想壁面上有一层当量厚度为 M 的虚拟传质膜层，传质阻力全部集中于该膜层内，膜内浓度呈线性分布，虚拟膜一侧浓度为壁面处的浓度 c_{A_w}，另一侧浓度为流体的平均浓度或称主体浓度 c_{A_b}，如图 7-10 所示。这样，可以将主体流体与壁面的对流传质表达为以扩散形式通过虚拟膜的传质，即按费克定律形式

$$N_A = -D_M \frac{\Delta c_A}{\Delta r} = \frac{D_M}{\delta_M}(c_{A_b} - c_{A_w}) \tag{7-40}$$

式中，D_M 与 δ_M 分别称为虚拟扩散系数和虚拟膜厚。D_M 与 δ_M 不仅与流体的物性有关，还与流体流动的状态有关，均需通过实验确定，因此将其合二为一，即令

$$k_c = \frac{D_M}{\delta_M} \tag{7-41}$$

从而

$$N_A = k_c(c_{A_b} - c_{A_w}) \tag{7-42}$$

上式是对流传质速率计算的基本公式，式中 k_c 称为对流传质膜系数或对流传质分系数，单位为 m/s。对比式(7-39) 与式(7-42) 可得

$$k_c = \frac{N_A}{c_{A_b} - c_{A_w}} = -\frac{D_{AB}}{c_{A_b} - c_{A_w}} \frac{dc_A}{dz}\Big|_{z=0} \tag{7-43}$$

式(7-43) 为 k_c 的定义式。可见，上述通过引入虚拟膜概念，将对流传质速率以唯象方程的简洁形式给予了表述。然而，对流传质系数 k_c 却包含了众多复杂的影响因素，它与流体的物性、流体的浓度分布及流体的速度分布有关，一般情况下都需要通过实验确定。

7.4 相际对流传质

7.4.1 对流传质理论

对工业吸收过程，气、液两相间的传质通常是以涡流扩散为主的对流扩散（分子扩散和涡流扩散的总和）形式进行。涡流扩散极大地影响了气、液相间的传质速率。虽通过引入的虚拟膜概念，将对流传质速率以如式(7-42) 的简洁形式给予了表达，然而，包含了众多复杂的影响因素的对流传质系数 k_c 却不易得到。为解决此问题，不少研究者提出了多种简化和带有各自假设的传质机理模型，在此基础上进行数学描述进而得到传质系数的理论计算式，再由实验结果检验理论计算式的正确性，从而达到从理论上计算传质过程速率的目的。最具代表性的传质模型有以下三个。

7.4.1.1 双膜理论

双膜理论由 W. K. Lewis 和 W. G. Whitman 于 20 世纪 20 年代提出，是最早出现的传质理论。双膜理论的基本论点是：

① 相互接触的两流体间存在着稳定的相界面，界面两侧各存在着一个很薄（等效厚度分别为 δ_1 和 δ_2）的流体膜层，溶质以分子扩散方式通过此两膜层；

② 相界面没有传质阻力，即溶质在相界面处的浓度达两相平衡；

③ 在膜层以外的两相主流区由于流体湍动剧烈，传质速率高，传质阻力可以忽略不计，因此，相际的传质阻力集中在两个膜层内。

双膜理论将两流体相际传质过程简化为经两膜层的稳定分子扩散过程。对吸收过程则为溶质通过气膜和液膜的分子扩散过程，因此两相相内传质速率的表达式与式(7-28)、式(7-31) 完全类似。

按双膜理论传质系数与扩散系数成正比。由此理论所得的传质系数计算式形式简单，但等效膜层厚度 δ_1 和 δ_2 以及界面上浓度 p_i 和 c_i 都难以确定。事实上，双膜理论存在着很大的局限性，例如对具有自由相界面或高度湍动的两流体间的传质体系，相界面是不稳定的，因此界面两侧存在稳定的等效膜层以及物质以分子扩散方式通过此两膜层的假设都难以成立。但此理论提出的双阻力概念，即认为传质阻力集中在相接触的两流体相中，而界面阻力可忽略不计的概念，在传质过程的计算中得到了广泛承认，仍是传质过程及设备设计的依据。本书后续部分也将以此为讨论问题的基础。

7.4.1.2 溶质渗透理论

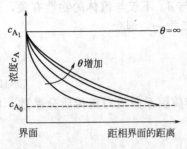

图 7-11 溶质在液相中的浓度分布

工业设备中进行的气液传质过程，相界面上的流体总是不断地与主流混合而暴露出新的接触表面。赫格比（Higbie）认为流体在相界面上暴露的时间很短，溶质不可能在膜内建立起如双膜理论假设的那种稳定的浓度分布，而是如图 7-11 所示，溶质通过分子扩散由表面不断地向主体渗透。每一瞬时均有不同的瞬时浓度分布和与之对应的界面瞬时扩散速率（与界面上的浓度梯度成正比）。流体表面暴露的时间越长，膜内浓度分布曲线就越平缓，界面上溶质扩散速率随之下降，直到时间 θ_C 膜内流体与主流发生一次完全混合而使浓度重新均匀后发生下一轮的表面暴露和膜内扩散。θ_C 称为气、液接触时间或溶质渗透时间，是溶质渗透理论的模型参数，气、液界面上的传质速率应是该时段内的平均值。由该理论解析求得液相传质系数

$$k_c = 2\sqrt{\frac{D_{AB}}{\pi \theta_c}} \tag{7-44}$$

该理论指出传质系数与扩散系数 D_{AB} 的 0.5 次方成正比，比双膜理论更加接近于实验值，表明其对传质机理分析更加接近实际。

7.4.1.3 表面更新理论

丹克瓦茨（Danckwerts）认为不能把气液接触表面连续不断地更新描述为每隔一定的周期 θ_C 才发生一次，而是处于表面的流体单元随时都有可能被更新，并且认为无论其在表面停留时间（龄期）的长短，其被更新的机率相等。引入一个模型参数 S 来表达，定义为任何龄期的流体表面单元在单位时间内被更新的机率，或称更新频率。如前所述，不同龄期的流体单元其表面瞬时传质速率不一样。将龄期从 $0 \to \infty$ 的全部单元的瞬时传质速率加权平均，解析求得传质系数为

$$k_c = \sqrt{S D_{AB}} \tag{7-45}$$

可见，表面更新理论也指出传质系数正比于扩散系数 D_{AB} 的 0.5 次方。与溶质渗透理论使用接触时间 θ_c 作为模型参数不同，表面更新理论的模型参数是表面更新概率 S。尽管还不能对这两个模型参数进行理论预测，因此难以用这两个理论来预测传质系数，但是它们指出了强化传质的方向，即降低接触时间或增加表面更新概率，实际上二者的措施与效果是一致的。

上述三个传质理论在众多的传质学说或模型中最具代表性。但由于流体相际传质的复杂性，因此这些理论虽包含了一些可接受的机理，但仍然不够全面和深入，并且还都包含了难以直接测定的模型参数。传质理论仍在发展之中，目前工程上仍多采用实验的方法测定气-液体系的传质系数。

7.4.2 总吸收速率方程

气体吸收过程的传质速率（即吸收速率）因过程的复杂性一般难以理论求解，但总是遵循传递速率正比于传递推动力，反比于传递阻力这一物理量传递的共性规律。总可以表达为与式(7-42)相同的简单形式，称为气相或液相传质速率方程。对吸收过程而言，也称为气膜或液膜吸收速率方程。对于稳定的吸收过程，根据双膜理论，还可建立相际传质速率方程，即总吸收速率方程。

7.4.2.1 气膜吸收速率方程

吸收过程的气相传质速率方程即气膜吸收速率方程有以下几种常用形式

$$N_A = k_g(p_A - p_i) \tag{7-46}$$

$$N_A = k_y(y - y_i) \tag{7-47}$$

$$N_A = k_Y(Y - Y_i) \tag{7-48}$$

式中，k_g 为以分压差表示推动力的气膜传质系数，$\text{kmol}/(\text{s} \cdot \text{m}^2 \cdot \text{kPa})$；$k_y$ 为以摩尔分数差表示推动力的气膜传质系数，$\text{kmol}/(\text{s} \cdot \text{m}^2)$；$k_Y$ 为以比摩尔分数差表示推动力的气膜传质系数，$\text{kmol}/(\text{s} \cdot \text{m}^2)$；$p_A$、$y$、$Y$ 分别为溶质 A 在气相主体的分压（kPa）、摩尔分数和比摩尔分数；p_i、y_i、Y_i 为溶质 A 在界面气相侧的分压（kPa）、摩尔分数和比摩尔分数。

上述三个气膜吸收速率方程形式虽不同，物理意义却一样，代表了单位时间内通过单位界面面积传递的溶质 A 的量。三个气相传质系数视与之匹配的传质推动力的表达方式而定，其倒数均表达的是气相传质阻力，如 $1/k_g$ 是与气相推动力（$p - p_i$）相对应的气相传质阻力。必须注意，三个气相传质系数不但单位不同，数值也不同，但可根据组成表示法的相互关系进行换算。如当气相总压不很高时，根据 $p_A = py$，有

$$N_A = k_g(p_A - p_i) = k_g p(y - y_i) = k_y(y - y_i)$$

所以

$$k_y = p k_g \tag{7-49}$$

又如由摩尔分数与比摩尔分数的关系，$y = Y/(1 + Y)$ 可导出

$$k_Y = \frac{k_y}{(1 + Y)(1 + Y_i)} \tag{7-50}$$

y 值较小的低浓度吸收时 $k_Y \approx k_y$。

7.4.2.2 液膜吸收速率方程

对应于气膜吸收速率方程，液相的液膜吸收速率方程常用的表达形式也有三种，即

$$N_A = k_c(c_i - c) \tag{7-51}$$

$$N_A = k_x(x_i - x) \tag{7-52}$$

$$N_A = k_X(X_i - X) \tag{7-53}$$

式中，k_c 为以摩尔浓度差表示推动力的液膜传质系数，m/s；k_x 为以摩尔分数差表示推动力的液膜传质系数，$\text{kmol}/(\text{s} \cdot \text{m}^2)$；$k_X$ 为以比摩尔分数差表示推动力的液膜传质系数，$\text{kmol}/(\text{s} \cdot \text{m}^2)$；$c$、$x$、$X$ 分别为溶质 A 在液相主体的物质的量浓度（kmol/m^3）、摩尔分数和比摩尔分数；c_i、x_i、X_i 为溶质 A 在界面液相侧的物质的量浓度（kmol/m^3）、摩尔分数和比摩尔分数。

同样，根据各种表示法的相互关系可推得

$$k_x = c_m k_c \tag{7-54}$$

$$k_X = \frac{k_x}{(1 + X)(1 + X_i)} \tag{7-55}$$

式中，c_m 为液相的总摩尔浓度。液相浓度很低时 $k_X \approx k_x$。

7.4.2.3 相界面的浓度

用相内传质速率方程进行计算需解决相界面浓度。根据双膜理论和稳定吸收过程气、液两相传质速率相等的原则，可对相界面浓度进行估算。以气、液相主体浓度为 y、x 的稳定吸收过程为例，如图 7-12(a) 所示，其吸收速率

$$N_A = k_y(y - y_i) = k_x(x_i - x) \tag{7-56}$$

即

$$\frac{y - y_i}{x - x_i} = -\frac{k_x}{k_y} \tag{7-57}$$

式(7-57) 表明，对一定的气-液吸收体系，当 k_x 和 k_y 为定值时，在直角坐标系中 y_i-x_i 关系是一条过定点（x，y）而斜率为 $-k_x/k_y$ 的直线。

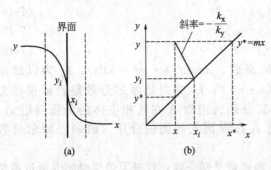

图 7-12 界面浓度的确定

根据双膜理论，界面处气、液两相达平衡，因此 y_i-x_i 应满足相平衡关系。若已知相平衡关系式，以及气、液相传质系数 k_y、k_x，将相平衡关系式与式（7-57）联立，就可求得当气、液相主体摩尔分数为 y、x 时所对应的界面处气、液相摩尔分数 y_i、x_i。

用作图求 y_i、x_i 的方法如图 7-12（b）所示。以 $-k_x/k_y$ 为斜率过点 (x, y) 作直线交于相平衡线，则两条线的交点的坐标即为相界面浓度 y_i、x_i。

7.4.2.4 总吸收速率方程

传递过程的阻力具有加和性。若以双膜理论为依据，则吸收过程的传质总阻力是气相传质阻力与液相传质阻力之和。传质速率也可表示为总的传质推动力与总的传质阻力之比，当相平衡关系为直线时，这一关系可直接由气、液相内传质速率方程导出。下面分别就以气相和液相为基准的情况进行推导、讨论。

（1）**以气相为基准的总吸收速率方程**

对稀溶液，物系服从亨利定律，设相平衡关系为 $y=mx$。由气膜吸收速率方程式（7-47）可得

$$\frac{N_A}{k_y} = (y - y_i) \tag{7-58}$$

根据双膜理论，在相界面两侧的气、液浓度应满足相平衡关系，即 $y_i=mx_i$。将 $x_i=y_i/m$ 和 $x=y^*/m$ 代入液膜吸收速率方程式（7-52），则

$$\frac{N_A m}{k_x} = (y_i - y^*) \tag{7-59}$$

将式（7-58）与式（7-59）等式两边分别相加后，得

$$N_A = \frac{(y - y_i) + (y_i - y^*)}{\frac{1}{k_y} + \frac{m}{k_x}} = \frac{y - y^*}{\frac{1}{k_y} + \frac{m}{k_x}} \tag{7-60}$$

令

$$\frac{1}{K_y} = \frac{1}{k_y} + \frac{m}{k_x} \tag{7-61}$$

$$N_A = \frac{y - y^*}{1/K_y} = K_y(y - y^*) \tag{7-62}$$

式（7-62）即为以气相为基准的总传质速率方程，也称为总吸收速率方程。K_y 是以 $(y-y^*)$ 为推动力的总传质系数（也称为相际传质系数），单位为 $kmol/(s \cdot m^2)$。

式（7-61）为总传质系数 K_y 与相内传质系数 k_x、k_y 的关系式。总传质系数 K_y 的倒数 $1/K_y$ 是以气相为基准的气、液两相的总传质阻力，因此式（7-61）实质表达了总传质阻力 $1/K_y$ 等于气相传质阻力 $1/k_y$ 与液相传质阻力 m/k_x 之和。因为总阻力 $1/K_y$ 以气相为基准，所以液相阻力 $1/k_x$ 需乘以换算系数 m。

（2）**以液相为基准的总吸收速率方程**

同理，由液膜吸收速率方程式（7-52）可得

$$\frac{N_A}{k_x} = (x_i - x) \tag{7-63}$$

又将 $y_i=mx_i$ 和 $y=mx^*$ 代入气膜吸收速率方程式（7-47），则

$$\frac{N_A}{k_y m} = (x^* - x_i) \tag{7-64}$$

将式(7-63)与式(7-64)等式两边分别相加后，得

$$N_A = \frac{(x_i - x) + (x^* - x_i)}{\frac{1}{k_x} + \frac{1}{mk_y}} = \frac{x^* - x}{\frac{1}{k_x} + \frac{1}{mk_y}} \tag{7-65}$$

令

$$\frac{1}{K_x} = \frac{1}{k_x} + \frac{1}{mk_y} \tag{7-66}$$

$$N_A = \frac{x^* - x}{1/K_x} = K_x(x^* - x) \tag{7-67}$$

式(7-67)为以液相为基准的总吸收速率方程。K_x 是以 $(x^* - x)$ 为推动力的总传质系数，单位为 $kmol/(m^2 \cdot s)$。

式(7-66)为总传质系数 K_x 与相内传质系数 k_x、k_y 的关系式，其倒数 $1/K_x$ 是以液相为基准的气、液两相的总传质阻力，即为液相传质阻力 $1/k_x$ 与气相传质阻力 $1/(mk_y)$ 之和。

比较相内吸收速率方程式(7-47)和式(7-52)与总吸收速率方程式(7-62)和式(7-67)可知，采用总吸收速率方程进行计算可避开难以确定的相界面组成 x_i 和 y_i。

用其他组成表示法的相内吸收速率方程以及与之对应的亨利定律式，采用上述相同推导方法，可写出与式(7-58)～式(7-67)完全类似的用其他组成表示法表达的总吸收速率方程和总传质阻力。表 7-1 列举了部分常用形式的吸收速率方程以及各传质系数间的换算关系。

解吸过程与吸收过程相比仅传质方向不同而已，因此，只需将表 7-1 中各吸收速率方程中表示推动力的浓度差颠倒一下（如 $y - y_i$ 变为 $y_i - y$，而 $x_i - x$ 变为 $x - x_i$），即可得各种形式的解吸速率方程。而传质系数之间的各种关系与换算，对吸收和解吸均成立。

表 7-1 吸收速率方程的几种形式

相平衡方程	$y = mx + a$	$Y = MX + B$	$p = \dfrac{c}{H} + b$
吸收传质速率方程	$N_A = k_y(y - y_i)$ $= k_x(x_i - x)$ $= K_y(y - y^*)$ $= K_x(x^* - x)$	$N_A = k_Y(Y - Y_i)$ $= k_X(X_i - X)$ $= K_Y(Y - Y^*)$ $= K_X(X^* - X)$	$= k_g(p - p_i)$ $= k_c(c_i - c)$ $= K_g(p - p^*)$ $= K_c(c^* - c)$
吸收或解吸的总传质系数	$\dfrac{1}{K_y} = \dfrac{1}{k_y} + \dfrac{m}{k_x}$ $\dfrac{1}{K_x} = \dfrac{1}{k_x} + \dfrac{1}{mk_y}$	$\dfrac{1}{K_Y} = \dfrac{1}{k_Y} + \dfrac{M}{k_X}$ $\dfrac{1}{K_X} = \dfrac{1}{k_X} + \dfrac{1}{Mk_Y}$	$\dfrac{1}{K_g} = \dfrac{1}{k_g} + \dfrac{1}{Hk_c}$ $\dfrac{1}{K_c} = \dfrac{1}{k_c} + \dfrac{H}{k_g}$
相内或同基准的传质系数换算		相际不同基准的传质系数换算	
$k_y = Pk_g, \quad k_Y = \dfrac{k_y}{(1+Y)(1+Y_i)}$ $k_x = c_m k_c, \quad k_X = \dfrac{k_x}{(1+X)(1+X_i)}$ $K_y = PK_g, \quad K_Y = \dfrac{K_y}{(1+Y)(1+Y^*)}$ $K_x = c_m K_L, \quad K_X = \dfrac{K_x}{(1+X)(1+X^*)}$		$K_Y = K_x/m$ $K_Y = K_X/M$ $K_g = HK_c$	

注：1. 相平衡关系服从亨利定律时，$a = B = b = 0$；

2. M 为以比摩尔分数表组成的平衡常数。当 $m \approx 1$ 或 x 值小时，$M \approx m$。

（3）气相扩散控制与液相扩散控制

显然总传质阻力取决于气、液两相的阻力。但对一些吸收过程，气、液两相传质阻力所占的比例相差甚远。例如，易溶或难溶气体的吸收就是典型的两种情况。

对易溶气体，平衡常数 m 值小，平衡线很平，常有 $1/k_y \gg m/k_x$，所以由式(7-61)可得

$$\frac{1}{K_y} \approx \frac{1}{k_y}, \qquad K_y \approx k_y \tag{7-68}$$

其传质阻力主要集中在气相,此类传质过程称为气相扩散控制过程,或称气膜控制过程。

对难溶气体,平衡常数 m 值大,平衡线很陡,常有 $1/k_x \gg 1/mk_y$,所以由式(7-66)可得

$$\frac{1}{K_x} \approx \frac{1}{k_x}, \qquad K_x \approx k_x \tag{7-69}$$

其传质阻力主要集中在液相,此类过程称为液相扩散控制过程,或液膜控制过程。

分析气、液两相中传质阻力所占的比例,对于强化传质过程,提高传质速率有重要的指导意义。例如,以气相阻力为主的吸收操作,增加气体流速,可减小界面处气膜层的厚度,从而降低气相传质阻力,有效地提高吸收速率;而增加液体流速吸收速率则不会有明显改变。

【例 7-5】　用空气吹脱氨的解吸塔,测得某一截面上水溶液中氨含量为 1000mg/L,气相中氨分压为 0.09kPa。已知气相传质系数 k_g 为 4.57×10^{-6} kmol/(s・m²・kPa),液相传质系数 k_c 为 1.32×10^{-4} m/s。解吸塔在 101.3kPa、30℃ 下操作,此时气液平衡关系可表示为 $Y = 1.21X$。试计算:(1) 该截面上用比摩尔分数表示的相际传质推动力、总传质系数和传质速率;(2) 气相传质阻力与液相传质阻力之比以及气相传质阻力在总传质中所占的比例。

解:(1) $X \approx \dfrac{1000/17 \times 10^{-6}}{1/18} = 0.00106$, $\qquad Y^* = 1.21 \times 0.00106 = 0.00128$

$Y \approx y = \dfrac{0.09}{101.3} = 8.88 \times 10^{-4}$, $\qquad X^* = \dfrac{Y}{M} = \dfrac{8.88 \times 10^{-4}}{1.21} = 0.000734$

相际传质推动力为

$Y^* - Y = 0.00128 - 0.000888 = 0.000329$ 　或　 $X - X^* = 0.00106 - 0.000734 = 0.000326$

气相传质系数　$k_y = Pk_g = 101.3 \times 4.57 \times 10^{-6} = 4.63 \times 10^{-4}$ kmol/(s・m²)

由于气液相浓度均很低,所以

$$(1+Y)(1+Y_i) \approx 1, \qquad (1+X)(1+X_i) \approx 1$$

$$k_Y = \frac{k_y}{(1+Y)(1+Y_i)} \approx k_y = 4.631 \times 10^{-4} \text{ kmol/(s・m}^2)$$

液相传质系数　$k_x = c_m k_c \approx \dfrac{1000}{18} \times 1.32 \times 10^{-4} = 7.33 \times 10^{-3}$ kmol/(s・m²)

$$k_X = \frac{k_x}{(1+x)(1+x_i)} \approx k_x = 7.33 \times 10^{-3} \text{ kmol/(s・m}^2)$$

所以　$\dfrac{1}{K_Y} = \dfrac{1}{k_Y} + \dfrac{M}{k_X} = \dfrac{1}{4.63 \times 10^{-4}} + \dfrac{1.21}{7.33 \times 10^{-3}} = 2327.0$

$K_Y = 4.30 \times 10^{-4}$ kmol/(s・m²)

$N_A = K_Y (Y^* - Y) = 4.30 \times 10^{-4} \times 0.000392 = 1.69 \times 10^{-7}$ kmol/(s・m²)

或　$\dfrac{1}{K_X} = \dfrac{1}{k_x} + \dfrac{1}{Mk_Y} = \dfrac{1}{0.00733} + \dfrac{1}{1.21 \times 4.63 \times 10^{-4}} = 1921.8$

$K_X = 5.203 \times 10^{-4}$ kmol/(s・m²)

$N_A = K_X(X - X^*) = 5.20 \times 10^{-4} \times 0.000326 = 1.70 \times 10^{-7}$ kmol/(s・m²)

(2) 气相传质阻力　$\dfrac{1}{k_Y} = \dfrac{1}{4.63 \times 10^{-4}} = 2.16 \times 10^3$ s・m²/kmol

以气相为基准的液相传质阻力　$\dfrac{M}{k_x} = \dfrac{1.21}{0.0073} = 166$ s・m²/kmol

气相传质阻力与液相传质阻力之比 $\dfrac{1/k_Y}{M/k_X}=\dfrac{2.16\times10^3}{166}=13.0$

气相传质阻力占总传质阻力的比例 $\dfrac{1/k_Y}{1/K_Y}=\dfrac{2.16\times10^3}{2327}=0.928$

可见，气相传质阻力占总传质阻力的 92.8%，故此气液传质过程的阻力集中在气相侧，为气膜扩散控制。

7.5 吸收塔的计算

化工单元设备的计算，按给定条件、任务和要求的不同，一般可分为设计型计算和操作型（校核型）计算两大类，前者是按给定的生产任务和工艺条件来设计满足任务要求的单元设备，后者则根据已知的设备参数和工艺条件来求算所能完成的任务。两种计算所遵循的基本原理及所用关系式都相同即计算是相通的，只是具体的计算方法和步骤有些不同而已。本章着重讨论吸收塔的设计型计算，而操作型计算则通过习题加以训练。

吸收塔的设计型计算是按给定的生产任务及条件（已知待分离气体的处理量与组成，以及要达到的分离要求），设计出能完成此分离任务所需的吸收塔。吸收塔的设计计算一般包括以下几个方面与步骤：①吸收剂的选择及用量的计算；②设备类型的选择；③塔径计算；④填料层高度或塔板数的计算；⑤确定塔的高度；⑥塔的流体力学计算及校核；⑦塔的附件设计。

以上所列的①、④两项是吸收塔计算中最为基本和重要的部分，计算依赖于物系的相平衡关系和传质速率。本章以吸收为例说明填料塔填料层高度的计算方法。下一章将以精馏为例说明板式塔塔板数的计算方法。在吸收和精馏操作中，填料塔和板式塔均为最常用的塔型。

关于设备类型（即填料或塔板的种类）及与塔内流体力学特性相关的③、⑤、⑥项和塔内附件设计等在本书第 9 章讨论。

7.5.1 物料衡算与吸收操作线方程

7.5.1.1 物料衡算

图 7-13(a) 为一逆流操作的填料塔。下标"1"代表塔内填料层下底截面，即气体入塔、液体出塔截面；下标"2"代表填料层上顶截面，即气体出塔、液体入塔截面。设 V 为单位时间通过吸收塔的惰性（不溶性）气体 B 的摩尔流率（kmol/s）；L 为单位时间通过吸收塔的吸收剂 S 的摩尔流率（kmol/s）。那么

$$V=V_1'(1-y_1)=V_2'(1-y_2) \tag{7-70}$$
$$L=L_1'(1-x_1)=L_2'(1-x_2) \tag{7-71}$$

式中，V' 为气体通过吸收塔的总摩尔流率，kmol/s；L' 为液体通过吸收塔的总摩尔流率，kmol/s；y、x 分别为气相和液相中溶质 A 的摩尔分数。

显然，气相、液相总摩尔流率 V' 与 L' 沿塔高变化。为方便计算，本节选用沿塔高不变的惰性气体 B 的摩尔流率 V 与吸收剂 S 的摩尔流率 L 为计算基准，与之对应的浓度为比摩尔分数，并定义 Y 为溶质 A 在气相中的比摩尔分数；X 为溶质 A 在液相中的比摩尔分数。

对图 7-13(a) 所示吸收塔进行全塔物料衡算。对稳定吸收过程，单位时间内由气相和

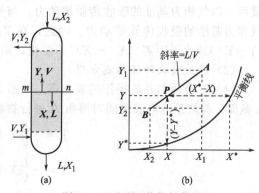

图 7-13 逆流吸收的操作线

液相带入塔的溶质 A 的量必等于单位时间内由气相和液相带出塔的溶质 A 的量，即

$$VY_1 + LX_2 = VY_2 + LX_1 \tag{7-72}$$

若 G_A 为吸收塔的传质负荷，即气体通过填料塔时，单位时间内溶质被吸收剂吸收的量（kmol/s），则由式(7-72) 可得

$$G_A = V(Y_1 - Y_2) = L(X_1 - X_2) \tag{7-73}$$

式(7-73) 也表明，单位时间内气相在塔内被吸收的溶质 A 的量必等于液相吸收的溶质 A 的量。

吸收操作中也常用吸收率 η 来表征吸收任务，其定义为混合气体中溶质 A 被吸收的百分率，即

$$\eta = \frac{Y_1 - Y_2}{Y_1} \tag{7-74}$$

若已知 Y_1 和 η，则

$$Y_2 = Y_1(1 - \eta) \tag{7-75}$$

7.5.1.2 吸收操作线方程

在填料塔内，对气体流量与液体流量一定的稳定的吸收操作，气、液组成沿塔高连续变化。若取填料层任一截面［如图 7-13(a) 中 $m-n$ 截面］与塔的任一个端面（塔顶或塔底）之间的填料层为物料衡算区域，则可得到描述该截面气、液组成的关系式，即吸收操作线方程。

(1) 逆流吸收的操作线方程

如图 7-13(a) 所示的逆流吸收塔，以 $m-n$ 截面与塔顶之间的填料层为物料衡算区域，对溶质 A 有

$$V(Y - Y_2) = L(X - X_2) \tag{7-76}$$

或写为

$$Y = \frac{L}{V}X + \left(Y_2 - \frac{L}{V}X_2\right) \tag{7-77}$$

同理，若取 $m-n$ 截面与塔底之间的填料层为物料衡算区域，则

$$Y = \frac{L}{V}X + \left(Y_1 - \frac{L}{V}X_1\right) \tag{7-78}$$

式(7-77) 与式(7-78) 是等效的，均称为逆流吸收操作线方程。

吸收操作线方程代表了操作时塔内任一截面上的气、液两相组成 Y 和 X 之间的关系。式中 L/V 称为吸收塔操作的液气比。当 L/V 一定时，操作线方程在 Y-X 图上为以液气比 L/V 为斜率，以塔进、出口的气、液两相组成点 (Y_1, X_1) 和 (Y_2, X_2) 为端点的直线，如图 7-13(b) 中 AB 线段，称为吸收操作线。吸收操作线上任一点的坐标 (Y, X) 代表了塔内与之对应的某一截面上气、液两相的组成。若将操作线与平衡线绘于同一图上，那么，在操作线上的任一点［如图 7-13(b) 中的 P 点］与平衡线间的垂直距离 $(Y - Y^*)$ 即为塔内该截面上以气相为基准的吸收传质推动力；与平衡线的水平距离 $(X^* - X)$ 则为该截面上以液相为基准的吸收传质推动力。因此，在 Y_1 至 Y_2 或 X_1 至 X_2 范围内，两线间垂直距离 $(Y - Y^*)$ 或水平距离 $(X^* - X)$ 的变化，则显示了吸收过程推动力沿塔高的变化规律。

(2) 并流吸收的操作线方程

对气、液两相并流操作的吸收塔，如图 7-14(a) 所示，在塔内填料层任一截面（如 $m-n$ 截面）与塔顶或塔底之间对溶质 A 进行物料衡算，可得与逆流吸收并行的两操作线方程。

$$Y = -\frac{L}{V}X + \left(Y_1 + \frac{L}{V}X_1\right) \tag{7-79}$$

$$Y = -\frac{L}{V}X + \left(Y_2 + \frac{L}{V}X_2\right) \tag{7-80}$$

可见，并流吸收操作线方程的斜率为 $-L/V$。图 7-14(b) 中 AB 直线为其操作线。

7.5.1.3 吸收塔内流向的选择

比较逆、并流操作线（图 7-13 与图 7-14），在 Y_1 至 Y_2 范围内，两相逆流沿塔高均能保持较大的传质推动力，而两相并流从塔顶到塔底沿塔高传质推动力逐渐减小，进、出塔两截面传质推动力相差较大。因此，在气、液两相进、出塔浓度（Y_1、Y_2、X_1、X_2）相同的情况下，逆流操作的平均传质推动力大于并流，从提高吸收传质速率出发，逆流优于并流。这与间壁式对流传热的并流与逆流流向选择分析结果是一致的。工业吸收一般多采用逆流，本章后面的讨论中如无特殊说明，均为逆流吸收。

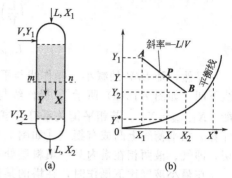

图 7-14 并流吸收的操作线

但是，与并流相比，逆流操作时上升的气体将对借重力往下流动的液体产生一曳力，阻碍液体向下流动，因而限制了吸收塔所允许的液体流量和气体流量。这是逆流操作不利的一面。

7.5.2 吸收剂用量与最小液气比

选择良好的吸收剂是吸收过程的基本所在，而确定适宜的用量对吸收过程也至关重要。吸收剂用量 L 通常由适宜的液气比 L/V 确定。在吸收塔的设计计算和塔的操作调节中，液气比 L/V 都是一个很重要的参数。

通常，气体的处理量 V、进塔组成 Y_1、出塔组成 Y_2 以及吸收剂进塔组成 X_2 为已知的，其中 V、Y_1、Y_2 由吸收任务给定，X_2 由工艺条件确定。吸收剂的用量 L 与出塔组成 X_1 则为待求的量。因此，L 与 X_1 是一一对应的。图 7-15 所示逆流吸收时不同液气比 L/V 下的操作线图直观反映了这一关系。图中操作线的低浓度端点 $B(Y_2, X_2)$ 是已知的，而高浓度端点 $A(Y_1, X_1)$ 的纵坐标 Y_1 是已知的，横坐标 X_1 则随所取的 L 或 L/V 不同而异。结合图中相平衡曲线可知，选取的液气比 L/V 大，即操作线斜率大，则操作线与平衡线的距离大，塔内传质推动力 $(Y-Y^*)$ 或 (X^*-X) 也就大，传质速率提高，完成一定分离任务所需塔高减小。但液气比 L/V 大，意味着吸收剂用量 L 大，吸收剂出塔浓度 X_1 低，循环和再生费用增加。反之，若液气比 L/V 减小，吸收剂出塔浓度 X_1 则增大，塔内传质推动力 $(Y-Y^*)$ 或 (X^*-X) 减小，即传质速率减小，完成相同传质负荷所需塔高增加，设备费用增加。可见液气比 L/V 的取值与吸收操作的设备费用与操作费用有关。

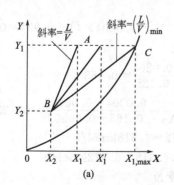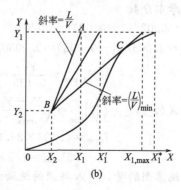

图 7-15 最小液气比

必须注意，要达到规定的分离要求，或者说完成必须的吸收传质负荷量 $[G_A = V(Y_1 - Y_2)]$，液气比 L/V 的减小是有限的。实际上，当 L/V 下降到某一值时，操作线与平衡线将相交［图 7-

15(a) 中点 C] 或者相切 [图 7-15(b) 中点 C]，此时操作线的斜率 L/V 称为最小液气比，用 $(L/V)_{min}$ 表示，而对应的液体出塔组成 X_1 则用 $X_{1,max}$ 表示。最小液气比的计算式即为

$$\left(\frac{L}{V}\right)_{min}=\frac{Y_1-Y_2}{X_{1,max}-X_2} \tag{7-81}$$

或

$$L_{min}=V\frac{Y_1-Y_2}{X_{1,max}-X_2} \tag{7-82}$$

显然，随 L/V 的减小，操作线与平衡线是相交还是相切取决于平衡线的形状。相平衡线下凹 [如图 7-15(a) 所示]，操作线与平衡线在 $Y=Y_1$ 处相交，即气、液两相在塔底达平衡，$X_{1,max}=X_1^*$。若相平衡关系符合亨利定律，则 $X_1^*=Y_1/m$，代入式(7-81) 可直接进行计算。相平衡线上凸或有拐点 [如图 7-15(b) 所示]，操作线与平衡线在中间某个浓度处相切，即气、液两相在塔内某一填料层处达相平衡，$X_{1,max}<X_1^*$。

在最小液气比下操作时，在塔的某截面上（塔底或塔内）气、液两相达平衡，传质推动力为零，为完成传质任务所需的填料层无穷高。因此，对一定高度的塔而言，在最小液气比下操作则不能达到分离要求。

实际液气比应在大于最小液气比的基础上，兼顾设备费用和操作费用两方面因素，按总费用最低的原则来选取。根据生产实践经验，一般取

$$\frac{L}{V}=(1.1\sim2.0)\left(\frac{L}{V}\right)_{min} \tag{7-83}$$

注意，以上由最小液气比确定吸收剂用量是以热力学平衡为出发点的。从两相流体力学角度出发，还必须使填料表面能被液体充分润湿以保证两相均匀分散并有足够的传质面积，因此所取吸收剂用量 L 值还应不小于所选填料的最低润湿率，即单位塔截面上、单位时间内的液体流量不得小于某一最低允许值。

【例 7-6】 用洗油吸收焦炉气中的芳烃，吸收塔内的温度为 27℃，压强为 106.6kPa，焦炉气流量为 850m³/h，其中芳烃的摩尔分数为 0.02，要求芳烃回收率不低于 95%。进入吸收塔顶的洗油中，所含芳烃的摩尔分数为 0.005。若取溶剂用量为理论最小用量的 1.5 倍。求每小时送入吸收塔顶的洗油量及塔底流出的吸收液浓度。操作条件下的平衡关系可表达为 $Y=0.125X$。

解： 混合气中惰性组分的流率

$$V=\left(850\times\frac{273}{273+27}\times\frac{106.6}{101.3}\right)\times\frac{1}{22.4}\times(1-0.02)=35.62\text{kmol/h}$$

气、液相溶质比摩尔分数

$$Y_1=0.02/(1-0.02)=0.0204 \qquad Y_2=0.0204\times(1-0.95)=0.00102$$

$$X_2=0.005/(1-0.005)=0.00503$$

由相平衡方程

$$X_{1,max}=\frac{Y_1}{0.125}=\frac{0.0204}{0.125}=0.163$$

由最小液气比公式(7-14)

$$\left(\frac{L}{V}\right)_{min}=\frac{Y_1-Y_2}{X_{1,max}-X_2}=\frac{0.0204-0.00102}{0.163-0.00503}=0.123$$

$$L_{min}=0.123\times35.62=4.318\text{kmol/h}$$

$$L=1.5L_{min}=1.5\times4.318=6.572\text{kmol/h}$$

L 是送入塔顶的纯溶剂的量，送入塔顶的洗油量为

$$6.579/(1-0.05)=6.605\text{kmol/h}$$

出塔吸收液的浓度为

$$X_1=X_2+\frac{V}{L}(Y_1-Y_2)=0.00503+\frac{35.62}{6.605}(0.0204-0.00102)=0.1095$$

7.5.3 填料层高度的基本计算式

在填料塔内，气、液两相进行物质交换的传质面积是由填充的填料表面提供的。若塔的截面积为 $\Omega(\mathrm{m}^2)$，填料层高度为 $z(\mathrm{m})$，单位体积的填料所提供的表面积为 $a(\mathrm{m}^2/\mathrm{m}^3)$，则该塔所能提供的传质面积 $F(\mathrm{m}^2)$ 为

$$F=\Omega za \tag{7-84}$$

a 为填料的有效比表面积，是填料的一个重要特性数据，填料及填料填充方式一定即为定值。填料塔的塔截面积 $\Omega=\pi D^2/4$，而塔径

$$D=\sqrt{\frac{4V_\mathrm{S}}{\pi u}} \tag{7-85}$$

式中，V_S 为操作条件下气体体积流量，m^3/s；u 为操作条件下的适宜的空塔气速，m/s。因此，对一定的气体负荷 V_S，塔截面积或塔径的计算关键在于适宜的空塔气速 u 的求取。空塔气速 u 主要与塔内流体力学特性相关，将在本书第 9 章讨论。

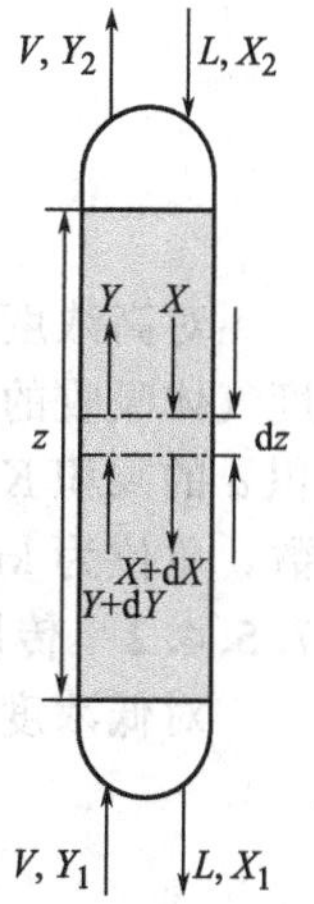

与对流间壁式换热器传热面积计算类似，完成一定吸收任务所需的传质面积，不仅与传质量和分离程度等由任务规定的指标有关，还与塔内气液两相流动状况、相平衡关系、填料类型以及填充方式等影响相际传质速率的诸多因素紧密相关。因此，物料衡算方程和传质速率方程是计算填料层高度的基本方程。

由于填料塔内气、液组成 Y、X 和传质推动力 ΔY（或 ΔX）均随塔高变化，因而塔内各截面上的吸收速率也不相同。为此，在填料层中取高度为 $\mathrm{d}z$ 的微分段为衡算体来进行研究，如图 7-16 所示。对此微分段作物料衡算可得溶质 A 在单位时间内由气相转入液相的量 $\mathrm{d}G_\mathrm{A}$

$$\mathrm{d}G_\mathrm{A}=V\mathrm{d}Y=L\mathrm{d}X \tag{7-86}$$

图 7-16 微元填料段的物料衡算

若 $\mathrm{d}z$ 微元段内传质速率为 N_A，填料提供的传质面积为 $\mathrm{d}F=a\Omega\mathrm{d}z$，则通过传质面积 $\mathrm{d}F$ 溶质 A 的传递量

$$N_\mathrm{A}\mathrm{d}F=N_\mathrm{A}a\Omega\mathrm{d}z \tag{7-87}$$

此传质量也就是在 $\mathrm{d}z$ 段内溶质 A 由气相转入液相的量。因此

$$\mathrm{d}G_\mathrm{A}=V\mathrm{d}Y=N_\mathrm{A}a\Omega\mathrm{d}z \tag{7-88}$$

$$\mathrm{d}G_\mathrm{A}=L\mathrm{d}X=N_\mathrm{A}a\Omega\mathrm{d}z \tag{7-89}$$

将表 7-1 中以比摩尔分数表示的总的传质速率方程代入，则

$$V\mathrm{d}Y=K_\mathrm{Y}(Y-Y^*)a\Omega\mathrm{d}z \tag{7-90}$$

$$L\mathrm{d}X=K_\mathrm{X}(X^*-X)a\Omega\mathrm{d}z \tag{7-91}$$

对式(7-90) 和式(7-91) 沿塔高积分，得

$$z=\int_{Y_2}^{Y_1}\frac{V}{K_\mathrm{Y}a\Omega}\frac{\mathrm{d}Y}{Y-Y^*} \tag{7-92}$$

$$z=\int_{X_2}^{X_1}\frac{L}{K_\mathrm{X}a\Omega}\frac{\mathrm{d}X}{X^*-X} \tag{7-93}$$

在上述推导中，用相内传质速率方程替代总的传质速率方程可得形式完全相同的填料层高度 z 的计算式。如采用 $N_\mathrm{A}=k_\mathrm{Y}(Y-Y_\mathrm{i})$ 和 $N_\mathrm{A}=k_\mathrm{X}(X_\mathrm{i}-X)$

$$z=\int_{Y_2}^{Y_1}\frac{V}{k_\mathrm{Y}a\Omega}\frac{\mathrm{d}Y}{Y-Y_i} \tag{7-94}$$

$$z=\int_{X_2}^{X_1}\frac{L}{k_\mathrm{X}a\Omega}\frac{\mathrm{d}X}{X_i-X} \tag{7-95}$$

式(7-92)～式(7-95)均为填料层高度的基本计算式。

同理，用表 7-1 中其他组成表示法的传质速率方程，可推得以相应相组成表示的填料层高度 z 的计算式。

7.5.4 低浓度气体吸收填料层高度的计算

7.5.4.1 低浓度气体吸收过程分析

对于低浓度的气体吸收（一般认为 $y_1 < 10\%$ 时为低浓度），因其吸收量小，由此引起的塔内温度和流动状况的改变相应也小，吸收过程可视为等温过程，传质系数沿塔高变化小，可取塔顶和塔底条件下的平均值。这样，式(7-92)～式(7-95)中的 k_Y、k_X、K_Y、K_X 可提出积分号，使得低浓度吸收填料层高度的计算大为简化。如

$$z = \frac{V}{K_Y a\Omega} \int_{Y_2}^{Y_1} \frac{dY}{Y - Y^*} \tag{7-96}$$

$$z = \frac{L}{K_X a\Omega} \int_{X_2}^{X_1} \frac{dX}{X^* - X} \tag{7-97}$$

对高浓度气体，若在塔内吸收的量并不大，如高浓度难溶气体吸收，吸收过程具有低浓度气体吸收的特点，也可按低浓度吸收处理。此外，实际应用中，一般将传质系数与比表面积 a 的乘积 $K_Y a$ 或者 $K_X a$ 作为一个完整的物理量看待，称为体积传质系数或体积吸收系数，单位为 $kmol/(s \cdot m^3)$。

7.5.4.2 传质单元数与传质单元高度

对低浓度气体吸收，若令

$$H_{OG} = \frac{V}{K_Y a\Omega} \tag{7-98}$$

$$N_{OG} = \int_{Y_2}^{Y_1} \frac{dY}{Y - Y^*} \tag{7-99}$$

则

$$z = H_{OG} N_{OG} \tag{7-100}$$

式中，H_{OG} 称为气相总传质单元高度，m；N_{OG} 称为气相总传质单元数，无量纲。

同样若令

$$H_{OL} = \frac{L}{K_X a\Omega} \tag{7-101}$$

$$N_{OL} = \int_{X_2}^{X_1} \frac{dX}{X - X^*} \tag{7-102}$$

则

$$z = H_{OL} N_{OL} \tag{7-103}$$

式中，H_{OL} 称为液相总传质单元高度，m；N_{OL} 称为液相总传质单元数，无量纲。

定义传质单元高度和传质单元数来表达填料层高度 z，从计算角度而言，并无简便之利，但却有利于对 z 的计算式进行分析和理解。下面以气相为计算基准的 N_{OG} 和 H_{OG} 为例给予说明。

N_{OG} 中的 dY 表示气体通过一微分填料段的气相浓度变化，$(Y - Y^*)$ 为该微分段的相际传质推动力。如果用 $(Y - Y^*)_m$ 表示在某一高度填料层内的传质平均推动力，且气体通过该段填料层的浓度变化 $(Y_a - Y_b)$ 恰好等于 $(Y - Y^*)_m$，即

$$N_{OG} = \int_{Y_b}^{Y_a} \frac{dY}{(Y - Y^*)} = \frac{Y_a - Y_b}{(Y - Y^*)_m} = 1$$

由 $z = H_{OG} N_{OG}$ 可知，这段填料层的高度就等于一个气相总传质单元高度 H_{OG}。因此，可将 N_{OG} 看作所需填料层高度 z 相当于多少个传质单元高度 H_{OG}。

传质单元数 N_{OG} 或 N_{OL} 反映吸收过程的难易程度，其大小取决于分离任务和整个填料层平均推动力大小两个方面。它与气相或液相进、出塔的浓度，液气比以及物系的平衡关系有关，而与设备形式和设备中气、液两相的流动状况等因素无关。这样，在设备选型前就可先计算出

过程所需的 N_{OG} 或 N_{OL}。N_{OG} 或 N_{OL} 值大，分离任务艰巨，为避免塔过高应选用传质性能优良的填料。若 N_{OG} 或 N_{OL} 值过大，就应重新考虑所选溶剂或液气比 L/V 是否合理。

总传质单元高度 H_{OG} 或 H_{OL} 则表示完成一个传质单元分离任务所需的填料层高度，代表了吸收塔传质性能的高低，主要与填料的性能和塔中气、液两相的流动状况有关。H_{OG} 或 H_{OL} 值小，表示设备的性能高，完成相同传质单元数的吸收任务所需塔的高度小。

用传质单元高度 H_{OG}、H_{OL} 或传质系数 $K_Y a$、$K_X a$ 表征设备的传质性能其实质是相同的。但随气、液流率改变 $K_Y a$ 或 $K_X a$ 的值变化较大，一般流率增加，$K_Y a$（或 $K_X a$）增大。而 $\dfrac{V}{K_Y a \Omega}$ 或 $\dfrac{L}{K_X a \Omega}$ 因分子分母同向变化的缘故，其变化幅度就较小。一般吸收设备的传质单元高度在 $0.15 \sim 1.5\mathrm{m}$ 范围内。

类似地，式(7-94) 及式(7-95) 也可表示为

$$z = H_G N_G \tag{7-104}$$

$$H_G = \frac{V}{k_Y a \Omega} \tag{7-105}$$

$$N_G = \int_{Y_2}^{Y_1} \frac{\mathrm{d}Y}{Y - Y_i} \tag{7-106}$$

及

$$z = H_L N_L \tag{7-107}$$

$$H_L = \frac{L}{k_X a \Omega} \tag{7-108}$$

$$N_L = \int_{X_2}^{X_1} \frac{\mathrm{d}X}{X_i - X} \tag{7-109}$$

当相平衡关系可用 $Y^* = MX$ 或 $Y = MX + B$ 表示时，利用表 7-1 中不同基准的总传质系数之间的换算关系，以及总传质系数与相内传质系数之间的关系，可导出如下关系式

$$H_{OG} = \frac{MV}{L} H_{OL} \tag{7-110}$$

$$H_{OG} = H_G + \frac{MV}{L} H_L \tag{7-111}$$

$$H_{OL} = H_L + \frac{L}{MV} H_G \tag{7-112}$$

7.5.4.3 传质单元数的计算

(1) 平衡线为直线时传质单元数的计算

对于低浓度的气体吸收，用总传质单元数计算填料层高度 z 时，可避开界面组成 y_i 和 x_i。又若平衡线为直线或在所涉及的浓度范围内为直线段，直接积分就可得 N_{OG} 或 N_{OL} 的解析式，其求解方式主要有对数平均推动力法和吸收因子法。下面以逆流吸收 N_{OG} 的求解为例给予说明。

① 对数平均推动力法

设平衡线方程为
$$Y^* = MX + B \tag{7-113}$$

吸收操作线方程为
$$Y = \frac{L}{V} X - \left(\frac{L}{V} X_2 - Y_2 \right) \tag{7-114}$$

由式(7-114) 减去式(7-113)

$$Y - Y^* = \left(\frac{L}{V} - M \right) X - \left[\left(\frac{L}{V} X_2 - Y_2 \right) + B \right] \tag{7-115}$$

分别对式(7-114) 与式(7-115) 微分

$$\mathrm{d}Y = \frac{L}{V} \mathrm{d}X, \qquad \mathrm{d}(Y - Y^*) = \left(\frac{L}{V} - M \right) \mathrm{d}X$$

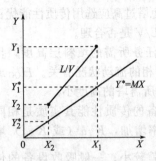

图 7-17 操作线斜率
与平衡线斜率

所以

$$dY = \frac{1}{\left(1 - \dfrac{VM}{L}\right)} d(Y - Y^*) \tag{7-116}$$

故

$$N_{OG} = \int_{Y_2}^{Y_1} \frac{dY}{Y - Y^*} = \frac{1}{\left(1 - \dfrac{VM}{L}\right)} \int_{Y_2 - Y_2^*}^{Y_1 - Y_1^*} \frac{d(Y - Y^*)}{Y - Y^*}$$

$$= \frac{1}{1 - \dfrac{VM}{L}} \ln \frac{Y_1 - Y_1^*}{Y_2 - Y_2^*} \tag{7-117}$$

式(7-117) 为通过变量代换积分得到的 N_{OG} 解析计算式。

见图 7-17，操作线与平衡线的斜率可分别写为

$$\frac{L}{V} = \frac{Y_1 - Y_2}{X_1 - X_2}$$

$$M = \frac{Y_1^* - Y_2^*}{X_1 - X_2}$$

那么

$$1 - \frac{VM}{L} = 1 - \frac{Y_1^* - Y_2^*}{Y_1 - Y_2} = \frac{(Y_1 - Y_1^*) - (Y_2 - Y_2^*)}{Y_1 - Y_2}$$

代入式(7-117) 中

$$N_{OG} = \int_{Y_2}^{Y_1} \frac{dY}{Y - Y^*} = \frac{Y_1 - Y_2}{(Y - Y_1^*) - (Y_2 - Y_2^*)} \ln \frac{Y_1 - Y_1^*}{Y_2 - Y_2^*} = \frac{Y_1 - Y_2}{\Delta Y_m} \tag{7-118}$$

其中

$$\Delta Y_m = \frac{(Y_1 - Y_1^*) - (Y_2 - Y_2^*)}{\ln \dfrac{Y_1 - Y_1^*}{Y_2 - Y_2^*}} \tag{7-119}$$

式中，ΔY_m 为以气相为基准的全塔的平均传质推动力，其大小等于塔进、出口处的传质推动力 $(Y_1 - Y_1^*)$ 和 $(Y_2 - Y_2^*)$ 的对数平均值。当 $\dfrac{1}{2} < \dfrac{Y_1 - Y_1^*}{Y_2 - Y_2^*} < 2$ 时，可用算术平均推动力代替对数平均推动力。

用对数平均推动力 ΔY_m 表示的 N_{OG} 计算式，更直观地说明了 N_{OG} 的含意，即对低浓度气体吸收是以全塔的对数平均推动力 ΔY_m 作为度量单位，衡量完成分离任务 $(Y_1 - Y_2)$ 所需的传质单元高度的数目。若分离程度 $(Y_1 - Y_2)$ 大或平均推动力 ΔY_m 小，N_{OG} 值就大，所需的填料层就高。

② 吸收因子法　将吸收操作线方程（7-77）写为

$$X = \frac{V}{L}(Y - Y_2) + X_2$$

代入相平衡方程式(7-113)

$$Y^* = M\left[\frac{V}{L}(Y - Y_2) + X_2\right] + B = \frac{MV}{L}Y - \frac{MV}{L}Y_2 + Y_2^*$$

因此

$$N_{OG} = \int_{Y_2}^{Y_1} \frac{dY}{Y - Y^*} = \int_{Y_2}^{Y_1} \frac{dY}{\left(1 - \dfrac{VM}{L}\right)Y + \dfrac{VM}{L}Y_2 - Y_2^*}$$

$$= \frac{1}{1 - \dfrac{MV}{L}} \ln\left[\left(1 - \frac{MV}{L}\right)\frac{Y_1 - Y_2^*}{Y_2 - Y_2^*} + \frac{MV}{L}\right] \tag{7-120}$$

若令 $A = L/VM = (L/V)/M$，A 称为吸收因子，无量纲。A 是操作线斜率与平衡线斜率

的比值。A 值越大，两线相距越远，传质推动力越大，越有利于吸收过程，N_{OG} 越小。A 的倒数 $1/A = M/(L/V)$ 称为解吸因子，其值越大，对吸收越不利。将吸收因子 A 代入式(7-120)

$$N_{OG} = \frac{1}{1-\frac{1}{A}} \ln\left[\left(1-\frac{1}{A}\right)\frac{Y_1-Y_2^*}{Y_2-Y_2^*} + \frac{1}{A}\right] \quad (7\text{-}121)$$

式(7-120) 或式(7-121) 即为吸收因子法 N_{OG} 计算式，取决于 $1/A = M/(L/V)$ 及 $(Y_1-Y_2^*)/(Y_2-Y_2^*)$ 两个无量纲数群。为了计算方便，式(7-121) 已绘制成了以 $1/A$ 为参数的曲线图，如图 7-18 所示。

与对数平均推动力法相比，吸收因子法不涉及吸收液出塔组成 X_1，所以用于解决吸收操作型问题的计算时更为方便。

当用 (X^*-X) 作传质推动力时，对平衡线为直线的情况，用完全类似的方法可导出与 N_{OG} 计算式并列的 N_{OL} 计算式。

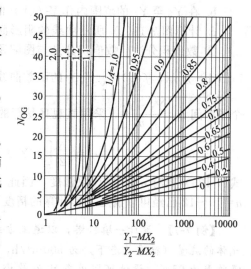

图 7-18　N_{OG}-$\dfrac{Y_1-MX_2}{Y_2-MX_2}$ 关系图

$$N_{OL} = \int_{X_2}^{X_1} \frac{\mathrm{d}X}{X^*-X} = \frac{1}{\left(1-\frac{L}{VM}\right)} \ln\frac{X_2^*-X_2}{X_1^*-X_1} \quad (7\text{-}122)$$

$$N_{OL} = \frac{X_1-X_2}{\Delta X_m} \quad (7\text{-}123)$$

$$\Delta X_m = \frac{(X_1^*-X_1) - (X_2^*-X_2)}{\ln\frac{X_1^*-X_1}{X_2^*-X_2}} \quad (7\text{-}124)$$

$$N_{OL} = \frac{1}{1-A} \ln\left[(1-A)\frac{Y_1-Y_2^*}{Y_1-Y_1^*} + A\right] \quad (7\text{-}125)$$

(2) 平衡线为曲线时传质单元数的计算

当平衡线为曲线不能用较简单确切的函数式表达时，通常可采用图解积分法或数值积分法求解传质单元数。

① 图解积分法　图解积分法的关键在于找到若干点与积分变量 Y 相对应的被积函数 $f(Y) = \dfrac{1}{Y-Y^*}$ 的值。其步骤为：

a. 在图 7-19(a) 所示的操作线和平衡线上得若干组与 Y 相应的 $Y-Y^*$ 值；

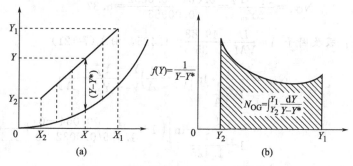

图 7-19　平衡线为曲线时 N_{OG} 的计算法

b. 在 Y_1 至 Y_2 的范围内作 Y-$f(Y)$ 曲线，如图 7-19(b) 所示；

c. 计算图 7-19(b) 所示曲线的阴影面积，此面积的值即为传质单元数 N_{OG}。

② 数值积分法　数值积分是与图解积分等价的一种求取传质单元数 N_{OG} 的方法。如图 7-19(b) 所示，$f(Y) = \dfrac{1}{Y - Y^*}$ 的函数曲线求其积分值，可以将积分区间 (Y_1, Y_2) 等分为 n 个子区间 $\Delta = \dfrac{Y_1 - Y_2}{n}$，采用直观且易行的复化梯形公式

$$N_{OG} = \frac{\Delta}{2}\left[f(Y_2) + 2\sum_{i=1}^{n-1} f(Y_2 + \Delta i) + f(Y_1) \right] \tag{7-126}$$

式(7-126) 具有 $n+1$ 次代数精度，因此 n 的取值大一些，计算精度会更高。一般情况下取 $n = 10 \sim 12$ 已经可以满足工程计算的精度要求。

【例 7-7】　设计一填料塔，以逆流方式吸收混合气中的 SO_2，吸收剂为清水。已知混合气体的流量（标准状态下）为 $500\,\text{m}^3/\text{h}$，进塔气体 SO_2 含量为 0.06（摩尔分数），要求 SO_2 吸收率为 95%，设计可取液气比为最小液气比的 1.5 倍。操作条件下物系的平衡关系为 $Y^* = 35X$，气相总体积传质系数 $K_Y a$ 为 $0.04\,\text{kmol}/(\text{s} \cdot \text{m}^3)$。若气体空塔气速为 $0.8\,\text{m/s}$，试求：(1) 吸收剂用量；(2) 传质单元数；(3) 填料层高度。

解： (1) $Y_1 = \dfrac{0.06}{1 - 0.06} = 0.064$，　$Y_2 = Y_1(1 - \eta) = 0.064(1 - 0.95) = 0.0032$，　$X_2 = 0$

惰性气体流量 $V = \dfrac{500}{22.4}(1 - 0.06) = 20.98\,\text{kmol/h}$，由式(7-81)，最小液气比

$$\left(\frac{L}{V}\right)_{min} = \frac{Y_1 - Y_2}{X_1^* - X_2} = \frac{Y_1 - Y_2}{Y_1/m} = m\eta = 35 \times 0.95 = 33.25$$

实际液气比
$$\frac{L}{V} = 1.5\left(\frac{L}{V}\right)_{min} = 1.5 \times 33.25 = 49.88$$

吸收剂用量
$$L = \left(\frac{L}{V}\right)V = 49.88 \times 20.98 = 1046\,\text{kmol/h}$$

(2) 对数平均推动力法

由 $L(X_1 - X_2) = V(Y_1 - Y_2)$，$X_1 = \dfrac{1}{49.88} \times (0.064 - 0.0032) = 0.00122$，$Y_1^* = MX_1 = 35 \times 0.00122 = 0.0427$，$Y_2^* = MX_2 = 0$，所以 $\Delta Y_1 = Y_1 - Y_1^* = 0.064 - 0.0427 = 0.0213$，$\Delta Y_2 = Y_2 - Y_2^* = 0.0032 - 0 = 0.0032$。

$$\Delta Y_m = \frac{\Delta Y_1 - \Delta Y_2}{\ln \dfrac{\Delta Y_1}{\Delta Y_2}} = \frac{0.0213 - 0.0032}{\ln \dfrac{0.0213}{0.0032}} = 0.00955$$

$$N_{OG} = \frac{Y_1 - Y_2}{\Delta Y_m} = \frac{0.064 - 0.0032}{0.00955} = 6.37$$

或用吸收因子法：吸收因子 $A = \dfrac{L}{VM} = \dfrac{49.88}{35} = 1.425$，由式(7-121)

$$N_{OG} = \frac{1}{1 - \dfrac{1}{A}}\ln\left[\left(1 - \frac{1}{A}\right)\frac{Y_1 - Y_2^*}{Y_2 - Y_2^*} + \frac{1}{A}\right]$$

$$= \frac{1}{1 - \dfrac{1}{1.425}}\ln\left[\left(1 - \frac{1}{1.425}\right)\frac{0.064 - 0}{0.0032 - 0} + \frac{1}{1.425}\right] = 6.37$$

(3) 空塔气速为 $0.8\,\text{m/s}$ 时，塔内径

$$D=\sqrt{\frac{4V_s}{\pi u}}=\sqrt{\frac{4\times 500/3600}{3.14\times 0.8}}=0.470\text{m}, \qquad \Omega=\frac{\pi}{4}D^2=\frac{3.14}{4}\times 0.47^2=0.173\text{m}^2$$

传质单元高度 $\qquad\qquad H_{OG}=\dfrac{V}{K_Ya\Omega}=\dfrac{20.98/3600}{0.04\times 0.173}=0.842\text{m}$

填料层高度 $\qquad\qquad Z=H_{OG}N_{OG}=0.842\times 6.37=5.36\text{m}$

7.5.5 吸收塔的调节与操作型计算

吸收塔的操作和调节一般总是围绕满足气相工艺要求而进行，如来自前一工序的气体入塔条件发生改变或后一工序对气体出塔浓度等参数有新的要求时，吸收塔的操作必须进行相应的调节。调节手段通常采取改变吸收剂入塔参数，如吸收剂入塔的流量 L、吸收剂入塔组成 X_2 和温度 t_2。

（1）增大吸收剂用量

增大吸收剂用量 L，即液气比 L/V 增大，操作线斜率增大，图 7-20 中所示操作线由 I 线变为 II 线。在气、液入塔组成 Y_1 和 X_2 不变的条件下，出塔气、液组成 Y_2、X_1 下降，吸收率增大。这是因为液气比 L/V 增大，吸收因子 A 增大，塔内传质推动力增大，有利于吸收。另一方面，增大吸收剂用量 L，塔内气、液两相的湍动传质增强，传质系数 k_Y、k_X 增大，传质速率提高，这对液膜控制的吸收过程尤为显著。但对一定气体处理量的吸收塔，吸收剂用量 L 的增大，除受液泛条件限制外，还要考虑吸收剂再生设备的能力。如果吸收剂用量增大过多，使再生不良或冷却不够，吸收剂进塔浓度 X_2 和温度 t_2 都可能升高，这两者都会造成传质推动力下降，冲抵了吸收剂用量增大的作用。

（2）降低吸收剂入塔浓度

在气体入塔组成 Y_1 和液气比 L/V 不变的条件下，降低吸收剂入塔浓度 X_2，操作线向上平移，图 7-21 中所示操作线由 I 线变为 II 线。可见，当吸收剂入塔浓度由 X_2 降至 X_2' 时，塔内传质推动力增大，有利于吸收，液相出塔浓度将由 X_1 降至 X_1'，气体出塔浓度则降至 Y_2'，吸收率增大。

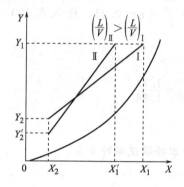

图 7-20 L/V 增大对出塔气
液组成的影响

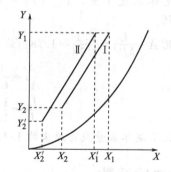

图 7-21 降低 X_2 对出塔气液组成的影响

（3）降低吸收剂入塔温度

吸收操作温度的改变将直接影响到物系的相平衡关系。降低吸收剂入塔温度，气体溶解度增大，平衡线下移，吸收因子 A 增大，塔内传质推动力增大，有利于吸收。当气、液进塔组成 Y_1、X_2 以及液气比不变时，降低吸收温度，出塔气体组成 Y_2 降低，吸收率增大，出塔液体组成 X_1 则有所增加。

综上所述，适当调节上述三个参数均可强化吸收传质过程，提高分离程度。但实际生产过程的影响因素较多，对具体问题要作具体分析。

除上述讨论的吸收剂入塔流量 L、组成 X_2 和温度 t_2 外，气体入塔的流量 V、组成 Y_1 等的改变也都将引起气、液出塔组成 Y_2 和 X_1 的改变。随入塔条件而改变了的气、液出塔组成 Y_2' 和 X_1' 须由全塔物料衡算式和塔高计算式联立求解。

【例7-8】 常温下用清水在填料塔内逆流吸收空气-丙酮混合气体中的丙酮，操作温度为293K。液气比为2.1，回收率为95%，已知在操作范围内物系的相平衡关系为 $Y^* = 1.18X$，该吸收过程为气膜控制，$K_Ya \propto V^{0.8}$，吸收剂用量 L 对 K_Ya 的影响可忽略不计。现因处理量增加，混合气体流量增加为原工况的1.2倍，若系统操作温度、压强不变，为保证排出的尾气浓度不升高，故增加10%的填料层高度。试求塔高增加后液体流量应为原工况的多少倍才能使气体出塔浓度不变。

解：

原工况 $\qquad Y_2 = Y_1(1-\eta), \qquad L/V = 2.1, \qquad X_2 = 0, \qquad Y_2^* = 0$

$$N_{OG} = \frac{1}{1-\dfrac{MV}{L}} \ln\left[\left(1-\frac{MV}{L}\right)\frac{Y_1-Y_2^*}{Y_2-Y_2^*} + \frac{MV}{L}\right]$$

$$= \frac{1}{1-\dfrac{1.18}{2.1}} \ln\left[\left(1-\frac{1.18}{2.1}\right)\frac{Y_1}{Y_1(1-0.95)} + \frac{1.18}{2.1}\right] = 5.10 \qquad (1)$$

新工况下，填料层高度为原高度的1.1倍，即 $z' = 1.1z$，故

$$1.1 H_{OG} N_{OG} = H_{OG}' N_{OG}'$$

由于 K_Ya 与 L 无关，$H_{OG} = \dfrac{V}{K_Ya\Omega} \propto \dfrac{V}{V^{0.8}} \propto V^{0.2}$；同理，$H_{OG}' \propto V'^{0.2}$。因此

$$N_{OG}' = 1.1 \frac{H_{OG}}{H_{OG}'} N_{OG} = 1.1 \times \left(\frac{V}{V'}\right)^{0.2} \times N_{OG} = 1.1 \times \left(\frac{1}{1.2}\right)^{0.2} \times N_{OG}$$

$$= 1.061 N_{OG} = 1.061 \times 5.10 = 5.41$$

$$5.41 = \frac{1}{1-1/A'} \ln\left[\left(1-\frac{1}{A'}\right)\frac{Y_1}{Y_2'} + \frac{1}{A'}\right] = \frac{1}{1-1/A'} \ln\left[\left(1-\frac{1}{A'}\right)\frac{1}{1-\eta'} + \frac{1}{A'}\right] \qquad (2)$$

因出塔气体浓度不变，$Y_2' = Y_2 = Y_1(1-\eta)$，从而 $\eta' = \eta = 0.95$，代入式（2）计算得 $A' = 1.66$。

而原工况 $A = \dfrac{L}{MV} = \dfrac{2.1}{1.18} = 1.78$，故

$$\frac{A}{A'} = \frac{L/(MV)}{L'/(MV')} = \frac{L}{L'} \times \frac{V'}{V} = \frac{1.78}{1.66}$$

$$\frac{L'}{L} = \frac{1.66}{1.78} \times 1.2 = 1.12$$

即新工况下液体流量应为原来的1.12倍，才能使气体出塔浓度维持不变。

7.6 传质系数

由本章7.4节讨论可知，传质系数包含了传质过程速率计算中一切复杂的、不易确定的影响因素，其数值的大小主要取决于物系的性质、操作条件及设备的性能（填料特性）三个方面。由于影响因素十分复杂，传质系数的计算难以通过理论模型解决，迄今为止也尚无通用的计算方法可循。目前，在进行传质设备的计算时，传质系数通常由以下三个途径获得：一是实验测定；二是针对特定体系的经验公式；三是适用范围更广的特征数关联式。

7.6.1 传质系数的实验测定

对实际操作的物系，若相平衡关系为直线，则填料层高度计算式为

$$z = \frac{V}{K_Y a \Omega} \times \frac{Y_1 - Y_2}{\Delta Y_m} \qquad (7\text{-}127)$$

式(7-127) 也可写为高度为 z 的填料段的平均传质速率方程

$$G_A = V(Y_1 - Y_2) = K_Y F \Delta Y_m \qquad (7\text{-}128)$$

式中，$F = \Omega z a$ 为传质面积，m^2。

由此可见，当填料和填料装填方式一定，对一定塔径的吸收或解吸塔，在稳定操作状况下测得进、出塔气、液流量和测量段 z 两端处的气、液浓度后，根据物料衡算及平衡关系即可算出传质负荷 G_A 和平均传质推动力 ΔY_m。填料的几何特征和测试设备的尺寸已知，因此由式(7-127) 或式(7-128) 可计算出以气相为基准的总传质系数 K_Y 或总体积传质系数 $K_Y a$。

应予注意，实验测定的传质系数用于吸收或解吸塔设计计算时，设计体系的物性、操作条件及设备性能应与实验测定时的情况相同或相近。

7.6.2 传质系数的经验公式

实际上，很难对每一具体设计条件下的传质系数都直接进行实验测定。为此，不少研究者针对某些典型的系统和条件进行研究，在所测定的大量数据基础上提出了对一定的物系在一定条件范围内的传质系数经验公式。

以水吸收氨为例。用水吸收氨属易溶气体的吸收，吸收阻力主要在气膜侧。用填充12.5mm 陶瓷环形填料塔实测数据得出的计算气相传质系数经验公式为

$$k_g a = 6.07 \times 10^{-4} G^{0.9} W^{0.39} \qquad (7\text{-}129)$$

式中，$k_g a$ 为气相体积传质系数，$kmol/(m^3 \cdot h \cdot kPa)$；$G$ 为气相空塔质量流速，$kg/(m^2 \cdot h)$；W 为液相空塔质量流速，$kg/(m^2 \cdot h)$。

7.6.3 传质系数的特征数关联式

上述经验公式的应用对象可以说具有专一性，远不能适应越来越广泛的应用场合与体系。通过实验确定其模型参数的特征数方程则有更宽的适用范围。影响传质过程的特征数主要有舍伍德数 Sh、雷诺数 Re 及施密特数 Sc 等。下面各以一例分别介绍气相和液相传质系数的特征数关联式。

（1）计算气相传质系数的特征数关联式

$$Sh_G = \alpha (Re_G)^\beta (Sc_G)^\gamma \qquad (7\text{-}130)$$

或

$$k_g = \alpha \frac{pD}{RTl p_{B_m}} (Re_G)^\beta (Sc_G)^\gamma \qquad (7\text{-}131)$$

其中，气相的舍伍德数、雷诺数、施密特数分别为

$$Sh_G = k_g \frac{RT p_{B_m}}{p} \times \frac{l}{D}, \qquad Re_G = \frac{d_e u_0 \rho}{\mu_G} = \frac{4G}{a \mu_G}, \qquad Sc_G = \frac{\mu_G}{\rho_G D}$$

式中，D 为溶质在气相中的分子扩散系数，m^2/s；p/p_{B_m} 为气相漂流因子；k_g 为气相传质系数，$kmol/(m^2 \cdot s \cdot kPa)$；$R$ 为摩尔气体常数，$kJ/(kmol \cdot K)$；l 为特征尺寸，m；ρ_G 为混合气体的密度，kg/m^3；T 为温度，K；μ_G 为混合气体的黏度，$N \cdot s/m^2$；G 为气体的空塔质量速度 $(G = u\rho)$，$kg/(m^2 \cdot s)$；d_e 为填料层中流体通道的当量直径，$d_e = 4a/\varepsilon$（a 为填料的比表面积，m^2/m^3；ε 为填料层的空隙率，m^3/m^3）；u_0 为气体在填料空隙中的实际流速，$u_0 = u/\varepsilon$（u 为空塔气速，m/s）。

式(7-131) 是由湿壁塔中气、液传质的实验数据关联得到，除了用于湿壁塔（l 为湿壁塔塔径）外，也可用于拉西环填料塔（l 为拉西环填料的外径）。式(7-131) 的适用范围是 $Re_G = 2 \times 10^3 \sim 3.5 \times 10^4$，$Sc_G = 0.6 \sim 2.5$，$P = 101 \sim 303 kPa$（绝压）。模型参数 α、β 和 γ 列于表 7-2 中。

表 7-2   式(7-131) 中的常数

应用场合	α	β	γ
湿壁塔	0.023	0.83	0.44
填料塔	0.066	0.8	0.33

（2）计算液相传质系数的特征数关联式

$$Sh_L = 0.00595(Re_L)^{0.67}(Sc_L)^{0.33}(Ga_L)^{0.33} \tag{7-132}$$

其中，液相的舍伍德数、雷诺数、施密特数、伽利略（Galilei）数分别为

$$Sh_L = k_c\frac{c_m}{c} \times \frac{l}{D'}, \qquad Re_L = \frac{4W}{a\mu_L}, \qquad Sc_L = \frac{\mu_L}{\rho_L D'}, \qquad Ga_L = \frac{gl^3\rho_L^2}{\mu_L^2}$$

式中，a 为填料的比表面积，m^2/m^3；k_c 为液膜传质系数，m/s；c_m/c 为液相漂流因子；l 为特征尺寸，取填料的直径，m；D' 为溶质在液相中的分子扩散系数，m^2/s；ρ_L 为液体的密度，kg/m^3；g 为重力加速度，m/s^2；μ_L 为液体的黏度，$N \cdot s/m^2$；W 为液体的空塔质量速度，$kg/(m^2 \cdot s)$。

7.7   解吸及其他条件下的吸收

7.7.1   解吸

使溶解于液相中的气体释放出来的操作称为解吸（或脱吸）。解吸是吸收的逆过程，因此其相际传质推动力为 $X - X^*$ 或 $Y^* - Y$ [见图 7-5(b)]。降低溶质在液相的溶解度 X^*（如减压、加温）和降低气相中溶质的分压 Y（如气提或汽提）都有利于解吸过程的进行。工业解吸过程通常是使溶液由塔顶引入，惰性气体（即载气）由塔底引入，两相在塔内逆流接触传质，此过程称为气提，若惰性气体为蒸汽则称为汽提。若溶质不溶于水，用水蒸气汽提则混合蒸汽在塔顶冷却冷凝后，溶质与水发生分层，从而可得纯溶质。

适用于吸收操作的设备同样适用于解吸操作，前述的气液传质理论和吸收过程的计算方法均可用于解吸过程，相对应的计算式形式也类似。下面仅就容易与吸收操作计算相混淆的解吸塔的最小气液比和填料层高度计算式两个方面给予讨论。

（1）解吸塔的最小气液比

对图 7-22(a) 所示逆流解吸塔的虚线框作物料衡算，得逆流解吸操作线方程

$$Y = \frac{L}{V}X + \left(Y_2 - \frac{L}{V}X_2\right) \tag{7-133}$$

比较逆流吸收操作线方程式(7-77)，两式形式完全相同，只是（X_2，Y_2）代表的低浓度端，对吸收塔是气体的出塔处在塔顶，而解吸塔是气体的入塔处在塔底。同样，解吸操作线方程在 Y-X 图上为以液气比 L/V 为斜率，以塔进、出口的气、液两相组成点（Y_1，X_1）和（Y_2，X_2）为端点的直线，但因解吸的液相相对于气相而言是过饱和的，即塔内任一截面上 $X > X^*$ 而 $Y < Y^*$，所以解吸操作线位于平衡线下方，如图 7-22(b)、(c) 中 AB 线段。

当溶液的处理量 L，进出塔组成 X_1、X_2 一定，解吸气进塔组成 Y_2 也确定后，则气体出塔浓度 Y_1 与气体用量 V 直接相关。当解吸用气量 V 减小时，气体出塔浓度 Y_1 增大，操作线的 A 点向平衡线靠拢，两线距离减小，传质推动力下降。当操作线与平衡线相交 [见图 7-22(b)] 或相切 [见图 7-22(c)] 时，解吸操作线斜率即液气比 L/V 最大，也就是气液比 V/L 最小，这是达到一定解吸程度气液比操作的最低极限值，对应气体出塔组成 $Y_1 = Y_{1,max}$。因此，解吸操作对图 7-22(b) 所示相平衡线上凸的情况，塔顶处气、液两相传质平衡，$Y_{1,max} = Y_1^*$。对于相平衡线下凹或有拐点 [见图 7-22(c)] 的情况，$Y_{1,max} < Y_1^*$，最小气液比 $(V/L)_{min}$ 由过 B 点所作的操作线与平衡线的切线斜率确定。解吸操作的实际气液比 V/L 应大于最小气液比 $(V/L)_{min}$。

$$\left(\frac{V}{L}\right)_{min} = \frac{X_1 - X_2}{Y_{1,max} - Y_2} \tag{7-134}$$

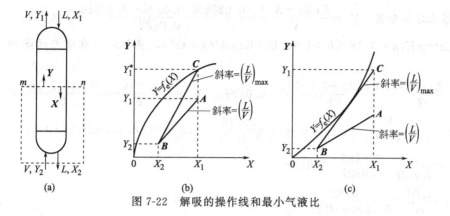

图 7-22 解吸的操作线和最小气液比

（2）填料层高度计算式

解吸塔填料层高度计算式的推导，可采用与吸收塔完全相同的方法，但须注意式中涉及的推动力（浓度差）的前后项要调换。如用传质单元高度与传质单元数计算填料层高度 z，无论吸收与解吸，传质单元高度的计算方法都是一样的，但传质单元数定义中的传质推动力项，以液相总传质推动力为例，吸收为 $(X^* - X)$，解吸则为 $(X - X^*)$。

当平衡关系可用 $Y^* = MX$ 表达时，可推得与吸收过程 N_{OL} 计算式（7-122）～式（7-125）完全类似的解吸过程的 N_{OL} 计算式。

$$N_{OL} = \int_{X_2}^{X_1} \frac{dX}{X - X^*} = \frac{1}{1-A} \ln \frac{X_1 - X_1^*}{X_2 - X_2^*} \tag{7-135}$$

$$N_{OL} = \frac{X_1 - X_2}{\Delta X_m} \tag{7-136}$$

$$\Delta X_m = \frac{(X_1 - X_1^*) - (X_2 - X_2^*)}{\ln \dfrac{X_1 - X_1^*}{X_2 - X_2^*}} \tag{7-137}$$

$$N_{OL} = \frac{1}{1-A} \ln \left[(1-A) \frac{X_1 - X_2^*}{X_2 - X_2^*} + A \right] \tag{7-138}$$

式中，$A = \dfrac{L}{VM}$ 为吸收因子。

【例 7-9】 将来自吸收塔的含苯洗油加热至 120℃后送入一常压解吸塔。解吸塔底通入过热至 120℃、压强为 101.3kPa 的水蒸气，使液相中的苯含量由 0.05（摩尔分数，下同）降至 0.005，脱除苯后的洗油经冷却后再返回吸收塔。进解吸塔的洗油流率为 0.03kmol/(s·m²)，蒸汽流量为最小理论用量的 1.5 倍。在操作条件下的气液平衡关系 $y = 3.16x$，总传质系数 $K_y = 0.01$kmol/(s·m²)。试求解吸塔的蒸汽用量及所需填料层高度。

解： $L = 0.03 \times (1 - 0.05) = 0.0285$kmol/(s·m²)

$$X_1 = \frac{0.05}{1 - 0.05} = 0.0526, \qquad X_2 = \frac{0.005}{1 - 0.005} = 0.00526$$

$$Y_2 = 0$$

因浓度较低，近似取相平衡关系为 $Y = 3.16X$，这样

$$Y_1^* = 3.16 \times 0.0526 = 0.166, \qquad Y_2^* = 3.16 \times 0.00526 = 0.0166$$

$$\left(\frac{V}{L}\right)_{min} = \frac{X_1 - X_2}{Y_1^* - Y_2} = \frac{0.0526 - 0.00526}{0.166} = 0.285$$

蒸汽用量 $V = 1.5 V_{min} = 1.5 \times 0.285 \times 0.0285 = 0.0122$kmol/(s·m²)

【例 7-9】附图

蒸汽出塔比摩尔分数 $Y_1 = \dfrac{L(X_1 - X_2)}{V} = \dfrac{0.0285 \times (0.0526 - 0.00526)}{0.0122} = 0.111$

因为 $K_x a = m K_y a = 3.16 \times 0.01 = 0.0316 \text{kmol}/(\text{s} \cdot \text{m}^3)$，且取液相在塔内的平均比摩尔分数为

$$X = \frac{X_1 + X_2}{2} = \frac{0.0526 + 0.00526}{2} = 0.0289, \quad X^* = \frac{X_1^* + X_2^*}{2} = \frac{0.111/3.16}{2} = 0.0176$$

$$K_x a = \frac{K_x a}{(1+X)(1+X^*)} = \frac{0.0316}{(1+0.0289)(1+0.0176)} = 0.0302 \text{kmol}/(\text{s} \cdot \text{m}^3)$$

$$H_{OL} = \frac{L}{K_x a \Omega} = \frac{0.0285}{0.0302} = 0.944 \text{m}$$

$$A = \frac{L/V}{m} = \frac{0.0285}{3.16 \times 0.0122} = 0.739$$

$$N_{OL} = \frac{1}{1-A} \ln\left[(1-A)\frac{X_1 - X_2^*}{X_2 - X_2^*} + A\right] = \frac{1}{1-0.739} \ln\left[(1-0.739)\frac{0.0526}{0.00526} + 0.739\right] = 4.63$$

$$Z = H_{OL} N_{OL} = 0.944 \times 4.63 = 4.27 \text{m}$$

7.7.2 高浓度气体吸收

7.7.2.1 高浓度气体吸收过程分析

　　高浓度与低浓度气体吸收的主要差异在于沿着塔高浓度变化的大小。高浓度吸收浓度变化大，溶质溶解量大，因而从塔底至塔顶气体流率变化也大，这个量的变化使得高浓度吸收过程与低浓度吸收过程相比有不同特点，主要表现如下。

　　① 通常为非等温吸收。由于溶质 A 的溶解量大，产生的溶解热能使吸收剂温度显著升高，即沿着塔高流体存在着明显的温度变化。受此影响相平衡关系也将沿塔高变化。温度升高，溶质的溶解度下降，对吸收不利。但对于液气比较大、而溶解热又不大的情况，或者吸收塔的散热效果好，能及时将溶解热移出，也可作等温吸收考虑。

　　② 传质系数沿塔高变化大。对高浓度气体吸收，气体组成 y 沿塔高变化大，即吸收量引起的塔内温度和流动状态的改变不可忽略，其结果传质系数 k_y、k_x 沿塔高改变。

7.7.2.2 等温吸收时塔高的计算

　　当吸收可视为等温吸收时，沿塔高相平衡关系不变。填料层高度 z 的计算可采用 7.5 节导出的式(7-92)～式(7-95)或者用其他组成表示法的计算式。因各传质系数沿塔高的变化不可忽略，即不能提出积分号外，这使得塔高 z 的计算变繁。实际上，因高浓度气体吸收时，传质系数中的漂流因子要涉及到界面浓度（y_i 或 x_i），因此 z 的计算通常采用由相内传质速率方程推导的公式，这样，可避免计算相际平衡浓度（y^* 或 x^*）。此外，为避免被积函数过于复杂，高浓度气体吸收填料层高度的计算一般采用摩尔分数的表达式。

　　如下为通过对式(7-94)和式(7-95)分别作浓度换算得到的以气相和液相为基准的高浓度吸收填料层高度 z 的计算式。

$$z = \int_{y_2}^{y_1} \frac{V}{k_y a \Omega} \times \frac{(1-y)_m \mathrm{d}y}{(y-y_i)(1-y)^2} \tag{7-139}$$

或

$$z = \int_{x_2}^{x_1} \frac{L(1-x)_m \mathrm{d}x}{k_x a \Omega (x_i - x)(1-x)^2} \tag{7-140}$$

可见，高浓度气体吸收 z 的计算只能由数值积分或图解积分求得。

　　应用式(7-139)式(7-140)计算 z 值，还需用到如下关系式

操作线方程 $\quad\quad \dfrac{y}{1-y} = \dfrac{L}{V}\left(\dfrac{x}{1-x}\right) + \left[\dfrac{y_2}{1-y_2} - \dfrac{L}{V}\left(\dfrac{x_2}{1-x_2}\right)\right] \tag{7-141}$

平衡线方程 $$y = f_e(x) \qquad (7\text{-}142)$$

传质速率方程 $$k_y(y - y_i) = k_x(x_i - x) \qquad (7\text{-}143)$$

以及体积传质系数 $k_y a$、$k_x a$ 与气、液质量流率的关联式。

7.7.3 非等温气体吸收

若忽略吸收塔内气、液两相温度升高对传质系数的影响（一般温度升高，传质系数将增大），非等温气体吸收填料层高度的计算与等温过程相比，除必须考虑气、液两相温度所引起的相平衡关系或溶解度的变化这一因素外，其计算公式和计算方法与高浓度等温吸收过程的计算完全相同。因此，求得了非等温吸收的实际相平衡关系，按上述填料层高度的计算公式与求解步骤，就可求得 z 值。

7.7.4 化学吸收

若溶质与吸收剂之间的化学反应对吸收过程具有显著影响，则称之为化学吸收。化学吸收过程的主要特点是溶质进入液相后在扩散路径上不断被化学反应所消耗。例如溶质 A 与吸收剂中的化学组分 B 发生如下反应

$$A + B \longrightarrow AB$$

化学反应的结果降低了液相中溶质 A 的浓度，从相平衡的角度也就加大了相际传质推动力，从而加速了吸收速率。但化学反应速率的快慢，对吸收速率的影响却有着显著的差异，图 7-23 为不同反应速率下溶质 A 在液相等效膜层内的浓度分布。

① 快速反应　溶质在等效膜内全部反应完，不进入液相主体（图 7-23 中 c 线）。反应越快，有浓度梯度的区域越窄，液相的扩散阻力越小。对快速的瞬间反应，当溶质 A 由气相转入液相时在界面附近就被反应所消耗，因而液相中不存在游离的 A，即液相主体浓度 $c_{A\delta} = 0$，与之对应的气相平衡分压 $p_A^* = 0$。这样的过程相当于 $m = 0$ 的物理吸收，液相的扩散阻力趋于零，吸收过程为气膜控制，应采取增大气液接触表面和强化气膜传质的措施。

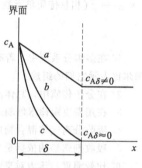

图 7-23　不同反应速率下的液相浓度分布

② 中等反应速率　与快速反应相比，有浓度梯度的区域较大（图 7-23 中 b 线），但由于液相主体持液量大，反应消耗溶质的能力强，因而液相主体浓度 $c_{A\delta} \approx 0$，吸收速率得以提高。

③ 慢速反应　反应主要在液相主体中进行，等效膜内浓度分布与物理吸收接近（图 7-23 中 a 线）。吸收主要为化学反应速率控制，应采取加大液相主体溶量的方法，降低主体浓度以增强吸收速率。

本章符号说明

英文字母

a——填料层的有效比表面积，m^2/m^3；

A——吸收因子，$A = L/(Vm)$；

c——摩尔浓度，$kmol/m^3$；

D——扩散系数，m^2/s；或塔径，m；

E——亨利系数，kPa；

Ga——伽利略数，$Ga = gl^3\rho_L^3/\mu_L^2$；

H——溶解度系数，$kmol/(m^3 \cdot kPa)$；

H_G——气相传质单元高度，m；

H_L——液相传质单元高度，m；

H_{OG}——气相总传质单元高度，m；

H_{OL}——液相总传质单元高度，m；

k_c——以 Δc 为推动力的液相传质系数，m/s；

k_x——以 Δx 为推动力的液相传质系数，$kmol/(m^2 \cdot s)$；

k_X——以 ΔX 为推动力的液相传质系数，$kmol/(m^2 \cdot s)$；

k_g——以 Δp 为推动力的气相传质系数，$kmol/(m^2 \cdot s \cdot kPa)$；

k_y——以 Δy 为推动力的气相传质系数，$kmol/(m^2 \cdot s)$；

k_Y——以 ΔY 为推动力的气相传质系数，$kmol/(m^2 \cdot s)$；

K_c——以 Δc 为总推动力的液相总传质系数，m/s；

K_x——以 Δx 为总推动力的液相总传质系数，$kmol/(m^2 \cdot s)$；

K_X——以 ΔX 为总推动力的液相总传质系数，$kmol/(m^2 \cdot s)$；

K_g——以 Δp 为总推动力的气相总传质系数，$kmol/(m^2 \cdot s \cdot kPa)$；

K_y——以 Δy 为总推动力的气相总传质系数，$kmol/(m^2 \cdot s)$；

K_Y——以 ΔY 为总推动力的气相总吸收系数，$kmol/(m^2 \cdot s)$；

L——吸收剂的摩尔流量，$kmol/s$；

N_A——溶质 A 的传质通量，$kmol/(m^2 \cdot s)$；

N_G——气相传质单元数；

N_L——液相传质单元数；

N_{OG}——气相总传质单元数；

N_{OL}——液相总传质单元数；

p_A——溶质分压，kPa；

p——总压，kPa；

Re——雷诺数，$Re = du\rho/\mu$；

Sc——施密特数，$Sc = \mu/(\rho D)$；

Sh——舍伍德数，$Sh = k_c l/D$；

T——热力学温度，K；

u——气体的速度，m/s；

V——惰性气体的摩尔流量，$kmol/s$；

V_P——填料层体积，m^3；

x——组分在液相中的摩尔分数；

X——组分在液相中的比摩尔分数；

y——组分在气相中的摩尔分数；

Y——组分在气相中的比摩尔分数；

z——填料层高度，m。

希腊字母

μ——黏度，$Pa \cdot s$；

η——吸收率或回收率；

δ——膜厚度，m；

Ω——塔截面积，m^2；

思 考 题

1. 在多组分系统中，若有 A、B 两个组分在混合物中进行传质，而其余的组分为惰性组分，应如何用摩尔比表示它们的组成？

2. 在分子传质中，总体流动是如何形成的？

3. 在用费克定律求解稳态分子传质问题时，若沿扩散方向的扩散面积是变化的，应如何解决？

4. 吸收分离气体混合物的依据是什么？

5. 吸收剂选择的依据是什么？

6. 比较温度、压力对亨利系数 E、溶解度系数 H 和相平衡常数 m 的影响？

7. 什么是吸收过程的机理，讨论吸收过程的机理的意义是什么？

8. 双膜理论的基本论点是什么？

9. 什么是气膜控制？什么是液膜控制？用水吸收低浓度的 NH_3 属于什么控制过程？

10. 易溶气体的吸收通常属于什么控制过程？为了加快其吸收过程，应该增加气体的流量还是增加液体的流量？

11. 吸收过程中，逆流操作与并流操作有何区别？

12. 什么是最小液气比？对一定高度的吸收塔，若在最小液气比下操作，能否达到分离要求？为什么？

13. 实际液气比的选取原则是什么？

14. 在推导用传质单元数法计算填料层高度的基本计算式时，为何采用微元填料层高度衡算？

15. 传质单元高度和传质单元数有何物理意义？

16. 获得传质系数的途径有哪些？怎样通过实验的方法来测定传质系数？

17. 为何要以特征数形式来关联气相和液相的传质系数？

习 题

1. 总压 101.3kPa、温度 25℃时，1000g 水中含二氧化硫 50g，在此浓度范围内亨利定律适用，通过实验测定其亨利系数 E 为 4.13MPa，试求该溶液上方二氧化硫的平衡分压和相平衡常数 m。

2. 在逆流喷淋填料塔中用水进行硫化氢气体的吸收，含硫化氢的混合气进口浓度为 5%（质量分数），求填料塔出口水溶液中 H_2S 的最大浓度。已知塔内温度为 20℃，压强为 $1.52 \times 10^5 Pa$，亨利系数 E 为 48.9MPa。

3. 分析下列过程是吸收过程还是解吸过程，计算其推动力的大小，并在 x-y 图上表示。(1) 含 NO_2 0.003（摩尔分数）的水溶液和含 NO_2 0.06（摩尔分数）的混合气接触，总压为 101.3kPa，$T=15℃$，已知 15℃时，NO_2 水溶液的亨利系数 $E=1.68 \times 10^2 kPa$；(2) 气液组成及温度同 (1)，总压达 200kPa（绝对压强）。

4. 在某操作条件下用填料塔清水逆流洗涤混合气体，清水物理吸收混合气中的某一组分，测得某截面上该组分在气、液相中的浓度分别为 $y=0.014$，$x=0.02$。在该吸收系统中，平衡关系为 $y=0.5x$，气膜吸收分系数 $k_y=1.8 \times 10^{-4} kmol/(m^2 \cdot s)$，液膜吸收分系数 $k_x=2.1 \times 10^{-5} kmol/(m^2 \cdot s)$，试求：(1) 界面浓度 y_i、x_i 分别为多少？(2) 指出该吸收过程中的控制因素，并计算气相推动力在总推动力中所占的百分数。

5. 在吸收塔内用水吸收混于空气中的甲醇蒸气，操作温度为 25℃，压力为 105kPa（绝对压力）。稳定操作状况下，塔内某截面上的气相中甲醇分压为 7.5kPa，液相中甲醇浓度为 2.85kmol/m³。甲醇在水中的溶解度系数 $H=2.162kmol/(m^3 \cdot kPa)$，液膜吸收分系数 $k_L=2.0 \times 10^{-5} m/s$，气膜吸收分系数 $k_G=1.2 \times 10^{-5} kmol/(m^2 \cdot s \cdot kPa)$。试求：(1) 气液界面处气相侧甲醇浓度 y_i；(2) 计算该截面上的吸收速率。

6. 在 101.3kPa 及 25℃的条件下，用清水在填料吸收塔逆流处理含 SO_2 的混合气体。进塔气中含 SO_2 分别为 0.04（体积分数），其余为惰性气体。水的用量为最小用量的 1.5 倍。要求每小时从混合气体中吸收 2000kg 的 SO_2，操作条件下亨利系数为 4.13MPa，计算每小时用水量为多少（m³）和出塔液中 SO_2 的浓度（体积分数）？

7. 用清水在吸收塔中吸收 NH_3-空气混合气体中的 NH_3，操作条件是：总压 101.3kPa，温度 20℃。入塔时 NH_3 的分压为 1333.2Pa，要求回收率为 98%。在 101.3kPa 和 20℃时，平衡关系可近似写为 $Y^*=2.74X$。试问：(1) 逆流操作和并流操作时最小液气比 $\left(\dfrac{L}{V}\right)_{min}$ 各为多少？由此可得出什么结论？(2) 若操作总压增为 303.9kPa 时，采用逆流操作，其最小液气比为多少？并与常压逆流操作的最小液气比作比较讨论。

8. 在一逆流吸收塔中用吸收剂吸收某混合气体中的可溶组分。已知操作条件下该系统的平衡关系为 $Y=1.15X$，入塔气体可溶组分含量为 9%（体积分数），吸收剂入塔浓度为 1%（体积分数）；试求液体出口的最大浓度为多少？

9. 在填料塔内用清水逆流吸收某工业废气中所含的二氧化硫气体，SO_2 浓度为 0.08（体积分数），其余可视为空气。冷却后送入吸收塔用水吸收，要求处理后的气体中 SO_2 浓度不超过 0.004（体积分数）。在操作条件下的平衡关系为 $Y^*=48X$，所用液气比为最小液气比的 1.6 倍。求实际操作液气比和出塔溶液的浓度。并在 Y-X 图上画出上述情况的操作线与平衡线的相互关系。

10. 常压（101.325kPa）用水吸收丙酮-空气混合物中的丙酮（逆流操作），入塔混合气中含丙酮 7%（体积分数），混合气体流量为 1500m³/h（标准状态），要求吸收率为 97%，已知亨利系数为 200kPa（低浓度吸收，可视 $M \approx m$）。试计算：(1) 每小时被吸收的丙酮量为多少？(2) 若用水量为 3200kg/h，求溶液的出口浓度？在此情况下，塔进出口处的推动力 ΔY 各为多少？(3) 若溶液的出口浓度 $x_1=0.0305$，求所需用水量，此用水量为最小用水量的多少倍？

11. 在逆流操作的填料塔中，用纯溶剂吸收某气体混合物中的可溶组分，若系统的平衡关系为 $Y=0.3X$。试求：(1) 已知最小液气比为 0.24，求其回收率；(2) 当液气比为最小液气比的 1.2 倍，塔高不受限制时该系统的最大回收率；(3) 如果吸收因子 $A=1.25$，回收率为 90%，并已知该系统的气、液相传质单元高度 H_L 和 H_G 都是 2m，其填料层高度为多少？

12. 在一逆流填料吸收塔中，用纯水吸收空气-二氧化硫混合气中的二氧化硫。入塔气体中含二氧化硫 4%（体积分数），要求吸收率为 95%，水用量为最小用量的 1.45 倍，操作状态下平衡关系为 $Y^*=34.5X$，$H_{OG}=2m$。试求：(1) 填料层的高度；(2) 若改用含二氧化硫 0.08% 的稀硫酸作吸收剂，Y_1 及其他条件不变，吸收率为多少？(3) 画出两种情况下的操作线及平衡线的示意图。

13. 在一塔径为 1.3m，逆流操作的填料塔内用清水吸收氨-空气混合气中的氨，已知混合气体流量为 3400m³/h（标准状况）、其中氨含量为 NH_3 5%（体积分数），吸收率为 90%，液气比为最小液气比的

1.3 倍，操作条件下的平衡关系为 $Y=1.2X$，气相体积总传质系数 $K_Y a=187\text{kmol}/(\text{m}^3 \cdot \text{h})$，试求：（1）吸收剂用量；（2）填料层高度；（3）在液气比及其他操作条件不变的情况下，回收率提高到 95％ 时，填料层高度应增加多少。

14. 由矿石焙烧炉送出来的气体含有 SO_2 6％（体积分数），其余可视为空气，冷却送入填料塔用水吸收。该填料层高度为 6m，可以将混合气中的 SO_2 回收 95％，气体速率为 600kg 惰性气体$/(\text{m}^2 \cdot \text{h})$，液体速率为 $900\text{kg}/(\text{m}^2 \cdot \text{h})$。在操作范围内，$SO_2$ 的气液平衡关系为 $Y^*=2X$，$K_Y a \propto W_{\text{气}}^{0.7}$，受液体速率影响很小，而 $W_{\text{气}}$ 是单位时间内通过塔截面的气体质量，试计算将操作条件作下列变动，所需填料层有何增减（假设气、液体速率变动后，塔内不会发生液泛）？（1）气体速度增加 20％；（2）液体速度增加 20％。

15. 某制药厂现有一直径为 1m、填料层的高度为 4m 的吸收塔。用纯溶剂逆流吸收气体混合物中的某可溶组分，该组分进口为 0.08（摩尔分数），混合气流率为 $40\text{kmol}/\text{h}$，要求回收率不低于 95％。操作液气比为最小液气比的 1.5 倍，相平衡关系为 $Y^*=2X$，试计算：（1）操作条件下的液气比为多少？（2）塔高为 3m 处气相浓度为多少？（3）若塔高不受限制，最大吸收率为多少？

16. 在装填有 50mm 拉西环的填料塔中用清水吸收空气中的甲醇，直径为 880mm，填料层高 6m，每小时处理 2000m^3 甲醇-空气混合气，其中含甲醇 5％（体积分数），操作条件为 298.15K、101.3kPa。塔顶放出废气中含甲醇 0.263％（体积分数），塔底排出的溶液每千克含甲醇 61.2g。在此操作条件下，平衡关系 $Y=2.0X$。根据上述测得数据试计算：（1）气相体积总传质系数 $K_Y a$；（2）每小时回收多少甲醇；（3）若保持气液流量 V、L 不变，将填料层高度增加高 3m，可以多回收多少甲醇。

17. 现需用纯溶剂除去混合气中的某组分，所用的填料塔的高度为 6m，在操作条件下的平衡关系为 $Y=0.8X$，当 $L/V=1.2$ 时，溶质回收率可达 90％。在相同条件下，若改用另一种性能较好的填料，则其吸收率可提高到 95％，请问第二种填料的体积传质系数是第一种填料的多少倍？

18. 用填料塔解吸某含有二氧化碳的碳酸丙烯酯吸收液，已知进、出解吸塔的液相组成分别为 0.0085 和 0.0016（摩尔分数）。解吸所用载气为含二氧化碳 0.0005（摩尔分数）的空气，解吸的操作条件为 35℃、101.3kPa，此时平衡关系为 $Y=106.03X$。操作气液比为最小气液比的 1.45 倍。若取 $H_{OL}=0.82\text{m}$，求所需填料层的高度？

19. 某合成氨厂在逆流填料塔中，用 NaOH 溶液吸收变换气中的 CO_2。已知进塔混合气流量为 $113514\text{kg}/\text{h}$，密度为 $12.8\text{kg}/\text{m}^3$；进塔的液体流量为 $1019850\text{kg}/\text{h}$，密度为 $1217\text{kg}/\text{m}^3$，黏度为 $0.52\text{mPa} \cdot \text{s}$。拟采用乱堆 $50\text{mm}\times50\text{mm}\times0.9\text{mm}$ 的钢制鲍尔环。试估算填料塔的塔径？

20. 在某逆流操作的填料塔内，用清水回收混合气体中的可溶组分 A，混合气体中 A 的初始浓度为 0.02（摩尔分数）。为了节约成本，吸收剂为解吸之后的循环水，液气比为 1.5，在操作条件下，气液平衡关系为 $Y^*=1.2X$。当解吸塔操作正常时，解吸后水中 A 的浓度为 0.001（摩尔分数），吸收塔气体残余 A 的浓度为 0.002（摩尔分数）；若解吸操作不正常，解吸后水中 A 的浓度为 0.005（摩尔分数），其他操作条件不变，气体残余 A 的浓度为多少？

参 考 文 献

[1] 叶世超，夏素兰，易美桂等. 化工原理（下册）. 北京：科学出版社，2006.

[2] McCabe W L, Smith J C, Harriott P. Unit operations of chemical engineering. 5th ed. New York: McGraw-Hill, 1996.

[3] Foust A S, Wenzel L A, Clump C W, Maus L, Anderson L B. Principles of Unit operations. 2nd ed. New York: John Wiley & Sons, 1980.

[4] 时均等. 化学工程手册（上卷）. 北京：化学工业出版社，1996.

[5] 陈敏恒等. 化工原理（下册）. 北京：化学工业出版社，2000.

[6] Schweitzer P A. Title Handbook of separation techniques for chemical engineers. New York: McGraw-Hill, 1997.

[7] Zarzycki R, Chacuk A. Absorption: fundamentals & applications. New York: Pergamon Press, 1993.

第8章 蒸 馏

8.1 概述

混合物的分离是化工生产中的重要过程，作为分离液体混合物的一种典型单元操作——蒸馏，它是利用物系中各组分挥发度不同的特性来实现分离的。例如，对苯-甲苯的混合物，加热使之部分汽化，由于苯的沸点较低，挥发度高，所以较甲苯易于从液相中汽化出来，再将汽化的蒸气进行冷凝，最终便可以实现苯和甲苯的分离。习惯上，把混合物中易挥发的组分称为轻组分，难挥发的组分称为重组分。

蒸馏单元操作广泛应用于工业生产中，例如石油炼制工业利用蒸馏方法将原油分离成汽油、柴油、润滑油等不同沸程的产品；在工业生产中常需要大量高纯度的氧气和氮气等，常用方法就是将空气加压、深冷后，采用蒸馏的方法进行分离，获得所需的氧气、氮气及氩气；此外，蒸馏方法还广泛地应用于食品加工以及医药生产等工业中。

8.1.1 蒸馏过程的分类

由于待分离混合物中各组分挥发度的差异，分离程度的要求、操作条件等各有不同，故蒸馏方法也有多种，其分类如下。

① 按照操作方式分为连续蒸馏和间歇蒸馏。连续精馏通常为定态操作，在生产中使用较多，而间歇精馏为非定态操作，主要应用于小规模生产或某些有特殊要求的场合。

② 按蒸馏方法分为简单蒸馏、平衡蒸馏、精馏和特殊精馏等。当混合物中各组分的挥发度差异较大，且分离要求又不高时，可采用简单蒸馏和平衡蒸馏，它们是最简单的蒸馏方法；当混合物中各组分的挥发度相差不大，且分离要求较高时，宜采用精馏，它在工业生产中的应用最为广泛；当混合物中各组分的挥发度差异很小或形成共沸物时，普通精馏方法达不到分离要求，则应采用特殊精馏。

③ 按操作压强分为常压精馏、加压精馏和减压精馏。通常，常压精馏适用于在常压下沸点介于室温和150℃左右的混合液；加压精馏比较适用于在常压下为气态的混合物；而减压精馏则适用于常压下沸点较高的或热敏性物系。

④ 按待分离物系中组分的数目可分为双（二元）组分和多组分精馏。工业中的精馏以多组分精馏为主，但基本原理和计算与双组分精馏无本质区别，只是处理多组分精馏过程更为复杂，常以双组分精馏为基础。

8.1.2 蒸馏分离的特点

① 蒸馏分离历史悠久，应用广泛。它不仅可分离液体混合物，还可分离气体混合物和固体混合物。例如空气可通过加压液化建立气液两相体系，再用蒸馏方法使它们分离；又如脂肪酸的混合物，可加热使其熔化并在减压下建立气液两相体系，同样可用蒸馏方法进行分离。

② 蒸馏操作流程简单，它不需要外加其他物料（特殊精馏除外），各组分可以直接互相分离制得符合要求的产品。

③ 由于物质需要通过汽化、冷凝才能建立两相体系，因此需消耗大量的能量。此外，为了建立两相体系，有时需要高压、高真空、高温或低温等不易实现的条件，这常是不宜采

用蒸馏分离某些物系的原因。

本章重点讨论常压下双组分连续精馏的原理和计算方法。

8.2 双组分溶液的气液平衡关系

溶液的气液平衡是蒸馏过程的热力学基础，是精馏操作分析和过程计算的重要依据。其平衡数据可由实验测定，也可由热力学公式计算得到。

8.2.1 理想溶液的气液平衡关系

根据溶液中同种分子间与异种分子间作用力的差异，可将溶液分为理想溶液和非理想溶液。所谓理想物系是指液相和气相应符合以下条件。

① 液相为理想溶液，服从拉乌尔定律。严格地讲，理想溶液并不存在，但对化学结构相似、性质极相近的组分组成的物系，如苯-甲苯、甲醇-乙醇、常压及 150℃ 以下的各种轻烃的混合物等都可视为理想溶液。

② 气相为理想气体，服从道尔顿分压定律。当总压不太高时的气相可视为理想气体。

8.2.1.1 相律

相律是研究相平衡的基本规律，它表示平衡物系中的自由度数、相数及独立组分数间的关系，即

$$F = C - \Phi + 2 \tag{8-1}$$

式中，F 为自由度数；C 为独立组分数；Φ 为相数。

式(8-1) 中的 2 表示可以影响物系平衡状态的外界因素只有温度和压力这两个条件。对双组分的气液平衡，其中 $C = 2$、$\Phi = 2$，则可得 $F = 2$，即双组分物系气液平衡的自由度数为 2。在气液平衡中可以变化的参数有四个：温度 t、压强 p、气相组成 y 和液相组成 x，若任意规定其中两个，此平衡物系的状态也就被确定了。通常蒸馏可视为恒压下操作，即 p 一定，则在 t、y、x 中任意确定一个，系统的状态就确定了，所以双组分物系的气液平衡可以用一定压强下的 t-x（或 y）及 x-y 的函数关系或相图表示。

8.2.1.2 气液平衡的函数关系

(1) 用饱和蒸气压表示的气液平衡关系

根据拉乌尔定律，理想体系达到平衡时溶液上方的分压为

$$p_A = p_A^\circ x_A \tag{8-2}$$

$$p_B = p_B^\circ x_B = p_B^\circ (1 - x_A) \tag{8-3}$$

式中，x_A、x_B 分别为溶液中 A、B 组分的摩尔分数；p_A°、p_B° 分别为在溶液温度下纯组分 A、B 的饱和蒸气压，Pa，它们均是温度的函数，即 $p_A^\circ = f_A(t)$，$p_B^\circ = f_B(t)$。其下标 A 表示易挥发组分，B 表示难挥发组分。为了方便起见，常略去上式中的下标，以 x 和 y 分别表示易挥发组分在液相和气相中的摩尔分数，以 $(1-x)$ 和 $(1-y)$ 分别表示难挥发组分的摩尔分数。

在指定压力下，溶液沸腾的条件是各组分的蒸气压之和等于外压，即

$$p_A + p_B = p \tag{8-4}$$

或

$$p_A^\circ x_A + p_B^\circ (1 - x_A) = p \tag{8-5}$$

整理上式可得

$$x_A = \frac{p - p_B^\circ}{p_A^\circ - p_B^\circ} \tag{8-6}$$

式(8-6) 即为气液平衡时液相组成与平衡温度间的关系，称为泡点方程。

当外压不太高时，平衡的气相可视为理想气体，遵循道尔顿分压定律，即

$$y_A = \frac{p_A}{p} \tag{8-7}$$

联立拉乌尔定律，得

$$y_A = \frac{p_A^o}{p} x_A \tag{8-8}$$

将式(8-6)代入式(8-8)可得

$$y_A = \frac{p_A^o}{p} \frac{p - p_B^o}{p_A^o - p_B^o} \tag{8-9}$$

式(8-9)表示平衡时气相组成与平衡温度间的关系，称为露点方程。

若引入相平衡常数 K，则式(8-8)可写为

$$y_A = K_A x_A \tag{8-10}$$

其中　　　　　　　　　　　　$K_A = p_A^o / p \tag{8-11}$

式(8-10)即为用相平衡常数表示的气液平衡关系，在多组分精馏中多采用此方程。由于 p_A^o 是温度的函数，所以在蒸馏过程中，相平衡常数 K 并非常数，在一定总压下，K 随温度而变。当溶液组成改变时，必引起平衡温度的变化，因此相平衡常数不能保持常数。

对任一双组分的理想溶液，恒压下若已知某一温度下组分的饱和蒸气压数据，就可求得平衡时的气相组成；若已知总压和其中一相组成，也可求得与之平衡的另一相组成和平衡温度，一般需用试差法计算。

此外，纯组分的饱和蒸气压 p^o 与温度 t 的关系通常用安托因（Antoine）方程表示，即

$$\lg p^o = A - \frac{B}{t + C} \tag{8-12}$$

式中，A、B、C 为经验常数，可由相关手册查出。

（2）用相对挥发度表示的气液平衡关系

蒸馏的基本依据是混合液中各组分挥发度的差异。在双组分蒸馏的分析和计算中，应用相对挥发度来表示气液平衡函数关系更为简便。通常纯组分的挥发度是指该液体在一定温度下的饱和蒸气压。但在溶液中，各组分挥发性的大小受其他组分存在的影响，所以不能用各组分的饱和蒸气压反映它的挥发性，故在溶液状态下，组分的挥发度 v 可用它在蒸气中的分压和与之平衡的液相中的摩尔分数之比来表示，即

$$v_A = \frac{p_A}{x_A} \tag{8-13}$$

$$v_B = \frac{p_B}{x_B} \tag{8-14}$$

若对纯组分，$x_A = 1$，平衡分压即为挥发度，也就是饱和蒸气压。

对于理想溶液，因符合拉乌尔定律，则有

$$v_A = p_A^o, \qquad v_B = p_B^o$$

显然，溶液中组分的挥发度是随温度而变化的，在使用上不大方便，所以引出相对挥发度的概念。习惯上将溶液中易挥发组分的挥发度和难挥发组分的挥发度之比称为相对挥发度，以 α 表示，即

$$\alpha = \frac{v_A}{v_B} = \frac{p_A / x_A}{p_B / x_B} \tag{8-15}$$

若气相服从道尔顿分压定律，$p_A = p y_A$，$p_B = p y_B$，则又可写为

$$\alpha = \frac{y_A / y_B}{x_A / x_B} \tag{8-16}$$

上式即为相对挥发度 α 的定义式。

对双组分物系，由于 $y_A+y_B=1$，$x_A+x_B=1$，代入上式并解出 y（以轻组分表示）得

$$y=\frac{\alpha x}{1+(\alpha-1)x}\tag{8-17}$$

式 (8-17) 称为相平衡方程。如果能知道 α，则可计算互成平衡时易挥发组分的浓度（y-x）对应关系。

对理想体系，拉乌尔定律（$p_i=p_i^\circ x_i$）适用，则

$$\alpha=\frac{p_A/x_A}{p_B/x_B}=\frac{p_A^\circ}{p_B^\circ}\tag{8-18}$$

可见，α 的大小依赖于各组分的性质。由于 p_A° 与 p_B° 均是温度的函数，则 α 也是温度的函数，但 α 随温度的变化比 p_A°、p_B° 随温度的变化小得多。因而在工程设计中取 α 的某一平均值计算 y-x 关系颇为方便。

平均相对挥发度的求法常用以下两种方式。

① 算术平均 α_m。当在操作温度的上、下限范围内 α 变化不大时，可取上限温度下的 α_1 和下限温度下的 α_2 的算术平均值作为整个温度范围内的 α_m，即

$$\alpha_m=\frac{1}{2}(\alpha_1+\alpha_2)\tag{8-19}$$

② 内插平均。当温度变化范围内 α 变化较高，但仍小于 30% 时，可取

$$\alpha=\alpha_1+(\alpha_2-\alpha_1)x\tag{8-20}$$

α_1、α_2 仍为两个温度下的相对挥发度，则给定一系列 x，可求出一系列 α。

α 的大小可作为蒸馏分离某个物系难易程度的标志。α 越大，挥发度差异越大，分离越容易。若 $\alpha=1$，则气相组成与液相组成相等，该混合液不能通过普通精馏方法分离。

（3）双组分理想溶液的气液平衡相图

相图可以直观清晰地表达出气液平衡关系，而且影响双组分蒸馏的因素可在相图上直接反映出来，对于分析和计算都非常方便。蒸馏中常用的相图为恒压下的温度-组成图及气相-液相组成图。

① 温度-组成（t-x-y）图　双组分混合物的温度-组成图是在恒定的压力下，由不同温度下互成平衡时的气-液相组成（x_i，y_i）数据，在温度-组成坐标中描绘得到的图形，如图 8-1 所示。

图 8-1 中有两条曲线，其中上曲线 ADC 为 t-y 线，表示混合物的平衡温度 t 与气相组成 y 之间的关系，称为饱和蒸气线（露点线）；下曲线 AEC 为 t-x 线，表示混合物的平衡温度 t 与液相组成 x 之间的关系，称为饱和液体线（泡点线）。这两条曲线将 t-x-y 图划分成了三个区域：t-x 线下方的代表未沸腾的液体，为过冷液相区；t-y 线上方的代表过热蒸气，为过热蒸气区；两曲线包围的区域表示气液两相同时存在，为气液共存区。

当组成为 x 的液体在恒压下升温到 B 点时，产生第一个气泡，其组成为 y_1，相应的温度称为泡点，因此饱和液体线又称泡点线；同样饱和蒸气线又称露点线，当一定的气相降温到 D 点时达到该混合气的露点，凝结出第一个组成为 x_1 的液滴。当混合物的状态点位于 G 时，则此物系被分成互成平衡的气液两相，其组成分别用 E、F 两点表示，其量可由杠杆规则确定。

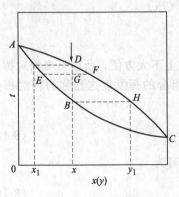

图 8-1　t-x-y 图

② 气相-液相组成（x-y）图　对一定的二元物系，在

总压一定时，把气液平衡的各组 $(t,x,y)_i$ 数据中的 $(x,y)_i$ 在以 x 为横轴、y 为纵轴的图上标出，连接各点绘成的曲线便是平衡曲线，它表示液相组成和与之平衡的气相组成间的关系，又称气液平衡图。如图 8-2 所示，图中曲线上任意点 D 表示组成为 x_1 的液相与组成为 y_1 的气相互成平衡，且表示点 D 有一确定的状态。

其中对角线供查图时参考使用，即为参照线。对于大多数溶液，当两相达到平衡时，易挥发组分的气相组成 y 总大于液相组成 x，所以平衡线居于对角线上方，两者位置的远近反映了两组分挥发能力差异的大小或分离的难易程度。平衡线离对

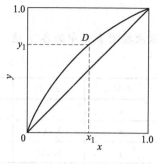

图 8-2 x-y 图

角线越远，说明两组分挥发能力的差异越大，越易于分离。反之，则挥发能力差异越小，越不易分离，当平衡线趋近或与对角线重合时，则不能采用普通蒸馏方法进行分离。

【**例 8-1**】 试分别利用拉乌尔定律和相对挥发度计算苯-甲苯溶液在总压为 101.33kPa 下的气液平衡数据。苯（A）-甲苯（B）的温度与饱和蒸气压数据见本例附表 1。假设该物系为理想溶液。

【**例 8-1**】附表 1

$t/℃$	80.1	85	90	95	100	105	110.6
p_A^o/kPa	101.33	116.9	135.5	155.7	179.2	204.2	240.0
p_B^o/kPa	40.0	46.0	54.0	63.3	74.3	86.0	101.33

解：(1) 利用饱和蒸气压数据计算

由泡点方程和露点方程计算平衡时的气液相组成，以 $t=100℃$ 为例，计算过程如下

$$x_A = \frac{p - p_B^o}{p_A^o - p_B^o} = \frac{101.33 - 74.3}{179.2 - 74.3} = 0.258$$

$$y_A = \frac{p_A^o}{p} x_A = \frac{179.2}{101.33} \times 0.258 = 0.456$$

各个平衡温度下对应的 x、y 值列于本例附表 2 中。

【**例 8-1**】附表 2

$t/℃$	80.1	85	90	95	100	105	110.6
x	1.000	0.780	0.581	0.412	0.258	0.130	0
y	1.000	0.900	0.777	0.633	0.456	0.262	0

(2) 利用相对挥发度计算

仍以 $t=100℃$ 为例，计算过程如下

$$\alpha = \frac{p_A^o}{p_B^o} = \frac{179.2}{74.3} = 2.41$$

其他温度下的 α 值列于本例附表 3。

在操作温度范围内 α 变化不大时，可取上、下限温度下 α 的算术平均值作为整个温度范围内的 α_m，即

$$\alpha_m = \frac{1}{2}(\alpha_1 + \alpha_2) = \frac{2.54 + 2.37}{2} = 2.46$$

将平均相对挥发度 α_m 代入式(8-17) 中，得

$$y = \frac{\alpha x}{1+(\alpha-1)x} = \frac{2.46 \times 0.258}{1+1.46 \times 0.258} = 0.461$$

依次按附表 2 中的各 x 值，由上式即可计算出气相平衡组成 y，结果见本例附表 3。

【例 8-1】附表 3

$t/℃$	80.1	85	90	95	100	105	110.6
α		2.54	2.51	2.46	2.41	2.37	
x	1.000	0.780	0.581	0.412	0.258	0.130	0
y	1.000	0.897	0.773	0.633	0.461	0.269	0

比较本例附表 2 和附表 3，可以看出所求得的 x-y 数据基本一致，但利用平均相对挥发度表示气液平衡关系比较简单。

8.2.2 非理想溶液的气液平衡关系

实际生产中所遇到的物系大多为非理想物系。对于溶液的非理想性来源主要在于异种分子间的作用力不同于同种分子间的作用力，表现为溶液中各组分的平衡蒸气压偏离于拉乌尔定律，此偏差可正可负，分别称为正偏差溶液或负偏差溶液，实际溶液以正偏差居多。非理想溶液的平衡分压可用修正的拉乌尔定律表示，并引入活度系数 γ

$$\gamma_i = \frac{\hat{a}_i}{x_i} = \frac{\hat{f}_i^L}{f_i^L x_i} \tag{8-21}$$

式中，$\hat{a}_i$ 为实际溶液的活度；$\hat{f}_i^L$ 为 i 组分在液相中的逸度；f_i^L 为 i 组分在纯态时的逸度。

若气相为理想气体，在达到平衡时有：

$$\hat{f}_i^L = \hat{f}_i^V = p_i \tag{8-22}$$

$$f_i^L = p_i^o \tag{8-23}$$

代入式(8-21)，得

$$\gamma_i = p_i / p_i^o x_i \tag{8-24}$$

故

$$p_i = p_i^o x_i \gamma_i \tag{8-25}$$

若气相服从道尔顿定律 $p_i = p y_i$，则

$$y_i = \frac{p_i^o x_i}{p} \gamma_i \tag{8-26}$$

γ_i 为 i 组分的活度系数，其大小表明了该溶液偏离理想溶液的程度。当 $\gamma_i > 1$ 时，该溶液对理想溶液存在正偏差，该偏差使溶液产生的总压高于理想溶液的总压，当溶液总压高于纯易挥发组分的饱和蒸气压时，其总压出现一个最高点，相应最高点处必然形成一个最低沸点的共沸物，对二元体系如图 8-3 所示，此共沸物中各组分的相对挥发度 $\alpha = 1$。反之，当 $\gamma_i < 1$ 时，说明溶液存在负偏差，当偏差大到使总压低于其中纯难挥发组分的饱和蒸气压时，其总压会出现一个最低点，则该体系在对应最低点形成一最高沸点共沸物，对二元体系，如图 8-4 所示，共沸物中各组分的相对挥发度 $\alpha = 1$。此类体系不能采用常规蒸馏方法进行分离，而只能采用共沸蒸馏、萃取蒸馏或萃取等其他方法进行分离。

非理想溶液相平衡关系确定的关键是其活度系数 γ_i 的确定，它可由实验测定或热力学关系计算。只是通过热力学关系推算出的相平衡关系数据，也需要采用实验数据或实际生产数据加以确认，才可用于工程实际的设计和操作分析中。

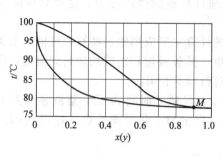

(a) 乙醇-水溶液的沸点-组成图

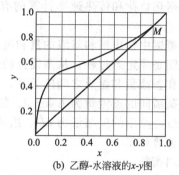

(b) 乙醇-水溶液的 x-y 图

图 8-3　乙醇-水溶液的 t-$x(y)$ 图和 x-y 图

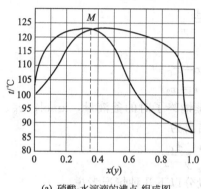

(a) 硝酸-水溶液的沸点-组成图

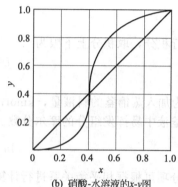

(b) 硝酸-水溶液的 x-y 图

图 8-4　硝酸-水溶液的 t-$x(y)$ 图和 x-y 图

8.3　简单蒸馏与平衡蒸馏

8.3.1　简单蒸馏

8.3.1.1　简单蒸馏装置

简单蒸馏也称微分蒸馏,是一种不稳定的单级蒸馏过程,需分批(间歇)进行。流程如图 8-5 所示,混合液通过蒸气加热在蒸馏釜 1 中逐渐汽化,产生的蒸气进入冷凝器 2,所得的馏出液流入接收器 3 中,作为馏出液产品。由于易挥发组分的气相组成 y 大于液相组成 x,因而随着蒸馏过程的进行,x 将逐渐降低,这使得与 x 平衡的气相组成 y(即馏出液的组成)亦随之降低,釜内溶液的沸点则逐渐升高。因为馏出液的组成开始最高,随后逐渐降低,所以常设有几个接收器,按时间的先后顺序分别可得到不同组成的馏出液。

简单精馏多用于混合液的初步分离,特别是对相对挥发度大的混合物进行分离颇为有效。比如从含乙醇不到 10% 的发酵液中,经一次蒸馏可得到 $50°$ 的烧酒,要得到 $60°\sim65°$ 的烧酒,可再蒸馏一次。

8.3.1.2　简单蒸馏的计算

简单蒸馏的计算主要包括两方面:①根据料液的量和组成,确定馏出液和釜液的量和组成间的关

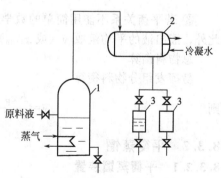

图 8-5　简单蒸馏装置
1—蒸馏釜;2—冷凝器;3—接收器

系；②根据热负荷和传热速率计算的有关原理计算釜的生产能力。这里只讨论第一方面的内容。

简单蒸馏中馏出液和釜液的量和组成间的计算主要应用物料衡算和气液平衡关系，但由于简单蒸馏是非定态过程，从蒸馏开始到结束，其釜液量和组成均随时间而变，所以为了找出馏出液和釜液量和组成之间的关系，必须进行微分衡算。

假设某瞬间的釜液量为 L kmol、组成为 x，经微元时间 dt 后，釜液量变为 $L-dL$、组成为 $x-dx$，蒸出的气相量为 dD、组成为 y，且 y 与 x 呈平衡关系。对 dt 时间微元的始末进行物料衡算可得

总物料衡算 $$dD=dL \tag{8-27}$$

易挥发组分物料衡算 $$Lx=(L-dL)(x-dx)+ydD \tag{8-28}$$

联立上面两式，并略去二阶无穷小量 $dLdx$，式(8-28)可写为

$$\frac{dL}{L}=\frac{dx}{y-x}$$

对上式进行积分，取积分上下限为

$$L=F, \quad x=x_F$$
$$L=W, \quad x=x_2$$

式中，F 为加入蒸馏釜的料液量，kmol；W 为蒸馏终了时的釜液量，kmol；x_F、x_2 分别为料液中和釜液中易挥发组分的摩尔分数。积分结果为

$$\ln\frac{F}{W}=\int_{x_2}^{x_F}\frac{dx}{y-x} \tag{8-29}$$

右边的积分项可根据相平衡关系进行计算，一般分以下几种情况考虑。

① 对理想溶液，其相平衡关系如下

$$y=\frac{\alpha x}{1+(\alpha-1)x}$$

其中 α 为常数，代入(8-29)积分得

$$\ln\frac{F}{W}=\frac{1}{\alpha-1}\Big[\ln\frac{x_F}{x_2}+\alpha\ln\frac{1-x_2}{1-x_F}\Big] \tag{8-30}$$

② 当溶液的相平衡关系符合 $y=mx+b$，即直线关系时，则代入(8-29)式得

$$\ln\frac{F}{W}=\frac{1}{m-1}\ln\frac{(m-1)x_F+b}{(m-1)x_2+b} \tag{8-31}$$

当平衡线通过原点，即 $y=mx$ 时，式(8-31)可简化为

$$\ln\frac{F}{W}=\frac{1}{m-1}\ln\frac{x_F}{x_2} \tag{8-32}$$

③ 若平衡关系不能用简单的数学式表示时，可以应用图解积分或数值积分求解。

此外，馏出液的平均组成 $\bar{y}$（或 $x_{D,m}$）可通过物料衡算求得，即

总物料衡算 $$D=F-W \tag{8-33}$$

易挥发组分物料衡算 $$D\bar{y}=Fx_F-Wx_2 \tag{8-34}$$

则 $$\bar{y}=\frac{Fx_F-Wx_2}{F-W}=x_F+\frac{W}{D}(x_F-x_2) \tag{8-35}$$

8.3.2 平衡蒸馏

8.3.2.1 平衡蒸馏装置

平衡蒸馏（闪蒸）是一种连续、稳态的单级蒸馏操作，其装置如图 8-6 所示。料液送到加热器 1 中升温，使液体温度高于分离器 3（又称闪蒸塔）压力下的沸点，通过减压阀 2，

过热液体发生自蒸发，使部分液体汽化，这种过程称为闪蒸。然后平衡的气液两相在分离器中分开，气相为顶部产物，其中易挥发组分较为富集；液相为底部产物，其中难挥发组分获得增浓。

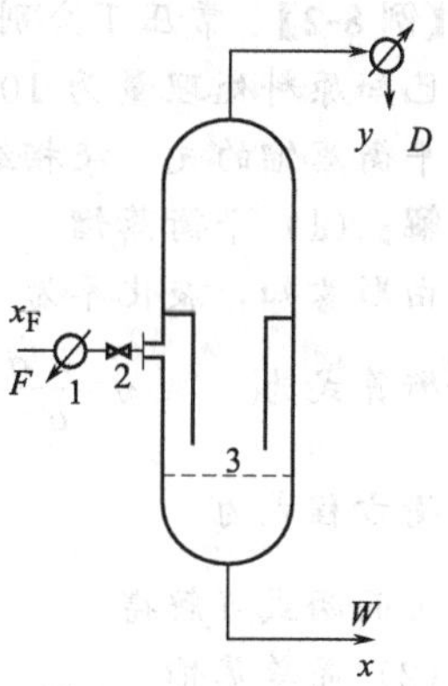

8.3.2.2 平衡蒸馏的计算

平衡蒸馏的计算所应用的基本关系式包括物料衡算、热量衡算及气液平衡关系。现以双组分的平衡蒸馏为例分述如下。

（1）物料衡算

对图 8-6 所示的平衡蒸馏装置（连续定态过程）进行物料衡算可得

图 8-6 平衡蒸馏装置简图
1—加热器；2—减压阀；3—分离器

总物料衡算 $F = D + W$ (8-36)

易挥发组分物料衡算 $Fx_F = Dy + Wx$ (8-37)

式中，F、D、W 分别为原料液、气相与液相产品流量，kmol/h 或 kmol/s；x_F、y、x 分别为原料液、气相与液相产品的组成摩尔分数。

联立式(8-36)和式(8-37)，可得

$$\frac{D}{F} = \frac{x_F - x}{y - x} \tag{8-38}$$

若令液相产品 W 占总加料量的分数为 $\dfrac{W}{F} = q$，q 称为液化率，则汽化率 $\dfrac{D}{F} = 1 - q$，代入上式并整理可得

$$y = \frac{q}{q-1}x - \frac{1}{q-1}x_F \tag{8-39}$$

上式即为平衡蒸馏中气、液相组成的关系。当 q 为定值时，该式为直线方程，在 x-y 图上，其代表通过点 $f(x_F, x_F)$、斜率为 $q/(q-1)$ 的直线。

（2）热量衡算

对加热器作热量衡算，若其热损失可忽略，则有

$$Q = Fc_p(T - t_F) \tag{8-40}$$

式中，Q 为加热器的热负荷，kJ/h 或 kW；c_p 为原料液的平均比热容，kJ/(kmol·℃)；T 为加热器后原料液的温度，℃；t_F 为原料液的温度，℃。

原料经减压阀进入分离器后，物料汽化所需的潜热由原料液本身的显热提供，即

$$Fc_p(T - t_e) = (1 - q)Fr \tag{8-41}$$

式中，t_e 为分离器中的平衡温度，℃；r 为平均摩尔汽化潜热，kJ/kmol。

则物料离开加热器的温度可由式(8-41)求得

$$T = t_e + (1 - q)\frac{r}{c_p} \tag{8-42}$$

（3）气液平衡关系

在平衡蒸馏中，气、液两相处于平衡状态，也就是说两相温度相同，组成互为平衡。对于理想溶液，则有

$$y = \frac{\alpha x}{1 + (\alpha - 1)x} \tag{8-43}$$

平衡温度与组成 x 应满足泡点方程，即

$$t_e = f(x) \tag{8-44}$$

应用上述三类基本关系，可计算平衡蒸馏中气、液相的平衡组成及平衡温度。

【例 8-2】 常压下分别用简单蒸馏和平衡蒸馏分离含苯摩尔分数为 0.5 的苯-甲苯混合物。已知原料处理量为 100kmol，物系的平均相对挥发度为 2.5，汽化率为 0.4，试计算：(1) 平衡蒸馏的气、液相组成；(2) 简单蒸馏的馏出液量及平均组成。

解：(1) 平衡蒸馏

由题意知，液化率为

$$q = 1 - 0.4 = 0.6$$

物料衡算式为

$$y = \frac{q}{q-1}x - \frac{1}{q-1}x_F = \frac{0.6}{0.6-1}x - \frac{0.5}{0.6-1} = 1.25 - 1.5x$$

相平衡方程式为

$$y = \frac{\alpha x}{1+(\alpha-1)x} = \frac{2.5x}{1+1.5x}$$

联立上面两式可解得

$$x = 0.410 \qquad y = 0.635$$

(2) 简单蒸馏

由题意知，馏出液的量为

$$D = 0.4F = 0.4 \times 100 = 40\text{kmol}$$

则

$$W = F - D = 100 - 40 = 60\text{kmol}$$

将相关数据代入式(8-30)，即

$$\ln\frac{F}{W} = \frac{1}{\alpha-1}\left[\ln\frac{x_F}{x_2} + \alpha\ln\frac{1-x_2}{1-x_F}\right]$$

$$\ln\frac{100}{60} = \frac{1}{2.5-1} \times \left[\ln\frac{0.5}{x_2} + 2.5 \times \ln\frac{1-x_2}{1-0.5}\right]$$

可解得

$$x_2 = 0.387$$

由式(8-35) 可得馏出液的平均组成

$$\bar{y} = x_F + \frac{W}{D}(x_F - x_2) = 0.5 + \frac{60}{40}(0.5 - 0.387) = 0.6695$$

从上面的计算结果可以看出，在相同的汽化率条件下，简单蒸馏较平衡蒸馏可获得更好的分离效果。

8.4　精馏

简单蒸馏和平衡蒸馏都是单级分离过程，只能达到组分部分增浓和提纯，若要求得到高纯度的产品，则必须采用多次部分汽化和多次部分冷凝的精馏方法。精馏可视为由多次蒸馏演变而来的，但其依据仍是混合液中各组分间挥发度的差异。

8.4.1　精馏过程原理和条件

精馏过程原理可以用气液平衡相图说明。如图 8-7 所示，将组成为 x_F 的原料在恒压条件下加热至泡点以上 t_1，料液部分汽化，产生平衡的气液两相，其组成分别为 y_1、x_1，且 $y_1 > x_F > x_1$，通过分离器将两相分开。再将组成为 y_1 的蒸气冷凝至温度 t_2，可得到组成为 y_2 的气相和组成为 x_2 的液相。依次再将组成为 y_2 的气相降温至 t_3，则可获得组成为 y_3 的气相和组成为 x_3 的液相，显然，$y_3 > y_2 > y_1$。依次做下去，用多个容器将气相多次部分冷凝，最终在气相中可获得高纯度的易挥发组分。同理将组成为 x_1 液相多次部分汽化，则在液相中可获得高纯度的难挥发组分。因此，

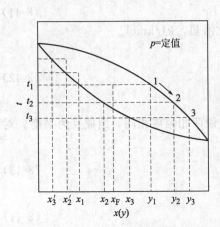

图 8-7　多次部分汽化和冷凝的 t-x-y 图

通过多次部分汽化和多次部分冷凝，最终可以获得几乎纯态的易挥发组分和难挥发组分，但得到的气相量和液相量却越来越少。这一过程可采用如图 8-8 所示的流程来实现。

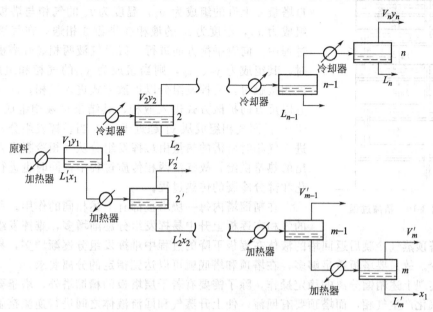

图 8-8　无回流多次部分汽化和部分冷凝过程

图 8-8 所示的流程若用于工业生产则会带来许多弊病：流程庞大，设备费用高，能量消耗大，产品收率低。为解决这些问题，可设法将中间产物引回前一级分离器，即将各级部分冷凝的液体 L_1，L_2，$\cdots$，L_n 和部分汽化的蒸气 V_1'，V_2'，$\cdots$，V_m' 分别送回上一级分离器。如图 8-9 所示，对任一级分离器都有来自下一级较高温度的蒸气和来自上一级较低温度的液体，不平衡的气液两相在接触的过程中，蒸气部分冷凝放出的热量用于加热液体，使之部分汽化，又产生新的气液两相，从而省去了中间加热器和中间冷凝器。蒸气逐渐上升，液体逐渐下降，最终得到较纯的产品。工业上用若干块塔板取代中间各级，这就形成了板式精馏塔。

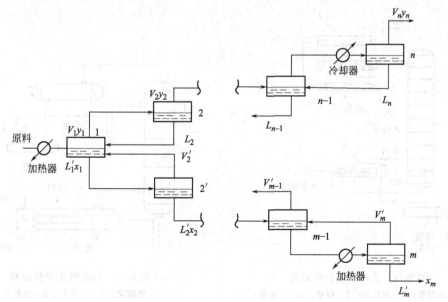

图 8-9　有回流多次部分汽化和部分冷凝的精馏过程

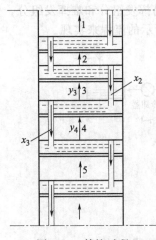

图 8-10 精馏过程

化工中精馏操作是在精馏塔内进行的。为进一步说明精馏原理，现以第三块塔板的操作情况来分析，如图 8-10 所示，自塔板 4 上升的组成为 y_4，温度为 t_4 的气相与塔板 2 流下的组成为 x_2，温度为 t_2 的液相在塔板 3 相遇，在气液两相接触过程中，向着平衡方向进行。假设气液两相离开塔板达到平衡时，其组成为 y_3、x_3，则当组成为 y_4 的气相和组成为 x_2 的液相接触时，易挥发组分以扩散方式进入气相，同时难挥发组分以反方向扩散方式进入液相，其结果是液相组成从 x_2 趋近于 x_3，而气相组成从 y_4 趋近于 y_3。当易挥发组分从液相汽化进入气相所需的热量由难挥发组分从气相冷凝进入液相时放出的热量供给，故气液两相传质过程中，同时也进行着部分汽化和部分冷凝的传热过程。

在精馏塔内每一块塔板都有上述相同的作用。所以，塔内的气相在逐板上升中易挥发组分逐渐增多，难挥发组分逐渐减少，而塔顶蒸气冷凝后返回塔的液体在逐板下降的过程中难挥发组分逐渐增多，易挥发组分逐渐减少。故只要塔板数足够多，在塔顶和塔底就可以达到指定的分离要求。

要实现上述精馏分离的稳定操作，除了需要有若干层塔板的精馏塔外，塔釜要加热使液相部分汽化产生气相，而塔顶要有回流，使上升蒸气和回流液体之间进行逆流接触和物质传递。原料液通常从塔中间与该处组成相近的地方加入塔内，并与塔内气、液相混合。

通常，将原料液进入的那层塔板称为加料板，加料板以上的塔段称为精馏段，以下的（包括加料板）称为提馏段。

8.4.2 连续精馏装置流程

精馏操作可分为连续精馏和间歇精馏，但无论何种方式，精馏塔必须同时在塔底设置再沸器、塔顶设置冷凝器，冷凝器的作用是获得液相产品以及保证有一定的液相回流量，再沸器的作用是提供一定量的上升蒸气流。此外，有时还需要原料液预热器、回流液泵等附属设备，才能实现整个操作。图 8-11 为连续精馏装置。从图中可以看出，原料液经预热器加热到一

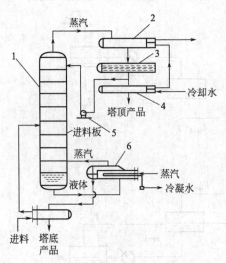

图 8-11 连续精馏操作流程
1—精馏塔；2—全凝器；3—储槽；4—冷却器；
5—回流液泵；6—再沸器

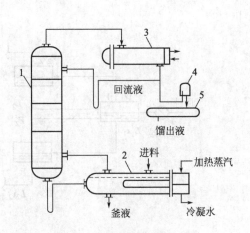

图 8-12 间歇精馏操作流程
1—精馏塔；2—再沸器；3—全凝器；
4—观察罩；5—储槽

定温度后，进入精馏塔中部的进料板，料液在该板与自塔上部下降的回流液体汇合后，再逐层下流，最后流入塔底的再沸器。液体在下降的同时，它与上升的蒸气在各板上互相接触，同时进行着部分汽化、部分冷凝的传热过程和气液两相传质过程。出塔顶的蒸气经冷凝器冷凝成液体，一部分送入塔顶作回流液，一部分经冷却器后作为塔顶产品（馏出液）。塔底再沸器的液体一部分汽化，产生上升蒸气，依次通过各层塔板，一部分作为塔底产品（釜液）。

图 8-12 为间歇精馏装置。它与连续精馏操作不同的是，物料一次性加入塔釜，所以间歇精馏没有提馏段，只有精馏段，另外随着操作过程的进行，间歇精馏中釜液的浓度不断的变化，塔顶产品的组成也随之减少。

在工业生产和科研中，除了应用板式塔外，还可用填料塔进行精馏操作。在填料塔内装有各种填料，液体分散在填料表面，而气体从填料间隙向上流过时，气液两相在填料表面相互接触，同时进行气液两相的传热过程和传质过程。

8.5 双组分连续精馏的计算

精馏过程的计算包括设计型和操作型两类。本章重点讨论板式精馏塔的设计型计算。

连续精馏塔的工艺设计型计算，通常按照原料的组成、流量及分离要求，需要确定和计算的内容有：①根据指定的分离要求，确定产品的流量或组成；②选择合适的操作条件，包括操作压力、回流比（回流液量与馏出液量的比值）和加料状态等；③计算精馏塔的塔板层数和适宜的加料位置；④选择精馏塔的类型，确定塔径、塔高及其他塔的结构和操作参数；⑤计算冷凝器和再沸器的热负荷，并确定两者的类型和尺寸。

8.5.1 理论板的概念与恒摩尔流的假设

8.5.1.1 理论板与板效率

在精馏过程中，由于未达到平衡的气液两相在塔板上的传质过程十分复杂，它不仅与物系有关，还与塔板的结构和操作条件有关，同时在传质过程中还伴有传热过程，故传质过程难以用简单的数学方程来表示，为简化计算，常引入理论板这一概念。

所谓理论板，是指离开塔板的气液两相组成上互成平衡且温度相等的理想化塔板。其前提条件是气液两相皆充分混合、各自组成均匀、塔板上不存在传热传质的阻力。实际上，由于塔板上气液间的接触面积和接触时间是有限的，因此塔板上气液两相一般都难以达到平衡状况，也就是说难以达到理论板的传质分离效果，理论板仅作为实际板分离效率的依据和标准。在工程设计中，可先求出理论塔板数，再根据塔板效率来确定实际塔板数。所谓塔板效率，即一块实际塔板的分离作用对于一块理论塔板的分离作用之比，它有多种表示方法，下面介绍常用的两种。

（1）单板效率 E_m

单板效率又称默弗里（Murphree）效率，它是以气相（或液相）经过实际板的组成变化值与经过理论板的组成变化值之比来表示的。对于任意的第 n 层塔板，单板效率可分别按气相组成及液相组成的变化来表示，即

$$E_{m,V} = \frac{y_n - y_{n+1}}{y_n^* - y_{n+1}} \tag{8-45}$$

$$E_{m,L} = \frac{x_{n-1} - x_n}{x_{n-1} - x_n^*} \tag{8-46}$$

式中，$E_{m,V}$ 为气相默弗里效率；$E_{m,L}$ 为液相默弗里效率；y_n^* 为与 x_n 成平衡的气相组成摩尔分数；x_n^* 为与 y_n 成平衡的液相组成摩尔分数。

单板效率一般由实验测定。

（2）全塔效率 E

在一个精馏塔内，各塔板上的传质情况不完全相同，因而各塔板相应的塔板效率往往不完全一样，为了便于工程计算，引入全塔效率概念。全塔效率是指精馏过程中完成规定的任务所需的理论板数与实际板数之比，表示为

$$E = \frac{N_T}{N_P}$$ (8-47)

式中，N_T 为理论板层数；N_P 为实际板层数。

全塔效率反映了塔中各层塔板的平均效率，因此它是理论板层数的一个校正系数，其值恒小于 1。对一定结构的板式塔，若已知在某种操作条件下的全塔效率，便可由理论板数求得实际板层数。

由于影响板效率的因素很多，且非常复杂，目前还不能用纯理论公式计算其值。设计时一般选用经验数据，或用经验公式进行估算。

8.5.1.2 恒摩尔流假设

为了简化精馏计算，通常引入恒摩尔流假设。该假设应满足以下条件：①两组分的摩尔汽化潜热相等；②气液两相接触时，因两相温度不同而交换的显热可忽略不计；③塔设备保温良好，热损失可以忽略。

塔内的恒摩尔流假设包括以下两方面。

（1）恒摩尔气流

精馏段内，在没有进料和出料的塔段中，每层塔板上升的蒸气摩尔流量都是相等的，即

$$V_1 = V_2 = \cdots = V = 常数$$

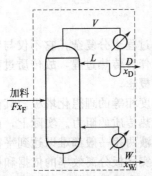

同理，在提馏段内每层塔板上升的蒸气摩尔流量亦相等，即

$$V_1' = V_2' = \cdots = V' = 常数$$

但由于加料的缘故，精馏段和提馏段上升的蒸气摩尔流量不一定相等。

（2）恒摩尔液流

精馏段内，在没有进料和出料的塔段中，每层塔板下降的液体摩尔流量都是相等的，即

$$L_1 = L_2 = \cdots = L = 常数$$

同理，在提馏段内每层塔板下降的液体摩尔流量亦相等，即

$$L_1' = L_2' = \cdots = L' = 常数$$

图 8-13 精馏塔的物料衡算

同样由于加料的原因，精馏段和提馏段下降的液体摩尔流量不一定相等。

恒摩尔流虽然是一项简化假设，但某些系统基本上能符合该假设，可将这些系统在精馏塔内的气液两相视为恒摩尔流。

8.5.2 物料衡算与操作线方程

8.5.2.1 全塔物料衡算

连续精馏过程的馏出液和釜液的流量、组成与进料的流量和组成有关。通过全塔物料衡算，可求得它们之间的定量关系。

对图 8-13 所示的连续精馏塔作全塔物料衡算，并以单位时间为基准，则总物料衡算

$$F = D + W$$ (8-48)

易挥发组分的物料衡算

$$Fx_F = Dx_D + Wx_W \tag{8-49}$$

式中，F 为原料液流量，kmol/h；D 为塔顶馏出液流量，kmol/h；W 为塔底釜液流量，kmol/h；x_F 为原料液组成摩尔分数；x_D 为塔顶产品组成摩尔分数；x_W 为塔底产品组成（摩尔分数）。

联立式(8-48) 和式(8-49) 可得馏出液的采出率

$$\frac{D}{F} = \frac{x_F - x_W}{x_D - x_W} \tag{8-50}$$

釜液采出率

$$\frac{W}{F} = 1 - \frac{D}{F} = \frac{x_D - x_F}{x_D - x_W} \tag{8-51}$$

另外，在精馏计算中，有时还用回收率表示分离要求，回收率是指回收原料中易挥发或难挥发组分的百分数，即

塔顶易挥发组分的回收率 η_D $\qquad \eta_D = \frac{Dx_D}{Fx_F} \times 100\% \tag{8-52}$

塔釜难挥发组分的回收率 η_W $\qquad \eta_W = \frac{W(1-x_W)}{F(1-x_F)} \times 100\% \tag{8-53}$

由于受上述物料衡算式的约束，在给定进料组成 x_F 和流量 F 时，若：

① 规定产品组成 x_D、x_W，则产品采出率 D/F 和 W/F 随之确定，不能自由选择；

② 规定塔顶产品的产率 D 和质量 x_D（或 W 和 x_W），则塔底产品的产率 W 和质量 x_W（或 D 和 x_D）亦随之确定，不能自由选择。

在规定分离要求时，应使 $Dx_D \leqslant Fx_F$ 或 $D/F \leqslant x_F/x_D$。如果塔顶产品采出率过大，即使精馏塔有足够的分离能力，塔顶仍不可能获得高纯度产品，因其组成必须受物料恒算式的约束：

$$x_D \leqslant \frac{Fx_F}{D}$$

【例 8-3】 将 5000kg/h 含苯 0.45（质量分数）的苯-甲苯混合溶液在连续精馏塔中分离，要求馏出液中苯的回收率为 98%，釜液中苯含量不高于 2%（质量分数），试求馏出液与釜液的流量与组成。

解： 苯的相对分子质量为 78，甲苯的相对分子质量为 92，则

进料组成 $\qquad x_F = \dfrac{45/78}{45/78 + 55/92} = 0.491$

釜液组成 $\qquad x_W = \dfrac{2/78}{2/78 + 98/92} = 0.0235$

原料液的平均相对分子质量为 $\quad M_F = 78 \times 0.491 + 92 \times (1 - 0.491) = 85.1$

原料液流量 $\qquad F = \dfrac{5000}{85.1} = 58.75 \text{kmol/h}$

由题意知 $\qquad \dfrac{Dx_D}{Fx_F} = 0.98$

所以 $\qquad Dx_D = 0.98 \times 58.75 \times 0.491 = 28.27 \tag{a}$

全塔物料衡算 $\qquad D + W = F = 58.75 \tag{b}$

$$Dx_D + Wx_W = Fx_F = 58.75 \times 0.491 = 28.85 \tag{c}$$

联立式 (a)、(b)、(c)，解得

$$D = 34.07 \text{kmol/h}, \quad W = 24.68 \text{kmol/h}, \quad x_D = 0.830$$

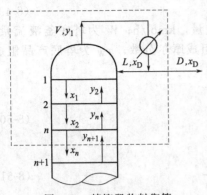

图 8-14　精馏段物料衡算

8.5.2.2　操作线方程

操作线方程就是表达由任一塔板下降的液相组成 x_n 及由其下一层板上升的蒸气组成 y_{n+1} 之间关系的方程。在连续精馏塔中，由于原料液不断从塔的中部加入，所以精馏段和提馏段具有不同的操作关系，应分别讨论。

（1）精馏段操作线方程

对图 8-14 虚线框范围内（包括精馏段的第 $n+1$ 层板以上的塔段及冷凝器）作物料衡算，以单位时间为基准。

总物料衡算
$$V=L+D \tag{8-54}$$

易挥发组分的物料衡算
$$Vy_{n+1}=Lx_n+Dx_D \tag{8-55}$$

式中，x_n 为精馏段中第 n 层板下降液相中易挥发组分的摩尔分数；y_{n+1} 为精馏段中第 $n+1$ 层板上升蒸气中易挥发组分的摩尔分数。

将式(8-55)中各项除以 V 得

$$y_{n+1}=\frac{L}{V}x_n+\frac{D}{V}x_D \tag{8-56}$$

或

$$y_{n+1}=\frac{L}{L+D}x_n+\frac{D}{L+D}x_D \tag{8-57}$$

令 $R=\dfrac{L}{D}$，代入上式得

$$y_{n+1}=\frac{R}{R+1}x_n+\frac{1}{R+1}x_D \tag{8-58}$$

式(8-56)、式(8-57) 和式(8-58) 均为精馏段操作线方程式。其中 R 称为回流比，根据恒摩尔流假定，L 为定值，且在定态操作时，D 及 x_D 为定值，所以 R 也是常量，其值一般由设计者选定。

精馏段操作线方程表示在一定操作条件下，精馏段内自任意第 n 层板下降的液相组成 x_n 与其相邻的下一层板（第 $n+1$ 层板）上升的气相组成 y_{n+1} 之间的关系。该方程在直角坐标图上为直线，其斜率为 $R/(R+1)$，截距为 $x_D/(R+1)$。

（2）提馏段操作线方程

对图 8-15 虚线框范围内（包括提馏段的第 m 层板以下的塔段及再沸器）作物料衡算，以单位时间为基准。

总物料衡算
$$L'=V'+W \tag{8-59}$$

易挥发组分的物料衡算：
$$L'x_m'=Vy_{m+1}'+Wx_W \tag{8-60}$$

式中，x_m' 为提馏段中第 m 层板下降液相中易挥发组分的摩尔分数；y_{m+1}' 为提馏段中第 $m+1$ 层板上升蒸气中易挥发组分的摩尔分数；L' 为提馏段中每块塔板下降的液体流量，kmol/h；V' 为提馏段中每块塔板上升的蒸气流量，kmol/h。

将式(8-60) 除以 V' 得

$$y_{m+1}'=\frac{L'}{V'}x_m-\frac{W}{V'}x_W \tag{8-61}$$

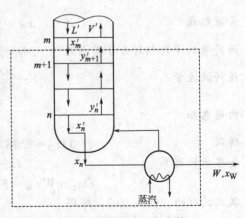

图 8-15　提馏段物料衡算

结合式(8-59) 可得

$$y'_{m+1} = \frac{L'}{L'-W} x_m - \frac{W}{L'-W} x_W \qquad (8\text{-}62)$$

上式即为提馏段操作线方程,表示在一定操作条件下,提馏段内自任意第 m 层板下降的液相组成 x_m 与其相邻的下一层板(第 $m+1$ 层板)上升的气相组成 y_{m+1} 之间的关系。

在定态连续操作过程中,W、x_W 为定值,同时由恒摩尔流假设可知,L' 和 V' 为常数,故提馏段操作线方程亦为直线。其斜率为 L'/V',截距为 $-Wx_W/V'$。

8.5.3 进料热状况的影响与 q 线方程

组成一定的原料液可在常温下加入塔内,也可预热至一定温度,甚至在部分或全部汽化的状态下进入塔内。原料入塔时的温度或状态称为加料的热状态。加料的热状态不同,精馏段与提馏段两相流量的差别也不同。

实际生产中精馏塔的进料热状态有五种:①冷液进料,即料液温度低于泡点的冷液体;②饱和液体进料,即料液温度等于泡点的饱和液体;③气液混合进料,即料液温度介于泡点和露点之间;④饱和蒸气进料,即进料温度等于露点的饱和蒸气;⑤过热蒸气进料,即进料温度高于露点的过热蒸气。

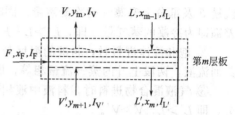

图 8-16 加料板的物料和热量衡算

8.5.3.1 进料热状况参数

设第 m 层板为加料板,进出该板的各股物流的流量、组成和热焓如图 8-16 所示,对加料板进行物料衡算和热量衡算,得

$$F+L+V'=V+L'$$

则

$$V-V'=F-(L'-L) \qquad (8\text{-}63)$$

$$FI_F + LI_L + V'I_{V'} = L'I_{L'} + VI_V \qquad (8\text{-}64)$$

式中,I_F 为原料液的焓,kJ/kmol;I_V、$I_{V'}$ 分别为进料板上、下处饱和蒸气的焓,kJ/kmol;I_L、$I_{L'}$ 分别为进料板上、下处饱和液体的焓,kJ/kmol。

由于精馏塔中液体和蒸气均呈饱和状态,且加料板与相邻的上、下板的温度及气、液相组成均相差不大,故有 $\qquad I_V \approx I_{V'} \qquad I_L \approx I_{L'}$

所以式(8-64)可简化为 $\qquad FI_F + LI_L + V'I_V = L'I_L + VI_V$

将式(8-63)代入上式,并整理得 $\qquad [F-(L'-L)]I_V = FI_F - (L'-L)I_L$

进一步整理,得

$$\frac{L'-L}{F} = \frac{I_V - I_F}{I_V - I_L} \qquad (8\text{-}65)$$

定义

$$q = \frac{I_V - I_F}{I_V - I_L} = \frac{L'-L}{F} = \frac{1\text{kmol 原料变成饱和蒸气所需的热}}{\text{原料的摩尔汽化潜热}} \qquad (8\text{-}66)$$

q 为进料热状态参数,进料热状况不同,q 值亦不同。

由式(8-66)可得提馏段液量计算式为

$$L' = L + qF \qquad (8\text{-}67)$$

代入式(8-63)可得提馏段气相流量 $\quad V' = V - (1-q)F \qquad (8\text{-}68)$

8.5.3.2 加料热状态的影响

根据式(8-66)、式(8-67)和式(8-68)可分析进料热状态对进料板上、下流率的影响。图 8-17 定性地表示在不同的进料热状态下,由进料板上升的蒸气及由该板下降的液体的摩尔流量的变化情况。

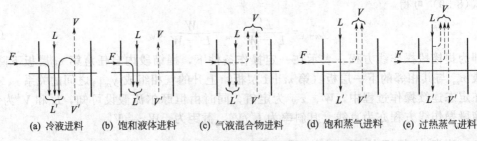

(a) 冷液进料　(b) 饱和液体进料　(c) 气液混合物进料　(d) 饱和蒸气进料　(e) 过热蒸气进料

图 8-17　进料热状态对进料上、下板各流股的影响

① 冷液进料时，提馏段内回流液流量 L' 包括三部分：精馏段的回流液流量 L、原料液流量 F 及部分上升蒸气的冷凝液量。同时上升到精馏段的蒸气量 V 比提馏段的 V' 要少，其差额即为冷凝的蒸气量，即，$L'>L+F$，$V<V'$。

② 饱和液体进料时，料液的温度与板上液体的温度相近，原料液全部进入提馏段作为其回流液，两段上升的蒸气流量相等，即 $L'=L+F$，$V=V'$。

③ 气液混合物进料时，料液中液相部分成为 L' 的一部分，而蒸气部分则成为 V 的一部分，即 $L'>L$，$V>V'$。

④ 饱和蒸气进料时，整个进料变为 V 的一部分，则两段的流体流量相等，即 $L'=L$，$V=V'+F$。

⑤ 过热蒸气进料时，与冷液进料相反，精馏段上升蒸气流量 V 包括三部分：提馏段上升蒸气流量 V'、原料液流量 F 及部分回流液汽化的蒸气量，同时下降到提馏段的液体量 L' 将比精馏段的 L 少，其差额即为汽化的那部分液体量，即，$L'<L$，$V>V'+F$。

8.5.3.3　q 线方程

q 线方程即为精馏段操作线方程与提馏段操作线方程的交点（q 点）的轨迹方程，可通过联立精馏段与提馏段的操作线方程式求出。由于在交点处式(8-55) 和式(8-60)中相同变量的值相等，故可略去代表板数的下标，即

$$Vy=Lx+Dx_{\mathrm{D}}$$

$$V'y=L'x-Wx_{\mathrm{W}}$$

两式相减得出　　　　$(V'-V)y=(L'-L)x-(Wx_{\mathrm{D}}+Dx_{\mathrm{D}})$

将式(8-67) 和式(8-68) 代入上式，得 $(q-1)Fy=qFx-Fx_{\mathrm{F}}$，整理得

$$y=\frac{q}{q-1}x-\frac{x_{\mathrm{F}}}{q-1} \tag{8-69}$$

此直线方程即为 q 线方程，或称为进料线方程。由此式可知，在 $x=x_{\mathrm{F}}$ 时，$y=x_{\mathrm{F}}$，即直线在 x-y 图上通过对角线上的进料组成点 e（x_{F}，x_{F}），并且其斜率为 $q/(q-1)$，故此 q 线完全由进料组成和进料热状态确定。在五种不同情况的进料热状态下，q 线在 x-y 图上的大致情况如图 8-18 所示。

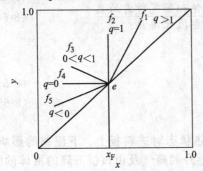

图 8-18　5 种进料状态下的 q 线方位

【例 8-4】　分离【例 8-3】中的溶液时，若为泡点进料，操作回流比为 2.5。试分别计算精馏段和提馏段的气、液相流量及操作线方程。

解：上例的计算结果为：原料液 $F=58.75\mathrm{kmol/h}$，$x_{\mathrm{F}}=0.491$；馏出液 $D=34.07\mathrm{kmol/h}$，$x_{\mathrm{D}}=0.830$；釜液 $W=24.68\mathrm{kmol/h}$，$x_{\mathrm{W}}=0.0235$。泡点进料 $q=1$。

（1）精馏段

两相流量
$$V=(R+1)D=(2.5+1)\times34.07=119.25\text{kmol/h}$$
$$L=RD=2.5\times34.07=85.18\text{kmol/h}$$

操作线方程
$$y_{n+1}=\frac{R}{R+1}x_n+\frac{1}{R+1}x_D=\frac{2.5}{2.5+1}x_n+\frac{0.830}{2.5+1}=0.714x_n+0.237$$

（2）提馏段

两相流量
$$L'=L+qF=85.18+1\times58.75=143.93\text{kmol/h}$$
$$V'=V-(1-q)F=V=119.25\text{kmol/h}$$

操作线方程

$$y'_{m+1}=\frac{L'}{L'-W}x'_m-\frac{W}{L'-W}x_W$$

$$=\frac{143.93}{143.93-24.68}x'_m-\frac{24.68}{143.93-24.68}\times0.0235=1.207x'_m-0.207$$

8.5.4 理论塔板数的计算

双组分连续精馏塔所需的理论板数可采用逐板计算法和图解法求得，这两种方法均以物系的相平衡关系和操作线方程为依据，现分述如下。

8.5.4.1 逐板计算法

逐板计算法是在已知 x_F、x_D、x_W，q 及 R 的条件下，应用相平衡方程与操作线方程从塔顶（或塔底）开始逐板计算各板的气相与液相组成，从而求得所需要的理论板数。

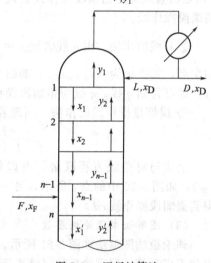

图 8-19 逐板计算法

如图 8-19 所示，假设塔顶冷凝器将来自塔顶的蒸气全部冷凝（这种冷凝器称全凝器），凝液在泡点温度下部分回流到塔内（泡点回流），塔釜为间接蒸气加热。由于塔顶采用全凝器，所以从塔顶第一块塔板（即最上一层塔板）上升的蒸气进入冷凝器后被全部冷凝，故塔顶馏出液及回流液组成即为第一块塔板上升的蒸气组成 y_1，即 $y_1=x_D$，根据理论板的概念，离开第一块塔板的液相组成 x_1 与从该板上升的蒸气组成 y_1 互成平衡，可利用相平衡方程由 y_1 求得 x_1，即 $x_1=\dfrac{y_1}{y_1+\alpha(1-y_1)}$，从第二层塔板上升的蒸气组成 y_2 与 x_1 符合精馏段操作线关系，故可用精馏段操作线方程由 x_1 求得 y_2，即 $y_2=\dfrac{R}{R+1}x_1+\dfrac{1}{R+1}x_D$。

同理，用相平衡关系从 y_2 求出 x_2，再用操作线方程从 x_2 求出 y_3。依此类推，即

$$x_D=y_1\xrightarrow{\text{相平衡}}x_1\xrightarrow{\text{操作线}}y_2\xrightarrow{\text{相平衡}}x_2\xrightarrow{\text{操作线}}y_3\to\cdots\to x_n$$

直到计算出 $x_n\leqslant x_q$（精馏段操作线方程与提馏段操作线方程的交点 q 点的横坐标值）时为止，说明第 n 块理论塔板为进料板，精馏段所需理论板数为 $(n-1)$。在计算过程中，每应用一次平衡方程就表示需要一块理论塔板。

当 $x_n\leqslant x_q$ 后改用提馏段操作线方程，其计算方法和步骤与精馏段相同，反复利用平衡方程和提馏段操作线方程，一直计算到 $x_m\leqslant x_W$ 为止。对间接蒸气加热情况，再沸器相当于一块理论塔板，所以，提馏段所需理论板层数为 $(m-1)$。

用逐板计算法计算理论塔板数，结果较准确，且可求得塔板上的气液相组成，但计算过

程繁琐，尤其是当理论板数较多时更为突出。若采用计算机计算，既可提高准确性，又可以提高计算速度。

8.5.4.2 图解法 (McCabe-Thiele 法)

以逐板计算法的基本原理为基础，在 x-y 相图上，用平衡曲线和操作线代替平衡方程和操作方程，用简便的图解法代替繁杂的计算，在双组分精馏计算中应用广泛，其基本步骤如下。

(1) 在 x-y 坐标上作出平衡曲线及对角线

(2) 在 x-y 相图上作出操作线

精馏段和提馏段操作线方程在 x-y 图上均为直线。实际作图时，分别找出两直线上的固定点，如操作线与对角线的交点及两操作线的交点等，然后分别作出两条操作线。

① 精馏段操作线的作法　若略去精馏段操作线方程中的下标，则方程可变为

$$y = \frac{R}{R+1}x + \frac{1}{R+1}x_D$$

上式与对角线方程联解可以得到精馏段操作线与对角线的交点，其坐标为 (x_D, x_D)，如图 8-20 中的点 a 所示，并且该直线在 y 轴上的截距 $x_D/(R+1)$ 如图中的点 b 所示，则连接 a、b 两点的直线即为精馏段操作线。此外，还可以从 a 点作斜率为 $R/(R+1)$ 的直线 ab 得到精馏段操作线。

② q 线的作法　由 q 线方程 $y = \frac{q}{q-1}x - \frac{x_F}{q-1}$ 与对角线方程联解可以得到 q 线与对角线的交点，其坐标为 (x_F, x_F)，如图 8-20 中的点 e 所示，过 e 点作斜率为 $q/(q-1)$ 的直线 ef，即可得到 q 线。q 线与精馏段操作线交点为 d。

③ 提馏段操作线的作法　同理若略去提馏段操作线方程中的下标，则方程可写为

$$y = \frac{L+qF}{L+qF-W}x - \frac{W}{L+qF-W}x_W$$

上式与对角线方程联解，可以得到提馏段操作线与对角线的交点，其坐标为 (x_W, x_W)，如图 8-20 中的点 c 所示，另一点即 q 线与精馏段操作线的交点 d，连接 c、d 两点即得到提馏段操作线 cd。

(3) 图解法求理论板层数

理论板的图解法如图 8-21 所示。从对角线上的点 a 开始作水平线与平衡线交于点 1，该点代表离开第一层理论板的气液平衡组成 (x_1, y_1)，再由点 1 作铅垂线与精馏段操作线的交点 $1'$ 来确定 y_2，过点 $1'$ 作水平线与平衡线交于点 2，由此确定出 x_2。以此方法重复在平衡线与精馏段操作线之间作阶梯，当阶梯跨过两操作线的交点 d 时，改在平衡线与提馏段操作线之间作阶梯，直至阶梯的垂线达到或跨过点 $c(x_W, x_W)$ 为止。平衡线上每个阶梯的顶点即代表一层理论板，其中跨过点 d 的阶梯为进料板，最后一个阶梯为再沸器，总理论板数为阶梯数减 1。在图 8-21 中，所需理论板层数为 7（包括塔釜在内），精馏段与提馏段各为 3，第 4 板为加料板。

图解时也可从点 c 开始作阶梯，所得结果相同。

(4) 确定适宜的进料位置

最优的进料位置一般宜在塔内液相或气相组成与进料组成相近或相同的塔板上。在采用图解法时，跨过两操作线交点的梯级即为适宜的加料板，对于一定的分离任务而言，如此作图所需的理论板层数最少。跨过两操作线交点后继续在精馏段操作线与平衡线之间作阶梯，或没有跨过交点便过早更换操作线，都会使得某些阶梯的增浓、减浓程度减少而使所需理论板层数增加。

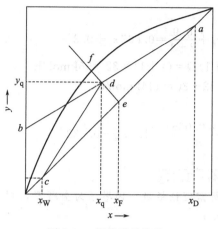

图 8-20 操作线的作法

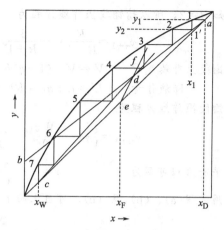

图 8-21 理论板层数的图解法

如图 8-22 所示，若在第 4 板不加料，在第 7 板加料，则气相提浓程度不如第 4 板加料，由此可知，加料过晚是不利的。

加料过晚

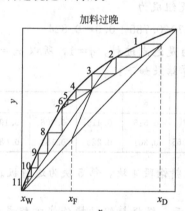

加料过早

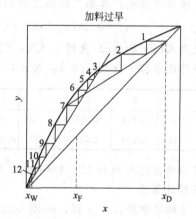

图 8-22 加料板位置选择不当

相反，若在第 3 板加料，则提馏程度也不如第 4 板加料，说明过早加料也不利。

当然，加料板不在适宜加料位置，例如在第 3 块或第 7 块加料，都能求出所需要的理论板数，但为达到指定分离任务所需要的理论塔板数增多。此外，加料板位置的变化范围在两操作线与相平衡线交点的范围内，若超出此范围，则达不到规定的分离要求。

逐板计算法和图解法计算理论板层数都是以塔内恒摩尔流为前提的，对于偏离这个条件较远的体系，需要对摩尔汽化潜热进行校正。

【例 8-5】 在一常压连续精馏塔内分离苯-甲苯混合物。已知进料液流量为 80kmol/h，料液中苯含量为 0.40（摩尔分数，下同），泡点进料，塔顶馏出液含苯 0.90，要求苯回收率不低于 90%。塔顶为全凝器，回流比为 2，同时在操作条件下，物系的相对挥发度为 2.47。试分别用逐板计算法和图解法计算所需的理论板数。

解： (1) 逐板计算法

根据苯的回收率计算塔顶产品流量

$$D = \frac{\eta F x_F}{x_D} = \frac{0.9 \times 80 \times 0.4}{0.9} = 32 \text{kmol/h}$$

则

$$W = F - D = 80 - 32 = 48 \text{kmol/h}$$

$$x_W = \frac{F x_F - D x_D}{W} = \frac{80 \times 0.4 - 32 \times 0.9}{48} = 0.0667$$

已知 $R=2$，所以精馏段操作线方程为

$$y_{n+1}=\frac{R}{R+1}x_n+\frac{1}{R+1}x_D=\frac{2}{2+1}x_n+\frac{0.9}{2+1}=0.667x_n+0.3 \tag{a}$$

提馏段上升蒸气量　　$V'=V-(1-q)F=V=(R+1)D=(2+1)\times32=96\text{kmol/h}$

下降液体量　　$L'=L+qF=RD+qF=2\times32+80=144\text{kmol/h}$

提馏段操作线方程为

$$y_{m+1}=\frac{L'}{V'}x_m-\frac{Wx_W}{V'}=\frac{144}{96}x_m-\frac{48\times0.0667}{96}=1.5x_m-0.033 \tag{b}$$

相平衡方程可写为

$$x=\frac{y}{\alpha-(\alpha-1)y}=\frac{y}{2.47-1.47y} \tag{c}$$

利用方程(a)、(b) 及 (c)，可自上而下逐板计算所需理论板数。因塔顶为全凝器，则

$$y_1=x_D=0.9$$

由式(c) 求得第一块板下降的液体组成

$$x_1=\frac{y_1}{2.47-1.47y_1}=\frac{0.9}{2.47-1.47\times0.9}=0.785$$

利用精馏段操作线方程计算第二块板上升的蒸气组成为

$$y_2=0.667x_1+0.3=0.667\times0.785+0.3=0.824$$

以此交替使用式(a) 和 (c) 直到 $x_n\leqslant x_F$（因为是泡点进料，$q=1$，所以 $x_q=x_F$），然后改用提馏段操作线方程，直到 $x_n\leqslant x_W$ 为止，计算结果如下：

板号	1	2	3	4	5	6	7	8	9	10
y	0.9	0.824	0.737	0.652	0.587	0.515	0.419	0.306	0.194	0.101
x	0.785	0.655	0.528	0.431	$x_F>0.365$	0.301	0.226	0.151	0.089	$x_W>0.044$

所以精馏塔内理论塔板数为 $10-1=9$ 块，其中精馏段 4 块，第 5 块为进料板。

（2）图解计算法

在直角坐标系中绘出 $x\text{-}y$ 图，如图 8-23 所示。根据精馏段操作线方程式(a)，找到点 a $(0.9,0.9)$ 和 $c(0,0.3)$，连接 ac 即得到精馏段操作线。因为泡点进料，故 $x_q=x_F$，由 $x=x_F$ 做垂线交精馏段操作线于 q 点，连接点 $b(0.0667,0.0667)$ 和点 q 即为提馏段操作线 bq。

从点 a 开始在平衡线与操作线之间绘直角阶梯，直到 $x_n\leqslant x_W$。所以理论板数为 10 块，除去再沸器 1 块，塔内理论板数为 9 块，其中精馏段 4 块，第 5 块为进料板，与逐板计算法结果一致。

8.5.5　回流比的影响及其选择

为了维持精馏塔的正常操作，回流是不可缺少的，而且回流比的大小直接影响着理论塔板数、塔径及冷凝器和再沸器的负荷等，因而，选择回流比是精馏中的一个重要问题。回流比的选择既是技术上的问题，又是经济上的问题。

从回流比的定义式看，回流比可以在零到无穷大之间变化，前者对应于无回流，后者对应于全回流（即没有产品取出），但实际上对指定的分离任务，回流比不能小于某一下限，否则即使塔内安装无穷多个理论板也达不到分离要求，回流比的这一下限称为最小回流比。而实际回流比是介于两个极限值之间的某个适宜值。

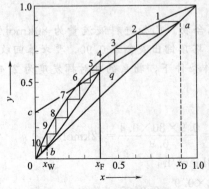

图 8-23　图解法求理论板数

8.5.5.1 全回流与最少理论塔板数

（1）全回流的特点

上升至塔顶的蒸气冷凝后全部回到塔内的操作方式称为全回流。全回流时塔顶产品 D 为零，通常 W 和 F 也均为零，既不从塔内取出产品，也不向塔内进料，因此全塔也就无精馏段和提馏段的区别，两段的操作线合二为一。

全回流时的回流比为

$$R = \frac{L}{D} = \frac{L}{0} = \infty$$

精馏段操作线在 y 轴的截距

$$\frac{x_D}{R+1} = 0$$

精馏段操作线的斜率

$$\frac{R}{R+1} = 1$$

所以全回流时的操作线方程即精馏段操作线为 $y_{n+1} = x_n$。

此时操作线与对角线重合，且离平衡线的距离最远，为完成同样的分离任务所需的理论塔板数最少，用 N_{min} 表示。

（2）全回流时理论板数的确定

全回流时的理论板数 N_{min} 可由逐板计算法或图解法求出，也可由芬斯克（Fenske）方程计算，计算推导如下。

对于理想物系的任一块理论板，根据相对挥发度的定义，气液平衡关系可表示为

$$\left(\frac{y_A}{y_B}\right)_n = \alpha_n \left(\frac{x_A}{x_B}\right)_n \tag{8-70}$$

结合上式全回流时的操作线方程可变为

$$\left(\frac{y_A}{y_B}\right)_{n+1} = \left(\frac{x_A}{x_B}\right)_n \tag{8-71}$$

也就是说，对于全回流，塔内任意截面上相遇的气液两相流量与组成相同。

若塔顶采用全凝器，则

$$y_1 = x_D \quad \text{或} \quad \left(\frac{y_A}{y_B}\right)_1 = \left(\frac{x_A}{x_B}\right)_D$$

第一层理论板的气液平衡关系为

$$\left(\frac{y_A}{y_B}\right)_1 = \alpha_1 \left(\frac{x_A}{x_B}\right)_1 = \left(\frac{x_A}{x_B}\right)_D$$

第一块理论板下降的液相组成与第二块理论板上升的气相组成满足操作线方程，即

$$\left(\frac{y_A}{y_B}\right)_2 = \left(\frac{x_A}{x_B}\right)_1$$

则

$$\left(\frac{y_A}{y_B}\right)_1 = \alpha_1 \left(\frac{y_A}{y_B}\right)_2$$

同理，第二层理论板的气液平衡关系为

$$\left(\frac{y_A}{y_B}\right)_2 = \alpha_2 \left(\frac{x_A}{x_B}\right)_2$$

所以

$$\left(\frac{y_A}{y_B}\right)_1 = \alpha_1 \alpha_2 \left(\frac{x_A}{x_B}\right)_2$$

若把再沸器看作是第 $N+1$ 块理论板，则以此规律类推，离开第一块的气相组成与离开第 $N+1$ 板的液相组成之间的关系为

$$\left(\frac{y_A}{y_B}\right)_1 = \alpha_1 \alpha_2 \cdots \alpha_{N+1} \left(\frac{x_A}{x_B}\right)_W$$

将 $\left(\dfrac{y_A}{y_B}\right)_1 = \left(\dfrac{x_A}{x_B}\right)_D$ 代入上式，得

$$\left(\frac{x_A}{x_B}\right)_D = \alpha_1 \alpha_2 \cdots \alpha_{N+1} \left(\frac{x_A}{x_B}\right)_W$$

若令 $\alpha_m = \sqrt[N+1]{\alpha_1 \alpha_2 \cdots \alpha_{N+1}}$，则上式可改写为

$$\left(\frac{x_A}{x_B}\right)_D = \alpha_m^{N+1} \left(\frac{x_A}{x_B}\right)_W$$

等式两边取对数解出 N，可得到全回流理论板数，即最少理论板数 $N_{\min}$

$$N_{\min} = \frac{\lg\left[\left(\dfrac{x_A}{x_B}\right)_D \left(\dfrac{x_B}{x_A}\right)_W\right]}{\lg\alpha_m} - 1 \qquad (8\text{-}72)$$

此式即为芬斯克方程。当塔底和塔顶的挥发度相差不大时，可取 $\alpha_顶$ 和 $\alpha_底$ 的平均值进行计算，即

$$\alpha = \sqrt{\alpha_顶\, \alpha_底} \qquad (8\text{-}73)$$

对双组分物系，芬斯克方程可以写成

$$N_{\min} = \frac{\lg\left[\left(\dfrac{x_D}{1-x_D}\right)\left(\dfrac{1-x_W}{x_W}\right)\right]}{\lg\alpha} - 1 \qquad (8\text{-}74)$$

此式简略地表明在全回流条件下分离程度与总理论板数（$N_{\min}$ 中不包括塔釜）之间的关系。

全回流操作只用于精馏塔的开工、调试及实验研究中。

8.5.5.2　最小回流比 $R_{\min}$

在精馏操作中，对一定的分离要求而言，当减小操作回流比时，两操作线向平衡线靠近，使所需的理论板数增多。当回流比减小到一定数值时，两操作线的交点 $d\,(x_q,\ y_q)$ 恰好落在平衡线上，如图 8-24 所示，此时，若在平衡线与操作线之间绘阶梯，将需要无穷阶梯才到达点 d，则相应的回流比即为最小回流比，此即为完成指定分离任务时的最小回流比，用 $R_{\min}$ 表示。在最小回流比条件下操作时，在点 d 附近（进料板上下区域）各板上气液两相组成基本上无变化，故 d 点称为挟点，这

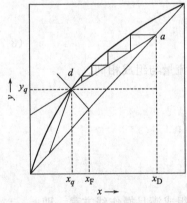

图 8-24　最小回流比的确定

个区域称为恒浓区。最小回流比是回流的下限，当回流比比 $R_{\min}$ 还要低时，操作线和 q 线的交点就落在平衡线之外，精馏操作无法完成指定分离任务。

最小回流比可用作图法或解析法来确定。

（1）作图法

如图 8-24 所示，由精馏段操作线 ad 的斜率知

$$\frac{R_{\min}}{R_{\min}+1} = \frac{x_D - y_q}{x_D - x_q}$$

经整理得

$$R_{\min} = \frac{x_D - y_q}{y_q - x_q} \qquad (8\text{-}75)$$

式中，x_q、y_q 为 q 线与平衡线交点的坐标，可在图中直接读出。

（2）解析法

对于理想溶液，相对挥发度可取为常数（或取平均值），则由相平衡方程得

$$y_q = \frac{\alpha x_q}{1+(\alpha-1)x_q}$$

将上式代入(8-75)，简化整理可得

$$R_{min} = \frac{1}{\alpha-1}\left[\frac{x_D}{x_q} - \frac{\alpha(1-x_D)}{1-x_q}\right] \tag{8-76}$$

若已知进料热状态 q，则可由相平衡方程和 q 线方程联立求解得到交点 $d(x_q, y_q)$ 的坐标，代入上式便可求得最小回流比 R_{min}。对于某些特殊的进料热状态，式(8-76) 可进一步化简。

饱和蒸气进料时，$y_q = x_F$，则

$$R_{min} = \frac{1}{\alpha-1}\left[\frac{\alpha x_D}{x_F} - \frac{1-x_D}{1-x_F}\right] - 1 \tag{8-77}$$

若为饱和液体进料，$x_q = x_F$，式(8-76) 可进一步化简为

$$R_{min} = \frac{1}{\alpha-1}\left[\frac{x_D}{x_F} - \frac{\alpha(1-x_D)}{1-x_F}\right] \tag{8-78}$$

(3) 非理想性较大物系的最小回流比

对于非理想物系，当平衡线出现明显下凹时，在操作线与 q 线的交点尚未落到平衡线上之前，精馏段操作线或提馏段操作线就有可能与平衡线在某点相切，此时即使无穷多塔板及组成也不能跨越切点 g。如图 8-25 所示，则图中的切点 g 即为挟点，故该回流比为最小回流比 R_{min}。对图 8-25(a)，设切点 g 坐标 (x_q, y_q)，R_{min} 的计算式与式(8-75) 同。

图 8-25(b) 中回流比减小到某一数值时，提馏段操作线与平衡线相切于 g，此时可先解出两操作线交点 d 的坐标 (x_q, y_q)，同样可用 (8-75) 求出 R_{min}。

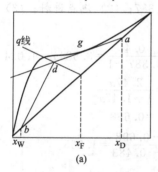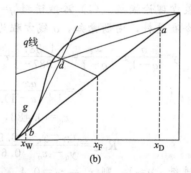

图 8-25　非理想物系 R_{min} 的确定

最后应该指出，最小回流比一方面与物系的相平衡性质有关，另一方面也与分离要求有关。对于指定的物系，最小回流比是对一定的分离要求而言的，脱离分离要求而谈最小回流比是毫无意义的，分离要求改变，最小回流比也会改变。另一方面，若实际采用的回流比小于最小回流比，操作仍能进行，只是不能达到规定的分离要求。

8.5.5.3　适宜回流比的选择

对于一定的分离任务，若在全回流下操作，所需的理论塔板数最少，但是得不到产品；若在最小回流比下操作，则所需理论塔板数为无限多。这两种情况都无法在正常工业生产中应用，实际中所采用的回流比应介于全回流与最小回流比之间。

适宜回流比是指操作费用和设备费用之和为最低时的回流比，需要通过经济衡算来决定。精馏的设备费用包括精馏塔、再沸器、冷凝器等设备的折旧费，而操作费用主要是指再沸器中加热剂用量、冷凝器中冷凝剂用量和动力消耗等，这些又与塔内上升蒸气量有关，即

$$V = (R+1)D$$
$$V' = V - (1-q)F$$

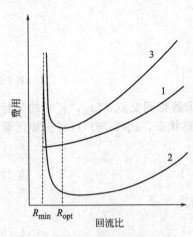

图 8-26　回流比对精馏费用的影响
1—操作费；2—设备费；3—总费用

因而当 F、q、D 一定时，上升蒸气量 V' 和 V 随着 R 的增大而增大。增加回流比起初可显著降低所需塔板数，如图 8-26 所示。随着 R 的增大，为得到同样数量的产品 D，精馏段上升蒸气 V 随着增大，使再沸器和冷凝器的负荷随之增大，设备费用的明显下降能补偿操作费用（能耗）的增加。再增加回流比，所需的理论塔板数缓慢下降，此时设备费用的减少将不足以补偿操作费用的增长，此外，回流比的增加也将使塔顶冷凝器和塔低再沸器的传热面积增大，即设备费将随着 R 的增大而增加。因此，随着 R 的增加，设备费用是先降低而后又重新增加。操作费用主要是加热蒸气和冷却水的费用，它随着 R 的增大成线性增长。

回流比与费用的关系如图 8-26 所示，显然存在着一个总费用的最低点，与此对应的回流比即为最适宜回流比 R_{opt}，但很难完整准确地知道这一个点，通常取经验数据，即 $R=(1.1\sim2)R_{min}$。实际中还应视具体情况而定，如为了减少加热蒸气耗量，可采用较小的回流比，而对于难分离物系则选用较大的回流比。

【例 8-6】 在常压连续精馏塔中分离某理想混合液，已知 $x_F=0.4$（摩尔分数，下同），$x_D=0.97$，$x_W=0.03$，相对挥发度 $\alpha=2.47$。试分别计算在以下三种情况下的最小回流比和全回流下的最少理论板数。(1) 冷液进料 $q=1.387$；(2) 泡点进料；(3) 饱和蒸气进料。

解：(1) 冷液进料，由题意知，q 线方程为

$$y=\frac{q}{q-1}x-\frac{x_F}{q-1}=\frac{1.387}{1.387-1}x-\frac{0.4}{1.387-1}=3.584x-1.034$$

相平衡方程为

$$y=\frac{\alpha x}{1+(\alpha-1)x}=\frac{2.47x}{1+1.47x}$$

联立两式解得

$$x_q=0.483,\quad y_q=0.698$$

$$R_{min}=\frac{x_D-y_q}{y_q-x_q}=\frac{0.97-0.698}{0.698-0.483}=1.265$$

(2) 泡点进料，$q=1$，则 $x_q=x_F=0.4$

$$y_q=\frac{\alpha x_q}{1+(\alpha-1)x_q}=\frac{2.47\times0.4}{1+1.47\times0.4}=0.622$$

$$R_{min}=\frac{x_D-y_q}{y_q-x_q}=\frac{0.97-0.622}{0.622-0.4}=1.568$$

(3) 饱和蒸气进料，$q=0$，则 $y_q=x_F=0.4$

$$x_q=\frac{y_q}{\alpha-(\alpha-1)y_q}=\frac{0.4}{2.47-1.47\times0.4}=0.213$$

$$R_{min}=\frac{x_D-y_q}{y_q-x_q}=\frac{0.97-0.4}{0.4-0.213}=3.048$$

(4) 全回流时的 N_{min}

$$N_{min}=\frac{\lg\left[\left(\dfrac{x_D}{1-x_D}\right)\left(\dfrac{1-x_W}{x_W}\right)\right]}{\lg\alpha}-1=\frac{\lg\left[\left(\dfrac{0.97}{0.03}\right)\left(\dfrac{0.98}{0.02}\right)\right]}{\lg2.47}-1=7.15（不含再沸器）$$

由此可见，在同样的分离要求下，最小回流比与进料热状况有关，且最小回流比随着 q 值的增大而减小。

8.5.5.4 理论板数的捷算法

精馏塔理论板数的计算除可用前面叙述的逐板计算法和图解法求解外，还可借助吉利兰图用简捷法计算。此法是一种应用最为广泛的利用经验关联图的简捷计算法，特别适用于在塔板数较多的情况下作初步估算，但误差较大。

(1) 吉利兰 (Gilliland) 图

吉利兰图为双对数坐标图，如图 8-27 所示。它关联了 R_{min}、R、N_{min} 及 N 四个变量之间的关系，横坐标为 $(R-R_{min})/(R+1)$，纵坐标为 $(N-N_{min})/(N+2)$。其中 N 和 N_{min} 分别为不包括再沸器时的理论板层数和最小理论板数。由图可知，曲线左端延线表示在最小回流比下的操作

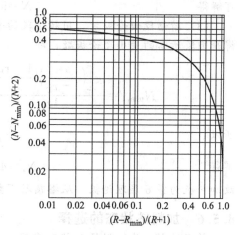

图 8-27 吉利兰图

情况，$(R-R_{min})/(R+1)$ 接近于零，而 $(N-N_{min})/(N+2)$ 接近于 1，故 $N=\infty$；而曲线右端表示在全回流下的操作状况，此时 $(R-R_{min})/(R+1)$ 接近于 1，而 $(N-N_{min})/(N+2)$ 接近于零，故 $R=\infty$，$N=N_{min}$，说明全回流时理论板层数为最少。

吉利兰图是用八个物系在组分数目为 2~11、5 种进料状态、R_{min} 为 0.53~7.0、组分间相对挥发度为 1.26~4.05、理论板数为 2.4~43.1 的精馏条件下，由逐板计算得出的结果绘制而成的。图中曲线在 $(R-R_{min})/(R+1) < 0.17$ 范围内可用下式代替

$$\lg \frac{N-N_{min}}{N+2} = -0.9\left(\frac{R-R_{min}}{R+1}\right) - 0.17 \tag{8-79}$$

(2) 简捷法求理论板数的步骤

①根据分离要求求出 R_{min}，并选择合适的 R；②求全回流下所需理论板数 N_{min}；③计算 $(R-R_{min})/(R+1)$，在吉利兰图的横坐标上找到相应点，并作铅垂线与曲线相交，由交点的纵坐标 $(N-N_{min})/(N+2)$ 便可算出理论板层数 N；④确定加料位置，可把加料组成看成釜液组成，求出理论板数，即为精馏段所需的理论板数，从而可以确定加料位置。

【例 8-7】 在连续精馏塔中分离某苯-甲苯的混合物，已知 $x_F = 0.501$（摩尔分数，下同），$x_D = 0.98$，$x_W = 0.03$，$R = 4$，精馏段和全塔的平均相对挥发度分别为 2.52 和 2.50。试用简捷法计算泡点进料时的理论板层数和加料板的位置。

解：(1) 最小回流比，对于泡点进料，可由式(8-78) 计算

$$R_{min} = \frac{1}{\alpha-1}\left[\frac{x_D}{x_F} - \frac{\alpha(1-x_D)}{1-x_F}\right] = \frac{1}{2.5-1}\left[\frac{0.98}{0.501} - \frac{2.5(1-0.98)}{1-0.501}\right] = 1.237$$

(2) 全塔理论板数

由于

$$\frac{R-R_{min}}{R+1} = \frac{4-1.237}{4+1} = 0.553$$

可由吉利兰图查得

$$\frac{N-N_{min}}{N+2} = 0.24$$

其中

$$N_{min} = \frac{\lg\left[\left(\dfrac{x_D}{1-x_D}\right)\left(\dfrac{1-x_W}{x_W}\right)\right]}{\lg \alpha} - 1 = \frac{\lg\left[\left(\dfrac{0.98}{0.02}\right)\left(\dfrac{0.97}{0.03}\right)\right]}{\lg 2.50} - 1 = 7.041$$

所以

$$\frac{N-7.041}{N+2} = 0.24$$

可解得　　　　　　　　　　　　　$N = 9.9$（不含再沸器）

（3）精馏段理论板数，用精馏段的平均相对挥发度和料液组成代入芬斯克方程，便可求得精馏段所需的最小理论板数，即

$$N_{min,1} = \frac{\lg\left[\left(\dfrac{x_D}{1-x_D}\right)\left(\dfrac{1-x_F}{x_F}\right)\right]}{\lg\alpha_1} - 1 = \frac{\lg\left[\left(\dfrac{0.98}{0.02}\right)\left(\dfrac{0.499}{0.501}\right)\right]}{\lg 2.52} - 1 = 3.206$$

所以　　　　　　　　　　　　　$\dfrac{N_1 - 3.206}{N_1 + 2} = 0.24$

解得　　　　　　　　　　　　　$N_1 = 4.85$（不含进料板）

故加料板为第 6 层理论板（从塔顶往下数）。

8.5.6　加料热状态的选择

前已述及 q 为加料的热状态参数，其值表示加料中饱和液体所占的分数。对指定的物系，在分离要求及回流比一定的条件下，q 值变化不影响精馏段操作线的位置，但明显改变了提馏段操作线的位置，因为 q 值变化，q 线斜率也变化，从而使精馏段与 q 线交点改变；q 值不同，加料板位置也不同。从图 8-28 可以看出，q 值越大（即进冷料），两操作线的交点越靠近对角线，而远离平衡线，此时所需要的理论板数减少。

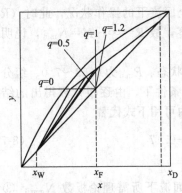

图 8-28　q 值对提馏段
操作线的影响（R 一定）

为理解这一点，应明确比较的标准。精馏的核心是回流，精馏操作的实质是塔底供热产生蒸气回流，塔顶冷凝造成液体回流。由全塔热量衡算可知，塔底加热量与进料带入热量的和等于塔顶冷凝量。以上对不同 q 值进料所作的比较是以固定回流比 R 即以固定的冷却量为基准的。这样，塔顶冷却量不变时，进料带热愈多，塔底供热则愈少，塔釜上升的蒸气量 $\overline{V}$ 亦愈少；塔釜上升蒸气量减少，使提馏段的操作线斜率（$\overline{L}/\overline{V}$）增大，其位置向平衡线靠近，所需理论板数增多。

当然，如果塔釜热量不变，进料带热增多，则塔顶冷却量必增大，回流比相应增大，所需的塔板数将减少。但须注意，这是以增加热耗为代价的。

所以，从精馏本身考虑，通常应进冷料。在热耗不变的情况下，热量应尽可能在塔底输入，使所产生的气相回流能在全塔中发挥作用；而冷却量应尽可能施加于塔顶，使所产生的液体回流能经过全塔而发挥最大的效能。即使回流在全过程中发挥作用，否则对精馏没有好处。但有时实际操作中利用废热把进料加热成热态甚至气态进料，其目的不是为了减少塔板数，而是为了减少塔釜的加热量。即只是工艺条件，而不是精馏本身要求的。尤其是当塔釜温度过高、物料易产生聚合或结焦时，这样做更为有利。

8.5.7　双组分精馏过程的其他类型

8.5.7.1　直接蒸汽加热

当待分离物系为某种轻组分的水溶液时，往往可将加热蒸气直接通入塔釜以汽化釜液。为了便于计算，通常设加热介质为饱和水蒸气，且按恒摩尔流对待，即塔底蒸发量与通入的蒸汽量相等。

直接蒸汽加热时理论板层数的求法，原则上与前面叙述的相同。精馏段的操作情况与普通精馏塔没有区别，故其操作线不变，q 线的作法也与常规塔相同。对于提馏段来说，由于

多了一股蒸汽进入塔釜,所以,提馏段操作方程应作改变。如图 8-29(a) 所示,对虚线范围内做物料衡算,有

总物料衡算
$$L' + S = V' + W \tag{8-80}$$

易挥发组分衡算
$$L'x = V'y + Wx_W \tag{8-81}$$

由于按恒摩尔流对待,则 $L' = W$,$V' = S$,所以提馏段操作线为

$$y = \frac{L'}{V'}x - \frac{W}{V'}x_W = \frac{W}{S}x - \frac{W}{S}x_W \tag{8-82}$$

上式中,当 $x = x_W$ 时,$y = 0$,故提馏段操作线方程通过点 (x_W, 0),如图 8-29(b) 所示。同时,直接蒸汽的通入量 S 与间接蒸汽加热时蒸汽耗用量的计算类似。

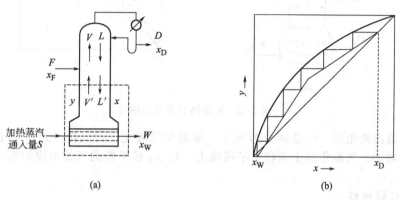

图 8-29　直接蒸汽加热

比较直接蒸汽加热与间接蒸汽加热可知,在设计时 x_F、x_D 及釜液组成 x_W 相同的情况下,因加热蒸汽的凝液排出时也带走少量轻组分,将使轻组分的回收率 η 降低。因此,为了减少塔底轻组分的损失,加热蒸汽在进塔釜前应尽可能除去其中所夹带的水。

此外,由于直接蒸汽的通入必使釜液排放量增加,为保持两种加热情况下的轻组分回收率不变,釜液组成 x_W 比间接加热时为低。这样,使用直接蒸汽加热所需要的理论板数将稍有增加。

前已说明,用间接蒸汽加热时,一定的冷凝量对应于一定的塔釜蒸发量。同理,当为直接蒸汽加热时,一定的塔顶冷凝量对应于一定的直接蒸汽用量 S。换言之,当加料热状态与塔顶产物 D 一定的条件下,加热蒸汽量取决于回流比。

8.5.7.2　提馏塔

提馏塔又称回收塔,是指只有提馏段而没有精馏段的塔。这种塔主要用于物系在低浓度下的相对挥发度较大,不需要精馏段也可以达到所希望的产品组成,或用于回收稀溶液中的易挥发组分而分离程度要求不高的场合,也就是说着眼点是将原料液浓度 x_F 降至尽可能小的排液浓度 x_W,而不是取得纯度高的塔顶产品。提馏塔的装置简图如图 8-30 所示,原料从塔顶加入塔内,在逐板下降中提供塔内的液相,塔顶蒸汽冷凝后全部作为馏出液产品,塔釜用间接蒸汽加热。若给定原料液流量 F、组成 x_F 及加料热状态参数 q,同时规定塔顶轻组分的回收率 η_A 及釜液组成 x_W,则馏出液组成 x_D 及其流量 D 可由全塔物料衡算确定。此情况下的操作线方程与一般精馏塔的提馏段操作线方程相同,即

$$y'_{m+1} = \frac{L'}{V'}x_m - \frac{W}{V'}x_W$$

当泡点进料时,$L' = F$,$V' = D$,则操作线方程可变为

$$y_{m+1} = \frac{F}{D}x_m - \frac{W}{D}x_W \tag{8-83}$$

如图 8-30(b) 所示，此操作线的下端为点 $b(x_W, x_W)$，上端点 d 由 q 线与 $y = x_D$ 的交点坐标来确定，然后在操作线与平衡线之间绘阶梯来确定理论板层数。

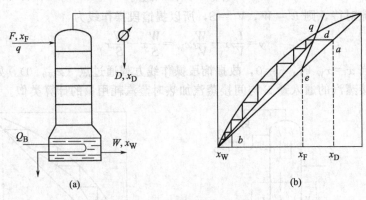

图 8-30　提馏塔装置及操作线

欲提高馏出液组成，必须减少蒸发量，即减少气液比，增大操作线斜率 F/D，所需的理论板数将增加。当操作线上端移至平衡线上，与 x_F 成平衡的气相组成为最大可能获得的馏出液含量。

8.5.7.3　多股加料

当组分相同但组成不同的料液要在同一个塔内进行分离时，为了避免不同组成的物料的混合并节省分离所需的能量，可使不同组成的料液分别在适当的位置加入塔内，如图 8-31(a) 所示，此时精馏塔分三段，第 I 段为精馏段，第 III 段为提馏段，其操作线方程与常规塔相同。两股进料之间第 II 塔段的操作线方程可对图中虚线范围内做物料衡算求得，即

总物料衡算 $\qquad\qquad V' + F_1 = L' + D \tag{8-84}$

易挥发组分衡算 $\qquad\quad V'y_{s+1} + F_1 x_{F_1} = L'x_S + Dx_D \tag{8-85}$

式中，V' 为两股进料之间各层的上升蒸汽流量，kmol/h；L' 为两股进料之间各层的下降液体流量，kmol/h。则由式(8-85) 可得

$$y_{s+1} = \frac{L'}{V'}x_S + \frac{Dx_D - F_1 x_{F_1}}{V'} \tag{8-86}$$

当饱和液体进料时，$q_1 = 1$，$V' = V = (R+1)D$，$L' = L + F_1$，则

$$y_{s+1} = \frac{L + F_1}{(R+1)D}x_S + \frac{Dx_D - F_1 x_{F_1}}{(R+1)D} \tag{8-87}$$

两股进料的操作线的相对位置如图 8-31(b) 所示。比较各段操作线的斜率可知，无论进料的热状态如何，第 II 段斜率总比第 I 段的大，第 III 段较第 II 段的大。各股进料的 q 线方程与单股进料时相同。

对于双股进料的精馏塔，操作时减小回流比 R 时，三段操作线均向平衡线靠拢，所需理论板数增加，当减小 R 到一定的程度，其挟点可能在 I-II 两段操作线的交点，也可能出现在 II-III 段两操作线的交点。设计计算时，求出两个最小回流比后，取其中较大者作为设计依据。对于不正常的平衡曲线（非理想物系），挟点也可能出现在塔的中间某个位置。

如果将两股进料先混合后，再在塔中某一合适位置进料进行精馏分离，能耗必定增加，因为混合与分离是两个相反的过程，精馏分离是以能量消耗为代价的。故任何形式的混合现象，必定意味着能耗的增加。

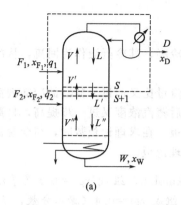
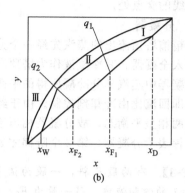

图 8-31 两股进料时的装置及操作线

8.5.7.4 侧线出料

为了获得不同规格的精馏产品，则可根据所要求的产品组成从塔的不同位置上开设侧线出料口，侧线产品可以是饱和液体或蒸气。如图 8-32(a) 所示为有一个侧线产品采出的精馏塔。

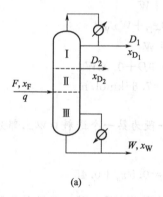
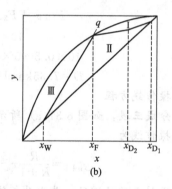

图 8-32 侧线出料的操作线

与两股进料的精馏塔相似，塔内的三段分别对应着精馏段操作线方程、两侧口（第二取料板与加料板之间）间的操作线方程及提馏段操作线方程，当侧线产品为泡点液体时，通过物料衡算可得第 Ⅱ 段的操作线方程为

$$y_{S+1} = \frac{L - D_2}{L + D_1} x_S + \frac{D_1 x_{D_1} + D_2 x_{D_2}}{L + D_1} \tag{8-88}$$

或

$$y_{S+1} = \frac{R D_1 - D_2}{(R+1) D_1} x_S + \frac{D_1 x_{D_1} + D_2 x_{D_2}}{(R+1) D_1} \tag{8-89}$$

当侧线产品为饱和蒸气时，通过物料衡算可得第 Ⅱ 段的操作线方程为

$$y_{S+1} = \frac{L}{V + D_2} x_S + \frac{D_1 x_{D_1} + D_2 x_{D_2}}{V + D_2} \tag{8-90}$$

或

$$y_{S+1} = \frac{R D_1}{(R+1) D_1 + D_2} x_S + \frac{D_1 x_{D_1} + D_2 x_{D_2}}{(R+1) D_1 + D_2} \tag{8-91}$$

式中，D_1 为塔顶馏出液流量，kmol/h；D_2 为侧线产品流量，kmol/h。

侧线出料时的三条操作线相对位置如图 8-32(b) 所示。不论是液相采出还是气相采出，比较各段操作线的斜率可知，Ⅱ 段操作线斜率总是小于 Ⅰ 段的斜率。所以挟点一般出现在 q

线与平衡线的交点处。

8.5.7.5 分凝器

有时精馏塔顶流出的蒸汽先经一个分凝器部分冷凝,其冷凝液作为回流,从冷凝器出来的蒸汽进入全凝器,其冷凝液作为塔顶产品。

在分凝器中蒸汽部分冷凝所得的平衡液、气的流量比又通过分凝器的冷却剂流量与温度控制,亦即回流比由冷却剂控制。由于经过分凝器后蒸汽浓度又进一步提高,且离开分凝器的气、液两相呈平衡态,故分凝器相当于一块理论板。在求理论板数时,与全凝器不同的是第 1 个阶梯表示分凝器,第 2 个阶梯才表示第 1 块理论板。

【例 8-8】 有两股原料,一股为流量 $F_1 = 10 \text{kmol/h}$,组成 $x_{F_1} = 0.5$(摩尔分数,下同),$q_1 = 1$ 的饱和液体,另一股为 $F_2 = 5 \text{kmol/h}$,组成 $x_{F_2} = 0.4$(摩尔分数,下同),$q_2 = 0$ 的饱和蒸气,现采用精馏操作进行分离,若要求馏出液中轻组分含量为 0.9,釜液含轻组分 0.05。塔顶为全凝器,泡点回流,塔釜间接蒸汽加热,若两股原料分别在其泡点、露点下由最佳加料板进入,求:(1)塔顶、塔底的产品量 D 和 W;(2)求 $R = 1$ 时各段操作线方程。

解:(1)对全塔作物料衡算,有

$$F_1 + F_2 = D + W$$
$$F_1 x_{F_1} + F_2 x_{F_2} = D x_D + W x_W$$

即

$$10 + 5 = D + W$$
$$10 \times 0.5 + 5 \times 0.4 = 0.9D + 0.05W$$

两式联立解得

$$D = 7.35 \text{kmol/h}, \quad W = 7.65 \text{kmol/h}$$

(2)各段操作线方程

精馏塔被分成三段,如图 8-31(a)所示,第一段为第一个进料口以上部分,它与一般精馏段相同,故操作线为

$$y_{n+1} = \frac{R}{R+1} x_n + \frac{x_D}{R+1} = 0.5 x_n + 0.45$$

第二段为两股进料之间的塔段,其上升气体量和下降液体量与第一段进料热状态有关。

第一段上升气体量和下降液体量为

$$L = RD = 1 \times 7.35 = 7.35 \text{kmol/h}$$
$$V = (R+1)D = 2 \times 7.35 = 14.7 \text{kmol/h}$$

第一段为饱和液体进料,$q_1 = 1$,则第二段进料口以上部分的上升气体量和下降液体量为

$$L' = L + q_1 F_1 = 7.35 + 10 = 17.35 \text{kmol/h}$$
$$V' = V - (1-q_1)F_1 = 14.7 \text{kmol/h}$$

在第二股进料口以上,对其作物料衡算

$$F_1 x_{F_1} + V' y_{S+1} = L' x_S + D x_D$$

得到第二段操作线方程为

$$y_{S+1} = \frac{L'}{V'} x_S + \frac{D x_D - F_1 x_{F_1}}{V'} = \frac{17.35}{14.7} x_S + \frac{7.35 \times 0.9 - 10 \times 0.5}{14.7} = 1.18 x_S + 0.11$$

第二股进料口以下塔段的操作线与一般提馏段相同,该段上升蒸气量和下降液体量与第二段进料热状态有关。第二股饱和蒸气进料,$q_2 = 0$,则第三段上升气体量和下降液体量为

$$L'' = L' + q_2 F_2 = L + q_1 F_1 + q_2 F_2 = 17.35 \text{kmol/h}$$
$$V'' = V' - (1-q_2)F_2 = V - (1-q_1)F_1 - (1-q_2)F_2$$
$$= 14.7 - 5 = 9.7 \text{kmol/h}$$

故第三段操作线为

$$y_{m+1}=\frac{L''}{V''}x_m-\frac{Wx_W}{V''}=\frac{17.35}{9.7}x_m-\frac{7.65\times0.05}{9.7}=1.789x_m-0.039$$

8.5.8 精馏装置的热量衡算

精馏装置除主体精馏塔外，冷凝器和再沸器是两个极为重要的附属设备。对系统作热量衡算可以求得这两个设备的热负荷，进而进行工艺设计及确定冷凝和加热介质的耗用量，并为换热设备的设计提供依据。

8.5.8.1 冷凝器的热量衡算

对图 8-33 所示的全凝器在单位时间（1h）内作热量衡算，以 0℃ 液体为计算焓值的基准，忽略热损失，可得到为使上升蒸汽全部在冷凝器中冷凝成液体所需的热量，即全凝器的热负荷：

$$Q_C=VI_D-(L+D)i_D$$

由于
$$V=L+D=(R+1)D$$

所以
$$Q_C=(R+1)D(I_D-i_D) \tag{8-92}$$

式中，Q_C 为冷凝器带出的热量，kJ/h；I_D 为塔顶上升蒸气的摩尔焓，kJ/kmol；i_D 为塔顶馏出液的摩尔焓，kJ/kmol。

冷却介质的消耗量 q_{m_C} 可按下式计算：

$$q_{m_C}=\frac{Q_C}{c_p(t_2-t_1)} \tag{8-93}$$

式中，q_{m_C} 为冷却剂的消耗量，kg/h；c_p 为冷却剂的平均质量比热容，kJ/(kg·℃)；t_1、t_2 分别为冷却介质在冷凝器进、出口处的温度，℃。

8.5.8.2 再沸器的热量衡算

同理对图 8-33 所示的再沸器在单位时间（1h）内作热量衡算，以 0℃ 液体为热量计算基准，则再沸器的热负荷，即为生产要求的上升蒸汽量所必须加入的热量为：

$$Q_B=V'I_W+Wi_W-L'i_n+Q_L \tag{8-94}$$

式中，Q_B 为加热蒸气带入系统的热量，kJ/h；Q_L 为再沸器的热损失，kJ/h；I_W 为再沸器上升蒸汽的焓，kJ/kmol；i_W 为釜液的焓，kJ/kmol；i_n 为塔底流出液体的焓，kJ/kmol。

因为 $V'=L'-W$，若近似取 $i_n=i_W$，则得

$$Q_B=V'(I_W-i_W)+Q_L \tag{8-95}$$

加热剂的消耗量 q_{m_h} 为

$$q_{m_h}=\frac{Q_B}{I_{B_1}-I_{B_2}} \tag{8-96}$$

式中，I_{B_1}、I_{B_2} 分别为加热介质进出再沸器的焓，kJ/kg。

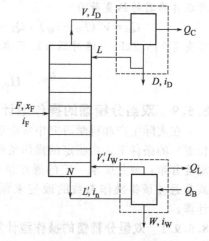

图 8-33 精馏塔热量衡算

【例 8-9】 用一常压连续精馏塔分离含苯 0.44（摩尔分数，下同）的苯-甲苯混合液，要求塔顶产品含苯 0.974 以上，塔底产品含苯 0.0235 以下，加料为饱和液体，采用的回流比为 3.5。若进料量为 15000kg/h，加热蒸汽的压力为 245.2kPa（绝对压力），冷凝液在饱和温度下排出，冷却水进、出口温度分别为 25℃ 和 35℃，再沸器的热损失为 1.6×10^6 kJ/h，求冷凝器的冷却水量和再沸器的加热蒸汽用量。

解：（1）冷凝器的热负荷与冷却水用量

先由全塔物料衡算求馏出液量 D，料液的平均相对分子质量 M 为：

$$M = 78 \times 0.44 + 92 \times 0.56 = 85.8$$

$$F = D + W = \frac{15000}{85.8} = 175 \text{kmol/h}$$

$$175 \times 0.44 = 0.975D + 0.0235W$$

上两式联立解得

$$D = 76.7 \text{kmol/h}$$

$$W = 98.3 \text{kmol/h}$$

由于馏出液接近纯苯，设冷凝液在冷凝温度下排出，则 $(I_D - i_D)$ 即为苯的冷凝热，等于 393.9kJ/kg，所以冷凝器的热负荷为

$$Q_C = (R+1)D(I_D - i_D) = (3.5+1) \times 76.7 \times 78 \times 393.9 = 1.06 \times 10^7 \text{kJ/h}$$

故冷却水用量为

$$q_{m_C} = \frac{Q_C}{c_p(t_2 - t_1)} = \frac{1.06 \times 10^7}{4.187 \times (35-25)} = 2.53 \times 10^5 \text{kg/h}$$

（2）再沸器的热负荷与加热蒸气用量

由于釜液几乎为纯甲苯，故 $(I_W - i_W)$ 可取纯甲苯的汽化热，等于 363kJ/kg，同时

$$V' = V = (R+1)D = 4.5 \times 76.7 = 345 \text{kmol/h}$$

所以再沸器的热负荷为

$$Q_B = V'(I_W - i_W) + Q_L = 345 \times 363 \times 92 + 1.6 \times 10^6 = 1.312 \times 10^7 \text{kJ/h}$$

可查得 245.2kPa（绝对压力）下饱和蒸气的冷凝热为 2187kJ/kg，所以加热蒸气用量为

$$q_{m_h} = \frac{Q_B}{H_{B_1} - H_{B_2}} = \frac{1.312 \times 10^7}{2187} 6000 \text{kg/h}$$

8.5.9 双组分精馏的操作型计算

在实际生产和科学研究中常会遇到下列问题：在设备已确定（全塔理论板数与加料板的位置）的条件下，由指定的操作条件预计精馏的操作结果，如各层塔板上的气液两相组成及温度分布；或是要求一定的操作结果，确定必要的操作条件（如回流比、加料板的位置）；或是通过某些操作参数的改变来预测其他操作参数的变化，这类计算便为精馏的操作型计算。

8.5.9.1 双组分精馏的操作型计算

操作型计算与设计型计算比较，计算所用的方程基本相同，包括物料衡算、热量衡算、平衡方程和操作线方程，但待求的未知量不同，设计型计算需求完成规定的任务所需的理论板数及加料板的位置，而操作型计算则是在这些条件已知的情况下，计算精馏操作的最后结果。所以两者的计算方法也有所不同。由于在操作型计算中，众多变量之间存在非线性关系，使操作型计算一般均须采用试差（迭代）的方法，即在计算过程中先假设一个塔顶（或塔底）组成，再用物料衡算及逐板计算予以校核的方法来解决，也可以用图解试差法求解。此外，操作型计算中加料板位置（或其他操作条件）一般不满足最优化条件。

现就两类操作型计算的图解试差法简单介绍如下。

（1）已知全塔理论板数，进料位置或精馏段和提馏段的理论板数 N_D 和 N_W，进料组成 x_F 和进料热状态参数 q，回流比 R 及物系平衡数据或相对挥发度 α，求可能达到的 x_D 和 x_W。其图解试差法的步骤为：①据物系平衡数据或相对挥发度 α 在 x-y 图上作平衡线和对角线；②作 q 线；③计算精馏段操作线斜率 $R/(R+1)$；④求 x_D，先假设一个 x_D'，并作出精馏段的操作线，在其和平衡线间作阶梯得到精馏段所需的理论板数 N_D'，若 $N_D' = N_D$，则假设合理，即 $x_D = x_D'$；若 $N_D' \neq N_D$，则重新假设并重复上述步骤，直到 $N_D' = N_D$ 为止；

⑤求 x_W，求解与上步相同，先假设一个 x_W'，并作出提馏段的操作线，在其和平衡线间作阶梯得到提馏段所需的理论板数 N_W'，若 $N_W' = N_W$，则假设合理，即 $x_W = x_W'$；若 $N_W' \neq N_W$，则重新假设并重复上述步骤，直到 $N_W' = N_W$ 为止。

（2）已知进料组成 x_F 和进料热状态参数 q，物系平衡数据或相对挥发度 α，全塔理论板数 N_T 及 x_D 和 x_W，求 R 及进料位置，步骤为：①根据平衡数据或 α 值在 x-y 图上作平衡线和对角线；②作 q 线；③假设一个 R'，根据 x_D 和 x_W 作出精馏段和提馏段操作线；④在操作线与平衡线间作阶梯求理论塔板数 N_T'，若 $N_T' = N_T$，则假设合理，R' 即为所求的回流比，若 $N_T' \neq N_T$，则重新假设并重复上述步骤，直到 $N_T' = N_T$ 为止；⑤由两操作线的交点求进料板位置。

【例 8-10】 某精馏塔具有 10 层理论板，加料位置在第 8 层塔板，分离原料组成为摩尔分数 0.25 的苯-甲苯混合液，物系相对挥发度为 2.47。已知回流比为 5，泡点进料时塔顶组成 x_D 为 0.98，塔釜组成 x_W 为 0.085。现调节回流比为 8，塔顶采出率及物料热状态均不变，求塔顶、塔釜产品的组成有何变化？并同时求出塔内各板的两相组成。

解： 当回流比 $R = 5$ 时

$$\frac{D}{F} = \frac{x_F - x_W}{x_D - x_W} = \frac{0.25 - 0.085}{0.98 - 0.085} = 0.1844$$

$$\frac{F}{D} = 5.424$$

当回流比 $R = 8$ 时，假设此时的 $x_W' = 0.0821$，由物料衡算式得

$$x_D' = \frac{x_F - x_W'\left(1 - \dfrac{D}{F}\right)}{\dfrac{D}{F}} = \frac{0.25 - 0.0821(1 - 0.1844)}{0.1844} = 0.9928$$

精馏段操作线方程为

$$y_{n+1} = \frac{R}{R+1} x_n + \frac{x_D}{R+1} = 0.8889 x_n + 0.1103$$

提馏段操作线方程为

$$y_{n+1} = \frac{R + \dfrac{F}{D}}{R+1} x_n - \frac{\dfrac{F}{D} - 1}{R+1} x_W = 1.4916 x_n - 0.0404$$

相平衡方程为

$$x_n = \frac{y_n}{2.47 - 1.47 y_n}$$

由 $x_D' = 0.9928$ 开始，用精馏段操作线方程求出 $y_1 = 0.9928$，将 y_1 代入相平衡方程，求出 $x_1 = 0.9825$；将 x_1 代入精馏段的操作线方程，求出 $y_2 = 0.9836$；将 y_2 代入相平衡方程，求出 $x_2 = 0.9605$；如此反复计算，用精馏段操作线方程计算 8 次，求出 $y_1 \sim y_8$，用相平衡方程 8 次，求出 $x_1 \sim x_8$。

【例 8-10】　附表

用精馏段操作线方程	用相平衡方程	用精馏段操作线方程	用相平衡方程
$y_1 = 0.9928$	$x_1 = 0.9825$	$y_7 = 0.5736$	$x_7 = 0.3526$
$y_2 = 0.9836$	$x_2 = 0.9605$	$y_8 = 0.4238$	$x_8 = 0.2294$
$y_3 = 0.9641$	$x_3 = 0.9158$	用提馏段操作线方程	用相平衡方程
$y_4 = 0.9243$	$x_4 = 0.8318$	$y_9 = 0.3018$	$x_9 = 0.1490$
$y_5 = 0.8497$	$x_5 = 0.6959$	$y_{10} = 0.1818$	$x_{10} = 0.0825$
$y_6 = 0.7289$	$x_6 = 0.5212$		

然后用提馏段操作线方程和相平衡方程交替使用各 2 次，所得全塔的气、液组成列于附

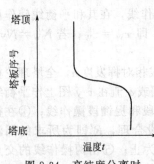

图 8-34　高纯度分离时
全塔的温度分布

表。$x_{10}=0.0825$ 与初始假设值 $x_W'=0.0821$ 基本相近，计算有效。显然，回流比增加，x_D 增大而 x_W 减小，即塔顶和塔釜产品的纯度皆提高了。

8.5.9.2　精馏过程的操作与调节

正常操作的精馏装置，能够保证 x_D 和 x_W 维持规定值，但生产中某一因素的波动（如 R、x_F、q 和传热量）将会影响产品的质量，因此应及时予以调节控制。

根据平衡关系可知，在总压一定时，混合物系的泡点和露点均取决于混合物的组成，因此可以用测量温度的方法预示塔内组成尤其是塔顶馏出液组成的变化。在一定总压下，塔顶温度是馏出液组成的直接反映。

但对于高纯度的分离，在塔顶（或塔底）相当一段高度内，温度变化极小，典型的温度分布曲线如图 8-34 所示。因此，当塔顶温度有了可觉察的变化时，馏出液组成的波动早已超出允许的范围，再设法调节为时已晚。例如在 8kPa 下对乙苯-苯乙烯混合液进行减压精馏，当塔顶馏出液中乙苯由 99.9％降至 90％时，泡点变化仅为 0.7℃。可见，对高纯度分离，一般不能用简单的测量塔顶温度来控制馏出液组成。

仔细分析操作条件变动前后温度分布的变化，即可发现在精馏段或提馏段的某层塔板上，温度变化最为显著。也就是说这层塔板的温度对于外界因素的干扰反映最为灵敏，通常称之为灵敏板。工业生产中，将感温元件安装在灵敏板上可以提前觉察精馏操作所受到的干扰，以便对精馏操作进行调节和控制来保证产品质量。灵敏板通常靠近进料口。

8.6　间歇精馏

8.6.1　间歇精馏的特点

间歇精馏又称分批精馏，在化工生产和科学研究中，当要分离的物料很少而分离纯度又很高时常采用间歇蒸馏方法，其流程如前图 8-12 所述。全部物料一次加入精馏釜中，塔釜采用蒸汽加热，料液逐渐汽化，产生的蒸汽在由塔底上升的过程中与塔顶下降的回流液进行接触，出塔顶的蒸汽经冷凝后，一部分作为塔顶产品，另一部分作为回流送回塔内，操作终了时，残液一次从釜内排出，然后再进行下一批精馏操作。

间歇精馏与连续精馏相比有以下特点：

① 原料一次性加入釜中，料液的组成随操作的进行而不断降低，同时塔内操作参数（如温度、组成）也随时间变化，所以间歇精馏为非定态过程；

② 间歇精馏塔只有精馏段而没有提馏段。

间歇精馏虽然在工业生产中应用不及连续精馏应用广泛，但在某些情况下却宜采用间歇精馏。例如，精馏的原料液是由分批生产得到的，这时分离过程也要分批进行；对于实验室或科研室的精馏操作，一般处理量较少，且原料的品种、组成及分离程度经常变化，采用间歇精馏更为灵活方便；多组分混合物的初步分离通常要求获得不同馏分的产品，这时也可采用间歇精馏。

一般间歇精馏的操作方式主要有两种：一是馏出液组成恒定，回流比不断增大；二是回流比恒定，馏出液组成逐渐减小。实际中，往往采用联合操作方式，即某一阶段（如操作初期）采用恒馏出液组成的操作，另一阶段（如操作后期）采用恒回流比的操作，具体的联合方式视情况而定。

8.6.2 回流比恒定时间歇精馏的计算

对于恒回流比的间歇精馏，釜中溶液的组成随过程的进行而降低，馏出液的组成也随之降低，一般当釜液组成或馏出液平均组成达到规定要求时就可以停止精馏操作。对此类过程的计算内容主要如下。

8.6.2.1 理论板数的计算

通常已知料液量 F 及 x_F，最终的釜液组成 x_W 及馏出液平均组成 $\bar{x}_D$，其理论板的求法与连续精馏方法相同，先选择适宜的回流比，再确定理论板数。

① 计算最小回流比 R_{min} 并确定适宜回流比 R。对于恒回流比的间歇精馏，馏出液的组成和釜液的组成具有对应关系。计算中通常以操作初态为基准，假设馏出液组成为 x_{D_1}（略高于馏出液平均组成），釜液组成为 x_F，与其平衡的气相组成为 y_F，则由气液平衡关系及最小回流比的定义，可求出 R_{min}

$$R_{min} = \frac{x_{D_1} - y_F}{y_F - x_F} \tag{8-97}$$

操作回流比可取最小回流比的某一倍数。

② 图解法求理论板层数。图解法步骤与前面相同，根据 x_{D_1}、y_F 及 R 的值作出操作线与平衡线，并在其间作阶梯，便可求得理论板层数。

8.6.2.2 操作参数的确定

(1) 操作过程中各瞬间的 x_D 和 x_W 关系的确定

由于操作中回流比 R 不变，因此各瞬间操作线的斜率 $\dfrac{R}{R+1}$ 都相同，各操作线为彼此平行的直线。若在馏出液的初始和终了组成范围内，任意选定一系列 x_{D_i} 值，通过各点 (x_{D_i}, x_{D_i}) 作一系列斜率为 $\dfrac{R}{R+1}$ 的平行线，则这些线为分别对应于某 x_{D_i} 的瞬间操作线。然后，在每条操作线和平行线间绘梯级，使其等于规定的理论板数，此时最后一个梯级可达到的液相组成就是与 x_{D_i} 值对应的 x_{W_i}，如图 8-35 所示。

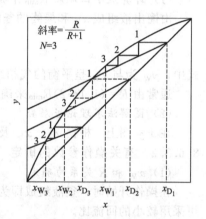

图 8-35 恒回流比间歇精馏时 x_D 和 x_F 的关系

(2) 操作过程中 x_D（或 x_W）与釜液量 W、馏出液量 D 间关系的确定

由于 x_D 在操作过程中是变化的，因而 x_D 与 W 及 D 的关系应由微分物料衡算求出。这一衡算结果与简单蒸馏时的导出式(8-29)相似，只需将式中的 x 和 y 用瞬时的 x_W 和 x_D 来代替，即

$$\ln \frac{F}{W} = \int_{x_W}^{x_F} \frac{dx_W}{x_D - x_W} \tag{8-98}$$

在 N 及 R 一定时，任一瞬间的釜液组成 x_W 与馏出液组成 x_D 对应，因而可通过8.6.2.1节第二项用作图法求出对应关系，进而用图解积分法或数值积分法求出积分值，从而可求出任一 x_D（或 x_W）相对应的釜液量 W。

(3) 馏出液平均组成 x_{D_m} 的核算

在求理论板时所假设的 x_{D_1} 是否合适，应以整个精馏过程中所得的 x_{D_m} 是否满足分离要求为准。当计算的 x_{D_m} 等于或稍大于规定值时，则上述计算正确。

间歇精馏时馏出液的平均组成 x_{D_m} 可由一批操作的物料衡算求得

总物料衡算 $\qquad\qquad\qquad F = D + W$

易挥发组分衡算
$$Fx_F = Dx_{D_m} + Wx_W$$

联立以上两式，解得
$$x_{D_m} = \frac{Fx_F - Wx_W}{F - W} \qquad (8-99)$$

（4）汽化量及精馏所需时间的计算

在 R 恒定时，汽化总量由下式求出
$$V = (R+1)D \qquad (8-100)$$

若将汽化量除以汽化速率 V_h（kmol/h）就可求出每批精馏过程所需时间 τ
$$\tau = \frac{V}{V_h} \qquad (8-101)$$

汽化速率 V_h 可通过塔釜的传热速率及混合物的潜热计算。

8.6.3 馏出液组成恒定时间歇精馏的计算

间歇精馏过程中，釜液的组成不断下降，为了实现恒定的馏出液组成，回流比必须不断变化。对于这种操作方式，通常已知料液量 F 及 x_F、馏出液组成 x_D 及最终的釜液组成 x_W，要求确定理论板数、回流比范围及汽化量等。

8.6.3.1 理论板数的确定

在馏出液组成恒定的间歇精馏中，在操作终了时釜液组成最低，所要求的分离程度最高，所以理论板数的求解应按精馏最终阶段进行计算。

（1）计算最小回流比 R_{min} 并确定适宜回流比 R

由馏出液组成 x_D 和最终的釜液组成 x_W，可通过下式求出 R_{min}
$$R_{min} = \frac{x_D - y_W}{y_W - x_W} \qquad (8-102)$$

式中，y_W 为与 x_W 呈平衡的气相组成，摩尔分数。

通常由 $R = (1.1 \sim 2)R_{min}$ 来确定操作回流比。

（2）图解法求理论板层数

在 x-y 图上，根据 x_D、x_W 及 R 的值通过图解法便可求得理论板层数。

8.6.3.2 有关操作参数的确定

（1）x_W 和 R 关系的确定

在操作开始时，釜液组成即为原料液组成，此时易挥发组分含量较高，因而在操作初期可采用较小的回流比。

对于一定的理论板层数，釜液组成 x_W 和回流比 R 之间具有固定的对应关系。在精馏过程中，若已知某一时刻的回流比 R_1，则对应的 x_{W_1} 可按下述步骤求得（参见图 8-36）：计算操作线截距 $x_D/(R_1+1)$ 的值，在 x-y 图的纵轴上定出点 b_1，连接点 $a(x_D, x_D)$ 和 b_1 得到操作线，然后从点 a 开始在平衡线和操作线间绘阶梯，使其等于给定的理论板数，则最后一个阶梯所达到的液相组成即为釜液组成 x_{W_1}。按照相同的方法，可求出不同回流比下对应的釜液组成。

若已知精馏过程中某一时刻下釜液的组成 x_{W_1}，则对应的 R 可采用试差作图的方法求得，即先假设一 R 值，然后在 x-y 图上图解求理论板数。若阶梯数与给定的理论板数相等，则 R 即为所求，否则重新设定 R，直至满足要求为止。

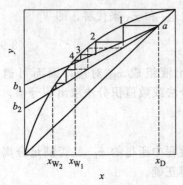

图 8-36　恒馏出液间歇精馏时
R 和 x_W 的关系

（2）每批精馏操作的汽化量

设在 $d\tau$ 时间，溶液的汽化量为 dW kmol，馏出液量

为 dD kmol，回流液量为 dL kmol，则回流比为

$$R=\frac{dL}{dD}$$

对塔顶冷凝器作物料衡算得

$$dV=dL+dD=(R+1)dD \tag{8-103}$$

任一瞬间前馏出液量 D 可由物料衡算得到（忽略塔内持液量），即

$$D=F\frac{x_{\mathrm{F}}-x_{\mathrm{W}}}{x_{\mathrm{D}}-x_{\mathrm{W}}} \tag{8-104}$$

微分式(8-104) 得

$$dD=F\frac{(x_{\mathrm{F}}-x_{\mathrm{D}})}{(x_{\mathrm{D}}-x_{\mathrm{W}})^2}dx_{\mathrm{W}} \tag{8-105}$$

将上式代入式(8-103) 得

$$dV=F(x_{\mathrm{F}}-x_{\mathrm{D}})\frac{R+1}{(x_{\mathrm{D}}-x_{\mathrm{W}})^2}dx_{\mathrm{W}} \tag{8-106}$$

积分上式，可得到对应釜液组成 x_{W} 时的汽化量为

$$V=\int_0^V dV=F(x_{\mathrm{D}}-x_{\mathrm{F}})\int_{x_{\mathrm{W}}}^{x_{\mathrm{F}}}\frac{R+1}{(x_{\mathrm{D}}-x_{\mathrm{W}})^2}dx_{\mathrm{W}} \tag{8-107}$$

每批精馏所需时间仍可用式(8-101) 计算。

8.7　恒沸精馏与萃取精馏

前面讨论的精馏都是以混合物中各组分挥发度的差异为依据的，这种差别越大，分离越容易。但若组分的挥发度非常接近或组分之间形成恒沸物，则为完成指定的分离任务所需的塔板层数非常多或者不能用普通精馏的方法实现分离，对于这些物料，就需要采用特殊的或其他分离方法进行分离提纯，通常采用恒沸精馏和萃取精馏进行分离。这两种方法都是在被分离的溶液中加入第三组分，以改变原溶液中的相对挥发度而实现分离的。

8.7.1　恒沸精馏

若向具有恒沸点的混合液加入第三组分，它能与原来混合液中的一个或两个组分形成新的最低恒沸物，使组分间的相对挥发度增大，从而使原料液能用普通精馏方法予以分离，这种精馏操作称为恒沸精馏，加入的第三组分称为恒沸剂或夹带剂。

例如酒精与水可形成共沸液（共沸点为 78.15℃，乙醇的摩尔分数为 0.894），用普通精馏只能得到组成与恒沸液相近的工业酒精，而不能制取无水酒精。若在原料液中加入恒沸剂苯，可形成苯、乙醇与水的三元最低恒沸物，常压下其恒沸点为 64.85℃，比乙醇与乙醇和水的恒沸液沸点都低，恒沸液摩尔分数组成为苯 0.539、乙醇 0.228、水 0.233，只要恒沸剂的量适当，原料液中的水分可全部转移到三元恒沸液中，从而使乙醇-水溶液得到分离。

图 8-37 是无水乙醇的制备流程。原料液和苯从恒沸精馏塔 Ⅰ 的中部加入，塔底得到近于纯态的乙醇，塔顶蒸出的乙醇-水-苯三元恒沸物在冷凝器中冷凝后部分回流到塔 Ⅰ，其余的进入分层器分为两层，上层富苯层返回塔 Ⅰ 作为补充回流，下层为富水层，进入苯回收塔 Ⅱ 的顶部，以回收其中的苯。塔 Ⅱ 的蒸气由塔顶引出也进入冷凝器中，同时其底部的稀乙醇产品被送到乙醇回收塔 Ⅲ 中。塔 Ⅲ 的顶部产品为乙醇-水恒沸液，被送回塔 Ⅰ 作为原料，塔底产品几乎为纯水。在蒸馏过程中会损失部分苯，需及时进行补充。

恒沸精馏的关键是选择合适的恒沸剂，对恒沸剂的基本要求是：①恒沸剂应能与待分离组分形成新的恒沸物，且与被分离的组分沸点差要大，一般不小于 5～10℃；②新形成的恒

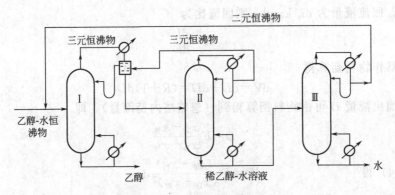

图 8-37 无水乙醇的恒沸精馏流程

沸物应便于分离，以便回收和循环使用恒沸剂；③恒沸物中恒沸剂的含量越少越好，以便减少恒沸剂的用量和过程中所需的能量；④恒沸剂要使用安全、性质稳定、价格便宜等。

8.7.2 萃取精馏

与恒沸精馏相似，萃取精馏也是在原溶液中加入第三组分，以增加组分间的相对挥发度而使原溶液易于用普通精馏方法分离，加入的第三组分称为萃取剂。

现以苯-环己烷的分离为例来介绍萃取精馏的过程。在常压下，苯和环己烷的沸点分别为 80.1℃ 和 80.73℃，两者沸点很接近，α 接近 1，若向原料中加入糠醛，则糠醛与苯结合，使溶液的相对挥发度发生显著的变化，如表 8-1 所示。

表 8-1　环己烷对苯的 α

溶液中糠醛的摩尔分数	0	0.2	0.4	0.5	0.6	0.7
相对挥发度 α	0.98	1.38	1.86	2.07	2.36	2.7

由表 8-1 可见，相对挥发度随着糠醛量的加大而增加，因此对于苯-环己烷溶液的分离可用糠醛作萃取剂进行萃取精馏，图 8-38 是该工艺的流程。

料液从萃取精馏塔 1 的中部进入，萃取剂糠醛从精馏塔顶部加入，使它在塔中与苯在每层塔板上均能接触。塔顶蒸出的为环己烷，为了防止糠醛蒸气从顶上带出，在精馏塔 1 的顶部设萃取剂回收段 2 以便回收，这样精馏塔 1 的塔顶产品几乎是纯的环己烷，糠醛与苯的混合物流出塔底后进入萃取剂分离塔 3，由于常压下两者沸点差很大，所以塔顶产品几乎是纯苯，塔底产品则为糠醛，可循环使用，并需适时补充。

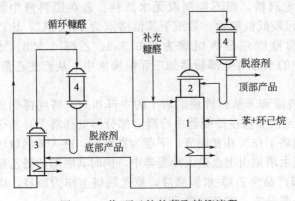

图 8-38　苯-环己烷的萃取精馏流程
1—萃取精馏塔；2—萃取剂回收段；
3—萃取剂分离塔；4—冷凝器

萃取精馏一般为连续精馏，且萃取剂浓度的改变对原溶液中组分间的相对挥发度影响较大，所以，在萃取精馏中使塔内的液相保持一定的萃取剂浓度是十分重要的。同时，萃取剂的选择也是一个关键问题，良好的萃取剂应符合以下条件：①选择性高，使原溶液组分间相对挥发度发生显著变化；②萃取剂的沸点应高于原溶液各组分的沸点且不与原组分生成共沸物；③萃取剂与原溶液有足够的互溶度，不产生分层现象；

④无毒性、无腐蚀性、热稳定性好、来源方便。

萃取剂要求沸点高（挥发度小），并且不与组分形成恒沸物，因而萃取精馏主要用于分离挥发度相近的物系。

萃取精馏与恒沸精馏既有共同点，也有差异。其共同点都是在待分离物系中加入第三组分以改变其相对挥发度来实现分离，而区别在于以下几点。

① 在萃取精馏中，萃取剂的沸点必须比被分离组分的沸点高得多，且要求不与任一组分形成恒沸物或起化学反应，故萃取剂的选用范围较广。而恒沸精馏所用恒沸剂的沸点则要求小于被分离组分的沸点 10~40℃以内，且要形成恒沸物，故其选择范围小得多。

② 萃取精馏的萃取剂由塔釜排出，而恒沸精馏中的恒沸剂则与一种或一种以上的被分离组分形成恒沸物而从塔顶排出。故萃取精馏消耗的能量通常比恒沸精馏小。

③ 萃取精馏中萃取剂的加入量可变化范围较大，而恒沸精馏中，适宜的恒沸剂量多为一定，故萃取精馏操作较灵活，易控制。

④ 萃取精馏不宜采用间歇操作，而恒沸精馏既可用连续操作也可用间歇操作。

⑤ 恒沸精馏操作温度较萃取精馏要低，故恒沸精馏较适用于分离热敏性溶液。

8.8　多组分精馏

工业生产中遇到的多是多组分分离的问题，它的分离原理与双组分分离相同，也是利用各组分挥发度的差异，在塔内构成气、液逆向的物流并发生多次部分汽化和部分冷凝而实现组分的分离。多组分精馏过程计算的基础仍然是气液平衡和物料衡算关系，但由于涉及的组分数目增多，影响因素也增多，因此要解决的问题也就更为复杂。

8.8.1　流程方案的选择

用普通精馏塔（指分别仅有一个进料口、塔顶和塔底出料口的塔）分离有 n 个组分的溶液，若想得到 n 个高纯度的组分，则需要（$n-1$）个塔。这是因为各塔只在塔顶和塔底出料，除了最后一个塔可由塔顶和塔底同时得到两个高纯度的组分外，其余的塔均为多组分精馏，只能得到一个高纯度组分。但是若不要求将全部组分都分离为纯组分，或原料液中某些组分的性质及数量差异较大时，可采用具有侧线出料口的塔；若分离少量的多组分溶液，可采用间歇精馏，这些都可使塔板数减少。

若在（$n-1$）个塔中分离 n 个组分，必然涉及组分分离顺序的排列，即分离流程的安排。例如 A、B、C（其挥发度依次降低）三组分溶液的分离需要用两个精馏塔，可能的流程方案有两种，如图 8-39 所示，其中流程（a）是按组分挥发性递增的顺序逐塔从塔釜分出，最轻的组分从最后一个塔的塔顶蒸出，在这种流程中，组分 A 被汽化两次，冷凝两次，组分 B 被汽化和冷凝各一次。而流程（b）是按组分挥发性递减的顺序逐塔从塔顶蒸出，最难挥发的组分从最后一个塔的塔釜引出，在这种流程中，组分 A 和 B 各被汽化一次和冷凝一次。对比上述两种流程可知，流程（a）中蒸气汽化和冷凝的总量较多，因此所需的塔径和再沸器及冷凝器的传热面积较大，加热和冷却介质的消耗量也大，也就是说其设备费用和操作费用都较流程（b）高，故若从节省投资和操作费用方面来考虑，流程方案（b）优于（a）。但实际上流程的选择不仅要考虑经济上的优化，还要综合

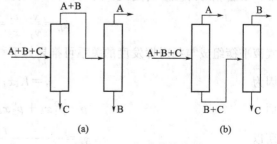

图 8-39　三组分精馏流程

考虑其他因素的影响。

一般说来，一个较佳方案应满足以下几点：①保证产品质量，满足工艺要求，生产能力大；②流程尽可能短，设备投资费用少；③能量消耗低，产品收率高，操作费用低；④操作控制方便。

在实际生产中还要考虑以下两个因素。

① 多组分溶液的性质。有些有机物在加热过程中极易分解或聚合，因此除了考虑操作压力、温度及设备结构等外，还应在流程安排中减少这种组分的受热次数，尽早将其分离出来。

② 产品的质量要求。某些有特殊用途的物质如高分子单体等，通常要求有非常高的纯度，由于固体杂质易存留于塔釜中，所以不希望从塔底得到这种产品。

通常，多组分精馏流程方案的确定是比较困难的，设计时可初步选几个方案，然后通过计算和分析比较，再从中择优选定。

8.8.2　多组分物系的气液平衡及应用

与双组分精馏一样，气液平衡是多组分精馏计算的理论基础。由相律可知，对于 n 个组分的物系，共有 n 个自由度，除了压力恒定外，还需要知道其他 $(n-1)$ 个变量，才能确定此平衡物系。

8.8.2.1　多组分物系的气液平衡

对于多组分溶液的气液平衡关系，一般采用平衡常数法和相对挥发度法表示。

(1) 平衡常数法

当系统的气液两相在恒定的压力和温度下达到平衡时，某组分 i 在液相中的组成 x_i 与其在气相中的平衡组成 y_i 的比值，称为组分 i 在此温度、压力下的平衡常数，通常表示为

$$K_i = \frac{y_i}{x_i} \tag{8-108}$$

式中，K_i 为溶液中任意组分 i 的平衡常数。式(8-108)为气液平衡关系的通式，既适用于理想体系，也适用于非理想体系。对于理想物系，相平衡常数还可以表示为

$$K_i = \frac{y_i}{x_i} = \frac{p_i^0}{p} \tag{8-109}$$

由该式可以看出，理想物系中任意组分 i 的平衡常数 K_i 只与该组分的饱和蒸气压 p_i^0 及总压 P 有关，而 p_i^0 又直接由物系的温度决定，因此 K_i 随组分的性质、总压及温度而变。

(2) 相对挥发度法

由于在精馏塔中各层板上的温度不相等，故平衡常数也是变量，利用平衡常数法表达多组分溶液的平衡关系就比较麻烦。而相对挥发度随温度变化较小，全塔可取定值或平均值，因此采用相对挥发度法来表示平衡关系可使计算大为简化。

在采用相对挥发度法表示多组分溶液的平衡关系时，通常取较难挥发的组分 j 作为基准，根据相对挥发度的定义，可写出任一组分和基准组分 j 的相对挥发度为

$$\alpha_{ij} = \frac{y_i/x_i}{y_j/x_j} = \frac{K_i}{K_j} = \frac{p_i^0}{p_j^0} \tag{8-110}$$

气液平衡组成与相对挥发度的关系可推导如下

因为

$$y_i = K_i x_i = \frac{p_i^0}{P} x_i$$

而

$$p = p_1^0 x_1 + p_2^0 x_2 + \cdots + p_n^0 x_n$$

所以

$$y_i = \frac{p_i^0 x_i}{p_1^0 x_1 + p_2^0 x_2 + \cdots + p_n^0 x_n}$$

给等式右边分子分母同除以 p_j^0，再结合式(8-110)，整理得

$$y_i = \frac{\alpha_{ij}x_i}{\alpha_{1j}x_1 + \alpha_{2j}x_2 + \cdots + \alpha_{nj}x_n} = \frac{\alpha_{ij}x_i}{\sum\limits_{i=1}^{n}\alpha_{ij}x_i} \tag{8-111}$$

同理可得

$$x_i = \frac{y_i/\alpha_{ij}}{\sum\limits_{i=1}^{n}y_i/\alpha_{ij}} \tag{8-112}$$

式(8-111) 及式(8-112) 为用相对挥发度表示的气液平衡关系，只要求出各组分对基准组分的相对挥发度，就可利用此二式计算平衡时的气相或液相组成。

这两种气液平衡的表示法没有本质的差别，若精馏塔中相对挥发度变化不大，则用相对挥发度法计算平衡关系较为简便，反之，若相对挥发度变化较大，则用平衡常数法计算较为准确。

8.8.2.2 相平衡常数的应用

相平衡常数在多组分精馏的计算中可用来计算泡点温度、露点温度和汽化率等，现分述如下。

（1）泡点温度及平衡气相组成的计算

因平衡气相组成为 $y_i = K_i x_i$，且 $\sum\limits_{i=1}^{n}y_i = 1$，因此

$$\sum_{i=1}^{n}K_i x_i = 1 \tag{8-113}$$

在利用上式计算液体混合物的泡点及平衡气相组成时，需用试差法，即先假定一个泡点温度，结合已知的压力求出平衡常数，再校核 $\sum K_i x_i$ 是否等于 1，若是，则表示所设的泡点正确，否则应重新设定温度，并重复上面的计算，直至 $\sum K_i x_i \approx 1$ 为止，此时的温度和气相组成即为所求。

（2）露点温度及平衡液相组成的计算

同理，平衡液相组成为 $x_i = \dfrac{y_i}{K_i}$，且 $\sum\limits_{i=1}^{n}x_i = 1$，因此

$$\sum_{i=1}^{n}\frac{y_i}{K_i} = 1 \tag{8-114}$$

利用上式便可计算气相混合物的露点及平衡液相组成。计算时也需用试差法，过程与计算泡点温度时的完全相同。

（3）多组分溶液的部分汽化

多组分溶液部分汽化后，两相的量和组成随压强及温度而变化，其定量关系推导如下。对一定量的原料液作物料衡算，有

总物料衡算 $F = V + L$

任一组分衡算 $Fx_{F_i} = Vy_i + Lx_i$

联立以上两式，并结合 $y_i = K_i x_i$，可求得

$$y_i = \frac{x_{F_i}}{\dfrac{V}{F}\left(1 - \dfrac{1}{K_i}\right) + \dfrac{1}{K_i}} \tag{8-115}$$

式中，$\dfrac{V}{F}$ 为汽化率；x_{F_i} 为液相混合物中任意组分 i 的摩尔分数。

当物系的温度和压力一定时，可用上式及 $\sum\limits_{i=1}^{n} y_i = 1$ 计算汽化率及相应的气液相组成。反之，当汽化率一定时，也可用上式计算汽化条件。

8.8.3 关键组分与物料衡算

8.8.3.1 关键组分

在待分离的多组分溶液中，选取工艺中最关键的两个组分（通常选择挥发度相邻的两个组分），规定它们在塔顶和塔底产品中的组成或回收率（即分离要求），则在一定的分离条件下，所需的理论板层数和其他组分的组成也随之而定。所选定的两个组分对多组分溶液的分离起控制作用，故称之为关键组分，其中挥发度高的组分称为轻关键组分，挥发度低的称为重关键组分。

所谓轻关键组分，是指在进料中比其还要轻（即挥发度更高）的组分及其自身的绝大部分进入馏出液中，它在釜液中的含量则加以限制。所谓重关键组分，是指进料中比其还要重（即挥发度更低）的组分及其自身的绝大部分进入釜液中，而它在馏出液中的含量应加以限制。例如，分离由组分 A、B、C、D 和 E（按挥发度降低的顺序排列）所组成的混合液，根据选择的流程及分离要求，规定 B 为轻关键组分，C 为重关键组分。因此在馏出液中有组分 A、B 及限量的 C，而比 C 还要重的组分 D 和 E 只有极微量或完全不出现。同样，在釜液中有组分 C、D、E 及限量的 B，而比 B 还要轻的组分 A 只有极微量或完全不出现。

对于同样的进料，若选择不同的流程方案，则关键组分可能不同。另外，若相邻的关键组分之一的含量很低，也可以选择与它们相邻近的某一组分为关键组分，如上例的组分 C 含量若很低，就可以选择 B、D 分别为轻重关键组分。

8.8.3.2 全塔物料衡算

N 组分精馏的全塔物料衡算式有 n 个，即

总物料衡算 $\qquad\qquad\qquad\qquad F = D + W$

i 组分的物料衡算 $\qquad\qquad Fx_{F_i} = Dx_{D_i} + Wx_{D_i}$

归一化方程 $\qquad\qquad \sum x_{F_i} = 1, \qquad \sum x_{D_i} = 1, \qquad \sum x_{W_i} = 1$

通常进料组成是给定的，当规定关键组分在塔顶或塔底产品中的组成或回收率时，其他组分的分配应通过物料衡算或近似估算得到。根据各组分间挥发度的差异，可按两种情况进行组分在产品中的预分配，大体如下。

(1) 清晰分割的情况

若两关键组分的挥发度相差较大，且两者为相邻的组分，此时可认为比重关键组分还重的组分全部在塔底，而比轻关键组分还轻的组分全部在塔顶，这种情况称为清晰分割。

清晰分割时，非关键组分在两产品中的分配可以通过物料衡算求得。

(2) 非清晰分割的情况

若两关键组分不相邻，则塔顶和塔底产品中必有中间组分；另一方面，若进料中非关键组分与关键组分的相对挥发度相差不大，则塔顶产品中就含有比重关键组分还重的组分，塔底产品中会含有比轻关键组分还轻的组分，这两种情况都称为非清晰分割。

非清晰分割时，各组分在产品中的分配情况不能用上述的物料衡算求得，但可用芬斯克全回流公式进行估算。这种分配方法称为亨斯特贝克（Hengstebeck）法，在计算中需作以下假设：

① 在任何回流比下操作时，各组分在精馏塔中的分配情况与全回流操作时的相同；

② 估算非关键组分在产品中的分配情况与关键组分的方法相同。

多组分精馏时，全回流操作下的芬斯克方程式可表示为

$$N_{min}+1=\frac{\lg\left[\left(\frac{x_l}{x_h}\right)_D\left(\frac{x_h}{x_l}\right)_W\right]}{\lg\alpha_{lh}} \tag{8-116}$$

式中，下标 l 表示轻关键组分，h 表示重关键组分。

因

$$\left(\frac{x_l}{x_h}\right)_D=\frac{D_l}{D_h}, \qquad \left(\frac{x_h}{x_l}\right)_W=\frac{W_h}{W_l}$$

式中，D_l、D_h 分别为馏出液中轻重关键组分的流量，kmol/h；W_l、W_h 分别为釜液中轻重关键组分的流量，kmol/h。

将其代入式(8-116)，得

$$N_{min}+1=\frac{\lg\left[\left(\frac{D_l}{D_h}\right)\left(\frac{W_h}{W_l}\right)\right]}{\lg\alpha_{lh}}=\frac{\lg\left[\left(\frac{D}{W}\right)_l\left(\frac{W}{D}\right)_h\right]}{\lg\alpha_{lh}} \tag{8-117}$$

上式表示全回流下轻、重关键组分在塔顶和塔底产品中的分配关系，根据所作的假设，它也适用于任意组分 i 和重关键组分之间的分配，即

$$N_{min}+1=\frac{\lg\left[\left(\frac{D}{W}\right)_i\left(\frac{W}{D}\right)_h\right]}{\lg\alpha_{ih}} \tag{8-118}$$

由式(8-116) 及式(8-117) 可得

$$\frac{\lg\left[\left(\frac{D}{W}\right)_l\left(\frac{W}{D}\right)_h\right]}{\lg\alpha_{lh}}=\frac{\lg\left[\left(\frac{D}{W}\right)_i\left(\frac{W}{D}\right)_h\right]}{\lg\alpha_{ih}} \tag{8-119}$$

因为 $\alpha_{hh}=1$，$\lg\alpha_{hh}=0$，则上式可改写为

$$\frac{\lg\left(\frac{D}{W}\right)_l-\lg\left(\frac{D}{W}\right)_h}{\lg\alpha_{lh}-\lg\alpha_{hh}}=\frac{\lg\left(\frac{D}{W}\right)_i-\lg\left(\frac{D}{W}\right)_h}{\lg\alpha_{ih}-\lg\alpha_{hh}} \tag{8-120}$$

上式表示全回流下任意组分 i 在塔中的分配关系，根据所作的假设，同样也可用于估算任意回流比下各组分之间的分配。

8.8.4　理论板数的计算

理论板数可通过简捷法来求解，其基本原则是将多组分精馏简化为轻、重关键组分的"双组分精馏"，故可采用芬斯克方程及吉利兰图求理论板层数。

8.8.4.1　最小回流比

在双组分精馏计算中，通常用图解法确定最小回流比，但在多组分精馏计算中，必须用解析法求最小回流比。在最小回流比下操作时，由于进料中所有组分并非全部出现在塔顶或塔底产品中，所以塔内常常会出现两个恒浓区，一个在进料板以上某一位置，称为上恒浓区；另一个在进料板以下某一位置，称为下恒浓区。若所有组分都出现在塔顶产品中，则上恒浓区接近于进料板；若所有组分都出现在塔底产品中，则下恒浓区接近于进料板；若所有组分同时出现在塔顶产品和塔底产品中，则上、下恒浓区合二为一，即进料板附近为恒浓区。

计算最小回流比的关键是确定恒浓区的位置。显然，这种位置是不容易确定出的，因此严格或精确地计算最小回流比就很困难，一般多用简化公式估算，常用的是恩德伍德（Underwood）公式，即

$$\sum_{i=1}^{n}\frac{\alpha_{ij}x_{F_i}}{\alpha_{ij}-\theta}=1-q \tag{8-121}$$

$$R_{min} = \sum_{i=1}^{n} \frac{\alpha_{ij} x_{D_i}}{\alpha_{ij} - \theta} - 1 \qquad (8\text{-}122)$$

式中，α_{ij} 为组分 i 对基准组分 j（一般为重关键组分或重组分）的相对挥发度，可取塔顶的和塔底的几何平均值；θ 为式(8-121) 的根，其值介于轻、重关键组分对基准组分的相对挥发度之间。

恩德伍德公式的应用条件为：①塔内气相作恒摩尔流动；②各组分的相对挥发度为常量。若轻、重关键组分为相邻组分，θ 仅有 1 个值；若两关键组分之间有 k 个中间组分，则 θ 将有 $(k+1)$ 个值。

在求解上述两个方程时，需先用试差法由第一个式子求出 θ 值，然后由第二个式子求出 R_{min}。当关键组分间有中间组分时，可求得多个 R_{min} 值，设计时可取 R_{min} 的平均值。

8.8.4.2 理论板层数的确定

用简捷法计算理论板层数的具体步骤如下：

① 根据分离要求确定关键组分；

② 进行物料衡算，初估各组分在塔顶产品和塔底产品中的组成，并计算各组分的相对挥发度；

③ 根据轻、重关键组分在塔顶和塔底产品中的组成及平均相对挥发度，用芬斯克方程式计算最小理论板层数 N_{min}，即

$$N_{min} = \frac{1}{\ln\alpha_{lh}} \ln\left[\left(\frac{x_{Dl}}{x_{Dh}}\right)\left(\frac{x_{Wh}}{x_{Wl}}\right)\right] - 1 \qquad (8\text{-}123)$$

④ 用恩德伍德公式确定最小回流比 R_{min}，再通过 $R = (1.1 \sim 2)R_{min}$ 的关系确定操作回流比 R；

⑤ 利用吉利兰图求解理论板数 N；

⑥ 确定加料板位置，方法可仿照双组分精馏的计算。若为泡点进料，也可用下面的经验公式计算

$$\lg\frac{n}{m} = 0.206\lg\left[\left(\frac{W}{D}\right)\left(\frac{x_{hF}}{x_{lF}}\right)\left(\frac{x_{lW}}{x_{hD}}\right)^2\right] \qquad (8\text{-}124)$$

式中，m 和 n 分别为提馏段（包括再沸器）和精馏段的理论板数。

由于简捷法求理论板数没有考虑其他组分存在的影响，所以计算结果误差较大，故其一般适用于初步估计或初步设计中。

本章符号说明

英文字母

A, B, C——安托因常数；

C——独立组分数；

C_p——比热容，kJ/(kmol·K)；

D——间歇精馏蒸出的气相量，kmol；或连续蒸馏塔顶产品的流量，kmol/s；

E——全塔效率；

$E_{m,V}$——气相默弗里板效率；

$E_{m,L}$——液相默弗里板效率；

F——物系自由度；或加料流量，kmol/s；

$\hat{f}$——逸度；

I——饱和蒸气的热焓，kJ/kmol；

L——回流液流量，kmol/s；

M——摩尔质量，kg/kmol；或平均分子量；

N——塔板数；

p——总压，Pa；

p^0——纯组分的饱和蒸气压，Pa；

Q——传热量，kJ/s；

q——热进料状态参数；

R——回流比；

S——直接蒸气的加入量，kmol/s；

t, T——温度，℃（K）；

V——塔内上升蒸气流量，kmol/s；

W——间歇精馏塔釜量，kmol；

x——液相中易挥发组分的摩尔分数；

y——气相中易挥发组分的摩尔分数。

希腊字母

ϕ——相数；

α——相对挥发度；

η——轻组分回收率。

下标

A——易挥发组分；

B——难挥发组分；

D——馏出液；

F——加料；

L——饱和液体；

m——加料板序号；

n——塔板序号；

q——平衡；

V——饱和蒸气；

W——釜液。

思 考 题

1. 蒸馏的目的是什么？蒸馏操作的基本依据是什么？

2. 蒸馏的主要操作费用体现在何处？

3. 何谓拉乌尔定律？何谓理想溶液？

4. 何谓露点、泡点？它们与操作压力和温度的关系的关系式如何表示？对于一定的组成和压力，露点和泡点的大小关系如何？

5. 什么是相对挥发度 α？影响对挥发度 α 的因素有哪些？α 的大小对两组分的分离有何影响？

6. 为什么 $\alpha=1$ 时不能用普通精馏的方法分离？

7. 如何选择蒸馏操作的压强？

8. 简单蒸馏与精馏有什么相同和不同？

9. 试说明精馏操作中"回流"的作用。

10. 什么是理论板？为什么说全回流时所需的理论板数最少？

11. 恒摩尔流假设指什么？其成立的主要条件是什么？

12. 全回流与最小回流比的意义是什么？一般适宜回流比如何选择？

13. 建立操作线的依据是什么？操作线为直线的条件是什么？

14. 怎样简捷地在 y-x 图上画出精馏段和提馏段操作线？

15. 精馏塔在一定条件下操作时，若将加料口向上移动两层塔板，此时塔顶和塔底产品组成将有何变化？为什么？

16. q 值的含义是什么？不同的热进料的 q 值有何不同？

17. 试说明 q 线方程的物理意义，它有什么作用？

18. 最适宜回流比的选择须考虑哪些因素？

19. 精馏塔的设计计算和操作计算在给定条件和所需的计算的项目有何不同？

20. 间歇精馏与连续精馏相比有何特点？各适用于什么场合？

21. 萃取精馏与恒沸精馏的主要异同点是什么？通常在什么情况下采用萃取精馏与恒沸精馏？

习 题

相平衡

1. 已知甲醇和丙醇在 80℃时的饱和蒸气压分别为 181.13kPa 和 50.92kPa，且该溶液为理想溶液。试求：(1) 80℃时甲醇与丙醇的相对挥发度；(2) 若在 80℃下气液平衡时的液相组成为 0.6，试求气相组成；(3) 此时的总压。

2. 已知二元理想溶液上方易挥发组分 A 的气相组成为 0.45（摩尔分数），在平衡温度下，A、B 组分的饱和蒸气压分别为 145kPa 和 125kPa。求平衡时 A、B 组分的液相组成及总压。

3. 苯（A）和甲苯（B）的饱和蒸气压和温度的关系（安托因方程）为

$$\lg p_A^0 = 6.032 - \frac{1206.35}{t+220.24}$$

$$\lg p_B^0 = 6.078 - \frac{1343.94}{t+219.58}$$

式中，p_A^0 的单位为 kPa，t 的单位为℃。

苯-甲苯混合液可视为理想溶液。现测得某精馏塔的塔顶压力 $p_1=103.3\text{kPa}$，塔顶的液相温度 $t_1=$

81.5℃；塔釜压力 $p_2=109.3kPa$，液相温度 $t_2=112℃$。试求塔顶、塔釜平衡的液相和气相组成。

4. 在常压下将含苯 70%（摩尔分数，余同）、甲苯 30% 的混合溶液进行平衡蒸馏，汽化率为 40%，已知物系的相对挥发度为 2.47，试求：（1）气、液两相的组成；（2）若对此混合液进行简单蒸馏，使釜液含量与平衡蒸馏相同，所得馏出物中苯的平均含量为多少？馏出物占原料液的百分数为多少？

物料衡算、热量衡算及操作线方程

5. 某混合液含易挥发组分 0.25，在泡点状态下连续送入精馏塔。塔顶馏出液组成为 0.96，釜液组成为 0.02（均为易挥发组分的摩尔分数），试求：（1）塔顶产品的采出率 D/F；（2）当 $R=2$ 时，精馏段的液气比 L/V 及提馏段的气液比 V'/L'。

6. 在连续精馏塔中分离两组分理想溶液，原料液流量为 100kmol/h，组成为 0.3（易挥发组分摩尔分数），其精馏段和提馏段操作线方程分别为 $y=0.8x+0.172$ 和 $y=1.3x-0.018$，试求馏出液和釜液流量。

7. 用板式精馏塔在常压下分离苯-甲苯溶液，塔顶为全凝器，塔釜用间接蒸气加热，相对挥发度 $\alpha=3.0$，进料量为 100kmol/h，进料组成 $x_F=0.5$（摩尔分数），饱和液体进料，塔顶馏出液中苯的回收率为 0.98，塔釜采出液中甲苯回收率为 0.96，提馏段液气比 $L'/V'=5/4$，求：（1）塔顶馏出液组成 x_D 及釜液组成 x_W；（2）写出提馏段操作线方程。

8. 某精馏塔分离 A、B 混合液，以饱和蒸气加料，加料中含 A 和 B 各为 50%（摩尔分数），处理量为每小时 100kmol，塔顶，塔底产品量每小时各为 50kmol。精馏段操作线方程为 $y=0.8x+0.18$，间接蒸气加热，塔顶采用全凝器，试求：（1）塔顶、塔釜产品液相组成；（2）全凝器中每小时的蒸气冷凝量；（3）塔釜每小时产生的蒸气量；（4）提馏段操作线方程。

9. 某定态连续精馏操作，已知进料组成为 $x_F=0.5$，塔顶产品流量为 D_1（流量单位皆为 kmol/s），浓度 $x_{D_1}=0.98$，回流比 $R=2.50$，冷液回流，$q=1.20$。在加料板上方有一饱和液体侧线出料，侧线产品流量为 D_2，浓度 $x_{D_2}=0.90$，且 $D_1/D_2=1.50$，塔底产品流量为 W，浓度 $x_W=0.02$，试求 D_1/W，并写出第二段塔（测线出料与加料板之间）的操作线方程。

精馏设计型计算

10. 用一连续精馏塔分离由组分 A、B 所组成的理想混合液。原料液和馏出液中含组分 A 的含量分别为 0.45 和 0.96（均为摩尔分数）。已知在操作条件下溶液的平均相对挥发度为 2.3，最小回流比为 1.65。试说明原料液的进料热状态，并求出 q 值。

11. 在常压连续精馏塔中，分离苯-甲苯混合液。原料液流量为 100kmol/h，其中含苯 0.4（摩尔分数，下同），泡点进料。馏出液组成为 0.97，釜液组成为 0.02，塔顶采用全凝器，操作回流比为 2.0，操作条件下物系的平均相对挥发度为 2.47。试求：（1）用逐板计算法求理论板数；（2）塔内循环的物料流量。

12. 将二硫化碳和四氯化碳混合液进行恒馏出液组成的间歇精馏。原料液组成为 0.4（摩尔分数，下同），馏出液组成为 0.95（维持恒定），釜液组成达到 0.079 时停止操作，设最终阶段操作回流比为最小回流比的 1.76 倍，试用图解法求理论板层数。

操作条件下物系的平衡数据列于下面附表中。

习题 12 附表

二硫化碳摩尔分数 x	二硫化碳摩尔分数 y	二硫化碳摩尔分数 x	二硫化碳摩尔分数 y
0	0	0.3908	0.6340
0.0296	0.0823	0.5318	0.7470
0.0615	0.1555	0.6630	0.8290
0.1106	0.2660	0.7574	0.8790
0.1435	0.3325	0.8604	0.9320
0.2580	0.4950	1.0	1.0

13. 在常压连续精馏塔中分离某理想溶液，原料液浓度为 0.4，塔顶馏出液浓度为 0.95，塔釜产品组成为 0.05（均为易挥发组分的摩尔分数），塔顶采用全凝器，进料为饱和液体进料。若操作条件下塔顶、塔釜及进料组分间的相对挥发度分别为 2.6、2.34 及 2.44，取回流比为最小回流比的 1.5 倍。

（1）试用简捷法确定完成该分离任务所需的理论塔板数及加料板位置。

（2）假如原料液组成变为 0.7（摩尔分数），产品组成与前面相同，则最小理论板数为多少？

14. 图示为两股组成不同的原料液分别预热至泡点，从塔的不同部位连续加入精馏塔内。已知 $x_D=$

0.98，$x_S=0.55$，$x_F=0.30$，$x_W=0.02$（均为易挥发组分的摩尔分数）。已知系统的平均相对挥发度为 2.5，含量较高的原料液加入量为 $0.2F$，试求：（1）塔顶易挥发组分的回收率；（2）为达到上述分离要求所需的最小回流比。

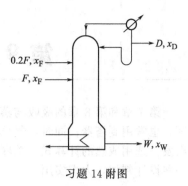

习题 14 附图

操作型计算

15. 一精馏塔有 5 块理论板（包括塔釜），含苯摩尔分数为 0.5 的苯-甲苯混合液预热至泡点，连续加入塔的第 3 块板上，采用回流比 $R=3$，塔顶产品采出率 $D/F=0.44$，物系的平均相对挥发度为 2.47。求操作可得的塔顶和塔底产品组成 x_D，x_W。（提示：可设 $x_W=0.194$ 作为试差初值）

16. 某 A、B 混合液用连续精馏方法加以分离，已知混合物中含 A 的摩尔分数为 0.5，进料量为 1000kmol/h，要求塔顶产品中 A 的浓度不能低于 0.9，塔釜浓度不大于 0.1（皆为摩尔分数），原料预热至泡点加入塔内，塔顶设有全凝器使冷凝液在泡点下回流，回流比为 3。（1）写出塔的操作线方程。（2）若要求塔顶产品量为 600kmol/h，能否得到合格产品？为什么？（3）假定精馏塔具有无穷多理论板，塔顶采出量 D 为 300kmol/h，此时塔底产品 x_W 能否等于零？为什么？

17. 在连续精馏塔中分离相对挥发度为 2.5 的双组分混合物，进料为饱和蒸气，其中含易挥发组分 A 为 0.4（摩尔分数，下同），操作回流比为 4，并测得塔顶、塔底中 A 的组成分别为 0.95 和 0.05，若已知塔釜上方那块实际板的气相默弗里效率 $E_{m,V}=0.65$，试求该板上升蒸气的组成 y_n。

18. 用精馏塔分离某二元混合物，已知塔精馏段操作线方程为 $y=0.80x+0.182$，提馏段操作方程为 $y=1.632x-0.056$，试求：（1）此塔的操作回流比 R 和馏出液组成 x_D；（2）饱和蒸气进料条件下的釜液组成 x_W。

多组分精馏

19. 采用精馏塔加压分离四组分的原料液，其中含乙烯（A）0.341、乙烷（B）0.028、丙烯（C）0.502 和丙烷（D）0.129，平均操作压力为 3039kPa，试求原料的泡点及平衡蒸气的组成。

20. 同 19 题的操作条件，若要求馏出液中丙烯组成小于 0.2%，釜液中丙烷组成小于 0.1%（均为摩尔分数）。由已知进料流率为 1000kmol/h，试按清晰分割情况确定馏出液和釜液的流量及组成。

21. 用精馏方法将组成为 A 7%、B 18%、C 32%、D 43%（均为摩尔分数）的四组分混合物进行分离。已知此操作压力下各组分的平均相对挥发度（以重关键组分为基准）α_{Aj}、α_{Bj}、α_{Cj}、α_{Dj} 分别为 2.52、1.99、1 和 0.84，若要求在馏出液中回收进料中 96% 的 B，在釜液中回收 96% 的 C，进料及回流液均为泡点下的液体，试求：（1）各组分在两端产品中的组成；（2）最小回流比；（3）若操作回流比为最小回流比的 1.5 倍，试用捷算法求所需的理论板数及加料位置。

参 考 文 献

[1] 柴诚敬. 化工原理（下册）. 北京：高等教育出版社，2006.

[2] 陈敏恒，丛德滋，方图南，齐鸣斋. 化工原理（下册）. 第 2 版. 北京：化学工业出版社，2000.

[3] 姚玉英等. 化工原理（下册）. 天津：天津大学出版社，1999.

[4] 蒋维钧，雷良恒，刘茂林等. 化工原理（下册）. 第 2 版. 北京：清华大学出版社，2002.

[5] 张洪流. 化工原理（下册）. 上海：华东理工大学出版社，2006.

[6] McCabe W L. Smith J C. Unit Operations of Chemical Engineering，5th ed. New York：McGraw. Hill Inc，2003.

[7] 贾绍义，柴诚敬. 化工传质与分离. 北京：化学工业出版社，2001.

[8] 谭天恩，窦梅，周明华等. 化工原理（下册）. 北京：化学工业出版社，2006.

[9] 王志魁. 化工原理. 第三版. 北京：化学工业出版社，2004.

[10] ［美］T. K. 修伍德，R. L. 皮克福特，C. R. 威尔基. 传质学. 时钧，李盘生等译. 北京：化学工业出版社，1988.

[11] 赵承朴. 萃取精馏及恒沸精馏. 北京：高等教育出版社，1988.

第9章 气液传质设备

第7章和第8章的吸收与蒸馏均为气液传质过程，其设备多为塔器；第10章的萃取过程，也常用到塔器；同时，气体的净化以及直接接触式换热也会用到塔器。本章从工程角度出发，选用成熟的计算式、关联式、经验值以及图表，结合气液传质过程进行研究，并提出一些设计判据，力求实用。

9.1 塔器的类型及其发展

塔器主要可分为连续微分接触式和逐级接触式两大类，前者以填料塔为代表，后者以板式塔为代表。无论传质过程与形式如何变化，提高塔器传质效率的本质就是在一定塔体空间内最大限度的提高相际接触面积，为气液接触提供更多的机会，并尽可能地降低压降。本节主要研究典型塔器技术的起源和发展，考察每次变革的作用和意义，以期对塔器有更深入的理解。

9.1.1 填料

（1）乱堆填料

乱堆填料的起源与发展很有启迪意义。原始的乱堆填料实际上是木屑碎石，经过了漫长的岁月，一直到1907年，拉西（Rasching）将钢管简单的按高径比相等的原则进行切割，就形成了著名的拉西环（Rasching Ring），从而实现了乱堆填料从无定形到定形的突破性发展。20世纪50年代，鲍尔（Pall）发现拉西环气液流动不畅，就在拉西环上面开了几扇小窗，形成了鲍尔环（Pall Ring），大大提高了处理能力和分离效果。若用丝网或者金属拉网为基材，在壁面上形成更多的小孔，强度必然下降，就简单的将其卷成一个小圆筒或椭圆筒后继续向圆心方向折边延伸到对侧以提高强度，其横截面状似θ，就称为θ环。以后有人发现高径比相等的环状填料架空较大，就从环状填料中间劈成两半并整形，形成了各种鞍状填料，如英特洛克斯鞍（Intalox Saddle）和金属矩鞍环（IMTP）等；而阶梯环（C. M. R.）又是在鲍尔环的基础上降低高径比，提高了液体表面更新的机会，减少架空现象。还有清华大学的 QH 内弯弧扁环填料，在进一步降低高径比的同时，增加了填料环内部的复杂程度，其中的小舌片对液体再分配起着重要的作用。

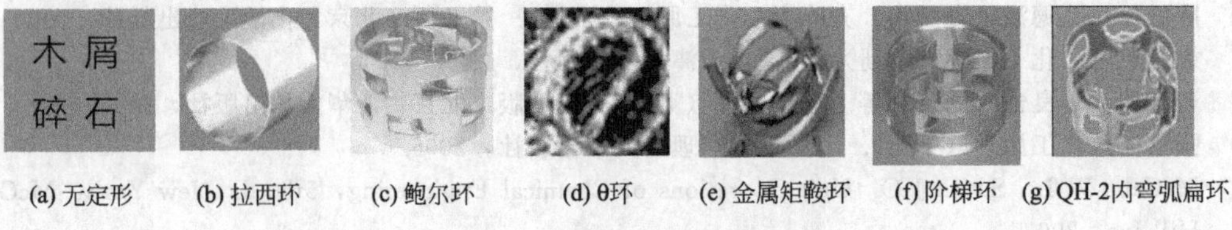

(a) 无定形　　(b) 拉西环　　(c) 鲍尔环　　(d) θ环　　(e) 金属矩鞍环　　(f) 阶梯环　　(g) QH-2内弯弧扁环

图 9-1　乱堆填料起源与发展

综上所述，乱堆填料的典型发展线索可用图9-1来理出脉络。

（2）规整填料

规整填料的发展主要在20世纪60年代以后，著名的规整填料有苏尔寿（Sulzer）公司的 Mellapak 填料、原美国格利奇（Glitsch）公司的 Gempk 等。国内天津大学的双波板波纹填料——Dapak 填料，在压制板波纹时再反向冲压波纹，其波纹类似于 IMTP，形成双波纹结构，这无疑是对规整填料发展的一大贡献。

尽管国内外开发出多种填料，但填料塔的"放大效应"一直是人们解决和探索的课题。如将板波纹由原来的斜 45°或 60°改为 S 状通道的板波纹填料，见图 9-2(a)，在每层填料上设置防壁流器，见图 9-2(b)，都可以减缓"壁流效应"。但不能彻底消除"放大效应"。

21 世纪初，出现了填料块立装的填料塔技术，西北大学学者提出在工业大塔内设置若干单元小塔并联成填料段，段与段之间旋转错位，使流体重新分配，且不能径向大范围流动，以消除"放大效应"，见图 9-2(c)。

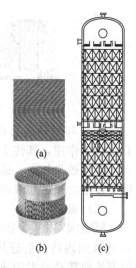

图 9-2　几种规整填料

9.1.2　分配器

再好的填料，如果没有性能优良的分配器就起不到应有的传质效果。分配器主要形式见图 9-3。莲喷头式（a）、盘式（b）、多孔管式（c）、筛孔升气管式（d）、窄槽式（e）和槽盘式（f），应用最广的是窄槽式和槽盘式。槽盘式分配器作为再分配器时需在升气管上面设置挡板，避免液体直接落入升气管中。树枝状多孔管式分配器（c）如果将主管上部开放并上移，形成主槽，支管上部开放悬挂于主槽下面，就形成了常见的窄槽式分配器（e），它要通过一级槽（主槽）中的孔径和孔数来控制流入不同长度的二级槽（支槽）液体量，很难分配均匀。而等液位分配器（g）将主槽镶嵌在支槽中，液体相互贯通，分配孔又设计在同一水平面上，每个分配孔都有相同的液位差，所以分配十分均匀。而且可根据实际工况进一步设计成具有气液分配、进料分配、集液抽出、填料支撑、拉膜雾化和鼓泡传质多功能分配器（h）。

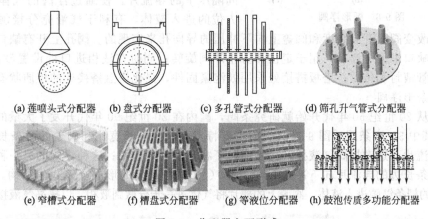

(a) 莲喷头式分配器　　(b) 盘式分配器　　(c) 多孔管式分配器　　(d) 筛孔升气管式分配器

(e) 窄槽式分配器　　(f) 槽盘式分配器　　(g) 等液位分配器　　(h) 鼓泡传质多功能分配器

图 9-3　分配器主要形式

9.1.3　板式塔传质元件

板式塔的主要传质元件有泡罩、筛板、浮阀、固舌、浮舌和垂直筛板塔等，择要简介如下。

（1）垂直筛板

1968 年前后，日本三井株式会社开发了垂直筛板技术。20 世纪 80 年代初，西北大学开始了垂直筛板的基础研究。20 世纪 90 年代初，河北工业大学成功地开发了立体喷射塔板（CTST），垂直筛板的传质原理如图 9-4 所示，由于塔板上液层的静压头以及气流在升气管入口处形成的低压区，使液体从升气管根部进入升气管，被上升的气体拉膜雾化，从升气管侧上部返回本层塔盘，进行气液分离，液相返回塔盘，通过降液管进入下层塔盘，气体通过上层塔盘的升气管继续上升，在以上气液并流的过程中，气液两相充分接触，达到强化传质的目的。

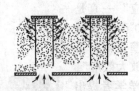

图 9-4　垂直筛板

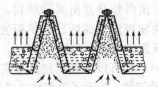

图 9-5　泡罩立体筛板

2007 年思瑞迪公司与西北大学联合开发的泡罩立体筛板，具有垂直筛板和泡罩塔盘的双重传质作用，其传质原理如图 9-5 所示。随着气体在升气管内的上升，通道变窄，流速增大，雾化效果加剧，通过升气管顶部格栅筛孔进入升气管外侧泡罩通道，仍以雾化状态延续传质过程，最后通过斜面泡罩下部的细缝鼓泡传质。

（2）圆形浮阀

原美国 Glitsch 公司于 20 世纪 50 年代开发的 V 型系列浮阀得到了广泛应用，20 世纪 60 年代国内将其引进并沿用至今，见图 9-6(a)，其主要缺点是没有导向功能，在气流的作用下长期转动磨损阀腿导致浮阀脱落。

20 世纪 90 年代末，清华大学开发出的 ADV 浮阀，如图 9-6(b) 所示，这种浮阀在浮阀顶部开有切口，具有加强传质效果作用，在圆阀孔设置两个绊腿避免浮阀旋转。与之配套的还有进口鼓泡设施强化传质，插入式塔板搭接可在其上布阀，从而可在整个鼓泡区域内均匀布阀，这无疑提高了塔盘的整体传质效果。

(a)

(b)

(c)

图 9-6　圆形浮阀

还有 3D 圆阀，如图 9-6(c) 所示，阀盖周边间隔压下的导流片，使通过浮阀的气体分层次多方位的进入液体，有利于气液充分接触，导向作用是通过改变阀腿开启高度和阀盖上向下冲压的导向孔来实现的。阀孔上开有缺口，其中一个阀腿在缺口中上下浮动，用于定位和防止浮阀旋转；同时在液相进口处设置鼓泡进口堰，用于降液管液封和传质；塔板搭接处采用鼓泡紧固件，强化塔盘搭接处的传质状态。

（3）条形浮阀

国外从 20 世纪 50 年代开始就研究条阀，国内在 20 世纪 90 年代开发了大量的条阀，见图 9-7。其中 3D 窄条阀［图 9-7(d)］的主要特点是较大的长宽比和阀盖的两条长边上间隔压下的导流片，这对提高气液接触比表面起了相当重要的作用；这种浮阀的另一种形式就是将条阀两条长边的导流片向下冲压 90°［图 9-7(e)］，在开启时形成鼠笼式的结构，可使气体穿过间隔的栅条缝隙进入液体，阀盖上的翅片将气体进一步分散到液相，以提高气液接触面积。

(a)

(b)

(c)

(d)

(e)

图 9-7　条形浮阀

9.1.4　发展途径

在总结塔器技术发展史的基础上，吸取塔器设计失败的经验教训，结合逆向思维和耦合技术，常常会产生突破性发展。

① 逆向思维　一般的规整填料是平躺在塔里的，若立装起来，又是一种新的填料塔结构，见图 9-2(c)。一般板式塔的降液管本来是液相通过的，若让气相通过，则形成一种气相

为连续相而液相为分散相的全新理念的板式塔。这都是典型的逆向思维。

②复合和耦合技术 浙江工业大学在筛板下挂填料形成复合塔盘；思瑞迪公司将 UB600 固阀和 3D 窄条阀复合，以提高操作弹性；泡罩立体塔盘就是垂直筛板和泡罩塔盘的耦合，在一层塔盘上实现了两个传质过程；进一步在泡罩立体筛板的板间距空间设置填料，形成体积效率极高的集成塔，可以认为是板式塔和填料塔的耦合；还有鼓泡填料塔，就是将填料的逆流传质过程和板式塔的鼓泡传质过程耦合在一起，也是板式塔和填料塔另一种形式的耦合。

9.2 填料塔

9.2.1 结构与设计内容

图 9-8 是一个精馏过程的填料塔结构简图，塔体为一圆筒，上下多用椭圆封头，材质一般为金属，压力不高且腐蚀极强的工况也可用工程塑料。图中 N3 为进料口，N1 为塔顶气相出口，N2 为回流入口，N5 为塔釜液相出口，N4 为重沸器返回口，M1～3 为人孔，×表示填料段，塔顶分配器升气管上不需要设置顶盖，中间分配器多采用槽盘式，其升气管上设置 V 形顶盖，将上段填料下来的液体导流到槽盘内，和进料一起由升气管的侧孔经过导流管均匀分配到下段填料上。对于小塔径，为了提高气体的流通面积，填料支撑可采用支耳形式。

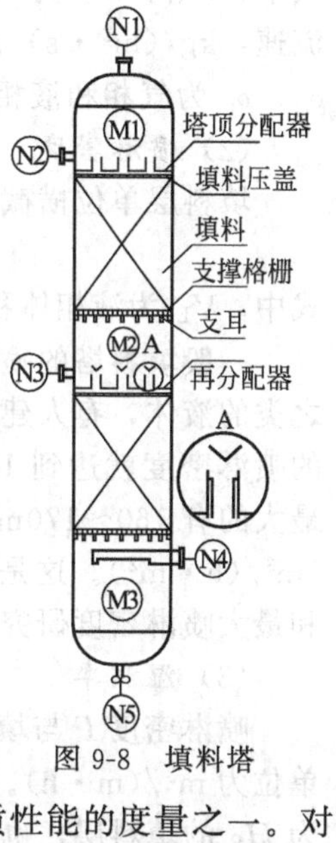

填料塔工艺设计的主要内容有选择填料材质和规格，确定所选填料的等板高度和分段高度，根据已知的理论级数确定填料层高度，确定塔径以及分配器选型与设计，并进行水力学计算。水力学计算内容主要有恒定液体流率和恒定液气比下的液泛率、填料床层的压降、喷淋密度、F 因子、C 因子和气液流动参数等。最后绘制塔体简图，向设备专业提供工艺委托，参见 9.4 节设计举例。

图 9-8 填料塔

9.2.2 特征参数

(1) 比表面积

单位体积填料的表面积称为比表面积 a，单位为 m^2/m^3。它是传质性能的度量之一。对同种填料，规格尺寸越小，比表面积就越大，气体流动的阻力就越大，处理能力也就越小。对于波纹断面呈等腰三角形且峰高等于底边的普通板波纹填料，本章编者推导并修整出如下的比表面积 a（m^2/m^3）估算公式可供参考。

$$a=2.95(1+1/h_P) \tag{9-1}$$

式中，h_P 为波峰高度，m。

(2) 空隙率

在填料塔内气体是在填料的空隙内通过的。为减少气体的流动阻力，就要提高填料的空隙率，即提高塔的处理能力，但它又和填料的比表面积成反比，而比表面积又和传质效率密切相关，即填料的处理量和传质效率成反比。对于各向同性的填料层，空隙率等于填料塔的自由截面百分率，用 ε 表示，单位 m^3/m^3，一般可由下式估算

$$\varepsilon \geqslant 1-0.5a\delta_P \tag{9-2}$$

式中，δ_P 为填料板材厚度。

(3) 填料因子

填料因子是 Leva 于 1951 年提出的概念，其值用 a/ε^3 表示，单位为 m^{-1}，称为干填料

因子。当有液体喷淋湿润后，其值发生了变化，称为填料因子，用 Φ 表示，其值由实验测定。由于它能够在一定程度上反映填料的流体力学特性和传质性能，所以常在其关联式中采用。

（4）堆积密度 ρ_P

单位体积填料的质量称为填料的堆积密度，单位为 kg/m³。填料基材越薄，其值越小。常见乱堆填料和规整填料的性能参数汇总见附录 19。

9.2.3 气液两相流动参数及特性

（1）气液流动参数

气液流动参数 F_{GL} 定义如下

$$F_{GL}=\frac{W_L}{W_G}\sqrt{\frac{\rho_G}{\rho_L}}=\frac{W_{aL}}{W_{aG}}\sqrt{\frac{\rho_G}{\rho_L}}=\frac{V_L}{V_G}\sqrt{\frac{\rho_L}{\rho_G}} \tag{9-3}$$

式中，W_G、W_L 为气相和液相的质量流量，kg/s 或 kg/h；W_{aG}，W_{aL} 为气相和液相的质量流速，kg/(m²·s) 或 kg/(m²·h)；V_G、V_L 为气相和液相的体积流量，m³/s 或 m³/h；ρ_G、ρ_L 为气相和液相的密度，kg/m³。

（2）喷淋密度

填料层单位横截面积上的液体体积流量称为喷淋密度 Γ，单位为 m³/(h·m²)。

$$\Gamma=V_L/A_P \tag{9-4}$$

式中，V_L 为液相体积流量，m³/h；A_P 为填料层截面积，m²。

一般填料塔的喷淋密度在 20~100m³/(h·m²) 范围内具有良好的传质效果，对水溶液之类的液体，有人建议喷淋密度不小于 7.3m³/(h·m²)；而一些吸收过程，如脱碳塔设计的喷淋密度就达到 120~130m³/(h·m²)；工业上最小的喷淋密度用到 3~5m³/(h·m²)，最大的有 160~170m³/(h·m²)；炼油厂的减压塔全抽出集油箱的下部喷淋密度有时还小于 1m³/(h·m²)。这是否合适，尚无人做进一步的工作。实际上对不同物系不同填料的最小和最大喷淋密度研究的还很不够。

（3）湿润率

喷淋密度 Γ 与填料比表面积 a 之比能够很好的反映填料的湿润程度，称为湿润率 R_W，单位为 m³/(m·h)。其物理意义可推导为单位填料表面积上液体以 V_L 的体积流量流过高度为 H_P 的填料层，也可以理解为单位填料周边长上液体的体积流量。

$$R_W=\frac{\Gamma}{a}=\frac{V_L/A_P}{a_P/V_P}=\frac{V_L H_P}{a_P}=\frac{V_L}{l_P} \tag{9-5}$$

式中，a_P 为填料表面积，m²；V_P 为填料体积，m³；H_P 为填料层高度，m；l_P 为填料层的周边长，m。

填料层的横截面好比蜂窝的横截面，填料层的周边长即为此截面上所有空隙边沿长度之和。

为使填料表面达到良好的湿润，对于某一规格和材质的填料就应该存在一个最小的喷淋密度 Γ_{min}，使其能够维持最小的湿润率 $(R_W)_{min}$，它们之间的关系为

$$\Gamma_{min}=a\,(R_W)_{min} \tag{9-6}$$

研究不同填料的最小湿润率 $(R_W)_{min}$ 是一个很有价值的课题，但目前其数据很缺乏，有些资料介绍一般填料的 $(R_W)_{min}$ 值取 0.08m³/(m·h)；对于直径大于 75mm 的环形填料或间距大于 50mm 的格栅填料，$(R_W)_{min}$ 取 0.12m³/(m·h)。据此推断，常用的比表面积为 250m²/m³ 的填料，操作工况的喷淋密度应大于 20m³/(h·m²)。实际生产中喷淋密度远低于此值的工况很多，如果此值可靠的话，就意味着目前工业中大量的填料比表面积在浪费

着，因为很多填料塔的喷淋密度是在小于 $20m^3/(h \cdot m^2)$ 的工况下操作的。

也有人提出按填料材质规定的最小喷淋密度，表 9-1 数据可供参考。

表 9-1　按填料材质规定的最小喷淋密度

材　　质	最小喷淋密度/ $[m^3/(m^2 \cdot h)]$	材　　质	最小喷淋密度/ $[m^3/(m^2 \cdot h)]$
未上釉的陶瓷	0.5	光亮金属	3.0
氧化了的金属	0.7	聚乙烯、聚氯乙烯	3.5
表面处理的金属	1.0	聚丙烯	4.0
上釉的陶瓷	2.0	聚四氟乙烯	5.0

（4）湿润比表面积

比表面积不等于有效的传质面积，因为相当一部分填料表面不能被湿润，将能够被液体湿润的比表面积称为湿润比表面积 a_w。但被湿润的填料表面并非都是有效的，因为有一部分填料的湿润表面也有可能发生滞留而失去传质作用。

液体能否在填料表面铺展成膜与填料的润湿性有关。其自动成膜的条件是

$$(\sigma_{LS} + \sigma_{GL}) < \sigma_{GS} \tag{9-7}$$

式中，σ_{LS}、σ_{GL} 和 σ_{GS} 为液固、气液和气固间的界面张力。

上式中两端的差值越大，表明填料表面越容易被该液体所润湿，即液体在填料表面上的铺展能力越强。当物系和操作温度、压强一定时，气液界面张力 σ_{GL} 为一定值。因此，适当选择填料的材质和表面性质，液体将具有较大的铺展能力，可使用较少的液体获得较大的润湿表面。如填料的材质选用不当，液体将不呈膜而呈细流下降，使气液传质面积大为减少。

（5）F 因子

F 因子是空塔气相线速度 u 乘以气相密度 ρ_G 的平方根，$F = u(\rho_G)^{0.5}$，单位为 $m/s(kg/m^3)^{0.5}$。它是关联填料塔处理能力以及选用填料规格的重要参数，见附录 19。

（6）气体负荷因子

气体负荷因子也称 C 因子，是空塔气相线速度 u 乘以气相密度与液、气相密度差之比的平方根，$C = u[\rho_G/(\rho_L - \rho_G)]^{0.5}$，单位为 m/s。它是关联填料塔处理能力的重要参数。

（7）持液量

在填料塔中流动的液体占有一定的体积，操作时单位体积填料的表面上和孔隙内所积存的液体量称为持液量，以 m^3 液体/m^3 填料表示。总持液量包括静持液量和动持液量。

静持液量是指停止气液进料，经过一段时间排液，直至无液滴时积存于填料层内的液体量，它与气液负荷无关，只取决于填料和液体特性；动持液量是指停止气液进料的瞬间流出的液体量，它不但与填料和液体特性有关，而且和气液相负荷也有关。

持液量与填料表面的液膜厚度有关。液体喷淋量大，液膜增厚，持液量也增大。在填料塔操作的正常气速范围内，由于气体上升对液膜流下造成的阻力可以忽略，气体在填料层内的流动近似于流体在颗粒层内的流动。两者的主要区别是，在颗粒层内流速一般较低，通常处于层流状态，流动阻力与气速成正比；而在填料层内，气体的流动通道较大，因而一般处于湍流状态。

（8）气液两相流动的交互影响和载点

当气液两相逆流流动时，液膜占去了一部分气体流动的空间。在相同的气体流量下，填料空隙间的实际气速有所增加，压降也相应增大。同理，在气体流量相同的情况下，液体流量越大，液膜越厚，压降越大，如图 9-9 所示。在干填料层内，气体流量的增大，将使压降按 $1.8 \sim 2.0$ 次方增大。在两相逆流流动（液体流量不变）时，压降随气体流量增加的趋势

要比干填料层大。这是因为气体流量的增大，使液膜增厚，塔内自由截面减少，气体的实际流速更大，从而造成附加的压降增高的缘故。

低气速操作时，膜厚随气速变化不大，液膜增厚所造成的附加压降增高并不显著。如图9-9所示，此时压降曲线基本上与干填料层的压降曲线平行。高气速操作时，气速增大引起的液膜增厚对压降有显著影响，此时压降曲线变陡，其斜率可远大于2。

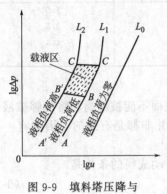

图 9-9 填料塔压降与
空塔气速的关系

图9-9中，B、B'点表示在不同液体流量下，气液两相流动的交互影响开始变得比较显著，这些点称为载点。不难看出，载点的位置不是十分明确的，但它提示人们，自载点开始，气液两相流动的交互影响已不容忽视。

（9）液泛与泛点

填料层的液泛自载点以后，气液两相的交互作用越来越强烈。当气液流量达到某一定值时，两相的交互作用恶性发展，将出现液泛现象，在压降曲线上，出现液泛现象的标志是压降曲线近于垂直。压降曲线明显变为垂直的转折点（如图9-9所示的C、C'点），称为泛点。

前已述及，在一定液体流量下，气体流量越大，液膜所受的阻力亦随之增大，液膜平均流速减小而液膜增厚。在泛点之前，液膜平均流速减小可由膜厚增加而抵消，进入和流出填料层的液量可重新达到平衡。因此，在泛点之前，每一个气量对应一个膜厚，此时，液膜可能很厚，但气体仍可保持为连续相。但是，当气速增大至泛点气速时，出现了恶性的循环。此时，气量稍有增加，液膜将增厚，实际气速将进一步增加，如此相互作用终不能达成新的平衡，塔内持液量将迅速增加。最后，液相转为连续相，而气相转而成为分散相，以气泡形式穿过液层，达到液泛。

泛点气速以上，塔内逐渐充满液体，压降剧增，塔内液沫夹带和液体返混严重，气液流动状态恶化，传质效果急剧下降。不同的研究者对泛点有着不同的定义，但最常见的判据有三条，接近泛点时：①空塔气速略为增大时，压降急剧增大；②空塔气速略为增大时，传质效率急剧下降；③塔操作不稳定。

（10）操作范围

填料塔的操作范围没有像板式塔的负荷性能图那样形成完整的概念，不同种类的填料操作范围不同，可分为四个区域，如图9-10所示。A区，气体流速很低，两相传质主要靠扩散过程，分离效果差，填料层的等板高度$HETP$较高；B区，气体速度增加，液膜湍动促进传质，等板高度较小，属于正常的操作区域；C区，当气速超过载点接近于泛点时，两相交互作用剧烈，传质效果最佳，等板高度最小，但此时气液流动已经不稳定，实际设计和操作也不好把握；D区，气速已达到或超过泛点，分离效果下降，等板高度剧增。

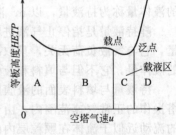

图 9-10 $HETP$ 与空塔
气速的关系

液体流量对填料塔正常的操作气速范围有重要影响。若液体流量过大，泛点气速下降，正常操作范围B区将缩小。反之，若液体流量过小，填料表面得不到足够的润湿，填料塔内的传质效果亦将急剧下降，特别是在气速较低的范围内。

9.2.4 $HETP$ 与填料段高度的确定

对于填料塔，与塔板效率相对应的概念是填料的等板高度$HETP$，定义$HETP$为分离效果相当于一块理论板的填料层高度。对基于理论级方法确定的所需理论板数（N），选用合适的 $HETP$ 经验值，可按 $H_Z = N \times HETP$ 得出所需的填料床层高度。因此，等板高度如何取值是填料塔设计的核心问题。

与板式塔全塔效率相类似，等板高度取决于物性、气液分配的均匀性、喷淋密度、塔内的流动状况、填料尺寸、比表面积、空隙率、润湿性以及填料的几何结构等因素。一般来说，填料尺寸小，比表面积大，效率高，$HETP$ 值相对就小，但处理能力相应也要低一些。对同一种填料，在一定的空塔动能因子范围内，效率和 $HETP$ 值维持较稳定的值，但随喷淋密度的提高，效率下降而 $HETP$ 值增大；当接近泛点时，继续提高喷淋密度或空塔动能因子，则效率迅速下降而 $HETP$ 值急增。但当喷淋密度过低［例如＜2m³/(h·m²)］时，填料难以较好地被液体润湿且效率较低，应考虑采用板式塔较为可靠。一些研究者给出了等板高度的经验关联式，其中有些方法是基于双膜理论和两组分物系而得出的，可用于估算 $HETP$。对于满足一定条件的填料塔精馏过程，默奇（Murch）提出如下关联式计算 $HETP$

$$HETP = 38A(0.205W_{aG})^B(39.4D)^C H_P^{1/3}(\alpha\mu_L/\rho_L) \tag{9-8}$$

式中，W_{aG} 为气相质量流速，kg/(m²·h)；D 为塔径，m；H_P 为填料段高度，m；α 为被分离组分的相对挥发度；μ_L 为液相黏度，mPa·s；ρ_L 为液相密度，kg/m³；A、B、C 为系数，见表9-2。

表 9-2　Murch 公式中的系数

种　类	尺寸/mm	A	B	C	种　类	尺寸/mm	A	B	C
	13	8.53	−0.24	1.24	填料	25	0.76	−0.14	1.11
拉西环	25	0.57	−0.10	1.24	弧鞍形网	13	0.33	0.20	1.00
	50	0.42	0	1.24	压延	12	0.45	0.30	0.30
弧鞍形	13	5.62	−0.45	1.11	孔环	25	3.06	0.12	0.30

式(9-8)的适用范围是：①常压操作，操作气速＝$(0.25 \sim 0.85)u_f$；②塔径为 $500 \sim 800mm$，填料层高度为 $1 \sim 3m$，塔径与填料尺寸之比大于 8；③高回流比或全回流操作，气液摩尔流量近似相等；④物系的相对挥发度在 $3 \sim 4$ 以内，扩散系数相差不大。

Murch 公式用于低回流比时误差较大。

对于液-液抽提或萃取过程，各种填料的 $HETP$ 值通常为 $800 \sim 1600mm$；用于吸收过程的普通填料，其等板高度 $HETP$ 高达 $1500 \sim 1800mm$。附录19给出了典型填料用于气液传质过程的 $HETP$ 经验值范围，可根据操作压力、物性、F 因子、C 因子和气液流动参数 F_{GL} 综合考虑选用。对于真空过程，其 $HETP$ 值应增加约 10%。

沿填料流下的液流具有向外流至塔壁的整体流通趋势，导致较多液体沿壁流下形成壁流，减少了填料层中的液体流量。尤其当填料几何直径较大时（塔径与填料几何直径之比 $D/d_P < 8$），壁流现象显著，而壁流现象的加剧，造成接近塔壁区域填料床层阻力加大，导致气体整体向塔中心偏流，向中心集聚流动的气体反过来又加剧壁流效应，形成恶性循环。此外，由于塔体倾斜、填充不匀及局部填料破损等均会造成填料层内液体在较大范围内分布不均，随着塔径的增大，整体不均匀分配对传质的影响更为敏感。在填料规格材质等其他条件相同的前提下，大塔径比小塔径的传质效率明显下降，这种现象即为"放大效应"。所以，一般工业上塔径与填料的几何直径比应大于 $8 \sim 15$，大型填料塔其比值应大于 30 以上，而且，每隔一定高度就要分段重新分配，分段高度与塔径、填料的比表面积和类型有很大关系。工业上实际应用的填料床层高度范围一般为 $2000 \sim 7200mm$，最低为 $500mm$，最高到 $9200mm$。一般填料比表面积越大，分段高度就越低；填料的自分配性能越好，分段高度就

越高。等几率自分配填料塔原则上在一个自然段是不用再分段的，如果采用具有支撑作用、进料分配和集液抽出功能的分配器和在人孔处特殊的装填方式，则全塔不用分段。

普通规整填料的分段高度 H_P 可参考下式确定：

$$H_P = (15 \sim 20)HETP \tag{9-9}$$

中等塔径的填料床层高度一般为直径的 $3 \sim 5$ 倍，但对于过大或过小的塔径该方法就不合适；拉西环每段填料层高度为塔径的 3 倍；鲍尔环鞍形填料分段高度为塔径的 $5 \sim 10$ 倍；但一般填料层高度不超过 $6000mm$。也可参考表 9-3 来分段。

表 9-3　填料分段高度推荐值　　　　　　　　　　　　　单位：mm

乱堆填料		规整填料	
类　型	最大分段高度	类　型	推荐分段高度
拉西环	4000	250Y 板波纹	6000
鲍尔环	6000	500Y 板波纹	5000
阶梯环	6000	BX-500 丝网波纹	3000
矩鞍环	6000	CY-700 丝网波纹	1500

9.2.5　液泛率与塔径的确定

将操作气速或空塔动能因子与泛点气速或泛点的空塔动能因子的百分比称作填料塔液泛率 F_R（%）。新设计的真空和低压塔，$F_R < 80\%$，高压塔，$F_R < 70\%$；扩能改造的真空、低压塔，$F_R < 85\%$，高压塔，$F_R < 75\%$。泛点气速确定如下。

（1）根据生产商提供的性能曲线确定泛点气速

不同规格的填料都有各自的性能曲线，一般可根据填料制造商提供的性能曲线，通常以

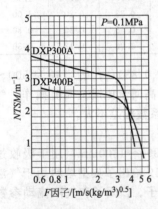

图 9-11　F 与 $NTSM$ 的关系图

空塔动能因子 F 为横坐标，分别以每米填料床层压降 ΔP、填料等板高度 $HETP$ 或每米填料理论板数 $NTSM$ 为纵坐标，当 F 略有增加，ΔP 或 $HETP$ 急剧增大或 $NTSM$ 急剧减小，该点实际上就是泛点，其 F 值就是泛点空塔动能因子 F_f，则可根据 $F_f = u_f(\rho_V)^{0.5}$ 计算泛点气速 u_f。图 9-11 为某填料制造商所提供的导向板波纹填料在 0.1MPa 下 F 因子与 $NTSM$ 的关系曲线图。

（2）通过关联图来确定泛点气速

关于填料塔泛点的第一个经验关联线图是由谢伍德（Sherwood）等人提出的，主要是根据水-空气系统的实验数据，其关联线图的应用范围受到限制，而利瓦（Leva）根据其他液体与空气系统的实验数据，对谢伍德的关联图进行了修正，扩大了关联图的应用范围，目前，应用最广的还是埃克特（Eckert）提出的泛点关联图。埃克特认为谢伍德关联图之所以不够准确是由于采用了干填料因子 a/ε^3 的缘故。因为两相逆流流动将使填料层的实际比表面积和空隙率都发生变化，故埃克特代之以填料在液泛条件下由实验测定的填料因子 $\Phi(m^{-1})$，几种常用填料因子列入附录 19 中。此外，埃克特还发现，将利瓦关联图纵坐标中的 ψ^2 改为 ψ 更符合实际。图 9-12 为埃克特提出的关联线图，图中横坐标为 F_{GL}，纵坐标为 $\dfrac{u^2 \phi \psi \rho_V}{g \rho_L} \mu_L^{0.2}$。其中，$W_{aG}$ 为气相的质量流速，$kg/(m^2 \cdot s)$；ρ_G、ρ_L 为气相和液相的密度，kg/m^3；u 为空塔气速，m/s；μ_L 为液相的黏度，$mPa \cdot s$；ϕ 为填料因子，m^{-1}；ψ 为水的密度和液体的密度之比；g 为重力加速度，取 $g = 9.81m/s^2$。

对一定处理量来说，选用的填料比表面积越大，则所需塔径越大，但塔高可降低；选用的填料比表面积越小，则所需塔径越小，但需要的塔高就要增加。可见不同规格的填料所需塔径是有一定的变化范围，这一特点可用于扩能改造。

图 9-12 适用于乱堆颗粒型填料和拉西环、鞍形填料、鲍尔环等，其上还绘制了整砌拉西环和弦栅填料两种规整填料的泛点曲线，由图 9-12 可查出 F_{GL}，再通过其关系式求出泛点气速 u_f。对于其他填料尚无可靠的填料因子数据。

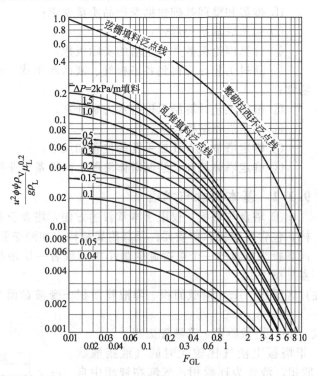

图 9-12 填料塔泛点和压降

在得到泛点气速以后，就可以根据实际情况取操作气速 $u = (0.5 \sim 0.8)u_f$，则塔径可根据下式计算：

$$D = \sqrt{\frac{4V_G}{\pi u}} \tag{9-10}$$

式中，V_G 为气相负荷，m^3/s。

9.2.6 压降的计算

填料压降比较低，一般可通过填料生产商提供的性能曲线查得，也可以通过查图 9-12 得出，如某一乱堆填料，在气液流动参数 $F_{GL} = 0.09$ 的工况下操作，即横坐标为 0.09，而纵坐标可算得 0.015，通过图 9-12 查出该填料在本工况下的每米压降为 0.1kPa。

9.3 板式塔

9.3.1 结构及设计程序

图 9-13 是一个典型的板式塔塔体简图，图中 N3 为进料口，N1 为塔顶气相出口，N2 为回流入口，N5 为塔釜液相出口，N4 为再沸器返回口，M1~4 为人孔。

板式塔设计选型时，可根据给定的气、液相负荷等操作条件及物性条件进行塔板水力学

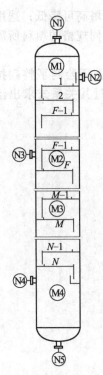

图 9-13 板式塔

性能的设计与核算。新设计时计算并圆整塔径，确定板间距、流程数、降液管大小、开孔率、每层塔板上的传质元件数或开孔数等结构参数，核算塔板压降、塔板上和降液管内清液层高度、降液管停留时间、液沫夹带量以及其他一些反映液泛、淹塔和漏液等状况的性能参数。根据计算结果绘制塔板适宜的操作区性能图，以便直观地分析塔板的操作状况。其工艺设计程序步骤如下：

① 搜集和整理基础数据及产品质量要求；

② 初选塔器结构形式；

③ 计算理论板数并确定塔的实际板数；

④ 通过工艺计算得到各塔板气、液两相组成、温度、流量分布及其物性；

⑤ 根据工艺计算结果进行水力学计算；

⑥ 确定塔器结构尺寸；

⑦ 确定塔节上人孔或手孔的位置和尺寸；

⑧ 确定塔体总高，绘制塔体简图，向设备专业提供工艺委托。

9.3.2 基本概念与术语

① 塔盘与塔板 仅限于本章叙述方便，塔盘泛指每层塔盘的整体结构，包含塔盘板和传质元件及其附属结构，如降液管、受液盘和堰板等，而塔板为塔盘的一个可拆卸的最小单元或者一层塔板的简称。其他概念参见图 9-14。

② 鼓泡（活性）区面积 A_a＝塔截面积－降液管面积－受液盘面积－支持圈（板）面积－过渡区面积

③ 自由区面积 A_F＝塔截面积－降液管面积

④ 鼓泡状态 指塔板上液气比较大时的气液接触状态，此时气体为分散相，液体为连续相，气泡在液相中自由浮升，气液接触表面积不大。

⑤ 喷射状态 指塔板上液气比相对较小的气液接触状态，此时液相为分散相，充满塔板之间，气相为连续相。

⑥ 过渡状态 指介于鼓泡状态和喷溅状态的气液接触流动状态。也有人进一步细分为蜂窝状态和泡沫状态。

⑦ 塔板吹干 指在极低的液气比和较高的空塔气速条件下，若进入塔板的全部液体被以液沫夹带的方式携带至上一层塔板，塔板即被吹干。

⑧ 溢流强度 指塔盘单位长度溢流堰上液体的体积流率，单位为 $m^3/(m \cdot h)$。

⑨ 空塔气速 气相通过塔截面积的气速称为空塔气速 u，单位为 m/s。

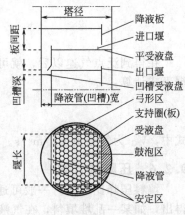

图 9-14 塔盘组成及其名称

⑩ 有效气速 气相通过自由塔截面积的线速度 u_A，单位为 m/s。

⑪ 布阀密度 单位面积上布阀的个数称为布阀密度，单位为个/m^2。

⑫ 孔动能因子 气相通过阀孔、筛孔或舌孔等的气相线速度乘以气相密度的平方根称为孔动能因子 F_h，$F_h＝u_h(\rho_G)^{0.5}$，单位为 $m/s(kg/m^3)^{0.5}$。它是确定开孔率及分析漏液等情况的重要参数。

9.3.3　塔板效率

通过工艺计算确定理论板数 N_T 以后，再选用合适的塔板效率就可以确定实际塔板数。

塔板效率是一个复杂的问题，而工程上往往是将复杂的问题简单化处理，但并不意味着不知其所以然，因为简单化并不追求精确到一个点，但必须要精确到一个可控的范围，这就是工程设计的重要理念之一。所以，我们从复杂到简单的学习并掌握塔板效率，典型的塔板效率概念有点效率、默弗里（Murphree）板

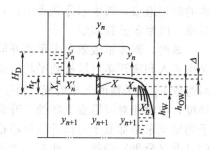

图 9-15　点效率计算示意图

效率和全塔效率 E_T。至于有些学者提出了湿板效率的概念，主要是考虑了液沫夹带和漏液因素的影响，就不再介绍了。

（1）点效率

点效率的定义如下（参见图 9-15）

$$E_{OG} = \frac{y - y_{n+1}}{y_0^* - y_{n+1}} \tag{9-11}$$

式中，E_{OG} 为以液相表示的点效率；y_{n+1} 为进入第 n 块塔板的气相组成，为 $n+1$ 块塔盘上气相组成平均值，以摩尔分数表示；y 为第 n 块离开塔板上某点的气相组成，以摩尔分数表示；y_0^* 为与被考察点液相组成 x 成平衡的气相组成，以摩尔分数表示。

显然，$y_0^* - y_{n+1}$ 为气相通过塔板某点的最大提浓度。$y - y_{n+1}$ 为气体通过该点所达到的实际提浓度。点效率为两者的比值，其极限值为 1。需要注意的是，在点效率的定义中已经认为板上液层在垂直方向混合均匀，每一点只有一个均匀的 x 组成。由于板上液层较薄且有气体的强烈搅拌，上述假定是合理的。

离开板上液层的气体组成 y，是组成为 y_{n+1} 的气体与组成为 x 的液体在液层中接触传质的结果。因此，点效率必与塔板上各点的两相传质速率有关。

同理点效率也可以用液相组成表示为

$$E_{OL} = \frac{x_{n-1} - x}{x_{n-1} - x^*} \tag{9-12}$$

式中，E_{OL} 为以液相表示的点效率；x_{n-1} 为进入第 n 块塔板的液相组成，以摩尔分数表示；x 为第 n 块离开塔板上某点的液相组成，以摩尔分数表示；x^* 为与被考察点气相组成 y 成平衡的液相组成，以摩尔分数表示。

（2）单板效率

默弗里板效率是一种常用的表示单板效率的方法，在塔板研究和进行各种塔板传质效果的研究中应用比较广泛，其定义为

$$E_{MG} = \frac{\overline{y}_n - \overline{y}_{n+1}}{y_n^* - \overline{y}_{n+1}} \tag{9-13}$$

式中，E_{MG} 为以气相表示的默弗里板效率；y_n^* 为与离开第 n 块塔板的液相平均组成 $\overline{x}_n$ 成平衡的气相组成，以摩尔分数表示；$\overline{y}_n$，$\overline{y}_{n+1}$ 为分别为离开第 n 和第 $n+1$ 块塔板的气相平均组成，以摩尔分数表示。

同样地，默弗里板效率也可用液相组成表示为

$$E_{ML} = \frac{\overline{x}_{n-1} - \overline{x}_n}{\overline{x}_{n-1} - x_n^*} \tag{9-14}$$

式中，E_{ML} 为以液相表示的默弗里板效率；x_n^* 为与离开第 n 块塔板的液相平均组成 $\overline{y}_n$ 成平

衡的液相组成，以摩尔分数表示；$\bar{x}_n$，$\bar{x}_{n-1}$ 为分别为离开第 n 和第 $n-1$ 块塔板的液相平均组成，以摩尔分数表示。

显然，默弗里板效率表示离开同一塔板两相的平均组成之间的关系，所涉及的气相组成是指进入和离开本层塔板的平均组成。特别要注意的是，y_n^* 是与离开第 n 块塔板的液体平均组成 $\bar{x}_n$ 成平衡的气相组成，由于塔板上的气液流动是错流接触，液体沿流动方向有浓度梯度，与此相对应塔板上各处上升的气相组成沿流动方向是降低的，所以该层塔盘上气相的平均组成未必都低于与离开该层塔板上的液体成平衡的气相组成，也就是默弗里板效率选择的基准（分母）偏低，因此有可能超过 100%，对流道长的大塔尤其如此。但必须明白，这只是一种板效率的计算方法，并不意味着默弗里板效率超过 100% 就是该层塔盘上的实际组成超过了平衡组成。

（3）默弗里板效率与点效率的主要区别

① 默弗里板效率中的 y_n^* 是与离开塔板的液体平均组成 $\bar{x}_n$ 相平衡的气相组成；而点效率中的 y_0^* 是与塔板上某点的液体组成 x 相平衡的气相组成。

② 点效率中的 y_n 为离开塔板某点的气相组成，而默弗里板效率中的 $\bar{y}_n$ 是由塔板各点离开液层的气体平均组成。

如果板上液体不仅在垂直方向而且在水平方向也混合均匀，塔板上各处的液体组成相同（且等于离开该板的液相组成），则第一点差别消失。塔板上各处液相组成相同，必使离开塔板各点上的气体组成相同，即 $y_n = \bar{y}_n$，塔板上各处的点效率相同，则第二点差别也消失。在此前提下，默弗里板效率与点效率在数值上是相等的。

（4）全塔效率

全塔效率又叫总板效率。对于一个特定的物系和特定的塔板结构，在塔的上部和下部塔板效率并不相同，这是由于塔的上部和下部气液两相的组成、温度不同，因而物性也随之改变；还有塔板有阻力，致使塔的上部和下部操作压强不同，对于真空下操作的塔，两者相差更大。在同样的气体质量流量下，塔的上部操作压强小，液沫夹带严重，板效率将下降。可见，如果板效率沿塔高变化很大，原则上必须获得不同组成下的板效率方能进行实际板数的计算，这样就使问题复杂化。简单化的方法是直接定义全塔效率 E_T

$$E_T = N_T / N \tag{9-15}$$

式中，N_T 为完成一定分离任务所需的理论板数；N 为完成一定分离任务所需的实际板数。

若全塔效率 E_T 为已知，并已算出所需理论板数，即可由上式直接求得所需的实际板数。全塔效率是板式塔分离性能的综合度量，它不但与影响点效率、板效率的各种因素有关，而且把板效率随组成等的变化亦包括在内。所有这些因素与 E_T 的关系较为复杂，因此，关于全塔效率的可靠数据只能通过实验测定获得。必须指出，全塔效率是以所需理论板数为基准定义的，板效率是以单板理论增浓度为基准定义的，两者基准不同。因此，即使塔内各板效率相等，全塔效率在数值上也不等于板效率。

塔板效率与分离的难易程度存在辩证的关系，即相对挥发度较小的难分离物系虽然所需的塔板数多，但具有较高的塔板效率；而相对挥发度较大的易分离物系虽然所需的塔板数少，但具有较低的塔板效率。如丙烯/丙烷的相对挥发度较小，其精馏塔的塔板效率一般高达 90%～95%，而一些脱除少量轻组分的汽提塔的塔板效率一般只有 20%～30%。原因是难分离物系相邻塔板上气、液组成比较接近，气、液相之间只需发生少量的传质，就能接近平衡组成；而易分离物系相邻塔板上气、液组成差异相对较大，若要接近达到平衡组成，就需要气、液相之间发生较多量的传质，虽然传质的推动力相对较大，但由于塔板上气、液接触的时间有限，实际组成距离平衡也就较远，因此塔板效率相对较低。对一些蒸馏塔的实际测定数据表明：沿塔高温度及组成分布变化显著的塔段，塔板效率相对要低些，通常发生在进料板附近。因为进料的存在，改变了原有的组成分布规律，使得进料板附近几块塔板上的气、液相更难达到平衡组成，因而具有较低的塔板效率，当进料板位置不合适时尤其如此。对于液相进料，按照塔板上液相中分离关键组分组成与进料组成相近的原则选择进料板位置一般较为合理。采用流程模拟软件进行逐板计算时，可以自动优化进料板位置。

① 经验值 表 9-4 是王勤获收集整理的一些塔板效率经验数据，这些数据基于具有良好塔板流体力学性能的塔板。对于穿流塔板和筛孔塔板等低压降塔板，塔板效率可取低限值；而对于浮阀、泡罩以及一些新型高效塔板等，塔板效率可取较高值。堰高、开孔率、传质元件尺寸、液体流道长度、塔板的水平度或液面落差、液气比等参数对塔板效率也有一定程度的影响。对于存在较严重的漏液或液沫夹带、很高或很低液气比等不良或不利工况下操作的塔，塔板效率需要进一步打折扣。

表 9-4　典型的塔板效率经验数据

塔　名　称	E_T/%	塔　名　称	E_T/%
醋酸精馏塔	60～70	胺溶剂干气脱硫塔	50～55
醋酸乙烯精馏塔	55～65	胺溶剂 LPG 脱硫抽提塔	15～25
丙酮萃取塔	15～20	胺溶剂再生塔	40～45
洗涤塔	30～40	脱乙烷塔	60～65
催化分馏塔	45～55	二甲苯分离塔	90～95
侧线汽提塔	20～35	脱丙烷塔	65～75
石脑油分馏塔	65～85	脱丁烷塔	75～85
重整预分馏塔	55～65	吸收塔	20～35
重整原料蒸发脱水塔	50～60	乙烷/乙烯分离塔	85～90
油品油气吸收塔	35～50	解吸塔（蒸气汽提）	20～30
油品吸收 C3 塔	30～38	丙烷/丙烯分离塔	90～95
油品吸收 C4 塔	25～35	丁烷/丁烯分离塔	85～95
油品蒸气汽提脱吸塔	20～30	戊烷/戊烯分离塔	85～95
炼厂污水汽提塔	35～45	干燥塔	15

② Drickamer 和 Bradford 关联图 对于一些缺少塔板效率经验数据的新物系，可采用一些经验关联式估算，也可以参考已有相似或相近物系塔板效率数据，但要留有适当的余地。经验证明，设计合理的泡罩、筛板、浮阀和固阀等错流鼓泡形塔盘，在其正常的操作弹性范围内，板效率不会有较大差别，影响大的是体系的物性。因此，各种估算塔板效率的经验关联式常表示为板效率与重要物性的关系式。

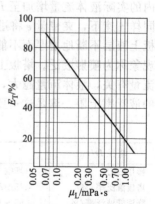

图 9-16　泡罩塔全塔效率

Drickamer 和 Bradford 根据 54 个泡罩精馏塔的实测数据，将全塔效率 E_T 关联成液体黏度 μ_L 的函数（图 9-16）。图中横坐标 μ_L 是根据进料组成和状态计算的液体平均黏度，即

$$\mu_L = \sum_{i=1}^{n} x_i \mu_i \qquad (9-16)$$

式中，x_i 和 μ_i 分别为原料中 i 组分的摩尔分数和黏度，μ_i 单位为 mPa·s。

影响全塔效率的因素虽然很多，但对于大多数碳氢化合物系统，图 9-16 可给出相当满意的结果。这说明当塔板的结构尺寸合理、操作点位于正常操作范围时，物性特别是液体黏度对板效率的影响是很重要的。必须指出，对于非碳氢化合物系，图 9-16 给出的结果是不可靠的。

③ O′connell 关联图 奥康乃尔（O′Connell）对上面的关联进行了修正，将全塔效率关

联成 $\alpha\mu_L$ 的函数（图 9-17）。图中 μ_L 是根据加料组成计算的液体平均黏度，α 为轻重关键组分的相对挥发度。μ_L 和 α 的估算都是以塔顶和塔底的算术平均温度为准。由于考虑了相对挥发度的影响，此关联结果可应用于某些相对挥发度很高的非碳氢化合物系统。

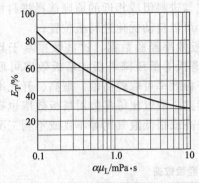

图 9-17　精馏塔全塔效率关联图

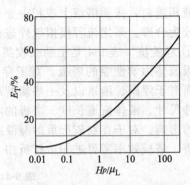

图 9-18　吸收塔全塔效率关联图

O′Connell 对吸收过程的全塔效率的数据也作了关联，如图 9-18 所示。在横坐标 Hp/μ_L 中，H 为溶解度系数，单位为 $kmol/(m^3 \cdot kPa)$；p 为操作压力，单位为 kPa；μ_L 为在塔顶和塔底平均组成和平均温度下的液体黏度，单位为 $mPa \cdot s$。

当全塔效率 E_T 确定后，一个分离过程所需要的理论板数 N_T 除以全塔效率就可得出所需要的实际板数 N，即 $N = N_T/E_T$。而在工程设计中采用的塔板数通常要留有足够的富余量，使塔板数的增加对产品纯度的影响不太敏感。

9.3.4　液泛率及其控制

液泛率通常是指设计或操作工况下的处理能力与恒液气比条件下达到液泛时的极限处理能力的百分比，其倒数也称为安全系数。设计中留有余地，必须考虑发泡系数的影响。

（1）喷射液泛

若本层塔板上的液沫夹带量为 e，净液体流量为 L，液沫夹带使上层塔板上及其降液管内的实际液体流量增加至 $L+e$，则板上的液层厚度必相应增加，也相当于板间距减小，在同样气速下，夹带量 e 将进一步增加，形成恶性循环。因此，当气速增至某一定数值时，塔板上液层不断地增厚而不能达到平衡。最终，液体将充满全塔，并随气体从塔顶溢出，这种现象称为喷射液泛。塔板上开始出现恶性循环的气速称为液泛气速。显然，液泛气速与液体流量有关，液体流量越大，液泛气速越低。设计中一般以液沫夹带不超过 10% 来确定允许的液泛率上限。满足这一要求时，相应的液泛率上限经验值如表 9-5 所示。

表 9-5　液泛率上限经验值

塔径 D/mm	≤900			>900		
操作压力	真空	常压	加压	真空	常压	加压
塔板液泛率/%	<75~80	<78~82	<80~84	<77~82	<80~85	<82~87
降液管液泛率/%	<65~70	<72~77	<76~80	<65~70	<72~77	<76~80

（2）降液管液泛

板式塔的另一类液泛问题是降液管堵塞或降液管液泛。一般将泡沫液层高度刚好达到塔板间距与出口堰高之和时的负荷点定义为降液管泛点。降液管是沟通相邻两塔板空间的液体通道，其两端的压差即为板压降，意味着液体要从低压空间流至高压空间。塔板正常工作时，降液管的液面必高于塔板入口处的液面，其差值为板压降 h_f 与液体经过降液管的阻力损失 h_{DC} 之和（图 9-15）。

塔板入口处的液层高度由三部分组成，即溢流堰高 h_W、溢流堰顶上的清液层厚度 h_{OW} 和液面落差 Δ。显然，降液管内的清液高度为

$$H_D = h_W + h_{OW} + \Delta + h_{DC} + h_f \tag{9-17}$$

若维持气速不变增加液体流量 L，液面落差 Δ、堰上液高 h_{OW}、以塔内液柱高度表示的总板压降 h_f 和降液管阻力 h_{DC} 都将增大，故降液管液面必升高。可见，当气速不变时，降液管内的液面高度 H_D 与液体流量 L 相对应，虽然塔板有自动平衡的能力，但是，当降液管液面升至上层塔板的溢流堰上缘时，再增大液体流量 L，降液管上方的液面将与塔板上的液面同时升高。此时，降液管进口断面位能的增加刚好被板压降的增加所抵消，而这时降液管内的液体流量为其极限通过能力。若液体流量 L 超过此极限值，塔板失去自衡能力，板上开始积液，最终使全塔充满液体，引起淹塔。实际上，降液管内的液体并非清液，其上部是含气量很大的泡沫层。降液管内泡沫层高度 H_F 与清液高度 H_D 的关系为

$$H_F = \frac{\rho_L}{\rho_F} H_D \tag{9-18}$$

式中，ρ_F 为降液管内泡沫层的平均密度，kg/m^3。

当 H_F 达到上层塔板的溢流堰上缘时，塔板便有可能失去自衡能力而产生液泛。板压降太大通常是使降液管内液面太高的主要原因，因此，气速过大同样会造成降液管液泛。此外，如塔内某块塔板的降液管有堵塞现象，液体流过该降液管的阻力 h_{DC} 急剧增加，该塔板降液管内的液面首先升至溢流堰上缘，该层塔板将产生积液，并依次使其上面各层塔板 h_{DC} 增加，导致其上各层塔板空间充满液体造成液泛。

液泛现象，无论是喷射液泛还是降液管液泛都导致塔内积液。因此，在操作时，气体流量不变而板压降持续增长，将预示液泛的发生。

除了降液管截面积和液相负荷以外，过小的塔板间距和过大的塔板压降以及过小的降液管底隙都是造成降液管堵塞或降液管液泛的重要因素。所以设计中要控制合适的溢流强度、降液管清液层高度、液体流速、底隙流速和停留时间，一般以降液管内清液层高度满足下述条件来确定液泛率上限

$$H_D < (H_T + h_{OW}) \times \eta \tag{9-19}$$

式中，η 为发泡系数，可参考表 9-6。满足这一要求时，相应的降液管液泛率上限列于表 9-5 中。

表 9-6　发泡系数经验值

起泡	装置或物系	发泡系数 η
不起或低	炼油常压塔、轻馏分塔、气体分馏塔	0.95~1.0
	炼油重组分分馏塔，如减压塔	0.85~0.9
	脱丙烷塔	0.90
	脱乙烷塔、H_2S 汽提塔、环砜物系	0.85~0.9
	热碳酸盐溶液再生塔	0.90
	氟化物物系，如 BF_3、氟里昂	0.90
中等	油吸收塔、乙醇胺再生塔、FCC 汽提塔	0.85
	热碳酸盐溶液吸收塔、CO_2 吸收塔	0.85
	CO_2 再生塔	0.80
	脱甲烷塔、糠醛精馏塔	0.80~0.85
重度	胺吸收塔	0.73~0.80
	乙二醇吸收塔	0.65~0.75
	FCC 一级吸收塔	0.75
严重	甲乙酮、一乙醇胺物系	0.60
	碱洗塔	0.65
	酸性水汽提塔、醇合成吸收塔	0.50~0.70
稳定	碱再生塔	0.15~0.30

9.3.5 水力学计算

随着工艺模拟软件的发展，塔器的工艺计算十分便捷。工程上一般通过工艺模拟计算出塔内获得每个理论塔板上的气液相负荷、密度、黏度、表面张力、温度和压力。有了以上数据，就可以进行水力学计算了。在此之前需要确定发泡系数。

(1) 喷射液泛率与塔径的确定

实际上塔径的确定与板间距、降液管面积和塔盘类型等其他结构尺寸密切相关，在其他参数没有确定之前，塔径计算值只能作为初选值。

塔径主要是根据塔内气液相负荷而定，其次和工况、物性、操作条件、发泡系数以及塔盘类型有关，精馏、吸收、解吸、汽提、闪蒸和换热等过程以及塔径大小的不同，其塔径确定判据也是不一样的。发泡系数越小，所需要的塔径越大；解吸、汽提、闪蒸和减压操作过程所需要的塔径就要大一些，精馏和吸收可按一般原则设计；以换热为主的塔段，只要满足气液相有足够的接触就行了，所以需要的塔径较小，如催化分馏塔的顶循环段、一中循环段和二中循环段主要是换热，就不能用精馏的设计判据去确定塔径，否则将造成整体塔径的提高。对一些瓶颈塔段，还可以通过提高板间距或者采用填料等方式，减小塔径，避免因为局部塔径大就对全塔采用较大塔径。流程数也会影响塔径的大小，因为流程数越多，塔的无效面积就越大，所以一般尽可能采用较少的流程数，通过改变出口堰长和堰高度来避免采用较多的流程数。下面塔径的计算方法只针对一般情况。

塔径的确定主要受限于板式塔的液沫夹带所引起的液泛，泛点气速是以雾滴在气速中自由沉降作为导出依据，即在重力场中悬浮于气流中的雾滴所受的合力为零时的气速定义为泛点气速 u_f，当操作气速大于泛点气速时，雾滴就被带到上层塔盘，大量的雾滴上移引起液相在塔内纵向返混，板效率急剧下降，该现象为喷射液泛的另一种描述。设计气速与喷射液泛点气速之比称为喷射液泛率。

对直径为 d_L 的雾滴，根据力平衡方程

$$\frac{\pi}{6}d_L^3(\rho_L-\rho_G)g=\xi\frac{\pi}{4}d_L^2\frac{\rho_G u_f^2}{2} \tag{9-20}$$

定义 $\sqrt{\dfrac{4d_L g}{3\xi}}=C_f$，则

$$u_f=\sqrt{\frac{4d_L g}{3\xi}}\sqrt{\frac{\rho_L-\rho_G}{\rho_G}}=C_f\sqrt{\frac{\rho_L-\rho_G}{\rho_G}} \tag{9-21}$$

式中，d_L 为悬浮于气流中的液滴直径，m；ζ 为阻力系数；C_f 为泛点气相负荷因子，m/s；u_f 为根据气相自由流通面积 A_F 计算的泛点气速；A_F 为塔截面积 A_T 减去降液管面积 A_{DC}，即 $A_F=A_T-A_{DC}$，m/s；ρ_G、ρ_L 为气、液相密度，kg/m³。

式(9-21) 称为索德尔斯和布朗 (Souders and Brown) 公式。由 C_f 的定义可知，C_f 取决于液滴直径和阻力系数，而气泡破裂产生的液滴直径和阻力系数都难以确定，因此，C_f 一般由实验确定。由式(9-21) 可见，C_f 越大 u_f 越大，可以悬浮的雾滴直径 d_L 越大，板间距之间悬浮的液沫量越大，气速超过 u_f 后将更快发生液泛。C_f 不但和物性，特别是表面张力有关，因为表面张力直接影响到雾滴的直径，而且还和降液管面积 (A_{DC}) 和板间距 (H_T) 以及板上清液层高度 (h_L) 有着直接的关系。

费尔 (Fair) 进一步注意到液泛时的气相负荷因子 C_f 还与两相流动情况有关，就以 F_{GL}、C_{f20} 和板间距 H_T 为参数，对许多文献上的筛板液泛数据进行了关联，所得结果如图 9-19 所示，其中 $C_{f20}=u_{f20}[\rho_G/(\rho_L-\rho_G)]^{0.5}$。

图 9-19 可用来计算筛板塔的液泛气速，浮阀塔和泡罩塔也可参考。在应用该关联图时，须注意以下几点。

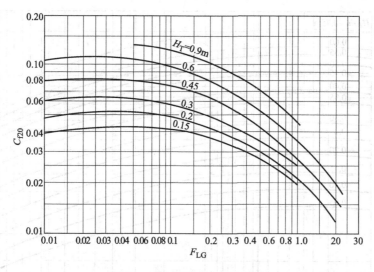

图 9-19　筛板塔的泛点关联图

① 若液相表面张力 $\sigma \doteq 20\text{mN/m}$，查得结果应按下式校正

$$\frac{C_f}{C_{f20}} = \left(\frac{\sigma}{20}\right)^{0.2}$$ (9-22)

② 堰高 h_W 不超过板间距 H_T 的 15%；

③ 物系为低发泡性的；

④ 塔板开孔率 φ 不小于 10%，否则应将查得的 C_{f20} 乘以表 9-7 中的 k 值进行校正；

⑤ 对于筛板，孔径不大于 6mm。

表 9-7　k 值校正表

φ/%	10	8	6
k	1.0	0.9	0.8

如满足以上条件，图 9-19 给出的结果误差不大于 10%。

史密斯（Smith）等进一步汇集了若干泡罩、筛孔和浮阀塔板的有关数据，整理出的关联图如图 9-20 所示。图中参数（$H_T - h_L$）为雾滴的沉降高度。h_L 为忽略了液面落差 Δ 的板上清液层高度。

由已知的气液两相流动参数 F_{GL} 和选定的板间距 H_T 以及水力学计算所得的 h_L，就可以从图 9-19 或图 9-20 查得 C_{f20}，可按下式求出液泛气速

$$u_f = C_{f20}\left(\frac{\sigma}{20}\right)^{0.2}\sqrt{\frac{\rho_L - \rho_G}{\rho_G}}$$ (9-23)

无论哪一种算法所得到的塔径，当气体通过塔自由截面积上的动能因子 F_A 大于 2.5 时就要十分慎重。

（2）板间距的确定与液沫夹带核算

确定塔板间距主要考虑工艺和安装两方面的因素，工艺因素主要涉及液沫夹带、物料的起泡性、操作弹性和降液管停留时间；安装因素主要涉及便于拆卸检修。

对板间距影响最大的是液沫夹带。适当增加塔板间距可以减少液沫夹带、避免降液管液泛、增加处理能力。对易起泡物料和液沫夹带严重的物系应选用较大的板间距，但要注意经济性和塔体总高的限制。减压操作一般采用较大的板间距。

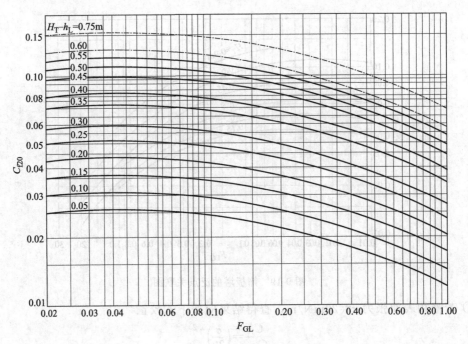

图 9-20　泛点关联图

要保证安装和检修的空间，对有人孔的地方，塔板间距不应小于 550mm，一般为 700mm 或 800mm。对于直径小于 700mm 的塔，不便开设人孔，应考虑采用整块式塔板，此时塔体一般采用法兰连接。或者是采用增大塔径、减小塔板间距的方法来避免采用整块式塔板带来的安装不便。

另一种情况就是在塔的瓶颈段采用较高的板间距，用于降低总体塔径。国外的板间距设计常常根据计算结果和需要，并不经过圆整，而国内板间距常常取圆整数值，其优点是简单，便于设计成通用图系列，缺点是如果塔盘数较多，塔体浪费较大。参见表 9-8。

表 9-8　板间距及其适用场合

板间距/mm	300	350	400	450	500	550	600	700	800	900
常用			★	★	★	★	★			
真空操作							★	★	★	
气体负荷较大的洗涤和解吸过程							★	★	★	★
小塔或塔盘数很多	★	★	★							

注：★表示可选择的板间距。

无论是喷射还是过渡状态操作都会产生大量的尺寸不同的液滴。前者是液体被气流直接分散成液滴的，后者是液滴因泡沫层表面的气泡破裂而产生的。液滴在塔板上方空间的沉降速度 u_D(m/s) 为

$$u_D = 1.74 \sqrt{\frac{d_L(\rho_L - \rho_G)g}{\rho_G}} \tag{9-24}$$

式中，d_L 为液滴几何直径，m。

对于沉降速度小于液层上部空间中的气流速度的小液滴，因具有向上的绝对速度，无论板间距多高，都不可避免地被气流带至上层塔板，造成液沫夹带。所以，由此而产生的夹带液量与板间距无关。

对于沉降速度大于气流速度的大液滴，单靠气流是不会被夹带上去的。但是，由于气流

冲击或气泡破裂而弹溅出来的液滴都具有一定的初速度，并在垂直方向上有一定分量，在此速度分量的作用下，有些较大液滴也会到达上层塔板。这些较大尺寸的液滴造成的夹带液量远远超过小液滴成为液沫夹带的主体，只有这部分液沫才与板间距密切相关。

液沫夹带常用单位干气量、单位液体量或单位时间夹带到上层塔盘的液体量来表示，一般液沫夹带 e 定义为单位干气体所夹带到上层塔盘的液体量。

亨特在直径为 150mm 的筛板塔中，采用不同的气体和液体，在液体不流动的状态下，进行了液沫夹带实验，在 $\left(\dfrac{u_A}{H_T-h_F}\right)\not> 8.5\mathrm{s}^{-1}$ 的范围内，液沫夹带可用下式来计算

$$e=\frac{5\times10^{-6}}{\sigma}\left(\frac{u_A}{H_T-h_F}\right)^{3.2}\leqslant 0.1 \tag{9-25}$$

式中，σ 为液相的表面张力，N/m；u_A 为按有效塔截面积计算的气速，m/s；h_F 为塔板上泡沫层高度，可按板上清液层高度 2.5 倍估算，m。

尽管塔板效率在接近喷溅状态时最高，但同时也存在不稳定因素，要保持稳定操作和良好的效率，液沫夹带不能超过 0.1kg 液体/kg 干气体。

液沫夹带如果用每层塔盘液沫夹带流量占进入该层塔盘的液体流量的分率 e_L 来表示，更能说明其液沫夹带的严重程度，e_L 和 e 存在着如下关系

$$e_L=\frac{e}{L/G+e} \tag{9-26}$$

式中，L、G 分别为液相和气相的摩尔流量，kmol/h。

费尔根据许多文献发表的液沫夹带数据，把液沫夹带分率 e_L 关联成两相流动参数 F_{GL} 和泛点百分率的函数。费尔的关联结果如图 9-21 所示，误差约为 $\pm20\%$。图中的泛点百分率实际上反映了板间距和塔径对液沫夹带的影响。需要注意的是，在液气比很小时，塔尚未液泛之前，液沫夹带早已超过了允许的范围，即使液沫夹带分率 e_L 很小，也会产生溢流液泛，在真空操作下就是如此。此时溢流液泛是塔板生产能力的控制因素。

如核算出的 e 超过允许数值（通常定为 0.1kg 液体/kg 干气），就需要增加板间距或塔径，一直到 e 降到允许值以下。

费尔关联的结果与亨特的计算结果有一定出入，这是因为亨特没有考虑气体密度对液沫夹带的影响的缘故。

（3）降液管的设计

降液管的设计主要考虑停留时间、清液层高度、发泡系数及其气泡夹带的影响，同时满足以下几个约束条件。

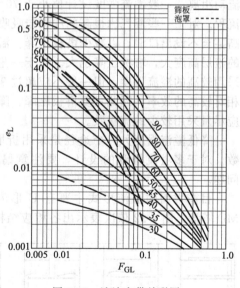

图 9-21　液沫夹带关联图

① 面积约束　降液管中的液体线速应小于 0.1m/s，面积一般约占塔截面积的 8%～20% 左右，当然也有占到 5.5%～35% 的情况。极小的降液管面积就要进行特殊设计，如管式降液管或弧形降液管；过大的降液管面积会减少鼓泡区的面积，降低处理能力，可采用悬空降液管或多降液管。

② 体积约束　降液管停留时间 τ 一般应大于 5s；对易起泡物系必须大于 7s；当液相密度低至 300～400kg/m³ 或高压下操作，气、液相密度差相对较小时，τ 应大于 6～7s；对不

起泡物系，在少数液气比很高的场合，至少应保证 τ 大于 3s。其计算公式如下。

液体在降液管内的实际平均停留时间 τ_a 为

$$\tau_a = \frac{A_{DC} H_D}{V_L} \qquad (9\text{-}27)$$

式中，A_{DC} 为降液管面积，m^2；H_D 为降液管内清液层高度，m；V_L 为液相体积流量，m^3/s。

由于降液管内当量清液高度 H_D 计算不便，又不能反映降液管处理能力，所以常用液相在降液管中的表观停留时间，简称降液管停留时间 τ 来度量。

$$\tau = \frac{A_{DC} H_T}{V_L} \geqslant 3 \sim 5s \qquad (9\text{-}28)$$

式中，H_T 为板间距，m。

保证一定的降液管停留时间，避免严重的气泡夹带是决定降液管面积或溢流堰长的主要依据。

③ 高度约束 $\qquad\qquad H_D < (H_T + h_W) \times \eta$

对易起泡物系取 $\eta = 0.4 \sim 0.5$，一般物系取 $\eta = 0.5$，不起泡物系取 $\eta = 0.5 \sim 0.6$，详见表 9-6。

④ 结构约束 降液管太小不利于塔板上液体的均布，特别是单溢流。因此，单溢流通常取弓形降液管的弦长为塔径的 0.6 ~ 0.8 倍，且宽度最小值不应小于 120mm；双溢流以上，侧降液管弦长可为塔径的 0.5 ~ 0.7 倍。中间降液管宽度一般不小于 200mm。

(4) 堰上溢流强度与流程的选择

决定流程数或流形的主要因素是溢流强度和液面落差，即液相负荷及其在一层塔盘上的流动距离。一般溢流强度设计值小于 70 ~ 90m^3/(m·h)；当溢流强度超过该值时，可增加流程。对于一些液气比很高的洗涤与吸收等过程，允许溢流强度超过该值，但应降低出口堰高甚至不设出口堰，以减少塔板压降。溢流强度大，则塔板上的液面落差大，堰上和塔板上的液层高度大，塔板压降也大。对于一些具有导向作用的塔板，液面落差小、压降低，允许采用较高的溢流强度，但一般不应超过 90 ~ 100m^3/(m·h)。由于流道长度较长的塔板具有相对较高的效率，因此只要塔板压降、降液管内清液层高度、流速、停留时间等满足要求，应尽量采用较少的流程数。

降低溢流强度另一个途径是采用折堰、副降液管、梯形堰和环形堰等，从而降低流程数。对于多溢流塔盘的设计，要注意偏流问题，无论是三溢流还是四溢流，都存在这个问题。

目前常用的溢流形式主要有 U 形流、单溢流、双溢流、三溢流、四溢流、阶梯流和 MD 塔盘，图 9-22 依次表示出各相应结构的流体流向和流程，图中阴影区表示受液盘，小

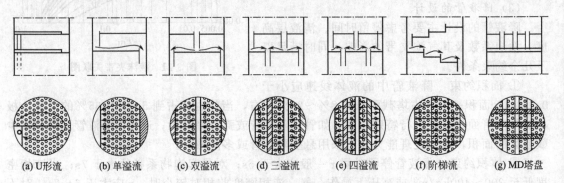

(a) U形流　　(b) 单溢流　　(c) 双溢流　　(d) 三溢流　　(e) 四溢流　　(f) 阶梯流　　(g) MD塔盘

图 9-22　塔盘流程

孔区表示鼓泡区域,空白处表示降液管或降液区域。从图中可以明显看出,流程数越多,有效的传质区域越小,所以应该尽可能的采用较少流程数的塔盘结构。国外对悬空降液管的研究较多,目的是将受液盘区域转变成传质区域。

对多溢流塔板的最小塔径是有要求的,从传质方面来讲,液体流道短则效率低,过短时通道板是没法设计的,一般不小于550mm,低于480mm时通道板很难设计。推荐不同流程数时的最小塔径如表9-9所示。

表 9-9   不同液流程数时的最小塔径

液流程数	1	2	3	4
塔径/mm	—	≥2000	≥2800	≥3600

(5) 堰上与板上清液层高度

塔盘上液体翻越过堰上的清液层高度 h_{OW}(m),其理论计算比较成熟,即

$$h_{OW} = \frac{1}{C_W \sqrt{2g}} \left(\frac{V_L}{l_W}\right)^{2/3} = 2.84 \times 10^{-3} \left(\frac{V_L}{l_W}\right)^{2/3} \tag{9-29}$$

式中,V_L 为液相体积流量,m^3/h;l_W 为堰长,m;C_W 为堰流系数。

考虑到圆形塔壁对流体收缩的影响,上式需加以校正系数 E

$$h_{OW} = 2.84 \times 10^{-3} E (V_L/l_W)^{2/3} \tag{9-30}$$

式中,E 为液体收缩系数,可通过图9-23查出。

当采用齿形堰而且清液层高度不超过齿顶时,从齿根算起的堰上清液层高度为

$$h_{OW} = 1.17 \left(\frac{V_L h_T}{l_W}\right)^{2/5} \tag{9-31}$$

当清液层高度超过齿顶时,从齿根算起的堰上清液层高度就要通过下式算出

$$V_L = 0.375 \left(\frac{l_W}{h_T}\right) \left[h_{OW}^{5/2} - (h_{OW} - h_T)^{5/2}\right] \tag{9-32}$$

式中,h_T 为齿高,m。

板上清液层高度,在溢流强度较小的情况下,就是出口堰高加堰上清液层高度,即

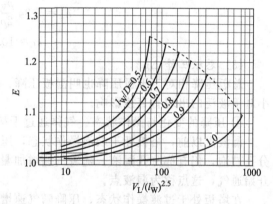

图 9-23   液体收缩系数计算图

$$h_L = h_W + h_{OW} \tag{9-33}$$

当溢流强度较大时,可用下式估算

$$h_L = h_W + h_{OW} + 0.5\Delta \tag{9-34}$$

式中,h_L 为板上清液层高度,m;h_W 为堰高,m;Δ 为液面落差,$\Delta = 0.0476 \frac{(b + 4h_F)^2 \mu_L V_L z}{(b h_F)^3 (\rho_L - \rho_G)}$,m;$b$ 为液流平均宽度,$b = (D + l_W)/2$,m;D 为塔径,m;l_W 为堰长,m;z 为液流长度,m;h_F 为泡沫层高度,m;μ_L 为液相黏度,$mPa \cdot s$;ρ_G,ρ_L 为气、液两相密度,kg/m^3;V_L 为液相体积流量,m^3/s。

(6) 降液管底部压降

降液管内阻力损失主要集中于降液管出口,沿程阻力损失可以忽略不计,液体经过降液管出口可当作小孔流出来处理,当不设进口堰时,其阻力损失可由下式计算

$$h_{DC} = \frac{1}{2g C_L^2} \left(\frac{V_L}{l_W h_0}\right)^2 = 0.153 \left(\frac{V_L}{l_W h_0}\right)^2 = 0.153 u_{h_0}^2 \tag{9-35}$$

式中，h_0 为降液管底部间隙高度，m；u_{h_0} 为降液管底隙流速，m/s；l_W 为堰长，m；C_L 为液相孔流系数。

当设进口堰时，式(9-35)的系数由 0.153 改为 0.2。

(7) 干板压降 Δp_d

在液相负荷为零的情况下，将气体克服通过一层塔板上各部件的局部阻力所形成的压降叫干板压降，习惯上常折合成板上液体高度表示，若用 h 表示液柱高度，它们之间可通过公式 $\Delta p = \rho_L g h$ 换算。

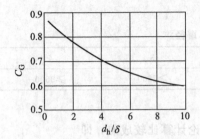

图 9-24 孔流系数 C_G 关系图

① 筛板 气体通过干板孔时和通过孔板类似，可用下式计算

$$h_d = \frac{F_h^2}{2C_G^2 \rho_L g} = \frac{u_h^2 \rho_V}{2 C_G^2 \rho_L g} \qquad (9-36)$$

式中，F_h 为孔动能因子，m/s(kg/m^3)；u_h 为孔气速，m/s；C_G 为气相孔流系数，与孔径 d_h 和板厚 δ 的比值有关，通过图 9-24 查得。

② F1 重阀 定义阀刚全部开启时的孔速为临界孔速 u_C，F1 重阀的干板压降可用以下经验式求得

$$h_d = 19.9 \frac{u_h^{0.175}}{\rho_L} (u_h < u_C) \qquad (9-37)$$

$$h_d = 5.34 \frac{\rho_V u_h^2}{2 \rho_L g} (u_h \geqslant u_C) \qquad (9-38)$$

$$u_C \approx 10.5 \rho_V^{-0.5} \qquad (9-39)$$

(8) 总板压降 Δp

总板压降相对于干板压降也叫湿板压降，其变化可以反应塔板操作状态的改变，压降大小对于液泛的出现有直接影响。

① 压降的变化与操作状态 气体通过干板时，压降与气速的平方成正比。

漏液点以前，塔板处于鼓泡操作状态，压降随气速变化不大。在这个阶段，气体通过部分孔鼓泡，仍有部分孔漏液。随着气速增加漏液的孔数逐渐减少直至停止漏液，此时全部孔开始通气，这点称为漏液点。

在塔板处于过渡操作状态，压降随气速增加逐渐上升，由鼓泡接触变为泡沫接触，塔板上液体存留量下降，压降上升的斜率不大。

在塔板处于喷射状态，压降几乎随气速的平方增加。

泛点以后发生液泛，压降垂直上升，塔的操作被破坏。

② 气体通过塔板的压降的计算 气体通过一层塔板的总压降 Δp 是由气体通过板上各部件的局部阻力 Δp_d 和通过泡沫液层时的阻力 Δp_w 所形成塔板上下对应位置上的压强差称为总板压降。其对应的液柱分别用 h_f 和 h_w 表示，则

$$h_f = h_d + h_w \qquad (9-40)$$

式中，h_f 为与气相通过一块塔板的压降相当的液柱高度，m；h_d 为与气相通过一块干板的压降相当的液柱高度，m；h_w 为与气相通过泡沫层的压降相当的液柱高度，m。

③ 气体通过泡沫液层的压降 Δp_w 气体通过塔板上液层的压降由以下三个原因引起：克服泡沫液层静压力、克服液体表面张力和克服通过泡沫液层的阻力。其中克服板上泡沫液层的静压力占主要部分，它与通过筛孔的气相动能因数 F_h 以及板上清液层高度 h_L（$h_L = h_w + h_{ow}$）有关。通过实验得出图 9-25 所示的结果。已知 F_h，由横坐标 h_L 即可求出液层阻力 h_l（图 9-25）。

为便于计算，将液层有效阻力图中的曲线进行了回归，得到以下方程

$$h_1 = 0.00535 + 1.4776h_L - 18.6h_L^2 + 93.54h_L^3 \quad (F_h < 17)$$
(9-41)

$$h_1 = 0.00668 + 1.242h_L - 15.64h_L^2 + 83.45h_L^3 \quad (F_h > 17)$$
(9-42)

h_1 也可以用以下经验公式简单计算

$$h_1 = \varepsilon_g h_L$$
(9-43)

式中，ε_g 为反映板上充气程度的充气系数。液相为水时，$\varepsilon_g = 0.5$；液相为油时，$\varepsilon_g = 0.2 \sim 0.35$；液相为碳氢化合物时，$\varepsilon_g = 0.4 \sim 0.5$。

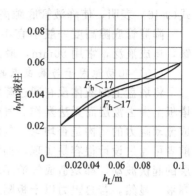

图 9-25　液层有效阻力
1m 液柱 $= \rho_L g (\text{Pa})$

气体通过塔板上液层时克服液体表面张力和克服通过泡沫液层的阻力都很小，可以忽略不计，也可以通过下式计算液体表面张力所造成的阻力 Δp_σ

$$h_\sigma = \frac{2\sigma}{\delta_V \rho_G g}$$
(9-44)

式中，σ 为液相的表面张力，N/m；δ_V 为浮阀的开度，F1 浮阀的开度一般为 8.5mm。所以，气体通过泡沫液层的压降为 $h_W = h_1 + h_\sigma$。

板上的泡沫层既含液体又含气体。气体的密度远小于液体密度，因此可以忽略泡沫层中所含气体造成的静压。这样，对于一定的泡沫层，相应地有一个清液层。泡沫层的含气率愈高，相应的清液层高度愈小。克服泡沫层静压的阻力损失如以液柱表示，其值约等于该清液层的高度 h_L，如图 9-26 右侧的压差计所示，其指示液为塔内液体。

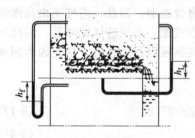

图 9-26　总板压降

由于溢流堰的存在，气速增大时，泡沫层高度不会有很大的变化。然而泡沫层的含气率却随之增大，相应的清液层高度随之减少。因此，气速增大时，气体通过泡沫层的阻力损失反而有所降低。当然，总阻力损失还是随气速增大而增加，因为干板阻力是随气速的平方而增大的。

总板压降如图 9-26 左侧的压差计所示，其指示液为塔内液体。

应当注意到，不同气速下，干板阻力损失与液层阻力损失所占的比例不同。低气速时，液层阻力占主要地位；高气速时，干板阻力所占比例相对增大。

（9）降液管清液层高度、底隙流速与其底隙高度的确定

降液管清液（不含气泡）高度 H_D 可按式（9-17）算得。

底隙高度 h_0 即为降液管底缘与塔板的距离。其设计原则是：保证液体流经此处时的局部阻力不太大，以防止沉淀物在此堆积而堵塞降液管；同时又要有良好的液封，防止气体通过降液管造成短路。一般按下式计算

$$h_0 = \frac{V_L}{l_w u_0}$$
(9-45)

式中，u_0 为液相通过降液管底隙时的流速，m/s，一般可取 $u_0 = 0.1 \sim 0.3$m/s，最大不超过 0.4m/s；h_0 为降液管底隙高度，m。

当可以采用平受液盘且不设进口堰时，可用下式确定 h_0

$$h_0 = h_W - 0.006$$
(9-46)

式(9-46)表明，使降液管底隙高度比溢流堰高度低 6mm，以保证降液管底部的液封。

降液管底隙高度一般不宜小于 20～25mm，否则易于堵塞，或因安装偏差而使液流不畅，造成液泛，常用 50mm，最大用到 150mm。

(10) 孔动能因子与漏液点的控制

将塔盘上的液体没有通过降液管而进入下层塔盘的这种现象称为漏液。严重的漏液将使塔板上失去液层而无法操作。气体均布是降低漏液量的主要措施，而气体是否均布决定于造成流动阻力的结构是否均匀。气流穿过塔板的阻力由两部分组成，即干板阻力和液层阻力。前者可通过设计很容易实现，而液面落差造成液层厚度的不均匀性就不容易控制，尤其是液层的起伏波动，都是造成气流不均布的因素，液层波谷下面气体流速较大，波峰下面就容易漏液。显然，若总阻力以干板阻力为主，则总阻力结构的不均匀性相对减小，气流分布就比较均匀。反之，若总阻力以液层阻力为主，则总阻力结构的不均匀性严重，气流分布就很不均匀。同时，干板阻力又是靠开孔率来控制的。较小的开孔率控制干板阻力足够大，使总阻力即总板压降高于波峰处当量清液层高度，则塔板不会漏液。反之，如果开孔率过高，干板阻力较小，总阻力低于波峰处当量清液层高度，有可能造成波峰下的气孔停止通气而漏液。液层波动所造成的液层阻力不均是随机的，由此而引起的漏液也是随机的；但液面落差有所不同，它总是使塔板入口侧的液层厚于塔板出口侧。当干板阻力很小时，液面落差会使气流偏向出口侧，而塔板入口侧的气孔将无气体通过而持续漏液。这种漏液称为倾向性漏液。它是可以通过设计来改善的，如控制液面落差不超过干板阻力的一半，在塔板入口处，可根据液相负荷的大小，留出一条狭窄的区域不开孔，称为入口安定区，使液体在进入鼓泡区之前有 50～90mm 流程的塔板上不开孔，以释放液体较高的位能和动能。除结构因素外，实际上气速还是决定塔板是否漏液的主要因素。干板阻力随气速增大而急剧增加，液层阻力则与气速关系较小。较低气速时，干板阻力往往很小，总阻力以液层阻力为主，塔板将出现漏液。高气速时，干板阻力迅速上升而成为主要阻力，漏液将被遏制。因此，当气速由高逐渐降低至某值时，明显漏液现象遂将发生，该气速称为漏液点气速。若气速继续降低，漏液剧增。有趣的是，实验结果表明不同类型不同规格的浮阀，其漏液点比较接近，这是因为漏液点也是各种力的平衡点。

漏液点可用下式计算

$$F_{h_L} = 4.51 + 0.00848(d + 1.27)(h_L + 27.9) \qquad (9-47)$$

$$F_{h_L} = u_l \sqrt{\rho_G} \qquad (9-48)$$

式中，F_{h_L} 为漏液点时的孔动能因子，$m/s(kg/m^3)^{0.5}$；h_L 为塔板上清液层高度，mm；d 为孔径，mm；u_l 为漏液点时孔气速，m/s。

孔动能因子，要根据漏液点，结合操作下限和塔板类型，并兼顾传质过程来确定。对于浮阀塔板，设计时一般希望塔板上所有浮阀刚好全开时操作，此时塔板压力降、液体返混和漏液都比较小，操作弹性大。过大的开孔率虽可以提高处理能力，但浮阀间距过小会造成相互干扰而影响气液接触效果，使塔板效率下降。不同的传质过程和发泡系数，所采用的孔动能因子是不一样的，如吸收、精馏、解吸和汽提等过程的孔动能因子的选择是不一样的。容易发泡的物系一般采用尽可能低的阀孔动能因子；吸收等以塔顶气相产品质量为主过程，塔顶段就可以采用较小的阀孔动能因子以减少液沫夹带；而一些以塔釜产品质量为主的过程，塔底部的阀孔动能因子就不能过小，避免低负荷操作时大量漏液影响塔釜产品质量。

9.3.6 负荷性能图

通过以上水力学计算，就可绘制出适宜的负荷性能图，用户可根据操作点所处性能图中的位置，直观地分析塔板的负荷情况以及应采取的相应措施，需要说明的是不能将该性能图作为唯一的判断标准，因为其计算过程有好多假设条件以及计算误差，所以它只是一个形象的参考图。

对于板式塔，操作性能图通常以空塔动能因子 F 为纵坐标、溢流强度 L_w 或液体体积流率 V_L 为横坐标绘制。各种塔板类型的性能曲线有所不同，但主要包括以下几项。

① 气相负荷下限线：如泡罩塔板的气相脉动线、浮阀塔板的下限阀孔动能因子线、筛孔塔板的 30％漏液线等。

② 漏液线：如泡罩塔板的 1％漏液线、筛孔塔板的 10％或 30％漏液线、其他塔板的10％漏液线等。

③ 液相负荷下限线：对于有降液管的塔板，根据溢流堰上液层高度为下限 $h_{OW} = 6\text{mm}$ 来绘制，液相负荷低于此下限时，不能保证塔板上的液体均布。

④ 液相负荷上限线（又称降液管超负荷线）：对于有降液管的塔板，根据不同起泡因子物系所允许的最短降液管停留时间来绘制，见 9.3.5 节，液相负荷超过此上限时，不能保证降液管内良好的气液分离效果。

⑤ 降液管液泛线（又称淹塔线）：对于有降液管的塔板，根据不同起泡因子物系及工况条件下所允许降液管内液层高度的最大值来绘制，见 9.3.5 节。降液管内液层高度超过此上限时，容易发生降液管液泛而造成淹塔。

⑥ 液沫夹带线（或喷射液泛线）：根据液沫夹带分数为 $e = 0.1$（kg 液/kg 气）或 10％来绘制。液沫夹带超过此上限时，塔板效率会严重下降。

⑦ 体系极限液泛线：根据体系极限液泛模型来绘制。它是只与塔内物料性质、液相负荷及基于塔自由截面气速等有关而与塔板类型无关的一种体系极限处理能力。一旦气液负荷超过此极限，不论采用何种类型的塔内件都无法避免液泛。

⑧ 操作线：原点与操作点之间的连线。其中操作点坐标代表气液相处理能力设计点或实际值。

此外，对于筛孔塔板，还要给定漏液分数的漏液线，对于固舌塔板还有吹气线，多降液管塔板悬空降液管的自液封线等，此不赘述。

不同塔板类型有不同形式的负荷性能图，不能一一列举，常用的浮阀塔盘，其负荷性能图参见 9.4.2 节设计举例中表 9-11。需要说明的是，负荷性能图只是将塔板流体力学主要的指标、上下限以图形的方式表示，只能接近于实际操作，而不能认为实际操作就是这样，或者超出负荷性能图就完全不能操作。

9.4　塔器工艺设计

9.4.1　工艺设计

塔器的工艺设计主要是确定塔内件的结构尺寸。而它们之间往往不是相互独立的，要掌握各个参数的本质及其和相关参数之间的关系，不断调优，更好的适应操作工况，才能得出最佳的塔盘结构尺寸。

（1）塔高的计算

对于板间距相同，没有集液箱等其他特殊结构的简单塔，已知全塔效率，就可以根据如下公式计算塔体的切线高度。对于结构复杂的塔，相同板间距塔段参考下式计算后加和，再加上特殊塔段算出切线总高。

$$H = H_U + n_T \left(\frac{N_T}{E_T} - 1 \right) H_T + n_M (H_M - H_T) + H_B \tag{9-49}$$

式中，H_U 为塔顶空间，从塔顶第一层塔盘上表面到塔顶封头切线的垂直距离，一般取 1200～1500mm，需要雾滴沉降或设塔顶有除雾器时可适当加高；n_T 为塔盘层数；n_M 为相同板间距塔段内设有人孔的个数；H_M 为人孔处板间距，一般为 700mm 或 800mm，根据人孔大小而定，最小不低于 550mm；H_B 为塔釜空间，从第 n 层塔盘上表面到塔釜封头切线处的垂直距离，主要是根据塔釜液体停留时间 τ_B 确定的正常液位，还要考虑最高液位，并留有设置重沸器返回口、液封盘等相关内件和接口的位置，τ_B 一般取（5±2）min。

（2）塔板布置

塔板面积可分为以下几部分，参见图 9-27。

① 有效传质区，即塔板上开孔面积。

② 降液区包括降液管面积和受液盘面积。当溢流堰长 l_W 和塔径 D 之比已定，降液管面积 A_{DC} 和塔板总面积 A_T 之比可以算出。为方便起见，可从图 9-28 查得。

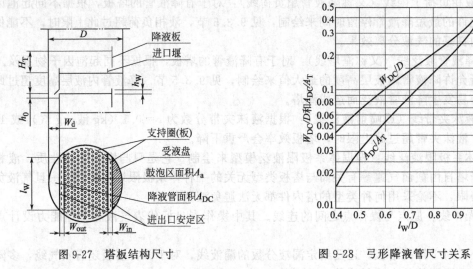

图 9-27　塔板结构尺寸　　　　图 9-28　弓形降液管尺寸关系

③ 塔板入口安定区，即在入口堰附近一狭长带上不开孔，以防止气体进入降液管或因降液管流出的液流的冲击而漏液，其宽度以 W_{in} 表示，一般为 50～90mm。

④ 塔板出口安定区，其宽度以 W_{out} 表示。在塔板上与气体充分接触后的液体翻越溢流堰流入降液管时必含有大量气泡，同时，液体落入降液管时又卷入一些气体产生新的泡沫。因此，降液管内液体含有很多气泡。若液体在降液管内的停留时间太短，所含气泡来不及解脱，就被卷入下层塔板。为避免气泡夹带，通常在靠近溢流堰一狭长区域上不开孔，称之为破沫区或安定区，使液体在进入降液管前，有一定时间脱除其中所含的气体，减少进入降液管的气体量。出口安定区一般其宽度为 60～100mm。

⑤ 边缘区，即在塔板边缘留出宽度为 W_C 的面积不开孔，供塔板固定用，支持圈宽度一般位 60mm，大塔可到 70mm，小塔最小到 40mm。

以上各面积的分配比例与塔板直径及液流形式有关。在塔板设计时，应在条件许可的条件下尽量增大有效传质区面积 A_a。

9.4.2　设计举例

某甲醇脱轻塔共 36 个理论板，第 14 个理论板上进料，精馏段和提馏段的塔内负荷数据、物性数据及其操作条件见表 9-10。

该物系干净、不易发泡，精馏段拟采用板式塔，提馏段采用板波纹规整填料，试对该塔进行工艺设计，确定塔内件尺寸并绘制塔体简图。

表 9-10 气液相基础数据

塔 段	流量/(kg/h)		密度/(kg/m³)		黏度/cP		表面张力/(dyn/cm)
	气相	液相	气相	液相	气相	液相	
精馏段	4488	5100	1.3713	790.504	0.011	0.314	36.65
提馏段	5194	29371	1.473	771.7	0.0071	0.300	31.370

计算可得结果。

① 发泡系数选用：0.95。

② 水力学计算：首先对该塔各段进行水力学计算，调整各个指标直到合适，计算结果见表 9-11 和表 9-12。

表 9-11 浮阀塔盘水力学计算结果

板式塔水力学计算与设计程序

	装置名称		MM 装置		塔器名称	甲醇脱轻塔
	塔段	精馏段	理论级序号	2	塔盘范围	1~20

计算结果	负荷范围/%	100.0	60.0	120.0
	喷射液泛率/%	19.6	11.7	23.5
	降液管液泛率/%	20.9	19.4	23.5
	堰上溢流强度/[m³/(h·m)]	6.4	3.8	7.7
	降液管停留时间/s	27.8	46.3	23.1
	降液管清液层高度/mm	134.1	126.3	150.9
	降液管内流速/(m/s)	0.014	0.009	0.017
	降液管底隙流速/(m/s)	0.059	0.035	0.071
	降液管底部压降/Pa	4.1	1.5	6.0
	空塔气速/(m/s)	0.45	0.27	0.54
	阀孔气速/(m/s)	8.28	4.97	9.93
	F_h/[m/s(kg/m³)$^{0.5}$]	9.7	5.8	11.6
	堰上清液层高度/mm	9.8	7.0	11.0
	塔板上清液层高度/mm	74.8	72.0	76.0
	气液流动参数	0.05	0.05	0.05
	干板压降/Pa	208.1	190.3	319.1
	总板压降/Pa	487.0	451.1	606.1

塔板结构尺寸	塔直径/mm	1600
	塔板间距/mm	400
	流程数	1
	开孔率/%	5.47
	降液管面积率/%	6.19
	堰长/mm	1011
	降液管顶宽/mm	180
	底堰长/mm	1011
	降液管底宽/mm	180
	出口堰高/mm	65
	降液管底隙/mm	30
	浮阀型号	3D90
	浮阀数/个	92
输入数据	气相流量/(kg/h)	4488
	气相密度/(kg/m³)	1.3713
	气相黏度/cP	0.011
	液相流量/(kg/h)	5100
	液相密度/(kg/m³)	790.504
	液相黏度/cP	0.314
	表面张力/(dyn/cm)	36.65
	发泡系数	0.95

塔板负荷性能图
1—雾沫夹带线；2—淹塔线；3—泄漏线；
4—液相负荷上限线；5—液相负荷下限线；6—操作线；
O—操作点；O'—最大负荷点；O''—最小负荷点；
操作弹性比：3.95

注：本水力学计算软件及其输出格式受中国国家版权局保护（编号：软著登字号 091660 号）。

表 9-12 规整填料水力学计算结果

填料塔水力学计算程序

项目名称	MM 项目		塔器名称	甲醇脱轻塔
装置名称	MM 装置		塔段	提馏段

<table>
<tr><td rowspan="11">输入数据</td><td>负荷/%</td><td>100.0</td><td>60.0</td><td>120.0</td></tr>
<tr><td>塔器编号</td><td>T101</td><td></td><td></td></tr>
<tr><td>床层序号</td><td>Ⅰ～Ⅱ</td><td></td><td></td></tr>
<tr><td>气相质量流量/(kg/h)</td><td>5194</td><td>3116</td><td>6233</td></tr>
<tr><td>气相密度/(kg/m³)</td><td>1.473</td><td></td><td></td></tr>
<tr><td>气相黏度/cP</td><td>0.0071</td><td></td><td></td></tr>
<tr><td>液相质量流量/(kg/h)</td><td>29371</td><td>17623</td><td>35245</td></tr>
<tr><td>液相体积流量/(m³/h)</td><td>38.06</td><td>22.84</td><td>45.67</td></tr>
<tr><td>液相密度/(kg/m³)</td><td>771.7</td><td></td><td></td></tr>
<tr><td>液相黏度/cP</td><td>0.300</td><td></td><td></td></tr>
<tr><td>表面张力/(dyn/cm)</td><td>31.370</td><td></td><td></td></tr>
<tr><td></td><td>发泡系数</td><td>0.95</td><td></td><td></td></tr>
<tr><td rowspan="8">结构尺寸</td><td>塔径/mm</td><td colspan="3" style="text-align:center">1600.00</td></tr>
<tr><td>塔截面积/m²</td><td colspan="3" style="text-align:center">2.011</td></tr>
<tr><td>填料床层高度/mm</td><td colspan="3" style="text-align:center">9600</td></tr>
<tr><td>填料体积/m³</td><td colspan="3" style="text-align:center">19.30</td></tr>
<tr><td>填料型号</td><td colspan="3" style="text-align:center">DXPAK</td></tr>
<tr><td>填料材质</td><td colspan="3" style="text-align:center">METAL</td></tr>
<tr><td>填料规格</td><td colspan="3" style="text-align:center">400</td></tr>
<tr><td rowspan="10">计算结果</td><td>液泛率(恒 L/V)/%</td><td>28.75</td><td>17.28</td><td>34.50</td></tr>
<tr><td>液泛率(恒 L)/%</td><td>15.93</td><td>9.13</td><td>19.56</td></tr>
<tr><td>C 因子/(m/s)</td><td>0.0213</td><td>0.0128</td><td>0.0256</td></tr>
<tr><td>F 因子/[m/s,(kg/m³)⁰·⁵]</td><td>0.5914</td><td>0.3548</td><td>0.7096</td></tr>
<tr><td>喷淋密度/[m³/(h·m²)]</td><td>18.93</td><td>11.36</td><td>22.72</td></tr>
<tr><td>气液流动参数</td><td>0.25</td><td>0.25</td><td>0.25</td></tr>
<tr><td>压降/(mm H₂O/m)</td><td>1.64</td><td>0.62</td><td>2.33</td></tr>
<tr><td>/(mm Hg/m)</td><td>0.12</td><td>0.05</td><td>0.17</td></tr>
<tr><td>/(mbar/m)</td><td>0.16</td><td>0.06</td><td>0.23</td></tr>
</table>

③ 塔顶空间：该塔塔径较小，塔顶气相还要经过冷凝器和回流罐，不设除沫器，塔顶切线高度可取 1200mm。

④ 塔釜尺寸的确定（略）。

⑤ 管口方位与尺寸的确定（如图 9-29 所示）。

⑥ 塔内件结构尺寸的确定（如图 9-29 所示）。

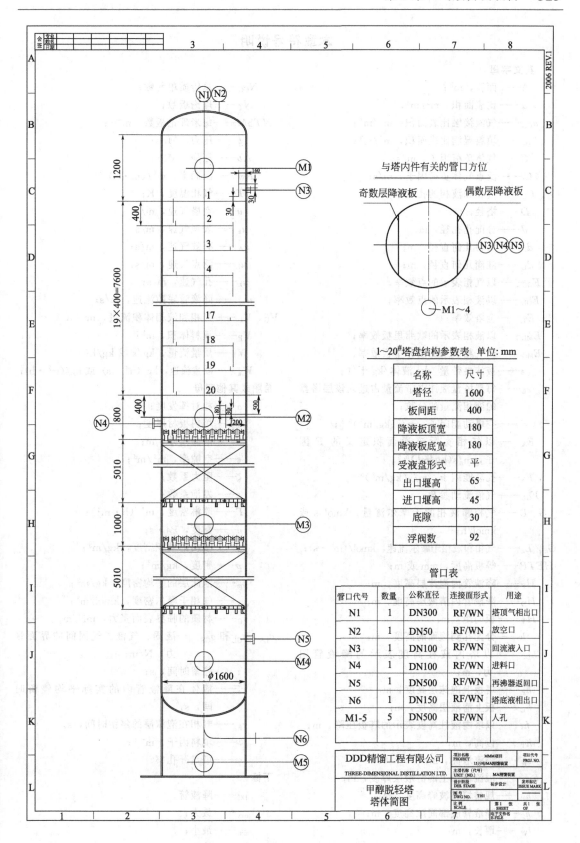

图 9-29 塔器工艺设计及塔体简图

本章符号说明

英文字母

A——面积，m^2；

a——比表面积，m^2/m^3；

a_{GL}——气液接触比表面积，m^2/m^3；

a_w——填料湿润比表面积，m^2/m^3；

C——气体负荷因子，m/s；

C_f——泛点气体负荷因子，m/s；

C_G、C_L——气相和液相的孔流系数；

D——塔径，m；

d——分配孔孔径，m；

d_P——填料几何直径，m；

d_L——液滴几何直径，m；

E_{OG}——以气相表示的点效率；

E_{OL}——以液相表示的点效率；

E_T——全塔效率；

E_{ML}——以液相表示的默弗里板效率；

E_{MG}——以气相表示的默弗里板效率；

e——液沫夹带量，kg 液体/kg 干气；

e_L——每层塔盘液沫夹带流量占进入该层塔盘的液相流量的分数；

F——空塔动能因子，$m/s(kg/m^3)^{0.5}$；

F_A——以气相实际流通面积定义的 F 因子，$m/s(kg/m^3)^{0.5}$；

F_h——孔动能因子，$m/s(kg/m^3)^{0.5}$；

F_{GL}——气液流动参数；

G、L——气相和液相的千摩尔流量，kmol/s 或 kmol/h；

G_a，L_a——气相和液相千摩尔流速，$kmol/(m^2 \cdot s)$；

$HETP$——等板高度，mm 或 m；

H_F——降液管内泡沫层高度，m；

H_D——降液管内清液层高度，m；

H_T——板间距，m；

h——分配孔到液面的高度，m；

h_{DC}——以塔内液柱高度表示的降液管阻力，m；

h_F——塔板上泡沫层高度，m；

h_L——板上清液层高度，m；

h_f——以塔内液柱高度表示的塔板压降，m；

h_T——齿高，m；

h_W——溢流堰高，m；

h_{OW}——溢流堰顶上的清液层厚度，m；

h_P——规整填料波峰高度，m；

h_0——降液管底部间隙高度，m；

l_W——堰长，m；

N——实际板数；

N_{OG}——总传质单元数；

N_T——理论板数；

$NTSM$——每米理论板数，m^{-1}；

p——压力，MPa；

Δp——压降，MPa；

R_W——湿润率，$m^3/(m \cdot h)$；

T——气相温度，K；

u——空塔气速，m/s；

u_a——表观气速，m/s

u_A——有效气速，m/s；

u_f——泛点气速，m/s；

u_h——孔气速，m/s；

u_{h_0}——降液管底隙流速，m/s；

V_G、V_L——气相和液相体积流量，m^3/s；

V_P——填料体积，m^3；

W——质量流量，kg/s 或 kg/h；

W_a——质量流速，$kg/(m^2 \cdot s)$ 或 $kg/(m^2 \cdot h)$；

希腊或其他字母

α——相对挥发度；

δ_P——填料板材厚度；

Δ——液面落差，m；

ε——空隙率，m^3/m^3；

ζ——阻力系数；

η——发泡系数；

Γ——喷淋密度，$m^3/(h \cdot m^2)$；

μ——黏度，Pa·s；

ρ_P——填料的堆积密度，kg/m^3；

ρ——密度，kg/m^3；

ρ_F——泡沫层的平均密度，kg/m^3；

ρ_{VM}——气相千摩尔密度，$kmol/m^3$；

σ_C——材质的临界表面张力，mN/m；

σ_{LS}、σ_{GL} 和 σ_{GS}——液固、气液、气固间的界面张力，N/m；

τ——停留时间，s；

τ_a——液体在降液管内的实际平均停留时间，s；

τ_F——气相在泡沫层的停留时间，s。

Φ——填料因子，m^{-1}；

φ——塔盘开孔率；

下标

DC——降液管；

max——最大；

min——最小；

P——填料；

T——塔；　　　　　　　　　　　　　　　　　　　　　L——液相。

G——气相；

思 考 题

1. 塔器传质元件的核心目的是什么？

2. 试用逆向思维对现有的某项塔器技术进行改进，并说明其改进理由。

3. 板式塔与填料塔各有哪些类型？各有什么特点？又适合于哪些物系、工况和操作条件？

4. 鼓泡、过渡和喷射这三种气液接触状态有什么异同点？

5. 填料塔和板式塔分别有哪些不利于传质的气液流动？

6. 有些人提出大型塔器单溢流的流道过长，流过一定流程的液相已经和气相达到了平衡，剩下的流程不再传质，你是怎么认为的？并分析大型塔器单溢流有什么利弊（假设溢流强度不大于规定值，忽略液面落差）。

7. 何谓填料的等板高度 HETP 和每米理论板数 NTSM？

8. 何谓填料塔的载点和泛点？

9. 降液管设计的约束条件有哪些？

10. 默弗里板效率大于 100％ 时是否意味着本层塔板上气相和液相达到了平衡？

11. 操作性能图是否真实的反应了实际生产过程某一层塔盘的操作状况？为什么？

12. 何谓喷射液泛和降液管液泛？在实际生产中如何判断填料塔和板式塔发生了液泛？

习 题

1. 试总结某一塔器技术的起源、发展和现状，并分析每次发展的原因和意义。

2. 试根据伯努利方程推导筛孔升气管式分配器的计算公式，即液相的体积流量、分配孔孔径与个数及液面高度之间的关系式。

3. 某甲醇精馏塔共 32 个理论板（含重沸器和冷凝器），进料在第 11 个理论板上（上数），该物系不发泡，精馏段拟采用 DXP300A 金属板波填料，提馏段采用筛板塔，筛孔直径 5mm。塔内负荷和物性数据见本题附表。

习题附表

塔　段	流量/(kg/h)		密度/(kg/m³)		黏度/cP		表面张力/(dyn/cm)
	气相	液相	气相	液相	气相	液相	
精馏段	29000	20000	1.473	742.5	0.007	0.302	18.3
提馏段	26000	31100	1.506	783.1	0.011	0.303	35.5
进料		15000		787.0		0.27	38.0
塔釜出料		5272		950.0		0.25	57.0

(1) 确定精馏段和提馏段的塔径；

(2) 根据附录 19 或图 9-11 确定 HETP 和填料段高度，并计算喷淋密度和压降；

(3) 进料组成 50％，塔顶产品组成为 99.9％，塔釜残液组成为 0.1％（均为甲醇的摩尔分数），常压操作，操作温度 85℃，相对挥发度为 3。试用 O'Connell 关联图估算提馏塔的总板效率。

(4) 确定提馏段的实际塔板数、板间距、流程、降液管面积、筛孔个数和开孔率，核算漏液点气速、液沫夹带和压降；

(5) 计算精馏段和提馏段液泛率；

(6) 塔釜液相停留时间 5min，重沸器返回口直径 500mm，请确定全塔的切线高度；

(7) 绘制塔体简图。

参 考 文 献

[1] 陈敏恒等．化工原理（下册）．第三版．北京：化学工业出版社，2006.

[2] 叶世超等．化工原理（下册）．北京：科学出版社，2002.

[3] 吴俊生，邵惠鹤．精馏设计、操作和控制．北京：中国石化出版社，1997，162-164.

[4] 褚雅安．等几率自分配填料塔．中国发明专利，ZL 00 1 19036.9.

[5] 褚雅志．等液位多功能气液分配器．中国实用新型专利，ZL 2006 2 0002704.3.

[6] 吕建华，李柏春，李春利等．梯形立体喷射塔板在环氧乙烷精制塔中的应用．石油化工，2002，31 (9)：749-752.

[7] 褚雅志，马晓迅．泡罩筛板．中国实用新型专利，ZL 2006 2 0136216.6.

[8] 褚雅志．三维窄条浮阀．中国实用新型专利，ZL 2006 2 0019860.0.

[9] 褚雅安．喷淋溢流塔盘．中国实用新型专利，ZL 2008 2 0028962.8.

[10] 褚雅安．兼有旋流除雾功能的塔器鼓泡填料．中国发明专利申请号：200710018412.8.

[11] 褚雅志．导向板波纹填料．中国实用新型专利，ZL 02 2 58427.7.

[12] Drickamer, Bradford. Trans Am Inst chem Engrs, 1943，39：319.

[13] O' ConnellH. Trans AmInst Chem Engrs, 1946，42：741.

[14] Fair I R. Petro chem Engr, 1961，33 (10)：45.

第10章 萃 取

10.1 概述

萃取过程作为化工分离单元操作之一，是利用组分在不同相之间溶解度的差异，通过相际间物质传递达到分离、富集及纯化的操作过程。"萃取"名称来自英语 extraction，指提取、抽提、提炼等意。按这一广义的理解，萃取过程包括了从液相到液相（如苯在水和煤油中的溶解）、固相到液相（如用白酒浸泡中草药制取药酒）等。组分在两个液相之间传递称为液液萃取，又称溶剂萃取或抽提，通常简称为萃取。利用溶剂从固体中提取组分，称为液固萃取，通常称为浸取。随着科技发展，利用物质的超临界性质，工业生产中将超临界流体作为萃取剂，形成超临界萃取过程。

萃取已广泛应用于分离和提纯化学工业中有机物质。早在 1883 年，Goering 已开始应用醋酸乙酯之类的溶剂萃取分离水溶液中的醋酸。1908 年 Edelcanu 用液态二氧化硫作为溶剂从煤油中除去芳香烃，逐步推广至许多精制和分离过程。在石油化工过程中，从石油轻馏分中提取苯-甲苯-二甲苯混合物，从硫酸铵溶液中萃取己内酰胺，从水溶液中萃取丙烯酸，从 C_9 芳烃异构体混合物中萃取间二甲苯，从分离丁二烯之后的 C_4 馏分中萃取异丁烯等。在制药工业中，用醋酸丁酯萃取青霉素。在食品工业中，应用 TBP 从发酵液中萃取柠檬酸。多种金属物质的分离（如稀有元素的提取，铜-铁、铀-钒及钴-镍的分离等）、核工业材料的制取、环境污染的治理（如废水脱酚等）都为萃取提供了广泛的应用领域。

超临界条件下的气体对于液体和固体具有显著的溶解能力，利用超临界流体进行萃取的特殊优点引起人们极大重视，已有大规模的工业应用，如石油残渣中油品的回收、啤酒花的萃取、脱除咖啡和茶叶中的咖啡因、烟草中尼古丁的萃取等。正在研究、开发的领域包括吸附有机物的活性炭的再生，有机水溶液（如乙醇、丙醇、醋酸等）的分离，天然产物中有用物（如药物、香料、色素、油脂等）的提取以及废物处理等。

长期的萃取研究和实践表明，萃取过程与已有的各种分离过程（如沉淀、分级结晶、离子交换等）相比较具有以下几方面的优点。

① 可满足生产高纯产品和精细分离的需求，并且一般有较高的回收率。如用萃取过程处理核燃料，回收率可达 99％以上，这在采用其他处理方法时是很难兼得上述效果的。采用萃取过程分离稀土元素，已可生产纯度达 99.9％以上的产品。

② 萃取过程可构成一个连续生产流程，可以实现快速、大量的生产，也较易实现生产过程的自动控制。

③ 由于萃取过程都是在溶液体系中进行的，可以大大改善劳动生产条件。同时，所产生的废渣和废液均有大幅度的降低。

④ 利用萃取过程进行湿法冶金，与火法冶金相比，可节省一定数量的投资费用。与其他湿法处理过程（如沉淀法）相比，又可节省化学试剂，减少废液处理量，从而降低生产成本。

萃取过程具有处理能力大、选择性好、操作温度低、能耗低、易于连续操作和自动控制等一系列优点，萃取分离在化工、石油、医药、食品、生物制品、核工业、湿法冶金等部门的应用日益广泛。随着新型萃取剂的合成、新萃取工艺的开发、萃取机理和萃取规律的研究日益深入，双溶剂萃取、回流萃取、分馏萃取、反应萃取、反向胶团萃取、双水相萃取、膜萃取、凝胶萃取、液膜分离技术等相继问世，使得萃取成为分离混合物最富发展前景的单元操作之一。

10.2 液液萃取

液液萃取是在液体混合物中加入另一种部分互溶或互不相溶的液相溶剂，利用组分（溶质）在两种液体之间溶解度的差异，通过相际间物质传递使混合物中组分达到分离、富集及纯化的操作过程。液液萃取过程一般应用于以下情况：

① 混合液中组分的相对挥发度接近"1"或者形成恒沸物，例如芳烃与脂肪族烃的分离，用一般蒸馏方法不能分离或很不经济，用萃取方法则更为有利；

② 溶质为难挥发组分在混合液中含量很低时，采用精馏方法需将大量原溶剂汽化，热能消耗很大，例如从稀醋酸水溶液制备无水醋酸；

③ 混合液中含有热敏性组分，采用萃取方法可避免物料受热破坏，在生化药物制备过程中，一般生成很复杂的有机液体混合物，这些物质大多为热敏性物，不能采用一般的蒸馏方法。若选择适当的萃取剂进行萃取，可以避免组分受热损坏，提高有效物质的回收率。

10.2.1 液液萃取流程

（1）萃取过程分类

萃取操作流程可按萃取的进行方式分为分级萃取和微分萃取。在分级萃取中，每一萃取级内，相的组成是在逐级变化的，属于此类流程的设备，称为分级接触萃取设备。在微分萃取中，相的组成是沿着液体的流动方向连续变化的，使用连续接触萃取设备。

在分级萃取中，所用的溶剂量可以一次或分级引入并使其与原料密切混合，前者称为单级萃取，后者称为多级萃取。在多级萃取中，溶剂与原料液的流动方向可以是错流或逆流。

从溶剂的使用情况来看，它可以是单溶剂萃取、双溶剂萃取或混合溶剂萃取。此外，在多级萃取或连续微分萃取中，还可使部分的产品或残液回流到萃取体系中去，此流程称为回流萃取。

依据溶质传递过程中有无化学变化，液液萃取又分为物理萃取和化学萃取。物理萃取是不涉及化学反应的物质传递过程，在石油化工中应用比较广泛。化学萃取主要应用于金属的提取和分离，如有色金属、贵金属及稀土金属的湿法冶炼等过程。

（2）分级萃取流程

分级萃取过程分为单级萃取和多级萃取，而多级萃取包括错流萃取和逆流萃取。

单级萃取的基本过程如图 10-1 所示：原料液 F 和萃取剂 S 充分混合，溶质 A 由原料液向萃取剂中传递，随后，混合物在澄清器中分为两层，得到萃取相 E 和萃余相 R，分别脱除萃取剂 S，得到的萃取液 E' 和萃余液 R' 作为产品。

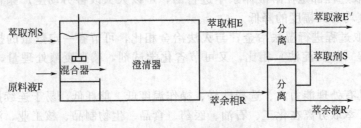

图 10-1　单级萃取流程

多级错流萃取流程如图 10-2 所示。在流程中，加入到各级的溶剂都是新鲜溶剂，各级所获得的萃取相是分别取出的，而萃余相则是串联通过各级，在最后一级排出。

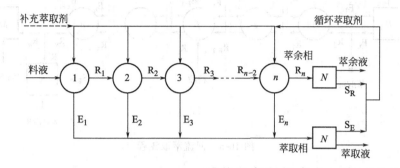

图 10-2　多级错流萃取流程

在逆流多级接触萃取中，所用溶剂不是分别加入到各级，而是加入到最后一级，然后逐级串联通过，自第一级排出，得到萃取相 E_1，脱除萃取剂 S_E 后得到萃取液 E'；原料液则以相反方向，在第一级加入，由最后一级排出，得到萃余相 R_n，脱除萃取剂 S_R 后得到萃余液 R'。两种液体相对逆流流动（图 10-3）。

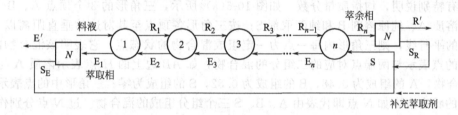

图 10-3　多级逆流萃取流程

（3）连续逆流接触萃取

连续逆流接触萃取通常是在塔式设备中进行的，常见的如喷洒塔、填料萃取塔等，如图 10-4 所示。由于轻、重两个液相有密度差异，重液由塔的顶部进入，在重力作用下，向下流动；轻液由塔的底部进入，以浮力向上运动，两相在塔中逆流连续接触。与分级式接触设备相比，相当于 N 级分级逆流萃取设备相串联。连续逆流接触萃取的特点是操作简便，生产能力大。因而在工业中应用较为广泛。

（4）回流萃取流程

为了提高萃取相或萃余相的浓度，可以采用回流操作，如图 10-5 所示为一种具有回流的多级接触萃取流程。以进料 f 级为界，左边为具有回流的萃取段，相当于精馏塔的精馏段；右边为具有回流的萃余段，相当于精馏塔中的提馏段。原料液在萃取体系的中部 f 级进入，在萃余段，萃余相 R_f 经过 s、n 等级的萃取后，得到萃余相为 R_n。R_n 分出一股 R_n'，与加入的萃取剂 S 相混合，形成 E_{n+1} 返回第 n 级作为回流。另一股萃余相 R' 分离出萃取剂 S_R，得到萃余液。在萃取段，f 级产生的萃取相 E_f 经过 e、1 等级萃取，得到萃取相 E_1，脱除萃取剂 S_E 后，得到 E_n，一部分作为萃取液 E，另一部分 R_o 作为回流进入第一级。适当选择萃取段和萃余段的回流比可使得出的萃取液和萃余液达到任意指定的浓度。

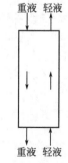

图 10-4　萃取塔

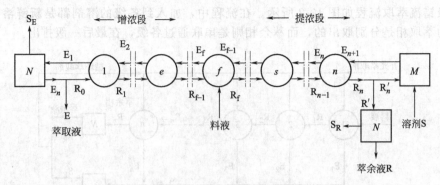

图 10-5　回流萃取流程

10.2.2　部分互溶三元物系的液液萃取

（1）三角形相图与杠杆规则

当萃取剂与原溶剂部分互溶时，萃取时的两相均为三组分溶液，需要用三角形相图表示其组成。通常用等边三角形或直角三角形坐标图来表示三组分混合物的组成，其中应用直角三角形表示更为方便。

在三角形坐标图中常用质量分数表示混合物的组成，也有采用摩尔分数表示，以下内容中如没有特别说明，均指质量分数。如图 10-6(a) 所示，三角形的 3 个顶点 A、B、S 分别表示纯溶质 A、纯原溶剂 B 和纯萃取剂 S；按三角形各顶点至其对边的垂直距离以 10 等分作对边的平行线，则三角形内每一点为一定组成混合物的状态点，它表明该混合物的组成；各边上的点表示与两端点对应的二组分的混合物，如 AB 边上的 H 点表示溶质 A 与原溶剂 B 的混合物，A 的组成为 0.48，B 的组成为 0.52，S 的组成为零；三角形中的点表示三组分混合物的状态点，如 N 点即代表由 A、B、S 三个组分组成的混合物。过 N 点分别作三个边的平行线，它至各顶点对边的垂直距离即为其中各顶点所代表的组分的质量分数，由图读得，溶质 A 的含量 $x_{A,N}$ 为 0.30，原溶剂 B 的含量 $x_{B,N}$ 为 0.50，萃取剂 S 的含量 $x_{S,N}$ 为 0.2，三者之和为 1，即

$$x_{A,N}+x_{B,N}+x_{S,N}=1 \tag{10-1}$$

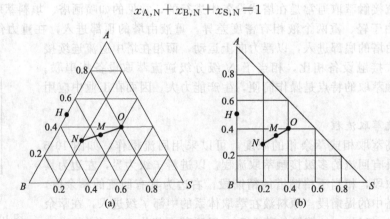

图 10-6　三元混合物组成在三角形相图中的表示方法

杠杆规则是三角形相图的一个重要特性，如图 10-6(b) 中，两种溶液 N 与 O 的混合物的状态点 M 必然在 N 与 O 点的连线上，M 点称为 N 与 O 的和点，N 与 O 称为 M 的差点。和点的位置取决于两混合液的量的比例

$$N+O=M \tag{10-2}$$

$$\frac{N}{O}=\frac{\overline{MO}}{\overline{MN}} \tag{10-3}$$

（2）三组分液液平衡在三角形相图上的表示法

三组分体系可以分为以下两种类型。

第 I 类物系：溶质 A 与萃取剂 S 和原溶剂 B 均互溶，萃取剂与原溶剂部分互溶。

第 II 类物系：溶质 A 与原溶剂 B 互溶，萃取剂 S 分别与原溶剂 B 和溶质 A 部分互溶。

本节主要讨论第 I 类物系。第 I 类三组分物系的典型两液相平衡相图如图 10-7 表示，图中曲线 $R_0R_1R_nPE_iE_2E_0$ 将三角形分为两个区，曲线下部为两相区，曲线外部为均相区，曲线称为溶解度曲线，其中的斜线称为联结线，每一根联结线的两端，即在溶解度曲线上的两点，如 R_i 与 E_i，表示一对平衡的液相，称为共轭相，萃取操作只能在两相区内进行。

溶解度曲线是在一定温度下测得的。温度变化，溶解度曲线发生变化。通常温度升高，互溶度增大，溶解度曲线下移，两相区缩小。萃取操作希望两个液相互溶度愈小愈好，因此尽可能在较低温度下进行，以得到较大两相区空间。

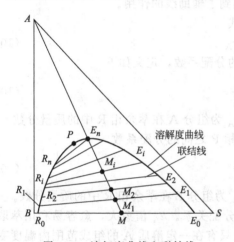

图 10-7　溶解度曲线和联结线

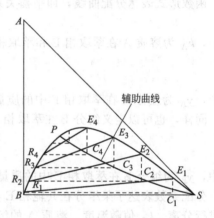

图 10-8　联结线和辅助线

一定温度下，三元物系的溶解度曲线和联结线是根据实验数据而标绘的，如图 10-7 中随着体系中 A 的量增加，即 AM 线，联结线变短，斜率随之而变化，最后汇聚成为一个点，即 P 点，称为临界混溶点，又称为褶点。临界混溶点一般不在溶解度曲线的顶点，临界混溶点由实验测得。在临界混溶点上，两共存相消失而成为均相，因此三元混合物在褶点处不能用萃取方法进行分离。

萃取计算时，若要求与已知相成平衡的另一相的数据，可用辅助曲线（也称共轭曲线）求得。辅助线可以用不同方法求得，不同方法求得的辅助曲线不同，现介绍一种常用的做法。只要有若干组已知联结线数据即可做出辅助曲线，如图 10-8 所示，通过已知点 R_1、R_2，…，R_4 等分别作底边 BS 的平行线，再通过相应联结线另一端点 E_1、E_2…E_4 等分别作与 AB 边的平行线，诸线分别相交于点 C_1、C_2…C_4，连接这些交点所得平滑曲线即为辅助曲线。利用辅助曲线便可从已知某相 R（或 E）组成确定与之平衡的另一相组成 E（或 R）。

（3）分配曲线与分配系数

以溶质 A 在萃余相 R 中的组成 x_A 为横坐标，以溶质 A 在萃取相 E 中的组成 y_A 为纵坐标，将溶解度曲线中联结线相对应的一对对共轭相组成如图 10-9 做成直角坐标系平衡曲线，称为分配曲线。选择合适的萃取剂，要求 $y_A > x_A$，故分配曲线位于 $y=x$ 线上侧。若联结线的斜率随溶质 A 组成变化，联结线发生倾斜，方向改变，则分配曲线将与对角线出现交点。这种物系称为等溶度体系。

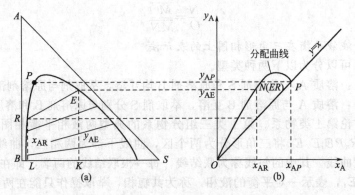

图 10-9　分配曲线

分配曲线表达了萃取操作中溶质 A 在共轭相 E 与 R 中的分配关系，那么，可以利用分配曲线求得三角形相图中的任一联结线 ER，也起到了辅助线的作用。

函数形式表达分配曲线，即平衡关系，如下式

$$y_A = k_A x_A \tag{10-4}$$

式中，k_A 为溶质 A 在萃取相 E 和萃取相 R 之间的分配系数，定义如下

$$k_A = \frac{y_A}{x_A} \tag{10-5}$$

式中，y_A 为组分 A 在萃取相 E 中的质量分数；x_A 为组分 A 在萃余相 R 中的质量分数。

同样，也可以定义组分 B 在萃取相 E 和萃取相 R 之间的分配系数

$$k_B = \frac{y_B}{x_B} \tag{10-6}$$

式中，y_B 为组分 B 在萃取相 E 中的质量分数；x_B 为组分 B 在萃余相 R 中的质量分数。

分配系数表达了某组分在共轭相 E 与 R 中的分配关系。k_A 值愈大，愈容易利用萃取操作进行分离。k_A 值随温度、溶质 A 的组成而变。只有在一定溶质 A 的组成范围内温度变化不大或恒温条件下的 k_A 值才可近似视作常数。

若萃取剂 S 与原溶剂 B 互不相溶，式(10-4) 可改写为如下形式

$$Y = KX \tag{10-7}$$

式中，Y 为溶质在萃取相中的质量比组成，kg A/kg S；X 为溶质在萃余相中的质量比组成，kg A/kg B；K 为溶质以质量比表示相组成的分配系数。

10.2.3　萃取剂的选择

选择萃取剂通常主要考虑以下几个问题。

(1) 萃取剂的选择性

萃取剂对混合液中各组分的溶解度不同，在 A、B 二元混合物加入萃取剂 S，萃取剂溶解溶质 A，也可能溶解原溶剂 B。萃取剂应该对溶质的溶解度较大，对其他组分的溶解度较小，用选择性的大小通常用选择性系数衡量，定义为

$$\beta = \frac{y_A / y_B}{x_A / x_B} \tag{10-8}$$

式中，β 为萃取剂 S 对溶质 A 的选择性系数。

按照式(10-5) 和式(10-6)分配系数的定义，选择性系数又可表达为

$$\beta = k_A \frac{x_B}{y_B} = \frac{k_A}{k_B} \tag{10-9}$$

式(10-9) 表明 β 为组分 A、B 的分配系数之比，若 $\beta>1$，说明组分 A 在萃取相 E 中的相对含量比萃余相 R 中的高，即组分 A、B 得到了一定程度的分离，k_A 值越大，k_B 值越小，选择性系数 β 就越大，分离效果越好。若 $\beta=1$ 或 $k_A=k_B$，即萃取后得到的萃取液和萃余液组成相同，且等于原料液的组成，不能采用萃取分离方法。当 β 接近 1 时，萃取分离效果差，也不宜采用萃取分离方法。

（2）萃取容量及溶解度

萃取溶剂除了对溶质 A 要有较高的选择性外，溶剂负载溶质 A 的能力要大，尤其是在多级逆流萃取时，可以用较少的萃取剂循环操作，得到较高浓度的萃取液，具有较好的经济性。

影响萃取过程经济性的另一个因素即原溶剂 B 和萃取剂 S 之间的互溶度。当 B 和 S 部分互溶时，互溶度小，可以达到较高的选择性。

（3）溶剂的可回收性

溶剂萃取过程中，需要将萃取剂回收循环使用。萃取剂的回收常采用蒸馏、蒸发等方法。若溶质 A 与溶剂 S 之间相对挥发度较大，分离较为容易，设备投资和能耗相应较低。也有采用结晶、反萃取、吸附等方法回收萃取剂，后处理过程相对简单和经济些。

（4）萃取剂的物理性质

萃取过程中，原溶剂和萃取剂为主形成的两相要充分混合，密切接触，还要较快分层。影响混合和分层的主要物理性质有两相的密度差、界面张力和液体黏度等。这些性质直接影响过程的接触状态、两相分离的难易和两相的相对流动速度，从而影响设备的效率和生产能力。

两相密度差大，有利于两相的分散和凝聚，有利于两相的相对运动。

界面张力小，有利于分散，不利于凝聚，但界面张力过小，液体易乳化，不易两相分离。界面张力大，有利于凝聚，不利于分散，不利于两相接触。由于液滴凝聚在生产中更为重要，一般选择和原溶剂有较大界面张力的萃取剂。

萃取剂黏度低时，有利于两相的混合和分层，有利于传热和传质，还能降低能耗。有时可以采用原溶剂来调节溶剂黏度的高低。

另外，萃取剂应具有良好的化学稳定性，不易分解、聚合或和其他组分发生化学反应；对设备的腐蚀性要小，毒性低，具有较低的凝固点、蒸气压和比热容，价格适宜。

选用的萃取剂一般很难同时满足上述所有要求，应根据物系特点，结合生产实际，权衡利弊，最终选择合适的萃取剂。

10.2.4 萃取过程的计算

液液萃取操作设备可分为分级接触式和连续接触式两类。本章主要讨论分级接触式萃取过程的计算。如果单级萃取操作能使两相达到平衡状态，则称为一个理论级。分级接触式萃取的设计计算主要计算理论级数，在操作型计算中，已知萃取设备的理论级数，计算分离纯度或料液处理量。而实际过程中考虑到萃取分离设备的效率，其分离能力很难达到理论级的分离能力。

10.2.4.1 单级萃取计算

单级萃取是指原料液 F 与萃取剂 S 只进行一次混合、传质的分离过程，可以是间歇操作，也可以采用连续操作，其流程如图 10-10 所示。原料液 F 和萃取剂 S 充分混合，在澄清器中分为两层，其中一层以萃取剂 S 为主，溶解较多的溶质 A，称为萃取相，以 E 表示。另一层以原溶剂 B 为主，含有剩余的溶质 A，称为萃余相，以 R 表示。若萃取剂 S 与原溶剂 B 为部分互溶，则萃取相中含有少量的 B，而萃余相中含有部分 S。萃取相脱除萃取剂

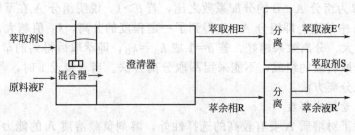

图 10-10　单级萃取流程

S_E，得到的萃取液 E'；萃余相脱除萃取剂 S_R，得到萃余液 R'。萃取液 E' 和萃余液 R' 作为产品。

　　原料液包含原溶剂 B 和溶质 A，对于原溶剂 B 和萃取剂 S 部分互溶的物系，用三角形相图进行图解计算，两相组成一般采用质量分数或摩尔分数表示。

　　若已知原料液处理量 F、组成 x_{FA}、萃取剂组成 y_{SA}、萃余液组成 x_{BA}，求萃取液的量 E' 和组成 y_{BA}、萃余液量 R'、萃取剂用量 S，采用直角三角形相图图解计算（图 10-11）步骤如下。

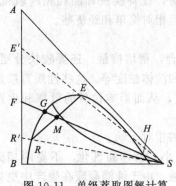

图 10-11　单级萃取图解计算

　　① 由已知的相平衡数据在直角三角形坐标图中绘制溶解度曲线和辅助线。

　　② 根据原料液的组成 x_{FA} 确定 F 点，根据萃取剂的组成 y_{SA} 确定 S 点（对于纯溶剂，则位于顶点），连接点 F、S，原料液与萃取剂混合液的组成点 M 必在 FS 连线上。

　　③ 根据萃余液组成 x'_{BA}，在图上定出 R' 点，连接 $R'S$，交溶解度曲线得到 R 点，再利用辅助线求得与之平衡的 E 点，作联结线 RE。FS 线与 RE 线的交点即为混合液的组成点 M。

　　④ 由物料衡算和杠杆定律求出各流股的量，即

由总物料衡算

$$F+S=M=R+E \tag{10-10}$$

及

$$S=F\frac{\overline{MF}}{\overline{MS}} \tag{10-11}$$

$$E=M\frac{\overline{MR}}{\overline{ER}} \tag{10-12}$$

计算出 E 和 S。

　　⑤ 连接 SE 并延长交于三角形 AB 边，得到 E' 点，萃取液的组成可由三角形相图直接读出。萃取液量 E' 利用物料衡算和杠杆定律计算

$$E'+S_E=E \tag{10-13}$$

$$E'=E\frac{\overline{ES}}{\overline{SE'}} \tag{10-14}$$

式中，S_E 为萃取相中溶剂的量，kg 或 kg/h。

　　在单级萃取操作中，对于一定量的原料液，萃取剂用量存在两种极限情况，在萃取剂极限用量情况下，原料液与萃取剂混合后的组成点恰好落在溶解度曲线上，如图 10-11 中 FS 连线与溶解度曲线的两个交点，代表最小溶剂用量 S_{min}（FS 线与溶解度曲线左侧交点 G）和最大溶剂用量 S_{max}（FS 线与溶解度曲线右侧交点 H）。在萃取剂用量的极限情况下，混合液只有一个相，起不到分离作用。

【例 10-1】 以水为溶剂萃取丙酮-醋酸乙酯中的丙酮,三元物系在 30℃下的相平衡数据如附表 1 所示。

【例 10-1】附表 1 丙酮 (A)-醋酸乙酯 (B)-水 (S) 相平衡数据 (30℃)

序号	醋酸乙酯相			水相		
	A/%	B/%	S/%	A/%	B/%	S/%
1	0	96.5	3.50	0	7.40	92.6
2	4.80	91.0	4.20	3.20	8.30	88.5
3	9.40	85.6	5.00	6.00	8.00	86.0
4	13.5	80.5	6.00	9.50	8.30	82.2
5	16.6	77.2	6.20	12.8	9.20	78.0
6	20.0	73.0	7.00	14.8	9.80	75.4
7	22.4	70.0	7.60	17.5	10.2	72.3
8	26.0	65.0	9.00	19.8	12.2	68.0
9	27.8	62.0	10.2	21.2	11.8	67.0
10	32.6	51.0	13.4	26.4	15.0	58.6

试求:

(1) 在直角三角形相图中,作出溶解度曲线和六条联结线;(2) 各对相平衡数据相应的分配系数和选择性系数;(3) 当酯相中丙酮为 30% 时的相平衡数据;(4) 当原料液中丙酮含量为 30%,水与原料液的质量相等,每千克原料液进行单级萃取后的结果。

解:(1) 标绘作图如附图所示。六条联结线的序号为 1、2、3、4、6、8。在联成溶解度曲线时,序号 9 联结线以上的部分是由外推而得到的。

(2) 分配系数按照式(10-5)计算,即 $k_A = y_A / x_A$。如附表 1 中序号 3 的平衡数据为:$y_A = 6.00$,$x_A = 9.40$,则 $k_{A,3} = 6.00/9.40 = 0.640$。以此求得序号 2 到序号 10 的分配系数见附表 2。

选择性系数 β 用式(10-8)计算,附表 1 中序号 2 的选择性系数计算如下

$$\beta_2 = \left(\frac{y_A/y_B}{x_A/x_B}\right)_2 = \frac{3.20/4.80}{8.30/91.0} = 7.31$$

以此求得序号 2 到序号 10 的选择性系数见附表 2。

【例 10-1】附表 2 计算分配系数和选择性系数数值

序号	2	3	4	5	6	7	8	9	10
k_A	0.667	0.640	0.704	0.771	0.740	0.781	0.762	0.763	0.810
β	7.31	6.85	6.83	6.47	5.51	5.36	4.06	4.01	2.75

(3) 在【例 10-1】附图中,在边 BA 上定出 $x_F = 30\%$ 的点 F,连 $\overline{FS}$。

因为 $F/S = 1$,点 M 为线 $\overline{FS}$ 的中点,标绘出点 M ($\overline{MF}:\overline{MS} = 1:1$),并通过 M 作联结线 RE,从图上得到相平衡数据 E (12.5% A,79% S,8.5% B),R (17.5% A,7% S,75.5% B)。

(4) 连 $\overline{SR}$ 并延长,交 $\overline{BA}$ 于 R',在图上得出 $x' = 18.5\%$;又连 $\overline{SE}$ 并延长,交 $\overline{BA}$ 于 E',示出 $y' = 58.5\%$。

由图还可得

$$E'/R' = \overline{FR'}/\overline{FE'} = (30-18.5)/(60-58.5) = 0.404$$

$$E'/F = (0.404/1.404) = 0.288 \text{kg/kg 原料液}$$

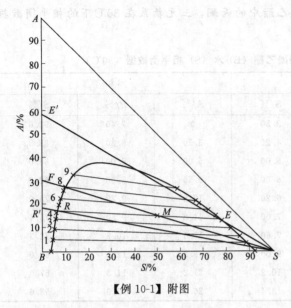

【例 10-1】附图

直角坐标相图图解法：若萃取剂和原溶剂可近似地看作是互不相溶物系。过程计算可大为简化。假设萃取剂中无组分 A，即 $y_S=0$，则物料衡算

$$BX_F = SY + BX \qquad (10\text{-}15)$$

式中，X 为组分 A 在萃余相中的质量比组成，kg A/kg B；Y 为组分 A 在萃取相中的质量比组成，kg A/kg S；X_F 为组分 A 在原料液中的质量比组成，kg A/kg B。

操作线方程为

$$Y = -\frac{B}{S}(X - X_F) \qquad (10\text{-}16)$$

采用式(10-7) 表示组分 A 在两液相之间的分配平衡，即

$$Y = KX$$

两式联立求解，可进行单级操作的计算。

由于 K 随 X 变化，反映到直角坐标相图为一条曲线，如图 10-12 所示，利用直角坐标相图图解较为方便。在图上，通过点 $(X_F, 0)$，作斜率为 $-B/S$ 的直线，即式(10-16) 代表的直线，交相平衡曲线于点 (X, Y)，可以得到单级萃取的两相组成。另外，也可以进行已知萃取相和萃余相组成，求需要加入萃取剂量的计算。

10.2.4.2 多级错流萃取的计算

一般单级萃取分离效果较低，为进一步降低萃余相中的溶质含量，可采用多级错流萃取。多级错流萃取实际上是多个单级萃取的组合，其流程如图 10-13 所示。原料液 F 由第一级加入，依次通过各级和溶剂接触，经多次萃取，作为萃余相从最后一级排出，脱除萃取剂 S_R 后，得到萃余液 R'；萃取剂 S 分别从各级加入，各级排出的萃取相收集在一起，脱除溶剂 S_E 后，得到萃取液 E'。回收的萃取剂 S_R 和 S_E 返回各级循环使用。

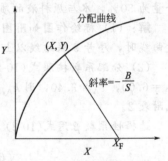

图 10-12　直角坐标单级萃取图解计算

多级错流萃取所用的溶剂总量为各级溶剂用量之和，原则上，各级溶剂用量可以相等也可以不相等。可以证明，当各级溶剂用量相等时，达到一定分离程度所需溶剂用量最少，故在多级错流萃取操作中，一般各级溶剂用量相等。

(1) 三角相图图解法

在多级错流萃取过程的设计型计算中，操作条件下的相平衡数据，所处理的原料液量 F 及组成 x_F、溶剂的

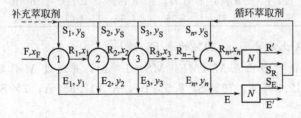

图 10-13　多级错流萃取流程

组成 y_S 和各级溶剂用量和最终萃余相的组成 x_R 均为已知，要求计算达到规定分离要求所需的理论级数。

对于原溶剂 B 与萃取剂 S 部分互溶体系，通常根据三角形相图用图解法进行计算，其

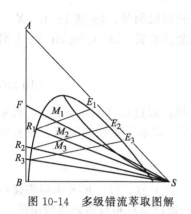

图 10-14　多级错流萃取图解

计算步骤如下。

① 根据三元相平衡数据在直角三角形坐标图中作出溶解度曲线和辅助曲线，如图 10-14 所示。

② 连接点 F、S，并根据 F、S 的量依据杠杆定律在 FS 线上确定混合液总组成点 M_1。再利用辅助曲线用试差法作出过 M_1 的联结线 E_1R_1。得到第一级出口萃取相 E_1 和萃余相 R_1，在图上得到组成，利用杠杆定律计算各自的量。

③ 以 R_1 为原料液，加入萃取剂 S，连接 R_1S 并确定混合点 M_2，按与②同样的方法求 E_2 和 R_2。

④ 依此类推，直到某级萃余相中溶质的组成等于或小于要求的组成 x_R 为止，重复作出的联结线的数目即为所需的理论级数 N。

【例 10-2】　对【例 10-1】中的物系，用水萃取含丙酮 30% 的丙酮-醋酸乙酯原料液。将萃取剂分为两等分，每次 0.75kg 水/kg 原料液，进行两级错流萃取，求所得到的萃取液和萃余液组成。

解：如【例 10-2】附图所示，连接 FS，FS 上的点 M_1 由式（10-17）决定，即

$$\overline{M_1F}/\overline{M_1S}=S_1/F=0.75 \quad (10\text{-}17)$$

或

$$\overline{M_1F}/\overline{FS}=S_1/(F+S_1)$$
$$=0.75/1.75=0.429 \quad (10\text{-}18)$$

通过点 M_1 作联结线 R_1E_1；

连接 R_1S，在 R_1S 上定出点 M_2，使

$$\overline{R_1M_2}/\overline{R_1S}=0.429$$

通过点 M_2 作联结线 R_2E_2。

连接 SR_2 并延长，交 BA 于 R' 上，由点 R' 定出萃余液浓度 $x'=13\%$；由 E_1、E_2 两点混合形成 E 点，连 SE 并延长交 BA 边于 E' 点，由点 E' 定出萃取液浓度 $y'=58\%$。

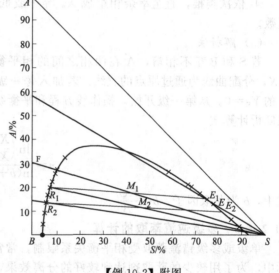

【例 10-2】附图

（2）直角坐标图解法

在操作条件下，组分 B、S 互不相溶，可在直角坐标图上图解理论级数。假设每一级的溶剂加入量相等，在各级萃取中的萃取剂 S 的量和萃余相中的溶剂 B 的量均可视为常数。在萃取相中只有 A、S 两个组分，在萃余相中只有 A、B 两个组分。那么，采用质量比表示溶质在萃取相和萃余相中的组成，以 Y 和 X 表示，并可在 X-Y 坐标图图解法求解理论级数（图 10-15）。

设每一级萃取操作采用相同的萃取剂量 S_i，其中含有少量溶质 A，浓度为 Y_S，取第 i 级萃取器作物料衡算

$$BX_{i-1}+S_iY_S=BX_i+S_iY_i \quad (10\text{-}19)$$

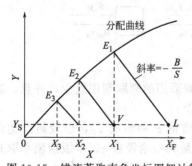

图 10-15　错流萃取直角坐标图解计算

式中，B 为原料液中原溶剂量，kg 或 kg/h；S 为加入各级的萃取剂量，kg 或 kg/h；X_{i-1} 为进入第 i 级萃余相组成，kg A/kg B；X_i 为离开第 i 级萃余相组成，kg A/kg B；Y_i 为离开第 i 级萃取相组成，kg A/kg S；那么，操作线方程为

$$Y_i = -\frac{B}{S_i}(X_i - X_{i-1}) + Y_S \qquad (10\text{-}20)$$

由于 B 和 S_i 量不变，上式在直角坐标上表示为一条直线，通过点 (X_{i-1}, Y_S)，斜率为 $-B/S$。对于理论萃取级，X_i 和 Y_i 为一对平衡值，也是操作线和平衡线的交点。在直角坐标图解计算理论级的步骤如下（图 10-15）。

① 在直角坐标上作出分配曲线。

② 对于第一级，$i=1$，$X_{i-1}=X_F$。在图上确定 L (X_F, Y_S) 点，以 $-B/S$ 为斜率通过 L 点作操作线与分配曲线交于 E_1 (X_1, Y_1) 点，即离开第一级的萃取相与萃余相的组成。

③ 对于第二级，在图上定 V (X_1, Y_S) 点，过 V 点作斜率为 $-B/S$ 操作线，交分配曲线于 E_2 (X_2, Y_2) 点，得到离开第二级的萃取相与萃余相的组成。因各级萃取剂用量相等，图中操作线为平行线。

④ 依次类推，直至萃余相组成 X_n 等于或低于工业要求为止，那么，n 就是所求理论级数。

（3）解析法

若 S 和 B 互不相溶，A 在两相之间的相平衡关系为直线，如式(10-7)所示，即 $Y = KX$，分配曲线为通过原点的直线。若加入每一级的 S_i 相同，且不包含溶质 A，式(10-18)中的 $Y_S = 0$。从第一级开始，操作线方程和平衡线方程联立求解，推导至第 n 级，得到理论级解析计算式

$$n = \frac{\ln\left(\dfrac{X_F}{X_n}\right)}{\ln(b+1)} \qquad (10\text{-}21)$$

式中，b 为萃取因子，$b = \dfrac{KS_i}{B}$。

10.2.4.3 多级逆流萃取的计算

单级或多级错流萃取受相平衡关系限制，常常很难达到更高程度的分离要求，在生产实际中，为了用较少的萃取剂达到较好的分离效果，常采用多级逆流萃取。

在多级逆流萃取过程中，原料液与溶剂逆向接触依次通过各级，流程如图 10-16 所示。原料液 F 从第 1 级进入，依次经过各级萃取，其溶质组成逐级下降，到第 n 级降到最低。从第 n 级排出的萃余相 R_n，脱除萃取剂 S_R 后得到萃余液 R'；萃取剂 S 从第 n 级进入系统，依次通过各级和萃余相逆向接触传质，萃取相中溶质组成逐级升高，萃取相 E_1 排出系统，脱除萃取剂 S_E 后获得萃取液 E'。回收的萃取剂 S_R 和 S_E 返回系统循环使用。

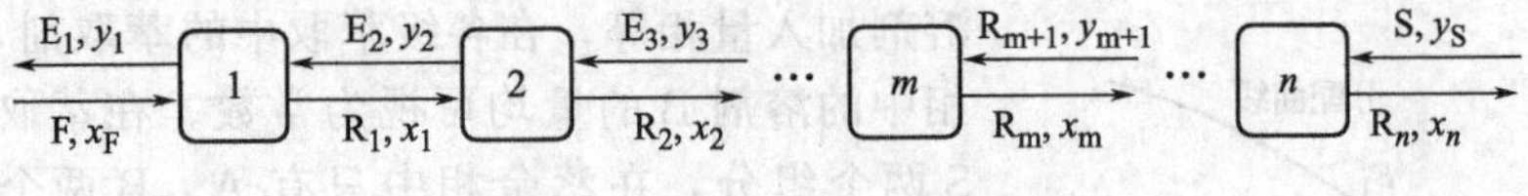

图 10-16　多级逆流萃取流程

和错流萃取相比，达到相同的分离要求，多级逆流萃取采用的萃取剂用量少，并且，逆流萃取在萃取塔中容易实现操作，占地面积和设备投资较少。

多级逆流萃取的设计型问题计算命题，一般给定原料液量 F 和组成 x_F，以及最终达到萃余液组成 x' 和最终萃取液组成 y'，求所需要萃取剂 S 的量和理论级数 n。多级逆流萃取是一连续操作过程，原料液处理量与溶剂用量均用 kg/h 表示，组成以质量分数表示。

（1）三角相图图解计算

若 B 与 S 部分互溶，三角形坐标图解法的步骤如下。

① 根据操作条件下的平衡数据，在如图 10-17 所示的三角形坐标图上绘出溶解度曲线。

② 根据原料液组成 x_F 和萃取剂组成 y_S，在图上确定 F、S（图中是采用纯溶剂）点，根据 x' 和 y' 在图中标出 R' 和 E'。连接 $E'S$ 交溶解度曲线得到 E_1，连接 $R'S$ 交溶解度曲线得到 R_n。

③ 分别连接 FS 和 R_nE_1，得到交点 M。对体系作总物料衡算以及杠杆定律计算，有

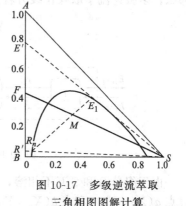

$$F+S=M=R_n+E_1 \tag{10-22}$$

$$S=F\frac{\overline{MF}}{\overline{MS}} \tag{10-23}$$

$$E_1=M\frac{\overline{R_nM}}{\overline{R_nE_1}} \tag{10-24}$$

图 10-17　多级逆流萃取
三角相图图解计算

④ 应用相平衡关系和物料衡算，用图解法求理论级数。如图 10-16 对每一级作物料衡算得

第 1 级　　　　　　　　　　$F+E_2=R_1+E_1$ （10-25）

即　　　　　　　　　　　　$F-E_1=R_1-E_2$ （10-25a）

第 2 级　　　　　　　　　　$R_1-E_2=R_2-E_3$ （10-25b）

第 3 级　　　　　　　　　　$R_2-E_3=R_3-E_4$ （10-25c）

……

第 n 级　　　　　　　　　　$R_{n-1}-E_n=R_n-S$ （10-25d）

那么　　　　　$F-E_1=R_1-E_2=R_2-E_3=\cdots=R_n-S=\Delta（为常数）$ （10-26）

式(10-24) 表明任意两级之间的萃余相量与萃取相量之差为一常数，各级的物料衡算具有公共差点 Δ，如图 10-18 所示，Δ 位置为 FE_1 和 R_nS 的延长线交点。

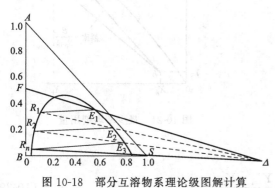

图 10-18　部分互溶物系理论级图解计算

根据理论级的假设，离开每一级的萃取相 E_i 与萃余相 R_i 互成平衡，位于联结线的两端。根据联结线与操作线的关系，用逐级计算的方法确定理论级数。做法如下：首先作 FE_1 和 R_nS 线，并延长得到交点 Δ；从第 1 级 E_1 点出发，借助辅助曲线确定通过 E_1 点的联结线 R_1E_1，得到第 1 级萃余相组成点 R_1；根据物料衡算关系 [式(10-24)]，连接 R_1、Δ 两点，交溶解度曲线于 E_2 点；交替使用平衡关系和物料衡算关系，重复以上步骤，逐级图解直到萃余相浓度 R_n 小于规定值，即得所需的理论级数 n。

应予指出，Δ 点的位置可能在三角形相图的左侧，也可能在其右侧。当第 1 级萃取相 E_1 组成大于原料液组成时，Δ 在三角形相图中左侧，式(10-26) 中 Δ 是负值；反之，E_1 组成小于原料液组成时，Δ 在三角形相图的右侧，式(10-26) 中的 Δ 是正值。

（2）直角坐标图解计算

当组分 B 和 S 完全不互溶时，多级逆流萃取操作过程与吸收过程十分相似，计算方法也大同小异。根据平衡关系情况，可用图解法或解析法求解理论级数。

在操作条件下，若分配曲线为曲线，一般在 X-Y 直角坐标图中用图解法进行萃取计算。

对图 10-19 中虚框作物料衡算，得

$$BX_F + SY_{m+1} = BX_m + SY_1 \tag{10-27}$$

那么，多级逆流萃取操作线方程为

$$Y_{m+1} = \frac{B}{S}X_m + \left(Y_1 - \frac{B}{S}X_F\right) \tag{10-28}$$

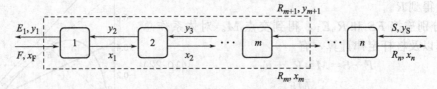

图 10-19　B、S 完全不互溶多级逆流萃取计算

由于组分 B 和 S 互不相溶，萃取过程中，B/S 保持不变，式(10-26) 为直线方程式，通过点 $a(X_F，Y_1)$ 和点 $b(X_n，Y_S)$，如图 10-20 所示。

对于完成规定的分离要求 X_n 及 Y_1，求所需的理论级数 n 时，按照如图 10-20 方法进行图解计算：首先由物系的平衡数据绘出分配曲线，然后按物料衡算确定 a、b 两点，即得操作线，从 a 点出发，在分配曲线与操作线之间作梯级至 b 点，所得梯级数 n，即为完成规定分离要求所需的理论级数。

所需的理论级数与物系的平衡关系及分离要求有关，还与过程操作的溶剂比（B/S）有关。当 S 量减少至某一值 S_{min} 时，使塔内产生一个"挟点"a'，使达到给定的分离要求所得的理论级数为无穷多，如图 10-21 所示。

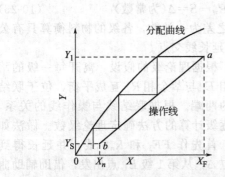

图 10-20　多级逆流萃取直角坐标图解计算

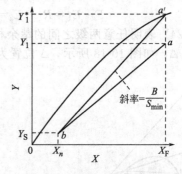

图 10-21　最少萃取剂用量

最少萃取剂用量 B/S_{min} 可按下式求得

$$\frac{B}{S_{min}} = \frac{Y^*_1 - Y_S}{X_F - X_n} \tag{10-29}$$

若 $Y_S = 0$，则此操作线下端点 b 将位于 $(X_n，0)$ 上。

实际溶剂用量与吸收操作中吸收剂用量计算过程相同，即

$$S = (1.1 \sim 1.5)S_{min} \tag{10-30}$$

解析法：如果 S、B 互不相溶，图 10-20 分配曲线为直线，即 $Y = KX$，且 $Y_S = 0$。做逐级计算，得到

$$n = \frac{\ln\left[\dfrac{X_F}{X_n}(b-1)+1\right]}{\ln b} - 1 \tag{10-31}$$

式中，n 为理论萃取级数；b 为萃取因子，$b = \dfrac{mS}{B}$。

10.2.5 液液萃取设备

10.2.5.1 萃取设备的要求和分类

（1）工业对萃取设备的基本要求

在萃取设备中实现液液萃取过程的两个基本环节是液体分散混合和两液相的相对流动与聚合分层。首先，为了使溶质更快地从原料液进入萃取剂，必须使两相间具有很大的接触表面积。通常萃取过程中一个液相为连续相，另一液相以液滴状分散在连续的液相中，这一以液滴状态存在的相称为分散相，液滴表面就是两相接触的传质面积。显然，液滴愈小，两相的接触面积愈大，传质愈快。其次，分散的两相必须进行相对流动以实现两相逆流和液滴聚合与两相分层。分散相液滴愈小，相对流动愈慢，聚合分层愈难。因此上述两个基本环节是相互矛盾的。萃取设备的结构类型的设计与操作参数的选择，需要在这两者之间找出最适宜的折中条件。

（2）萃取设备分类

根据两液相流动与接触方式，液液萃取设备可分为逐级接触式与微分接触式两类。逐级接触式设备可以单级使用，也可以多级串联使用（多级逆流或错流），每一级内两相的作用分为混合与分离两步。在连续逆流接触式设备中，两相逆流，分散相连续地通过连续相，其分离效果相当于多级逆流接触。

根据形成分散相的动力，萃取设备分为无外加能量与有外加能量两类。前者只依靠液体送入设备时的压力和两相密度差在相应的设备构件作用下使液体分散，后者则依靠外加能量（如机械搅拌等）使液体分散。使两液相产生相对流动的基本条件是两液相的密度差。如密度差小，为了提高两相的相对流速，可施加离心力的作用。

按照设备构造特点和形状，萃取设备又分为组件式和塔式。组件式设备一般是逐级式，可以根据需要增减级数，塔式设备可以是逐级式，也可以为微分接触式，见表 10-1。

表 10-1 萃取设备分类

使液体分散的动力		逐级接触式	微分接触式
无外加能量		筛板塔	喷洒萃取塔 填料萃取塔
具有外加能量	搅拌	混合-澄清槽 搅拌-填料塔	转盘塔 搅拌挡板塔
	脉动	脉冲混合-澄清槽	脉动填料塔 脉冲筛板塔 振动筛板塔
	离心力	逐级接触离心机	连续接触离心机

10.2.5.2 混合-澄清器

（1）单级混合-澄清槽

单级萃取器包括混合器与澄清器两部分，如图 10-22 所示。混合器的作用是使两相分散、混合，两相间形成很大的接触表面，加快传质；澄清器的作用是当两相传质后，使两相澄清分离。混合器有两种基本形式，即机械搅拌式和流动混合式。机械搅拌式是依靠高速旋转的搅拌桨的作用使两相混合。喷嘴式是依靠一种流体通过喷嘴的喷射作用使两相混合。静态混合器为圆管中放置若干对旋转方向不同的旋转体组成，两液体通过时，由于其旋转方向不断变化，使两相均匀混合。

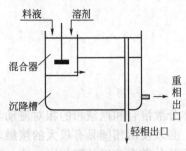

图 10-22　混合-澄清槽

混合器与澄清器可以分开放置，也可以组合在一起。混合-澄清槽布置紧凑，应用较广。单级萃取器的萃取效果以级效率表示，级效率为实际萃取结果（可以用两相中溶质组成的变化表示）与其若为理论级的萃取结果的比值。级效率高表示传质快，传质效果好。一般单级萃取的级效率视体系的物化性质、设备结构和操作条件而异，需由实验或实际生产数据确定。

（2）多级混合-澄清槽

上述混合澄清器可以多级串联使用，它们既可以水平组合，也可垂直组合。如图 10-23 为三级混合-澄清槽的水平组合，有机相和水相相对逆流流动，塔式萃取设备中的筛板塔也可视为是一种垂直组合式的多级萃取塔。

混合-澄清器的优点为：两相接触良好，传质效率高，一般单级效率在 80% 以上；两相流量比范围大，流量比大到 1/10 仍可正常操作；结构简单，容易放大和操作；易实现多级连续操作，便于调节级数；适应性强，可以适用于多种物系，也可用于含悬浮固体的物料。混合-澄清器的缺点在于：占地面积大；每一级都设有搅拌装置，有时液体在级与级间流动需用泵输送，功率消耗较大，设备与操作费用高；每一级均需澄清器以分离两相，设备体积大，存液量大。在所需理论级数较少时更能显示出它的优点。澄清槽广泛应用于湿法冶金工业、原子能工业。

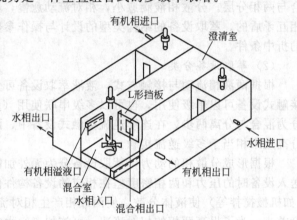

图 10-23　三级混合-澄清槽

10.2.5.3　塔式萃取设备

通常将高径比很大的萃取装置称为塔式萃取设备。塔式萃取设备分为逐级接触式和微分接触式。在逐级接触式的塔式萃取设备内，两相的混合和分离交替进行。在微分接触式设备内，则分区进行。不同的塔式萃取设备分别采用了不同的结构和方式以促进两相的混合和分离。两相中其中一相为连续相，另一相以分散的液滴状通过连续相。两相依靠密度差实现逆流，塔上下两端均有两相分相区，实现两相的分离。塔式萃取器的分离效果与多级萃取器相当，塔传质快，传质效果好。塔式萃取器占地面积小，应用广，它的形式很多，下面择要介绍几种。

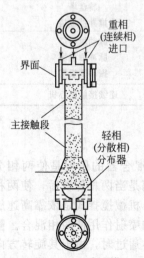

图 10-24　喷洒塔

（1）喷洒塔

喷洒塔又称喷淋塔，是微分接触式设备，如图 10-24 所示。轻、重两相分别从塔底和塔顶加入，由于两相存在密度差，使得两相逆向流动。分散装置将其中一相分散成液滴群，在另一连续相中浮升或沉降，使两相接触传质。分散相如果是轻相，轻相液滴扩散到塔顶扩大处，合并形成清液层排出，重相在塔底排出。分散相如果是重相，液滴降到塔底扩大处凝聚形成重相液层排出，轻相作为连续相，由下部进入，沿轴向浮升到塔顶，两相分离后由塔顶排出。

　　喷洒塔无任何内件，阻力小，结构简单，投资费用少，易维护。但两相很难均匀分布，轴向返混严重。分散相在塔内只有一次分散，无凝聚和再分散作用，因此提供的理论级数不超过 1～2 级，分散相液滴在运动中一旦合并很难再分散，导致沉降或浮升速度加大，相际接触面和时间减少，传质效率低。另外，分散相液滴在缓慢的运动中表面更新慢，液滴内部湍动程度低，传质系数小。

　　（2）填料萃取塔

　　填料萃取塔的结构与气液传质设备中的填料塔基本相同，如图 10-25 所示，塔内装填适宜的填料。填料尺寸应小于塔径的 1/8～1/10，同时，填料层也应分段放置，各段之间设再分布器。每段填料层高度按经验范围确定。选择填料材质时，除考虑料液的腐蚀性外，还应使填料优先被连续相润湿而不被分散相润湿。分散相液滴应直接通入填料层内，一般其分布器应深入填料表面以内 25～50mm 处。填料萃取塔结构简单，造价低廉，操作方便，适合于处理腐蚀性料液。填料塔的传质效率低，理论级当量高度大，一般在工艺要求的理论级小于 3，处理量较小时，可考虑采用填料萃取塔。

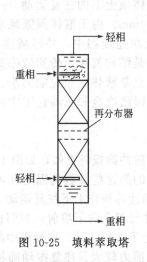

图 10-25　填料萃取塔

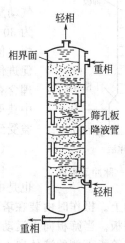

图 10-26　筛板萃取塔

　　（3）筛板萃取塔

　　筛板萃取塔的结构与气液传质设备的筛板塔的类似，如图 10-26 所示，塔板上筛孔孔径一般为 3～9mm，孔间距为孔径的 3～4 倍，开孔率变化范围较宽，工业上常用的板间距为 150～600mm，塔盘上不设出口堰。有两种溢流管的放置方式，如图 10-27 所示，即重相降液塔板和轻相升液塔板结构，轻重两相均可进行溢流流动。在两块塔板之间的一节塔相当于一个混合澄清器，若轻相为分散相，液体自下而上通过筛板上的筛孔分散成液滴而上升，与

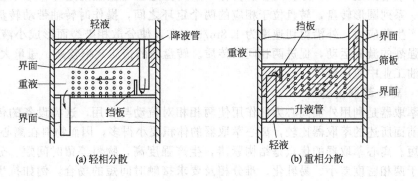

(a) 轻相分散　　　　　　　　(b) 重相分散

图 10-27　重相降液塔板和轻相升液塔板结构

连续相接触进行传质，然后分散的液滴聚集在上部形成轻相层，接着轻相经上一块筛板而上升，重相则通过溢流管流到下一层塔板。若重相为分散相，则情况正好相反。由于筛板塔中仅依靠液体通过筛孔的分散作用形成两相混合体系，混合的湍动程度低，每一塔节的级效率较低。筛板塔结构简单，造价低廉，应用较广。

填料萃取塔与筛板萃取塔中两相的流动依靠重力差别，两相混合时的湍动程度低，传质速率慢，传质效果差。为了加强轻重两相的湍动，常采用外加能量的方法，如以物料脉冲的方式，即脉冲筛板塔；以塔板振动的方式，如振动筛板塔；或以塔内部件旋转的方式，如转盘塔。

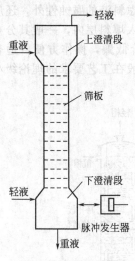

图 10-28 脉冲筛板塔

（4）脉冲筛板塔

脉冲筛板萃取塔是外加能量使液体分散的塔式设备，其结构如图 10-28 所示，塔体中塔板筛孔直径在 2～4mm 范围，板间距通常为 50mm，无降液管或升液管。塔上下两端扩大，为澄清段，塔下部接一可使塔内液体做往复运动的脉冲发生器（如往复泵、气动脉冲发生器等）使塔内液体做上下的往复运动，一般其频率为 30～200min^{-1}，振幅 9～50mm。由于液体频繁地来回通过筛板，使分散相以较小液滴分散在连续相中，并形成强烈的湍动，促进传质。脉冲萃取塔的优点是结构简单，传质效率高，可以处理含有固体粒子的料液，其缺点是液体的通过能力小。在核工业中获得广泛的应用，近年来在湿法冶金和石油化工中的应用也日益受到重视。

（5）往复振动筛板塔

往复振动筛板塔的结构与脉冲筛板塔类似，如图 10-29 所示，也是由一系列筛板构成，不同的是这些筛板均固定在可以上下运动的中心轴上。操作时由装在塔顶的驱动机械带动中心轴使筛板作上下往复运动，迫使液体来回通过筛板。当筛板向上运动时，迫使筛板上侧的液体经筛孔向下喷射；当筛板向下运动时，又迫使筛板下侧的液体向上喷射，如此随着筛板的上下往复运动。这种塔中的筛板孔径为 7～16mm，开孔率可达到 55%，液相通量大，即生产能力较大。往复振动筛板塔的传质效率主要与往复频率和振幅有关。当振幅一定时，频率加大，效率提高；但频率加大，流体通量变小，一般往复振动的振幅为 3～50mm，频率为 200～1000min^{-1}。往复振动筛板塔具有结构简单、通量大、效率高以及可以处理易乳化和含有固体的物系等特点，目前已广泛应用于石油化工、食品、制药和湿法冶金工业。

（6）转盘萃取塔

转盘萃取塔如图 10-30 所示，塔中装有一系列固定在塔壁上的定环，塔中心有一转轴，上面装有一系列圆形转盘，转盘位于相应的两个定环之间，操作时转轴带动转盘高速旋转，在液体中产生剪应力，外沿剪切速率为 1.8m/s 左右，使分散相破裂而形成小液滴，并在液相中产生强烈的漩涡运动，促进两相间的传质。转盘塔的传质效率较高，通量大，操作弹性大，在石油工业中应用较广。

10.2.5.4 离心萃取设备

离心萃取器是利用外加离心力的作用使两相相对流动与作用，这类设备的传质效率高，通量大。前面所述的萃取器比较，离心萃取器的体积要小得多，因而物料在离心萃取器中的停留时间短。离心萃取器的优点是结构紧凑，生产强度高，物料停留时间短、分离效果好，特别适用于两相密度差小、易乳化、难分相及要求接触时间短的场合，例如抗生素的生产，制药工业中某些高黏度体系的萃取。缺点是结构复杂、制造困难、操作费高，多以定型化生

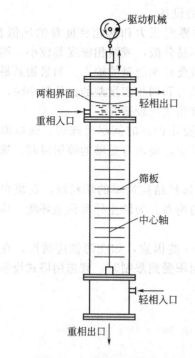

图 10-29　往复振动筛板塔

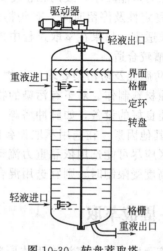

图 10-30　转盘萃取塔

产，如波德式（Podbielniak）离心萃取塔（图 10-31）、芦威式（Luwesta）离心萃取塔（图 10-32）等。

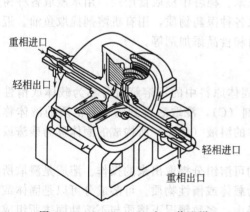

图 10-31　Podbielniak 离心萃取塔

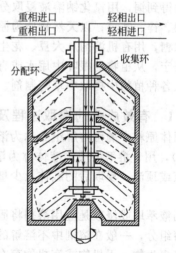

图 10-32　Luwesta 离心萃取塔

10.2.5.5　萃取设备的选择

影响萃取操作的因素很多，如物系性质、操作条件和设备结构等。针对某一物系，在一定的操作条件下，萃取设备选择原则如下。

① 所需理论级数　若所需的理论级数较少，如不超过 3 级，各种萃取设备都可满足要求。如果所需的理论级数更多，则选用混合-澄清槽、脉冲筛板塔、转盘塔和往复振动筛板塔等有外加能量的设备。

② 生产能力　若生产处理量较小或通量较小，应选择填料塔或脉冲塔。若处理量较大

时，选择筛板塔、转盘塔、混合-澄清槽等生产能力大的设备。

③ 物系的物性　液滴的大小和运动状态与物系的界面张力和两相密度差的比值有关。若比值较大，物系的界面张力可能较大，液滴较大，不易分散，或两相密度差较小，则相对运动的速度较小，相际接触面积减少，湍流程度差，需要外加能量的输入。如果物系易产生乳化，不易分相，选择离心萃取器。如果物系的界面张力和两相密度差的比值较小时，物系的界面张力可能较小，或两相密度差较大，选择重力流动式比较适宜。

④ 稳定性及停留时间　有些物系的稳定性很差，要求停留时间尽可能短，选择离心萃取器比较适宜。如果在萃取过程中伴随有较慢的化学反应，要求有足够的停留时间，选择混合-澄清槽较合适。

⑤ 防腐蚀及防污染要求　若物系具有腐蚀性，应选择结构简单的填料塔，其填料可选用耐腐蚀材料制作。对于有污染的物系，如有放射性的物系，为防止外泄污染环境，应选择屏蔽性能良好的设备，如脉冲塔等。

⑥ 其他因素　在选用萃取设备时，还应考虑其他一些因素，如能源供应情况，在电力紧张地区应尽可能选用依靠重力流动的设备；当厂房面积受到限制时，宜选用塔式设备，而当厂房高度受限制时，则宜选用混合-澄清槽。

10.3　固液萃取

固液萃取是利用溶剂将固体原料中的可溶组分提取出来而加以分离的操作，又称为浸取。固体萃取广泛应用于湿法冶金工业、食品工业和化学工业中，可获取具有应用价值的组分的浓溶液或者用来除去不溶性固体中所夹杂的可溶性物质。例如用硫酸或氨溶液从矿石中浸取而得到铜，用氰化钠溶液浸取分离金矿而提取金，利用浸取法还可提取或回收铝、钴、锰、镍、锌、铀等；以天然物质为原料应用浸取法可得到各种有机物质，例如用温水从甜菜中提取糖，用有机溶剂从大豆、花生、米糠、玉米、棉籽中提取食用油，用水浸取各种树皮提取丹宁，从植物的根叶中用水或有机溶剂提取各种医药物质，用有机溶剂提取鱼油。近年来，从各种植物中提取中草药制剂、食品调味料和食品添加剂等。

10.3.1　有效成分的提取过程及机理

固体原料中的可溶解组分称为溶质（A），固体原料中的不溶解组分称为载体或惰性组分（B），用于溶解溶质的液体称为溶剂或浸取剂（C），浸取后得到的含有溶质的液体称为浸出液或顶流，浸取后的载体及少量残存于其中的溶液（底流）所构成的固体称为残渣或浸取渣。

固液萃取或浸取是应用溶剂将固体原料中的可溶组分提取出来的操作。溶质是浸取所需的可溶组分，一般在溶剂中不溶解的固体，称为载体或惰性物质。可溶成分可以是固体或液体，许多生物、无机物或有机物存在于固体物料中。多数情况下溶质与不溶性固体所组成的混合物，或者与不溶性固体形成化合物，或者机械地保持在其孔结构中，或者吸附于不溶性载体上。

载体可以是块状的及多孔的，更常见的是粒状的，颗粒可以是开孔的、蜂窝状的并具有选择性可透过的晶格。在浸取过程中，溶剂通过载体的细孔才能将溶质转移到固体外的溶液中，传质阻力比较大。几乎所有的固液萃取都要先对原料进行预处理，一般是将原料粉碎，制成细粒状或薄片状。固体物料经粉碎后，由于和溶剂间的相接触面积增大以及扩散距离缩短，使萃取速率显著提高。但过分的粉碎会产生粉尘，并在萃取过程中使固相的滞液量增加，造成固液分离的困难和萃取效率的降低。

在动植物中，溶质存在于细胞中，如果细胞壁没有受到破裂，浸取作用是靠溶质通过细胞壁的渗透行径来进行的。因此细胞壁产生的阻力致使浸取速率变慢。工业上是将此类物质加工成一定的形状，如在甜菜提取中加工成的甜菜丝，或在植物籽的浸取中将其压制加工成薄片。浸取分离通常包含选择性溶解，对于溶质包含在载体颗粒内部形成混合物的情况，溶剂需要经过扩散到固体孔径内部，浸出液还需扩散离开载体内孔到流体主体；对于粉碎后的载体，有时可以忽略扩散；但在简单洗涤的情况下，仅包括一种缝间液体用另一种与之可融合的液体置换。

一般认为，浸取过程的传质包括以下步骤：①溶剂通过液膜到达固体表面；②到达固体表面的溶剂通过扩散进入固体颗粒内部；③溶质溶解进入溶剂；④溶入溶液的溶质通过固体孔隙中的溶液扩散至固体表面；⑤溶质经液膜传递到液相主体。一般情况下，溶质在孔隙中的扩散往往是传质阻力的控制步骤，因之随着浸取过程的进行，浸取速率将越来越慢。

浸取按照有无化学变化还可以分为物理浸取和化学浸取，在湿法冶金和化学工业中，常常会遇到含有化学反应的浸取情况，液体和固体物接触，固体物内几种物质与液体发生反应而溶解，大部分的矿石浸取属于这类。化学反应浸取，从化学反应工程角度看，是属于液固相反应，对于这类固液浸取，其浸取速率主要受到温度、溶剂浓度、载体粒径、载体孔隙率与细孔径的分布、搅拌等因素的影响。

因为顶流与底流是基于相同溶剂的流体，浸取的平衡概念与其他传质分离不同。若溶质不是吸附在载体上，则仅当所有溶质溶解并均匀分布在顶、底两流体的溶剂中，才达到真正的平衡。绝大多数情况下，浸取平衡是顶、底流液体具有相同组成的状态；在 x-y 坐标上，平衡线是通过原点的一条直线，其斜率为 1。另一种浸取平衡概念即溶质在液固之间的平衡，溶解达到饱和态，但这种情况实际上极少遇到。

10.3.2　常用提取剂和提取辅助剂

选择溶剂应考虑以下原则：

① 与液液萃取中的溶剂选择一样，所选溶剂必须具有能选择性地溶解溶质，这样可以减少浸取液的精制费用；

② 其次溶剂对溶质的饱和溶解度要大，这样可以得到高浓度的浸取液，如果溶质的溶解度小，就要消耗过多的溶剂，而且所得的浸取液的溶质浓度也很稀，在进行溶剂回收时，就需要消耗较多的能量；

③ 从溶剂回收来看，沸点应该低一些，如果在常压下进行操作，则沸点将成为浸取温度的上限。另外，溶剂与溶质之间应有足够大的沸点差，以便于溶剂回收；

④ 考虑到扩散系数、固液分离、搅拌的动力消耗、溶剂回收等因素，要求浸取剂化学稳定性好、低黏度、低密度以及低表面张力等；

⑤ 价格低廉、低毒、不易燃、腐蚀性要小等。

通常根据溶质和溶剂的结构和极性来选择溶剂：①对于易溶于水的溶质，可选水作溶剂，例如，用热水从甜菜中浸取糖，用水浸取茶叶生产可溶茶，用水浸取树皮中的鞣酸（单宁酸）；②对于不溶于水的油脂类，可选用低沸点的碳氢化合物，例如在植物油的生产中，经常使用有机溶剂（乙烷、丙酮、乙醚）从花生、大豆、亚麻子、蓖麻籽、葵花籽、棉籽、桐油籽中浸取油，对于极性较强的溶质，可选择醇类、醚类、酮类、酯类或混合溶剂；③对于有化学反应的浸取，则重点考虑溶剂的反应性能以及浸取液中溶质的分离。例如在金属冶炼工业中，用硫酸或氨溶液从含有其他矿物的矿粉中将铜盐溶解而浸取。

10.3.3　浸取工艺流程及工艺参数

(1) 浸取工艺流程

浸取操作通常包括三步：①原料与溶剂充分混合进行传质以溶解可溶性组分；②浸取液与残渣的分离；③浸取液中溶质与溶剂的分离以及残渣的洗涤等。

与液液萃取类似，浸取操作方法也有三种基本形式，即单级浸取、多级错流浸取和多级逆流浸取。图 10-33 为单级浸取，固体物料和新鲜溶剂接触，随后进行机械分离。这样做溶质的回收率低，所得的浸取液（顶流）浓度比较稀，是不经济的。

在多级错流系统如图 10-34 所示，新鲜溶剂和固体物料先在第一级接触，从第一级出来的底流送至第二级，再与新鲜溶剂接触，其后各级均可按此操作。每一级排出浸取液（顶流）收集后，回收溶剂。

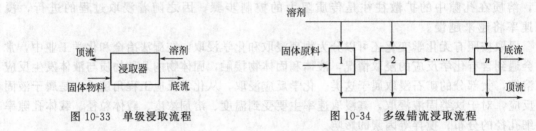

图 10-33　单级浸取流程　　　　　图 10-34　多级错流浸取流程

连续多级逆流操作如图 10-35 所示，底流液与顶流液在各级中相对逆向流动。由于与固体物料接触后，浸取液才离开设备，因此连续多级逆流浸取，可获得较高浓度的浸取液，并可达到较高的溶质回收率。

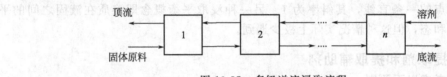

图 10-35　多级逆流浸取流程

(2) 浸取过程的主要工艺参数

由于溶质在溶剂中的溶解度一般都是随着温度的升高而增大，浸取液的溶质浓度也会增高，同时由于黏度减少，扩散系数的增大，促使浸取速率的增快。但是为了避免杂质过多的浸出，或者当固体在高温时会引起化学反应的时候，浸取温度就不能太高。一般浸取温度选择都在所用溶剂的沸点以下或接近于沸点温度。

正常情况下，忽略压力对液固浸取的影响。如果在沸点以上温度操作，为了维持溶剂保持液态，需要实施加压萃取，萃取设备必须耐压，因而设备费用将会提高，所见应该与常压操作时进行比较权衡利弊。

常用的设计办法是计算给定浸取要求时所需的理论级数，再用级效率计算实际需要的浸取级数。理论级计算与萃取过程类似，需要在平衡线和操作线之间作逐级计算，而操作线的建立，是进行物料衡算的结果。浸取设备的效率或浸取速率参数的求取，需要建立相似装置的小规模模型进行测试。到目前为止，浸取设备仅能凭经验放大。

10.3.4　提取设备

固液浸取设备按其操作方式可分为间歇式、半连续式和连续式；按固体物料的处理方法，可分为固定床、移动床和分散接触式；按溶剂和固体物料的接触方式，可分为级式接触设备和微分接触设备。

在选择设备时，要根据所处理的固体原料的形状、颗粒大小、物理性质、处理难易以及其所需费用的大小等因素来考虑。处理量大时，一般考虑用连续化。在浸取中，为了避免固体原料的移动，可采用几个固定床，使浸取液连续取出。也可采用半连续式或间歇式。

溶剂的用量是由过程条件及溶剂回收与否等条件决定的。根据处理固体和液体量的比，采用不同的操作过程和设备来解决固液分离。

（1）固定床浸取器

最简单的浸取方法是应用直接从矿床中回收具有利用价值的金属，称为就地浸取。例如在 Cu 品位 0.5% 以下的含铜硫化铁矿中，将坑道水循环，廉价地回收铜。

另一种简单的浸取方法就是堆积浸取，在不发生渗透性的床面上堆积粗碎的矿石，在上喷淋浸取剂。例如从智利硝石提取盐，从含铜硫化铁矿中提取铜等。

粗大颗粒固体可由固定床进行浸取。将需要浸取的固体装入容器中至一定的高度，然后用溶剂进行渗滤浸取。在甜菜制糖、从树皮中浸取单宁酸、从树皮和种子中浸取药物等工艺过程中常采用固定床浸取器。图 10-36 示意了三级串连浸取器，固体物料在浸取器内固定放置，溶剂从第一级顶部进入，从第三级底部排出串联通过三个浸取器。

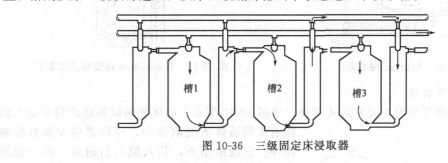

图 10-36　三级固定床浸取器

（2）移动床浸取器

Rotocel 浸取器也属于移动床浸取器，其结构如图 10-37 所示，类似于间歇逆流多级接触浸取器组。它是由中心部分连通的互相垂直的两个槽所组成。内置的槽隔开成 20 个相等的扇形部分（单元），整个槽在圆形的轨道上缓慢地旋转，转速为 40r/min。也即将浸取的物料连续地从某一固定的地点加入，此后固体物就受到许多股溶剂的喷淋，每一股溶剂依次将比它前面一股要稀，而当物料排出以前，则可再用纯溶剂洗涤。各单元底部装有翻板，当浸取行将终了时，浸取残渣都将落下。

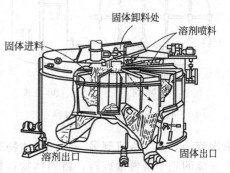

图 10-37　Rotocel 浸取器

Bollman 是一种移动床式的连续浸取器，如图 10-38 所示。它是包含一连串的带孔的料斗，其安排的方式犹如斗式提升机，这些料斗安装在一个不漏气的设备中。固体物加到右侧向下移动的顶部料斗中．而从向上移动的左侧的顶部料斗中排出。溶剂喷洒在左侧即将排出的固体物上，并经过料斗的向下流动，形成逆流流动，在底部汇集并用泵提升到右侧顶部料斗，和进入的固体物料并流向下，在底部收集得到浸取液。

Hidebrandt 浸取器如图 10-39 所示，即螺旋输送浸取器。是在一个 U 形组合的浸取器中，分装有三组螺旋输送器来输送固体。在螺旋线表面上开孔，这样溶剂可通过孔进入另一螺旋中，以达到与固体成逆流流动。螺旋输送器旋转的转速以固体排出口达到紧密程度为好。螺旋输送器的另一种简单形式即双螺旋浸取器，其水平部分的螺旋输送器为浸取部分，而倾斜部分的螺旋输送器是用于洗涤、脱水和排出浸取过的固体。

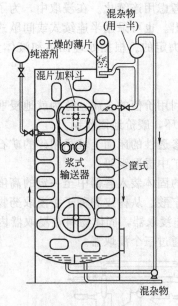

图 10-38　Bollman 浸取器

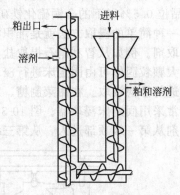

图 10-39　Hidebrandt 螺旋输送浸取器

（3）搅拌式浸取器

搅拌式浸取器可分为立式和卧式两种，如图 10-40 所示。固体物料以料状或粉状加入到盛有大量液体的浸取器中，浸取器内安装有机械搅拌。在浸取槽中，装入原料后密封，再一边搅拌原料，一边将新溶剂通过喷嘴喷入，此后由同一个喷嘴，在不搅拌时将浸取液排出。这样经过三次或三次以上的重复操作后，用蒸汽夹套将附着在残渣上的溶剂进行加热蒸发，或者从底部喷嘴直接吹入蒸汽将溶剂蒸出。脱去溶剂后的残渣由排出口经螺旋输送器排出。

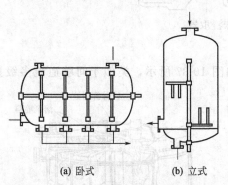

(a) 卧式　(b) 立式

图 10-40　搅拌式浸取器

将上述若干台搅拌式固体浸取器串联，即可进行连续逆流浸取操作。在这种分级逆流系统中，新鲜溶液进入第一级浸取器。澄清液离开浸取器，依次流动，从一级流到另一级。固体物料从最后一级进入，与来自前一级的溶液相接触。器中安装的耙子缓慢地旋转，将固体物料集中到槽底。含有少量液体的固体以浆液的形式用泵打入下一级浸取器。如果接触不够充分，可在两个浸取器之间安装混合器，具体结构可参见有关专著。

10.4　超临界流体萃取

超临界流体萃取简称超临界萃取，它是利用超过临界温度与超临界压力状态下的气体作为溶剂来萃取混合物中欲分离的溶质的过程，其分离对象包括液体和固体混合物。超临界萃取应用在 10.1 节中已有所阐述。

超临界流体技术并不局限于萃取领域，随着研究的深入，应用范围已有相当拓展，如将超临界流体用于材料制备领域，包括造粒、制备超细粉、制膜等；用于化学反应，如超临界二氧化碳条件下的反应、超临界水中的反应、高分子材料的合成；用于环境保护领域，如有毒有机废水的处理、废塑料的回收利用、精密清洗；在医学和生物技术领域中，用作异源骨骼和人血浆的预处理、纤维素水解、非水溶剂的酶催化反应等。目前，国内外应用得最多和最成功的还是超临界流体萃取技术。

10.4.1 超临界流体及萃取剂

处于超临界条件下的气体对于液体和固体具有显著的溶解能力，而且随着压力和温度的变化，溶解能力可在相当宽的范围内变化。用超临界温度和临界压力状态的气体为溶剂，使之与液体或固体原料接触，调节系统的操作压力或温度，萃取出所需要的物质，随后通过降压或升温的方法，降低超临界流体的密度，使萃取物得到分离，此操作称为超临界气体萃取。

超临界气体又称为超临界流体，该流体属高密度气体或超高压气体。超临界气体萃取的主要特点是在被分离物中加入一种惰性气体，使其处于临界温度和压力以上，即成为所谓的超临界气体，这时的载气尽管处于很高压力之下，也不能凝缩成为液体，而是始终保持气体状态，如图 10-41 所示。这种条件下，尽管温度不高，却有大量的难挥发性物质进入气相，与该物质在同温下的蒸气压相比高出 $10^5 \sim 10^6$ 倍。倘若将这种富集了难挥发物质的载气压力降低，难挥发物质将从气相凝析出来，从而实现了溶质和气体溶剂的分离。临界或临界点附近的纯物质常被作为溶剂使用。

常用的超临界流体有二氧化碳、乙烯、乙烷、丙烯、丙烷和氨等。它们的临界参数见表 10-2。其中最常用的是二氧化碳，

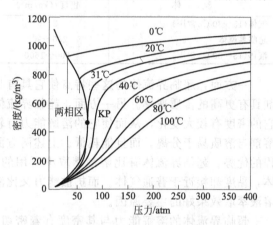

图 10-41 CO_2 压力-密度图

其临界温度为 31.1℃，与环境温度相近，具有密度高、不燃、无极性、无毒、安全、价格低廉和易于获得等优点，是一种环境友好的溶剂，其特性对热敏性和易氧化的产物更具有吸引力。在食品工业、香料工业、医药工业等部门得到了广泛的应用。超临界水（临界温度 374℃）能够使萃取过程和反应过程的废物减少到最低程度。

表 10-2 常用临界流体的临界参数

溶剂	临界温度/℃	临界压力/MPa	密度/(kg/m³)	溶剂	临界温度/℃	临界压力/MPa	密度/(kg/m³)
乙烯	9.2	5.03	218	氨	132.4	11.4	235
二氧化碳	31.0	7.38	468	正戊烷	197	3.37	237
乙烷	32.2	4.88	203	甲苯	319	4.11	292
丙烯	91.8	4.62	233	水	374.3	22.4	326
丙烷	96.6	4.24	217				

在使用单一气体时，溶解度或选择性往往受到一定限制，此时可选用与被萃取物亲和力强的组分加入超临界流体，以提高其对被萃取组分的选择性和溶解度，这类物质称为夹带剂，又称为助溶剂。可使用比临界温度稍低的高压液体作为助溶剂，如加入少量的丙烷为助溶剂，可大大增加萘在 CO_2 中的溶解度。研究表明，极性夹带剂可明显增加极性溶质的溶解度，但对非极性溶质不起作用，相反，非极性夹带剂如果分子量相近，对极性及非极性溶质都能起作用。

用于超临界萃取的流体，应具备以下性质：

① 化学性质稳定对设备没有腐蚀性，降低设备投资；

② 临界压力要低，以降低动力消耗，临界温度应接近室温或操作温度，不要太高也不要太低；

③ 操作温度应低于萃取组分的分解、变质温度；

④ 对溶质的溶解度高，选择性高，容易得到高纯度产品；

⑤ 来源方便，价格便宜，当在医药、食品工业上使用时，还应当无毒性。

10.4.2 超临界萃取原理

超临界流体具有与气体接近的黏度与渗透能力以及接近液体的密度。表 10-3 列出了超临界流体与常温常压下气体和液体的物性比较，超临界气体具有气体和液体的中间性质。

表 10-3 超临界流体和常温常压下气体、液体的物性比较

流　体	密度/(kg/m³)	黏度/Pa·s	扩散系数/(m²/s)
气体(15~30℃,常压)	2~6	$1\times10^{-5}\sim3\times10^{-5}$	$1\times10^{-5}\sim4\times10^{-5}$
超临界流体	200~900	$3\times10^{-5}\sim9\times10^{-5}$	2×10^{-8}
液体(15~30℃,常压)	600~1600	$0.2\times10^{-3}\sim3\times10^{-3}$	$0.2\times10^{-9}\sim2\times10^{-9}$

一方面，超临界流体的这些特点使它具有与液体萃取剂接近的溶解能力，又比液体萃取剂具有更高的传质速率。另一方面，超临界流体在接近临界点时，温度与压力小的变化将使它的密度有较大变化，从而使它的溶解能力有较大变化，这使超临界萃取得到的萃取相中的溶剂与溶质易于分离，而且能耗低。上述两方面显示了用超临界流体进行萃取（或浸取）过程的优势。超临界流体有比溶剂萃取中所用的液体溶剂更有利的性质，即其密度接近于液体，黏度却接近于普通气体。而扩散能力又比液体大 100 倍，这些性质是超临界流体萃取比溶液萃取效果好的主要原因。

超临界流体的溶解能力与其密度有着密切关系。改变温度和压力，会显著改变溶解能力。例如萘在 CO_2 中溶解时，当压力小于 7.0MPa 时，萘在 CO_2 中的溶解度非常小，当压力上升到临界压力附近时，溶解度快速上升，到 25MPa 时，溶解度可达到 70g/L，即达到 10%（质量分数）。实际上，超临界流体对组分的溶解能力比按理想气体由组分蒸气压所得到的计算值大很多，这种溶解度的非理想性，不仅仅出现在萘-CO_2 体系，也出现在许多其他体系中。表 10-4 为一些溶质在超临界乙烯中溶解度按理想气体的计算值与实测值的比较，实测溶解度与计算值之比可以达到 10^9 倍。

表 10-4 溶质在超临界乙烯中的溶解度数据

溶质名称	压力/MPa	蒸气压/Pa	溶解度/%	
			计算值	实测值
癸酸(Caprinacid)	8.274	0.040	0.33×10^{-8}	2.8
癸酸	6.991	0.466	0.46×10^{-6}	12.1
十六烷	7.516	0.227	0.21×10^{-6}	29.3
己酸	7.930	91.992	0.79×10^{-3}	9.0

10.4.3 超临界萃取的特点

超临界萃取在溶解能力、传递性能及溶剂回收等方面具有突出的优点，主要特点如下。

① 超临界萃取操作温度一般较低。超临界气体可以在常温或不太高的温度下溶解或选择性溶解难挥发的物质，形成负载的超临界相，适用于热敏性和易挥发物质的分离。

② 超临界萃取同时应用了蒸馏和萃取原理，即与蒸气压和相分离都有关。体系的沸点和溶解度与气体溶剂和溶质的种类有关。

③ 超临界气体的溶解能力与其密度有关，随密度增加而提高，当密度恒定时，则随温度升高而提高。降低超临界相的压力，可以将其中难挥发物质凝析出来。

④ 超临界气体兼有液体和气体的特点，其萃取效率一般要高于液体萃取，更重要的是它不会引起被萃取物质的污染，而且无需进行溶剂蒸馏。

⑤ 超临界萃取过程操作压力较高，过程在高压下进行，设备的一次性投资较高。

10.4.4　超临界萃取流程

超临界萃取主要包括两部分，即萃取阶段和分离阶段（图 10-42）。在萃取阶段，原料用超临界流体进行萃取得萃取相与萃余物；在分离阶段，萃取相分离得被萃物与溶剂。

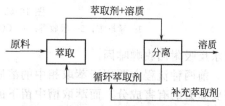

图 10-42　超临界流体萃取的基本过程

按所采用分离方法的不同，可以有三类基本流程，即等温变压、等压变温或恒温恒压吸附等工艺流程，如表 10-5 所示。

① 变压萃取分离（等温法、绝热法）　如图 10-43 所示是用变压法分离的超临界萃取流程。溶剂经压缩机压缩达超临界状态后进入萃取器，与原料混合进行萃取，所得萃取相经减压阀后进入分离器，溶质与溶剂分离，溶质从分离槽下部取出，气体萃取剂由压缩机送回萃取槽循环使用。溶剂经压缩后重新进入萃取器使用。

表 10-5　三类超临界萃取工艺流程

流程	工作原理	优点	缺点	实例
等温变压	萃取和分离在同一温度下进行；萃取结束，通过节流降压进入分离器，析出萃取物	可在低温下萃取，操作简单，适宜对高沸点、热敏性、易氧化物质萃取	压力高，投资大，能耗高	图 10-43SFE 啤酒花萃取工艺
等压变温	萃取和分离在同一压力下进行；萃取结束，升高温度，CO_2 溶解能力下降，析出溶质	压缩能耗小	对热敏性物质有影响	图 10-44 丙烷脱沥青萃取工艺
恒温恒压	用吸附剂吸附萃取物，除去有害物质	能耗最小，节能	需特殊吸附剂	图 10-45SFE 咖啡因萃取工艺

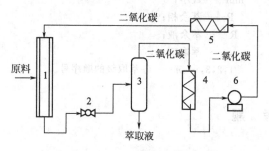

图 10-43　SFE 啤酒花萃取工艺流程

1—萃取器；2—膨胀阀；3—分离器；
4—冷凝器；5—蒸发器；6—二氧化碳泵

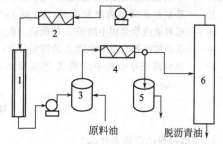

图 10-44　丙烷脱沥青工艺流程

1—丙烷储槽；2—冷凝器；3—澄清器；
4—换热器；5—澄清器；6—蒸馏塔

② 变温萃取分离（等压法）　变温超临界萃取典型例子即丙烷脱沥青工艺，如图 10-44 所示。该流程中采用加热升温（设备 4）的方法使气体和萃取质分离，萃取物从分离槽（设备 6）下方取出，气体经冷却压缩后返回萃取槽（设备 1）循环使用。

③ 吸附法　吸附法超临界萃取典型例子即咖啡因工艺，如图 10-45 所示，在分离槽（设备 2）中，放置着只吸附萃取质的吸附剂，不吸收的气体压缩后循环回萃取槽（设备 1）。

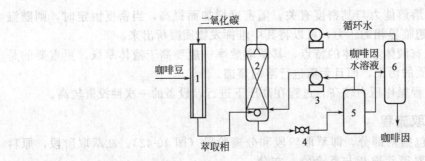

图 10-45 SFE 咖啡因工艺流程

1—萃取塔；2—吸收塔；3—CO₂ 压缩机；4—膨胀阀；5—脱气塔；6—蒸发器

用水反吸附回收咖啡因。

前两种流程主要用于萃取相中的溶质为需要的精制产品，第三种流程则适用于萃取质为需要除去的有害成分，而萃取槽中留下的萃余物为所需要的提纯组分。

本章符号说明

英文字母

A——溶质的质量或质量流量，kg/h；

B——原溶剂的质量或质量流量，kg 或 kg/h；

b——萃取因子；

E——萃取相的质量或质量流量，kg 或 kg/h；

E'——萃取液的质量或质量流量，kg 或 kg/h；

F——原料液的质量或质量流量，kg 或 kg/h；

K——分配系数（以质量比表示组成）；

k——分配系数（以分数表示组成）；

M——混合液的质量或质量流量，kg 或 kg/h；

n——理论萃取级数；

P——临界混溶点；

R——萃余相的质量或质量流量，kg 或 kg/h；

R'——萃余液的质量或质量流量，kg 或 kg/h；

S——萃取剂的质量或质量流量，kg 或 kg/h；

x——原料液或萃余相中溶质 A 的质量分数；

y——萃取剂或萃取相中溶质 A 的质量分数；

X——原料液或萃余相中溶质 A 的质量比，kg A/kg B；

Y——萃取剂或萃取相中溶质 A 的质量比，kg A/kg S。

希腊字母

β——选择性系数；

$\triangle$——净流量，kg/h。

下标

A——溶质；

B——原溶剂；

E——萃取相；

E'——萃取液；

F——原料液；

M——三组分混合液；

max——最大；

min——最小；

R——萃余相；

R'——萃余液；

S——萃取剂；

$1, 2, 3, \cdots, n$——各萃取级的顺序号。

思 考 题

1. 萃取操作的原理是什么？

2. 对于一种液体混合物，根据哪些因素决定是采用蒸馏方法还是萃取方法分离？

3. 何谓联结线、溶解度曲线、临界混溶点？辅助曲线怎样求取，有何用途？

4. 分配系数的定义是什么？分配系数 $k_A = 1$ 能否进行萃取分离？选择性系数 $\beta = 1$ 能否对两组分进行萃取分离？

5. 温度对萃取分离效果有何影响？

6. 选择溶剂时应考虑哪些因素？

7. 浸取过程如何处理固体物料？

8. 浸取溶剂如何选择？

9. 浸取过程流程有哪几种？

10. 简述超临界流体萃取的基本原理与特点。

11. 对超临界流体的基本要求有哪些？

12. 超临界萃取工艺流程有哪几种？比较其优缺点。

习　题

1. 丙酮（A）、醋酸乙酯（B）及水（S）的三元混合液在 30℃ 时，其平衡数据如【例 10-1】中附表 1 所示，要求：(1) 绘出以上三元混合物三角形相图；(2) 若将 50kg 含丙酮 0.3（质量分数，下同）、含醋酸乙酯 0.7 的混合液与 100kg 含丙酮 0.1、含水 0.9 的混合液混合，试求所得新的混合物总组成为多少？并确定其在相图中的位置；(3) 以上两种混合物混合后所得两共轭相的组成及质量分别为多少？

2. 对习题 1 的原料液只含 A 和 B 两组分，其量为 100kg/h，其中组分 A 的质量分数为 30%，用纯萃取剂 S 进行单级萃取，问萃取剂最小用量为多少？当萃取剂用量为最小用量的 2 倍时，所得萃取相和萃余相的溶质组成各为多少？

3. 以水为萃取剂，采用多级错流萃取操作，从丙酮、醋酸乙酯混合液中萃取丙酮。每级加入纯水 500kg/h，使 1000kg/h 的混合液中的丙酮组成由 30% 降到 4%（均为质量分数）。试求：(1) 所需的理论级数；(2) 求所得萃余液的组成。

4. 现有溶剂 10g 和溶质 1g 组成的溶液，用萃取剂进行萃取。因溶液较稀，分配系数为常数，等于 4（组成用质量比表示）。现拟用下列两种方法进行萃取：(1) 用 10g 萃取剂进行一次平衡萃取；(2) 用 10g 萃取剂，分 5 等份，进行 5 级错流接触萃取。

试求：萃余液中残留的溶质量各为多少？（假设：原溶剂与萃取剂不互溶。）

5. 100kg/h 混合液，含溶质 A40%（质量分数）、原溶剂 B60%（质量分数），用 100kg/h 萃取剂 S 进行两级逆流萃取操作，萃取剂流量为 100kg/h。求萃余相浓度及萃取率。（相平衡关系同习题 1。）

6. 1000kg/h 组成为 1%（质量分数）的尼古丁水溶液，在 20℃ 下用煤油进行逆流萃取。水与煤油基本不互溶，要求最终萃余相含尼古丁 0.1%（质量分数）。试求：(1) 最小萃取剂用量；(2) 若萃取剂（煤油）的流量为 1150kg/h，需要多少理论级？

尼古丁－水－煤油系统的平衡数据见本图附表。

习题 6 附表

X/(kg 尼古丁/kg 水)	0	0.00101	0.00246	0.00502	0.00751	0.00998	0.0204
Y/(kg 尼古丁/kg 煤油)	0	0.00081	0.00196	0.00456	0.00686	0.00913	0.0187

参 考 文 献

[1] 李凤华，于士君. 化工原理（下册）. 辽宁：大连理工大学出版社，2004.

[2] 蒋维钧等. 化工原理（下册）. 北京：清华大学出版社，2003.

[3] 伍钦等. 传质与分离工程. 广东：华南理工大学出版社，2005.

[4] 汪家鼎，骆广生. 溶剂萃取. 北京：清华大学出版社，2002.

[5] 时钧，汪家鼎，余国宗，陈敏恒. 化学工程手册（上卷）. 第二版. 北京：化学工业出版社，1996.

[6] Perry R H. 化学工程手册（下卷）. 第六版. 北京：化学工业出版社，1984.

第11章 干 燥

11.1 概述

在化工、食品、制药、纺织、采矿、农产品加工等行业，常常需要将湿固体物料中的湿分（水分或其他液体）除去，以便于运输，储藏或达到生产规定的含湿率要求。除湿的方法很多，常用的方法有以下几种。

① 机械去湿法 通过压榨、过滤和离心分离等去除湿分的方法，称为机械去湿法。该法实质上是固、液相的分离过程。去湿过程中湿分不发生相变，能耗少，费用低，但湿分去除不彻底，只适用于物料间大量水分的去除，一般用于初步去湿，为进一步干燥做准备。

② 吸附除湿法 用干燥剂（如无水氯化钙、硅胶等）来吸附湿物料中的水分，该法只能用于除去少量湿分，仅适合于实验室使用。

③ 干燥法 干燥一般是指借助于热能，使物料中的湿分汽化，并将产生的蒸气加以排除或带离物料的去湿方法。该法在去湿过程中湿分发生相变，耗能大，费用高，但湿分去除较为彻底，可去除物料表面和内部的湿分。

为了节省能耗，一般先机械去湿，然后再进行干燥。干燥法在工业生产中应用极其广泛。由于多数湿分为水分，本章仅讨论去除水分的干燥过程，但讲到的原理，原则上对其他湿分的干燥也适用。干燥操作可有不同的分类方法。

① 按操作压力分为常压干燥和真空干燥。真空干燥适于处理热敏性及易氧化的物料，或用于要求成品中含湿量低的场合。

② 按操作方式分为连续干燥和间歇干燥。连续干燥具有生产能力大、产品质量均匀、热效率高以及劳动条件好等优点。间歇干燥适用于处理小批量、多品种或要求干燥时间较长的物料。

③ 按传热方式可分为传导干燥、对流干燥、辐射干燥、介电加热干燥以及由上述两种或多种方式组合成的联合干燥。

下面对常见的几种湿物料的加热方法进行简单介绍。

（1）导热干燥

热能通过传热壁面以热传导的方式传给湿物料，使其中的水分汽化，所产生的蒸汽被干燥介质带走，或用真空泵抽走的干燥操作过程，称为导热干燥。由于该过程中湿物料与加热介质不直接接触，故又称为间接加热干燥，该法热能利用率较高，但与传热壁面接触的物料在干燥时易局部过热而变质。

（2）辐射干燥

热能以电磁波的形式由辐射器发射，入射至湿物料表面被其所吸收而转变为热能，将水分加热汽化而达到干燥的目的。

辐射器分为电能和热能两种。用电能的类型常见的是利用红外线灯泡，照射被干燥物料而加热进行干燥。用热能的类型常见的是用热金属辐射板或陶瓷辐射板产生红外线，例如将预先混合好的煤气与空气的混合气体冲射在白色陶瓷材料上产生无烟燃烧，当辐射面温度达 700~800K 时即产生大量红外线，以电磁波形式照射于物料上进行干燥。

红外线是电磁波，其波长范围为 $0.72 \sim 1000\mu m$，介于可见光与微波之间。

红外辐射干燥比热传导干燥和对流干燥的强度大几十倍，且设备紧凑，干燥时间短，产品干燥均匀而洁净，但能耗大，适用于干燥表面积大而薄的物料。

（3）介电加热干燥

介电加热干燥是将需要干燥的物料置于高频电场内，利用高频电场的交变作用将湿物料加热，水分汽化，物料被干燥。

电场的频率低于 3000MHz 时，称为高频加热；频率为 $3 \sim 3000\text{GHz}$ 时为超高频加热。工业上微波加热所用的频率为 9.15GHz 和 24.5GHz。微波干燥时，湿物料要在高频电场中很快被均匀加热。由于水分的介电常数比固体物料的介电常数大得多，当干燥到一定程度，物料内部的水分比表面多时，物料内部所吸收的电能或热能比表面多，致使物料内部的温度高于表面温度，温度梯度与水分扩散的浓度梯度方向一致，即传热和传质的方向一致。传热过程将促进物料内部水分的扩散，使干燥时间大大缩短，得到的干燥产品均匀而洁净。而辐射干燥以及下述的对流干燥，热能都是从物料表面传至物料内部，水分则是由物料内部扩散到物料的表面，传热和传质的方向相反。物料表面温度比内部高，在干燥过程中物料表层先变成干燥的固体，热导率降低，致使向内导热阻力增加，内部水分的汽化和扩散至表面的阻力也增加，干燥时间长。因此，对于干燥过程中表面易结壳或皱皮（收缩）或内部水分难以去除的物料（如皮革等），采用微波加热干燥效果很好，但该法费用大，使用上也受到一定的限制。

（4）对流干燥

在对流干燥过程中，热空气将热量传给湿物料，使物料表面水分汽化，汽化的水分又被空气带走。因此，干燥介质既是载热体又是载湿体，干燥过程是热、质同时传递的过程，传热的方向是由气相到固相，热空气与湿物料的温差是传热的推动力；传质的方向是由固相到气相，传质的推动力是物料表面的水汽分压与热空气中的水汽分压之差。显然，干燥过程中热、质的传递方向相反，但两者密切相关，干燥速率由传热速率和传质速率共同控制。干燥操作的必要条件是物料表面的水汽分压必须大于干燥介质中的水汽分压，两者差别越大，干燥操作进行的越快。所以干燥介质应及时将汽化的水汽带走，以维持一定的传质推动力。若干燥介质为水汽所饱和，则推动力为零，这时干燥操作停止。

对流干燥过程的传热和传质模式如图 11-1 所示。图中，W 为由物料表面汽化的水分量；Q 为由气相传给物料的热量；p_w 是空气主体中水蒸气的分压；p_v 是物料表面的水蒸气分压；t 为空气主体的温度；t_w 为物料表面的温度；δ 是气膜厚度。

目前工业上以热空气为干燥介质的对流干燥最为普遍，本章着重讨论该干燥过程。

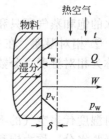

图 11-1　热空气与湿物料间的传热与传质

有多种类型的对流干燥器，它们有以下共同的特点。

① 其中传热和传质均为同时发生的单向传递过程。传热的推动力是热空气与湿物料的温差，传质的推动力是物料中水的平衡蒸气压与热空气中的水蒸气分压差。两者的传递方向相反，但密切相关。

② 干燥介质既是载热体又是湿载体。干燥过程是物料的去湿过程，也是介质的降温增湿过程。

③ 传递过程包括气、固之间的传递和固体内部的传递。传递的速率不仅和气、固之间的接触状况有关，还与气体的温度，水汽含量和固体的性质、结构及水分与固体的结合方式有关。

11.2 湿空气的性质与湿度图

11.2.1 湿空气的性质

空气中混入水蒸气后，形成的混合气体称为湿空气。湿空气的性质在干燥过程计算中很重要，故首先讨论湿空气的性质。

在干燥过程中由于绝干空气的质量没有变化，因此，以下各湿空气的性质都是以单位千克绝干空气为基准。

(1) 湿空气中水蒸气含量的表示方法

在干燥过程中，湿空气中水蒸气含量常用以下两种方法表示。

① 湿度 湿空气中单位质量绝对干燥空气所含水蒸气的质量称为湿度

$$H = \frac{M_w n_w}{M_g n_g} = \frac{18 n_w}{29 n_g} \tag{11-1}$$

式中，H 为空气的湿度，kg 水/kg 绝干气；M_g 为绝对干燥空气的摩尔质量，29kg/kmol；M_w 为水的摩尔质量，18kg/kmol；n_g 为绝对干燥空气的摩尔数，kmol；n_w 为水蒸气的摩尔数，kmol。

总压 p 不大的情况下，湿空气可视为理想气体，因此

$$\frac{n_w}{n_g} = \frac{p_w}{p - p_w}$$

于是

$$H = \frac{18 p_w}{29(p - p_w)} = 0.622 \frac{p_w}{p - p_w} \tag{11-2}$$

式中，p_w 为水蒸气分压，N/m²；p 为湿空气的总压，N/m²。

当湿空气中水蒸气分压 p_w 等于该空气温度下水的饱和蒸气压 p_s 时，则湿空气呈饱和状态，其湿度称为饱和湿度 H_s

$$H_s = 0.622 \frac{p_s}{p - p_s} \tag{11-3}$$

因水的饱和蒸气压只和温度有关，因此空气的饱和湿度是湿空气的总压及温度的函数。

② 相对湿度 在一定总压下，湿空气中水汽分压 p_w 与同温度下水的饱和蒸气压 p_s 之比称为相对湿度百分数，简称相对湿度，以 φ 表示，即

$$\varphi = \frac{p_w}{p_s} \times 100\% \tag{11-4}$$

相对湿度代表空气的不饱和程度，当湿空气被水汽所饱和时，$p = p_s$，$\varphi = 1$，这时空气不能再吸收水分，称为饱和空气，饱和空气不能用做干燥介质；湿空气的 φ 值越小，吸湿能力越大，当 $p_w = 0$ 时，$\varphi = 0$，表示空气中不含水分，为绝干空气，这时的空气具有最大的吸湿能力。可见，由相对湿度可以判断该湿空气能否作为干燥介质，而湿度只表示湿空气中含水量的绝对值，不能反映湿空气的干燥能力。将式(11-4) 代入式(11-2)，得

$$H = \frac{0.622 \varphi p_s}{p - \varphi p_s} \tag{11-5}$$

(2) 比体积（湿容积）ν_H

在湿空气中，1kg 绝干空气和相应的 H kg 水汽体积之和称为湿空气的比体积，又称为湿容积，以 ν_H 表示。根据定义可以写出

$$\nu_H = 1\text{kg 绝干空气的体积} + H \text{ kg 水汽的体积}$$

则温度为 t，总压为 p 的湿空气的比体积为

$$\nu_H = \left(\frac{1}{29} + \frac{H}{18}\right) \times 22.4 \times \frac{273+t}{273} \times \frac{1.013 \times 10^5}{p}$$

$$= (0.772 + 1.244H) \times \frac{273+t}{273} \times \frac{1.013 \times 10^5}{p} \tag{11-6}$$

式中，ν_H 为湿空气的比体积，m^3 湿空气/kg 绝干气；t 为温度，℃。

一定总压下，比体积是湿空气的 t 和 H 的函数。

（3）比热容 C_H

常压下，将湿空气中 1kg 绝干空气和相应 H kg 水汽的温度升高（或降低）1℃所要吸收（或放出）的热量，称为比热容，又称湿热，以 C_H 表示。根据定义可写出

$$C_H = C_g + HC_w \tag{11-7}$$

式中，C_H 为湿空气的比热容，kJ/(kg 绝干气·℃)；C_g 为绝干空气的比热容，kJ/(kg 绝干气·℃)；C_w 为水汽的比热容，kJ/(kg 水汽·℃)。

在常用温度范围内，C_g、C_w 可按常数处理，$C_g = 1.01$kJ/(kg 绝干气·℃) 及 $C_w = 1.88$kJ/(kg 水汽·℃)，此时湿空气的比热容只是湿度的函数，即

$$C_H = 1.01 + 1.88H \tag{11-7a}$$

上式表明，湿比热容只是温度的函数。

（4）湿空气的焓

湿空气的焓是以 1kg 干空气为基准的焓，定义为 1kg 绝干空气及其所含水汽（H kg）的焓之和：

$$I = I_g + HI_w \tag{11-8}$$

式中，I 为湿空气的焓，kJ/kg 湿空气；I_g 为绝干空气的焓，kJ/kg 绝干气；I_w 为水汽的焓，kJ/kg 水汽。

由于焓是相对值，计算时必须规定基准状态，为了简化计算，一般以 0℃为基础温度，且规定 0℃的绝干空气及 0℃的液态水的焓值为零。本章焓的计算都采用这种规定，以后不再一一说明。

因此，对温度 t、湿度 H 的湿空气可写出焓的计算式为

$$I = C_g(t-0) + HC_w(t-0) + Hr_0 = (C_g + HC_w)t + Hr_0 \tag{11-8a}$$

式中，r_0 为 0℃水的汽化热，可取为 2490kJ/kg。

将绝干空气和水汽的比热容数据代入，式(11-8a) 又可以改为

$$I = (1.01 + 1.88H)t + 2490H \tag{11-8b}$$

【例 11-1】 若常压下某湿空气的温度为 20℃，湿度为 0.0147kg 水/kg 绝干气，试求：（1）湿空气的相对湿度；（2）湿空气的比体积；（3）湿空气的比热容；（4）湿空气的焓。若将上述空气加热到 50℃，再分别求上述各项。

解：20℃的性质：

（1）相对湿度 从附录查出 20℃时水蒸气的饱和蒸气压 $p_s = 2.3346$kPa。用式(11-5) 求相对湿度，即

$$H = \frac{0.622\varphi p_s}{p - \varphi p_s}$$

$$0.0147 = \frac{0.622 \times 2.3346\varphi}{101.33 - 2.3346\varphi}$$

解得

$$\varphi = 1 = 100\%$$

该空气为水汽饱和，不能做干燥介质用。

（2）比体积 ν_H 由式(11-6) 求比体积，即

$$\nu_H = (0.772 + 1.244H) \times \frac{273 + t}{273} \times \frac{1.0133 \times 10^5}{p}$$

$$= (0.772 + 1.244 \times 0.0147) \times \frac{273 + 20}{273}$$

$$= 0.848 m^3 \text{ 湿空气/kg 绝干气}$$

(3) 比热容 C_H　由式(11-7a)求比热容，即

$$C_H = 1.01 + 1.88H$$

或　　　　$C_H = 1.01 + 1.88 \times 0.0147 = 1.038 kJ/(kg \text{ 绝干气} \cdot ℃)$

(4) 焓 I　用式(11-8b)求湿空气的焓，即

$$I = (1.01 + 1.88H)t + 2490H$$

或　　　　$I = (1.01 + 1.88 \times 0.0147) \times 20 + 2490 \times 0.0147 = 57.36 kJ/kg \text{ 绝干气}$

50℃ 的性质

(1) 相对湿度 φ　同样查出50℃时水蒸气的饱和蒸气压为12.340kPa。当空气从20℃加热到50℃时，湿度没有变化，仍为0.0147kg/kg绝干气，故

$$0.0147 = \frac{0.622 \times 12.340\varphi}{101.33 - 12.340\varphi}$$

解得　　　　　　　　　　　$\varphi = 0.1892 = 18.92\%$

由计算结果看出，湿空气被加热后虽然湿度没有变化，但相对湿度降低了。所以在干燥操作中，总是先将空气加热后再送入干燥器内，目的是降低相对湿度以提高吸湿能力。

(2) 比体积 ν_H

$$\nu_H = (0.772 + 1.244 \times 0.0147) \times \frac{273 + 50}{273} = 0.935 m^3 \text{ 湿空气/kg 绝干气}$$

湿空气被加热后虽然湿度没有变化，但受热后体积膨胀，所以比体积加大。因常压下湿空气可视为理想气体，故50℃时的体积也可用下法求得，即

$$\nu_H = 0.848 \times \frac{273 + 50}{273 + 20} = 0.935 m^3 \text{ 湿空气/kg 绝干气}$$

(3) 比热容 C_H　由式(11-7)知湿空气的比热容只是湿度的函数，因此20℃与50℃时的湿空气比热容相同，均为1.038kJ/(kg 绝干气·℃)。

(4) 焓 I

$$I = (1.01 + 1.88 \times 0.0147) \times 50 + 2490 \times 0.0147 = 88.48 kJ/kg \text{ 绝干气}$$

湿空气被加热后虽然湿度没有变化，但温度增高，故焓值加大。

11.2.2　湿含量的测定方法

湿空气的状态由其温度和湿含量确定，而空气的温度容易测定，湿空气的湿度可通过测定湿空气的湿球温度、绝热饱和冷却温度、露点温度来间接地求得。

(1) 干球温度 t 和湿球温度 t_w

干球温度是空气的真实温度，即用普通温度计测出的湿空气的温度，为了与后面将要讨论的湿球温度加以区分，称这种真实的温度为干球温度。简称温度，用 t 表示。

用湿纱布包住温度计的感温球，纱布的一部分浸入水中以保持纱布表面足够润湿，这就制成了湿球温度计，如图11-2所示。将湿球温度计置于温度为 t、湿度为 H 的湿空气流中，在绝热条件下达到平衡时所显示的温度就称为该湿空气的湿球温度 t_w。

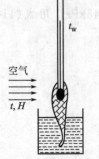

图 11-2　湿球温度计

假设开始时，湿纱布中的水温与湿空气温度相同，但因湿空气是

不饱和的，湿纱布表面的水蒸气压力（就是空气干球温度下水的饱和蒸气压）大于湿空气中水汽分压，故纱布表面的水分将汽化，并向空气主流中扩散。汽化所需的潜热只能由水本身温度下降放出的显热供给（湿球温度计读数自然随之下降）。水温降低后，与空气间出现温度差，于是引起空气与湿纱布之间的对流传热。当对流传热速率不足以补偿水分汽化所需的热量速率时，水温将继续下降。水温越低，对流传热温差越大，对流传热速率越快。当水温低到某一数值时，空气通过对流传递给水的热量恰好等于水分汽化所需的热量，此时水温不再变化，这一水温即湿球温度计所指示的温度就称为湿球温度，用 t_w 表示。前面分析时假设初始水温与湿空气温度相同，但实际上，不论初始温度如何，最终必然达到这种稳定的温度。但测定时空气的流速应大于 5m/s，以减少辐射与导热的影响，减少测量误差。

在对流干燥过程中，只要物料表面足够润湿，湿物料表面温度即为湿球温度。

由上述分析可知，当达到湿球温度时，传质、传热过程均未停止，而是达到了一种动态平衡，此时

空气以对流方式传递给水的热量＝水分汽化所需的热量

若以湿纱布与空气的单位接触面积为准，有

$$\alpha(t-t_w)=N_w r_w \tag{11-9}$$

式中，α 为空气与湿纱布之间的对流传热系数，$kW/(m^2 \cdot K)$；N_w 为水分汽化速率，kg 水$/(m^2 \cdot s)$；r_w 为湿球温度 t_w 下水的汽化潜热，kJ/kg。

又

$$N_w=k_H(H_w-H) \tag{11-10}$$

式中，k_H 为传质系数，$kg/(m^2 \cdot s \cdot \Delta H)$；$H_w$ 为湿球温度 t_w 下空气的饱和湿度，kg 水/kg 绝干气。

于是

$$\alpha(t-t_w)=k_H(H_w-H)r_w \tag{11-11}$$

整理得

$$t_w=t-\frac{k_H r_w}{\alpha}(H_w-H) \tag{11-12}$$

实验表明，一般情况下上式中的 k_H 与 α 都与空气速率的 0.8 次幂成正比，故可认为二者比值与空气速率无关，对空气-水蒸气系统而言，$\alpha/k_H=1.09$。

由式(11-12)可看出，湿球温度 t_w 是湿空气温度 t 和 H 的函数。当湿空气的温度一定时，不饱和湿空气的湿球温度总低于干球温度，空气的湿度越高，湿球温度越接近干球温度，当空气为水汽所饱和时，湿球温度等于干球温度。在一定的总压下，只要测出湿空气的干、湿球温度，就可以用式(11-12)算出空气的湿度。

（2）绝热饱和冷却温度 t_{as}

绝热饱和冷却温度是湿空气降温、增湿直至饱和时的温度。其过程可以用图 11-3 所示的绝热饱和冷却塔来说明。设塔与外界绝热，初始温度为 t，湿度为 H 的不饱和空气从塔底进入塔内，大量的温度为 t_{as} 的水由塔顶喷下，两相在填料层中充分接触后，空气由塔顶排出，水由塔底排出后经循环泵返回塔顶，塔内水温均匀一致。由于空气不饱和，空气在与水的接触过程中，水分会不断汽化进入空气，汽化所需的潜热只能由空气温度下降放出显热来供给，而水分汽化时又将这部分热量以潜热形式带回到空气中。随着过程的进行，空气的温度逐渐下降，湿度逐渐升高，焓值不变。若两相的接触时间足够长，最终空气为水汽所饱和。空气在塔内的状态变化是在绝热条件下降温、增湿直至饱和的过程，因此，达到稳定状态下的温度称为初始湿空气的绝热饱和冷却温度，简称绝热饱和温度，以 t_{as} 表示，与之相应

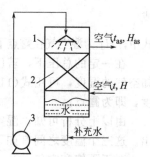

图 11-3　绝热饱和冷却塔
1—塔身；2—填料；3—循环泵

的湿度称为绝热饱和湿度，以 H_{as} 表示。在上述过程中，循环水不断汽化而被空气携至塔外，故需向塔内不断补充温度为 t_{as} 的水。

对图 11-3 的塔做热量衡算，设湿空气入塔的温度为 t，湿度为 H，经过足够长的接触时间后，达到稳定状态，湿空气离开塔顶的温度为 t_{as}，湿度为 H_{as}。

塔内气液两相间的传热过程为空气传给水分的显热恰好等于水分汽化所需的潜热。因此，以单位质量绝干气为基准的热衡算式为

$$C_H(t-t_{as})=(H_{as}-H)r_{as} \tag{11-13}$$

式中，r_{as} 为温度 t_{as} 时水的汽化热，kJ/kg。

将上式整理得

$$t_{as}=t-\frac{r_{as}}{C_H}(H_{as}-H) \tag{11-14}$$

式中，r_{as}、H_{as} 是 t_{as} 的函数；C_H 是 H 的函数。因此，绝热饱和温度 t_{as} 是湿空气初始温度 t 和湿度 H 的函数，它是湿空气在绝热、冷却、增湿过程中达到的极限冷却温度。同时，由式(11-14) 可看出，在一定的总压下，只要测出湿空气的温度 t 和绝热饱和温度 t_{as} 就可算出湿空气的湿度 H。

比较式(11-12) 与式(11-14) 可见，两者在形式上类似。实验表明，对于空气-水体系，$\frac{\alpha}{k_H}\approx C_H$（称为 Lewis 规则），因此，对空气-水体系，可以认为 $t_w\approx t_{as}$。但对其他体系，例如空气-甲苯系统，$\frac{\alpha}{k_H}=1.8C_H$，这时 t_w 与 t_{as} 就不相等。

湿球温度和绝热饱和温度均为湿空气初始温度 t、湿度 H 的函数，是湿空气性质的一种表现。但两者之间有着完全不同的物理意义。湿球温度是大量空气与少量水经长时间绝热接触后达到的稳定温度，湿空气在此过程中 t、H 均不变（因而焓不变）；达到湿球温度时，传质、传热仍在进行，过程处于动态平衡。而绝热饱和温度则是少量空气与大量水经过足够长时间绝热接触后达到的稳定温度，湿空气在此过程中增湿、降温，但焓不变。达到绝热饱和温度时，没有净的质量、热量传递进行，过程处于热力学平衡。

（3）露点温度

在总压不变的条件下，不饱和湿空气冷却达到饱和状态时的温度称为露点，用 t_d 表示。此时开始有水冷凝出来。

显然，湿空气冷却过程中，水汽分压、湿度均不变，但由于水的饱和蒸气压随温度下降而不断降低，所以，相对湿度不断增大。当达到露点时，相对湿度达到极大值 100%，即湿空气饱和，故露点对应的湿度是饱和湿度，用 H_d 表示。根据式(11-3) 有

$$H_d=\frac{0.622p_d}{p-p_d} \tag{11-15}$$

或

$$p_d=\frac{H_d p}{0.622+H_d} \tag{11-16}$$

式中，H_d 为湿空气在露点下的饱和湿度，kg/kg绝干气；p_d 为露点下水的饱和蒸气压，Pa。

在一定的总压下，若已知空气的露点，可以用式(11-15) 算出空气的湿度；反之，若已知空气的湿度，可用式(11-16) 算出露点下的饱和蒸气压，再从水蒸气压表中查出相应的温度，即为露点。

由以上分析可知，湿空气的湿度主要是通过测定干、湿球温度或露点温度后，经计算求出。这三个温度之间有如下关系

对于不饱和空气　　　　　　　　　　　　$t>t_w(\approx t_{as})>t_d$

对于饱和空气　　　　　　　　　　　　　$t=t_w=t_d$

【例 11-2】　常压下湿空气的温度为 30℃、湿度为 0.02403kg 水/kg 绝干气，试计算湿空气的相对湿度 φ、露点 t_d、绝热饱和温度 t_{as}、湿球温度 t_w。

解：(1) 相对湿度 φ

先求水汽分压，由下式

$$H=0.622\frac{p_w}{p-p_w}$$

即

$$0.02403=0.622\frac{p_w}{101.3-p_w}$$

解得

$$p_w=3.768\text{kPa}$$

又查得 30℃时水的饱和蒸气压 $p_s=4.242$kPa，故

$$\varphi=\frac{p_w}{p_s}\times100\%=\frac{3.768}{4.242}\times100\%=88.8\%$$

(2) 露点 t_d

根据露点的特性，可知 $p_w=p_d=3.768$kPa。由 p_d 查水的饱和蒸气压表知对应的饱和温度为 27.5℃，此温度即为露点。

(3) 绝热饱和温度 t_{as} 和湿球温度 t_w

因为 H_{as} 与 t_{as} 有关，故由式(11-14)求 t_{as} 需试算。又 $t_d\leqslant t_{as}\leqslant t$，故设 t_{as} 的初始值为

$$t_{as_1}=\frac{1}{2}(t_d+t)=\frac{1}{2}(27.5+30)=28.75$$

试算步骤如下：由 t_{as_1} 查取 $r_{as_1}=2426.3$kJ/kg，$C_H=1.01+1.88H=1.01+1.88\times0.02403=1.055$kJ/(kg·K)，则

$$H_{as_1}=(t-t_{as_1})\frac{C_H}{r_{as_1}}+H=(30-28.75)\times\frac{1.055}{2426.3}+0.02403$$
$$=0.02457\text{kg 水/kg 绝干气}$$

再由

$$H_{as}=0.622\frac{p_{as}}{p-p_{as}}$$

得

$$p_{as_1}=\frac{H_{as_1}p}{H_{as_1}+0.622}$$

代入相关数据得 $p_{as_1}=3.85$kPa。由 p_{as_1} 查水的饱和蒸气压表得 $t_{as_2}=28.31$℃。

再由 t_{as_2} 查取 $r_{as_2}=2427.1$kJ/kg，则 $H_{as_2}=0.02476$kg 水/kg 绝干气，$p_{as_2}=3.88$kPa，$t_{as_3}=28.44$℃与 t_{as_2} 相近，试算成功。故

$$t_{as}=28.4℃$$

空气的湿球温度与绝热饱和温度近似相等。

注意：若采用由 t_{as} 查取 p_{as}、r_{as}，再由式(11-2)计算 H_{as}，最后用式(11-14)计算 t_{as} 的步骤进行试算，则不易收敛。

11.2.3　湿空气的湿度图及其应用

对于不饱和湿空气，组分数为 2 个（空气和水汽），相数为 1 个（气相）。根据相律，可知其自由度

$$F=组分数-相数+2=2-1+2=3$$

这表明，若给定不饱和湿空气的三个独立参数，就能确定不饱和湿空气的状态，因此，在总压一定的条件下，只要再任意规定两个独立参数，湿空气的状态即被唯一地确定。湿空气状态确定后，可以进一步计算出湿空气的其他性质。从【例 11-2】可知，计算湿空气的

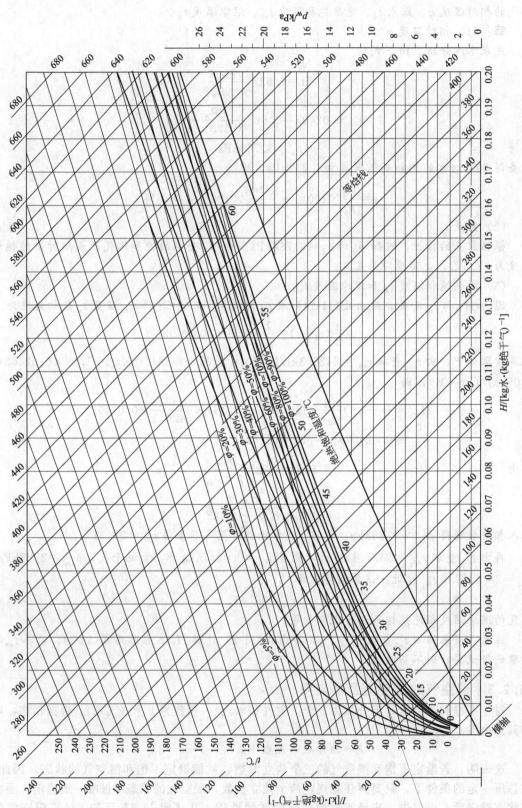

图 11-4 湿空气的 H I 图

性质时，有时需用试差法，甚为繁琐。故工程上为了方便起见，在总压一定的情况下，将诸参数之间的关系在平面坐标上绘成图线，用此图求湿空气的性质时，可以避免试差。从形式上看，常用的有湿度-焓（H-I）图、温度-湿度（t-H）图。本章采用 H-I 图。

（1）湿空气的 H-I 图

如图 11-4 所示。该图的横坐标是湿空气的湿度，单位为 kg 水/kg 绝干气，纵坐标是湿空气的焓，单位为 kJ/kg 绝干气。为了使图中各种曲线不致拥挤在一起，提高读数的准确度，两坐标的夹角是 135°，而不是 90°。图中的水平轴为辅助坐标，是为了减少线图的篇幅而又便于读数，该坐标上的湿度值是横坐标上湿度值的投影，真正的横坐标在图中并未完全画出。该图按湿空气的总压 p 为 101.33kPa 制成。若系统总压偏离常压较远，则不能应用此图。

H-I 图由以下 5 种线群所组成。

① 等湿度线（等 H 线）群　等 H 线为一系列平行于纵轴的直线。在同一条等 H 线上不同点所代表的湿空气的状态不相同，但有相同的湿度。

图 11-4 中 H 的读数范围为 0～0.2kg/kg 绝干气。

② 等焓线（等 I 线）群　等 I 线是一系列平行于横轴（与纵轴成 135°的斜轴）的直线，在同一条等 I 线上不同点所代表的湿空气状态不相同，但有相同的焓值。

图 11-4 中 I 的读数范围为 0～680kJ/kg 绝干气。

③ 等干球温度线（等 t 线）群　由式(11-8b) 可得

$$I = (1.88t + 2490)H + 1.01t \tag{11-17}$$

上式表明，在一定温度 t 下，H 与 I 呈线性关系。规定一系列的温度 t 值，按式(11-17)计算 I 与 H 的对应关系，并绘于 H-I 图中，即可得到一系列等 t 线。

由于等 t 线斜率（$1.88t + 2490$）是温度的函数，因此等温线是不平行的，温度越高，等温线斜率越大。图 11-4 中 t 的读数范围为 0～250℃。

④ 等相对湿度线（等 φ 线）群　将具有相同 φ 的空气状态点相连即得等相对湿度线，由式(11-5) 可知，总压一定时，相对湿度 $\varphi = f(H, p_s)$，又因 p_s 只和湿空气的 t 有关，因此 $\varphi = f(H, t)$。依此算出若干组 H 与 t 的对应关系，并标绘于 H-I 坐标图中，即为一条等 φ 线，取一系列的 φ 值，可得一系列的等 φ 线。图 11-4 中共有 11 条等 φ 线，由 $\varphi = 5\%$ 到 $\varphi = 100\%$。$\varphi = 100\%$ 的等 φ 线称为饱和空气线，此时空气被水汽所饱和。

⑤ 蒸汽分压线　水蒸气分压线标绘于饱和空气线的下方，是湿空气中湿度 H 和水汽分压 p_w 的关系曲线。由式(11-2)得

$$p_w = \frac{Hp}{0.622 + H} \tag{11-18}$$

上式表明，总压 p 一定，若 $H \ll 0.622$，则 p_w 和 H 的关系可视为直线关系。

（2）H-I 图的应用

湿度图中的任意点均代表某一确定的湿空气状态，只要依据任意两个独立参数，即可在 I-H 图中定出状态点，由此可查得湿空气其他性质。

如图 11-5 湿空气状态点为 A 点，则各参数分别如下。

① 湿度 H　由 A 点沿等湿线向下与辅助水平轴相交，可直接读出湿度值。

② 水汽分压 p_w　由 A 点沿等湿线与水汽分压线相交于 C 点，在右纵坐标上读出水汽分压值。

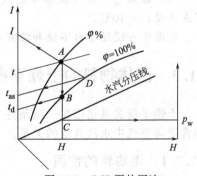

图 11-5　I-H 图的用法

③ 焓 I　通过 A 点沿等焓线与纵轴相交，即可读出焓值。

④ 露点温度 t_d　由 A 点沿等湿线向下与 $\varphi=100\%$ 相交于 B 点，由通过 B 点的等 t 线读出露点温度值。

⑤ 湿球温度 t_w（或绝热饱和温度 t_{as}）　过 A 点沿等焓线与 $\varphi=100\%$ 相交于 D 点，由通过 D 点的等 t 线读出绝热饱和温度 t_{as} 即湿球温度 t_w 值。

应予指出，只有根据湿空气的两个独立参数才可在 I-H 图上确定状态点。湿空气状态参数并非都独立，例如 t_d-H、p_w-H、t_w（或 t_{as}）-I 之间就不彼此独立，由于它们均落在同一条等 H 线或等 I 线上，因此不能用来确定空气的状态点。通常，能确定湿空气状态的两个独立参数为：干球温度 t 与相对湿度 φ，干球温度 t 与湿度 H，干球温度 t 与露点温度 t_d，干球温度 t 与湿球温度 t_w（或绝热饱和温度 t_{as}）等，其状态点的确定方法如图 11-6 所示。

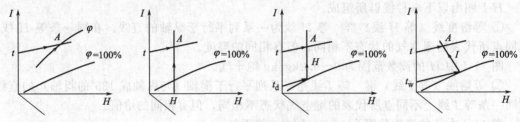

图 11-6　在 I-H 图上确定湿空气的状态点

【例 11-3】　在总压 101.3kPa 时，用干、湿球温度计测得湿空气的干球温度为 20℃，湿球温度为 14℃，试在 I-H 图中查取此湿空气的其他性质：(1) 湿度 H；(2) 水汽分压 p_w；(3) 相对湿度 φ；(4) 焓 I；(5) 露点温度 t_d。

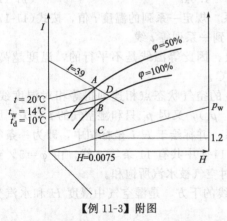

【例 11-3】附图

解： 如附图所示，作 $t_w=14℃$ 的等温线与 $\varphi=100\%$ 相交于 D 点，再过 D 点作等焓线与 $t=20℃$ 的等温线相交于 A 点，则 A 点即为该湿空气的状态点，由此可读取其他参数。

(1) 湿度 H　由 A 点沿等 H 线向下与辅助水平轴交点读数为 $H=0.0075$kg 水/kg 绝干气。

(2) 水汽分压 p_w　由 A 点沿等 H 线与水汽分压线相交于 C 点，在右纵坐标上读出水汽分压值 $p_w=1.2$kPa。

(3) 相对湿度 φ　由 A 点所在的等 φ 线，读得相对湿度 $\varphi=50\%$。

(4) 焓 I　通过 A 点沿等焓线与纵轴相交，读出焓值 $I=39$kJ/kg 绝干气。

(5) 露点 t_d　由 A 点沿等湿线向下与 $\varphi=100\%$ 相交于 B 点，由通过 B 点的等 t 线读出露点温度 $t_d=10℃$。

从图中可明显看出不饱和湿空气的干球温度、湿球温度及露点温度的大小关系。

11.3　固体物料的干燥平衡

干燥平衡关系是指在一定条件下，当湿空气和物料成热力学平衡状态时，固体物料中水的含量与空气中水汽含量的关系。

11.3.1　湿物料的性质

湿物料中的含水量通常用下面的两种方法来表示。

（1）湿基含水量

水分在湿物料中的质量分数为湿基含水量，以 w 表示，单位为 kg 水/kg 湿料。即

$$w=\frac{湿物料中水分质量}{湿物料的总质量} \tag{11-19}$$

工业上通常用这种方法表示湿物料的含水量。

（2）干基含水量

湿物料中的水分与绝干物料的质量比为干基含水量，以 X 表示，单位为 kg 水/kg 绝干料。即

$$X=\frac{湿物料中水分质量}{湿物料中绝干物料质量} \tag{11-20}$$

由于在干燥过程中，绝干物料量不发生变化，因此，在干燥计算中采用干基含水量更为方便。

两种含水量之间的关系为

$$w=\frac{X}{1+X} \tag{11-21}$$

$$X=\frac{w}{1-w} \tag{11-22}$$

（3）湿物料的比热容

湿物料的比热容为将湿物料中的 1kg 绝干料和 X kg 水温度升高（或降低）1℃所吸收的热量，即

$$C_m=C_s+XC_w=C_s+4.187X \tag{11-23}$$

式中，C_m 为湿物料的比热容，kJ/(kg 绝干料·℃)；C_s 为绝干物料的比热容，kJ/(kg 绝干料·℃)；C_w 为物料中所含水分的比热容，取为 4.187kJ/(kg 水·℃)

（4）湿物料的焓 I'

湿物料的焓 I' 包括绝干物料的焓（以 0℃的绝干物料为基准）和物料中所含水分（以 0℃的液态水为基准）的焓，即

$$I'=(C_s+XC_w)\theta=(C_s+4.187X)\theta \tag{11-24}$$

式中，I' 为湿物料的焓，kJ/kg 绝干料；θ 为湿物料的温度，℃。

11.3.2 干燥平衡及干燥平衡曲线

（1）结合水与非结合水

在各种固体物料中，水分以不同的方式与固体物料相结合，以不同的形式存在。有的水分以化学力与固体相结合，以结晶水、溶胀水分等形式存在于固体物料中；有些水分受物料的表面吸附力、毛细管力等物理化学力的作用，以吸附水分及毛细管水分的形式存在。凡受化学力或物理化学力的作用而存在于固体中的水分统称为结合水。

当物料中含水较多时，多于结晶水的部分称作非结合水，这部分水只是机械地附着于固体表面或大空隙中，性质与纯水相同，其蒸气压力为同温度下纯水的饱和蒸气压。结合水因受化学力或物理化学力的作用，其蒸气压低于同温度下纯水的饱和蒸气压。

（2）干燥平衡曲线

在一定温度下湿物料的平衡水蒸汽压与其水含量的关系如图 11-7 所示。图中的曲线为干燥平衡曲线，由图可知当水含量大于结合水含量 $X_{结合}$ 时（即物料含非结合水）湿

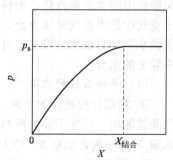

图 11-7 湿物料的水蒸气压

物料的平衡水蒸气压等于同温度下水的饱和蒸气压，且水蒸气压不随水含量而变化；当水含量低于结合水含量时，则平衡水蒸气压随水含量的减少而降低。干燥平衡曲线需由实验测定。

上述干燥平衡曲线也可以表示成平衡含水量与空气的相对湿度的关系，如图 11-8 所示。用相对湿度 φ 代替水蒸气压作平衡曲线的优点是各种温度下的干燥平衡曲线（$X^* - \varphi$）近似地可以用同一条曲线表示，因此只要温度变化范围不大，可以用在一个温度下测得的平衡曲线来预计各种温度下平衡关系。图 11-9 是某种物料在常压和 25℃下的干燥平衡曲线。

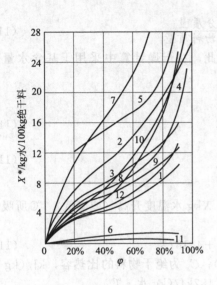

图 11-8 在 25℃时某些物料的平衡湿含量 X^* 与
空气相对湿度 φ 的关系
1—新闻纸；2—羊毛；3—硝化纤维；4—丝；
5—皮革；6—陶土；7—烟叶；8—肥皂；
9—牛皮胶；10—木材；11—玻璃丝；12—棉花

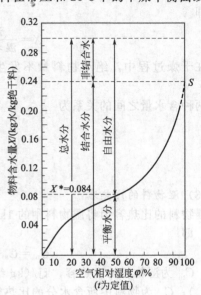

图 11-9 某种物料（丝）的平衡曲线

平衡含水量随物料种类的不同而有较大差异。非吸水性的物料（如陶土、玻璃棉等）的平衡含水量接近于零；而吸水性物料（如烟叶、皮革等）的平衡含水量较高。对于同一物料，平衡含水量又因所接触的空气状态不同而变化，温度一定时，空气的相对湿度越高，其平衡含水量越大；相对湿度一定时，温度越高，平衡含水量越小，但变化不大，由于缺乏不同温度下平衡含水量的数据，一般温度变化不大时，可忽略温度对平衡含水量的影响。

（3）平衡水分与自由水分

当湿物料与大量湿空气接触时，如空气中的水蒸气分压低于湿物料的平衡水蒸气压，则湿物料中的水分将汽化，物料被干燥，这一过程进行到湿物料的含水量降低到其水蒸气压等于空气中的水蒸气分压为止，这时湿物料的含水量称为平衡含水量。湿物料中高于平衡水含量的水称为自由水。可见，自由水是用一定温度和湿度的空气干燥湿物料时，可以从湿物料中除去的水分。

（4）平衡曲线的应用

① 判断过程进行的方向。当干基含水量为 X 的湿物料与一定温度及相对湿度 φ 的湿空气相接触时，可在干燥平衡曲线上找到与该湿空气相应的平衡含水量 X^*，比较湿物料的含水量 X 与平衡含水量 X^* 的大小，可判断过程进行的方向。

若物料含水量 X 高于平衡含水量 X^*，则物料脱水而被干燥；若物料的含水量 X 低于

平衡含水量 X^*，则物料将吸水而增湿。

② 确定过程进行的极限。前已指出，平衡含水量是物料在一定空气条件下被干燥的极限，利用平衡曲线，可确定一定含水量的物料与指定状态空气相接触时平衡含水量与自由含水量的大小。

图 11-9 为一定温度下某种物料（丝）的平衡曲线。当将干基含水量为 $X = 0.30$kg 水/kg绝干料的物料与相对湿度为 50% 的空气相接触时，由平衡曲线可查得平衡含水量为 $X^* = 0.084$kg 水/kg 绝干料，相应自由含水量为 $(X - X^*) = 0.216$kg 水/kg 绝干料。

③ 判断水分去除的难易程度。利用平衡曲线可确定结合水分含量与非结合水分含量的大小。如将平衡曲线延长，使之与 $\varphi = 100\%$ 相交，在交点以下的水分为物料的结合水分，因其所产生的蒸气压是与 $\varphi < 100\%$ 的空气平衡，即其蒸气压低于同温度下纯水的饱和蒸气压；交点之上的水分则为非结合水分。图 11-9 中，平衡曲线与 $\varphi = 100\%$ 相交于 S 点，查得结合水分含量为 0.24kg 水/kg 绝干料，此部分水较难去除，相应非结合水分含量为 0.06kg 水/kg 绝干料，此部分水较易去除。

应予指出，平衡水分与自由水分是依据物料在一定干燥条件下其水分能否用干燥方法除去而划分，既与物料的种类有关，也与空气的状态有关；而结合水分与非结合水分是依据物料与水分的结合方式（或物料中所含水分去除的难易）而划分，仅与物料的性质有关，而与空气的状态无关。

11.4 干燥过程的物料衡算与热量衡算

在干燥过程的计算中，首先应确定从湿物料中除去水分量、所需要的干燥介质量以及所需提供的热量，并据此进行干燥设备的设计或选型，选择合适型号的风机与换热设备等。

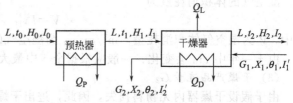

图 11-10 是连续逆流空气干燥器的流程。空气经预热器加热后温度升高，增强了接纳水分的能力，然后进入干燥室与湿物料逆流接触，进行传

图 11-10 连续逆流干燥过程流程

质、传热。湿物料中的水分汽化进入空气，并由空气带走，汽化所需的热量或全部由热空气提供，或由干燥室内的加热器补充一部分。

在图 11-10 中，H_0、H_1、H_2 分别为湿空气进入预热器、进入干燥器和离开干燥器时的湿度，kg 水/kg 绝干气；I_0、I_1、I_2 分别为湿空气进入预热器、进入干燥器和离开干燥器时的焓，kJ/kg 绝干气；t_0、t_1、t_2 分别为湿空气进入预热器、进入干燥器和离开干燥器时的温度，℃；L 为绝干空气流量，kg 绝干气/s；Q_P 为单位时间内预热器的加热量，kW；G_1、G_2 分别为湿物料进入和离开干燥器时的流量，kg 湿物料/s；θ_1、θ_2 分别为湿物料进入和离开干燥器时的温度，℃；X_1、X_2 分别为湿物料进入和离开干燥器时的干基含水量，kg 水/kg 绝干料；I_1'、I_2' 分别为湿物料进入和离开干燥器时的焓，kJ/kg 绝干料；Q_D 为单位时间内向干燥器内补充的热量，kW；Q_L 为干燥器的热损失率（若干燥器采用输送装置输送物料，则装置带出的热量也应计入热损失中），kW。

11.4.1 物料衡算

通过对干燥器进行物料衡算，可确定从物料中除去的水分量和空气消耗量、干燥产品的流量。

（1）水分蒸发量 W

以 1s 为基准，设干燥器内无物料损失，对图 11-10 中的干燥器作物料衡算

$$LH_1 + GX_1 = LH_2 + GX_2$$

则

$$W = L(H_2 - H_1) = G(X_1 - X_2) \tag{11-25}$$

式中，W 为单位时间内水分的蒸发量，kg/s；G 为单位时间内绝干物料的流量，kg 绝干料/s。

（2）空气消耗量 L

由式（11-25）得

$$L = \frac{G(X_1 - X_2)}{H_2 - H_1} = \frac{W}{H_2 - H_1} \tag{11-26}$$

式中，L 为单位时间内消耗的绝干空气量，kg 绝干气/s。

式（11-26）的等号两侧均除以 W，得

$$l = \frac{L}{W} = \frac{1}{H_2 - H_1} \tag{11-27}$$

式中，l 为单位空气消耗量，kg 绝干气/kg 水，即每蒸发 1kg 水分所消耗的绝干空气量。

空气通过预热器前后的湿度不变，若以 H_0 表示进入预热器前空气的湿度，则 $H_1 = H_0$，式（11-27）可改写为

$$l = \frac{L}{W} = \frac{1}{H_2 - H_0} \tag{11-27a}$$

当绝干气的消耗量为 L 时，湿度为 H_0 的湿空气消耗量为

$$L' = L(H - H_0) \tag{11-28}$$

式中，L' 为单位时间内湿空气用量，kg/s。

湿空气的体积消耗量为

$$V = L\nu_H \tag{11-29}$$

式中，V 为湿空气体积消耗量，m^3/s；ν_H 为湿空气的比体积，m^3/kg 绝干气。

由于一年中 H_0 会变化，一般应根据全年中最大的湿空气体积消耗量来选用风机。

（3）干燥产品流量 G_2

由于假设干燥器内无物料损失，因此，进出干燥器的绝干物料量不变，即

$$G = G_2(1 - w_2) = G_1(1 - w_1) \tag{11-30}$$

解得

$$G_2 = \frac{G_1(1 - w_1)}{1 - w_2} = \frac{G_1(1 + X_2)}{1 + X_1} \tag{11-31}$$

式中，w_1 为物料进干燥器时的湿基含水量；w_2 为物料离开干燥器时的湿基含水量。

应注意区别 G_2 与 G 不同，干燥产品 G_2 是指离开干燥器的物料的流量，其中包括绝干物料 G 及仍含有的少量水分，实际是含水分较少的湿物料。

【例 11-4】 在一连续干燥器中，每小时处理湿物料 2000kg，要求将含水量由 10% 减至 2%（均为湿基）。以空气为干燥介质，进入预热器前新鲜湿空气的温度与湿度分别为 15℃ 和 0.01kg 水/kg 绝干气（压力为 101.3kPa），离开干燥器时废气的湿度为 0.08kg 水/kg 绝干气。假设干燥过程中无物料损失，试求：（1）水分蒸发量；（2）新鲜湿空气消耗量（分别以质量及体积表示）；（3）干燥产品量。

解：（1）水分蒸发量 W

物料的干基含水量

$$X_1 = \frac{w_1}{1 - w_1} = \frac{0.1}{1 - 0.1} = 0.1111 \text{kg 水/kg 绝干料}$$

$$X_2 = \frac{w_2}{1-w_2} = \frac{0.02}{1-0.02} = 0.0204\text{kg 水/kg 绝干料}$$

绝干物料量　　　　　$G = G_1(1-w_1) = 2000(1-0.1) = 1800\text{kg/h}$

所以水分蒸发量　　　$W = G(X_1 - X_2) = 1800 \times (0.1111 - 0.0204) = 163.26\text{kg/h}$

（2）新鲜湿空气消耗量

绝干空气用量　　　　$L = \frac{W}{H_2 - H_1} = \frac{163.26}{0.08 - 0.01} = 2332.3\text{kg 绝干气/h}$

新鲜湿空气质量流量　　$L' = L(1 + H_0) = 2332.3 \times (1 + 0.01) = 2355.6\text{kg/h}$

湿空气的比体积

$$\nu_H = (0.773 + 1.244H_0) \times \frac{273 + t_0}{273} \times \frac{1.013 \times 10^5}{p}$$

$$= (0.773 + 1.244 \times 0.01) \times \frac{273 + 15}{273} = 0.829\text{m}^3/\text{kg 绝干气}$$

新鲜湿空气体积用量　　$V = L\nu_H = 2332.3 \times 0.829 = 1933\text{m}^3/\text{h}$

（3）干燥产品量 G_2

干燥过程中无物料损失，则干燥产品

$$G_2 = G_1 - W = 2000 - 163.26 = 1836.74\text{kg/h}$$

或

$$G_2 = \frac{G_1(1-w_1)}{1-w_2} = \frac{2000(1-0.01)}{1-0.02}$$

$$= 1836.74\text{kg/h}$$

11.4.2　热量衡算

通过干燥系统的热量衡算，可以得到：①预热器消耗的热量；②向干燥器补充的热量；③干燥过程消耗的总热量。从而可确定预热器的尺寸、干燥介质用量、干燥器的传热面积以及干燥系统热效率等。

（1）对预热器的热量衡算

若忽略预热器的热损失，以 1s 为基准，对图 11-10 的预热器进行热量衡算，得预热器耗热量为

$$Q_P = L(I_1 - I_0) = L(1.01 + 1.88H_0)(t_1 - t_0) \tag{11-32}$$

式中，Q_P 为空气在预热器中所获得的热量，kW。

（2）对干燥器的热量衡算

同样以 1s 为基准，对干燥器作热量衡算，则

$$LI_1 + GI_1' + Q_D = LI_2 + GI_2' + Q_L$$

$$Q_D = L(I_2 - I_1) + G(I_2' - I_1') + Q_L \tag{11-33}$$

式中，Q_D 为空气在干燥器中所获得的热量，kW；Q_L 为干燥器的热损失，kW。

（3）对整个干燥系统的热量衡算

同样以 1s 为基准，对整个干燥系统进行热量衡算，得

$$Q = Q_P + Q_D = L(I_2 - I_0) + G(I_2' - I_1') + Q_L \tag{11-34}$$

式(11-34) 亦可由式(11-32)、式(11-33) 相加得到，式(11-32)、式(11-33) 及式(11-34) 为连续干燥系统热量衡算的基本方程式。为了便于应用，可通过以下分析得到更为简明的形式。

加入干燥系统的热量 Q 被用于：

① 将新鲜空气 L（湿度为 H_0）由 t_0 加热至 t_2，所需热量为 $L(1.01 + 1.88H_0)(t_2 - t_0)$。

② 对原湿物料 $G_1 = G_2 + W$，其中干燥产品 G_2 从 θ_1 加热至 θ_2 后离开干燥器，所耗热量

为 $GC_{m_2}(\theta_2-\theta_1)$，水分 W 由液态温度 θ_1 被加热并汽化，在温度 t_2 下随气相离开干燥系统，所需热量为 $W(2490+1.88t_2-4.187\theta_1)$。

③ 干燥系统损失的热量 Q_L

$$Q=Q_P+Q_D=L(1.01+1.88H_0)(t_2-t_0)+GC_{m_2}(\theta_2-\theta_1)+$$
$$W(2490+1.88t_2-4.187\theta_1)+Q_L \tag{11-35}$$

若忽略空气中水汽进出干燥系统的焓的变化和湿物料中水分带入干燥系统的焓，则上式可简化为

$$Q=Q_P+Q_D=1.01L(t_2-t_0)+GC_{m_2}(\theta_2-\theta_1)+W(2490+1.88t_2)+Q_L \tag{11-36}$$

上式表明，加入干燥系统的热量 Q 被用于四个方面：①加热空气；②加热物料；③蒸发水分；④热损失。

11.4.3 干燥系统的热效率

以上热量的四个用途中，只有蒸发水分所耗的能量真正用于干燥目的，这部分能耗占全部供能的比例越大，表明热能利用率越高。我们称这个比值为热效率，用 η 表示，即

$$\eta=\frac{\text{蒸发水分所需的热量}}{\text{向干燥系统输入的总热量}}\times100\%$$

或

$$\eta=\frac{Q_W}{Q}=\frac{Q_W}{Q_P+Q_D}\times100\% \tag{11-37}$$

式中，Q_W 为蒸发水分所需的热量，kW。

由本章 11.4.2 节的分析可知

$$Q_W=W(2490+1.88t_2-4.187\theta_1)$$

若忽略湿物料中水分带入系统中的焓，上式简化为

$$Q_W\approx W(2490+1.88t_2)$$

则干燥系统的热效率为

$$\eta=\frac{W(2490+1.88t_2)}{Q}\times100\% \tag{11-38}$$

干燥系统的热效率反映过程进行的能耗及热利用率，是干燥过程的重要经济指标。一般可通过以下途径提高热效率。

① 提高空气的预热温度 t_1 可降低空气用量，从而降低总加热量，提高干燥器的热效率。但对热敏性物料，不宜使预热温度过高，应采用中间加热方式，即在干燥器内设置多个加热器，进行多次加热。

② 降低废气出口温度 t_2，但同时也降低了干燥过程的传热推动力，降低了干燥效率。对于吸水性物料的干燥，空气出口温度应高些，而湿度则应低些，即相对湿度要低些。在实际干燥操作中，一般空气离开干燥器的温度需比进入干燥器的绝热饱和温度高 20～50℃，这样才能保证在系统后面的设备内不致析出水滴，否则可能使干燥产品返潮，且易造成管路的堵塞和设备材料的腐蚀。

③ 回收废气中的热量用以预热冷空气或冷物料。

④ 加强干燥设备和管路的保温，以减少干燥系统的热损失。

⑤ 在干燥系统内设置内换热器以减少能量供给，降低空气用量，提高热效率。另外，采用二级干燥可提高产品的质量并节能，尤其适用于热敏性物料。

【例 11-5】 温度 $t_0=15℃$，湿度 $H_0=0.0073$kg 水/kg 绝干气的空气经预热器加热至 $t_1=90℃$ 后，送入常压气流干燥器内干燥某种湿物料。物料进干燥器前温度 $\theta_1=15℃$，湿含量 $X_1=0.15$kg 水/kg 绝干料，出干燥器时温度 $\theta_2=40℃$，湿含量 $X_2=0.01$kg 水/kg 绝干料。绝对干燥物料的比热容 $C_s=1.156$kJ/(kg 绝干料·℃)。空气出干燥器的温度 $t_2=50℃$，

该干燥器的生产能力按产品计为 250kg/h。

(1) 假设该干燥过程中固体物料进出干燥器的焓不变，干燥器的热损失可忽略，求原空气消耗量、预热器中的加热量以及干燥器的热效率；(2) 干燥过程中物料带走的热量不忽略，干燥器的热损失为 3.2kW，求原空气消耗量、预热器中的加热量以及干燥器的热效率。

解：(1) 因干燥器中不补充热量，热损失及物料的焓变均可以忽略不计，则根据式(11-33)，$I_1 = I_2$。空气在预热器中加热是等湿过程 $H_0 = H_1$，由 t_0、H_0 在 $H\text{-}I$ 图可查得 $I_0 = 33$kJ/kg 绝干气。因 $t_1 = 90$℃，$H_1 = H_0 = 0.0073$kg 水/kg 绝干气，在 $H\text{-}I$ 图上可查得 $I_1 = 110$kJ/kg 绝干气。由 $t_2 = 50$℃及 $I_2 = I_1 = 110$kJ/kg 绝干气，在 $I\text{-}H$ 图上便可查得 $H_2 = 0.0235$kg 水/kg 绝干气。

绝对干燥物料量为

$$G = \frac{G_2}{1 + X_2} = \frac{250}{1 + 0.01} = 248 \text{kg/h}$$

水蒸发量为

$$W = G(X_1 - X_2) = 248(0.15 - 0.01) = 34.7 \text{kg/h}$$

绝对干燥空气量为

$$L = \frac{W}{H_2 - H_1} = \frac{34.7}{0.0235 - 0.0073} = 2141 \text{kg 绝干气/h}$$

原空气的体积流量为

$$V = L(0.772 + 1.244 H_0) \times \frac{273 + t_0}{273}$$

$$= 2141(0.772 + 1.244 \times 0.0073) \times \frac{273 + 15}{273} = 1764 \text{m}^3/\text{h}$$

预热器的传热量为

$$Q_P = L(I_1 - I_0) = 2141(110 - 33) = 164857 \text{kg/h} = 45.8 \text{kW}$$

干燥器的热效率为

$$\eta = \frac{Q_W}{Q_P + Q_D} \times 100\%$$

$$Q_D = 0$$

$$Q_P = 164857 \text{kJ/h}$$

$$Q_W = W(2490 + 1.88 t_2 - 4.187 \theta_1)$$

$$= 34.7(2490 + 1.88 \times 50 - 4.187 \times 15) = 87485 \text{kJ/h}$$

$$\eta = \frac{87485}{164857} \times 100\% = 53\%$$

(2) 由于 $Q_D = 0$，$G(I_2' - I_1') > 0$，$Q_L > 0$，因此，解此问的关键是求出 H_2。

同 (1)，由已知条件可求出 $G = 248$kg/h，$W = 34.7$kg/h，$I_1 = 110$kJ/kg 绝干气，$I_0 = 33$kJ/kg 绝干气。

物料带走的热量

$$G(I_2' - I_1') = G[(C_s + C_w X_2)\theta_2 - (C_s + C_w X_1)\theta_1]$$

$$= 248[(1.156 + 4.187 \times 0.01) \times 40 - (1.156 + 4.187 \times 0.15) \times 15]$$

$$= 5267.52 \text{kJ/h}$$

热损失

$$Q_L = 3.2 \text{kW} = 3.2 \times 3600 = 11520 \text{kJ/h}$$

由干燥器的水分衡算式(11-26) 得

$$L(H_2 - 0.0073) = 34.7 \tag{a}$$

由干燥器的热量衡算式(11-33) 得

$$L(I_1-I_2)=G(I_2'-I_1')+Q_L$$

$$L(110-I_2)=5267.52+11520=16787\text{kJ/h} \tag{b}$$

由空气焓的定义式(11-8b) 得

$$I_2=(1.01+1.88H_2)t_2+2490H_2$$

$$=(1.01+1.88H_2)\times 50+2490H_2$$

$$I_2=50.5+2584H_2 \tag{c}$$

联立方程式 (a)、(b)、(c) 解得

$$I_2=103.5\text{kJ/kg 绝干气}$$

$$H_2=0.0205\text{kg 水/kg 绝干气}$$

故

$$L=\frac{16787}{110-103.5}=2583\text{kg 绝干气/h}$$

预热器的传热量为 $Q_P=L(I_1-I_0)=2583(110-33)=198891\text{kJ/h}=55.3\text{kW}$

干燥器的热效率为 $\eta=\dfrac{Q_W}{Q_P}\times 100\%=\dfrac{87485}{198891}\times 100\%=44.0\%$

11.4.4　干燥器空气出口状态的确定

如前所述，在干燥系统中空气需先经过预热器加热后进入干燥器。空气在预热过程中，仅温度升高而湿度不变，预热后空气状态点容易确定。在干燥器内空气与物料之间同时进行传热和传质，使空气的温度降低，湿度增加，同时还有外界向干燥器补充热量，又有热量损失于周围环境中，情况比较复杂，故干燥器空气出口状况比较难确定。通常，根据空气在干燥器内焓的变化，将干燥过程分为等焓与非等焓过程来讨论。

(1) 等焓干燥过程

等焓干燥过程即为绝热干燥过程，其基本条件为以下几点：

① 干燥器内不补充热量，即 $Q_D=0$；

② 干燥器的热损失忽略不计，即 $Q_L=0$；

③ 物料在干燥过程中不升温，进、出干燥器的焓相等，即 $I_2'=I_1'$。

此时式(11-33) 简化为

$$I_1=I_2$$

即说明空气通过干燥器时经历等焓变化过程。而实际操作中很难实现此过程，故等焓过程又称为理想干燥过程。对于此过程，将上式与物料衡算式(11-25) 联立，可通过计算方法确定空气出口状态。另外，在等焓过程中，空气的状态沿等焓线变化，故亦可利用图解法在湿度图中直接确定空气出口状态。当已知新鲜空气两个独立状态参数，如 t_0 及 H_0，在图 11-11 上确定状态点 A 为进入预热器前空气状态点。空气在预热器内被加热到 t_1，而湿度没有变化，故从点 A 沿等 H 线上升与等 t 线 t_1 相交于 B 点，该点为离开预热器（即进入干燥器）的空气状态点。由于空气在干燥器内经历等焓过程，即沿着过 B 点的等 I 线变化，故只要知道空气离开干燥器时的任一参数，比如温度 t_2，则过 B 点的等 I 线与温度为 t_2 的等 t 线的交点 C 即为空气出干燥器的状态点。

当然，实际操作中很难保证绝热过程，过点 B 的等 I 线是理想干燥过程的操作线，相应的干燥器称为理想干燥器。

(2) 非绝热干燥过程

相对于理想干燥过程而言，非绝热干燥过程又称为非理想干燥过程或实际干燥过程。非绝热干燥过程根据空气焓的变化可能有以下几种情况。

① 干燥过程中空气焓值降低（$I_1 > I_2$）。当 $Q_D - G(I_2' - I_1') - Q_L < 0$，即对干燥器补充的热量小于干燥器的热损失与物料带出干燥器的热量之和时，空气离开干燥器的焓小于进入干燥器时的焓。

此时过程的操作线 BC_1 在等 I 线 BC 的下方，如图 11-12 所示。BC_1 线上任意点所对应的空气的焓值小于同温度下 BC 线上相应的焓值。

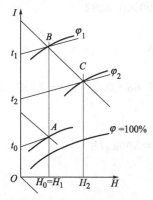 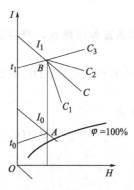

图 11-11　绝热干燥过程中湿空气状态变化　　　　图 11-12　非绝热干燥过程中湿空气状态变化

② 干燥过程中空气焓值增大（$I_1 < I_2$）。若向干燥器补充的热量大于损失的热量与加热物料消耗的热量总和，空气经过干燥器后焓值增大，这时操作线在等 I 线 BC 的上方，如图 11-12 中 BC_2 线所示。

③ 干燥过程中空气经历等温过程。若向干燥器补充的热量足够多，恰好使干燥过程在等温下进行，即空气在干燥过程中维持恒定的温度 t_1，这时过程的操作线为过点 B 的等 t 线，如图 11-12 中 BC_3 线所示。

根据上述不同的过程，非绝热干燥过程中空气离开干燥器时的状态点可用计算法或图解法确定，具体方法见【例 11-6】。

【例 11-6】　在常压连续干燥器中将某物料自含水量 50％ 干燥至 6％（均为湿基）。采用废气循环操作，即由干燥器出来的一部分废气和新鲜空气相混合，混合气经预热器加热到必要的温度后再送入干燥器。废气的循环比（循环的废气中干空气质量与混合气中干空气质量之比）为 0.8。设空气在干燥器中经历等焓过程。已知新鲜空气的状态为 $t_0 = 25℃$，$H_0 = 0.005$ kg 水/kg 绝干气；废气的状态 $t_2 = 38℃$，$H_2 = 0.034$ kg 水/kg 绝干气。试求每小时干燥 1000 kg 湿物料所需的新鲜空气量及预热器的加热量。（假设：预热器的热损失可忽略。）

解： 此干燥过程如附图所示。

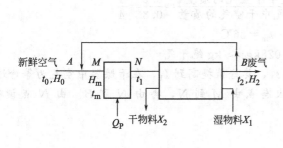 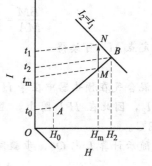

(a)　　　　　　　　　　　　　　　　　(b)

【例 11-6】附图

先确定新鲜空气与废气混合后的状态（温度 t_m 与湿度 H_m）。根据物料衡算可得

$$H_m = 0.8 \times 0.034 + 0.2 \times 0.005 = 0.0282 \text{kg 水/kg 绝干气}$$

根据热量衡算可得

$$0.2 I_0 + 0.8 I_2 = I_m$$

$$0.2[(1.01 + 1.88 \times 0.005)25 + 2490 \times 0.005] + 0.8[(1.01 + 1.88 \times 0.034)38 + 2490 \times 0.034]$$
$$= (1.01 + 1.88 \times 0.0282)t_m + 2490 \times 0.0282$$

解得

$$t_m = 35.5℃$$

混合气经预热器加热到 t_1，然后在干燥器中经历等焓过程

$$I_1 = I_2$$

$$(1.01 + 1.88 \times 0.0282)t_1 + 2490 \times 0.0282 = (1.01 + 1.88 \times 0.034)38 + 2490 \times 0.034$$

所以

$$t_1 = 52℃$$

计算水蒸发量

$$G = G_1(1 - w_1) = 1000(1 - 0.5) = 500 \text{kg/h}$$

$$X_1 = \frac{w_1}{1 - w_1} = \frac{0.5}{0.5} = 1$$

$$X_2 = \frac{6}{94}$$

所以水蒸发量为

$$W = 500\left(1 - \frac{6}{94}\right) = 486 \text{kg/h}$$

新鲜绝干空气量应由整个干燥系统的物料衡算求得

$$L(H_2 - H_0) = W$$

$$L = \frac{W}{H_2 - H_0} = \frac{468}{0.034 - 0.005} = 1.614 \times 10^4 \text{kg 绝干气/h}$$

故新鲜空气量为 $\quad L_0 = L(1 + H_0) = 1.614 \times 10^4(1 + 0.005) = 1.622 \times 10^4 \text{kg 新鲜空气/h}$

预热器的加热量为

$$Q_P = L_m C_H(t_1 - t_m)$$

其中混合气的比热容 C_H 为

$$C_H = 1.01 + 1.88 H_m = 1.01 + 1.88 \times 0.0282 = 1.063 \text{kJ/(kg 绝干气 · ℃)}$$

$$Q_P = \frac{1.614 \times 10^4}{0.2} \times 1.063(52 - 35.5) = 1.37 \times 10^6 \text{kJ/h}$$

此题也可用湿空气的 $H\text{-}I$ 图求解。混合气的状态点在 $H\text{-}I$ 图上由杠杆法则确定。如附图中（b）所示，A 点为新鲜空气状态点，B 点为废气的状态点，混合气状态点 M 必在 AB 连线上，且

$$\frac{BM}{MA} = \frac{\text{新鲜空气中干空气的质量}}{\text{循环的废气中干空气的质量}} = \frac{0.2}{0.8} = \frac{1}{4}$$

据此定点 M，可读得

$$t_m = 36℃$$

$$H_m = 0.028 \text{kg 水/kg 绝干气}$$

混合气在预热器中在等 H 下加热至 t_1，其焓值提高到 I_1，在干燥器中空气为等焓过程，$I_1 = I_2$，因此在 $H\text{-}I$ 图上，湿空气的状态点由 M 到 N，再由 N 到 B。由 N 点读得 t_1 为 53℃。

随后计算 L 与 Q_P，步骤同上。

【例 11-7】 若【例 11-6】的干燥器中空气为非等焓过程，且干燥器中物料带走的热量与热损失之和为 $9 \times 10^5 \text{kJ/h}$，求预热器出口湿空气的温度和预热器的加热量。

解：因干燥器有热损失和物料带走热量，所以干燥器中热空气带入的热量应大于废气带走的热量。做干燥器的热量衡算（基准为 1h）

$$\frac{1.614}{0.2} \times 10^4 [(1.01+1.88\times0.0282)t_1+2490\times0.0282]$$

$$=\frac{1.614}{0.2} \times 10^4 [(1.01+1.88\times0.034)38+2490\times0.034]+9\times10^5$$

解得
$$t_1=62.3℃$$

预热器的加热量 Q_P 为

$$Q_P=\frac{1.614}{0.2}\times10^4\times1.063(62.3-35.5)=2.22\times10^6\,kJ/h$$

11.5　干燥速率与干燥时间

干燥过程的设计，通常需计算所需干燥器的尺寸及完成一定干燥任务所需的干燥时间，这都取决于干燥过程的速率。

干燥过程是复杂的传热、传质过程，通常根据空气状态的变化将干燥过程分为恒定干燥操作和非恒定（或变动）干燥操作两大类。恒定状态下的干燥操作（简称恒定干燥）是指干燥操作过程中空气的温度、湿度、流速及与物料的接触方式不发生变化。如用大量空气对少量物料进行间歇干燥便可视为恒定干燥。变动状态下的干燥操作（简称变动干燥）是指干燥操作过程中空气的状态是不断变化的。如在连续操作的干燥器内，沿干燥器的长度或高度空气的温度逐渐下降而湿度逐渐增高，就属于变动干燥。本节讨论恒定干燥。

11.5.1　干燥实验和干燥曲线

为了简化影响因素，干燥实验通常是在恒定干燥条件下，即在空气的温度、湿度、气速以及空气与物料的流动方式都恒定不变的条件下进行。用大量的空气干燥少量湿物料，可以认为是恒定干燥条件，此时空气进、出干燥器时的状态不变。实验装置的示意图见图 11-13。

在实验进行过程中，每隔一段时间测定物料的质量变化，并记录每一时间间隔 $\Delta\tau$ 内物料的质量变化 $\Delta W'$ 及物料的表面温度 θ，直到物料的质量不再随时间变化，此时物料与空气达到平衡，物料中所含水分即为该干燥条件下的平衡水分。然后再将物料放到电烘箱内烘干到恒重为止（控制烘箱内的温度低于物料的分解温度），即得绝干物料的质量。

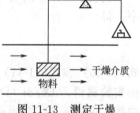

图 11-13　测定干燥
曲线的实验装置

根据上述实验数据可分别绘出物料含水量 X 与干燥时间 τ 以及物料表面温度 θ 与干燥时间 τ 的关系曲线，如图 11-14 所示，这两条曲线均称为干燥曲线。

在图 11-14 中，点 A 表示物料初始含水量为 X_1、温度为 θ_1，当物料在干燥器内与热空气接触后，表面温度由 θ_1 预热至 t_w，物料含水量下降至 X'，斜率 $\frac{dX}{d\tau}$ 较小。由 B 至 C 一段斜率 $\frac{dX}{d\tau}$ 变大，物料含水量随时间的变化为直线关系，物料表面温度保持在热空气的湿球温度 t_w，此时热空气传给物料的显热等于水分自物料汽化所需的潜热。进入 CDE 段内，物料开始升温，热空气中一部分热量用于加热物料，使其由 t_w 升高到 θ_2，另一部分热量用于汽化水分，因此该段斜率 $\frac{dX}{d\tau}$ 逐渐变为平坦，直到物料中所含水分降至平衡含水量 X^* 为止。

应予注意，干燥实验时操作条件应尽量与生产要求的条件相接近，以使实验结果可用于

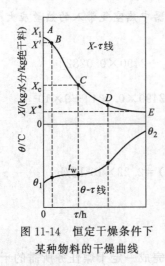

图 11-14 恒定干燥条件下
某种物料的干燥曲线

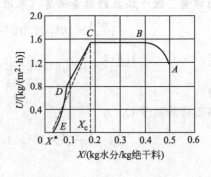

图 11-15 恒定干燥条件下
干燥速率曲线

干燥器的设计与放大。

11.5.2 干燥速率曲线及干燥过程分析

干燥速率定义为单位时间内、单位干燥面积上汽化的水分质量，即

$$U = \frac{dW'}{Sd\tau} \tag{11-39}$$

式中，U 为干燥速率，又称干燥通量，$kg/(m^2 \cdot s)$；S 为干燥面积，m^2；W' 为一批操作中汽化的水分量，kg；τ 为干燥时间，s。

其中

$$dW' = -G'dX \tag{11-40}$$

式中，G' 为一批操作中绝干物料的质量，kg。

式(11-40) 中的负号表示 X 随干燥时间的增加而减小。将式(11-40) 代入式(11-39) 中，得

$$U = -\frac{G'dX}{Sd\tau} \tag{11-41}$$

式(11-39) 和式(11-41) 是干燥速率的微分表达式。其中绝干物料的质量 G' 及干燥面积 S 可由实验测得，$dX/d\tau$ 可由图 11-14 的干燥曲线得到。因此，从图 11-14 的 $dX/d\tau$ 与 X 关系曲线，可得图 11-15 所示的 U 与 X 的关系曲线。从图中可看出，干燥过程可明显地划分为两个阶段。ABC 段为干燥第一阶段，其中 AB 段为预热段，此段内干燥速率提高，物料温度升高，但变化都很小，预热段一般很短，通常并入 BC 段内一起考虑；BC 段内干燥速率保持恒定，基本上不随物料含水量而变，故称为恒速干燥阶段。干燥的第二阶段如图中 CDE 所示，称为降速干燥阶段。在此阶段内干燥速率随物料含水量的减少而降低，直至 E 点，物料的含水量等于平衡含水量 X^*，干燥速率降为零，干燥过程停止。两个干燥阶段之间的交点 C 称为临界点，与点 C 对应的物料含水量称为临界含水量，以 X_c 表示，点 C 为恒速段的终点、降速段的起点，其干燥速率仍等于恒速阶段的干燥速率，以 U_c 表示。

下面分别讨论恒速干燥阶段与降速干燥阶段中的干燥机理及其影响因素。

（1）恒速干燥阶段

干燥过程中，湿物料内部的水分的汽化包括两个过程，即水分由湿物料内部向表面的传递过程和水分自物料表面汽化而进入气相的过程。在恒速干燥阶段，湿物料内部水分向表面传递的速率必须足够大，才能使物料表面始终维持充分润湿状态，从而维持恒定干燥速率。因此，恒速干燥阶段的干燥速率取决于物料表面水分的汽化速率，亦即决定于干燥条件，与

物料内部水分的状态无关，所以恒速干燥阶段又称为表面汽化控制阶段。一般来说此阶段汽化的水分为非结合水，与水从自由液面的汽化情况相同。

在恒定干燥条件下，恒速干燥阶段固体物料的表面充分润湿，其状况与湿球温度计的湿纱布表面的状况类似。物料表面的温度 θ 等于空气的湿球温度 t_w（假设湿物料受辐射传热的影响可忽略不计），物料表面的空气湿含量等于 t_w 下的饱和湿度 H_{s,t_w}，且空气传给湿物料的显热恰好等于水分汽化所需的汽化热，即

$$dQ' = r_{t_w} dW' \tag{11-42}$$

式中，Q' 为一批操作中空气传给物料的总热量，kJ。

其中空气与物料表面的对流传热速率为

$$\frac{dQ'}{Sd\tau} = \alpha(t - t_w) \tag{11-43}$$

湿物料与空气的传质速率（即干燥速率）为

$$U = \frac{dW'}{Sd\tau} = k_H(H_{s,t_w} - H) \tag{11-44}$$

将式(11-43)、式(11-44) 代入式(11-42) 中，并整理得

$$U = \frac{dW'}{Sd\tau} = \frac{dQ'}{r_{t_w} Sd\tau}$$

$$U = k_H(H_{s,t_w} - H) = \frac{\alpha}{r_{t_w}}(t - t_w) \tag{11-45}$$

由于干燥是在恒定的空气条件下进行的，故随空气条件而变的 α 和 k_H 值均保持恒定不变，而且 $(t - t_w)$ 及 $(H_{s,t_w} - H)$ 也为恒定值，因此，湿物料和空气间的传热速率及传质速率均保持不变，湿物料以恒定的速率 U 向空气中汽化水分。显然，提高空气的温度、降低空气的湿度或提高空气的流速，均能提高恒速干燥阶段的干燥速率。

（2）降速干燥阶段

当物料含水量降至临界含水量以下时，即进入降速干燥阶段，如图 11-14 中 CDE 段所示。其中 CD 段称为第一降速阶段，在该阶段湿物料内部的水分向表面扩散的速率已小于水分自物料表面汽化的速率，物料的表面不能再维持全部润湿而形成部分"干区"［如图 11-16(a) 所示］，使实际汽化面积减小，因此以物料全部外表面计算的干燥速率将下降。图中 DE 段称为第二降速阶段，当物料全部外表面都成为干区后，水分的汽化逐渐向物料内部移动［如图 11-16(b) 所示］，从而使传热、传质途径加长，造成干燥速率下降。同时，物料中非结合水分全部除尽后，进一步汽化的是平衡蒸气压较小的结合水分，使传质推动力减小，干燥速率降低，直至物料的含水量降至与外界空气的相对湿度达平衡含水量 X^* 时，物料的干燥即行停止［如图 11-16(c) 所示］。

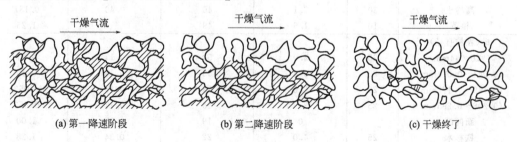

| (a) 第一降速阶段 | (b) 第二降速阶段 | (c) 干燥终了 |

图 11-16　水分在多孔物料中的分布

在降速干燥阶段中，干燥速率的大小主要取决于物料本身的结构、形状和尺寸，而与外部干燥条件关系不大，所以降速干燥阶段又称为物料内部扩散控制阶段。

降速阶段的干燥速率曲线形状随物料的内部结构而异，图 11-17 所示为 4 种典型的干燥速率曲线。

图 11-17(a)、图 11-17(b) 是非吸水的颗粒物料或多孔薄层物料（如砂粒床层、薄皮革等）的干燥。此类物料中的水分是靠毛细管力的作用由物料内部向表面迁移。

图 11-17(c) 是较典型的干燥速率曲线，系为多孔而又吸水物料（如木材、黏土等）的干燥。水分由物料内部迁移到表面，第一降速阶段主要是靠毛细管作用，而第二降速阶段主要靠扩散作用。

图 11-17(d) 是肥皂、胶类等无孔吸水性物料的干燥，物料中的水分靠扩散作用向表面迁移，这类物料一般不存在恒速干燥阶段。

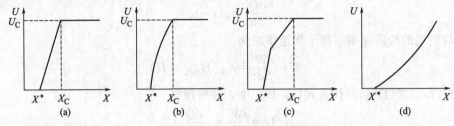

图 11-17 典型干燥速率曲线

(3) 临界含水量

物料的临界含水量是恒速干燥阶段的分界点，它是干燥器设计中的重要参数。临界含水量 X_C 越大，则转入降速阶段越早，完成相同的干燥任务所需的干燥时间越长。临界含水量不是物料的物性参数，它受物料的性质、干燥器的种类和干燥操作条件三方面的影响。

无孔吸水性物料的 X_C 值比多孔物料大；物料的堆积厚度薄或在有搅动的干燥器内干燥，X_C 值较小；干燥介质的温度高，湿度低，流速快，恒速干燥阶段的干燥速度快，X_C 大。干燥介质的温度过高，湿含量过低，恒速干燥阶段的速度过快，可能使某些物料表面结疤，这不仅影响产品质量，也增加了传热和传质阻力。临界含水量通常需要在和实际干燥相似的条件下实验测定。表 11-1 给出了某些物料的临界含水量参考值。

表 11-1　某些物料的临界含水量

物　料		空 气 条 件				临界含水量/
品　种	厚度/mm	速度/(m/s)	温度/℃	相对湿度		(kg 水/kg 绝干料)
黏土	0.4	1.0	37	0.10		0.11
黏土	15.9	1.0	32	0.16		0.13
黏土	25.4	10.6	25	0.40		0.17
高岭土	30	2.1	40	0.40		0.181
铬革	10	1.5	49			1.25
砂（颗粒直径）						
(<0.044mm)	25	2.0	54	0.17		0.21
(0.044～0.074mm)	25	3.4	53	0.14		0.10
(0.149～0.177mm)	25	3.5	53	0.15		0.053
(0.208～0.295mm)	25	3.5	55	0.17		0.053
新闻纸		0	19	0.35		1.00
铁杉木	25	4.0	22	0.34		1.28
羊毛织物			25			0.31
白垩粉	31.8	1.0	39	0.20		0.084
白垩粉	6.4	1.0	37			0.04
白垩粉	16	9～11	26	0.40		0.3

11.5.3 干燥时间的计算

干燥时间是对于一定的体系（待干燥物料和干燥介质），在一定的初始条件（θ_1，X_1，t_1 和 H_1）和操作条件下（如并流还是逆流，L/G，为达到一定的干燥要求（X_2），固体物料在干燥器内停留必要的时间。对于连续干燥器来说，在物料的移动速度一定的情况下，由停留时间决定干燥设备的长度。

由于干燥过程中传质和传热过于复杂，因此很难准确计算连续干燥器中物料的停留时间，一般只能通过实验来测定。

而对于间歇干燥过程，可以通过前述的恒定干燥条件下的干燥实验来确定干燥时间。

(1) 恒速干燥阶段

恒速阶段的干燥时间可直接从图 11-14 查得。对于没有干燥曲线的物系，可采用如下方法计算。

因恒速干燥段的干燥速率等于临界干燥速率，故式(11-41) 可以改写为

$$\mathrm{d}\tau=-\frac{G'}{U_{\mathrm{C}}S}(X_1-X_{\mathrm{C}}) \tag{11-41a}$$

从 $\tau=0$、$X=X_1$ 到 $\tau=\tau_1$、$X=X_{\mathrm{C}}$ 积分上式

$$\int_0^{\tau_1}\mathrm{d}\tau=-\frac{G'}{U_{\mathrm{C}}S}\int_{X_1}^{X_{\mathrm{C}}}\mathrm{d}X$$

得

$$\tau_1=\frac{G'}{U_{\mathrm{C}}S}(X_1-X_{\mathrm{C}}) \tag{11-46}$$

式中，τ_1 为恒速阶段的干燥时间，s；U_{C} 为临界点处的干燥速率，$\mathrm{kg/(m^2 \cdot s)}$；$X_1$ 为物料的初始含水量，kg 水/kg 绝干料；X_{C} 为物料的临界含水量，即恒速阶段终了时的含水量，kg 水/kg 绝干料；G'/S 为单位干燥面积上的绝干物料量，kg 绝干料/$\mathrm{m^2}$。

若缺乏 U_{C} 的数据，可将式(11-45) 应用于临界点处，计算出 U_{C}，即

$$U_{\mathrm{C}}=\frac{\alpha}{r_{t_{\mathrm{w}}}}(t-t_{\mathrm{w}}) \tag{11-45a}$$

式中，t 为恒定干燥条件下空气的平均温度，℃；t_{w} 为初始状态空气的湿球温度，℃；

物料与干燥介质的接触方式对对流传热系数 α 的影响很大，下面就对流传热系数 α 提供几个经验式。

① 当空气平行流过静止的物料层表面时

$$\alpha=0.0204(L'')^{0.8} \tag{11-47}$$

式中，L'' 为湿空气的质量流速，$\mathrm{kg/(m^2 \cdot h)}$；$\alpha$ 为对流传热系数，$\mathrm{W/(m^2 \cdot K)}$。

上式应用条件为 $L''=2450\sim29300\mathrm{kg/(m^2 \cdot h)}$，空气的平均温度为 $45\sim150℃$。

② 当空气垂直流过静止物料层表面时

$$\alpha=1.17(L'')^{0.37} \tag{11-48}$$

式中，L''、α 意义同式(11-47)，其应用条件为 $L''=3900\sim19500\mathrm{kg/(m^2 \cdot h)}$。

③ 气体与运动着的颗粒间的传热

$$\alpha=\frac{\lambda_{\mathrm{g}}}{d_{\mathrm{p}}}\left[2+0.54\left(\frac{d_{\mathrm{p}}u_{\mathrm{t}}}{\nu_{\mathrm{g}}}\right)^{0.5}\right] \tag{11-49}$$

式中，d_{p} 为颗粒的平均直径，m；u_{t} 为颗粒的沉降速率，m/s；λ_{g} 为空气的热导率，$\mathrm{W/(m^2 \cdot K)}$；ν_{g} 为空气的运动黏度，$\mathrm{m^2/s}$。

利用对流传热系数计算恒速干燥速率和干燥时间，仅能作为粗略估算。但由上式可知，空气的温度愈高，湿度愈低，气速愈大，则恒速干燥阶段的干燥速率愈快。但温度过高，湿度过低，可能会因干燥速率太快而引起物料变形、开裂或表面硬化。此外，空气流速太大，还会产生气流夹带现象。所以，应视具体情况选择适宜的操作条件。

【例 11-8】 将 20kg 湿物料放在长、宽各为 1.0m 的浅盘里进行干燥。干燥介质为常压空气，空气平均温度为 55℃，湿度为 0.01kg/kg 绝干气，空气以 5m/s 的速度平行地吹过湿物料表面，假设干燥盘的底部及四周绝热良好。试求该物料由含水量 $X_1 = 0.40$kg 水/kg 绝干料干燥至 $X_2 = 0.20$kg 水/kg 绝干料所需的时间。假设干燥处于恒速干燥阶段。

解： 温度为 55℃，湿度为 0.01kg 水/kg 绝干气的湿空气的比体积可按式(11-6)计算，即

$$\nu_H = (0.772 + 1.244H) \times \frac{273 + t}{273} \times \frac{1.013 \times 10^5}{p}$$

$$= (0.772 + 1.244 \times 0.01) \times \frac{273 + 55}{273} \text{m}^3 \text{ 湿空气/kg 绝干气}$$

$$= 0.9425 \text{m}^3 \text{ 湿空气/kg 绝干气}$$

湿空气的密度

$$\rho = \frac{1 + H}{\nu_H} = \frac{1 + 0.01}{0.9425} \text{kg 湿空气/m}^3 \text{ 湿空气} = 1.072 \text{kg 湿空气/m}^3 \text{ 湿空气}$$

湿空气的质量流速　$L'' = u\rho = 5 \times 1.072 \times 3600 \text{kg/(m}^2 \cdot \text{h}) = 19300 \text{kg/(m}^2 \cdot \text{h})$

所以　$\alpha = 0.0204(L'')^{0.8} = 0.0204 \times (19300)^{0.8} \text{W/(m}^2 \cdot ℃) = 54.71 \text{W/(m}^2 \cdot ℃)$

湿物料表面温度近似地等于湿空气的湿球温度 t_w，根据 $t = 55℃$、$H = 0.01$kg/kg 绝干气，由图 11-4 查得 $t_w = 26℃$。查得 26℃ 时水的汽化热 $r_{t_w} = 2433.6$kJ/kg。则恒速干燥阶段的干燥速率为

$$U_C = \frac{\alpha}{r_{t_w}}(t - t_w) = \frac{54.71}{2433.6 \times 10^3}(55 - 26) \text{kg/(m}^2 \cdot \text{s})$$

$$= 6.52 \times 10^{-4} \text{kg/(m}^2 \cdot \text{s})$$

$$= 2.35 \text{kg/(m}^2 \cdot \text{h})$$

$$G' = \frac{G_1}{1 + X_1} = \frac{20}{1 + 0.4} \text{kg 绝干料} = 14.29 \text{kg 绝干料}$$

由式(11-46)知所需干燥时间

$$\tau_1 = \frac{G'(X_1 - X_2)}{SU_C} = \frac{14.29 \times (0.4 - 0.2)}{1 \times 1 \times 6.52 \times 10^{-4}} \text{s} = 4383 \text{s} = 1.22 \text{h}$$

(2) 降速干燥阶段

降速干燥阶段的干燥时间仍可采用式(11-41)计算，先将该式改为

$$d\tau = -\frac{G' dX}{US} \tag{11-41b}$$

从 $\tau = 0$、$X = X_C$ 到 $\tau = \tau_2$、$X = X_2$ 积分上式

$$\tau_2 = \int_0^{\tau_2} d\tau = -\frac{G'}{S} \int_{X_C}^{X_2} \frac{dX}{U} = \frac{G'}{S} \int_{X_2}^{X_C} \frac{dX}{U} \tag{11-50}$$

式中，τ_2 为降速阶段的干燥时间，s；U_C 为降速阶段的瞬时干燥速率，kg/(m$^2 \cdot$ s)；X_2 为降速阶段终了时物料的含水量，kg 水/kg 绝干料。

在该阶段干燥速率随物料含水量的减少而降低，通常干燥时间可用图解积分法或解析法求取。

① 图解积分法　当降速干燥阶段的干燥速率随物料的含水量呈非线性变化时，一般采用图解积分法计算干燥时间。由干燥速率曲线查出与不同 X 值相对应的 U 值，以 X 为横坐标，$\frac{1}{U}$ 为纵坐标，在直角坐标中进行标绘，在 X_2、X_C 之间曲线下的面积即为积分值，如图 11-18 所示。

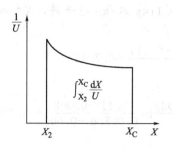

图 11-18　图解积分法计算 τ_2

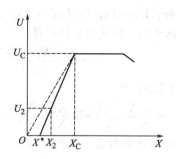

图 11-19　干燥速率曲线

② 解析法　若降速阶段的干燥曲线可近似作为直线处理，如图 11-19 所示，则根据降速阶段干燥速率曲线过 (X_C, U_C)、$(X^*, 0)$ 两点，可确定其方程为

$$U = k_X(X - X^*) \tag{11-51}$$

式中，k_X 为降速阶段干燥速率线的斜率，$k_X = \dfrac{U_C}{X_C - X^*}$ kg 绝干料/$(m^2 \cdot s)$。

将式(11-51) 代入式(11-50)，得

$$\tau_2 = \int_0^{\tau_2} d\tau = \frac{G'}{S} \int_{X_2}^{X_C} \frac{dX}{k_X(X - X^*)}$$

积分上式，得

$$\tau_2 = \frac{G'}{S k_X} \ln \frac{X_C - X^*}{X_2 - X^*} \tag{11-52}$$

或

$$\tau_2 = \frac{G'}{S} \frac{X_C - X^*}{U_C} \ln \frac{X_C - X^*}{X_2 - X^*} \tag{11-52a}$$

当平衡含水量 X^* 非常低，或缺乏 X^* 的数据时，可忽略 X^*，即认为降速阶段速率线为通过原点的直线，如图 11-19 中的虚线所示。$X^* = 0$ 时，式(11-51) 及式(11-52) 变为

$$U = k_X X \tag{11-51a}$$

$$\tau_2 = \frac{G'}{S} \frac{X_C}{U_C} \ln \frac{X_C}{X_2} \tag{11-52b}$$

③ 总干燥时间　对于连续干燥过程，总干燥时间等于恒速干燥时间与降速干燥时间之和，即

$$\tau = \tau_1 + \tau_2 \tag{11-53}$$

式中，τ 为总干燥时间，s 或 h。

对于间歇干燥过程，总干燥时间（又称为干燥周期）还应包括辅助操作时间，即

$$\tau = \tau_1 + \tau_2 + \tau' \tag{11-54}$$

式中，τ' 为辅助操作时间，s 或 h。

【例 11-9】 将 500kg 湿物料由最初含水量 $w_1 = 15\%$ 干燥到 $w_2 = 0.8\%$（均为湿基）。已测得干燥条件下降速阶段的干燥速率曲线为直线，物料的临界含水量 $X_C = 0.11$kg 水/kg 绝干料，平衡含水量 $X^* = 0.002$kg 水/kg 绝干料，以及等速阶段的干燥速率为 1kg/$(m^2 \cdot h)$，一批操作中湿物料提供的干燥表面积为 40m^2，试求干燥时间。

解： 本题包括了恒速与降速两个干燥阶段

绝干物料量为　　　$G' = G_1(1 - w_1) = 500 \times (1 - 0.15) = 425$kg

物料的干基含水量　$X_1 = \dfrac{w_1}{1 - w_1} = \dfrac{0.15}{1 - 0.15} = 0.1765$kg 水/kg 绝干料

$$X_2 = \frac{w_2}{1 - w_2} = \frac{0.008}{1 - 0.008} = 0.00806 \text{kg 水/kg 绝干料}$$

已知：$U_C = 1$kg 水/$(m^2 \cdot h)$，$S = 40m^2$，$X_C = 0.11$kg 水/kg 绝干料，$X^* = 0.002$kg 水/kg 绝干料。依式(11-46) 得

$$\tau_1 = \frac{G'(X_1 - X_C)}{U_C S} = \frac{425 \times (0.1765 - 0.11)}{1 \times 40} = 0.7066h$$

依式(11-52a) 得

$$\tau_2 = \frac{G'}{S} \frac{X_C - X^*}{U_C} \ln \frac{X_C - X^*}{X_2 - X^*} = \frac{425 \times (0.11 - 0.002)}{40 \times 1} \ln \frac{0.11 - 0.002}{0.00806 - 0.002} = 3.305h$$

因此，每批物料所需干燥时间为

$$\tau = \tau_1 + \tau_2 = 0.7066 + 3.305 = 4.012h$$

【例 11-10】 在恒定干燥条件下，将某种湿物料从 $X_1 = 0.44$kg 水/kg 绝干料，干燥到 $X_2 = 0.06$kg 水/kg 绝干料。由实验得到该物料含水量 X 与干燥率 U 间的关系列于附表 1 中。已知物料能提供的干燥表面积为 $0.05m^2$ 干燥面积/kg 绝干料。求干燥时间。

【例 11-10】附表 1

X/(kg 水/kg 绝干料)	0.58	0.54	0.50	0.46	0.38
U/[kg/$(m^2 \cdot h)$]	1.5	1.51	1.5	1.49	1.51
X/(kg 水/kg 绝干料)	0.30	0.28	0.26	0.24	0.22
U/[kg/$(m^2 \cdot h)$]	1.49	1.46	1.39	1.3	1.24
X/(kg 水/kg 绝干料)	0.20	0.18	0.16	0.14	
U/[kg/$(m^2 \cdot h)$]	1.2	1.08	1.0	0.92	
X/(kg 水/kg 绝干料)	0.12	0.10	0.08	0.06	
U/[kg/$(m^2 \cdot h)$]	0.72	0.65	0.46	0.30	

解： 根据本例附表 1 的数据，标绘 X 与对应的 U 得到本例附图 (a)。由图看出，本例干燥过程包括等速和降速两个干燥阶段，且降速干燥阶段的干燥速率线是曲线。临界点的数据为

$$X_C = 0.3 \text{kg 水/kg 绝干料}$$
$$U_C = 1.5 \text{kg/}(m^2 \cdot \text{℃})$$

干燥时间分段计算

(1) 恒速阶段干燥时间，用式(11-46) 计算

$$\tau_1 = \frac{G'}{U_C S}(X_1 - X_C) = \frac{1}{1.5 \times 0.05} \times (0.44 - 0.3) = 1.87h$$

(2) 降速阶段

干燥时间，用式(11-50) 计算

$$\tau_2 = \int_0^{\tau_2} d\tau = -\frac{G'}{S} \int_{X_C}^{X_2} \frac{dX}{U}$$

由附图 (a) 可看出：降速阶段 X-U 关系为曲线，上式积分项需要用图解积分法求解。

在 $X_C = 0.3$kg 水/kg 绝干料至 $X_2 = 0.06$kg 水/kg 绝干料的范围内，将题给的 U 值转换成 $1/U$，计算结果列于本例附表 2 中。

【例 11-10】附表 2

序号	X/(kg 水/kg 绝干料)	U/[kg/$(m^2 \cdot h)$]	$1/U$/[$(m^2 \cdot h)$/kg]	序号	X/(kg 水/kg 绝干料)	U/[kg/$(m^2 \cdot h)$]	$1/U$/[$(m^2 \cdot h)$/kg]
0	0.3	1.49	0.6711	7	0.16	1.0	1.0
1	0.28	0.46	0.6849	8	0.14	0.92	1.0869
2	0.26	1.39	0.7194	9	0.12	0.72	1.3889
3	0.24	1.3	0.7692	10	0.1	0.65	1.5385
4	0.22	1.24	0.8065	11	0.08	0.46	2.1739
5	0.2	1.2	0.8333	12	0.06	0.3	3.3333
6	0.18	1.08	0.9259				

在本例附图（b）中标绘出对应的 X 与 $1/U$。

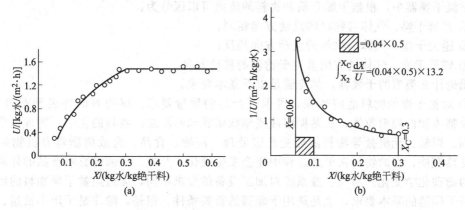

【例 11-10】附图

图中 X-$1/U$ 关系曲线、$X_2 = 0.06$kg 水/kg 绝干料，$X_C = 0.3$kg 水/kg 绝干料及横轴四条线包围的面积，即为积分值 $\int_{X_2}^{X_C} \dfrac{\mathrm{d}X}{U}$，由图知该面积等于 $(0.04 \times 0.5) \times 13.2$，故降速阶段干燥时间为

$$\tau_2 = \int_0^{\tau_2} \mathrm{d}\tau = -\frac{G'}{S} \int_{X_C}^{X_2} \frac{\mathrm{d}X}{U} = \frac{G'}{S} \int_{X_2}^{X_C} \frac{\mathrm{d}X}{U}$$

$$= \frac{1}{0.05} \times (0.04 \times 0.5) \times 13.2$$

$$= 5.28\mathrm{h}$$

总干燥时间 $\qquad\qquad \tau = \tau_1 + \tau_2 = 1.87 + 5.28 = 7.15\mathrm{h}$

11.6 干燥器

11.6.1 干燥器的分类与基本要求

实现物料干燥过程的设备称为干燥器。工业上被干燥的物料千差万别。在物料形状与性质上，有板状、片状、针状、纤维状、粒状、粉状、膏糊状、液状；在物料结构上，有多孔疏松型的，有紧密型的；在物料耐温性方面，有耐热性的，有热敏性的；在物料团聚性方面，有的湿物料易黏结成块，但在干燥过程中能逐步分散，也有的物料在干燥前散粒性很好，但在干燥过程中会团聚结块；物料干燥程度各不相同，有的物料仅需脱除表面水分，有的物料则需要脱除结合水分甚至结晶水分，有的产品仅需达到平均湿含量，有的产品则不仅要求平均湿含量符合指标，而且还有干燥均匀性要求；在产品外观上，有的产品要求保持一定的晶型和光泽，有的产品要求不开裂变形；干燥能力也不一样，少的年生产能力仅为几吨或几十吨，大规模干燥可达到年生产能力数十万吨甚至上百万吨。

由于物料的多样性，为了满足各种物料的干燥要求，干燥器的形式也是多种多样的，每一种干燥器都具有一定的适应性和局限性。

按照加热方式的不同可以将干燥器分为以下几类：

① 对流干燥器，如洞道式干燥器、转筒干燥器、气流干燥器、流化床干燥器、喷雾干燥器等；

② 传导干燥器，如滚筒式干燥器、耙式干燥器、间接加热干燥器等；

③ 辐射干燥器，如红外线干燥器；

④ 介电加热干燥器，如微波干燥器。

对流干燥器中，根据干燥介质和物料的流向可以区分为：

① 并流干燥，气体与物料的流动方向相同；

② 逆流干燥，气体与物料的流动方向相反；

③ 错流干燥，气体的方向垂直于物料的移动方向。

无论什么类型的干燥器，都应满足以下基本要求。

① 对被干燥的物料适应性强，可保证产品的质量要求。湿物料的外表形态很不相同，从大块整体物件到粉粒体，从黏稠溶液或糊状团状到薄涂层。物料的化学、物理性质也有很大差别。煤粉、无机盐等物料能经受高温处理，药物、食品、合成树脂等有机物则易于氧化、受热变质。有的物料在干燥过程中还会发生硬化、开裂、收缩等影响产品的外观和使用价值的物理化学变化。与气、液系统对加工设备的要求不同，能适应被干燥物料的形状与性质是对干燥器的基本要求，也是选用干燥器的首要条件。但是，除非是干燥小批量、多品种的产品，一般并不要求一个干燥器能处理多种物料，通用的设备不一定符合经济、优化的原则。

② 干燥速率高，干燥时间短，以减小设备尺寸，降低能耗。

③ 干燥器的热效率高，这是干燥器的主要技术经济指标。

④ 干燥系统的流体阻力小，以降低动力消耗。

⑤ 操作方便，易于控制，劳动条件好，附属设备简单等。

11.6.2 工业上常用的干燥器

11.6.2.1 厢式干燥器

厢式干燥器又称室式干燥器，是一种间歇式干燥器，可以同时处理多种物料，一般小型的称为烘箱，大型的称为烘房，通常为常压操作，也可真空操作。按气体流动方式可分为平行流式、穿流式；根据处理量不同，有搁板式和小车式。平行流厢式干燥器如图 11-20 所示。干燥器外壁由砖墙或包有绝缘材料的钢板构成，厢内设有支架，湿物料放在矩形浅盘内，或悬挂在支架上（板状物料）。空气由入口进入干燥器，经加热器预热后，由挡板均匀分配后，平行掠过物料表面，离开物料表面的湿废气体，部分排空，部分循环回去与新鲜空气混合后用作干燥介质，循环风量可以调节，以使在恒速干燥阶段排除较多的废气，而在降速干燥阶段能有更多的废气循环。图 11-21 所示是穿流式干燥器的基本结构，物料铺在多孔的浅盘（或网）上，气流垂直穿过物料层，两层物料之间有倾斜的挡板，从一层物料中吹出的湿空气被挡住而不致再吹入另一层。空气通过小孔的速度约 0.3~1.2m/s。穿流式干燥器

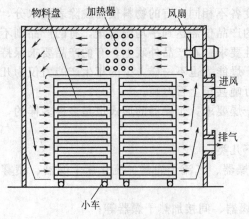

图 11-20 平行流厢式干燥器

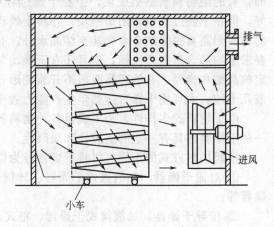

图 11-21 穿流厢式干燥器

适用于通气性好的颗粒状物料，其干燥速率通常为并流时的 8～10 倍。

厢式干燥器的优点是结构简单，设备投资少，适应性强。缺点是劳动强度大，装卸物料热损失大，产品质量不易均匀。厢式干燥器一般应用于少量、多品种物料的干燥，尤其适合作为实验室的干燥装置。

厢式干燥器可以间歇操作，也有连续操作的。如图 11-22 在一狭长的通道内铺设铁轨，物料放置在一串小车上，小车可以连续地或间歇地进、出通道，这种干燥器称为洞道式干燥器。空气连续地在洞道内被加热并强制地流过物料表面，流程可安排成并流或逆流，还可根据需要安排中间加热或废气循环，干燥介质可用热空气和烟道气。洞道式干燥器容积大，小车在洞道内停留时间长，适用于具有一定形状的比较大的物料如木材、皮革或陶瓷等的干燥。

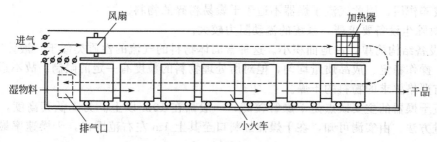

图 11-22 洞道式干燥器

11.6.2.2 气流干燥器

气流干燥器广泛应用于粉状物料的干燥，其流程如图 11-23 所示。被干燥的物料直接由加料器加入气流干燥管中，空气由鼓风机吸入，通过过滤器去除其中的尘埃，再经预热器加热至一定温度后送入气流干燥管。高速的热气流使粉粒状湿物料加速并分散地悬浮在气流中，在气流加速和输送湿物料的过程中同时完成对湿物料的干燥。如果物料是滤饼状或块状，则需在气流干燥装置前安装湿物料分散机或块状物料粉碎机。

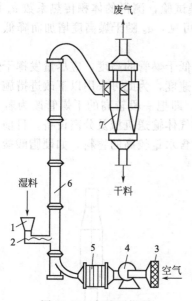

图 11-23 气流干燥器

1—料斗；2—螺旋加料器；3—空气过滤器；
4—风机；5—预热器；6—干燥管；7—旋风分离器

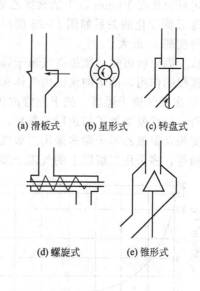

图 11-24 加料器形式

在气流干燥装置上，加料和卸料操作对于保证连续定态操作及保证干燥产品的质量十分重要。图 11-24 所示的是几种常用的加料器，这几种加料器均适用于散粒状物料。其中 (b)、(d) 两种还适用于硬度不大的块状物料，(d) 也适用于膏状物料。

气流干燥器具有以下特点。

① 干燥强度大。由于气流的速度可高达 20～40m/s，物料又悬浮于气流中，因此气、固间的接触面积大，强化了传热和传质过程。对粒径 50μm 以下的颗粒，可均匀干燥到含水量相当低。

② 干燥时间短。物料在干燥器内只停留 0.5～2s，最多也不会超过 5s，故即使干燥介质温度较高，物料温度也不会升得太高，因此，适用于热敏性、易氧化物料的干燥。

③ 产品磨损较大。干燥管内气速较高，物料在运动过程中相互摩擦并与壁面碰撞，对物料有破碎作用，因此气流干燥器不适于干燥易粉碎的物料。

④ 对除尘设备要求严，系统的流动阻力较大。

⑤ 设备结构简单，占地面积小。这种含固体物料的气流的性质类似于"液体"，所以运输方便、操作稳定、成品质量均匀，但对所处理物料的粒度有一定的限制。故不适用于对晶体粒度有严格要求的物料的干燥。

气流干燥器的主要缺点是干燥管较高，一般都在 10m 以上。为降低其高度，已研究出许多改进方法。由实测可知，在干燥器加料口至其上 1m 左右范围内，干燥速率最高，气体传给物料的热量约占整个干燥管内传热量的 $\frac{1}{2}$～$\frac{3}{4}$。这是因为干燥管底部的温度差较大，在物料刚进入干燥管底部的瞬间，气流与颗粒间的相对运动速度也最大。物料颗粒在刚进干燥管时，其上升速度 u_m 为零，被气流吹动后 u_m 便从零逐渐加速到某恒定速度，即气流速度 u_g 与颗粒沉降速度 u_t 之差。综上可见，颗粒在干燥管中的运动情况可分为加速运动段和恒速运动段。通常加速段在加料口以上 1～3m 内。加速段内气体与颗粒的相对运动速度最高，因而对流传热系数也最大。又因在干燥管底部颗粒最密集，即单位体积干燥管中颗粒的表面积最大，所以在加速段内体积传热系数也最大。在一高度为 14m 的干燥管内，用 30～40m/s 的气速对粒径在 100μm 以下的聚氯乙烯颗粒进行干燥试验，测得的体积传热系数 α_a 随干燥管高度 Z 而变化的关系如图 11-25 所示。由图 11-25 可见，α_a 随干燥高度增加而降低，在干燥管的底部 α_a 最大。

从上面分析可知，欲提高气流干燥器的效能或降低干燥管的高度，应尽量发挥干燥管底部加速段的作用，即增加该段内气体和颗粒间的相对速度，为此可采用以下改进措施。

① 多级气流干燥器 把干燥管改为多级串联管，即把一段较高的干燥管改为若干段较低的管，这样就增加了加速段的数目，但此法需增加气体输送机械及分离设备。目前工业生产上淀粉及聚氯乙烯干燥多采用二级气流干燥管，对含水量较高的物料，如硬脂酸盐及口服葡萄糖等，多采用二级以上的气流干燥管。

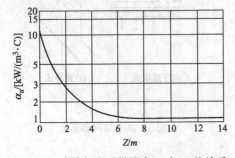

图 11-25 直管气流干燥器中 α_a 与 Z 的关系

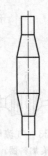

图 11-26 脉冲式气流干燥器的一段

② 脉冲式气流干燥器 采用直径交替缩小和扩大的脉冲管代替直管。图 11-26 所示为脉冲管的一段。管内气速交替地变大变小，而颗粒由于惯性作用其运动速度跟不上气速变化，两者的相对速度也就比在等径管中的大，从而强化了传热和传质过程。脉冲干燥管在我国已被较多采用，如用于聚氯乙烯、糠氯酸及药品等的干燥。

③ 旋风式气流干燥器 这是一种利用旋风分离器分离原理的干燥器。热空气与颗粒沿切线方向进入旋风气流干燥器中，在内管与外管之间作螺旋运动，使颗粒处于悬浮和旋转运动状态。由于颗粒的惯性作用，气固两相相对速度较大，又由于旋转运动颗粒易于粉碎，传热面积增大，从而能在很短时间内达到干燥的要求。对于不怕磨碎的热敏性物料，采用旋风式干燥器较适宜，但对含水量高、黏性大、熔点低、易爆炸及易产生静电效应的物料则不合适。我国目前使用的旋风式气流干燥器直径大都为 300～500mm。有时，也可将两级旋风干燥器串联使用，或将旋风气流干燥器与直管气流干燥器串联使用。

11.6.2.3 流化床干燥器 (沸腾床干燥器)

流化床干燥器类型较多，主要有单层流化床干燥器、多层流化床干燥器和卧式多室流化床干燥器等。图 11-27 是几种常用的流化床干燥器。

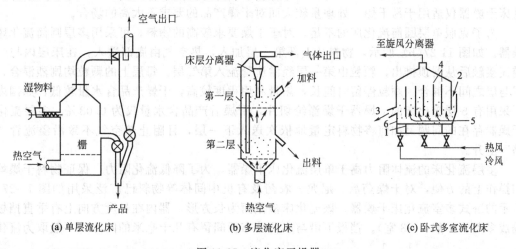

(a) 单层流化床　　　　　　　(b) 多层流化床　　　　　　　(c) 卧式多室流化床

图 11-27　流化床干燥器

1—多孔分布板；2—加料口；3—出料口；4—挡板；5—物料通道；6—出口堰板

被干燥的颗粒物料由床一侧加入，与通过多孔分布板的热气流相接触。当气速较低时，颗粒层静止不动，称为固定床。当气速增大后，颗粒开始松动，且在一定区间内变换位置，床层则略显膨胀。当气速再增大，使颗粒层间真实气速达到颗粒的沉降速度时，颗粒即悬浮在上升的气流中，此时形成的床层称为流化床。气速越大，床层空隙率越大，流化床层越高。由固定床转化为流化床时的气速称为起始流化速度，将颗粒带出干燥器时的气速称为带出速度。流化床的适宜操作气速应在起始流化速度与带出速度之间。当颗粒床层处于流化状态，其间气固进行传热和传质，气体温度下降，湿度增大，物料含水量减少，被干燥。最终在干燥器底部得到干燥产品，热气体则由干燥器顶部排出，经旋风分离器回收小颗粒放空。当静止物料层的高度为 0.05～0.15m 时，对于粒径大于 0.5mm 的物料，适宜的气速可取为 $(0.4～0.8)u_t(u_t$ 为颗粒的沉降速度)；对于较小的粒径，因颗粒床内可能结块，采用上述的速度范围稍嫌小，适宜的操作气速需由实验确定。

流化床干燥器的特点具体如下。

① 流化干燥与气流干燥一样，具有较高的传热和传质速率。因此在流化床中，颗粒浓度很高，单位体积干燥器的传热面积很大，所以体积传热系数可高达 2300～7000W/

$(m^3 \cdot ℃)$。

② 物料在干燥器中停留时间可自由调节，由出料口控制，因此可以得到含水量很低的产品。当物料干燥过程存在降速阶段时，采用流化床干燥较为有利。另外，当干燥大颗粒物料，不适于采用气流干燥器时，若采用流化床干燥器，则可通过调节风速来完成干燥操作。

③ 流化床干燥器结构简单，造价低，活动部件少，操作维修方便。与气流干燥器相比，流化床干燥器的流动阻力较小，对物料的磨损较轻，气固分离较易，热效率较高（对非结合水的干燥为60%～80%，对结合水的干燥为30%～50%）。

④ 流化床干燥器仅适用于处理粒径为 $30\mu m$～6mm 的粉粒状物料，粒径过小使气体通过分布板后易产生局部沟流，且颗粒易被夹带；粒径过大则流化需要较高的气速，从而使流动阻力加大、磨损严重，经济上不合算。流化床干燥器处理粉粒状物料时，要求物料中含水量为2%～5%，对颗粒状物料则可低于10%～15%，否则物料的流动性就差。若在湿物料中加入部分干料或在器内加搅拌器，有利于物料的流动并防止结块。

⑤ 流化床中存在的返混或短路，颗粒的停留时间不均匀，可能有一部分物料未经充分干燥就离开干燥器，而另一部分物料又会因停留时间过长而产生过度干燥现象。因此单层沸腾床干燥器仅适用于易干燥、处理量较大而对干燥产品的要求不太高的场合。

为了克服单层圆筒流化床的不足，对于干燥要求较高的物料，可采用多层圆筒流化床干燥器。如图 11-27(b) 所示，物料从上部第一层加入，热空气由底部送入，在床层内与颗粒逆流接触后从器顶排出，颗粒由第一层经溢流管流入第二层。每层上的颗粒均剧烈混合，但层与层之间不混合。颗粒停留时间长，热量利用程度较高，干燥产品含水量较低，如国内某厂采用有5层流化床的干燥器干燥涤纶切片，干燥后产品含水量仅为0.03%。多层流化床干燥器存在的问题是如何将物料定量地依次送入下一层，且阻止热空气不致沿溢流管"短路"上升。

多层流化床的流体阻力高于单层流化床干燥器，为了降低流化阻力，保证物料干燥均匀和操作上的方便，对干燥药品、尼龙、农药及有机中间体等物料已广泛采用如图 11-27(c) 所示的卧式多室流化床干燥器。该流化床横截面为长方形，器内在长度方向上有垂直挡板分隔成多室（一般4～8室）。挡板下沿与多孔分布板间留有几十毫米的间隙（一般取为流化床静止时物料高度的 $\frac{1}{4}$～$\frac{1}{2}$），使颗粒能逐室通过，最后越过堰板卸出。这种干燥器的结构特点是令热空气分别通过各室，则各室中的空气温度与速度均可单独进行调节。如当第1室的物料较湿时，可使该室所用热空气流量大些，而在最后一室中可通入冷空气对干燥物料进行冷却，以便于产品储存。卧式多室干燥器的气流压降比多层式低，操作也较稳定，但热量利用程度比多层式差。

11.6.2.4 喷雾干燥器

喷雾干燥器是将溶液、浆液或悬浮通过喷雾器分散成雾状细滴，这些细滴与热气流以并流、逆流或混合流的方式相互接触，使物料中水分被迅速汽化，根据对产品的要求，最终可获得 30～50μm 微粒的干燥产品。喷雾干燥的流程如图 11-28 所示，这种干燥方法不需要将原料预先进行机械分离，且干燥时间很短，仅为5～30s，因此特别适宜热敏性物料的干燥，如食品、药品、生物制品、染料、塑料及化肥等。

喷雾干燥系统由3部分组成：①由空气过滤器、加热器和风机所组成的干燥介质加热和输送系统；②由喷雾器和干燥室组成的喷雾干燥器；③由旋风分离器和袋滤器等组成的气、固分离系统。浆液用送料泵压至喷雾器（喷嘴），经喷嘴喷成雾滴而分散在热气流中，雾滴在干燥器内与热气流接触，使其中的水分迅速汽化，成为微粒或细粉落到器底。产品由风机吸至旋风分离器中而被回收，废气经风机排出。喷雾干燥的干燥介质多为热空气，也可用烟

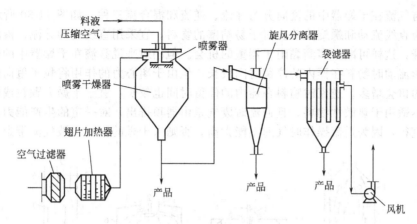

图 11-28 喷雾干燥流程

道气,对含有有机溶剂的物料,可使用氮气等惰性气体。

喷雾器是喷雾干燥的关键部分。它将料液分散成 $10 \sim 60\mu m$ 的雾滴,使每升料液具有 $100 \sim 600 m^2$ 的表面积,气、固接触好,干燥时间短,常用的喷雾器有以下 3 种。

① 压力式喷雾器 如图 11-29(a) 所示,用高压泵使料液在 $3000 \sim 20000 kPa$ 下通入喷嘴,喷嘴内有螺旋室,料液在其中高速旋转,然后从 $0.25 \sim 0.5 mm$ 的小孔呈雾状喷出。该喷雾器能耗低,生产能力大,应用广泛,但需要高压液泵,喷孔易磨损,需用耐磨材料制造,且不能处理含固体硬颗粒的料液。

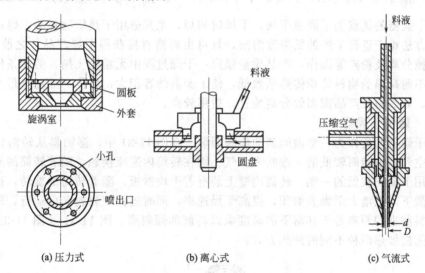

图 11-29 常用的喷雾器

② 离心喷雾器 如图 11-29(b) 所示。料液送入一转速为 $4000 \sim 20000 r/min$、圆周速度为 $100 \sim 160 m/s$ 的高速旋转圆盘的中央,圆盘上有放射形叶片,料液受离心力的作用而加速,至周边呈雾状甩出。该喷雾器对各种物料均能适用,尤其适用于含有较多固体量的料液,但转动装置的制造和维修要求较高。

③ 气流式喷雾器 如图 11-29(c) 所示,用表压为 $100 \sim 700 kPa$ 的压缩空气与料液同时通过喷嘴,料液被压缩空气分散呈雾滴喷出。该喷雾器适用于溶液和乳浊液的喷洒,也可处理含有少量固体的料液。这种喷雾器要消耗压缩空气。

喷雾室有塔式和箱式两种,以塔式应用最为广泛。

物料与气流在干燥器中的流向分为并流、逆流和混合流三种，如图 11-30 所示。每种流向又可分为直线流动和螺旋流动。对于易粘壁的物料，宜采用直线流的并流，液滴随高速气流直行下降，这样可减少雾滴黏附于器壁的机会。但相对来说雾滴在干燥器中的停留时间较短，螺旋形流动时物料在器内的停留时间较长，但由于离心力的作用将粒子甩向器壁，因而物料粘壁的机会增多。逆流时物料在器内的停留时间也较长，宜于干燥大颗粒或较难干燥的物料，但不适用于热敏性物料，且逆流时废气是由器顶排出，对一定的生产能力，需要较大的干燥器直径，因为逆流操作时气速不能太高，否则未干燥的雾滴会被气流带走。

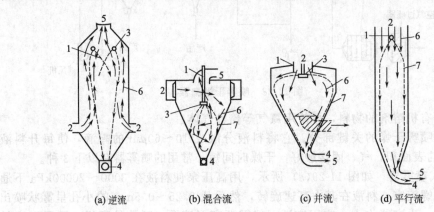

(a) 逆流　　　　(b) 混合流　　　　(c) 并流　　　　(d) 平行流

图 11-30　喷雾干燥器中热气流与液滴的流向

1—加料口；2—热空气入口；3—喷嘴；4—产品出口；5—废气出口；6—热气流流向；7—雾滴流向

喷雾干燥器的优点是干燥速率快，干燥时间短，尤其适用于热敏物料的干燥；能处理用其他干燥方法难于进行干燥的低浓度溶液，且可由料液直接获得干燥产品，之前不需蒸发、结晶、机械分离及粉碎等操作，产品质量稳定；干燥过程中无粉尘飞扬，劳动条件较好。其缺点是对不耐高温的物料体积传热系数低，使干燥器的容积大；单位产品耗热量及动力消耗大。另外，对细粉粒产品需高效分离装置，费用较高。

11.6.2.5　转筒干燥器

转筒干燥器的主体为一略微倾斜的旋转圆筒。在图 11-31 中，湿物料从转筒较高的一端进入，热空气则由转筒较低的一端吹入，气、固在转筒内逆流接触，随着转筒的旋转，物料在重力作用下流向较低的一端。转筒内壁上装有若干块抄板，随着转筒的旋转，抄板将物料抄起后再撒下，以增大干燥表面积，提高干燥速率，同时还促使物料向前运行，转筒每旋转一周，物料前进的距离等于其落下的高度乘以转筒的倾斜率。图 11-31 及图 11-32 分别为直接加热和间接加热两种不同的加热方式。

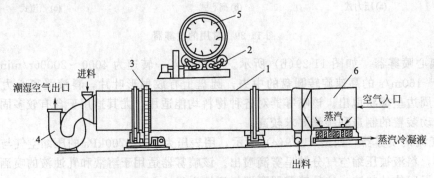

图 11-31　热空气直接加热的逆流操作转筒干燥器

1—圆筒；2—支架；3—驱动齿轮；4—风机；5—抄板；6—蒸汽加热器

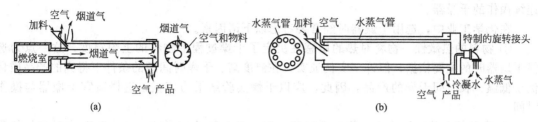

图 11-32　间接加热的转筒干燥器

抄板的形式多种多样，如图 11-33 所示，有的回转筒前半部分用结构较简单的抄板，后半部分用结构较复杂的抄板。干燥器内空气与物料的流向除逆流外，还可采用并流操作。

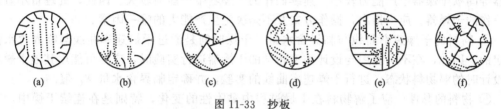

图 11-33　抄板

在图 11-33 中，（a）为最普遍使用的形式，利用抄板将颗粒状物料扬起，而后自由落下；（b）中弧形抄板没有死角，适于容易黏附的物料；（c）是将回转圆筒的截面分割成几个部分，每回转一次可形成几个下泄物料流，物料约占回转筒容积的 15%；（d）物料与热风之间的接触比（c）更好；（e）适用于易破碎的脆性物料，物料占回转筒容积的 25%；（f）为（c）、（d）结构的进一步改进，适用于大型装置。

干燥器内物料与气流的相对流向应根据物料性质和最终含水量的要求而定。通常在处理含水量较高、允许快速干燥而不致发生裂纹或焦化、产品不耐高温且吸湿性又很小的物料时，常采用并流干燥。当处理不允许快速干燥但产品能耐高温的物料时可采用逆流干燥。逆流干燥时干燥器内传热与传质推动力比较均匀，产品的含水量比并流时低。

物料在干燥器中的停留时间（干燥时间），取决于物料的特性（黏性、料径等）、操作时间（加料速率、转筒转速、两相并流还是逆流等）以及设备的结构参数（转筒的直径与长度、转筒的倾斜率等）。物料在干燥器内的停留时间可通过改变转筒转速（一般为 0.5～4r/min）加以调节，通常为 5min～2h。

为了减少粉尘飞扬，转筒干燥器内所采用的气体速度不宜太高。对于粒径在 1mm 左右的物料，气速可选 0.3～1.0m/s；对于粒径在 5mm 左右的物料，气速宜在 3m/s 以下。有时，为防止转筒中粉尘外流，可采用真空操作。

转筒干燥器不仅适用于散粒状物料，而且也可用于干燥黏性膏状物料或含水量较高的物料。我国使用的转筒干燥器，直径一般为 0.4～3m，个别的达 5m。长度一般为 2～30m，甚至更长。所处理物料的含水量范围为 3%～50%，产品含水量可降至 0.5% 左右，最低可降到 0.1%。物料在干燥器内停留时间约为 5min～2h，一般在 1h 以内。

转筒干燥器的优点是机械化程度高，生产能力大，流体阻力小，操作弹性大，操作方便和产品质量均匀等。缺点是钢材耗量多、热效率低、结构复杂、占地面积大等。

11.6.3　干燥器的选型

间歇式干燥器的生产能力小、操作时劳动强度大、产品损失较多、不易保持周围环境清洁，在许多场合下不能满足现代工业的需要。间歇式干燥器仅适用于物料数量不大、要求产品指标不同的场合。

连续式干燥器的干燥时间较短、产品质量均匀、劳动强度小，因此，应当尽可能地采用连续操作的干燥器。

在化学工业中，选用干燥器时经常要考虑以下诸因素。

① 物料的热敏性   物料对热的敏感性决定了干燥过程中物料的上限温度，这一点为选择干燥器时的主要依据，但许多实例证实：在温度高、干燥时间短的条件下得到的产品质量优于低温、长时间干燥的产品，因此，应以干燥实验结果为依据，选择适宜干燥器与操作时间。

② 成品的形状、质量及价值   干燥食品时，产品的几何形状、粉碎程度均对成品的质量及价值有直接影响。

③ 处理量的大小   处理量大小也是选择干燥器时需要考虑的主要问题，一般说厢式干燥器等间歇干燥器生产能力较小，连续操作的干燥器生产能力较大。因此，处理量小宜用间歇操作的干燥器。应当指出，操作方式并不是决定生产能力的唯一因素。

④ 物料的干燥速率曲线与临界含水量   干燥时间是通过干燥速率曲线与临界含水量来确定的。因此，在不可能用与设计类型相同的干燥器进行实验时，应尽可能用其他干燥器模拟设计时的湿物料状态，进行干燥速率曲线的实验，并确定临界含水量 X_C 值。

⑤ 物料的黏性   应了解物料在干燥过程中黏附性的变化，特别是在连续干燥中，若物料在干燥过程中黏附在器壁上并结块长大，会破坏干燥器的运转。

⑥ 回收问题   固体粉粒的回收及溶剂的回收。

⑦ 干燥热源   可利用的热源的选择及能量的综合利用。

⑧ 干燥器的占地面积、排放物及噪声是否满足环保要求。

11.6.4   干燥器设计中操作条件的确定

干燥操作条件的确定与许多因素有关，而且各种操作条件之间又相互牵制，所以，在选择干燥操作条件时应综合考虑各种因素，下面简单介绍选择干燥条件的一般原则。

(1) 干燥介质的选择

在对流干燥操作中，干燥介质可采用空气、惰性气体、烟道气和过热蒸汽。对于干燥温度不太高且氧气的存在不影响被干燥物料性能的情况，采用热空气作为干燥介质较适宜。对易氧化物料或从物料中蒸发出易燃易爆气体的场合，则应采用惰性气体作为干燥介质。对干燥温度要求较高且被干燥物料不怕污染的场合，可采用烟道气作为干燥介质。

(2) 流动方式的选择

气体和物料在干燥器中的流动方式，一般可分为并流、逆流和错流。

在并流操作中，湿物料一进入干燥器就与高温、低湿的热气体接触，传热、传质推动力都较大，因此，并流操作时前期干燥速率较大，而后期干燥速率较小，难以获得含水量很低的产品。但与逆流操作相比，若气体初始温度相同，并流时物料的出口温度可较逆流时为低，被物料带走的热量就少，就干燥经济性而论，并流优于逆流，并流操作适用于：①当物料含水量较高时，允许进行快速干燥而不产生龟裂或焦化的物料；②干燥后期不耐高温，即干燥产品易变色、氧化或分解等的物料。

在逆流操作中，整个干燥过程中的干燥推动力变化不大，它适用于：①在物料含水量高时，不允许采用快速干燥的场合；②在干燥后期，可耐高温的物料；③要求干燥产品含水量很低时。

在错流操作中，各个位置上的物料都与高温、低湿的介质相接触，因此干燥推动力比较大，又可采用较高的气速，所以干燥速率很高，它适用于：①无论在高或低的含水量时，都可以进行快速干燥且耐高温的物料；②因阻力大或干燥器构造的要求不适宜采用并流或逆流操作的场合。

（3）干燥介质的进口温度

提高干燥介质进入干燥器的温度可提高传热、传质的推动力，故干燥介质的进口温度易保持在物料允许的最高范围内，同时还应避免物料发生变色、分解。对同一种物料，介质的进口温度亦随干燥器类型不同而异。如厢式干燥器中，物料静止，故介质进口温度应选择低一些；在转筒、沸腾、气流等干燥器中，物料与介质接触较为充分，干燥速率快，时间短，故介质进口温度可选择高一些。

（4）干燥介质离开干燥器时的相对湿度 φ_2 和温度 t_2

提高 φ_2 可以减少空气消耗量及传热量，即可降低操作费用；但 φ_2 增大，介质中水汽的分压增高，使干燥过程的平均推动力下降，为了保持相同的干燥能力，就需增大干燥器的尺寸，即加大了投资费用。所以，最适宜的 φ_2 值应通过经济衡算来决定。

不同的干燥器，适宜的 φ_2 值也不同。例如，对气流干燥器，由于物料在器内的停留时间很短，就要求有较大的推动力以提高干燥速率，因此一般离开干燥器的气体中水蒸气分压需低于出口物料表面水蒸气分压的 50%；对转筒干燥器，出口气体中水蒸气分压一般为物料表面水蒸气分压的 50%～80%。对于某些干燥器，要求保证一定的空气流速，因此应考虑气量和 φ_2 的关系，即为了满足较大气速的要求，可使用较大的空气量而减小 φ_2 值。

干燥介质离开干燥器的温度 t_2 与 φ_2 应综合考虑。若 t_2 增高，则热损失大，干燥热效率就低；若 t_2 降低，而 φ_2 又较高，此时湿空气可能会在干燥器后面的设备和管路中析出水滴，破坏了干燥的正常操作。对气流干燥器，一般要求 t_2 较物料出口温度高 10～30℃，或较入口气体的绝热饱和温度高 20～50℃。

（5）物料离开干燥器时的温度

在连续逆流的干燥器中，若干燥为绝热过程，则在干燥第一阶段，物料表面的温度等于与它相接触的气体的湿球温度；在干燥第二阶段，气体传给物料的热量一部分用于蒸发物料中的水分，一部分则用于加热物料使其升温。因此物料出口温度 θ_2 与物料在干燥器内经历的过程有关，主要取决于物料的临界含水量 X_C 值及干燥第二阶段的传质系数。若物料出口含水量高于临界含水量 X_C，则物料出口温度 θ_2 等于与它接触的气体湿球温度；若物料出口含水量低于临界含水量 X_C，则 X_C 值愈低，物料出口温度 θ_2 也愈低，传质系数愈高，θ_2愈低。

关于 θ_2 的求法目前还没有理论公式，设计时可按下述方法进行估算。

① 按物料允许的最高温度 $\theta_{\max}$ 估算

$$\theta_2 = \theta_{\max} - (5 \sim 10) \tag{11-55}$$

式中，θ_2 及 $\theta_{\max}$ 的单位均为℃。

② 选用实际数据。根据一定条件下的生产或实验数据，估计与物料含水量相对应的出口温度。应指出，干燥器的类型和操作条件应与设计所要求的一致。

③ 采用简化公式。对气流干燥器，若 $X_C < 0.05$kg 水分/kg 绝干料时，可按下式计算物料出口温度，即

$$\frac{t_2 - \theta_2}{t_2 - t_{w2}} = \frac{r_{t_{w2}}(X_2 - X^*) - C_s(t_2 - t_{w2})\left(\dfrac{X_2 - X^*}{X_C - X^*}\right)^{\frac{r_{t_{w2}}(X_C - X^*)}{c_s(t_2 - t_{w2})}}}{r_{t_{w2}}(X_C - X^*) - C_s(t_2 - t_{w2})} \tag{11-56}$$

式中，t_{w2} 为空气在出口状态下的湿球温度，℃；$r_{t_{w2}}$ 为在 t_{w2} 温度下水的汽化热，kJ/kg；$X_C - X^*$ 为临界点处物料的自由水分，kg 水/kg 绝干料；$X_2 - X^*$ 为物料离开干燥器时的自

由水分，kg 水/kg 绝干料。

利用式(11-56)求物料出口温度时需要试差。

必须指出，上述各操作参数相互间是有联系的，不能任意确定。通常物料进、出口的含水量 X_1、X_2 及进口温度 θ_1 是由工艺条件规定的，空气进口湿度 H_1 由大气状态决定，若物料的出口温度 θ_2 确定后，剩下的绝干空气流量 L，空气进出干燥器的温度 t_1、t_2 和出口湿度 H_2（或相对湿度 φ_2）。这四个变量只能规定两个，其余两个由物料衡算及热量衡算确定。至于选择哪两个为自变量需视具体情况而定。在计算过程中，可以调整有关变量，使其满足前述各种要求。

本章符号说明

英文字母

C——比热容，kJ/(kg·℃)；

d_p——颗粒的平均直径，m；

D——干燥器的直径，m

F——体系的自由度；

G——固体物料的质量流量，kg/s；

G'——绝干物料的质量，kg；

H——空气的湿度，kg 水/kg 绝干气；

I——空气的焓，kJ/kg 绝干气；

I'——固体物料的焓，kJ/kg 绝干料；

k_H——以湿度差为推动力的传质系数，kg/(m²·s·ΔH)；

k_X——降速阶段干燥速率曲线的斜率，kg 绝干料/(m²·s)；

l——单位空气消耗量，kg 绝干气/kg 水；

L——单位时间内消耗的绝干空气量，kg 绝干气/s；

L'——单位时间内湿空气用量，kg/s；

L''——湿空气的质量流速，kg/(m²·h)；

M——摩尔质量，kg/kmol；

n——物质的量，kmol；颗粒数；

n'——每秒钟通过干燥管的颗粒数；

N——传质速率，kg/s；

p_W——水汽分压，Pa；

p——湿空气总压，Pa；

Q——传热速率，W；

Q'——传热量，kJ；

r——汽化热，kJ/kg；

S——干燥表面积，m²；

t——空气的温度，℃；

Δt_m——对数平均温度差，℃；

t——时间，s；

u_g——气体的速度，m/s；

u_t——颗粒的沉降速度，m/s；

U——干燥速率，kg 水/(m²·s)；

V——干燥器的容积，m³；湿空气体积消耗量，m³/s；

w——物料的湿基含水量，kg 水/kg 湿物料；

W——水分蒸发量，kg/s 或 kg/h；

W'——汽化的水分量，kg；

X——物料的干基含水量，kg 水/kg 绝干料；

X^*——物料的干基平衡含水量，kg 水/kg 绝干料；

Z——转筒的长度或干燥管的高度，m。

希腊字母

α——对流传热系数，W/(m²·℃)；

α_a——体积传热系数，W/(m³·℃)；

δ——气膜厚度，m；

ζ——阻力系数；

η——热效率；

θ——固体物料的温度，℃；

λ——热导率，W/(m·K)；

μ——黏度，Pa·s；

ν_H——湿空气的比体积，m³/kg 绝干气；

υ——运动黏度，m²/s；

ρ——密度，kg/m³；

τ——干燥时间或物料在干燥器内的停留时间，s 或 h；

τ'——辅助操作时间，s 或 h；

φ——相对湿度百分数。

下标

0——进预热器的、新鲜的、沉降的或 0℃的；

1——进干燥器的或离预热器的；

2——离干燥器的；

I——干燥第一阶段的；

II——干燥第二阶段的；

as——绝热饱和的；

C——临界的；

d——露点的；

D——干燥器的；

g——气体的，或绝干气的；

H——湿的；

L——热损失的；　　　　　　　　　　t_d——露点温度下的；

m——湿物料的或平均的；　　　　　　t_w——湿球温度下的；

P——预热器的；　　　　　　　　　　w——湿球的或水蒸气的。

s——饱和的或绝干物料的；　　　　**上标**

t——相对的；　　　　　　　　　　　*——平衡态。

思　考　题

1. 湿物料的对流干燥过程中，热空气与湿物料之间是怎样传热与传质的？传热与传质的推动力是什么？

2. 湿空气中湿含量的表示方法有哪几种？它们之间有什么关系？

3. 在 t、H 相同的条件下，提高压力对干燥操作是否有别？为什么？

4. 总压为 101.3kPa、干球温度为 30℃、相对湿度为 40% 的湿空气，若干球温度保持不变，总压增大一倍，相对湿度将如何变化？

5. 表示湿空气性质的特征温度有哪几种？各自的含义是什么？对于水-空气系统，它们的大小有何关系？何时相等？

6. 何谓湿空气的湿球温度？湿空气的干球温度与湿度对湿球温度有何影响？如何根据湿空气的干球温度与湿球温度计算湿空气的湿度？在什么条件下，湿空气的湿球温度与干球温度及露点相等？

7. 利用 I-H 图，如何求得某状态下的湿空气的湿球温度？

8. 湿空气的相对湿度大，其湿度亦大，这种说法是否正确？为什么？

9. 在空气预热器及干燥器的加热器，向干燥系统加入的热量，除了补偿周围热损失，其余都用于加热什么了？

10. 何谓被干燥物料的临界含水量？它受哪些因素影响？临界含水量的大小对物料的干燥时间有何影响？

11. 何谓物料的平衡含水量（也称为平衡水分）？一定的物料，在一定的空气温度下，物料的平衡含水量与空气的相对湿度有何关系？

12. 恒速干燥阶段中，影响物料干燥速率的主要因素有哪些？

13. 在恒定干燥条件下，恒速干燥阶段中，空气与物料之间是怎样进行热量传递与水汽传递的？其传热推动力与传质推动是什么？如何能增大干燥速率？

14. 降速干燥阶段中，影响物料干燥速率的主要因素有哪些？

习　题

1. 已知空气的干球温度为 60℃，湿球温度为 30℃，试计算空气的湿含量 H、相对湿度 φ、焓 I 和露点温度 t_d。

2. 已知湿空气的（干球）温度为 50℃，湿度为 0.02kg 水/kg 绝干气，试计算下列两种情况下的相对湿度及同温度下容纳水分的最大能力（即饱和湿度），并分析压力对干燥操作的影响。

(1) 总压为 101.3kPa；(2) 总压为 26.7kPa。

3. 常压下湿空气的温度为 80℃，相对湿度为 10%。试求该湿空气中水汽的分压、湿度、湿比体积、比热容及焓。

4. 干球温度为 20℃、湿球温度为 16℃ 的空气，经过预热器温度升高到 50℃ 后送至干燥器内。空气在干燥器内绝热冷却，离开干燥器时的相对湿度为 80%，总压为 101.3kPa。试求：(1) 在 H-I 图中确定空气离开干燥器的湿度和焓；(2) 将 100m³ 新鲜空气预热至 50℃ 所需的热量及在干燥器内绝热冷却增湿时所获得的水分量。

5. 湿空气在总压 101.3kPa、温度为 10℃ 下，湿度为 0.005kg 水/kg 绝干气。试计算：(1) 相对湿度 φ_1；(2) 温度升高到 35℃ 时的相对湿度 φ_2；(3) 总压提高到 115kPa，温度仍为 35℃ 时的相对湿度 φ_3；(4) 如总压提高到 1471kPa，温度仍维持 35℃，每 100m³ 原湿空气所冷凝出的水分量。

6. 附图为某物料在 25℃ 时的平衡曲线。如果将含水量为 0.35kg 水/kg 绝干料的此种物料与 $\varphi=50\%$ 的

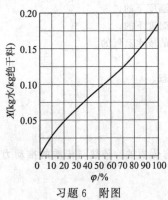

$\varphi/\%$

习题 6 附图

湿空气接触，试确定该物料平衡含水量和自由含水量，结合含水量与非结合含水量的大小。

7. 在常压干燥器中将某物料从湿基含水量10%干燥至2%，湿物料处理量为300kg/h。干燥介质为温度80℃、相对湿度10%的空气，其用量为900kg/h。试计算水分汽化量及离开干燥器时的湿度。

8. 将某湿空气（$t_0=20℃$，$H_0=0.02$kg 水/kg 绝干气）经预热后送入常压干燥器。试求：（1）将该空气预热到100℃时所需热量；（2）将该空气预热到120℃时相应的相对湿度值。

9. 湿度为 0.018kg 水/kg 绝干气的湿空气在预热器中加热到128℃后进入常压等焓干燥器中，离开干燥器时空气的温度为 49℃，求离开干燥器时空气露点温度。

10. 某干燥器冬季的大气状态为 $t_0=5℃$，$\varphi=30\%$，夏季空气状态为 $t_0=30℃$，$\varphi=65\%$。如果空气离开干燥器时的状态均为 $t_2=40℃$，$\varphi_2=80\%$。试分别计算该干燥器在冬、夏两季的单位空气消耗量。

11. 在常压连续干燥器中，将某物料从含水量10%干燥至5%（均为湿基），绝干物料比热容为1.8kJ/(kg·℃)，干燥器的生产能力为3600kg绝干物料/h，物料进、出干燥器的温度分别为20℃和70℃。热空气进入干燥器的温度为130℃，湿度为0.005kg 水/kg 绝干气，离开时温度为80℃，热损失忽略不计，试确定干空气的消耗量及空气离开干燥器时的湿度。

12. 在常压连续干燥器中，将某物料从含水量5%干燥至2%（均为湿基），绝干物料比热容为1.9kJ/(kg·℃)，干燥器的生产能力为7200kg 湿物料/h。空气进入预热器的干、湿球温度分别为25℃和20℃。离开预热器的温度为100℃，离开干燥器的温度为60℃，湿物料进入干燥器时温度为25℃，离开干燥器时为35℃，干燥气的热损失为580kJ/kg 汽化水分。试求产品量、空气消耗量和干燥器热效率。

13. 在某干燥器中干燥砂糖晶体，处理量为100kg/h，要求将湿基含水量由40%减至5%。干燥介质为干球温度20℃，湿球温度为16℃的空气，经预热器加热至80℃后送至干燥器内。空气在干燥器内为等焓变化过程，空气离开干燥器时温度为30℃，总压为101.3kPa。试求：（1）水分汽化量；（2）干燥产品量；（3）湿空气的消耗量；（4）加热器向空气提供的热量。

14. 用热空气干燥某种湿物料，新鲜空气的温度为20℃、湿度为0.006kg 水/kg 绝干气，为保证干燥产品质量，要求空气在干燥器内的温度不能高于90℃，为此，空气在预热器内加热至90℃后送入干燥器，当空气在干燥器内温度降至60℃时，再用中间加热器将空气加热至90℃，空气离开干燥器时温度降至60℃，假设两段干燥过程均可视为等焓过程，试求：（1）在 H-I 图上定性表示出空气通过干燥器的整个过程；（2）汽化每千克水所需的新鲜空气质量。

15. 采用废气循环干燥流程干燥某物料，温度 t_0 为 20℃、相对湿度 φ_0 为 70%的新鲜空气与从干燥器出来的温度 t_2 为 50℃、相对湿度 φ_2 为 80%的部分废气混合后进入预热器，循环的废气量为离开干燥器废空气量的80%。混合气升高温度后再进入并流操作的常压干燥器中，离开干燥器的废气除部分循环使用外，其余放空。湿物料经干燥后湿基含水量从47%降到5%，湿物料流量为 $1.5×10^3$ kg/h，设干燥过程为绝热过程，预热器的热损失可忽略不计。试求：（1）新鲜空气流量；（2）整个干燥系统所需热量；（3）进入预热器湿空气的温度。

16. 某干燥系统，干燥器的操作压强为101.3kPa，出口气体温度为60℃，相对湿度为72%，将部分出口气体送回干燥器入口与预热后的新鲜空气相混合，使进入干燥器的气体温度不超过90℃、相对湿度为10%。已知新鲜空气的质量流量为0.49kg绝干气/s，温度为20℃，湿度为0.0054kg 水/kg 绝干气，试求：（1）空气的循环量为多少？（2）新鲜空气经预热后的温度为多少？（3）预热器需提供的热量。

17. 在常压连续逆流干燥器中，采用废气循环流程干燥某湿物料，即由干燥器出来的部分废气与新鲜空气混合，进入预热器加热到一定温度后再送入干燥器。已知新鲜空气的温度为25℃、湿度为0.005kg 水/kg 绝干气，废气的温度为40℃、湿度为0.034kg 水/kg 绝干气，循环比（循环废气中绝干空气质量与混合气中绝干空气质量之比）为0.8。湿物料的处理量为1000kg/h，湿基含水量由50%下降至3%。假设预热器的热损失可忽略，干燥过程可视为等焓干燥过程。试求：（1）在 H-I 图上定性绘出空气的状态变化过程；（2）新鲜空气用量；（3）预热器中的加热量。

18. 有一盘架式干燥器，其内有 50 只盘，每盘的深度为 0.02m，边长为 0.7m 见方，盘内装有某湿物料，含水率由 1kg 水/kg 绝干料干燥至 0.01 水/kg 绝干料。空气在盘表面平行掠过，其温度为 77℃，相对湿度为 10%，流速为 2m/s。物料的临界含水量与平衡含水量分别为 0.3 水/kg 绝干料和 0 水/kg 绝干料，干燥后的密度为 600kg/m³。设干燥阶段的干燥速率近似为直线，试计算干燥时间。

19. 在恒定干燥条件下，将物料由干基含水量 0.33kg 水/kg 绝干料干燥到 0.09kg 水/kg 绝干料，需要 7h，若继续干燥至 0.07kg 水/kg 绝干料，还需多少时间？

已知物料的临界含水量为 0.16kg 水/kg 绝干料，平衡含水量为 0.05kg 水/kg 绝干料。设降速阶段的干燥速率与自由水分成正比。

参 考 文 献

[1]　柴诚敬. 化工原理. 北京：高等教育出版社，2006.
[2]　杨祖荣. 化工原理. 北京：化学工业出版社，2004.
[3]　蒋维钧. 化工原理. 第二版. 北京：清华大学出版社，2003.
[4]　何潮洪，冯霄. 化工原理. 第二版. 北京：科学出版社，2007.
[5]　管国锋，赵汝溥. 化工原理. 第二版. 北京：化学工业出版社，2003.

第 12 章　其他分离技术

12.1　吸附分离

12.1.1　吸附与吸附剂

吸附现象是指多孔固体与流体（气体或液体）接触，流体中某一组分或多个组分附着在固体表面上。附着在固体表面上的组分称为吸附质，多孔固体称为吸附剂，利用多孔固体选择性地吸附流体中一个或几个组分，从而使混合物分离的方法称为吸附操作，它是化工分离技术中的重要单元操作之一。

12.1.1.1　物理吸附与化学吸附

根据吸附的作用力不同，可把吸附分为物理吸附与化学吸附。

① 物理吸附　物理吸附又称为范德华吸附，它是吸附质和吸附剂以分子间作用力为主的吸附。物理吸附的结合力较弱，解吸容易，吸附热低，一般只有 20kJ/mol 左右，只相当于相应气体的液化热。物理吸附可以是单分子层吸附，也可以是多分子层吸附，其吸附速率快，吸附过程是可逆的，吸附分离正是利用这种可逆性分离混合物并回收吸附剂。

② 化学吸附　化学吸附是吸附质和吸附剂以分子间的化学键为主的吸附。化学吸附热与化学反应热的数量级相当，在相同覆盖率下，它比物理吸附热高的多，一般为 $80\sim400kJ/mol$，这也是物理吸附与化学吸附的主要区别。化学吸附仅为单分子层吸附，选择性高，吸附速率慢，其过程往往不可逆。

应当指出，同一物质在较低温度下可能发生的是物理吸附，而在较高温度下所发生的往往是化学吸附。即物理吸附常发生在化学吸附之前，到吸附剂逐渐具备足够高的活性，才发生化学吸附。亦可能两种吸附方式同时发生。

12.1.1.2　吸附剂

(1) 工业吸附剂的基本要求

① 比表面积大　吸附在固体表面进行，表面积越大，吸附能力或吸附容量越大。

② 选择性高　吸附剂对不同的吸附质具有不同的吸附能力，其差异越显著，选择性越高，分离效果越好。

③ 吸附容量大　吸附容量是指在一定温度下，对于一定的吸附质浓度、单位质量（或体积）的吸附剂所能吸附的最大吸附质质量。影响吸附容量的因素很多，包括吸附剂的表面积、孔隙率、孔径分布、分子极性以及吸附剂分子官能团的性质等。

④ 优良的机械强度、热稳定性及化学稳定性　吸附剂是在湿度、温度和压力条件变化的情况下工作的，这就要求吸附剂有足够的机械强度和热稳定性，对于用来吸附腐蚀性气体时，还要求吸附剂有较高的化学稳定性。当采用流化床吸附装置时，对吸附剂的机械强度要求更高，主要原因是在流化状态下运行，吸附剂的磨损大。

⑤ 颗粒度适中均匀　用于固定床时，若颗粒太大且不均匀，易造成气路短路和气流分布不均，引起气流返混，气体在床层中停留时间短，降低吸附分离效果。如果颗粒太小，床层阻力过大，严重时会将吸附剂带出器外。

⑥ 再生能力强，制造简便，价廉易得。

（2）常用工业吸附剂

① 活性炭　活性炭是许多具有吸附性能的碳基物质的总称。活性炭的原料是几乎所有的含碳物质，如煤、木材、骨头、果核、坚硬的果壳以及废纸浆、废树脂等。将这些含碳物质在低于878K下进行炭化，再用水蒸气或热空气进行活化处理。还有用氯化锌、氯化镁、氯化钙、磷酸来代替热蒸汽作活化剂的。活性炭经过活化处理，比表面积一般可达700～1000m^2/g，具有优异和广泛的吸附能力。

活性炭是一种非极性吸附剂，具有疏水性和亲有机物质的性质，它能吸附绝大部分有机气体，如苯类、醛酮类、醇类、烃类等以及恶臭物质。由于活性炭的孔径范围宽，即使对一些极性吸附质和一些特大分子的有机物质，仍然表现优良的吸附能力。在吸附操作中，活性炭是首选的优良吸附剂。普通活性炭又分为颗粒状活性炭（粒炭）和粉状活性炭（粉炭），气体吸附多用粒炭，粉炭多用于液体的脱色处理。

近年来出现的纤维活性炭，是一种新型的高性能活性炭吸附材料。它是利用超细纤维如黏胶丝、酚醛纤维或腈纶纤维等制成毡状、绳状、布状等，经高温（1200K以上）炭化，用水蒸气活化后形成。纤维活性炭的比表面积大（约1700m^2/g），密度小（5～5kg/m^3），微孔多而均匀。普通颗粒活性炭孔径不均一，除小孔外，还有0.01～0.1μm的中孔和0.5～5μm的大孔；而纤维活性炭不但孔隙率较大，而且孔径比较均一，绝大多数为0.0015～0.003μm的小孔和中孔，因而吸附容量大。由于纤维活性炭的微孔直接通向外表面，吸附质分子内扩散距离较短，所以吸附和脱附速率高，残留量少，使用寿命长。正是由于这些结构特征，使纤维活性炭对各种无机和有机气体、水溶液中的有机物、重金属离子等具有较大的吸附容量和较快的吸附速率，吸附能力比一般活性炭高出1～10倍，特别是对一些恶臭物质的吸附量比颗粒活性炭要高40倍左右。

② 活性氧化铝　活性氧化铝是将含水氧化铝在严格控制的加热速率下于773K加热制成的多孔结构活性物质。根据结晶构造，氧化铝可分为α型和γ型。具有吸附活性的主要是γ型，尤其是含一定结晶水的γ-氧化铝，吸附活性很高。晶格类型的形成主要取决于焙烧温度，若三水铝石在773～873K温度下焙烧，所得氧化铝即为含有结晶水的γ型活性氧化铝，温度超过1173K，开始变成α型氧化铝，吸附性能急剧下降。

活性氧化铝是一种极性吸附剂，无毒，对水的吸附容量很大，常用于高湿度气体的吸湿和干燥。它还用于多种气态污染物，如SO_2、H_2S、含氟废气、NO_x以及气态碳氢化合物等废气的净化。

活性氧化铝机械强度好，可在移动床中使用，并可作催化剂的载体。它对多数气体和蒸气是稳定的，浸入水或液体中不会溶胀或破碎。循环使用后其性能变化很小，使用寿命长。

③ 硅胶　将硅酸钠溶液用无机酸处理后所得凝胶，经老化、水洗去盐，于398～408K干燥脱水，即得到坚硬多孔的固体颗粒硅胶。硅胶是一种无定形链状和网状结构的硅酸聚合物，分子式$SiO_2 \cdot nH_2O$。硅胶的孔径分布均匀，亲水性极强，吸收空气中的水分可达自身质量的50%，同时放出大量的热，使其容易破碎。硅胶主要用作干燥剂，通过加入氯化钴或溴化铜以指示吸湿程度。

硅胶是一种极性吸附剂，可以用来吸附SO_2、NO_x等气体，但难以吸附非极性的有机物。硅胶还可用作催化剂的载体。

④ 沸石分子筛　天然分子筛是一种结晶的铝硅酸盐，因将其加热熔融时可起泡"沸腾"，因此又称沸石或泡沸石，又因其内部微孔能筛分大小不一的分子，故又名分子筛或沸石分子筛。目前人工合成的沸石分子筛已超过百种。最常用的有A型、X型、Y型、M型和ZSM型等。

分子筛具有多孔骨架结构，主要成分是SiO_2和Al_2O_3等组成的结晶硅铝酸盐，化学通

式为 $R_xO \cdot Al_2O_3 \cdot mSiO_2 \cdot nH_2O$，其中 R 表示金属离子，通常为 Na^+、Ca^{2+}。

分子筛在结构上有许多孔径均匀的孔道与排列整齐的洞穴，这些洞穴由孔道连接。洞穴不但提供了很大的比表面积，而且它只允许直径比其孔径小的分子进入，达到对大小及形状不同的分子进行筛分的目的。根据孔径和 SiO_2 与 Al_2O_3 的分子比，分子筛可分为不同型号，如 3A（钾 A 型）、4A（钠 A 型）、5A（钙 A 型）、10X（钙 X 型）、13X（钠 X 型）、Y（钠 Y 型）、钠丝光滑石型等。

与其他吸附剂相比，分子筛具有以下优点：吸附选择性强，吸附能力强，在较高温度下仍有较大的吸附容量。因此，分子筛作为一种十分优良的吸附剂，广泛用于有机化工、石油化工的生产。

（3）吸附剂的性能

① 填充密度 ρ_B（又称体积密度） 是指单位填充体积的吸附剂质量。通常将烘干的吸附剂装入容器中，摇实至吸附剂体积不变，此时吸附剂的质量与该吸附剂在容器中所占体积的比值称为填充密度。

吸附剂颗粒间的空隙体积与吸附剂所占的体积之比称为吸附剂的空隙率，用 ε_B 表示。

② 表观密度 ρ_P（又称颗粒密度） 是指单位体积吸附颗粒本身的质量。吸附剂颗粒内的细孔占有一定空间细孔体积与单个颗粒体积之比定义为颗粒的孔隙率，用 ε_P 表示。填充密度与颗粒密度的关系为

$$\rho_P(1-\varepsilon_B)=\rho_B$$

③ 真实密度 ρ_t 是指扣除颗粒内细孔体积后单位体积吸附剂的质量。

表观密度、真实密度和颗粒孔隙率的关系为

$$\varepsilon_P=\frac{\rho_t-\rho_P}{\rho_t}$$

④ 吸附剂比表面积 是指单位质量的吸附剂所具有的吸附表面积，单位为 m^2/g。吸附剂孔隙的孔径大小直接影响吸附剂的比表面积。孔径大小可分成 3 类：大孔 $200 \sim 10000nm$，过渡孔 $10 \sim 200nm$，微孔 $1 \sim 10nm$。吸附剂的比表面积以微孔提供的表面积为主。

⑤ 吸附容量 是指吸附达到饱和状态时，单位质量吸附剂所吸附的吸附质的质量，反映了吸附剂的吸附能力。

表 12-1 列出了常用吸附剂的性能。

表 12-1 常用吸附剂的性能

吸附剂	活性炭	活性氧化铝	硅胶	沸石分子筛
真实密度/($\times 10^{-3} kg/m^3$)	$1.9 \sim 2.2$	$3.0 \sim 3.3$	$2.1 \sim 2.3$	$2.0 \sim 2.5$
表观密度/($\times 10^{-3} kg/m^3$)	$0.7 \sim 1.0$	$0.8 \sim 1.9$	$0.7 \sim 1.3$	$0.9 \sim 1.3$
填充密度/($\times 10^{-3} kg/m^3$)	$0.35 \sim 0.55$	$0.49 \sim 1.00$	$0.45 \sim 0.85$	$0.60 \sim 0.75$
比热容/($kJ \cdot K/kg$)	$0.836 \sim 1.254$	$9.836 \sim 1.045$	0.92	0.794
操作温度上限/K	423	773	673	873
平均孔径/10^{-10} m	$15 \sim 25$	$18 \sim 48$	22	$4 \sim 13$
再生温度/K	$373 \sim 413$	$473 \sim 523$	$393 \sim 423$	$473 \sim 573$
比表面积/(m^2/g)	$200 \sim 1200$	$200 \sim 370$	$300 \sim 850$	$400 \sim 750$
空隙率/%	$33 \sim 55$	$40 \sim 50$	$40 \sim 50$	$30 \sim 40$

12.1.2 吸附平衡

在一定温度、压力下，当流体（气体或液体）与固体吸附剂经长时间充分接触后，吸附质在流体相和固体相中的浓度达到平衡状态，吸附剂上吸附量不再增加，这种状态称为吸附平衡。吸附平衡关系决定了吸附过程的方向与限度，是设计吸附操作过程的基本依据。

12.1.2.1　吸附等温线

吸附平衡关系通常用等温条件下吸附剂的吸附容量 q 与流体相中吸附质的分压 p（或浓度 c）之间的关系 $q=f(p)$ 或 $q=f(c)$ 表示。以 q 对相对压力 p/p_s 作图，所得曲线为吸附等温线。Brunsucr 等将典型的吸附等温线归纳成五类，如图 12-1 所示。图中纵坐标代表吸附量 q，横坐标为相对压力 p/p_s。p_s 代表在某温度下被吸附物质的饱和蒸气压，p 是吸附平衡时的压力。

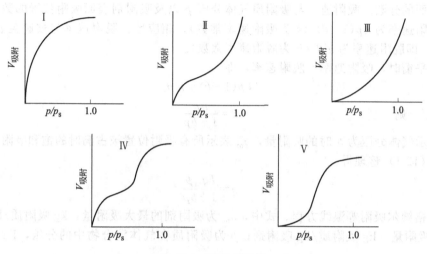

图 12-1　吸附等温线

图中，Ⅰ类曲线吸附出现饱和值。这种吸附相当于在吸附剂表面上形成单分子层吸附，接近 Langmuir 型吸附等温线。此类情况一般吸附剂毛细孔的孔径比吸附剂分子尺寸略大（属同一数量级时发生微孔填充效应）。如氧在 −183℃ 活性炭上的吸附。

Ⅱ类曲线的特点是不出现饱和值，随对比压力增加，平衡吸附量急剧上升，曲线上凸。吸附质的极限值对应于物质的溶解度，属于多分子层物理吸附。如 −198℃ 氮在催化剂上的吸附。

Ⅲ类曲线下凹，吸附气体量随组分分压增加而上升。曲线下凹是因为单分子层内分子间互相作用，使第一层的吸附热比冷凝热小，以致吸附质较难于吸附。此种情况较少见，如溴在硅胶（79℃）上的吸附。

Ⅳ类曲线能形成有限的多层吸附。曲线由几段构成，线段上凸和中间段下凹。开始吸附量随着气体中组分分压的增加迅速增大，曲线凸起，吸附剂表面形成易于移动的单分子层吸附；而后一段凸起的曲线表示由于吸附剂表面建立了类似液膜层的多层分子吸附；两线段间的突变，说明有毛细孔的凝结现象。如 50℃ 下苯在氧化铁上的吸附。

Ⅴ类曲线一开始就下凹，吸附质较难被吸附，吸附量随气体中组分浓度增加而缓慢上升，当接近饱和压力时，曲线趋于饱和，形成多层吸附，有滞后效应。如水蒸气在 100℃ 木炭中的吸附。

Ⅳ类与Ⅴ类有滞后效应。这主要是由于出现毛细管冷凝现象和孔容的限制。

DeVault 提出：沿吸附量坐标方向上上凸的吸附等温线为"优惠"等温线吸附，可以保证痕量物质脱除；而向下凹的等温线为"非优惠"的吸附等温线，如Ⅲ类。五种类型等温线，反映了吸附剂的表面性质不同，以及孔的分布和吸附质分子间的作用力不同。

吸附作用是固体表面力作用的结果，但这种表面力的性质至今未被充分了解。为了说明吸附作用，许多学者提出了多种假设或理论，但只能解释有限的吸附现象，可靠的吸附等温线只能依靠实验测定。至今，尚未得到一个通用的半经验方程。下面介绍几种常用的经验方程。

（1）朗格缪尔方程

朗格缪尔（Langmuir）吸附模型假设：①吸附剂表面是均匀的；②吸附是单分子层的；③被吸附分子间无相互作用力。满足这些假设条件的吸附过程为理想吸附。

根据朗格缪尔理论，只有碰撞在固体表面上的分子才被吸附，而碰撞在已经吸附在固体表面的分子上时，则不被吸附。以 θ 代表吸附剂表面被吸附分子遮盖的分数；$(1-\theta)$ 代表未遮盖表面的分数。吸附速率与吸附质气体分压 p 以及吸附剂表面吸附位置的数量成正比。因此，吸附速率为 $kp(1-\theta)$（k 为吸附速率常数）。相应地，脱附速率与被遮盖表面的比率 θ 成正比，即脱附速率为 $k'\theta$（k' 为脱附速率常数）。

吸附平衡时，吸附速率＝脱附速率，即

$$kp(1-\theta)=k'\theta \tag{12-1}$$

令 $b=k/k'$，则

$$\theta=\frac{bp}{1+bp} \tag{12-2}$$

若以 q 表示气体分压为 p 时的吸附量，q_m 表示所有吸附位置被占满时的饱和吸附量，则 $\theta=q/q_m$，式(12-1) 整理得

$$q=\frac{bq_m p}{1+bp} \tag{12-3}$$

此即为朗格缪尔吸附等温线方程。式中，q_m 为吸附剂的最大吸附量，kg 吸附质/kg 吸附剂；q 为平衡吸附量，kg 吸附质/kg 吸附剂；p 为吸附质在气体混合物中的分压，Pa；b 为朗格缪尔常数。

当吸附质浓度很低时，式(12-3) 可简化为 Henry 方程

$$\frac{p}{q}=\frac{1}{bq_m}+\frac{1}{q_m}p \tag{12-4}$$

如果以 p/q 为纵坐标、p 为横坐标作图，可得到直线斜率 $1/q_m$ 与截距 $1/bq_m$。对于单分子层气相吸附，吸附剂比表面积 α 可计算如下

$$\alpha=\frac{q_m N_0 A_0}{22.4\times10^{-3}} \tag{12-5}$$

式中，α 为吸附剂比表面积，$m^2 \cdot kg^{-1}$；q_m 为吸附分子在吸附剂表面形成单分子层时的饱和吸附量，kg 吸附质/kg 吸附剂；A_0 为单个吸附质分子的横截面积，m^2；N_0 为阿佛伽德罗常数，6.02×10^{23}。

朗格缪尔方程仅适用于 I 型等温线，如用活性炭吸附 N_2、Ar、CH_4 等气体。

（2）BET 方程

为了解释 I、II 型等温线，1938 年布鲁诺（Brunauer）、埃米特（Emmett）和泰勒（Teller）提出了新的假设：①固体表面是均匀的，所有毛细管具有相同的直径；②吸附质分子间无相互作用力；③可以有多分子层吸附，层间分子力为范德华力；④第一层的吸附热为物理吸附热，第二层以上为液化热。总吸附量为各层吸附量之和。根据以上假设，推导了 BET 吸附等温线方程，称为二常数 BET 吸附等温方程。

$$q=\frac{k_b q_m p}{(p^0-p)\left[1+(k_b-1)\dfrac{p}{p^0}\right]} \tag{12-6}$$

式中，q 为平衡吸附量，$m^3 \cdot kg^{-1}$；q_m 为第一层单分子层的饱和吸附量，$m^3 \cdot kg^{-1}$；p 为吸附质的平衡分压，Pa；p^0 为吸附温度下吸附质气体的饱和蒸气压，Pa；k_b 为 BET 常数。

式(12-4) 的适用范围为 $p/p^0=0.05\sim0.35$，若吸附质的平衡分压远小于其饱和蒸气压，即 $p\ll p^0$，则

$$\frac{q}{q_m}=\frac{k_b\dfrac{p}{p^0}}{1+k_b\dfrac{p}{p^0}} \tag{12-7}$$

令 $b=k_b/p^0$，则式(12-7)为朗格缪尔方程。BET 方程适用于 Ⅰ、Ⅱ、Ⅲ型等温线。

计算吸附剂比表面积时，BET 方程可改写成直线方程形式

$$\frac{p}{q(p^0-p)}=\frac{k_b-1}{k_b q_m}\left(\frac{p}{p^0}\right)+\frac{1}{k_b q_m} \tag{12-8}$$

在直角坐标系中，以 p/p^0 为横坐标、$p/q(p^0-p)$ 为纵坐标作图，得到直线斜率 $A=\dfrac{k_b-1}{k_b q_m}$ 和截距 $B=\dfrac{1}{k_b q_m}$，从而可以计算常数 k_b 和 q_m。整理，得 $q_m=\dfrac{1}{A+B}$。

【例 12-1】　0℃时，测得丁烷在 6.602kgTiO$_2$ 粉末上的吸附量如下：

丁烷分压/kPa	7.07	11.33	18.27	26.66	43.73	74.79
吸附量/L(标准状态)	2.94	3.82	4.85	5.89	8.07	18.25

已知 0℃时，丁烷的饱和蒸气压为 103.59kPa，单个丁烷分子的横截面积为 32.1×10^{-20}m^2，试根据 BET 方程计算：(1) 丁烷分子在 TiO$_2$ 粉末表面上形成单分子层时所需的丁烷量；(2) 1kg TiO$_2$ 粉末所具有的表面积。

解：(1) 根据题中吸附平衡数据，分别计算 p/p^0 与 $p/q(p^0-p)$ 的数值，其中，$q=\dfrac{总吸附量}{6.602}$，计算结果如下：

p/p^0	0.0682	0.109	0.176	0.257	0.422	0.722
$p/q(p^0-p)$/(kg/L)	0.164	0.212	0.291	0.388	0.598	0.939

根据计算结果，在直角坐标系中，以 p/p^0 为横坐标，以 $p/q(p^0-p)$ 为纵坐标，得到直线斜率 $A=\dfrac{k_b-1}{k_b q_m}=1.189$，截距 $B=\dfrac{1}{k_b q_m}=0.043$。

故丁烷分子在 TiO$_2$ 粉末表面上形成单分子层时所需的丁烷量 q_m 为

$$q_m=0785(\text{L/kg})=7.85\times10^{-4}(\text{m}^3/\text{kg})$$
$$k_b=15.1$$

(2) 依题意知，$A_m=32.1\times10^{-20}$m^2，由式(12-5)得

$$\alpha=\frac{q_m N_A A_m}{22.4\times10^{-3}}=\frac{7.85\times10^{-4}\times6.02\times10^{23}\times32.1\times10^{-20}}{22.4\times10^{-3}}=6772\ (\text{m}^2)$$

即 1kg TiO$_2$ 粉末的吸附表面积为 6772m^2。

【例 12-2】　在 78.6K、不同 N$_2$ 分压下，测得某种硅胶的 N$_2$ 吸附量如下：

p/kPa	9.03	11.51	18.61	26.28	29.66
q/(mg/g)	18.78	19.29	22.49	24.37	26.30

已知 78.6K 时 N$_2$ 的饱和蒸气压为 118.8kPa，每个氮分子的横截面积 $A_0=0.16$nm^2，计算这种硅胶的比表面积。

解：采用式(12-8)BET 直线方程进行计算。根据题意，数据处理结果如下：

p/p^0	0.07603	0.09687	0.1567	02213	0.2497
$p/q(p^0-p)$/(g/mg)	0.004382	0.005560	0.008262	0.01166	0.01265

根据计算结果，在直角坐标系中，以 p/p^0 为横坐标，以 $p/q(p^0-p)$ 为纵坐标，得

到直线斜率 $A = \dfrac{k_b - 1}{k_b q_m} = 0.04761 \text{g/mg}$，截距 $B = \dfrac{1}{k_b q_m} = 0.00077 \text{g/mg}$。则

$$q_m = \frac{1}{A + B} = \frac{1}{0.04761 + 0.00077} = 20.67 \ (\text{mg/g})$$

吸附剂比表面积为

$$\alpha = \frac{q_m N_A A_m}{M} = \frac{20.67 \times 6.02 \times 10^{23} \times 16 \times 10^{-20}}{28} = 71100 \ (\text{m}^2/\text{kg})$$

12.1.2.2 吸附滞留现象

五种吸附等温线中，不管何种类型的吸附，吸附量均随压力升高而增大，随温度升高而降低，图 12-2 为氨在活性炭上的吸附等温线。若吸附等温线都是完全可逆的，即吸附等温线上任一点所代表的平衡状态，既可以由新鲜吸附剂进行吸附时达到（即从吸附等温线的低端向上），也可以从已吸附了吸附质的吸附剂脱附达到（即从等温线的高端向下）。

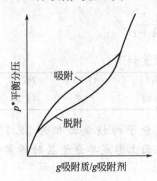

图 12-2　吸附滞留现象

某些情况下，在某一段等温线上由吸附所达到的某一平衡点，与由脱附达到该点时不是同一个平衡状态，如图 12-2 所示。即在脱附过程中，欲使吸附剂达到与吸附时同样的吸附量，需更低的平衡压力，这种现象称之为"吸附滞留现象"。这种现象可能是由于固体吸附的毛细管或孔穴的开口形状和吸附质湿润在固体吸附剂上的复杂现象所造成。在任何情况下，如果产生滞留现象，则对应于同一吸附量，其吸附的平衡压力一定比脱附的平衡压力高。

12.1.3　吸附速率

（1）吸附传质过程

通常，一个吸附过程包括下列步骤。

① 外扩散　外空间液（气）相中组分 A 扩散穿过液（气）膜到达固体表面。

② 内扩散　组分 A 从固体表面进入其微孔道，在微孔道的吸附液（气）相中扩散至微孔表面。

③ 吸附　已进到微孔表面的组分 A 分子被固体所吸附，完成吸附。

④ 脱附　已被吸附的组分 A 分子，部分脱附，离开微孔道表面。

⑤ 内反扩散　脱附的组分 A 从孔道内吸附液（气）相分子相中，扩散至外表面。

⑥ 外反扩散　组分 A 分子从外表面反向扩散经液（气）膜进入外空间液（气）相中，完成脱附。

在上述步骤中，吸附与脱附等步骤的速率远比"外扩散"与"内扩散"为快。因此一般影响吸附总速度的是外扩散速率与内扩散速率。

对于物理吸附，第③步通常是瞬间完成的，所以吸附过程的速率通常由内、外扩散步骤决定。据内、外扩散速率的相对大小分为外扩散控制、内扩散控制和内外扩散联合控制三种。

（2）吸附速率方程

对于某一瞬间，按拟稳态处理，吸附速率可分别用外扩散、内扩散或总传质速率方程表示。

① 外扩散传质速率方程　吸附质从流体主体扩散到固体吸附剂外表面的传质速率方程为

$$\frac{\partial q}{\partial t} = k_F \alpha_p (C - C_i) \tag{12-9}$$

式中，q 为吸附剂上吸附质含量，kg 吸附质/kg 吸附剂；t 为吸附时间，s；$\frac{\partial q}{\partial t}$ 为吸附剂的吸附速率，kg/(s·kg)；α_p 为吸附剂比外表面积，m²/kg；C 为流体相中吸附质的平均浓度，kg/m³；C_i 为吸附剂外表面上流体相中吸附质的浓度，kg/m³；k_F 为流体相侧的传质系数，m/s。

② 内扩散传质速率方程 内扩散过程比外扩散过程要复杂得多。按照内扩散机理进行内扩散计算非常困难，把内扩散过程简单地处理成从外表面向颗粒内的传质过程，内扩散传质速率方程为

$$\frac{\partial q}{\partial t} = k_S \alpha_p (q_i - q) \tag{12-10}$$

式中，k_S 为吸附剂固相侧的传质系数，kg/(s·m²)；q_i 为吸附剂外表面上的吸附质含量，kg/kg。此处 q_i 与吸附质在流体相中的浓度 C 呈平衡；q 为吸附剂上吸附质的平均含量，kg/kg。

③ 总传质速率方程 由于吸附剂外表面处的浓度 C_i 与 q_i 无法测定，因此通常按拟稳态处理，将吸附速率用总传质方程表示为

$$\frac{\partial q}{\partial t} = K_S \alpha_p (q^* - q) = K_F \alpha_p (C - C^*) \tag{12-11}$$

式中，C^* 为与吸附质含量为 q 的吸附剂呈平衡的流体中吸附质的浓度，kg/m³；q^* 为与吸附质浓度为 C 的流体呈平衡的吸附剂上吸附质的含量，kg/kg；K_F 为以 $\Delta C = (C - C^*)$ 表示推动力的总传质系数，m/s；K_S 为以 $\Delta q = (q^* - q)$ 表示推动力的总传质系数，kg/(s·m²)。

对于稳态传质过程，存在

$$\begin{aligned}\frac{\partial q}{\partial t} &= K_S \alpha_p (q^* - q) = K_F \alpha_p (C - C^*) \\ &= k_S \alpha_p (q_i - q) = k_F \alpha_p (C - C_i)\end{aligned} \tag{12-12}$$

如果在操作的浓度范围内吸附平衡为直线，即

$$q_i = mC_i \tag{12-13}$$

整理得

$$\frac{1}{K_F} = \frac{1}{k_F} + \frac{1}{mk_S} \tag{12-14}$$

$$\frac{1}{K_S} = \frac{1}{k_F} + \frac{1}{k_S} \tag{12-15}$$

式(12-15) 表示吸附过程的总传质阻力为外扩散阻力与内扩散阻力之和。

若内扩散很快，过程为外扩散控制，q_i 接近 q，则 $K_F = k_F$。若外扩散很快，过程为内扩散控制，C 接近于 C_i，则 $K_S \approx k_S$。

12.1.4 吸附操作与设备

吸附分离过程包括吸附过程和解吸过程。由于需处理的流体浓度、性质及要求吸附的程度不同，故吸附操作有多种形式。

(1) 接触过滤式操作

接触过滤式操作将要处理的液体和吸附剂一起加入到带有搅拌器的吸附槽中，使吸附剂与溶液充分接触，溶液中的吸附质被吸附剂吸附。经过一段时间，吸附达到饱和，将料浆送到过滤机中，吸附剂从液相中滤出，经适当的解吸，回收利用。

因在接触式吸附操作时，使用搅拌使溶液呈湍流状态，颗粒外表面的膜阻力减少，故该操作适用于外扩散控制的传质过程。接触过滤吸附操作所用设备主要有釜式或槽式，设备结构简单，操作容易。广泛用于活性炭脱除糖液中的颜色等方面。

（2）固定床吸附操作

固定床吸附操作是把吸附剂均匀堆放在吸附塔中的多孔支承板上，含吸附质的流体可以自上而下流动，也可自下而上流过吸附剂。在吸附过程中，吸附剂不动。

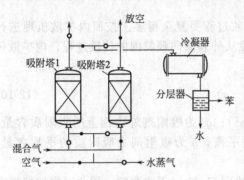

图 12-3　固定床吸附操作流程

固定床的吸附过程与再生过程在两个塔式设备中交替进行，如图 12-3 所示。·表示阀门关闭，o 表示阀门打开。吸附在吸附塔 1 中进行，当出塔流体中吸附质的浓度高于规定值时，物料切换到吸附塔 2，与此同时吸附塔 1 采用变温或减压等方法进行吸附剂再生，然后再在塔 1 中进行吸附，塔 2 中进行再生，如此循环操作。

固定床吸附塔结构简单，操作方便灵活，吸附剂不易磨损，物料的返混少，分离效率高，回收效果好，广泛用于气体中溶剂的回收、气体干燥和溶剂脱水等方面。但固定床吸附操作的传热性能差，且当吸附剂颗粒较小时，流体通过床层的压降较大，并且吸附、再生及冷却等操作需要时间，生产效率较低。

（3）移动床吸附操作

移动床吸附操作是指待处理的流体在塔内自上而下流动，在与吸附剂接触过程中，吸附质被吸附，已达饱和的吸附剂从塔下连续或间歇排出，同时在塔的上部补充新鲜的或再生的吸附剂。与固定床相比，移动床吸附操作因吸附和再生过程在同一个塔中进行，设备投资费用少。

（4）流化床吸附操作及流化床-移动床联合吸附操作

流化床吸附操作是使流体自下而上流动，流体的流速控制在一定的范围，保证吸附剂颗粒被托起，但不被带出，处于流态化状态进行的吸附操作。该操作的生产能力大，但吸附剂颗粒磨损程度严重，且由于流态化的限制，使操作范围变窄。

流化床-移动床联合吸附操作将吸附、再生集于一塔，如图 12-4 所示。塔的上部为多层流化床，原料在这里与流态化的吸附剂充分接触，吸附后的吸附剂进入塔中部带有加热装置的移动床层，升温后进入塔下部的再生段。在再生段中吸附剂与通入的惰性气体逆流接触得以再生。最后靠气力输送至塔顶重新进入吸附段，再生后的流体可通过冷却器回收吸附质。流化床-移动床联合吸附床常用于混合气中溶剂的回收、脱除 CO_2 和水蒸气等场合。

该操作具有连续、吸附效果好的特

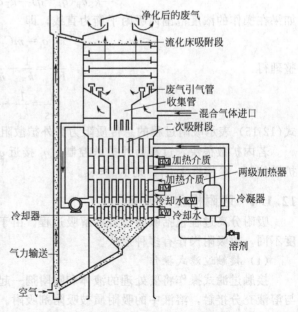

图 12-4　流化床-移动床联合吸附分离装置

点。因吸附在流化床中进行，再生前需加热，所以此操作存在吸附剂磨损严重、吸附剂易老化变性的问题。

（5）模拟移动床的吸附操作

为兼顾固定床装填性能好和移动床连续操作的优点，并保持吸附塔在等温下操作，便于自动控制，设计一个由许多小段塔节组成的塔，每一塔节都有进出物料口，采用特制的多通道（如 24 通道）的旋转阀，微机控制，定期启闭切换吸附塔的进出料液和解吸剂的阀门，使各层料液进出口依次连续变动与四个主管道相连，这四个主管道是进料（A＋B）管、抽出液（A＋D）管、抽余液（B＋D）管和解吸剂（D）管，见图 12-5。

一般整个吸附塔分成四个段：吸附段、第一精馏段（简称一精段）、解吸段和二精段，见模拟移动床吸附分离操作 12-6。

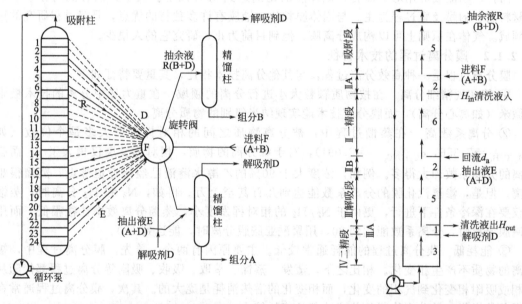

图 12-5　模拟移动床吸附分离装置　　　　图 12-6　模拟移动床吸附分离操作

在吸附段内进行的是 A 组分的吸附，混合液从下向上流动，与已吸附着解吸剂 D 的吸附剂逆流接触，组分 A 与 D 进行吸附交换，随着流体向上流动，吸附质 A 和少量的 B 不断被吸附，D 不断被解吸，在吸附段出口溶液中主要为组分 B 和 D，作为抽余液从吸附段出口排出。

在一精段内完成 A 组分的精制和 B 组分的解吸，此段顶部下降的吸附剂与新鲜溶液接触，A 和 B 组分被吸附，在该段底部已吸附大量 A 和少量 B 的吸附剂与解吸段上部流入的流体（A＋D）逆流接触，由于吸附剂对 A 的吸附能力比 B 组分强，故吸附剂上少量的 B 被 A 置换，B 组分逐渐被全部置换出来，A 得到精制。

在解吸段内完成组分 A 的解吸，吸附大量 A 的吸附剂与塔底通入的新鲜解吸剂 D 逆流接触，A 被解吸出来作为抽出液，再进精馏塔精馏得到产品 A 及解吸剂 D。

二精段目的在于部分回收 D，减少解吸剂的用量。从解吸段出来的只含解吸剂 D 的吸附剂，送到二精段与吸附段出来的主要含 B 的溶液逆流接触，B 和 D 在吸附剂上置换，组分 B 被吸附，D 被解吸出来，并与新鲜解吸剂一起进入吸附段形成连续循环操作。

12.2 膜分离

12.2.1 概述

12.2.1.1 膜分离过程及膜的概念

膜分离过程：采用天然或合成的、具有选择透过性的薄膜，以化学位差或电位差为推动力，对双组分或多组分体系进行分离、分级、提纯或富集的过程。

膜：膜分离过程的核心是膜。如果在一个流体相内或两个流体相之间存在一薄层凝聚相物质，它把流体相分隔成两部分，那么，这一薄层物质就是膜。由于以分离混合物为目的，膜必须具有选择透过性。

理论上，膜可以是固态、液态或气态。目前，大多数分离膜都是固体膜，从产量、产值、品种、功能或应用对象而言，固体膜的比例达到 99% 以上。其中，以有机高分子聚合物材料制备的膜及膜过程为主。与固体膜相比，液膜有许多独特的优点，是膜过程研究的重要领域。气体在原则上可以构成分离膜，但到目前为止，研究它的人很少。

12.2.1.2 膜分离过程的技术特征

膜分离过程是一种高效分离过程，与其他分离技术相比，其重要特征如下。

① 能实现精细分离 在按物质颗粒大小进行分离的领域，在重力场中分离的技术极限是微米（如离心分离），而膜分离技术能实现纳米级别的物质分离。

② 分离系数高 在蒸馏过程中，被分离物质之间的相对挥发度大多是个位数（如 $\alpha_{CH_4/C_3H_6} = 7.356$，$\alpha_{C_2H_4/C_3H_6} = 2.091$），对于难分离的物质，相对挥发度仅稍大于 1。而膜分离的分离系数却大得多。例如，浓度大于 90% 的乙醇水溶液已经接近恒沸点，蒸馏很难分离。但是，渗透汽化膜的分离系数能达到几百甚至上万。再如，N_2 和 H_2 分离时，蒸馏不仅要在深冷条件下进行，更由于 N_2/H_2 的相对挥发度小，蒸馏分离效率往往很低。而用聚砜膜分离时，分离系数能达到 80，用聚酰亚胺膜分离时，能达到 120。

③ 能耗低 膜分离过程的能耗通常较低。主要原因有两个：首先，膜分离过程中，被分离的物质不产生相变化。相比之下，蒸发、蒸馏、萃取、吸收、吸附等分离过程都伴随从液相或吸附相变化到气相的变化，而相变化的潜热消耗是庞大的。其次，膜分离过程通常在常温条件操作，被分离物料加热或冷却的能耗较小。

④ 操作简便 膜分离设备本身没有运动部件，工作温度为常温，很少需要维护，可靠度很高。它的操作十分简便，而且从启动到得到产品的时间很短，可以在频繁启停下工作。另外，设备体积小也是膜分离技术的重要特点。

⑤ 放大能力高 膜分离过程的另一个重要特征是它的规模和处理能力可在很大范围内变化，而运行费用却变化不大。

12.2.1.3 膜分离过程的类型

根据膜分离过程推动力的本质，可将膜分离过程分为四种类型：①以静压力差为推动力的膜过程；②以蒸气分压为推动力的膜过程；③以浓度差为推动力的膜过程；④以电位差为推动力的膜过程。

(1) 以静压力差为推动力的膜过程

该类型包括微滤（MF）、超滤（UF）和反渗透（RO）。三种膜分离过程的示意如图 12-7 所示。

微滤：采用孔径范围为 $10 \sim 10^{-1} \mu m$ 的半透膜，在膜两侧静压力差推动下，利用分离膜孔道的物理栏栅作用，从气体或液体混合物中分离粒径大于 $0.1 \mu m$ 的颗粒性物质。

超滤：采用孔径范围为 $10^{-2} \sim 10^{-3} \mu m$ 的半透膜，在膜两侧静压力差作用下，利用分离膜孔道的物理栏栅作用，从液体混合物中分离相对分子质量大于 500 的溶剂化大分子。

反渗透：采用孔径范围为 $10^{-3} \sim 10^{-4}\mu m$ 的半透膜，在膜两侧静压力差作用下，利用分离膜与被分离组分之间的物理化学作用，从液体混合物中分离溶剂分子。

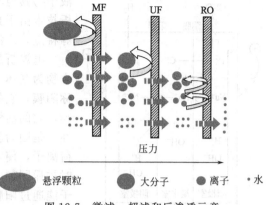

图 12-7　微滤、超滤和反渗透示意

（2）以蒸气分压差为推动力的膜过程

① 气体膜分离　使带压原料气与密封良好的膜装置接触，原料气中各组分在膜两侧形成气体分压差，这种推动力使各组分均向膜面移动并趋向穿透过膜。由于不同气体分子在膜材料中的溶解度存在差异，使它们在膜中的渗透速率不同，渗透速率快的气体在渗透侧富集，而渗透速率慢的气体在原料侧富集，实现气体分离。

② 渗透汽化　渗透汽化是利用致密高聚物膜对有机液体混合物中各组分的溶解扩散性能差异来实现分离的一种膜过程。如图 12-8 所示，有机混合物原料液经预热到一定温度后，在常压下送入膜分离器与膜接触。在膜的原料侧，原料液部分蒸发并在膜两侧产生蒸汽分压差，借此推动各组分向膜面移动。由于各组分在膜材料中的溶解度存在差异，渗透速率快的组分优先渗透过膜，在膜的下游侧以微细液滴形式出现。在膜的下游侧，采用抽真空或载气吹扫的方法维持低压，使渗透组分迅速汽化并离开系统，以最大限度地维持膜两侧的传质推动力。

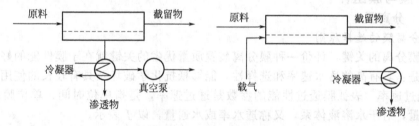

图 12-8　渗透蒸发原理

在渗透蒸发过程中使用的是致密无孔的聚合物膜。液体能否透过膜取决于它们在膜材料中的扩散能力。当一个液体混合物的各组分在膜中的扩散系数不同时，这个混合物就可以分离。这一过程已经用来取代共沸蒸馏，用于分离共沸有机混合物，工业上主要用于无水乙醇生产。此外，还用于从水溶液中分离丁醇、异丙酮、丙酮、醋酸等有机组分。

（3）以浓度差为推动力的膜过程

渗析过程以半透膜为分离介质，将系统分为两部分：A 侧通过混合物溶液，B 侧通过溶剂。在膜两侧浓度梯度作用下，溶质由 A 侧依据扩散原理、溶剂从 B 侧依据渗透原理通过膜相互移动。根据 A 侧不同溶质的扩散速率差异，实现溶质之间的分离。浓度差是过程进行的唯一推动力。

目前，渗析最大的市场是血液渗析，血液渗析已成为临床治疗尿毒症的常规疗法，在此基础上，发展了血液过滤、血液灌流、血浆分离等多种血液净化疗法，每年挽救着上百万肾病患者的生命。

（4）以电位差为推动力的膜过程

电渗析是在直流电场的作用下，离子透过选择性离子交换膜而迁移，使带电离子从水溶

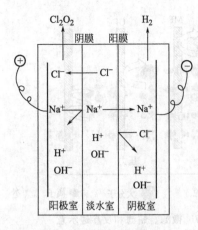

图 12-9　三槽电渗析器

液中与其他不带电组分分离的一种电化学分离过程。电渗析技术由于具有能耗低、操作简便、使用寿命长、无污染等特点，广泛应用于海水、苦咸水脱盐。

电渗析的选择性取决于离子交换膜。离子交换膜以聚合物为基体，接上可以电离的活性基团。阴离子交换膜简称阴膜，它的活性基团通常为氨基；阳离子交换膜简称阳膜，它的活性基团通常为磺酸基。离子交换膜的选择透过性，是因为膜上固定的离子基团吸引膜外溶液中带相反电荷离子，使它们能在电位差或浓度差的推动下通过膜，同时排斥同种电荷的离子，阻止它们进入膜内。因此，阳离子能通过阳膜，阴离子能通过阴膜。

三槽电渗析器是电渗析器最简单的形式（图 12-9），由阴膜、阳膜、隔板、电极构成了三个隔室。如果将 NaCl 溶液充满三个隔室，通直流电后，在阳极室产生氯气、在阴极室产生氢气。在中间室，阳膜中的 RSO_3^-——固定基团构成足够强烈的负电场，在静电作用下，带正电荷的 Na^+ 容易被吸附在膜面上并被引入多孔膜的孔隙中，而带负电的 Cl^- 则被阳膜排斥。在阴膜中，季铵型基团 $RCH_2N^+(CH_3)_3$——基团构成足够强烈的正电场，带负电的 Cl^- 被引入多孔膜的孔隙中，Na^+ 则受到排斥。结果，Na^+ 通过阳膜迁入阴极室，Cl^- 通过阴膜进入阳极室。阳极室中 Na^+ 因受到阴膜阻挡，不能进入中间室；阴极室中 Cl^- 受到阳膜阻挡，也不能进入中间室。因此，中间室的盐水逐渐变成淡水，电极槽中的水逐渐变成浓缩水。

12.2.2　膜与膜组件

12.2.2.1　分离膜

（1）分离膜的选择原则

膜是膜分离的关键，评价一种膜分离装置质量优劣的关键就在于膜性能的好坏。对膜的通常要求是：具有高的透水速率和选择性，能够抵抗化学破坏及具有较长的使用寿命等。

① 透过速率　表征膜透过性能的参数是透过速率，是指单位时间、单位膜面积透过组分的通过量，对于水溶液体系，又称透水率或水通量，以 J 表示。

$$J = \frac{Q}{At} \tag{12-16}$$

式中，J 为透过速率，$m^3/(m^2 \cdot h)$ 或 $kg/(m^2 \cdot h)$；Q 为透过组分的体积或质量，m^3 或 kg；A 为膜有效面积，m^2；t 为操作时间，h。

膜的透过速率与膜材料的化学特性和分离膜的形态结构有关，且随操作推动力的增加而增大。此参数直接决定分离设备的大小。

② 分离性能　分离膜必须对被分离混合物中各组分具有选择透过的能力，即具有分离能力，这是膜分离过程得以实现的前提。不同膜分离过程中膜的分离性能有不同的表示方法，如截留率、截留分子量、分离因数等。

a. 截留率　对于反渗透过程，通常用截留率表示其分离性能。截留率反映膜对溶质的截留程度，对盐溶液又称为脱盐率，以 R 表示。定义式为

$$R = \left(1 - \frac{C_p}{C_0}\right) \times 100\% \tag{12-17}$$

式中，C_0 为原料中溶质的浓度，kg/m^3；C_p 为渗透物中溶质的浓度，kg/m^3。

100% 截留率表示溶质全部被膜截留，此为理想的半渗透膜；0% 截留率则表示全部溶质透过膜，无分离作用。通常截留率在 0~100% 之间。

　　b. 截留分子量　在超滤和纳滤中，通常用截留分子量表示其分离性能。截留分子量是指截留率为 90％时所对应的分子量。截留分子量的高低，在一定程度上反映了膜孔径的大小，通常可用一系列不同分子量的标准物质进行测定。

　　c. 分离因数　对于气体分离和渗透汽化过程，通常用分离因数表示各组分透过的选择性。对于含有 i、j 两组分的混合物，分离因数 α_{ij} 定义为

$$\alpha_{ij} = \frac{y_i / y_j}{x_i / x_j} \tag{12-18}$$

式中，x_i、x_j 为原料中组分 i 与组分 j 的摩尔分数；y_i、y_j 为透过物中组分 i 与组分 j 的摩尔分数。

　　通常，用组分 i 表示透过速率快的组分，α_{ij} 越大，表明两组分的透过速率相差越大，膜的选择性越好，分离程度越高；$\alpha_{ij} = 1$，则表明膜没有分离能力。

　　(2) 分离膜的分类

　　在制膜工业生产上有各种各样的膜以满足不同分离对象和分离方法的要求。根据膜的材质，从相态上可分为固定膜和液态膜；从来源上可分为天然膜和合成膜，后者又可以为无机膜和有机膜。根据膜断面的物理形态，可将膜分为对称膜、不对称膜和复合膜。依据固膜的外形，可分为平板膜、管状膜、卷状膜和中空纤维膜。按膜的功能，又可分为超滤膜、反渗透膜、渗析膜、气体渗透膜和离子交换膜。

　　① 根据膜材料分类

　　a. 有机分离膜　目前在工业中应用的有机膜材料主要有醋酸纤维素类、聚砜类、聚酰胺类和聚丙烯腈等。

　　醋酸纤维素是应用最早和最多的膜材料，常用于反渗透膜、超滤膜和微滤膜的制备。醋酸纤维素膜的优点是分离与透过性能好、价格便宜；缺点是适用的 pH 范围窄，一般为 4～8，且容易被微生物分解。另外，在高压下长时间操作时，这类膜容易被压实而引起膜通量下降。

　　聚砜是一类具有高机械强度的工程塑料，具有耐酸、耐碱、耐高温的特点，可用于制备超滤膜、反渗透膜和气体分离膜，可在高压、高温下长时间稳定操作，耐受高温蒸汽灭菌。缺点是耐有机溶剂的性能较差。

　　聚酰胺类材料膜具有良好的分离与透过性能，耐高压、高温和有机溶剂，是制备耐有机溶剂超滤膜和非水溶液分离膜的首选材料。缺点是耐氯性能较差。

　　b. 无机分离膜　无机膜的制备材料主要是金属、金属氧化物、陶瓷和多孔玻璃。

　　以金属钯、银、镍等为材料可制得相应的金属膜和合金膜，如金属钯膜、金属银膜或钯-银合金膜。这类分离膜具有透氢或透氧功能，常用于超纯氢的制备和氧化反应。缺点是清洗困难。

　　多孔陶瓷膜是最有应用前景的无机分离膜，具有耐高温、高压和酸腐蚀的特点。常用材料有 Al_2O_3、SiO_2、ZrO_2 和 TiO_2 等。

　　多孔玻璃常用于制备中空纤维膜，在 $H_2\text{-}CO$ 或 $He\text{-}CH_4$ 分离过程中具有较高的选择性。

　　② 根据膜结构分类　根据分离膜结构，分离膜可分为对称膜（又称均相膜、各向同性膜）、非对称膜（非均相膜、各向异性膜）、复合膜与动态膜。

　　a. 对称膜　对称膜是一种均匀的薄膜，从膜的上表面至下表面，膜截面的结构及形态完全相同，包括致密的无孔膜和对称的多孔膜两种。一般对称膜的厚度在 $10～200\mu m$ 之间，传质阻力由膜的总厚度决定，降低膜的厚度可以提高透过速率。

　　b. 非对称膜　非对称膜的横断面具有不对称结构（图 12-10）。通常由厚度为 $0.1～0.5\mu m$ 的致密皮层和 $50～150\mu m$ 的大孔支撑层构成，支撑层具有一定的强度。非对称膜的

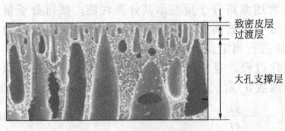

图 12-10　非对称膜断面结构

分离主要或完全由很薄的皮层决定，传质阻力小，其透过速率较对称膜高得多。因此，非对称膜的应用优势为：在保证分离精度的前提下，实现高的水透过通量，使分离膜具有实际应用价值。

c. 依据膜外形分类　根据膜的几何形态，可分为平板膜、管状膜、卷状膜和中空纤维膜。

12.2.2.2　膜组件

各种分离膜只有组装成膜组件，并与泵、过滤器、阀、仪表及管路装配在一起，才能完成分离任务。膜组件是将膜以某种形式组装在一个基本单元设备内，在一定驱动力作用下，可完成混合物中各组分分离的装置。

（1）板框式膜组件

板框式膜组件又称平板式膜组件，外型类似化工单元操作中的板框压滤机，不同之处在于，前者的分离介质为膜，后者的分离介质为帆布、棉饼等。

板框式膜组件主要用于液体分离过程，它是以隔板、膜、支撑板、膜的顺序，多层交替重叠压紧，组装在一起制成的。隔板表面有许多沟槽，可用做原料液和截留液的流动通道；支撑板上有许多孔，可用做透过液的流动通道。

（2）圆管式膜组件

圆管式膜组件是指在圆筒状支撑体的内侧或外侧刮制半透膜而得到的圆管形分离膜。在图 12-11 所示圆管膜结构中，膜刮制在多孔支撑管内侧，用泵将料液输送进管内，渗透液经膜后通过多孔支撑管集中排出，浓缩液从管的另一端排出，完成分离过程。圆管式组件具有流动状态好、易清洗的特点。缺点是设备和操作费用较高，膜装填密度较低。

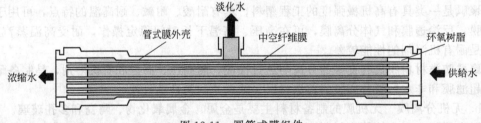

图 12-11　圆管式膜组件

（3）螺旋卷式膜组件

螺旋卷式膜组件是将制作好的平板膜的三边密封，形成信封状膜袋。膜袋的开放边与多孔中心管粘连密封。在两个膜袋之间衬以网状间隔材料，然后紧密地卷绕在一根多孔的中心管上而形成膜卷，再装入圆柱型压力容器内，构成膜组件。原料从压力容器一端进入组件，沿轴向流动，在驱动力作用下，透过物沿径向渗透通过膜至中心管导出，另一端则为渗余物。如图 12-12 所示。

螺旋卷式膜组件广泛用于反渗透、超滤和气体分离。结构简单、装填密度高（1000 m^2/m^3），制作工艺相对简单、安装和操作较方便，适合在低流速、低压下操作。

（4）中空纤维式膜组件

中空纤维式膜组件是由几十万根甚至更多根、外径 80～400μm、内径 40～100μm 的中空纤维组成纤维束，纤维束的一端或两端用环氧树脂铸成管板或封头，再装入圆筒型耐压容器内而形成。如图 12-13 所示。

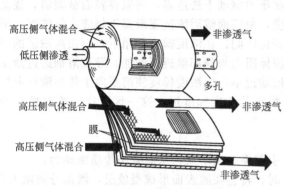
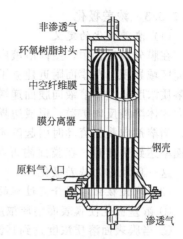

图 12-12　螺旋卷式膜组件结构　　　　图 12-13　中空纤维膜分离器

　　分离液体用的膜组件在纤维束的中心轴处安装一根原料液分布管，使原料液径向均匀流过纤维束。淡水通过纤维膜的管壁后，沿纤维的中空内腔经管板放出，浓缩液则在容器的另一端排出。

　　中空纤维膜组件的最大的特点是：膜与支撑体为一体，为自承式膜，耐压稳定性高。另外，纤维管径细、装填密度可达到 $16000 \sim 30000 \mathrm{m}^2/\mathrm{m}^3$，高于其他所有的组件形式；单位膜面积的制造成本相对较低。对堵塞敏感。

12.2.3　超滤与微滤

12.2.3.1　分离特性

　　超滤与微滤都是在压力差作用下根据膜孔径的大小进行筛分的分离过程。

　　微滤分离过程为压力驱动过程，分离过程无相变，分离对象为粒径大于 $0.1\mu\mathrm{m}$ 的颗粒性物质，分离机理为筛分机理，主要用于从气相和液相中截留微粒、细菌及其他污染物，以达到净化、分离和浓缩的目的。

　　超滤属于压力驱动型膜分离过程，操作压力 $0.1 \sim 0.6\mathrm{MPa}$。超滤膜的分离范围是相对分子质量 $500 \sim 1000000$ 的大分子物质和胶体物质，相应的分子尺寸为 $0.005 \sim 0.1\mu\mathrm{m}$；超滤膜的形态结构为非对称结构。分离方式一般为错流过滤。主要应用于溶质的截留浓缩以及溶质之间的分离。

12.2.3.2　超滤膜与微滤膜

　　微滤和超滤中使用的膜都是多孔膜。超滤膜多数为非对称结构，膜孔径范围为 $1\mathrm{nm} \sim 0.05\mu\mathrm{m}$，系由一极薄具有一定孔径的表皮层和一层较厚具有海绵状和指孔状结构的多孔层组成，前者起分离作用，后者起支撑作用。微滤膜有对称和非对称两种结构，孔径范围为 $0.05 \sim 10\mu\mathrm{m}$。图 12-14 所示的是超滤膜与微滤膜的扫描电镜图片。

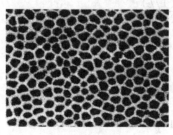
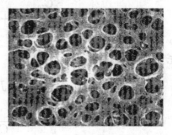

(a) 超滤膜　　　　　　　　　　(b) 微滤膜

图 12-14　超滤膜与微滤膜表面 SEM 图像

12.2.3.3 浓差极化

(1) 浓差极化的定义

在膜分离过程中,主体溶液中的溶剂在压力驱动下透过膜,溶质在膜面被截留,逐渐在膜面区域累积,在膜面附近建立了浓度梯度,使膜面溶质浓度逐渐高于料液主体浓度,形成了溶质浓度从主体溶液向膜面递增的浓度变化区间。在浓度梯度作用下,膜面高浓区的溶质将向主体溶液反向扩散,形成边界层,使流体阻力与局部渗透压增加,导致溶剂透过通量下降。当溶剂向膜面流动时引起溶质向膜面流动速率与由浓度梯度使溶质向主体溶液反向扩散的速率达到平衡时,在膜面附近存在一个稳定的浓度梯度区,这一区域称为浓差极化边界层,这一现象称为浓差极化。

(2) 浓差极化对膜分离过程的危害

① 浓差极化使膜表面溶质浓度增高,引起渗透压增大,从而减小传质驱动力;

② 当膜表面溶质浓度达到其饱和浓度时,将会在膜表面形成凝胶层,增加分离阻力;

③ 膜表面凝胶层的形成会引起膜分离性能的衰减;

④ 严重的浓差极化将导致结晶在膜面析出,阻塞流道,使膜分离运行性能恶化。

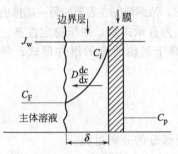

图 12-15 浓差极化模式

(3) 浓差极化传质模型推导

假定在距离膜面 δ 处,料液完全混合,主体溶液中溶质浓度为 C_0;在膜表面附近形成边界层,溶质浓度逐渐增大,在膜面处达到最大值 C_m。若溶质未被膜完全截留,则透过液中大分子溶质含量为 C_p。令主体溶液通过膜的体积通量为 J,主体溶液中趋向过膜的溶质质量通量为 JC_0,透过膜的溶质质量通量为 JC_p。在极化层区间,膜面溶质浓度高于主体溶液,反向扩散的质量通量为 $D(\mathrm{d}C/\mathrm{d}x)$。如图 12-15 所示。

当超滤达到稳态时,得到浓差极化传质方程

$$JC_0 - D\frac{\mathrm{d}C}{\mathrm{d}x} = JC_p \tag{12-19}$$

边界条件为: $x=0$ 时, $C=C_m$; $x=\delta$ 时, $C=C_0$。

积分上式,得

$$J = \frac{D}{\delta}\ln\left(\frac{C_m - C_p}{C_0 - C_p}\right) \tag{12-20}$$

式中,扩散系数 D 与边界层厚度 δ 的比值,称为传质系数 k

$$k = D/\delta \tag{12-21}$$

膜的真实截留率为

$$R = 1 - \frac{C_p}{C_m} \tag{12-22}$$

故

$$\frac{C_m}{C_0} = \frac{\exp(J/k)}{R + (1-R)\exp(J/k)} \tag{12-23}$$

式中, C_m/C_0 为浓差极化模数。

当溶质完全被膜截留时, $C_p = 0$,则

$$J = k\ln\frac{C_m}{C_0} \tag{12-24}$$

$$\frac{C_m}{C_0} = \exp\frac{J}{k} \tag{12-25}$$

此即超滤过程浓差极化传质方程。在此方程中,影响传质系数的主要因素为料液流速、溶质扩散系数、黏度、密度及膜组件的形状与规格。

12. 2. 4 反渗透

（1）反渗透原理

当溶剂和溶液分别置于半透膜两侧时，纯溶剂将自发通过半透膜向溶液一侧流动，这种现象称为渗透。当溶液的液位升高到所产生的压差恰好抵消溶剂向溶液方向流动的趋势时，渗透过程达到平衡，该压差称为渗透压 $\Delta\pi$。若在溶液侧施加一个大于 $\Delta\pi$ 的压差 Δp 时，纯溶剂将从溶液侧向溶剂侧反向流动，这一过程称为反渗透。这样可以利用反渗透过程从溶液中获得纯溶剂。

（2）反渗透的分离机理

反渗透技术的开发是从采用醋酸纤维素膜进行盐水淡化开始的。在发展过程中，人们试图提出多种理论解释膜的脱盐现象。重要理论包括：1959 年 Reid 提出的氢键理论，1963 年 Sourirajan 提出的优先吸附-毛细孔流理论，1965 年 Lonsale 提出的溶解-扩散理论。

对表面化学中著名的吉布斯方程（Gibbs）的理解导致了反渗透的出现

$$\Gamma = -\frac{1}{RT}\left(\frac{\partial\sigma}{\partial \ln C}\right)_{T,A} \tag{12-26}$$

式中，Γ 为单位界面上溶质的吸附量，mol/cm^2；σ 为溶液的表面张力，$10^{-3} N/m$；C 为溶液中溶质的浓度，mol/cm^3。

方程预示，表面力可以引起溶质在两相界面上正的或负的吸附，在界面处存在很陡的溶质浓度梯度，这实际上是溶液中的某一成分优先吸附在界面上。如果界面性质对溶质具有排斥作用，而对水具有优先吸附作用，那么在界面附近，溶质的浓度急剧下降，在膜的表面形成一层极薄的纯水层。

Harkins 等计算了 NaCl 水溶液在空气界面上负吸附产生的纯水层厚度 t

$$t = -\frac{1000\gamma}{2RT}\left[\frac{\partial\sigma}{\partial(\gamma C)}\right]_{T,A} \tag{12-27}$$

式中，γ 为溶液的活度系数；C 为溶液中溶质的浓度，mol/cm^3。

Sourirajan 认为，性能优良的反渗透膜表面应形成尽可能多的、孔径为 $2t$ 的毛细孔。孔径小于 $2t$，膜透水率降低；孔径大于 $2t$，将使部分溶质通过导致脱盐率降低；反渗透膜表层应尽可能薄以减小液体流动的阻力，膜的整个孔结构必须是非对称的。根据这种概念，Sourirajan 提出了优先吸附-毛细孔流理论，并针对 NaCl 溶液脱盐体系，采用亲水性醋酸纤维素为反渗透膜的制备材料，开发了制备非对称分离膜的相转化制备工艺，制备了世界上第一张非对称结构的反渗透膜，从此使反渗透技术的工业化应用成为现实。如表 12-2 所示。

表 12-2 反渗透工业应用领域

应用领域	应用举例
脱盐	饮用水生产、海水脱盐、苦咸水脱盐、城市废水处理
超纯水生产	半导体生产用水、医药用水
发电厂和公用事业	锅炉进水
化工和石油化工	工艺用水的生产和再使用、废液处理和水再利用、水/有机液体分离、电镀漂洗水回用和金属回收
食品	牛奶加工、糖液浓缩、果汁和蔬菜汁加工、废水处理
纺织	染料和上浆剂回收、水再利用
造纸	废液处理和水再利用
生物技术/医药	发酵产品的分离、回收和提纯

海水脱盐是反渗透技术应用最广泛的领域，膜组件多为螺旋卷式和中空纤维式。典型的装置可将含盐质量分数 3.5% 的海水淡化至含盐 0.05% 以下供饮用或锅炉给水。目前该技术已拓展到食品、化工、医药、环保各个领域。

12.2.5 气体分离

(1) 气体膜分离概念

在膜两侧压力差驱动下，利用原料气混合物中各组分在膜中渗透速率差异而实现分离的过程。渗透速率快的气体在渗透侧富集，而渗透速率慢的气体在原料侧富集。图 12-16 所示为气体膜分离过程。

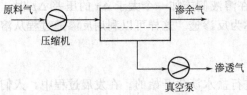

图 12-16 气体膜分离过程

气体分离膜分为无孔膜和有孔膜两类，实际应用中多采用无孔膜。气体在无孔膜中的传质依靠溶解-扩散作用，主要传质过程包括：①气体在膜上游表面吸附溶解；②气体在膜两侧压力差驱动下扩散过膜；③透过组分在膜下游侧脱附，渗透速率主要取决于气体在膜中的溶解度和扩散系数。

评价气体分离膜性能的主要参数是渗透系数 P 和分离因数 α_{ij}。α_{ij} 的定义同式（12-18），P 表示气体通过膜的难易程度。

$$P = \frac{V\delta}{At\Delta p} \tag{12-28}$$

式中，P 为渗透系数，$(m^3 \cdot m)/(m^2 \cdot s \cdot Pa)$；$V$ 为气体渗透量，m^3；δ 为膜厚，m；Δp 为膜两侧压力差，Pa；A 为膜面积，m^2；t 为时间，s。

表 12-3 列出了各种气体分离方法比较。

表 12-3 各种气体分离方法比较

项　目	低温精馏	变压吸附	膜分离
原理	利用汽化后沸点差	利用吸附剂对特定气体的吸附和脱附能力	利用膜对特定气体的选择透过性
技术阶段装置规模	历史久，技术成熟大规模（$10^3 m^3/h$ 以上）	技术革新中，小规模（$1000\sim 1m^3/h$）	技术开发小，超小规模（$1000\sim 1m^3/h$）
气体种类	O_2、N_2、Ar 等	O_2、N_2、H_2、CO_2 等	O_2、N_2、H_2、CO_2 等
产品气体纯度	高纯度（99%）	中等纯度（90%～95%）	低纯度（25%～40%）
产品形态	液体、气体	气体	气体
耗电量/(kWh/m³)	0.04～0.08	0.05～0.15	0.06～0.12

(2) 钯膜制取超纯氢原理

氢能以极快的速度透过加热的金属钯。由于钯原子的 4d 层缺少 2 个电子，表面有很强的吸氢能力，能使氢分子解离成氢原子，并夺取氢原子中的电子形成质子。氢质子溶解于钯中，并沿浓度梯度方向扩散，透过钯膜。

传质过程为：①在原料气侧，氢分子在钯表面进行化学吸附；②被吸附的氢分子解离为氢质子和电子，溶解于钯膜表面；③溶解的氢质子和电子在钯内沿浓度梯度扩散；④在纯氢侧，氢质子和电子在钯表面重新合成氢原子；⑤氢原子再结合为氢分子；⑥氢分子在钯的表面脱附。以上过程中，氢质子在钯内按浓度梯度的扩散，是整个过程的速率控制步骤。

常温下 1 体积金属钯能吸 700 体积的氢。利用钯膜对氢的选择透过特性进行氢的分离和纯化，可以得到纯度 99.99999% 以上的超纯氢。

(3) 工业应用

① 合成氨弛放气中氢回收　在合成氨反应过程中，为了维持较高的氨平衡转化率，必须间歇或连续地从合成系统排放部分气体，称为弛放气。弛放气排放量通常为 $150\sim 200m^3/t$ 氨，其中含有未反应的氢气。如果不采用适当方法回收氢气，这部分氢气只能作为燃料烧掉，造成很大浪费。弛放气的压力通常为 14MPa，很适合用膜法回收氢。在膜分离器中，尾气中氢气回收浓度可达 98%。该方法使增大弛放气放空量成为可能，提高了氨合成效率，降低

了系统功耗，每吨氨实际节电 50～100 度。

②膜法富氧　空气中氧浓度为 20.9％（体积分数）。硅橡胶是典型的富氧膜材料，这种膜制备的富氧空气浓度约 28％～40％（体积分数）。迄今为止，膜法富氧技术的主要应用领域是为临床提供呼吸用富氧空气。

临床上供患者使用的富氧空气的氧浓度不能超过 40％（体积分数），否则会造成氧中毒。20 世纪 80 年代，日本和美国率先制备了家用膜法富氧机，制备的氧浓度不超过 40％，使用方便安全。

③天然气脱湿及脱除 CO_2　天然气的主要成分是甲烷，从井口喷出的天然气中通常含有浓度较高的水蒸气及 CO_2。在高压、低温下，天然气中的烃及 CO_2 容易与水形成固体水合物，在天然气输送过程中，这些固体水合物容易堵塞管道和阀门。另外，在水蒸气存在情况下，硫化氢、二氧化碳等酸性气体还会对输送管道产生严重腐蚀。因此，在天然气输送之前，必须进行脱湿。对于绝大多数高分子分离膜，水蒸气透过膜的渗透速率比甲烷大很多。利用天然气自身的较高压力，水蒸气在膜两侧分压差推动下优先渗透过膜，在膜下游侧得到干燥尾气产品。

本章符号说明

英文字母

A——膜有效面积，m^2；

A_0——吸附质分子横截面积，m^2；

b——朗格缪尔常数；

C^*——吸附质平衡浓度；

C_0——原料中溶质浓度，kg/m^3；

C_p——渗透物中溶质浓度，kg/m^3；

C_m——膜面溶质浓度，kg/m^3；

J——膜透过通量，$m^3/(m^2 \cdot h)$；

k_b——BET 常数；

K_F、K_S——总传质系数，$kg/(s \cdot m)$；

k_F——流体相侧传质系数，$kg/(s \cdot m)$；

k_S——吸附剂固相传质系数，$kg/(s \cdot m)$；

M——相对分子质量；

N_0——阿佛伽德罗常数；

P——渗透系数，$m^2/(s \cdot Pa)$；

p——吸附平衡压力，Pa；

p^0——饱和蒸气压，Pa；

Q——透过组分体积或质量，m^3 或 kg；

q——平衡吸附量，m^3/kg；

q_m——饱和吸附量，m^3/kg；

V——气体渗透量，m^3。

希腊字母

α——吸附剂比表面积，m^2/kg；

α_p——吸附剂比外表面积，m^2/kg；

α_{ij}——分离因数；

Γ——单位界面上溶质吸附量，mol/m^2；

δ——膜厚度，m；

ε_B——空隙率，％；

ρ_B——填充密度，kg/m^3；

ρ_P——表观密度，kg/m^3；

ρ_t——真实密度，kg/m^3；

θ——吸附剂表面遮盖的分数，％；

σ——溶液的表面张力，N/m。

思　考　题

1. 工业上常用吸附剂有哪些？各自特点是什么？
2. 吸附过程包括哪些传质步骤？吸附分离的依据是什么？
3. 某废气含有挥发性有机污染物，拟采用吸附法脱除。试述采用何种吸附剂比较合理？
4. 按照被分离物颗粒尺寸，膜分离方法主要有哪些？适用膜组件及相应特点是什么？

习　题

1. 30℃时丙酮在活性炭上的吸附平衡数据如下：

吸附量/(g 丙酮/g 活性炭)	0	0.1	0.2	0.3	0.35
丙酮的气相分压/Pa	0	267	1600	5600	12266

2. 用 BET 法测定某种硅胶的比表面积。在−195℃、不同的 N_2 分压下，硅胶的 N_2 平衡吸附量如下：

$p(N_2)$/kPa	9.13	11.59	17.07	23.89	26.71
x/(mg/g)	40.14	43.60	47.20	51.96	52.76

已知−195℃时 N_2 的饱和蒸气压为 111.0kPa，每个氮分子的截面积 A_0 为 0.154nm^2，计算硅胶的比表面积。

3. 100kg（体积为 V_0）水溶液中含 1%（质量分数）NaCl 和 1%白蛋白。为纯化白蛋白，拟采用渗析过程将盐分尽可能脱除。计算为使 NaCl 浓度降到 0.01%所需加入的纯水量（V_m）。已知膜对蛋白质的截留率为 100%，对盐的截留率为 5%。

4. 用醋酸纤维素膜连续对盐水进行反渗透脱盐处理。操作温度 25℃、压差 10MPa 时，处理量为 10m^3/h。盐水密度为 1022kg/m^3，含氯化钠质量分数 3.5%，经处理后淡水含盐质量分数为 0.05%，水的回收率为 60%（质量分数）。膜的纯水透过系数为 $9.7×10^{-5}$ kmol/(m^2·s·MPa)。计算：淡水量、浓盐水的质量分数。

5. 某反渗透用中空纤维膜的水渗透系数为 $1.6×10^{-8}$ m/(s·bar)，纤维外径为 0.1mm。以海水为原料，其中 NaCl 含量为 3%（质量分数）。在 60bar（1bar=10^{2}kPa）和 298K 下膜器产水量 $q=5$m^3/d。计算长度为 1m 的膜器中应装填多少根纤维？每根纤维每天的产水量是多少？

6. 10.33MPa 下，用有效截面积 7.6cm^2 的醋酸纤维素膜进行 NaCl 水溶液的渗透，料液中 NaCl 浓度为 0.51mol/kg，通过膜面的料液速度为 400mL/min，测得纯水透过流量为 134.14g/h、溶液透过流量为 91.5g/h，分离率为 78.4%，求膜渗透系数 A、D_{AM}、K/δ 及浓差极化比。

参 考 文 献

[1] 蒋维均. 化工原理. 北京：清华大学出版社，2003.

[2] 何潮洪，冯霄. 化工原理. 北京：科学出版社，2001.

[3] 陈敏恒，丛德滋，方图南，齐鸣斋. 化工原理. 第二版. 北京：化学工业出版社，2000.

[4] 贾绍义，柴诚敬. 化工传质与分离. 第二版. 北京：化学工业出版社，2007.

[5] 时均，袁权，高从堦. 膜技术手册. 北京：化学工业出版社，2001.

[6] ［荷］Mulder Marcel. 膜技术基本原理. 李林译. 北京：清华大学出版社，1999.

[7] 任建新. 膜分离技术及其应用. 北京：化学工业出版社，2003.

附   录

附录1   常用物理量的单位及其换算

单位换算

① 质量

千克(公斤)(kg)	吨(t)	磅(lb)	千克(公斤)(kg)	吨(t)	磅(lb)
1	0.001	2.20462	0.4536	4.536×10^{-4}	1
1000	1	2204.62			

② 长度

米(m)	英寸(in)	英尺(ft)	码(yd)	米(m)	英寸(in)	英尺(ft)	码(yd)
1	39.3701	3.2808	1.0936	0.3048	12	1	0.3333
0.0254	1	0.0833	0.02778	0.9144	36	3	1

注：1千米（公里）＝0.6214哩＝0.5400国际海里；

1微米（μm）＝10^{-6}米，1埃（Å）＝10^{-10}米。

③ 面积

平方厘米 (cm²)	平方米 (m²)	平方英寸 (in²)	平方英尺 (ft²)	平方厘米 (cm²)	平方米 (m²)	平方英寸 (in²)	平方英尺 (ft²)
1	1×10^{-4}	0.15500	0.0010764	6.4516	6.4516×10^{-4}	1	0.006944
1×10^4	1	1550.00	10.7639	929.030	0.09290	144	1

④ 容积

升(L)	立方米 (m³)	立方英尺 (ft³)	加仑(英) (UK gal)	加仑(美) (US gal)	升(L)	立方米 (m³)	立方英尺 (ft³)	加仑(英) (UK gal)	加仑(美) (US gal)
1	1×10^{-3}	0.03531	0.21997	0.26417	4.5461	0.004546	0.16054	1	1.20095
1×10^3	1	35.3147	219.969	264.171	3.7853	0.003785	0.13368	0.8327	1
28.3168	0.02832	1	6.2288	7.48048					

⑤ 流量

升/秒	立方米/时	立方米/秒	加仑(美)/分	立方英尺/时	立方英尺/秒
1	3.6	0.001	15.850	127.13	0.03531
0.2778	1	2.778×10^{-4}	4.403	35.31	9.810×10^{-3}
1000	3600	1	1.5850×10^4	1.2713×10^5	35.31
0.06309	0.2271	6.309×10^{-5}	1	8.021	0.002228
7.866×10^{-3}	0.02832	7.866×10^{-6}	0.12468	1	2.778×10^{-4}
28.32	101.94	0.02832	448.8	3600	1

⑥ 力（重量）

牛顿	公斤	磅	达因	磅达
1	0.102	0.2248	10^{-5}	7.233
9.8067	1	2.205	980665	70.93
4.448	0.4536	1	4.448×10^5	32.17
10^{-5}	1.02×10^{-6}	2.248×10^{-6}	1	0.7233×10^{-4}
0.1383	0.01410	0.03110	13825	1

⑦ 密度

克/厘米³	公斤/米³	磅/英尺³	磅/加仑	克/厘米³	公斤/米³	磅/英尺³	磅/加仑
1	1000	62.43	8.345	0.01602	16.02	1	0.1337
0.001	1	0.06243	0.008345	0.1198	119.8	7.481	1

⑧ 压强

牛顿/米²(Pa)	巴(bar)	千克(力)/厘米²(工程大气压)	磅/英寸²	标准大气压(物理大气压)	水银柱 毫米	水银柱 英寸	水柱 米	水柱 英寸
1	10^{-5}	1.019×10^{-5}	14.5×10^{-5}	0.9869×10^{-5}	7.50×10^{-3}	29.53×10^{-5}	1.0197×10^{-4}	4.018×10^{-3}
10^5	1	1.0197	14.50	0.9869	750.0	29.53	10.197	401.8
9.807×10^4	0.9807	1	14.22	0.9678	735.5	28.96	10.01	394.0
6895	0.06895	0.07031	1	0.06804	51.71	2.036	0.7037	27.70
1.0133×10^5	1.1033	1.0332	14.7	1	760	29.92	10.34	406.69
1.333×10^5	1.333	1.360	19.34	1.316	1000	39.37	13.61	535.12
3.386×10^3	0.03386	0.03453	0.4912	0.03342	25.40	1	0.3456	13.61
9798	0.09798	0.09991	1.421	0.09670	73.49	2.893	1	39.37
248.9	0.002489	0.002538	0.03609	0.002456	1.867	0.07357	0.0254	1

注：有时"巴"亦指 10^6 达因/厘米²。

1 千克（力）/厘米² = 98070 牛顿/米²。毫米水银柱亦称"托"（Torr）。

⑨ 动力黏度（统称黏度）

牛顿秒/米²(帕斯卡·秒)	泊	厘泊	千克/(米·秒)	千克/(米·时)	磅/(英尺·秒)	千克(力)·秒/米²
10^{-1}	1	100	0.1	360	0.06720	0.0102
10^{-3}	0.01	1	0.001	3.6	6.720×10^{-4}	0.102×10^{-3}
1	10	1000	1	3600	0.6720	0.102
2.778×10^{-4}	2.778×10^{-3}	0.2778	2.778×10^{-4}	1	1.8667×10^{-4}	0.283×10^{-4}
1.4884	14.881	1488.1	1.4884	5357	1	0.1519
9.81	98.1	9810	9.81	0.353×10^5	6.59	1

⑩ 运动黏度

米²/秒	(斯托克斯)厘米²/秒	米²/时	英尺²/秒	英尺²/时
1	10^4	3.6×10^3	10.76	38750
10^{-4}	1	0.360	1.076×10^{-3}	3.875
2.778×10^{-4}	2.778	—	2.990×10^{-3}	10.76
9.29×10^{-2}	929.0	334.5	1	3600
0.2581×10^{-4}	0.2581	0.0929	2.778×10^{-4}	1

⑪ 能量（功）

焦耳	千克(力)·米	千瓦·时	马力·时	千卡	英热单位	英尺·磅
1	0.102	2.778×10^7	3.725×10^{-7}	2.39×10^{-4}	9.485×10^{-4}	0.7376
9.8039	1	2.724×10^{-6}	3.653×10^{-6}	2.342×10^{-3}	9.296×10^{-3}	7.233
3.6×10^6	3.671×10^5	1	1.3596	860.0	3413	2.655×10^6
2.648×10^6	270.1×10^3	0.7355	1	632.51	2509	1.953×10^6
4.1868×10^3	426.9	1.1622×10^{-3}	1.5576×10^{-3}	1	3.968	3087
1.055×10^3	107.58	2.930×10^{-4}	3.926×10^{-4}	0.2520	1	778.1
1.3558	0.1383	0.3766×10^{-6}	0.5051×10^{-6}	3.239×10^{-4}	1.285×10^{-3}	1

注：1 尔格 = 1 达因·厘米 = 10^{-7} 焦耳。

⑫ 功率

瓦	千瓦	千克(力)·米/秒	英尺·磅/秒	马力	千卡/秒	英热单位/秒
1	0.001	0.10197	0.73556	1.341×10^{-3}	0.2389×10^{-3}	0.7377
1000	1	101.97	737.56	1.3410	0.2389	7.233
9.8067	0.0098067	1	7.23314	0.01315	0.002342	2.655×10^6
1.3558	0.0013558	0.13825	1	0.0018182	0.0003289	1.981×10^6
745.69	0.74569	76.0375	550	1	0.17803	3087
4186	4.1860	426.85	3087.44	5.6135	1	778.1
1055	1.0550	107.58	778.168	1.4148	0.251996	1

⑬ 比热容

焦耳/(克·℃)	千卡/(千克·℃)	1英热单位/(磅·℉)	摄氏热单位/(磅·℃)
1	0.2389	0.2389	0.2389
4.186	1	1	1

⑭ 热导率

瓦特/(米·开尔文)	焦耳/(厘米·秒·℃)	卡/(厘米·秒·℃)	千卡/(米·时·℃)	1英热单位/(英尺·时·℉)
1	0.01	2.389×10^{-3}	0.86	0.5779
100	1	0.2389	86.00	57.79
418.6	4.186	1	360	241.9
1.163	0.01163	0.002778	1	0.6720
1.73	0.01730	0.004134	1.488	1

⑮ 传热系数

瓦特/(米²·开尔文)	千卡/(米²·时·℃)	卡/(厘米²·秒·℃)	英热单位/(英尺²·时·℉)
1	0.86	2.389×10^{-5}	0.176
1.163	1	2.778×10^{-5}	0.2048
4.186×10^4	3.6×10^4	1	7374
5.678	4.882	1.3562×10^{-4}	1

⑯ 扩散系数

米²/秒	厘米²/秒	米²/时	英尺²/时	英寸²/秒
1	10^4	3600	3.875×10^4	1550
10^{-4}	1	0.360	3.875	0.1550
2.778×10^{-4}	2.778	1	10.764	0.4306
0.2581×10^{-4}	0.2581	0.09290	1	0.040
6.452×10^{-4}	6.452	2.323	25.000	1

⑰ 表面张力

牛顿/米	达因/厘米	克/厘米	千克(力)/米	磅/英尺
1	1000	1.02	0.102	6.854×10^{-2}
0.001	1	0.001020	1.020×10^{-4}	6.854×10^{-5}
0.9807	980.7	1	0.1	0.06720
9.807	9807	10	1	0.06720
14.592	14592	14.88	1.488	1

附录 2　某些液体的物理性质

名　称	分子式	相对分子质量	密度(20℃)/(kg/m³)	沸点(101.3 kPa)/℃	汽化热/(kJ/kg)	比热容(20℃)/[kJ/(kg·K)]	黏度(20℃)/mPa·s	热导率(20℃)/[(W/(m·K)]	体积膨胀系数(20℃)/10⁻⁴℃⁻¹	表面张力(20℃)/(10⁻³ N/m)
水	H_2O	18.02	998	100	2258	4.183	1.005	0.599	1.82	72.8
氯化钠盐水(25%)	—		1186 (25℃)	107		3.39	2.3	0.57 (30℃)	(4.4)	
氯化钙盐水(25%)	—		1228	107		2.89	2.5	0.57	(3.4)	
硫酸	H_2SO_4	98.08	1831	340 (分解)		1.47 (98%)	23	0.38	5.7	
硝酸	HNO_3	63.02	1513	86	481.1		1.17 (10℃)			
盐酸(30%)	HCl	36.47	1149			2.55	2 (31.5%)	0.42	12.1	
二硫化碳	CS_2	76.13	1262	46.3	352	1.000	0.38	0.16	15.9	32
戊烷	C_5H_{12}	72.15	626	36.07	357.4	2.24 (15.6℃)	0.229	0.113		16.2
己烷	C_6H_{14}	86.17	659	68.74	335.1	2.31 (15.6℃)	0.313	0.119		18.2
庚烷	C_7H_{16}	100.20	684	98.43	316.5	2.21 (15.6℃)	0.411	0.123		20.1
辛烷	C_8H_{18}	114.22	703	125.67	306.4	2.19 (15.6℃)	0.540	0.131		21.8
三氯甲烷	$CHCl_3$	119.38	1489	61.2	253.7	0.992	0.58	0.138 (30℃)	12.6	28.5 (10℃)
四氯化碳	CCl_4	153.82	1594	76.8	195	0.850	1.0	0.12		26.8
1,2-二氯乙烷	$C_2H_4Cl_2$	98.96	1253	83.6	324	1.260	0.83	0.14 (50℃)		30.8
苯	C_6H_6	78.11	879	80.10	393.9	1.704	0.737	0.148	12.4	28.6
甲苯	C_7H_8	92.13	867	110.63	363	1.70	0.675	0.138	10.9	27.9
邻二甲苯	C_8H_{10}	106.16	880	144.42	347	1.74	0.811	0.142		30.2
间二甲苯	C_8H_{10}	106.16	864	139.10	343	1.70	0.611	0.167	10.1	29.0
对二甲苯	C_8H_{10}	106.16	861	138.35	340	1.704	0.643	0.129		28.0
苯乙烯	C_8H_9	104.1	911 (15.6℃)	145.2	(352)	1.733	0.72			
氯苯	C_6H_5Cl	112.56	1106	131.8	325	3.391	0.85	0.14 (30℃)		32
硝基苯	$C_6H_5NO_2$	123.17	1203	210.9	396	1.466	2.1	0.15		41
苯胺	$C_6H_5NH_2$	93.13	1022	184.4	448	2.07	4.3	0.17	8.5	42.9
苯酚	C_6H_5OH	94.1	1050 (50℃)	181.8(熔点40.9)	511		3.4 (50℃)			
萘	$C_{10}H_8$	128.17	1145 (固体)	217.9(熔点80.2)	314	1.80 (100℃)	0.59 (100℃)	—	—	
甲醇	CH_3OH	32.04	791	64.7	1101	2.48	0.6	0.212	12.2	22.6
乙醇	C_2H_5OH	46.07	789	78.3	846	2.39	1.15	0.172	11.6	22.8
乙醇(95%)	—		804	78.2			1.4			
乙二醇	$C_2H_4(OH)_2$	62.05	1113	197.6	800	2.35	23			47.7
甘油	$C_3H_5(OH)_3$	92.09	1261	290 (分解)			1499	0.59	5.3	63
乙醚	$(C_2H_5)_2O$	74.12	714	84.6	360	2.34	0.24	0.14	16.3	18
乙醛	CH_3CHO	44.05	783 (18℃)	20.2	574	1.9	1.3 (18℃)			21.2
糠醛	$C_5H_4O_2$	96.09	1168	161.7	452	1.6	1.15 (50℃)			48.5

续表

名　称	分子式	相对分子质量	密度(20℃)/(kg/m³)	沸点(101.3kPa)/℃	汽化热/(kJ/kg)	比热容(20℃)/[kJ/(kg·K)]	黏度(20℃)/mPa·s	热导率(20℃)/[(W/(m·K)]	体积膨胀系数(20℃)/10⁻⁴℃⁻¹	表面张力(20℃)/(10⁻³N/m)
丙酮	CH_3COCH_3	58.08	792	56.2	523	2.35	0.32	0.17		23.7
甲酸	HCOOH	46.03	1220	100.7	494	2.17	1.9	0.26		27.8
醋酸	CH_3COOH	60.03	1049	118.1	406	1.99	1.3	0.17	10.7	23.9
醋酸乙酯	$CH_3COOC_2H_5$	88.11	901	77.1	368	1.92	0.48	0.14 (10℃)		
煤油			780~820				3	0.15	10.0	
汽油			680~800				0.7~0.8	0.13 (30℃)	12.5	

附录3　某些气体的物理性质（$p = 101.325\text{kPa}$）

名　称	分子式	相对分子质量	密度(0℃)/(kg/m³)	定压比热容(20℃)/[kJ/(kg·K)]	$K = \dfrac{c_p}{c_v}$	黏度(0℃)/μPa·s	沸点/℃	汽化热/(kJ/kg)	临界点 温度/℃	临界点 压力/kPa	热导率(0℃)/[(W/(m·K)]
空气	—	28.95	1.293	1.009	1.40	17.3	−195	197	−140.7	3769	0.0244
氧	O_2	32	1.429	0.653	1.40	20.3	−182.98	213	−118.82	5038	0.0240
氮	N_2	28.02	1.251	0.745	1.40	17.0	−195.78	199.2	−147.13	3393	0.0228
氢	H_2	2.016	0.0899	10.13	1.407	8.42	−252.75	454.2	−239.9	1297	0.163
氦	He	4.00	0.1785	3.18	1.66	18.8	−268.95	19.5	−267.96	229	0.144
氩	Ar	39.94	1.7820	0.322	1.66	20.9	−185.87	163	−122.44	4864	0.0173
氯	Cl_2	70.91	3.217	0.355	1.36	12.9 (16℃)	−33.8	305	+144.0	7711	0.0072
氨	NH_3	17.03	0.771	1.67	1.29	9.18	−33.4	1373	+132.4	1130	0.0215
一氧化碳	CO	28.01	1.250	0.754	1.40	16.6	−191.48	211	−140.2	3499	0.0226
二氧化碳	CO_2	44.01	1.976	0.653	1.30	13.7	−78.2	574	+31.1	7387	0.0137
二氧化硫	SO_2	64.07	2.927	0.502	1.25	11.7	−10.8	394	+157.5	7881	0.0077
二氧化氮	NO_2	46.01	—	0.615	1.31	—	+21.2	712	+158.2	10133	0.0400
硫化氢	H_2S	34.08	1.539	0.804	1.30	11.66	−60.2	548	+100.4	19140	0.0131
甲烷	CH_4	16.04	0.717	1.70	1.31	10.3	−161.58	511	−82.15	4620	0.0300
乙烷	C_2H_6	30.07	1.357	1.44	1.20	8.50	−88.50	486	+32.1	4950	0.0180
丙烷	C_3H_8	44.1	2.020	1.65	1.13	7.95 (18℃)	−42.1	427	+95.6	4357	0.0148
正丁烷	C_4H_{10}	58.12	2.673	1.73	1.108	8.10	−0.5	386	+152	3800	0.0135
正戊烷	C_5H_{12}	72.15	—	1.57	1.09	8.74	+36.08	360	+197.1	3344	0.0128
乙烯	C_2H_4	28.05	1.261	1.222	1.25	9.85	−103.7	481	+9.7	5137	0.0164
丙烯	C_3H_6	42.08	1.914	1.436	1.17	8.35 (20℃)	−47.7	440	+91.4	4600	—
乙炔	C_2H_2	26.04	1.171	1.352	1.24	9.35	−83.56 (升华)	829	+35.7	6242	0.0184
氯甲烷	CH_3Cl	50.49	2.308	0.582	1.28	9.89	−24.1	406	+148	6687	0.0085
苯	C_6H_6	78.11	—	1.139	1.1	7.2	+80.2	394	+288.5	4833	0.0088

附录4 干空气的物理性质（$p=1.01325\times10^5\,\text{Pa}$）

温度(t) /℃	密度(ρ) /(kg/m³)	比热容(C_p) /(kJ/kg·℃)	热导率 ($\lambda\times10^2$) /[W/(m·K)]	黏度 ($\mu\times10^6$) /Pa·s	运动黏度 ($v\times10^6$) /(m²/s)	普朗特数 Pr
−50	1.584	1.013	2.04	14.6	9.23	0.728
−40	1.515	1.013	2.12	15.2	10.04	0.728
−30	1.453	1.013	2.20	15.7	10.80	0.723
−20	1.395	1.009	2.28	16.2	11.61	0.716
−10	1.342	1.009	2.36	16.7	12.43	0.712
0	1.293	1.005	2.44	17.2	13.28	0.707
10	1.247	1.005	2.51	17.6	14.16	0.705
20	1.205	1.005	2.59	18.1	15.06	0.703
30	1.165	1.005	2.67	18.6	16.00	0.701
40	1.128	1.005	2.76	19.1	16.96	0.699
50	1.093	1.005	2.83	19.6	17.95	0.698
60	1.060	1.005	2.90	20.1	18.97	0.696
70	1.029	1.009	2.96	20.6	20.02	0.694
80	1.000	1.009	3.05	21.1	21.09	0.692
90	0.972	1.009	3.13	21.5	22.10	0.690
100	0.946	1.009	3.21	21.9	23.13	0.688
120	0.898	1.009	3.34	22.8	25.45	0.686
140	0.854	1.013	3.49	23.7	27.80	0.684
160	0.815	1.017	3.64	24.5	30.09	0.682
180	0.779	1.022	3.78	25.3	32.49	0.681
200	0.746	1.026	3.93	26.0	34.85	0.680
250	0.674	1.038	4.27	27.4	40.61	0.677
300	0.615	1.047	4.60	29.7	48.33	0.674
350	0.566	1.059	4.91	31.4	55.46	0.676
400	0.524	1.068	5.21	33.0	63.09	0.678
500	0.456	1.093	5.74	36.2	79.38	0.687
600	0.404	1.114	6.22	39.1	96.89	0.699
700	0.362	1.135	6.71	41.8	115.4	0.706
800	0.329	1.156	7.18	44.3	134.8	0.713
900	0.301	1.172	7.63	46.7	155.1	0.717
1000	0.277	1.185	8.07	49.0	177.1	0.719
1100	0.257	1.197	8.50	51.2	199.3	0.722
1200	0.239	1.210	9.15	53.5	233.7	0.724

附录5 水及饱和水蒸气的物理性质

(1) 水的物理性质

温度 /℃	压力 /kPa	密度 /(kg/m³)	焓 /(J/kg)	定压 比热容 /[J/(kg·K)]	热导率 /[W/(m·K)]	黏度 /μPa·s	体积膨 胀系数 /10⁻³K⁻¹	表面张力 /(10⁻³ N/m)	普朗特数 Pr
0	101	999.9	0	4.212	0.5508	1788	−0.063	75.61	13.67
10	101	999.7	42.04	4.191	0.5741	1305	0.070	74.14	9.52
20	101	998.2	83.90	4.183	0.5985	1004	0.182	72.67	7.02
30	101	995.7	125.69	4.174	0.6171	801.2	0.321	71.20	5.42
40	101	992.2	165.71	4.174	0.6333	653.2	0.387	69.63	4.31
50	101	988.1	209.30	4.174	0.6473	549.2	0.449	67.67	3.54
60	101	983.2	211.12	4.178	0.6589	469.8	0.511	66.20	2.98

续表

温度 /℃	压力 /kPa	密度 /(kg/m³)	焓 /(J/kg)	定压 比热容 /[J/(kg· K)]	热导率 /[W/(m· K)]	黏度 /μPa·s	体积膨 胀系数 /10⁻³K⁻¹	表面张力 /(10⁻³ N/m)	普朗特数 Pr
70	101	977.8	292.99	4.187	0.6670	406.0	0.570	64.33	2.55
80	101	971.8	334.94	4.195	0.6740	355	0.632	62.57	2.21
90	101	965.3	376.98	4.208	0.6798	314.8	0.695	60.71	1.95
100	101	958.4	419.19	4.220	0.6821	282.4	0.752	58.84	1.75
110	143	951.0	461.34	4.233	0.6844	258.9	0.808	56.88	1.60
120	199	943.1	503.67	4.250	0.6856	237.3	0.864	54.82	1.47
130	270	934.8	546.38	4.266	0.6856	217.7	0.917	52.86	1.36
140	362	926.1	589.08	4.287	0.6844	201.0	0.972	50.70	1.26
150	476	917.0	632.20	4.312	0.6833	186.3	1.03	48.64	1.17
160	618	907.4	675.33	4.346	0.6821	173.6	1.07	46.58	1.10
170	792	897.3	719.29	4.379	0.6786	162.8	1.13	44.33	1.05
180	1003	886.9	763.25	4.417	0.6740	153.0	1.19	42.27	1.00
190	1255	876.0	807.63	4.460	0.6693	144.2	1.26	40.01	0.96
200	1555	863.0	852.43	4.505	0.6624	136.3	1.33	37.66	0.93
210	1908	852.8	897.65	4.555	0.6548	130.4	1.41	35.40	0.91
220	2320	840.3	943.71	4.614	0.6649	124.6	1.48	33.15	0.89
230	2798	827.3	990.18	4.681	0.6368	119.7	1.59	30.99	0.88
240	3348	813.6	1037.49	4.756	0.6275	114.7	1.68	28.54	0.87
250	3978	799.0	1085.64	4.844	0.6271	109.8	1.81	26.19	0.86
260	4695	784.0	1135.04	4.949	0.6043	105.9	1.97	23.73	0.87
270	5506	767.9	1185.28	5.070	0.5892	102.0	2.16	21.48	0.88
280	6420	750.7	1236.28	5.229	0.5741	98.1	2.37	19.12	0.90
290	7446	732.3	1289.95	5.485	0.5578	94.2	2.62	16.87	0.93
300	8592	712.5	1344.80	5.736	0.5392	91.2	2.92	14.42	0.97
310	9870	691.1	1402.16	6.071	0.5229	88.3	3.29	12.06	1.03
320	11290	667.1	1462.03	6.573	0.5055	85.3	3.82	9.81	1.11
330	12865	640.2	1526.19	7.243	0.4834	81.4	4.33	7.67	1.22
340	14609	610.1	1594.75	8.164	0.4567	77.5	5.34	5.67	1.39
350	16538	574.4	1671.37	9.504	0.4300	72.6	6.68	3.82	1.60
360	18675	528.0	1761.39	13.984	0.3951	66.7	10.9	2.02	2.35
370	21054	450.5	1892.43	40.319	0.3370	56.9	26.4	0.47	6.79

(2) 饱和水蒸气表 （以温度为准）

温度/℃	绝对压强/kPa	蒸汽的密度 /(kg/m³)	焓(液体) /(kJ/kg)	焓(蒸汽) /(kJ/kg)	汽化热 /(kJ/kg)
0	0.6082	0.00484	0	2491.3	2491.3
5	0.8730	0.00680	20.94	2500.9	2480.0
10	1.2262	0.00940	41.87	2510.5	2468.6
15	1.7068	0.01283	62.81	2520.6	2457.8
20	2.3346	0.01719	83.74	2530.1	2446.3

温度/℃	绝对压强/kPa	蒸汽的密度 /(kg/m³)	焓(液体) /(kJ/kg)	焓(蒸汽) /(kJ/kg)	汽化热 /(kJ/kg)
25	3.1684	0.02304	104.68	2538.6	2433.9
30	4.2474	0.03036	125.60	2549.5	2423.7
35	5.6207	0.03960	146.55	2559.1	2412.6
40	7.3766	0.05114	167.47	2568.7	2401.1
45	9.5837	0.06543	188.42	2577.9	2389.5
50	12.340	0.0830	209.34	2587.6	2378.1
55	15.744	0.1043	230.29	2596.8	2366.5
60	19.923	0.1301	251.21	2606.3	2355.1
65	25.014	0.1611	272.16	2615.6	2343.4
70	31.164	0.1979	293.08	2624.4	2331.2
75	38.551	0.2416	314.03	2629.7	2351.7
80	47.379	0.2929	334.94	2642.4	2307.3
85	57.875	0.3531	355.90	2651.2	2295.3
90	70.136	0.4229	376.81	2660.0	2283.1
95	84.556	0.5039	397.77	2668.8	2271.0
100	101.33	0.5970	418.68	2677.2	2258.4
105	120.85	0.7036	439.64	2685.1	2245.5
110	143.31	0.8254	460.97	2693.5	2232.4
115	169.11	0.9635	481.51	2702.5	2221.0
120	198.64	1.1199	503.67	2708.9	2205.2
125	232.19	1.296	523.38	2716.5	2193.1
130	270.25	1.494	546.38	2723.9	2177.6
135	313.11	1.715	565.25	2731.2	2166.0
140	361.47	1.962	589.08	2737.8	2148.7
145	415.72	2.238	607.12	2744.6	2137.5
150	476.24	2.543	632.21	2750.7	2118.5
160	618.28	3.252	675.75	2762.9	2087.1
170	792.59	4.113	719.29	2773.3	2054.0
180	1003.5	5.145	763.25	2782.6	2019.3
190	1255.6	6.378	807.63	2790.1	1982.5
200	1554.8	7.840	852.01	2795.5	1943.5
210	1917.7	9.567	897.23	2799.3	1902.1
220	2320.9	11.600	942.45	2801.0	1858.5
230	2798.6	13.98	988.50	2800.1	1811.6
240	3347.9	16.76	1034.56	2796.8	1762.2
250	3977.7	20.01	1081.45	2790.1	1708.6
260	4693.7	23.82	1128.76	2780.9	1652.1
270	5504.0	28.27	1176.91	2760.3	1591.4
280	6417.2	33.47	1225.48	2752.0	1526.5
290	7443.3	39.60	1274.46	2732.3	1457.8

续表

温度/℃	绝对压强/kPa	蒸汽的密度/(kg/m³)	焓(液体)/(kJ/kg)	焓(蒸汽)/(kJ/kg)	汽化热/(kJ/kg)
300	8592.9	46.93	1325.54	2708.0	1382.5
310	9878.0	55.59	1378.71	2680.0	1301.3
320	11300	65.95	1436.07	2648.2	1212.1
330	12880	78.53	1446.78	2610.5	1113.7
340	14616	93.98	1562.93	2568.6	1005.7
350	16538	113.2	1632.20	2516.7	880.5
360	18667	139.6	1729.15	2442.6	713.4
370	21041	171.0	1888.25	2301.9	411.1
374	22071	322.6	2098.0	2098.0	0

(3) 饱和水蒸气表（以压强为准）

绝对压强/kPa	温度/℃	蒸汽的密度/(kg/m³)	焓(液体)/(kJ/kg)	焓(蒸汽)/(kJ/kg)	汽化热/(kJ/kg)
1.0	6.3	0.00773	26.48	2503.1	2476.8
1.5	12.5	0.01133	52.26	2515.3	2463.0
2.0	17.0	0.01486	71.21	2524.2	2452.9
2.5	20.9	0.01836	87.45	2531.8	2444.3
3.0	23.5	0.02179	98.38	2536.8	2438.4
3.5	26.1	0.02523	109.30	2541.8	2432.5
4.0	28.7	0.02867	120.23	2546.8	2426.6
4.5	30.8	0.03205	129.00	2550.9	2421.9
5.0	32.4	0.03537	135.69	2554.0	2418.3
6.0	35.6	0.04200	149.06	2560.1	2411.0
7.0	38.8	0.04864	162.44	2566.3	2403.8
8.0	41.3	0.05514	172.73	2571.0	2398.2
9.0	43.3	0.06156	181.16	2574.8	2393.6
10	45.3	0.06798	189.59	2578.5	2388.9
15	53.5	0.09956	224.03	2594.0	2370.0
20	60.1	0.13068	251.51	2606.4	2354.9
30	66.5	0.19093	288.77	2622.4	2333.7
40	75.0	0.24975	315.93	2634.1	2312.2
50	81.2	0.30799	339.80	2644.3	2304.5
60	85.6	0.36514	358.21	2652.1	2393.9
70	89.9	0.42229	376.61	2659.8	2283.2
80	93.2	0.47807	390.08	2665.3	2275.3
90	96.4	0.53384	403.49	2670.8	2267.4
100	99.6	0.58961	416.90	2676.3	2259.5
120	104.5	0.69868	437.51	2684.3	2246.8
140	109.2	0.80758	457.67	2692.1	2234.4
160	113.0	0.82981	473.88	2698.1	2224.2

续表

绝对压强 /kPa	温度/℃	蒸汽的密度 /(kg/m³)	焓（液体） /(kJ/kg)	焓（蒸汽） /(kJ/kg)	汽化热 /(kJ/kg)
180	116.6	1.0209	489.32	2703.7	2214.3
200	120.2	1.1273	493.71	2709.2	2204.6
250	127.2	1.3904	534.39	2719.7	2185.4
300	133.3	1.6501	560.38	2728.5	2168.1
350	138.8	1.9074	583.76	2736.1	2152.3
400	143.4	2.1618	603.61	2742.1	2138.5
450	147.7	2.4152	622.42	2747.8	2125.4
500	151.7	2.6673	639.59	2752.8	2113.2
600	158.7	3.1686	670.22	2761.4	2091.1
700	164.7	3.6657	696.27	2767.8	2071.5
800	170.4	4.1614	720.96	2773.7	2052.7
900	175.1	4.6525	741.82	2778.1	2036.2
1000	179.9	5.1432	762.68	2782.5	2019.7
1.1×10^3	180.2	5.6339	780.34	2785.5	2005.1
1.2×10^3	187.8	6.1241	797.92	2788.5	1990.6
1.3×10^3	191.5	6.6141	814.25	2790.9	1976.7
1.4×10^3	194.8	7.1038	829.06	2792.4	1963.7
1.5×10^3	198.2	7.5935	843.86	2794.5	1950.7
1.6×10^3	201.3	8.0814	857.77	2796.0	1938.2
1.7×10^3	204.1	8.5674	870.58	2797.1	1926.5
1.8×10^3	206.9	9.0533	883.39	2798.1	1814.8
1.9×10^3	209.8	9.5392	896.21	2799.2	1903.0
2×10^3	212.2	10.0338	907.32	2799.7	1892.4
3×10^3	233.7	15.0075	1005.4	2798.9	1793.5
4×10^3	250.3	20.0969	1082.9	2789.8	1706.8
5×10^3	263.8	25.3663	1146.9	2776.2	1629.2
6×10^3	275.4	30.8494	1203.2	2759.5	1556.3
7×10^3	285.7	36.5744	1253.2	2740.8	1487.6
8×10^3	294.8	42.5768	1299.2	2720.5	1403.7
9×10^3	303.2	48.8945	1343.4	2699.1	1356.6
1×10^4	310.9	55.5407	1384.0	2677.1	1293.1
1.2×10^4	324.5	70.3075	1463.4	2631.2	1167.7
1.4×10^4	336.5	87.3020	1567.9	2583.2	1043.4
1.6×10^4	347.2	107.8010	1615.8	2531.1	915.4
1.8×10^4	356.9	134.4813	1699.8	2466.0	766.1
2×10^4	365.6	176.5961	1817.8	2364.2	544.9
2.207×10^4	374.0	362.6	2098.0	2098.0	0

附录 6 流体的密度与黏度

（1）液体的黏度和密度

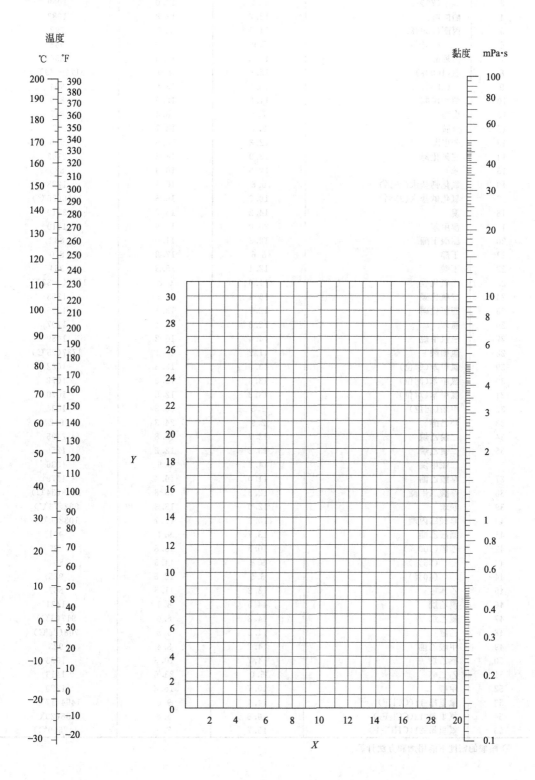

液体黏度共线图的坐标值及液体的密度列于下表

序号	液体	X	Y	密度(20℃)/(kg/m³)
1	乙醛	15.2	14.8	783(18℃)
2	醋酸(100%)	12.1	14.2	1049[①]
3	(70%)	9.5	17.0	1069
4	醋酸酐	12.7	12.8	1083
5	丙酮(100%)	14.5	7.2	792
6	(35%)	7.9	15.0	948
7	丙烯醇	10.2	14.3	854
8	氨(100%)	12.6	2.0	817(−79℃)
9	(26%)	10.1	13.9	904
10	醋酸戊酯	11.8	12.5	879
11	戊醇	7.5	18.4	817
12	苯胺	8.1	18.7	1022
13	苯甲醚	12.3	13.5	990
14	三氯化砷	13.9	14.5	2163
15	苯	12.5	10.9	880
16	氯化钙盐水(25%)	6.6	15.9	1228
17	氯化钠盐水(25%)	10.2	16.6	1186(25℃)
18	溴	14.2	13.2	3119
19	溴甲苯	20.0	15.9	1410
20	醋酸丁酯	12.3	11.0	882
21	丁醇	8.6	17.2	810
22	丁酸	12.1	15.3	964
23	二氧化碳	11.6	0.3	1101(−37℃)
24	二硫化碳	16.1	7.5	1263
25	四氯化碳	12.7	13.1	1595
26	氯苯	12.3	12.4	1107
27	三氯甲烷	14.4	10.2	1489
28	氯磺酸	11.2	18.1	1787(25℃)
29	氯甲苯(邻位)	13.0	13.3	1082
30	氯甲苯(间位)	13.3	12.5	1072
31	氯甲苯(对位)	13.3	12.5	1070
32	甲酚(间位)	2.5	20.8	1034
33	环己醇	2.9	24.3	962
34	二溴乙烷	12.7	15.8	2495
35	二氯乙烷	13.2	12.2	1256
36	二氯甲烷	14.6	8.9	1336
37	草酸乙酯	11.0	16.4	1079
38	草酸二甲酯	12.3	15.8	1148(54℃)
39	联苯	12.0	18.3	992(73℃)
40	草酸二丙酯	10.3	17.7	1038(0℃)
41	醋酸乙酯	13.7	9.1	901
42	乙醇(100%)	10.5	13.8	789
43	(95%)	9.8	14.3	804
44	(40%)	6.5	16.6	935
45	乙苯	13.2	11.5	867
46	溴乙烷	14.5	8.1	1431
47	氯乙烷	14.8	6.0	917(6℃)
48	乙醚	14.5	5.3	708(25℃)
49	甲酸乙酯	14.2	8.4	923
50	碘乙烷	14.7	10.3	1933
51	乙二醇	6.0	23.6	1113
52	甲酸	10.7	15.8	1220
53	氟里昂-11(CCl₃F)	14.4	9.0	1494(17℃)
54	氟里昂-12(CCl₂F₂)	16.8	5.6	1486(20℃)
55	氟里昂-21(CHCl₂F)	15.7	7.5	1426(0℃)

① 醋酸的密度不能用加和方法计算。

续表

序号	液体	X	Y	密度(20℃)/(kg/m³)
56	氟里昂-22(CHClF$_2$)	17.2	4.7	3870(0℃)
57	氟里昂-113(CCl$_2$F-CClF$_2$)	12.5	11.4	1576
58	甘油(100％)	2.0	30.0	1261
59	50％	6.9	19.6	1126
60	庚烷	14.1	8.4	684
61	己烷	14.7	7.0	659
62	盐酸(31.5％)	13.0	16.6	1157
63	异丁醇	8.1	18.0	779(26℃)
64	异丁酸	12.2	14.4	949
65	异丙醇	8.2	16.0	789
66	煤油	10.2	16.9	780～820
67	粗亚麻仁油	7.5	27.2	930～939(15℃)
68	水银	18.4	16.4	13546
69	甲醇(100％)	12.4	10.5	792
70	（90％）	12.3	11.8	820
71	（40％）	7.8	15.5	935
72	醋酸甲酯	14.2	8.2	924
73	氯甲烷	15.0	3.8	952(0℃)
74	丁酮	13.9	8.6	805
75	萘	7.9	18.1	1145
76	硝酸(95％)	12.8	13.8	1493
77	（60％）	10.8	17.0	1367
78	硝基苯	10.6	16.2	1205(15℃)
79	硝基甲苯	11.0	17.0	1160
80	辛烷	13.7	10.0	703
81	辛醇	6.6	21.1	827
82	五氯乙烷	10.9	17.3	1671(25℃)
83	戊烷	14.9	5.2	630(18℃)
84	酚	6.9	20.8	1071(25℃)
85	三溴化磷	13.8	16.7	2852(15℃)
86	三氯化磷	16.2	10.9	1574
87	丙酸	12.8	13.8	992
88	丙醇	9.1	16.5	804
89	溴丙烷	14.5	9.6	1353
90	氯丙烷	14.4	7.5	890
91	碘丙烷	14.1	11.6	1749
92	钠	16.4	13.9	970
93	氢氧化钠(50％)	3.2	25.8	1525
94	四氯化锡	13.5	12.8	2226
95	二氧化硫	15.2	7.1	1434(0℃)
96	硫酸(110％)	7.2	27.4	1980
97	（98％）	7.0	24.8	1836
98	（60％）	10.2	21.3	1498
99	二氯二氧化硫	15.2	12.4	1667
100	四氯乙烷	11.9	15.7	1600
101	四氯乙烯	14.2	12.7	1624(15℃)
102	四氯化钛	14.4	12.3	1726
103	甲苯	13.7	10.4	886
104	三氯乙烯	14.8	10.5	1436
105	松节油	11.5	14.9	861～867
106	醋酸乙烯	14.0	8.8	932
107	水	10.2	13.0	998

(2) 101.33kPa 压力下气体的黏度

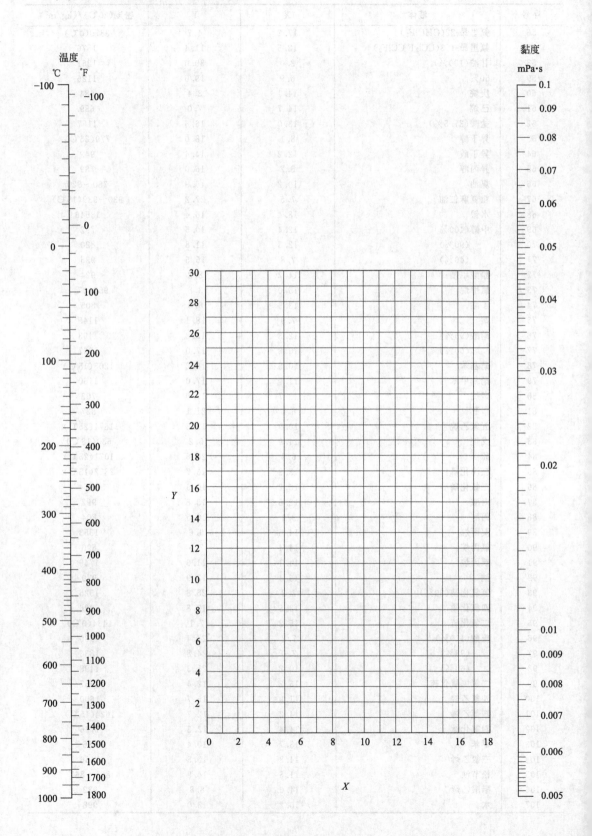

气体黏度共线图的坐标值列于下表中

序号	气体	X	Y	序号	气体	X	Y
1	醋酸	7.7	14.3	29	氟里昂-113($CCl_2F\text{-}CClF_2$)	11.3	14.0
2	丙酮	8.9	13.0	30	氦	10.9	20.5
3	乙炔	9.8	14.9	31	己烷	8.6	11.8
4	空气	11.0	20.0	32	氢	11.2	12.4
5	氨	8.4	16.0	33	$3H_2+1N_2$	11.2	17.2
6	氩	10.5	22.4	34	溴化氢	8.8	20.9
7	苯	8.5	13.2	35	氯化氢	8.8	18.7
8	溴	8.9	19.2	36	氰化氢	9.8	14.9
9	丁烯(butene)	9.2	13.7	37	碘化氢	9.0	21.3
10	丁烯(butylene)	8.9	13.0	38	硫化氢	8.6	18.0
11	二氧化碳	9.5	18.7	39	碘	9.0	18.4
12	二硫化碳	8.0	16.0	40	水银	5.3	22.9
13	一氧化碳	11.0	20.0	41	甲烷	9.9	15.5
14	氯	9.0	18.4	42	甲醇	8.5	15.6
15	三氯甲烷	8.9	15.7	43	一氧化氮	10.9	20.5
16	氰	9.2	15.2	44	氮	10.6	20.0
17	环己烷	9.2	12.0	45	五硝酰氯	8.0	17.6
18	乙烷	9.1	14.5	46	一氧化二氮	8.8	19.0
19	醋酸乙酯	8.5	13.2	47	氧	11.0	21.3
20	乙醇	9.2	14.2	48	戊烷	7.0	12.8
21	氯乙烷	8.5	15.6	49	丙烷	9.7	12.9
22	乙醚	8.9	13.0	50	丙醇	8.4	13.4
23	乙烯	9.5	15.1	51	丙烯	9.0	13.8
24	氟	7.3	23.8	52	二氧化硫	9.6	17.0
25	氟里昂-11(CCl_3F)	10.6	15.1	53	甲苯	8.6	12.4
26	氟里昂-12(CCl_2F_2)	11.1	16.0	54	2,3,3-三甲基丁烷	9.5	10.5
27	氟里昂-21($CHCl_2F$)	10.8	15.3	55	水蒸气	8.0	16.0
28	氟里昂-22($CHClF_2$)	10.1	17.0	56	氙	9.3	23.0

附录7 某些液体和气体的热导率

(1) 液体的热导率

液体	温度/℃	热导率/[W/(m·℃)]	液体	温度/℃	热导率/[W/(m·℃)]
醋酸(100%)	20	0.171	乙醇(100%)	20	0.182
(50%)	20	0.35	(80%)	20	0.237
丙酮	30	0.177	(60%)	20	0.305
	75	0.164	(40%)	20	0.388
			(20%)	20	0.486
丙烯醇	25~30	0.180	(100%)	50	0.151
氨	25~30	0.50	乙苯	30	0.149
氨水溶液	20	0.45		60	0.142
	60	0.50	乙醚	30	0.133
正戊醇	30	0.163		75	0.135
	100	0.154	汽油	30	0.135
异戊烷	30	0.152	正己醇	30	0.164
	75	0.151		75	0.156
苯胺	0~20	0.173	煤油	20	0.149
醋酸己酯	20	0.175		75	0.140

续表

液体	温度/℃	热导率/[W/(m·℃)]	液体	温度/℃	热导率/[W/(m·℃)]
盐酸(12.5%)	32	0.52	三元醇(100%)	20	0.284
(25%)	32	0.48	(80%)	20	0.327
(38%)	32	0.44	(60%)	20	0.381
水银	28	0.36	(40%)	20	0.448
甲醇(100%)	20	0.215	(20%)	20	0.481
(80%)	20	0.267	(100%)	100	0.284
(60%)	20	0.329	正庚烷	30	0.140
(40%)	20	0.405		60	0.137
(20%)	20	0.492	正己烷	30	0.138
(100%)	50	0.197		60	0.135
氯化钾(15%)	32	0.58	正庚醇	30	0.163
(30%)	32	0.56		75	0.157
氢氧化钾(21%)	32	0.58	氯甲烷	-15	0.192
(42%)	32	0.55		30	0.154
硫酸钾(10%)	32	0.60	硝基苯	30	0.164
正丙醇	30	0.171		100	0.152
	75	0.164	硝基甲苯	30	0.216
异丙醇	30	0.157		60	0.208
	60	0.155	正辛烷	60	0.14
氯化钠盐水(25%)	30	0.57		0	0.138~0.156
(12.5%)	30	0.59	石油	20	0.180
苯	30	0.159	蓖麻油	0	0.173
	60	0.151		20	0.168
正丁醇	30	0.168	橄榄油	100	0.164
	75	0.164	正戊烷	30	0.135
异丁醇	10	0.157		75	0.128
氯化钙盐水(30%)	30	0.55	硫酸(90%)	30	0.36
(15%)	30	0.59	(60%)	30	0.43
二硫化碳	30	0.161	(30%)	30	0.52
	75	0.152	二氧化硫	15	0.22
四氯化碳	0	0.185		30	0.192
	68	0.163	甲苯	30	0.149
氯苯	10	0.144		75	0.145
三氯甲烷	30	0.138	松节油	15	0.128
			二甲苯(邻位)	20	0.155
			(对位)	20	0.155
			(间位)	20	0.155

(2) 某些气体和蒸气的热导率

下表中所列出的极限温度数值是实验范围的数值，若外推到其他温度时，建议将列出的数据按 $\lg\lambda$ 对 $\lg T$ （λ 为热导率，W/(m·K)；T 为热力学温度，K）作图，或者假定 Pr 数与温度（或压强，在适当范围内）无关。

物质	温度/K	热导率/[W/(m·K)]	物质	温度/K	热导率/[W/(m·K)]	物质	温度/K	热导率/[W/(m·K)]
丙酮	273	0.0098		373	0.0090		323	0.0267
	319	0.0128		457	0.01112		373	0.0279
	373	0.0171	氯	273	0.0074	正庚烷	473	0.0194
	457	0.0254	三氯甲烷	273	0.0066		373	0.0178
空气	273	0.0242		319	0.0080	正己烷	273	0.0125
	373	0.0317		373	0.0100		293	0.0138
	473	0.0391		457	0.0133	氢	173	0.0113
	573	0.0459	硫化氢	273	0.0132		223	0.0144
氨	213	0.0164	水银	473	0.0341		273	0.0173
	273	0.0222	甲烷	173	0.0173		323	0.0199
	323	0.0272		223	0.0251		373	0.0223
	373	0.0320		273	0.0302		573	0.0308
苯	273	0.0090		323	0.0372	氮	173	0.0164
	319	0.0126	甲醇	273	0.0144		273	0.0242
	373	0.0178		373	0.0222		323	0.0277
	457	0.0263	氯甲烷	273	0.0067		373	0.0312
	485	0.0305		319	0.0085	氧	173	0.0164
正丁烷	273	0.0135		485	0.0164		223	0.0206
	373	0.0234	乙烷	373	0.303		273	0.0238
异丁烷	273	0.0138		273	0.0183		323	0.0284
	373	0.0241		203	0.0114		373	0.0321
二氧化碳	223	0.0118		239	0.0149	丙烷	273	0.0151
	273	0.0147	乙醇	293	0.0154		373	0.0261
	373	0.0230		373	0.215	二氧化硫	273	0.0087
	473	0.0313	乙醚	293	0.0154		373	0.0119
	573	0.0396		273	0.0133	水蒸气	319	0.0208
二硫化物	273	0.0069		319	0.0171		373	0.0237
	280	0.0073		373	0.0227		473	0.0324
一氧化碳	84	0.0071		457	0.0327		573	0.0429
	94	0.0080		485	0.0362		673	0.0545
	213	0.0234	乙烯	202	0.0111		773	0.0763
四氯化碳	319	0.0071		273	0.0175			

附录 8 某些固体材料的热导率

(1) 常用金属的热导率

常用金属	热导率/[W/(m·℃)]				
	0℃	100℃	200℃	300℃	400℃
铝	227.95	227.95	227.95	227.95	227.95
铜	383.79	379.14	372.16	367.51	362.86
铁	73.27	67.45	61.64	54.66	48.85
铅	35.12	33.38	31.40	29.77	—
镁	172.12	167.47	162.82	158.17	—
镍	93.04	82.57	73.27	63.97	59.31
银	414.03	409.38	373.32	361.69	359.37
锌	112.81	109.90	105.83	101.18	93.04
碳钢	52.34	48.85	44.19	41.87	34.89
不锈钢	16.28	17.45	17.45	18.49	—

（2）常用非金属材料的热导率

材料	温度/℃	热导率/[W/(m·℃)]	材料	温度/℃	热导率/[W/(m·℃)]
软木	30	0.04303	泡沫塑料	—	0.04652
玻璃棉	—	0.03489~0.6987	木材（横向）	—	0.1396~0.1745
保温灰	—	0.06978	（纵向）	—	0.3838
锯屑	20	0.04652~0.05815	耐火砖	230	0.8723
棉花	100	0.06978		1200	1.6398
厚纸	20	0.1396~0.3489	混凝土	—	1.2793
玻璃	30	1.0932	绒毛毡	—	0.04652
	—20	0.7560	85%氧化镁粉	0~100	0.06978
搪瓷	—	0.8723~1.163	聚氯乙烯	—	0.1163~0.1745
云母	50	0.4303	酚醛加玻璃纤维		0.2593
泥土	20	0.6978~0.9304	酚醛加石棉纤维		0.2942
冰	0	2.326	聚酯加玻璃纤维		0.2594
软橡胶	—	0.1291~0.1593	聚碳酸酯		0.1907
硬橡胶	0	0.1500	聚苯乙烯泡沫	25	0.04187
聚四氟乙烯	—	0.2419		—150	0.001745
泡沫玻璃	—15	0.004885	聚乙烯	—	0.3291
	—80	0.003489	石墨	—	139.56

附录9　液体的比热容

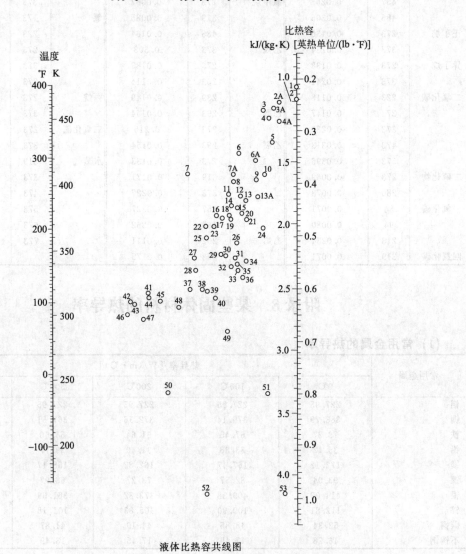

液体比热容共线图

液体比热容共线图的编号列于下表

序号	液　　体	范围温度/℃	序号	液　　体	范围温度/℃
29	醋酸(100%)	0～80	7	碘乙烷	0～100
32	丙酮	20～50	39	乙二醇	−40～200
52	氨	−70～50	2A	氟里昂-11(CCl_3F)	−20～70
37	戊醇	−50～25	6	氟里昂-12(CCl_2F_2)	−40～15
26	醋酸戊酯	0～100	4A	氟里昂-21($CHCl_2F$)	−20～70
30	苯胺	0～130	7A	氟里昂-22($CHClF_2$)	−20～60
23	苯	10～80	3A	氟里昂-113($CCl_2F-CClF_2$)	−20～70
27	苯甲醇	−20～30	38	三元醇	−40～20
10	苯甲基氯	−30～30	28	庚烷	0～60
49	$CaCl_2$ 盐水(25%)	−40～20	35	己烷	−80～20
51	NaCl 盐水(25%)	−40～20	48	盐酸(30%)	20～100
44	丁醇	0～100	41	异戊醇	10～100
2	二氧化碳	−100～25	43	异丁醇	0～100
3	四氯化碳	10～60	47	异丙醇	−20～50
8	氯苯	0～100	31	异丙醚	−80～20
4	三氯甲烷	0～50	40	甲醇	−40～20
21	癸烷	−80～25	13A	氯甲烷	−80～20
6A	二氯乙烷	−30～60	14	萘	90～200
5	二氯甲烷	−40～50	12	硝基苯	0～100
15	联苯	80～120	34	壬烷	−50～25
22	二苯基甲烷	30～100	33	辛烷	−50～25
16	二苯醚	0～200	3	过氯乙烯	−30～140
16	道舍姆 A(DowthermA)	0～200	45	丙醇	−20～100
24	醋酸乙酯	−50～25	20	吡啶	−50～25
42	乙醇(100%)	30～80	9	硫酸(98%)	10～45
46	(95%)	20～80	11	二氧化硫	−20～100
50	(50%)	20～80	23	甲苯	0～60
25	乙苯	0～100	53	水	10～200
1	溴乙烷	5～25	19	二甲苯(邻位)	0～100
13	氯乙烷	−30～40	18	二甲苯(间位)	0～100
36	乙醚	−100～25	17	二甲苯(对位)	0～100

附录 10 101.33kPa 压强下气体的比热容

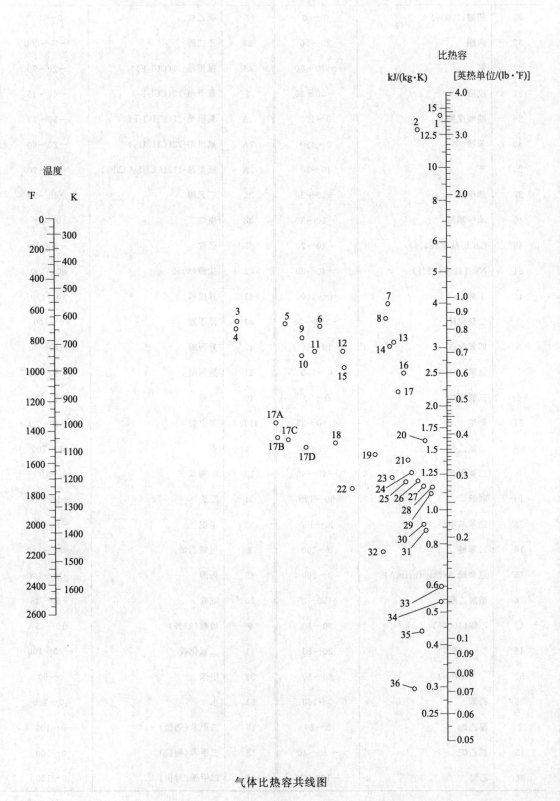

气体比热容共线图

气体的比热容共线图的编号列于下表

号　数	气　　　体	温　度　范　围/K
10	乙炔	273~473
15	乙炔	473~673
16	乙炔	673~1673
27	空气	273~1673
12	氨	273~873
14	氨	873~1673
18	二氧化碳	273~673
24	二氧化碳	673~1673
32	氯	273~473
34	氯	473~1673
3	乙烷	273~473
9	乙烷	473~873
8	乙烷	873~1673
4	乙烯	273~473
11	乙烯	473~873
13	乙烯	873~1673
17B	氟里昂-11(CCl_3F)	273~423
17C	氟里昂-21($CHCl_2F$)	273~423
17A	氟里昂-22($CHClF_2$)	273~423
17D	氟里昂-113($CCl_2F-CClF_2$)	273~423
1	氢	273~873
2	氢	873~1673
35	溴化氢	273~1673
30	氯化氢	273~1673
20	氟化氢	273~1673
36	碘化氢	273~1673
19	硫化氢	273~973
21	硫化氢	973~1673
5	甲烷	273~573
6	甲烷	573~973
7	甲烷	973~1673
25	一氧化氮	273~973
28	一氧化氮	973~1673
26	氮	273~1673
23	氧	273~773
29	氧	773~1673
33	硫	573~1673
22	二氧化硫	273~673
31	二氧化硫	673~1673
17	水蒸气	273~1673

附录11 汽化潜热

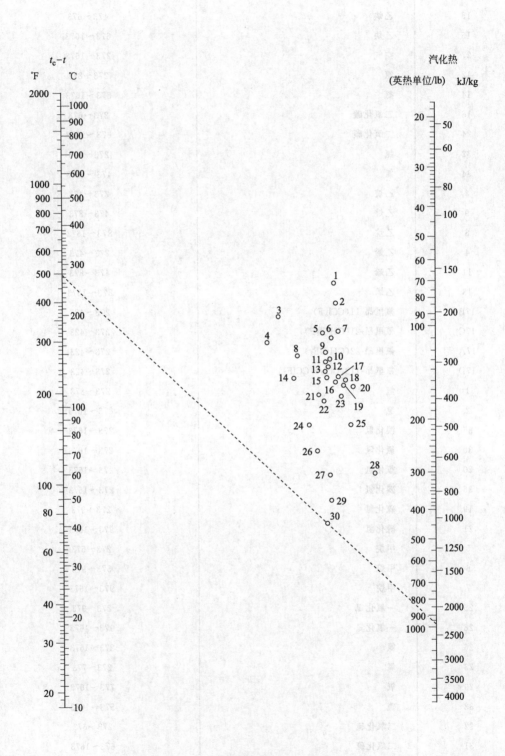

汽化热共线图

汽化热共线图的编号列于下表

号数	化合物	范围(t_c-t)/℃	临界温度 t_c/℃
18	醋酸	100～225	321
22	丙酮	120～210	235
29	氨	50～200	133
13	苯	10～400	289
16	丁烷	90～200	153
21	二氧化碳	10～100	31
4	二硫化碳	140～275	273
2	四氯化碳	30～250	283
7	三氯甲烷	140～275	263
8	二氯甲烷	150～250	216
3	联苯	175～400	527
25	乙烷	25～150	32
26	乙醇	20～140	243
28	乙醇	140～300	243
17	氯乙烷	100～250	187
13	乙醚	10～400	194
2	氟里昂-11(CCl_3F)	70～250	198
2	氟里昂-12(CCl_2F_2)	40～200	111
5	氟里昂-21($CHCl_2F$)	70～250	178
6	氟里昂-22($CHClF_2$)	50～170	96
1	氟里昂-113(CCl_2F-$CClF_2$)	90～250	214
10	庚烷	20～300	267
11	己烷	50～225	235
15	异丁烷	80～200	134
27	甲醇	40～250	240
20	一氯甲烷	70～250	143
19	一氧化二氮	25～150	36
9	辛烷	30～300	296
12	戊烷	20～200	197
23	丙烷	40～200	96
24	丙醇	20～200	264
14	二氧化硫	90～160	157
30	水	100～500	374

附录 12　无机物水溶液的沸点 （101.3kPa）

溶液浓度/%（质量分数）

溶液 \ 温度/℃	101	102	103	104	105	107	110	115	120	125	140	160	180	200	220	240	260	280	300	340
CaCl$_2$	5.66	10.31	14.16	17.36	20.00	24.24	29.33	35.68	40.83	45.80	57.89	68.94	75.86							
KOH	4.49	8.51	11.96	14.82	17.01	20.88	25.65	31.97	36.51	40.23	48.05	54.89	60.41	64.91	68.73	72.64	75.76	78.95	81.63	86.18
KCl	8.42	14.31	18.96	23.02	26.57	32.62	36.47(约108.5℃)													
KCO$_3$	10.31	18.37	24.20	28.57	32.24	37.69	43.97	50.86	56.04	60.40	66.94(约133.5℃)									
KNO$_3$	13.19	23.66	32.23	39.20	45.10	54.65	65.34	79.53												
MgCl$_2$	4.67	8.42	11.66	14.31	16.59	20.23	24.41	29.48	33.07	36.02	38.61									
MgSO$_4$	14.31	22.78	28.31	32.23	35.32	44.86(约108℃)														
NaOH	4.12	7.40	10.15	12.51	14.53	18.32	23.08	26.21	33.77	37.58	48.32	60.13	69.97	77.53	84.0	88.89	93.02	95.92	98.47(约314℃)	
NaCl	6.19	11.03	14.67	17.69	20.32	25.09	28.92(约108℃)													
NaNO$_3$	8.26	15.61	21.87	27.53	32.45	40.47	49.87	60.94	68.94											
Na$_2$SO$_4$	15.26	24.81	30.73	31.83(约103.2℃)																
Na$_2$CO$_3$	9.42	17.22	23.72	29.18	33.66															
CuSO$_4$	26.95	39.98	40.83	44.47	45.12															
ZnSO$_4$	20.00	31.22	37.89	42.92	46.15(约104.2℃)															
NH$_4$NO$_3$	9.09	16.66	23.08	29.08	34.21	42.52	51.92	63.24	71.26	77.11	87.09	93.20	96.00	97.61	98.84	100				
NH$_4$Cl	6.10	11.35	15.96	19.80	22.89	28.37	35.98	46.94												
(NH$_4$)$_2$SO$_4$	13.34	23.41	30.65	36.71	41.79	49.73	53.55(约108.2℃)													

注：括号内为饱和溶液的沸点。

附录 13　管路规格（摘录）

(1) 无缝钢管

① 冷拔无缝钢管（摘自 GB 8163—88）

外径/mm	壁厚/mm		外径/mm	壁厚/mm		外径/mm	壁厚/mm	
	从	到		从	到		从	到
6	0.25	2.0	20	0.25	6.0	40	0.40	9.0
7	0.25	2.5	22	0.40	6.0	42	1.0	9.0
8	0.25	2.5	25	0.40	7.0	44.5	1.0	9.0
9	0.25	2.8	27	0.40	7.0	45	1.0	10.0
10	0.25	3.5	28	0.40	7.0	48	1.0	10.0
11	0.25	3.5	29	0.40	7.5	50	1.0	12
12	0.25	4.0	30	0.40	8.0	51	1.0	12
14	0.25	4.0	32	0.40	8.0	53	1.0	12
16	0.25	5.0	34	0.40	8.0	54	1.0	12
18	0.25	5.0	36	0.40	8.0	56	1.0	12
19	0.25	6.0	38	0.40	9.0			

壁厚有 0.25mm、0.30mm、0.40mm、0.50mm、0.60mm、0.80mm、1.0mm、1.2mm、1.4mm、1.5mm、1.6mm、1.8mm、2.0mm、2.2mm、2.5mm、2.8mm、3.0mm、3.2mm、3.5mm、4.0mm、4.5mm、5.0mm、5.5mm、6.0mm、6.5mm、7.0mm、7.5mm、8.0mm、8.5mm、9.0mm、9.5mm、10mm、11mm、12mm。

② 热轧无缝钢管（摘自 GB 8163—87）

外径/mm	壁厚/mm		外径/mm	壁厚/mm		外径/mm	壁厚/mm	
	从	到		从	到		从	到
32	2.5	8.0	63.5	3.0	14	102	3.5	22
38	2.5	8.0	68	3.0	16	108	4.0	28
42	2.5	10	70	3.0	16	114	4.0	28
45	2.5	10	73	3.0	19	121	4.0	28
50	2.5	10	76	3.0	19	127	4.0	30
54	3.0	11	83	3.5	19	133	4.0	32
57	3.0	13	89	3.5	22	140	4.5	36
60	3.0	14	95	3.5	22	146	4.5	36

壁厚有 2.5mm、3mm、3.5mm、4mm、4.5mm、5mm、5.5mm、6mm、6.5mm、7mm、7.5mm、8mm、8.5mm、9mm、9.5mm、10mm、11mm、12mm、13mm、14mm、15mm、16mm、17mm、18mm、19mm、20mm、22mm、25mm、28mm、30mm、32mm、36mm。

(2) 水煤气输送钢管（摘自 GB 3091—82，GB 3092—82）

公称直径 DN mm(in)	外径/mm	普通管壁厚/mm	加厚管壁厚/mm	公称直径 DN mm(in)	外径/mm	普通管壁厚/mm	加厚管壁厚/mm
$8\left(\frac{1}{4}\right)$	13.50	2.25	2.75	$40\left(1\frac{1}{2}\right)$	48.00	3.50	4.25
$10\left(\frac{3}{8}\right)$	17.00	2.25	2.75	50(2)	60.00	3.50	4.50
$15\left(\frac{1}{2}\right)$	21.25	2.75	3.25	$65\left(2\frac{1}{2}\right)$	75.50	3.75	4.50
$20\left(\frac{3}{4}\right)$	26.75	2.75	3.50	80(3)	88.50	4.00	4.75
25(1)	33.50	3.25	4.00	100(4)	114.00	4.00	5.00
$32\left(1\frac{1}{4}\right)$	42.25	3.25	4.00	125(5)	140.00	4.50	5.50
				150(6)	165.00	4.50	5.50

(3) 承插式铸铁管（摘自 YB428-64）

公称直径/mm	内径/mm	壁厚/mm	公称直径/mm	内径/mm	壁厚/mm
75	75	9.0	500	500	14.0
100	100	9.0	600	600	15.4
125	125	9.0	700	700	16.5
150	150	9.0	800	800	18.0
200	200	10.0	900	900	19.5
250	250	10.8	1000	997	22.0
300	300	11.4	1100	1097	23.5
350	350	12.0	1200	1196	25.0
400	400	12.8	1350	1345	27.5
450	450	13.4	1500	1494	30.0

注：普通管，工作压力≤7.5kgf/cm²。

附录14　离心泵规格（摘录）

(1) IS 型单级单吸离心泵规格

型号	转速/(r/min)	流量/(m³/h)	扬程/m	效率/%	轴功率/kW	电机功率/kW	必需汽蚀余量/m
IS50-32-125	2900	7.5	22	47	0.96	2.2	2.0
		12.5	20	60	1.13		2.0
		15	18.5	60	1.26		2.5
	1450	3.75	5.4	43	0.13	0.55	2.0
		6.3	5	54	0.16		2.0
		7.5	4.6	55	0.17		2.5
IS50-32-160	2900	7.5	34.3	44	1.59	3	2.0
		12.5	32	54	2.02		2.0
		15	29.6	56	2.16		2.5
	1450	3.75	8.5	35	0.25	0.55	2.0
		6.3	8	48	0.29		2.0
		7.5	7.5	49	0.31		2.5
IS50-32-200	2900	7.5	52.5	38	2.82	5.5	2.0
		12.5	50	48	3.54		2.0
		15	48	51	3.95		2.5
	1450	3.75	13.1	33	0.41	0.75	2.0
		6.3	12.5	42	0.51		2.0
		7.5	12	44	0.56		2.5
IS50-32-250	2900	7.5	82	23.5	5.87	11	2.0
		12.5	80	38	7.16		2.0
		15	78.5	41	7.83		2.5
	1450	3.75	20.5	23	0.91	1.5	2.0
		6.3	20	32	1.07		2.0
		7.5	19.5	35	1.14		2.5
IS80-65-125	2900	30	22.5	64	2.87	5.5	3.0
		50	20	75	3.63		3.0
		60	18	74	3.98		3.5
	1450	15	5.6	55	0.42	0.75	2.5
		25	5	71	0.48		2.5
		30	4.5	72	0.51		3.0

续表

型号	转速 /(r/min)	流量 /(m³/h)	扬程/m	效率/%	轴功率/kW	电机功率 /kW	必需汽蚀 余量/m
IS80-65-160	2900	30	36	61	4.82	7.5	2.5
		50	32	73	5.97		2.5
		60	29	72	6.59		3.0
	1450	15	9	55	0.67	1.5	2.5
		25	8	69	0.79		2.5
		30	7.2	68	0.86		3.0
IS80-50-200	2900	30	53	55	7.87	15	2.5
		50	50	69	9.87		2.5
		60	47	71	10.8		3.0
	1450	15	13.2	51	1.06	2.2	2.5
		25	12.5	65	1.31		2.5
		30	11.8	67	1.44		3.0
IS80-50-250	2900	30	84	52	13.2	22	2.5
		50	80	63	17.3		2.5
		60	75	64	19.2		3.0
	1450	15	21	49	1.75	3	2.5
		25	20	60	2.27		2.5
		30	18.8	61	2.52		3.0
IS80-50-315	2900	30	128	41	25.5	37	2.5
		50	125	54	31.5		2.5
		60	123	57	35.3		3.0
	1450	15	32.5	39	3.4	5.5	2.5
		25	32	52	4.19		2.5
		30	31.5	56	4.6		3.0
IS125-100-200	2900	120	57.5	67	28.0	45	4.5
		200	50	81	33.6		4.5
		240	44.5	80	36.4		5.0
	1450	60	14.5	62	3.83	7.5	2.5
		100	12.5	76	4.48		2.5
		120	11.0	75	4.79		3.0
IS125-100-250	2900	120	87	66	43.0	75	3.8
		200	80	78	55.9		4.2
		240	72	75	62.8		5.0
	1450	60	21.5	63	5.59	11	2.5
		100	20	76	7.17		2.5
		120	18.5	77	7.84		3.0
IS125-100-315	2900	120	132.5	60	72.1	110	4.0
		200	125	75	90.8		4.5
		240	120	77	101.9		5.0
	1450	60	33.5	58	9.4	15	2.5
		100	32	73	11.9		2.5
		120	30.5	74	13.5		3.0
IS125-100-400	1450	60	52	53	16.1	30	2.5
		100	50	65	21.0		2.5
		120	48.5	67	23.6		3.0

(2) Y 型油泵规格

型号	转速/(r/min)	流量/(m³/h)	扬程/m	效率/%	轴功率/kW	配带功率/kW	必需汽蚀余量/m
50Y60	2950	7.5	71	29	5.00	7.5	2.7
		13.0	67	38	6.24		2.9
		15.0	64	40	6.55		3.0
50Y60A	2950	7.2	56	28	3.92	7.5	2.9
		11.2	53	35	4.68		3.0
		14.4	49	37	5.20		3.0
65Y60	2950	15	67	41	6.68	11	2.4
		25	60	50	8.18		3.0
		30	55	57	8.90		3.5
65Y60A	2950	13.5	55	40	5.06	7.5	2.3
		22.5	49	49	6.13		3.0
		27	45	50	6.61		3.3
65Y100	2950	15	115	32	14.7	22	3.0
		25	110	40	18.8		3.2
		30	104	42	20.2		3.4
65Y100A	2950	14	96	31	11.8	18.5	3.0
		23	92	39	14.75		3.1
		28	87	41	16.4		3.3
80Y100	2950	30	110	42.5	21.1	37	2.8
		50	100	51	26.6		3.1
		60	90	52.5	28.0		3.2
80Y100A	2950	26	91	42.5	15.2	30	2.8
		45	85	52.5	19.9		3.1
		55	78	53	22.4		3.1
100Y60	2950	60	67	58	18.85	30	3.3
		100	59	70	24.5		4.1
		120	53	71	27.7		4.8
100Y60A	2950	54	54	54	14.7	22	3.4
		90	49	64	18.9		4.5
		108	45	65	20.4		5.0

附录 15　换热器系列（摘录）

(1) 管壳式热交换器系列标准（摘自 JB/T 4714、4715—92）

① 固定管板式

换热管为 φ19mm 的换热器基本参数（管心距 25mm）

公称直径 DN/mm	公称压力 PN/MPa	管程数 N	管子根数 n	中心排管数	管程流通面积/m²	计算换热面积/m² 换热管长度 L/mm					
						1500	2000	3000	4500	6000	9000
159		1	15	5	0.0027	1.3	1.7	2.6	—	—	—
219			33	7	0.0058	2.8	3.7	5.7	—	—	—
273	1.60 2.50 4.00 6.40	1	65	9	0.0115	5.4	7.4	11.3	17.1	22.9	—
		2	56	8	0.0049	4.7	6.4	9.7	14.7	19.7	—
325		1	99	11	0.0175	8.3	11.2	17.1	26.0	34.9	—
		2	88	10	0.0078	7.4	10.0	15.2	23.1	31.0	—
		4	68	11	0.0030	5.7	7.7	11.8	17.9	23.9	—

续表

公称直径 DN/mm	公称压力 PN/MPa	管程数 N	管子根数 n	中心排管数	管程流通面积 /m²	计算换热面积/m² 换热管长度 L/mm					
						1500	2000	3000	4500	6000	9000
400	0.60	1	174	14	0.0307	14.5	19.7	30.1	45.7	61.3	—
		2	164	15	0.0145	13.7	18.6	28.4	43.1	57.8	—
	1.00	4	146	14	0.0065	12.2	16.6	25.3	38.3	51.4	—
450		1	237	17	0.0419	19.8	26.9	41.0	62.2	83.5	—
		2	220	16	0.0194	18.4	25.0	38.1	57.8	77.5	—
	1.60	4	200	16	0.0088	16.7	22.7	34.6	52.5	70.4	—
500	2.50	1	275	19	0.0486	—	31.2	47.6	72.2	96.8	—
		2	256	18	0.0226	—	29.4	44.3	67.2	90.2	—
		4	222	18	0.0098	—	25.2	38.4	58.3	78.2	—
600	4.00	1	430	22	0.0760	—	48.8	74.4	112.9	151.4	—
		2	416	23	0.0368	—	47.2	72.0	109.3	146.5	—
		4	370	22	0.0163	—	42.0	64.0	97.2	130.3	—
		6	360	20	0.0106	—	40.8	62.3	94.5	126.8	—
700		1	607	27	0.1073	—	—	105.1	159.4	213.8	—
		2	574	27	0.0507	—	—	99.4	150.8	202.1	—
		4	542	27	0.0239	—	—	93.8	142.3	190.9	—
		6	518	24	0.0153	—	—	89.7	136.0	182.4	—
800	0.60 1.00 1.60 2.50 4.00	1	797	31	0.1408	—	—	138.0	209.3	280.7	—
		2	776	31	0.0686	—	—	134.3	203.8	273.3	—
		4	722	31	0.0319	—	—	125.0	189.8	254.3	—
		6	710	30	0.0209	—	—	122.9	186.5	250.0	—
900		1	1009	35	0.1783	—	—	174.7	265.0	355.3	536.0
		2	988	35	0.0873	—	—	171.0	259.5	347.9	524.9
		4	938	35	0.0414	—	—	162.4	246.4	330.3	498.3
	0.6	6	914	34	0.0269	—	—	158.2	240.0	321.9	485.6
1000	1.00 1.60	1	1267	39	0.2239	—	—	219.3	332.8	446.2	673.1
		2	1234	39	0.1090	—	—	213.6	324.1	434.6	655.6
		4	1186	39	0.0524	—	—	205.3	311.5	417.7	630.1
	2.50	6	1148	38	0.0338	—	—	198.7	301.5	404.3	609.9
(1100)	4.00	1	1501	43	0.2652	—	—	—	394.2	528.6	797.4
		2	1470	43	0.1299	—	—	—	386.1	517.7	780.9
		4	1450	43	0.0641	—	—	—	380.8	510.6	770.3
		6	1380	42	0.0406	—	—	—	362.4	486.0	733.1

注：表中的管程流通面积为各程平均值，括号内公称直径不推荐使用，管子为正三角形排列。

换热管为 φ25mm 的换热器基本参数（管心距 32mm）

公称直径 DN/mm	公称压力 PN/MPa	管程数 N	管子根数 n	中心排管数	管程流通面积/m² Φ25×2	管程流通面积/m² Φ25×2.5	计算换热面积/m² L=1500	2000	3000	4500	6000	9000
159		1	11	3	0.0038	0.0035	1.2	1.6	2.5	—	—	—
219		1	25	5	0.0087	0.0079	2.7	3.7	5.7	—	—	—
273	1.60 2.50 4.00 6.40	1	38	6	0.0132	0.0119	4.2	5.7	8.7	13.1	17.6	—
		2	32	7	0.0055	0.0050	3.5	4.8	7.3	11.1	14.8	—
325		1	57	9	0.0197	0.0179	6.3	8.5	13.0	19.7	26.4	—
		2	56	9	0.0097	0.0088	6.2	8.4	12.7	19.3	25.9	—
		4	40	9	0.0035	0.0031	4.4	6.0	9.1	13.8	18.5	—
400	0.60 1.00 1.60 2.50 4.00	1	98	12	0.0339	0.0308	10.8	14.6	22.3	33.8	45.4	—
		2	94	11	0.0163	0.0148	10.3	14.0	21.4	32.5	43.5	—
		4	76	11	0.0066	0.0060	8.4	11.3	17.3	26.3	35.2	—
450		1	135	13	0.0468	0.0424	14.8	20.1	30.7	46.6	62.5	—
		2	126	12	0.0218	0.0198	13.9	18.8	28.7	43.5	58.4	—
		4	106	13	0.0092	0.0083	11.7	15.8	24.1	36.6	49.1	—
500	0.60 1.00 1.60 2.50 4.00	1	174	14	0.0603	0.0546	—	26.0	39.6	60.1	80.6	—
		2	164	15	0.0284	0.0257	—	24.5	37.3	56.6	76.0	—
		4	144	15	0.0125	0.0113	—	21.4	32.8	49.7	66.7	—
600		1	245	17	0.0849	0.0769	—	36.5	55.8	84.6	113.5	—
		2	232	16	0.0402	0.0364	—	34.6	52.8	80.1	107.5	—
		4	222	17	0.0192	0.0174	—	33.1	50.5	76.7	102.8	—
		6	216	16	0.0125	0.0113	—	32.2	49.2	74.6	100.0	—
700		1	355	21	0.1230	0.1115	—	—	80.0	122.6	164.4	—
		2	342	21	0.0592	0.0537	—	—	77.9	118.1	158.4	—
		4	322	21	0.0279	0.0253	—	—	73.3	111.2	149.1	—
		6	304	20	0.0175	0.0159	—	—	69.2	105.0	140.8	—
800		1	467	23	0.1618	0.1466	—	—	106.3	161.3	216.3	—
		2	450	23	0.0779	0.0707	—	—	102.4	155.4	208.5	—
		4	442	23	0.0383	0.0347	—	—	100.6	152.7	204.7	—
	0.60	6	430	24	0.0248	0.0225	—	—	97.9	148.5	119.2	—
900	1.60 2.50	1	605	27	0.2095	0.1900	—	—	137.8	209.0	280.2	422.7
		2	588	27	0.1018	0.0923	—	—	133.9	203.1	272.3	410.8
		4	554	27	0.0480	0.0435	—	—	126.1	191.4	256.6	387.1
		6	538	26	0.0311	0.0282	—	—	122.5	185.8	249.2	375.9
1000	4.00	1	749	30	0.2594	0.2352	—	—	170.5	258.7	346.9	523.3
		2	742	29	0.1285	0.1165	—	—	168.9	256.3	343.7	518.4
		4	710	29	0.0615	0.0557	—	—	161.6	245.2	328.8	496.0
		6	698	30	0.0403	0.0365	—	—	158.9	241.1	323.3	487.7

注：表中的管程流通面积为各程平均值，括号内公称直径不推荐使用，管子为正三角形排列。

② 浮头式（内导流）换热器的主要参数　　　　　　　　　　　单位：mm

公称直径 DN/mm	管程数 N	$n^{①}$ d 19	$n^{①}$ d 25	中心排管数 19	中心排管数 25	管程流通面积/m² $d\times\delta_r$ 19×2	管程流通面积/m² $d\times\delta_r$ 25×2	管程流通面积/m² $d\times\delta_r$ 25×2.5	$A^{②}$/m² L=3m 19	$A^{②}$/m² L=3m 25	$A^{②}$/m² L=4.5m 19	$A^{②}$/m² L=4.5m 25	$A^{②}$/m² L=6m 19	$A^{②}$/m² L=6m 25	$A^{②}$/m² L=9m 19	$A^{②}$/m² L=9m 25
325	2	60	32	7	5	0.0053	0.0055	0.0050	10.5	7.4	15.8	11.1	—	—	—	—
325	4	52	28	6	4	0.0023	0.0024	0.0022	9.1	6.4	13.7	9.7	—	—	—	—
426	2	120	74	8	7	0.0106	0.0126	0.0116	20.9	16.9	31.6	25.6	42.3	34.4	—	—
400	4	108	68	9	6	0.0048	0.0059	0.0053	18.8	15.6	28.4	23.6	38.1	31.6	—	—
500	2	206	124	11	8	0.0182	0.0215	0.0194	35.7	28.3	54.1	42.8	72.5	57.4	—	—
500	4	192	116	10	9	0.0085	0.0100	0.0091	33.2	26.4	50.4	40.1	67.6	53.7	—	—
600	2	324	198	14	11	0.0286	0.0343	0.0311	55.8	44.9	84.8	68.2	113.9	91.5	—	—
600	4	308	188	14	10	0.0136	0.0163	0.0148	53.1	42.6	80.7	64.8	108.2	86.9	—	—
600	6	284	158	14	10	0.0083	0.0091	0.0083	48.9	35.8	74.4	54.4	99.8	73.1	—	—
700	2	468	268	16	13	0.0414	0.0464	0.0421	80.4	60.6	122.2	92.1	164.1	123.7	—	—
700	4	448	256	17	12	0.0198	0.0222	0.0201	76.9	57.8	117.0	87.9	157.1	118.1	—	—
700	6	382	224	15	10	0.0112	0.0129	0.0116	65.6	50.6	99.9	76.9	133.9	103.4	—	—
800	2	610	366	19	15	0.0539	0.0634	0.0575	—	—	158.9	125.4	213.5	168.5	—	—
800	4	588	352	18	14	0.0260	0.0305	0.0276	—	—	153.2	120.6	205.8	162.1	—	—
800	6	518	316	16	14	0.0152	0.0182	0.0165	—	—	134.9	108.3	181.3	145.5	—	—
900	2	800	472	22	17	0.0707	0.0817	0.0741	—	—	207.6	161.2	279.2	216.8	—	—
900	4	776	456	21	16	0.0343	0.0395	0.0352	—	—	201.4	155.7	270.8	209.4	—	—
900	6	720	426	21	16	0.0212	0.0246	0.0223	—	—	186.9	145.5	251.8	195.6	—	—
1000	2	1006	606	24	19	0.0890	0.1050	0.0952	—	—	260.6	206.6	350.6	277.9	—	—
1000	4	980	588	23	18	0.0433	0.0509	0.0462	—	—	253.9	200.4	341.6	269.7	—	—
1000	6	892	564	21	18	0.0262	0.0326	0.0295	—	—	231.1	192.2	311.0	258.7	—	—
1100	2	1240	736	27	21	0.1100	0.1270	0.1160	—	—	320.3	250.2	431.3	336.8	—	—
1100	4	1212	716	26	20	0.0536	0.0620	0.0562	—	—	313.1	243.4	421.6	327.7	—	—
1100	6	1120	692	24	20	0.0329	0.0399	0.0362	—	—	289.3	235.2	389.6	316.7	—	—
1200	2	1452	880	28	22	0.1290	0.1520	0.1380	—	—	374.4	298.6	504.3	402.2	764.2	609.4
1200	4	1424	860	28	22	0.0629	0.0745	0.0675	—	—	367.2	291.8	494.6	393.1	749.5	595.6
1200	6	1348	828	27	21	0.0396	0.0478	0.0434	—	—	347.6	280.9	468.2	378.4	709.5	573.4
1300	4	1700	1024	31	24	0.0751	0.0887	0.0804	—	—	—	—	589.3	467.1	—	—
1300	6	1616	972	29	24	0.0476	0.0560	0.0509	—	—	—	—	560.2	443.3	—	—

① 排管数按正方形旋转 45° 排列计算。
② 计算换热面积 A 按光管及公称压力 2.5MPa 的管板厚度确定。

（2）管壳式换热器型号的表示方法

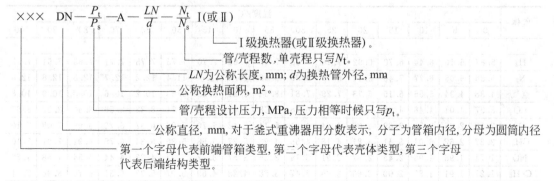

$$\times\times\times\ \ DN-\frac{P_t}{P_s}-A-\frac{LN}{d}-\frac{N_t}{N_s}\ \text{I（或Ⅱ）}$$

— I 级换热器(或Ⅱ级换热器)。
— 管/壳程数，单壳程只写 N_t。
— LN 为公称长度，mm；d 为换热管外径，mm
— 公称换热面积，m²。
— 管/壳程设计压力，MPa，压力相等时候只写 p_t。
— 公称直径，mm，对于釜式重沸器用分数表示，分子为管箱内径，分母为圆筒内径
— 第一个字母代表前端管箱类型，第二个字母代表壳体类型，第三个字母代表后端结构类型。

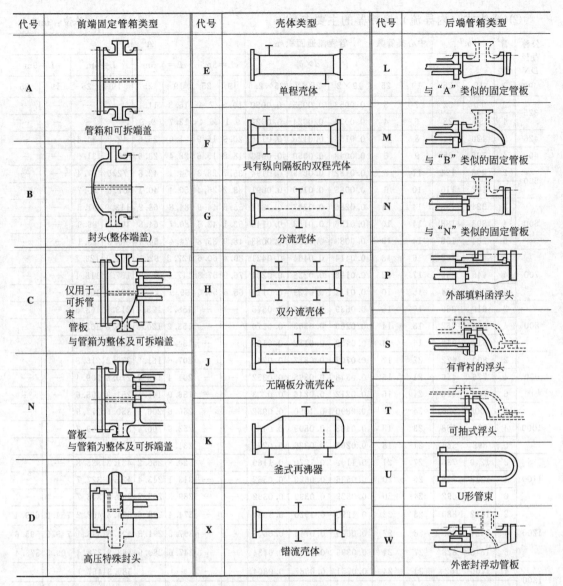

代号	前端固定管箱类型	代号	壳体类型	代号	后端管箱类型
A	管箱和可拆端盖	E	单程壳体	L	与"A"类似的固定管板
B	封头(整体端盖)	F	具有纵向隔板的双程壳体	M	与"B"类似的固定管板
C	仅用于可拆管束 管板 与管箱为整体及可拆端盖	G	分流壳体	N	与"N"类似的固定管板
N	管板 与管箱为整体及可拆端盖	H	双分流壳体	P	外部填料函浮头
		J	无隔板分流壳体	S	有背衬的浮头
		K	釜式再沸器	T	可抽式浮头
D	高压特殊封头	X	错流壳体	U	U形管束
				W	外密封浮动管板

管壳式换热器前端、壳体和后端结构类型分类

附录 16 某些气体溶于水时的亨利系数

气体	温度/℃															
	0	5	10	15	20	25	30	35	40	45	50	60	70	80	90	100
	$E \times 10^{-3}$/MPa															
H_2	5.87	6.16	6.44	6.70	6.92	7.16	7.38	7.52	7.61	7.70	7.75	7.75	7.71	7.65	7.61	7.55
N_2	5.36	6.05	6.77	7.48	8.14	8.76	9.36	9.98	10.5	11.00	11.4	12.2	12.7	12.8	12.8	12.8
空气	4.38	4.94	5.56	6.15	6.73	7.29	7.81	8.34	8.81	9.23	9.58	10.2	10.6	10.8	10.9	10.8
CO	3.57	4.01	4.48	4.95	5.43	5.87	6.28	6.68	7.05	7.38	7.71	8.32	8.56	8.56	8.57	8.57
O_2	2.58	2.95	3.31	3.69	4.06	4.44	4.81	5.14	5.42	5.70	5.96	6.37	6.72	6.96	7.08	7.10
CH_4	2.27	2.62	3.01	3.41	3.81	4.18	4.55	4.92	5.27	5.58	5.85	6.34	6.75	6.91	7.01	7.10
NO	1.71	1.96	1.96	2.45	2.67	2.91	3.14	3.35	3.57	3.77	3.95	4.23	4.44	4.54	4.58	4.60
C_2H_6	1.27	1.91	1.57	2.90	2.66	3.06	3.47	3.88	4.28	4.69	5.07	5.72	6.31	6.70	6.96	7.01

续表

气体	温度/℃															
	0	5	10	15	20	25	30	35	40	45	50	60	70	80	90	100
	$E \times 10^{-2}$/MPa															
C_2H_4	5.59	6.61	7.78	9.07	10.3	11.5	12.9									
N_2O		1.19	1.43	1.68	2.01	2.28	2.62	3.06								
CO_2	0.737	0.887	1.05	1.24	1.44	1.66	1.88	2.12	2.36	2.6	2.87	3.45				
C_2H_2	0.729	0.85	0.97	1.09	1.23	1.35	1.48									
Cl_2	0.271	0.334	0.339	0.461	0.537	0.604	0.67	0.738	0.8	0.86	0.9	0.97	0.99	0.97	0.96	
H_2S	0.271	0.319	0.372	0.418	0.489	0.552	0.617	0.685	0.755	0.825	0.895	1.04	1.21	1.37	1.46	1.50
	E/MPa															
Br_2	2.16	2.79	3.71	4.72	6.01	7.47	9.17	11.04	13.47	16.00	19.4	25.4	32.5	40.9		
SO_2	1.67	2.02	2.45	2.94	3.55	4.13	4.85	5.67	6.60	7.63	8.71	11.1	13.9	17.00	20.1	

附录 17 双组分物质的扩散系数

(1) 某些双组分气体混合物的扩散系数 D_{AB} （101.3kPa）

系统	温度/K	扩散系数 D_{AB} /($\times 10^{-4} m^2/s$)	系统	温度/K	扩散系数 D_{AB} /($\times 10^{-4} m^2/s$)
空气-Cl_2	273	0.124	空气-甲苯	298	0.0844
空气-CO_2	276	0.142	H_2-N_2	298	0.784
空气-SO_2	293	0.122	H_2-NH_3	293	0.849
空气-H_2O	298	0.260	H_2-CO	273	0.651
空气-NH_3	298	0.229	CO_2-乙醇	273	0.0693
空气-H_2	273	0.611	CO_2-H_2O	298	0.164
空气-C_6H_6	298	0.0962	CO-O_2	273	0.185
空气-乙醇	298	0.135	N_2-NH_3	293	0.241
空气-甲醇	298	0.162	N_2-乙烯	298	0.163

(2) 某些稀溶液物系的液相扩散系数 D_{AB}

溶质 A	溶质 B	温度/K	扩散系数 D_{AB} /($\times 10^{-9} m^2/s$)	溶质 A	溶质 B	温度/K	扩散系数 D_{AB} /($\times 10^{-9} m^2/s$)
氨	水	285	1.64	乙酸	水	298	1.26
		288	1.77	丙酸	水	298	1.01
氧	水	291	1.98	HCl(9mol/l)	水	283	3.3
		298	2.41	(25mol/l)	水	283	2.5
CO_2	水	298	2.00	苯甲酸	水	298	1.21
氢	水	298	4.80	丙酮	水	298	1.28
甲醇	水	288	1.26	醋酸	苯	298	2.09
乙醇	水	283	0.84	尿素	乙醇	285	0.54
		298	1.24	水	乙醇	298	1.13
正丙醇	水	288	0.87	KCl	水	298	1.870
甲酸	水	298	1.52	KCl	1,2-亚乙基二酸	298	0.119
乙酸	水	282.7	0.769				

（3）某些物质在固体中的扩散系数 D_{AB}

溶质 A-固体 B	温度/K	扩散系数 $D_{AB}/(\times 10^{-4}\,m^2/s)$	溶质 A-固体 B	温度/K	扩散系数 $D_{AB}/(\times 10^{-4}\,m^2/s)$
H_2-硫化橡胶	298	0.85×10^{-5}	H_2-硫化氯丁橡胶	300	0.180×10^{-5}
O_2-硫化橡胶	298	0.21×10^{-5}	He-SiO_2	293	$2.4\times 10^{-10}\sim 5.5\times 10^{-10}$
N_2-硫化橡胶	298	0.15×10^{-5}	He-Fe	293	2.59×10^{-9}
CO_2-硫化橡胶	298	0.11×10^{-5}	Al-Cu	293	1.3×10^{-30}
H_2-硫化氯丁橡胶	290	0.103×10^{-5}			

附录 18　双组分溶液的气液平衡数据

（1）乙醇-水 （101.3kPa）

乙醇摩尔分数		温度/℃	乙醇摩尔分数		温度/℃
液相	气相		液相	气相	
0.00	0.00	100	0.3273	0.5826	81.5
0.0190	0.1700	95.5	0.3965	0.6122	80.7
0.0721	0.3891	89.0	0.5079	0.6564	79.8
0.0966	0.4375	86.7	0.5198	0.6599	79.7
0.1238	0.4704	85.3	0.5732	0.6841	79.3
0.1661	0.5089	84.1	0.6763	0.7385	78.74
0.2337	0.5445	82.7	0.7472	0.7815	78.41
0.2608	0.5580	82.3	0.8943	0.8943	78.15

（2）苯-甲苯 （101.3kPa）

苯摩尔分数		温度/℃	苯摩尔分数		温度/℃
液相	气相		液相	气相	
0.0	0.0	110.6	0.592	0.789	89.4
0.088	0.212	106.1	0.700	0.853	86.8
0.200	0.370	102.2	0.803	0.914	84.4
0.300	0.500	98.6	0.903	0.957	82.3
0.397	0.618	95.2	0.950	0.979	81.2
0.489	0.710	92.1	1.00	1.00	80.2

（3）氯仿-苯 （101.3kPa）

氯仿质量分数		温度/℃	氯仿质量分数		温度/℃
液相	气相		液相	气相	
0.10	0.136	79.9	0.60	0.750	74.6
0.20	0.272	79.0	0.70	0.830	72.8
0.30	0.406	78.1	0.80	0.900	70.5
0.40	0.536	77.2	0.90	0.961	67.0
0.50	0.656	76.0			

（4）水-醋酸 （101.3kPa）

水摩尔分数		温度/℃	水摩尔分数		温度/℃
液相	气相		液相	气相	
0.0	0.0	118.2	0.833	0.886	101.3
0.270	0.394	108.2	0.886	0.919	100.9
0.455	0.565	105.3	0.930	0.950	100.5
0.588	0.707	103.8	0.968	0.977	100.2
0.690	0.790	102.8	1.00	1.00	100.0
0.769	0.845	101.9			

(5) 甲醇-水（101.3kPa）

甲醇摩尔分数		温度/℃	甲醇摩尔分数		温度/℃
液相	气相		液相	气相	
0.0531	0.2834	92.9	0.2909	0.6801	77.8
0.0767	0.4001	90.3	0.3333	0.6918	76.7
0.0926	0.4353	88.9	0.3513	0.7347	76.2
0.1257	0.4831	86.6	0.4620	0.7756	73.8
0.1315	0.5455	85.0	0.5292	0.7971	72.7
0.1674	0.5585	83.2	0.5937	0.8183	71.3
0.1818	0.5775	82.3	0.6849	0.8492	70.0
0.2083	0.6273	81.6	0.7701	0.8962	68.0
0.2319	0.6485	80.2	0.8741	0.9194	66.9
0.2818	0.6775	78.0			

附录 19　填 料 特 性

(1) 几种常用乱堆填料的特性数据

名　称	尺寸 /mm×mm×mm	材质	比表面积 a /(m²/m³)	空隙率 ε /%	每 m³ 个数 /(个/m³)	堆积密度 ρ_p /(kg/m³)	干填料因子 a/ε /m⁻¹	填料因子 Φ /m⁻¹
拉西环	10×10×1.5	瓷质	440	70.0	720×10³	700	1280	1500
	10×10×0.5	钢质	500	88.0	800×10³	960	740	1000
	25×25×2.5	瓷质	190	78.0	49×10³	505	400	450
	25×25×0.8	钢质	220	92.0	55×10³	640	290	260
	50×50×4.5	瓷质	93	81.0	6×10³	457	177	205
	50×50×1	钢质	110	95.0	7×10³	430	130	175
	80×80×9.5	瓷质	76	68.0	1.91×10³	714	243	280
	76×76×1.5	钢质	68	95.0	1.87×10³	400	80	105
鲍尔环	16×16×0.5	钢质	371	93.3	214×10³	527		
	25×25	瓷质	220	76.0	48.0×10³	505		300
	25×25×0.6	钢质	209	94.0	61.5×10³	480		160
	25×25×1.0	塑料	186	88	53.5×10³	101		
	25	塑料	209	90.0	51.1×10³	72.6		170
	38×38×0.8	钢质	120	94.6	13×10³	365		
	38×38×1.2	塑料	158	89	16×10³	98		
	50×50×4.5	瓷质	110	81.0	6.0×10³	457		130
	50×50×0.9	钢质	103	95.0	6.2×10³	355		66
	50×50×1	钢质	112.3	94.9	6.5×10³	395		
	50×50×1.6	塑料	116	90	8×10³	87		
	76×76×2.6	塑料	73.2	92	16×10³	98		
阶梯环	25×12.5×1.2	塑料	228	98	81.5×10³	98		
	25×12.5×1.4	塑料	223	90.0	81.5×10³	97.8		172
	25×12×0.5	钢质	220	93	97.16×10³	383		
	33.5×19×1.0	塑料	132.5	91.0	27.2×10³	57.5		115
	38×19×0.8	钢质	154.3	94	30.7×10³	325		
	38×19×1.2	塑料	132.5	69	31×10³	69		
	50×25×1	钢质	109.2	95	12.5×10³	363		120
	50×25×1.5	塑料	118.2	55	10.74×10³	55		
	76×38×2.6	塑料	90	68	3.42×10³	68		

续表

名 称	尺寸 /mm×mm×mm	材质	比表面积 a /(m²/m³)	空隙率 ε /%	每 m³ 个数 /(个/m³)	堆积 密度 ρ_p /(kg/m³)	干填料 因子 a/ε /m⁻¹	填料因子 Φ /m⁻¹
英特洛克斯	25	钢质	228	96.2		301.1		
	40	钢质	169	97.1		232.3		
	50	钢质	110	97.1	11.1×10³	225	110	140
矩形鞍	25×3.3	瓷质	258	77.5	84.6×10³	548		320
	50×7	瓷质	120	79.0	9.4×10³	532		130
θ网环鞍形网(40 目,丝径 0.23～ 0.25mm,60 目, 丝径 0.152mm)	8×8	镀锌铁	1030	93.6	2.12×10³	490		
	10	丝网	1100	91.0	4.56×10³	340		

注:尺寸栏中数字表示直径×高×厚。

(2) 几种典型的金属规整填料性能参数

填料类型	型号	NTSM /m⁻¹	HETP /mm	比表面积 a /(m²/m³)	空隙率 ε /%	F_max /[m/s(kg/m³)^0.5]	每米填料压降 Δp /(MPa/m)
孔板波纹	125Y	1～1.2	800～1000	125	98.5	3.0	2.0×10⁻⁴
	250Y	2～3	330～500	250	97.0	2.6	3.0×10⁻⁴
	350Y	3.5～4	250～300	350	95.0	2.0	3.5×10⁻⁴
	450Y	3.7～4.3	230～270	450	93.0	1.5	1.8×10⁻⁴
	500Y	4～4.5	200～220	500	93.0	1.8	4.0×10⁻⁴
	700Y	6～8	125～170	700	85.0	1.6	4.6×10⁻⁴～ 6.6×10⁻⁴
	125X	0.8～0.9	1100～1250	125	98.5	3.5	1.3×10⁻⁴
	250X	1.6～2	500～620	250	97.0	2.8	1.4×10⁻⁴
	350X	2.3～2.8	360～440	350	95.0	2.2	1.8×10⁻⁴
丝网波纹	BX	4～5	200～250	500	90.0	2.4	2.0×10⁻⁴
	CY	8～10	100～125	700	87.0	2.0	4.6×10⁻⁴～ 6.6×10⁻⁴
导向板波纹	DXP670A	1.4～1.6	625～715	125	98.5	3.4	1.2×10⁻⁴
	DXP420A	2.3～2.5	400～435	180	98.0	2.9	1.6×10⁻⁴
	DXP300A	3.1～3.7	270～320	250	97.0	2.5	2.0×10⁻⁴
	DXP250A	4.1～4.5	220～245	350	96.0	2.1	2.5×10⁻⁴
	DXP200A	4.8～5.2	190～210	500	94.0	2.0	3.0×10⁻⁴
	DXP150A	6.4～8.0	125～160	700	91.0	1.7	5.0×10⁻⁴
	DXP900B	1.0～1.2	830～1000	125	98.5	3.5	0.5×10⁻⁴
	DXP400B	2.4～2.7	370～420	250	97.0	3.0	0.8×10⁻⁴
	DXP250B	3.5～3.8	260～285	500	94.0	2.2	1.2×10⁻⁴
压延孔板波纹	700Y	5～7	140～200	700	85.0	1.6	7×10⁻⁴
	500X	3～4	250～330	500	90.0	2.1	2×10⁻⁴
	250Y	2.5～3	330～400	250	97.0	2.6	2×10⁻⁴～2.5×10⁻⁴